KB231512

C/C++를 이용한

임베디드 시스템 개발

The Implementation of Embedded System using C/C++

상명대학교 공과대학
컴퓨터소프트웨어공학과
교수   김수홍 著

21세기사

▌머리말

임베디드 소프트웨어개발은 난이도가 높고 엄격한 작업입니다. 매일 이러한 작업에 임하면서 유용한 소프트웨어를 만들려는 연구를 계속하고 있는 엔지니어를 위해서, 도움이 되는 지식을 가능한 한 알기 쉽게 정리하여 전달하고 싶은 생각에서 본서를 쓰게 되었습니다.

본서는 기술지침서로서, 엔지니어링상의 정보에 초점을 맞추어 기술하였고, 후반에서는 직업으로서의 임베디드 소프트웨어개발을 둘러싼 환경과 장래에 대하여 설명하고자 합니다.

임베디드 소프트웨어의 분야에서, 불행 중 다행으로 한국은 국제 경쟁력을 유지하고는 있습니다. 즉 임베디드 소프트웨어개발을 통하여 기업이 높은 이익을 얻을 수 있는 가능성이 충분히 있다는 것을 의미하고 있습니다.

능력에서 별 차이가 없는 한국과 해외의 엔지니어 사이에서, 달성하는 성과가 다른가를, 저자는 계속 살펴보고 있었습니다. 대체로 엔지니어 개인들의 의식이 결정적으로 다른 점도, 다름의 원인 중 하나라고 생각하게 되었습니다. 해외의 진보된 설계 기법과 개발 스타일의 밝고 유익한 면을 도입하지 않으면 안 됩니다. 전체의 숙련도와 프로세스가 향상하면, 장래에는 국내에서도 독자적인 소프트웨어 개발 방법론이란 것을 구축할 수 있을 것입니다.

앞으로 상당 기간을 두고, 국내산 Web 서버 프레임 워크나 미들웨어 등이 세계무대에서 통할 가능성은 높다고는 할 수 없습니다. 영세를 극복하고, 쫓아가려고 노력하지 않으면 앞으로 이러한 임베디드 분야에서 창출되는 막대한 경제적 과실을 해외의 기업에게 빼앗기게 되고. 결국은 해외의 소프트웨어 엔지니어의 수입만 향상될 것입니다.

임베디드 소프트웨어 분야에서는 자동차 내비게이션 시스템·A/V 레코더·핸드폰·디지털 TV 등의 임베디드 시스템개발이 「해외의 컴포넌트들을 구입하여 한글화 정도를 추가하는 작업」인 업무로 전락되어 버린다면, 장래 소프트웨어 산업발전은 물론이고 심지어는 소프트웨어 엔지니어로서 직업에 대한 보람이나 매력은 찾아보기 힘들게 될 것입니다.

임베디드 시스템개발에서 높은 기술력과 생산성을 창출시고 계속 유지할 수가 있다면, 장래에도 최신·최고이면서 고수익의 매력적인 제품개발에 도전하려는 엔지니어와 중견기업, 그리고 벤처기업 등이 활발히 움직일 것입니다. 전문가 엔지니어에게도, 소프트웨어 개발 프로세스의 개선은 큰 의미가 있습니다. 항상 세계수준의 기술과 생산성을 달성하기 위하여 최선의 노력을 경주해야 합니다. 이를 위하여 본서가 도움이 되기를 기대합니다.

   마지막으로, 본서의 집필과 원고 정리를 도와주신 상명 IT교육센터의 김연구원과 출판사의 여러분께 마음으로부터 감사를 드립니다.

2011년 9월　저자

▌ 목 차

Chapter 3　임베디드 프로그래밍 기본

Chapter 4　타깃 환경에서의 실행과 디버그

Chapter 5   임베디드 소프트웨어의 제한

Chapter 6 하드웨어에 대한 액세스

Chapter 7 비동기 처리로 하는 어플리케이션 개발

Chapter 8　사용자 인터페이스의 개발

Chapter 9   효율적인 테스트

Chapter 10 스마트한 임베디드 소프트웨어의 개발

Chapter 11 임베디드 시스템의 객체지향

기본적인 지식

소프트웨어 시스템에는 많은 분야가 존재합니다. 그 가운데서, 임베디드 시스템과 오픈업무 시스템의 두 가지가 현재의 주류입니다. 본서에서는 임베디드 시스템의 소프트웨어를 체계적으로 해설할 것입니다. 우선은 임베디드 시스템 개발관련한 업계에 대하여 소개하겠습니다.

1.1 임베디드 소프트웨어개발의 현황과 배경

소프트웨어 개발 프로젝트에서 창출되는 소프트웨어에는, 현재 **임베디드 시스템과 오픈업무 시스템**(오픈계•기간업무계•Web 업무계 시스템 등)이라는 두 가지의 큰 분야가 있습니다. 임베디드 시스템의 소프트웨어는, 가전•자동차•산기기 등을 제어하기 위하여 기기에 고정적으로 내장되어 출시됩니다. 거기에 비해 오픈업무 시스템의 소프트웨어는, 서버나 PC(Personal Computer: 퍼스널 컴퓨터)등의 범용적인 하드웨어 상에서 동작하도록 합니다. 이 이외에도 Web 어플리케이션이나 과거의 범용시스템 등, 많은 소프트웨어 분야가 존재합니다.

최근 임베디드 시스템의 소프트웨어 개발 프로젝트는 대규모화와 고기능화가 현저하며, 개발의 난이도는 급격하게 상승하고 있습니다. 그 배경에는 하드웨어의 고성능화와 함께 디지털 기술의 급속한 확산에 있습니다. 종래의 전자회로로만 제어할 수 있었던 기기와는 달리, 고도의 **CPU**(Central Processing Unit) 또는 **MPU**(Micro Processing Unit), 그리고 **사용자 인터페이스**(UI: User Interface)를 갖춘 기기는, 거기까지는 생각할 수 없었을 정도의 편리하고 쾌적한 기능을 최종 사용자에게 제공할 수 있습니다. 그래서 오늘날에는, 폭넓은 분야의 제품이 컴퓨터를 내장하고 있습니다.

최종 사용자가 휴대전화나 디지털 가전과 가까워짐으로써, 컴퓨터에 대한 저항이 급속하게 희박해졌을 뿐 아니라, 반대로 편리하고 알기 쉬운 기능과 인터페이스를 요구하는 흐름이 현저히 나타나고 있습니다.

컴퓨터라는 것을 의식하지 않고 누구나가 사용할 수 있는 디지털 가전이 보급됨으로써, 또 실제로 느끼는 편리함을 실감함으로써 국내뿐 만 아니라 세계 모든 분야의 고객으로부터, 알기 쉽고 편리한 임베디드 시스템을 요구받아 한층 더 수요가 발생하고 있는 것입니다.

즉, 향후 임베디드 시스템에는 기능과 품질이 높을 뿐만 아니라, 가까이하기 쉽고 쾌적하며 편리한 기능을 제공해 주는 소프트웨어가 강하게 요구됩니다. 그러나 임베디드 시스템에 대한 요구의 변화와 더불어, 종래의 개발 스타일에 한층 더 개선이 필요한 상황이 되어 있는 것도 또한 사실입니다. 세계의 수준과 비교하여 개선이 뒤떨어져 있는 **설계 기법**이나 **개발 방법론**의 부분은, 발전된 기법을 적극적으로 도입하고, 또한 기존의 장점을 보다 강화해나가는 변화가 요구되고 있습니다.

세계적인 수준의 임베디드 시스템 개발력을 유지할 뿐만 아니라 더욱 향상시키는 것이, 국내의 임베디드 시스템개발 프로젝트와, 여기에 동참하는 엔지니어에게 요구되는 현실이 되어 있는 것입니다.

1.2 소프트웨어 엔지니어의 목표

소프트웨어 엔지니어는 소프트웨어를 개발함으로써 대가를 받고 있습니다. 소프트웨어의 가치란 즉 소프트웨어가 제공하는 기능이나 편리성이며, 임베디드 시스템의 소프트웨어 개발에 한해서만 말하면, 임베디드 소프트웨어를 내장한 제품의 가치 중 일부분이 됩니다. 엔지니어에게 높은 가치를 지닌 개발능력이 요구되는 것은, 과거나 현재, 또는 미래에도 변함이 없겠지만, 그 가치의 기준이 되는 고객의 요구사항은 시시각각으로 변화합니다. 사용자가 고기능의 활용성이 높은 제품을 요구함에 따라서, 임베디드 시스템의 엔지니어에게도 새로운 요구에 대응하는 능력이 필요하게 되면서 소프트웨어 개발 상황이 크게 변화해 왔습니다. 여기서 소프트웨어 엔지니어에게 공통된 목표는 무엇인지? 그리고 그 목표에 도달하기 위한 지름길은 존재하는 것인지? 결론부터 말하면 지름길은 있습니다.

효율적으로 소프트웨어를 개발하는 것은, 모든 소프트웨어 엔지니어에게 공통되는 목표의 하나라고 저자는 생각하고 있습니다. 구체적으로는 효율적인 소프트웨어의 설계•개발•테스트를 통하여, 더욱 효율성 있는 프로젝트를 추진하는 것이 현재의 소프트웨어 엔지니어의 목표이며, 또한 공통적으로 요구되는 능력입니다.

직업인으로서의 소프트웨어 엔지니어에게는, 일상의 업무에 몰입하는 목적은 「기대하는 수입을 효과적으로 얻는 일」이라고 해도 무방하다고 생각합니다. 그러나 소프트웨어 엔지니어라면 같은 업무, 즉 요구받은 소프트웨어를 창출시는 업무에 종사하게 됨으로써,

가능한 한 소프트웨어 개발업무의 효율을 올리는 것이 엔지니어에게 공통된 장점이라고 할 수 있습니다. 효율적으로 신속하게 작업을 추진할 수 있으면, 높은 능력을 가졌다고 평가되기 쉽고, 보다 높은 지위로 올라가기 쉽게 되어, 또한 작업시간을 줄이는 일로도 연결됩니다.

또한 소프트웨어의 고도화에 따라서 새로운 숙련도와 기법이 요구되는 상황에서는, 신기술의 이해와 습득을 계속하는 것도 엔지니어의 커다란 목표가 되어 있습니다. 그러나 누구에게나, 개발업무를 계속하면서 새로운 기술을 배우는 것은 굉장히 어려운 일입니다. 더구나 나날이 엄격한 요구 속에서, 장시간의 작업이 일상화 되어있는 임베디드 소프트웨어개발의 현장에서는 더욱 그렇습니다. 필요로 하는 지식이나 기술을, 가능한 한 단시간에 배우는 것이 목표의 하나라고 할 수 있습니다.

즉 엔지니어에게는, **효율적인 개발을 추진하는 능력과 기술을 빨리 몸에 익히**는 것이, 여러 가지 면에서 큰 상점이 된다는 것은 이론의 여지가 없습니다(그림 1-1).

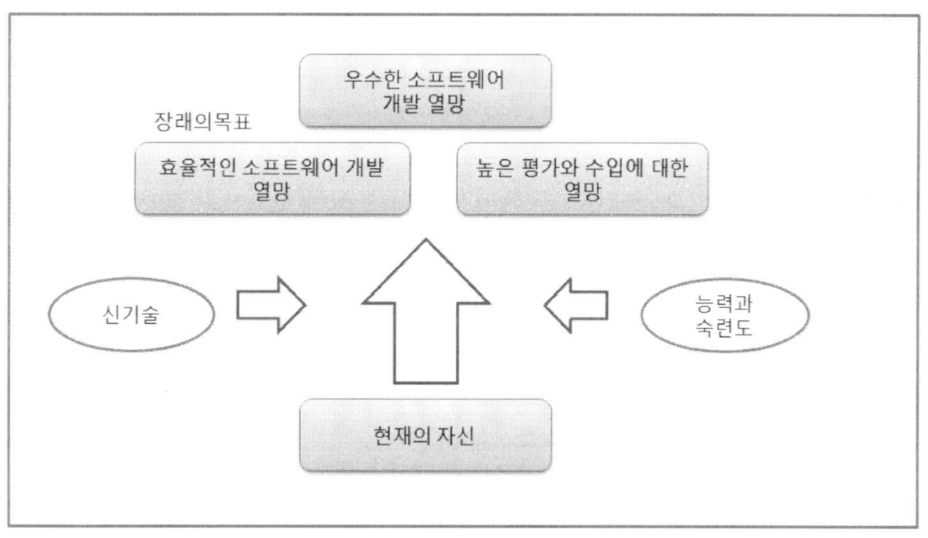

그림 1-1 소프트웨어개발자의 목표

그림 1-1에 기술한 것은 너무 추상적이어서, 실현하기 힘들다고 생각할 수 있습니다. 그리고 이와 같은 능력을 몸에 익히는 방법은 몇 가지 생각할 수 있지만, 최고의 방법을 시행착오 없이 발견하는 것은 어렵고, 또 여러 가지 해결방법을 고안하여 다시 그 중에서 적절한 방법을 선택하는 데는, 폭넓은 지식이나 소양을 필요로 하기 때문입니다.

그러나 앞서 지름길이 있다고 한 것은, 시행착오의 시간을 줄일 해법을 손에 넣는 방법이 바로 그것입니다. 구체적으로는 **다른 우수한 사람에게 생각하도록 하는 것**입니다.

과거 여러 가지 프로젝트에서 성공과 실패를 반복한 결과(실패한 쪽이 훨씬 많음), 어

떻게 하면 효율적으로 확실히 소프트웨어 개발을 성공시킬 수 있는가, 어떠한 기법을 적
용하면 효율적인가, 라는 지식이 축적되어 있습니다. 그러한 지식을 우수한 기술자나 연
구자의 손에서 완성되고 체계화된 것이, 이른바 소프트웨어 공학(Software Engineering)입
니다. 즉 소프트웨어 공학에 축적된 지식, 즉 우수한 엔지니어가 고심한 결과 터득한 기
법을 몸에 익힘으로써, 누구라도 간단히 가장 우수한 엔지니어의 능력의 일부분을 공유
할 수가 있는 것입니다.

소프트웨어 공학 속에서 필요한 부분을 선택하여 흡수하는 노력은, 여러 가지 목표를
실현하는 데 커다란 도움이 됩니다.

1.3 소프트웨어 공학의 활용

소프트웨어 공학이 효율적으로 고품질의 소프트웨어를 개발하기 위한 기법의 결집인
것은, 앞에서 말한 그대로 입니다. 그 일부를 몸에 익히는 것만으로도, 커다란 효과를 발
휘하게 됩니다.

공학이라 하면, 어렵다는 인상을 줄지도 모르겠습니다. 무언가 어려운 수식이나 법칙을
사용하여 소스코드를 해석하거나, 난해한 툴을 사용하거나, 쓸데없는 작업을 늘리거나…
그러나 실제로는, 소프트웨어 공학은 소프트웨어 엔지니어에게 어려운 것은 아닙니다. 왜
냐하면 매일 근무시간에 직장에서 실제로 반복하고 있는 익숙한 작업의, 효율적인 기법
을 모은 것일 뿐이며, 소프트웨어 엔지니어 개인의 전공분야의 지식의 연장일 뿐입니다.
소프트웨어 공학은 아주 가깝고 친하기 쉬운 기법의 결집입니다.

소프트웨어 공학을 터득하는 최대의 장점은, 같은 작업시간에 보다 높은 성과를 이루
는 데 있습니다. 소프트웨어 엔지니어의 시점에서 보면, 같은 작업이 단시간에 끝나거나,
같은 시간에 많은 작업을 끝내는 것이 가능하게 됩니다. 이것은 엔지니어로서의 평가에
직결되는 것입니다. 또 프로젝트의 관리자나 리더의 시점에서 보면, 같은 가동시간에 보
다 많은 공정을 소화하거나, 같은 공저을 보다 단시간에 달성하는 것이 가능하게 됩니다.

소프트웨어 공학(이라는 지식체계)에서 얻은 지식을 활용하는 것은, 개인은 물론 팀에
도 커다란 장점이 있는 것입니다.

본서에서는 실제 프로젝트에서 활용할 수 있는 요점을 구체적으로 설명함으로써, 이
책을 이해한 만큼 비례하여 효과를 얻을 수 있도록 해설을 하겠습니다. 학문을 닦기 위해
서는 전반적인 이해가 필요할지도 모르겠으나, 소프트웨어 엔지니어에게 필요한 내용을
효율적으로 몸에 익히는 것만으로도 큰 효과가 있으므로, 본서에서는 가능한 한 이론적
인 면은 피하여 기술하려고 애썼습니다. 또 일괄적으로 소프트웨어 공학이라 해도 너무

광범위하므로, 그 중에서도 임베디드 소프트웨어개발에 적합하다고 여겨지는 내용을 선택하여 소개합니다.

소프트웨어 개발 프로젝트는, ①고객의 요구를 분석하고, ②요구사항을 충족하는 소프트웨어를 설계하고, ③개발하여, ④충분한 테스트를 한 뒤, ⑤인도하는 프로세스입니다. 그 과정에서 이른바 **QCD**, 즉 **품질**(Quality)과 **비용**(Cost)과 **납기**(Delivery)의 밸런스를 가능한 한 높은 수준에서 추구할 것이 요구됩니다. 그러기 위해서는 **고객의 요구사항**을 정확하게 이해하고 목표를 설정하여, 이를 위한 적절한 방법을 선택하고 실행하는 것이 요구됩니다. 이것은 프로젝트의 모든 공정, 모든 단계에서 공통된 원칙입니다(그림 1-2).

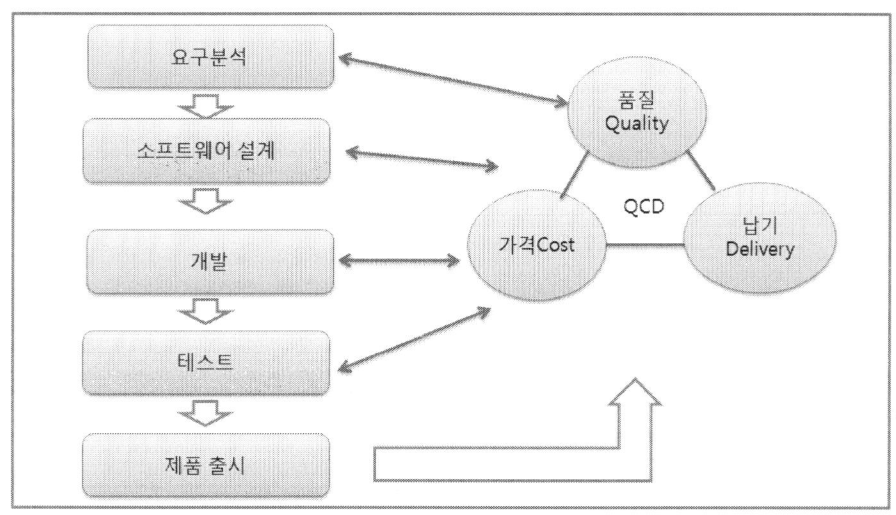

그림 1-2 일반적인 소프트웨어 개발 프로세스

프로젝트 전체에서는 「고객의 잠재적인 요구사항」이 요구사항이며, 그 제품개발을 의뢰하는 팀의 관리자나 리더의 관점에서는 「발주자의 요구조건」이 요구사항이며, 엔지니어 개인의 수준에서는 팀 속에서 「할당된 분담업무」가 요구사항이 됩니다. 목표를 이해하고 있지 않거나, 또는 목표를 오해하고 있는 상태에서는, 아무리 노력해도 기대한 대로 성과를 얻을 수 없는 것은 명백합니다.

목표를 올바르게 파악하고 있어도, 요구 받은 것을 "그대로" 성과로 실현한 것만으로는 충분하지만, 반드시 우수한 성과라고는 간주할 수 없는 케이스가 있습니다. 만약 우수한 성과를 얻고 싶다고 생각하는 경우에는, 가능한 범위에서 고객의 요구이상을 처리하는 일이 필요합니다. 물론 요구 수준이 엄격한 경우에는, 요구한 그대로의 소프트웨어를 개발하는 것이 우수한 성과라고 할 수 있습니다.

고객의 요구를 상회한다는 것은, 반드시 기능면에 국한한 것은 아닙니다. 개발현장의 재량범위는 정해져 있으므로, 마음대로 기능을 추가하거나 처리내용을 변경하는 것은 보통 허용되지 않습니다. 그러나 기능 이외에 개발기간•처리속도•비용•품질 등에서는 재량의 여지가 크며, 연구하고 노력함에 따라 높은 성과를 달성할 수 있는 케이스는 많을 것입니다. 보다 짧은 기간에 개발을 완료할 수 있으면, 여력을 새로운 기능에 할당할 수 있을지도 모릅니다. 처음부터 높은 품질의 소프트웨어라면, 테스트나 구현(기능의 추가)에 요하는 공수를 절감할 수 있습니다. 비용이나 처리속도도 마찬가지 입니다.

엄격한 기간과 비용의 개발을 실행하고 있는 가운데, 다시 기간이나 비용을 절감하는 등, 말로 하는 만큼 간단한 일은 아니라고 생각되지만, 확실히 지금까지와 같은 방법으로 소프트웨어를 개발하고 있는 한, 같은 개발효율 밖에 얻을 수 없는 것은 명백합니다. 같은 방법으로 무리라면, 다른 방법을 선택할 수밖에 없습니다. 그러나 개발업무와 병행하여 프로세스의 개선을 하는 것은 대단히 부담되며, 개개의 엔지니어가 고안한 방법은 실제로 시험해 보는 것 이외에 효과를 측정할 방법이 없습니다. 시행착오는 만일 실패한 경우에는 돌이킬 수 없는 결과가 되므로, 자신이 고안한 새로운 방식을 프로젝트에서 시험하는 것은 대단한 모험입니다.

이와 같은 경우에 소프트웨어 공학의 지식을 응용함으로써, 높은 성과를 얻을 수 있게 됩니다. 이미 우수한 엔지니어가 시행착오를 답습한 결과를, 그 장점과 단점을 이해한 다음에 채택하는 것입니다. 그것은 결코 쉽지는 않습니다만, 자신이 시행착오를 하는 것 보다는, 안전하고 쉽다는 것은 분명합니다.

외국의 임베디드 시스템에 대항할 수 있는 수준의 제품을 창출시기 위해서는, 소프트웨어 공학에 집적되어 있는 지식과 기법을 습득하여, 자신의 가능한 범위에서 적용하는 것이 용이하고 확실한 지름길입니다. 흔히 있는 문제를 해결하기 위해서는, 공학적으로 일반화된 기법을 사용하는 것만으로 충분합니다. 그리고 공학의 지식을 응용하여 얻은 여유를 제품 독자적 문제해결이나 기능개선에 할당하면, 진정 우수한 소프트웨어를 창출할 수 있겠습니다.

또한 소프트웨어 공학의 기법에는, 개발현장에서 직접 도움이 되는 커다란 장점이 또 하나 있습니다. 그것은 개발대상인 소프트웨어를 정확하게 표현하여, 개발 프로젝트 내에서 인식을 공유할 수 있다고 하는, 기술적인 커뮤니케이션을 향상시키는 효과입니다.

소프트웨어 개발 업무에는, 다른 공산품의 제품개발과 결정적으로 다른 점이 단 한 가지 있습니다. 그것은 **눈에 보이지 않는 제품을 만들지 않으면 안된다**는 제한입니다. 소프트웨어 개발에 특유의 여러 가지 장애물의 다수는, 이 「눈에 보이지 않는 제품을 만든다」라는 제한에서 생기고 있습니다. 그리고 고기능이면서 사용하기 쉬운 IT 제품을 잘 만든다는 한국인이나 한국기업이, 소프트웨어 산업에서는 세계에 통용하는 제품을 좀처럼 창출시기 못하는 근원적인 원인의 하나입니다. 그간 소프트웨어 공학의 발전에 따라 연구되어 온 소프트웨어 구조의 표현수단은, 소프트웨어를 눈에 보이는 형태로 표현하기 위해서 매우 도움이 됩니다.

소프트웨어 공학 뿐만 아니라 학문 분야에서는, 연구의 결과를 제 3자에게 정확하게 전하는 일을 중시합니다. 오해가 생길 여지가 있는 표현수단으로는, 내용이 올바른지 조차 모르기 때문입니다. 그래서 소프트웨어라는 것을 생각하기 위한 표기법이 연구되어 왔습니다.

눈에 보이지 않는 제품을 만들어내기 위해서는, 머릿속에서 제품을 형상화하여 설계를 진행해야 합니다. 그리고 다수의 멤버로 구성되는 팀에서 제품개발을 수행하기 위해서는, 팀의 멤버가 같은 형상을 공유하여 제품을 이해할 필요가 있습니다. 그러나 한국의 소프트웨어 개발에서는, **공정관리**나 **팀 관리**가 중시될 뿐이며, 이와 같거나 그 이상으로 중요한 **기술적 커뮤니케이션의 관리**가 경시되어 왔습니다.

연동하는 모듈을 개발하는 엔지니어끼리, 서로 모듈의 작성이나 동작을 정확하게 이해하고 있지 않으면, 실제로는 고기능 제품을 창출시는 것은 불가능합니다. 소프트웨어 개발에서는, 인터페이스 사양서 만으로 설계를 진행해버렸다는 경험이 있는 엔지니어도 적지 않을 것입니다. 마찬가지로 개발작업을 담당하는 엔지니어의 이미지를 관리자나 리더가 공유할 수 없으면, 작업을 진행하거나 문제를 해결하기 위한 적절한 지시와 어드바이스를 해줄 수 없습니다. 빌딩의 건설 프로젝트를 지휘하는 관리자가, 건축물의 구조를 이해하지 않고 프로젝트를 지휘하는 것은 있을 수 없다는 것을 누구나 알고 있습니다. 만일 건설 일정에 지연이 생겨도 「지연된 작업에 인원을 추가하라」 「문제점을 밝혀내어 각 리더가 내규대로 대처하라」 라는 일반적이며 불충분한 대책 밖에 지시하지 못하는 것은 명백합니다. 그러나 안타깝게도 한국의 소프트웨어 개발에서는, 관리자나 리더가 일정과 관리에 쫓겨서, 실제 소스코드의 구조나 처리 로직을 이해하지 못하고 개발을 지휘하는 일이 적지 않습니다. 특히 사양서나 설계 문서가 불충분한 경우에는, 소스코드를 읽지 않으면 동작이나 로직을 이해하지 못하므로 사실상 관리자나 리더가 소프트웨어의 상세함을 이해하는 것은 불가능합니다.

소프트웨어 공학을 사용함으로써, 공통된 커뮤니케이션 수단으로 소프트웨어를 표현할 수 있게 되어, 자기들이 개발하고 있는 제품을 정확하게 표현하고, 또한 형상화할 수 있게 됩니다. 예컨대 **디자인 패턴**의 기법을 주요 멤버가 이해하고 있으면, 「○○ 패턴」 이라는 것만으로 소프트웨어의 클래스 구조와 동작이나 장점 단점을 정확하게 공유할 수 있습니다. 또한 **DFD**(Data Flow Diagram : 자료흐름도)나 **ERD**(Entity-Relationship Diagram : E-R도), **UMLD**(Unified Modeling Language Diagram : UML도), **상태전이 매트릭스**(상태전이의 조합을 정리한 것)라는 표기법을 팀 전체가 이해하고 있으면, 다량의 설명문을 사용한 사양서보다도 간단하면서 정확하게, 소프트웨어의 동작이나 구조를 표현하여 전달할 수가 있습니다.

소프트웨어 개발 프로젝트 뿐 아니라 제품개발에서는, 작업을 예정대로 추진하는 것만으로는 부족하며, 정해진 동일한 기간과 비용으로 기대 이상의 기능과 품질을 갖추면, 비로소 시장에서 평가되어 고수익을 가져오는 상품이 됩니다. 강한 소프트웨어 제품, 우수한 소프트웨어 제품을 창출시는 팀이나 조직을 형성해가기 위해서는, 소프트웨어 공학의 지식이 커다란 역할을 하게 될 것입니다.

1.4 본서의 목표

본서는 이미 임베디드 소프트웨어개발에 참여하는 소프트웨어 엔지니어뿐만 아니라, 오픈업무 시스템 등에서 소프트웨어 개발의 경험은 있지만 임베디드 소프트웨어개발에 처음 참여하는 엔지니어도 독자로서 인식하고 있습니다.

최근 비약적인 발전을 이루고, 앞으로 더욱 고도의 시스템 개발이 요구될 임베디드 소프트웨어개발에 대한 해설과, 임베디드 시스템의 기본적인 개발방법, 특유의 기법, 그리고 개발방법론을 순서에 따라 설명해가도록 합니다.

또한 임베디드 시스템 개발에서 도움이 되는, 기초적인 코딩에서 프로젝트 관리 방법론까지 부각함으로써, 엔지니어에서 관리자나 팀 리더까지 유익한 최신 숙련도나 기법도 해설하고 있습니다. 독자가 가진 경험이나 기술을 토대로, 그것을 정리해서 더욱 높이기 위해 필요한 지식에 대하여 설명하려고 합니다.

현재 실제로 개발을 담당하고 있는 엔지니어에게는, 개발기법은 현재의 실무에 직접 도움이 되며, 관리기법의 지식은 리더가 어떻게 생각하고 업무나 문제대책의 지시를 하고 있는가를 정확하게 이해하는 도움이 됩니다. 현재 관리자나 팀 리더의 입장에서 임베디드 소프트웨어개발을 추진하고 있는 분에게는, 관리 방법론이나 프로젝트의 관리기법 등 직접 업무에 활용할 수가 있습니다. 또 개발에 관한 지식은 팀 멤버를 적절하게 지도하고, 개개 멤버의 숙련도를 끌어올려 자신의 팀의 능력을 보다 강화하기 위해 효과가 있습니다.

본서에서는 소프트웨어 개발에 빠질 수 없는 설계나 기법을 설명할 것입니다. 도중에 객체지향에 관한 용어가 많이 나옵니다만, 앞으로 임베디드 시스템에는 필수라고 생각하여 사용하고 있습니다. 객체지향에 대해 부담이 되는 분은 먼저 제 11장을 보시기 바랍니다. 제 11장에서는 임베디드 시스템의 객체지향에 대한 설명을 하고 있습니다.

어떤 개발 분야라도 같은 프로젝트란 것은 존재하지 않습니다. 같은 발주조건, 같은 멤버로 같은 기능을 개발한다는 것은 있을 수 없습니다. 따라서 엔지니어는 가능한 한도 내의 옵션을 비교해서, 그 장점과 단점을 확인한 다음 최적의 방법을 선택하지 않으면 안됩니다. 본서는 그때 임베디드 시스템의 소프트웨어 개발에 적용할 수 있는 옵션을 알기 쉽게 설명하는 것을 목표로 하고 있습니다.

　본서에서, 임베디드 소프트웨어개발이라는 분야에서, 일반적인 기법이나 방법론, 최신의 설계기법이나 지식체계에 대하여 언급함으로써, 소프트웨어 엔지니어의 시야를 넓힐 수 있게 되었으면 합니다.

임베디드 시스템

임베디드 시스템은, 가전제품이나 자동차, 휴대전화, 기타 공업기기 제품 등의 장비에 내장되는 컴퓨터 시스템입니다. 특히 임베디드 시스템의 소프트웨어는, 주로 ROM 등 출시 후에 쉽게 변경되지 않는 기록 매체에 보존되어, 장비의 제어에 사용됩니다.

2.1 소프트웨어의 개발과 임베디드 시스템

임베디드 시스템(Embedded System)은 PC와 마찬가지로, 메모리상에 있는 소프트웨어(Software)가 CPU 또는 MPU 라고 하는 프로세서에서 실행되어 주어진 목적을 달성하는 컴퓨터시스템입니다. 소프트웨어의 실행에 필요한 정보를 기억하는 워크 에리어에는, 보통은 소량의 RAM(Ramdom Access Memory: 읽고 쓰기가 가능한 메모리)이 내장되어 있습니다. RAM의 사이즈는 PC나 워크스테이션과 비교하면 상대적으로 작고 얼마 되지 않는 경우가 대부분입니다.

임베디드 시스템은 제품 고유의 하드웨어(Hardware)를 제어하는 역할을 하는 일이 많은 데, 소프트웨어가 자주 디바이스(Device)에 직접 액세스 하여 하드웨어를 컨트롤합니다. 그와 같은 소프트웨어를 임베디드 소프트웨어(Embedded Software)라고 하며, 주로 ROM(Read Only Memory : 읽기 전용 메모리)에 보존됩니다. Windows나 Linux, Java 등의 O/S 나 실행 환경에서는 의식하지 않고 실행되는 하드웨어 고유의 제어(Control)처리가, 어플리케이션층에 까지 영향을 주는 일도 있습니다.

표 2-1과 같은 하드웨어와, 그것을 제어하는 CPU와 소프트웨어로 된 장치 전체가, 그림 2-1과 같은 임베디드 시스템으로 됩니다.

임베디드 시스템을 제어하는 소프트웨어는 하드웨어에 고정적으로 내장되어 있기 때문에, 자유롭게 추가•삭제할 수 있는 소프트웨어보다도 하드웨어에 가까운 성격이 됩니다. 그래서 소프트(Soft : 부드러운)와 하드(Hard : 단단한)의 중간 소프트웨어라는 의미로서, 펌웨어(Firm-Ware)라고 부르는 일도 있습니다. Firm 이란 「견고한」 「변함없는」 이라는 뜻의 영어입니다.

또한 펌웨어라는 표현은 「ROM에 쓰여진 소프트웨어」 라는 의미로 오랫동안 사용해 왔기 때문에, 고도의 O/S와 소형 하드디스크 드라이브 등을 내장한 임베디드 시스템에는 적합하지 않다는 생각도 있습니다. 본서에서는 하드웨어와 그것을 제어하는 장치를 「임베디드 시스템」, 임베디드 시스템에 사용되는 소프트웨어 및 프로그램을 모두 「임베디드 소프트웨어」, 임베디드 시스템용의 소프트웨어 개발공정을 「임베디드 소프트웨어개발」 이라고 표기합니다.

[표 2-1] 전용 하드웨어

장치명	기능과 용도
DSP(디지털 신호 프로세서)	대량의 디지털 데이터에 대한 연산을 고속으로 실행하는 장치(칩)
FPU(수치 연산 프로세서)	부동 소수점 연산 등을 고속으로 실행하는 칩
GDP(그래픽 표시 프로세서) GDC(그래픽 표시 컨트롤러) VDP(비디오 표시 프로세서) CRTC(CRT 컨트롤러) 등	TV 모니터나 LCD에 화상을 표시하는 처리를 전문으로 하는 칩. 비디오 메모리 내의 데이터를 고속 처리하는 기능도 내장하고 있는 일이 있다.
GPU(그래픽 처리 유니트)	화상 표시 데이터를 처리하는 칩 중, 특히 연산 능력이 높은 것을 가리킨다. 2D의 이미지 처리뿐만 아니라, 3D그래픽 처리나, 동영상처리 등의 기능을 가진 제품도 있다.
사운드 프로세서	의사적인 서라운드 효과를 위한 3D 음장처리나, 음성 코딩처리, 주파수 해석 등을 하드웨어에서 하는 칩
PCM 음원 FM 음원 PSG 음원 비퍼 등	음성이나 멜로디를 재생하는 하드웨어 칩
2차 기억장치 하드 디스크 SD 메모리 내장 Flash 메모리 등	데이터를 보존하기 위한 기억 디바이스. 불휘발성 메모리나 자기기록 장치 등이 많이 사용된다.
촬영소자(카메라)	광학 영상이나 화상을 전자적으로 촬영하기 위한 디바이스. 해상도나 컬러/흑백 등 여러 가지 변동이 있다.
LCD(액정 디스플레이)	도트 매트릭스 표시나, 패턴표시(탁상전자계산기 등의 디지털 숫자표시)의 기능을 가진 표시 디바이스. 저소비 전력으로 고속 표시가 가능.
LED 램프 등의 표시장치	발광에 의해 통지되는 인디케이터로서 사용된다. 색이나 형상 등 상당히 많은 종류가 있다.
버튼 스위치 키 죠이 스틱 등의 입력장치	기기 조작을 전기적인 언•오프나 아날로그 양으로 입력하는 장치
온도 회전수 전압 가속도 등의 각종 센서	외계의 정보를 전기신호로 변환하는 센서 장치. 임베디드 시스템에서 데이터를 취급하기 위해서는, DA 컨버터로써 디지털 데이터로 변환할 필요가 있다.
모터	전기 신호에 따라 제어되고, 기계적인 동작을 하는 동력장치

솔레노이드 등 각종 액추에이터	
AD•DA 컨버터	전압 등의 아날로그 값을 디지털 데이터로 변환하거나, 반대로 디지털 데이터를 아날로그 신호로 변환하는 칩이나 장치
USB 인터페이스 장치	USB 인터페이스로 데이터 통신을 위한 신호제어를 하는 칩
네트워크 장치	LAN 등 유선 네트워크로 데이터 통신의 신호제어를 담당하는 칩
무선 디바이스 (Bluetooth•Wireless LAN•전용통신장치 등)	무선 네이버 통신을 위해, 선파와 신호의 제어를 전문으로 하는 칩이나 장치
프린터	종이나 필름 등에 인쇄를 하는 출력장치

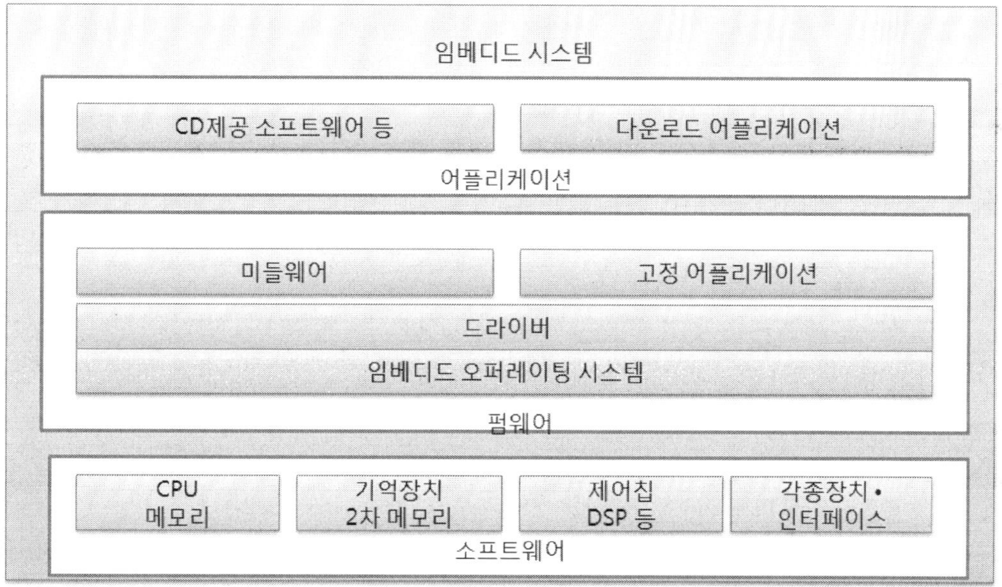

그림 2-1 임베디드 시스템의 구성

〈설명 2-1〉

임베디드 소프트웨어개발이라고 한마디로 말하지만, 제품기능이나 개발 프로젝트의 규모에는 상당히 큰 차이가 있습니다. 본서에서는, 임베디드 O/S를 내장하여 다양한 어플리케이션이 동작할 수 있는 대규모 제품에서 소규모 제품까지 대상으로 하기 때문에, 임베디드 시스템에 따라서는 적합하지 않은 경우가 있을 수 있다.

2.1.1 임베디드 소프트웨어의 개발

임베디드 소프트웨어개발은 한국의 소프트웨어 산업에서 보면 1990년 후반부터 관심을 갖게 된 분야의 하나입니다. 개발되는 소프트웨어는 시대에 따라 크게 변화하고 있으며, 특히 최근의 휴대전화, 디지털 가전이나 IT 가전 등으로 불리는 컴퓨터를 내장한 전자제품의 발달과 내비게이션등의 자동차 IT 등으로, 현저한 변화가 생기고 있습니다. 임베디드 소프트웨어는 고기능화의 발전을 거듭하면서, 10년 전이라면 PC나 워크스테이션으로 실행되었던 규모의 소프트웨어가 내장되는 수준에 이르렀습니다.

종래의 임베디드 소프트웨어개발에서는, 사용자의 요구수준이나 하드웨어의 제한에 따라

- 고속처리
- 작은 프로그램 사이즈(풋 프린트)
- 견고한 처리

를 실현하는 것이 중요시 되어 왔습니다. 그래서 과거의 프로젝트에서 연구에 연구를 거듭해온 개발 프로세스나 기법은, 이러한 요구를 충족하는 것을 목적으로 하고 있는 경우가 많이 있습니다. 명시적이든 암묵적이든 프로젝트의 룰•체제•코딩 규약•공정의 순서나 흐름 등 여러 가지 면에서, 이 분야 전문가들의 여러 가지 연구와 노력이 결집되어 있는 것입니다.

그러면 현재나 장래의 임베디드 소프트웨어개발 프로젝트에서, 이러한 결실은 충분히 효과를 발휘하게 됩니다. 왜냐하면 사용자의 요구는 항상 과거의 수준에서 발전 개선되어 나타나는 것이기 때문입니다. 새로운 제품에는 신기능에 추가하여, 당연히 지금까지의 제품이 가지고 있던 기능은 계속 제공되는 것이 요구됩니다. 보통 원가 절감을 수반하지 않는 **다운 - 그레이드(Down Grade)**는 시장에 받아들여지지 않습니다. 고기능이거나 복잡한 사용자 인터페이스를 가진 임베디드 시스템이라도, 지금까지 그대로의 고속성 • 견고성을 실현한 다음, 다시 추가 기능이나 알기 쉬운 사용자 인터페이스를 요구하게 되는 것입니다.

따라서 최근의 고기능 임베디드 소프트웨어개발 프로젝트에는, 종래에 쌓아 올린 것을 살리면서 새로운 기법을 도입한다는 어려운 운영 방향이 요구됩니다. 그리고 그 어려움 때문에 새로운 기법을 도입하는 것을 피하고, 공수의 추가 투입이나 잔업 등의 힘을 쓰는 기술로 극복해버리는 프로젝트가 많이 있는 것도 사실이며, 이것은 바람직한 자세와 행동이 아닐 것입니다.

임베디드 선진국 일본의 경우는 제조업이 발달해 있었으므로, 임베디드 소프트웨어도 1980년대라는 지극히 빠른 시기에 개발이 시작되었습니다. 당시에는 소프트웨어 규모도 작고, 적은 인원의 프로젝트로 개발했기 때문에, 기술이 체계화되기 어려운 상황이 잠시 계속되었다고 합니다. 그래서 숙련도나 기법은 엔지니어 개인에게 축적되는 것이 대부분이며, 다시 그 전개와 기술 이전도 업무를 통하여 전달하는 "배우기보다 익숙하라"는 방

식이 되는 경향이 있었다고 합니다. 개발 멤버가 적기 때문에 역할 분담도 애매하여, 입장이나 공정에 따라 필요로 하는 숙련도와 기법이 명확하게 정리되지 않은 채로, 엔지니어의 역량에 의존하여 개발하는 스타일도 많았다고 합니다. 이러한 흐름이 계속된 결과, 기간 시스템이나 오픈업무 시스템의 개발 프로젝트와 비교하면, 특급전문가 엔지니어의 숙련도나 기법에 의존하기 쉽게 되었다는 점을 참고하기 바랍니다.

2.1.2 과거의 개발 스타일

한국의 임베디드 소프트웨어개발 스타일이 가진 장점은 설계력입니다. 즉 외국제품 보다도 우수한 기능과 기술을 겸비한 소프트웨어를 고안하여 설계할 수 있는 높은 능력이 있는 점입니다. 특급전문가 엔지니어의 고도한 숙련도에 의존해 왔기 때문에, 반대로 엔지니어가 제품개발에 관여할 기회가 많은 상황이 발생하였습니다. 그 결과, 순수하게 엔지니어링 시점에서 제품을 개선하는 효과가 작용하여, 보다 고도의 사용하기 쉬운, 매력적인 제품이 창출되어 왔습니다(그림 2-2).

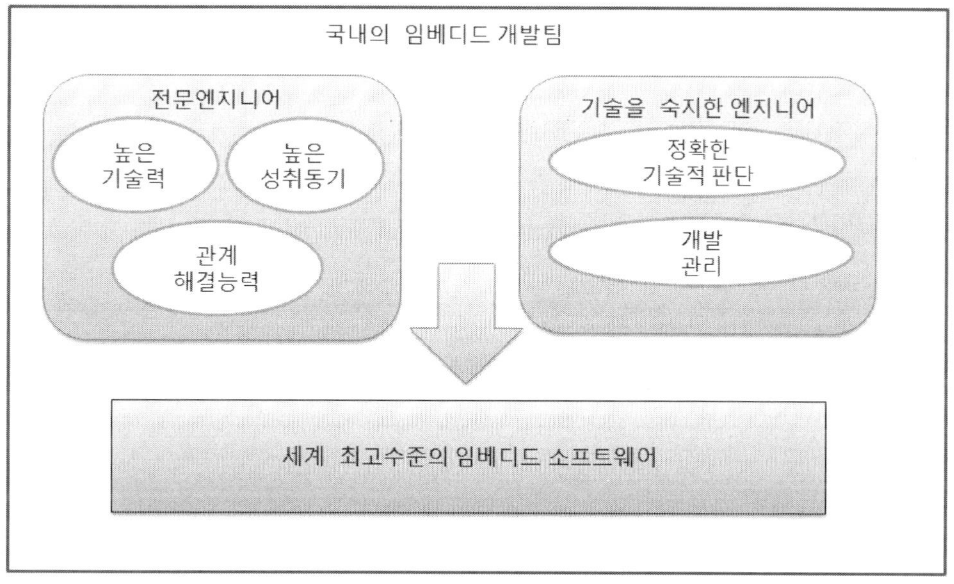

그림 2-2 과거의 임베디드 소프트웨어개발 스타일의 장점

임베디드 소프트웨어개발의 특급전문가에는 당연한 일이어서 금방 느끼지 못하는 장점인지도 모르겠습니다만, 다른 분야의 소프트웨어 개발과 비교하면 잘 알 수 있습니다.

한국의 오픈업무 시스템의 개발에서는, 안타깝게도 제품의 국제 경쟁력을 잃어버리고 있으며, 외국제품에 대항할 수 있는 소프트웨어가 창출되지 못하고 있는 상황입니다. 기반이 되는 소프트웨어의 대부분은 해외에서 개발된 것이며, O/S•각종 서버•데이터베이스 관리 시스템•엔터프라이즈 개발 프레임 워크•GUI 프레임 워크 등 여러 가지 장르를 내다보아도, 세계적으로 사용되는 한국산 소프트웨어는 거의 존재하지 않습니다. 장래 주류의 하나가 될 Web 서비스 분야에서도 Google사나 Microsoft사에 버급가는 서비스를 제공하는 한국기업은 없고, 기술적으로도 가상 서버 등을 비롯하여, 장래의 기반이 되는 테크놀로지는 모두 외국제품에서 창출되고 있습니다.

그래서 오픈업무 시스템의 개발 프로젝트에서는, 설계력을 발휘할 기회는 「해외산 플랫폼의 능력을 얼마나 최대한으로 끌어낼 것인가」 라는 것에 한정되어, 해외제품을 초월하는 기능이나 기술이 있는 제품을 개발하는 것은, 처음부터 목표가 아니었습니다. 반대로 기능면에서는 아무리 노력해도, 외국산 플랫폼이 가지고 있는 이상의 기능은 고객에 제공할 수 없기 때문에, 필연적으로 개발 비용이나 개발기간이 경쟁의 중심이 되어 왔습니다.

그 결과 한국 국내 오픈업무 시스템의 개발 스타일의 개선은 2가지 방향으로 추진되었습니다. 하나는 설계 기법이나 개발 방법론의 개선, 즉 설계 관리입니다. 구미의 플랫폼을 도입함에 따라서, 구미에서 고안된 최신의 설계 기법이나 개발 방법론이 원활하게 받아들여져서, 개발 비용 저감이나 기간 단축에 활용되어 왔습니다. 이것은 임베디드 소프트웨어개발에서도 보고 배워야 할 점입니다.

또 한 가지의 개선은 신중하게 도입하지 않으면 안 됩니다. 그것은 **공정관리**의 개선입니다. 비용의 저하나 납기의 단축을 경쟁하는 상황에서는, 예정대로 개발을 추진하는 것이 아주 중요하며, 예산•기간의 지연은 경쟁상의 치명상이 됩니다. 그것에 비하여 기능면이나 기술면에서는, 플랫폼이 가진 기능을 초월한 결정적인 차별화가 이미 불가능하므로, 설계력이나 기술력에 대해서는 평균적인 수준을 명백히 하는 것만 요구되고 있습니다. 그래서 오픈업무 시스템 개발에서는, 프로젝트의 비용이나 공정을 관리하는 능력이 지나치다고 할 정도로 중시되어 왔습니다.

임베디드 소프트웨어개발 분야에서는 외국시장이 큰 역할을 차지하고 있으므로, 요구되는 소프트웨어의 기능 수준도 전혀 다릅니다. 어떤 외국 소프트웨어도 실현하고 있지 않은 기능을 실현하고, 문자 그대로 세계 제일의 매력적인 소프트웨어를 개발하는 것이 필요하다는, 한 단계 높은 수준의 능력을 요구하고 있습니다. 그리고 엔지니어 개인의 숙련도가 주체가 된 개발 스타일을 채택하고 있었기 때문에 그야말로, 이른바 기술자가 제품의 기능강화를 추진할 수 있었습니다.

공정관리자는 수치와 인간의 관리에 뛰어난 인물이 담당합니다만, 안타깝게도 세계 최첨단의 소프트웨어 기술사정에는 밝지 못한 케이스가 적지 않습니다. 한국 국내의 오픈업무 시스템의 개발 프로젝트에 많이 있는, 「관리자」 만이 주도권을 가지고 엔지니어가 단순히 개발 담당자로 참여되는 개발 스타일에서는, 세계 최고의 기술과 기능을 가진 소프트웨어는 탄생하기 어렵습니다. 구미의 엔지니어 직종이라면 **아키텍트(Architect)**라고 불리는 고도의 엔지니어가 프로젝트의 중심에 추가되어 활약할 수 있다는 큰 장점이 존재하고 있기 때문에 그야말로, 종래의 임베디드 소프트웨어개발 스타일로 세계 제일의 임베디드 소프트웨어를 창출할 수 있었던 것입니다.

임베디드 소프트웨어개발과 오픈업무 시스템 개발에서는, 같은 관리 능력이나 소프트웨어 기술이라도, 요구되는 수준이나 우선도가 다른 것에 주의가 필요합니다. 제 10장에서 상세하게 기술합니다만, 각기 소프트웨어 분야의 배경을 이해하고, 종래의 임베디드 소프트웨어개발 스타일의 단점뿐만 아니라, 장점을 바르게 인식하는 것이 올바른 개발 프로세스의 개선으로 이어집니다.

2.1.3 개발 스타일의 개선

과거의 임베디드 소프트웨어개발에서는, 특급전문가의 개인적인 숙련도에 의존한 소프트웨어 개발이 주류를 이루고 있었습니다. 이와 같은 상황에서는, 아무리 우수한 엔지니어라도 개발력의 원천이 되는 기존 숙련도와 전통을 지키려고 하며, 그것이 새로운 개발 기법이나 툴에 대한 심리적인 저항으로 확산되게 됩니다. 왜냐하면 자신이 성장한 과정에서 새로운 방법이 아니라 과거의 기법을 배워서 계승함으로서 어려움을 이겨냈기 때문입니다. 지금의 특급전문가 엔지니어가 신인이었을 무렵에는, 임베디드용 툴이나 기술서적 등은 지금과 비교할 수 없을 정도로 적고 내용도 한정적이었으므로, 새로운 기법의 효과에 회의적인 인상을 가지는 것은 당연합니다. 또한 그러한 상황에서도 한국의 소프트웨어개발을 지탱해온 선배들의 노력과 능력은, 훌륭한 것이었습니다.

그렇지만 이와 같은 역사적 배경에서, 「신 기법은 리스크가 높다」 「도입에 시간이 걸린다」 「배우는 것에 비해 효과가 낮다」 는 등의 이유로 경원하는 경향이 크게 남아 있습니다. 신기술을 시기적절하게 흡수하려고 하는 오픈업무 시스템과의 커다란 차이입니다.

그러나 최근에 제품기능의 고도화에 따라서, 개발의 특징은 크게 변해가고 있습니다. 종래에 PC나 서버로 밖에 실행하지 못했던 규모나 기능을 가진 어플리케이션이 임베디드 시스템에 계속 내장되어, 더욱 자주 버전 업 되고 있습니다. 종래와 같은 엔지니어 개인의 숙련도에 의존하는 개발 스타일에서는 대처할 수 없는 시스템이 증가하여, 근본적인 대책이 요구되고 있습니다.

이러한 것은 체계적인 설계·개발·테스트 등이 필요하다고 여겨지게 합니다. 이때에는 과거에 비슷한 규모의 개발을 반복함으로써 고안된 오픈업무 시스템의 설계기법이나 툴 활용 등의 효율화 수단이 많이 참고가 됩니다.

이와 동시에 한국의 오픈업무 시스템 개발에서는 국제 경쟁력을 잃고, 더구나 장기간

회복할 수 없다는 객관적인 사실을 냉정하게 인식하지 않으면 안 됩니다. 더욱이 한국의 오픈업무 시스템 개발에서 잃어버린 장점을, 임베디드 소프트웨어개발에서도 마찬가지로 잃어버리지 않기 위해서, 개발 스타일의 취사선택이 필요하게 됩니다.

구미와 같은 수준인 오픈업무 시스템의 설계기법이나 개발 방법론은 적극적으로 도입하고, 개발 팀 체제에 대해서는 종래의 임베디드 소프트웨어개발 스타일의 장점을 유지하면서 개선해 나감으로써, 양자의 장점을 융합시킨 임베디드 소프트웨어개발 스타일의 수준을 한층 높일 수가 있는 것입니다(그림 2-3).

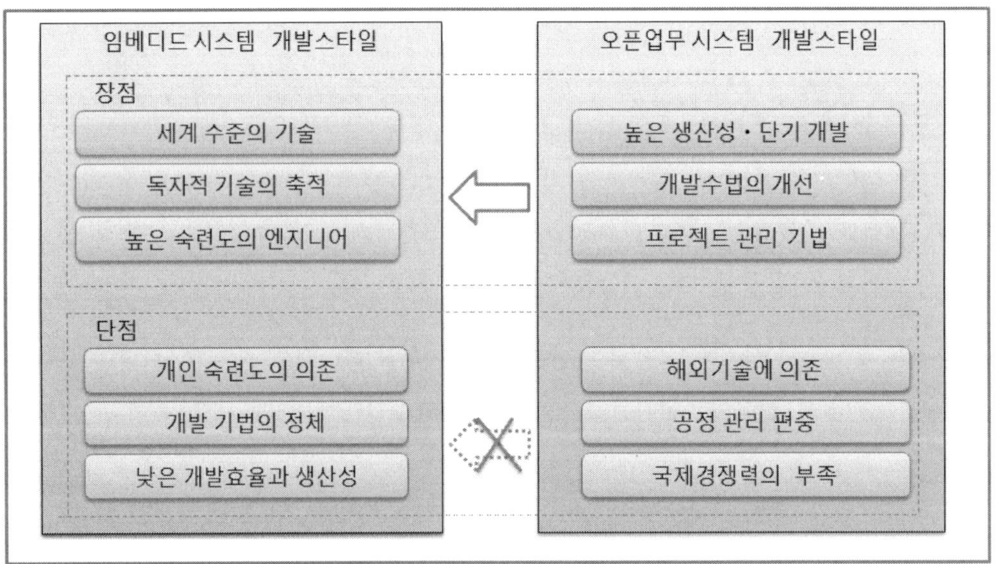

그림 2-3 개발스타일의 개선 방향

2.2 개발업무의 스타일과 특징

임베디드 소프트웨어개발은 일반적인 PC나 서버용 소프트웨어 개발과 여러 면에서 비슷합니다. 시스템을 내장하는 제품의 개발이 결정되면, 장비 메이커가 프로젝트를 개시하여, 사내 및 소프트웨어 개발기업에서 팀 활동을 시작합니다. 개발 팀의 인원수는 개발단계에 따라 크게 변화합니다. 설계 당초에는 메이커의 기획부문이나 프로젝트의 핵심개발요원 중에서 사양책정이 추진됩니다. 그리고 개발을 시작함과 동시에 설계와 코딩을 담당하는 요원이 투입됩니다.

코딩작업은 담당하는 모듈마다 팀을 짜서 추진하는 방법이 일반적입니다. 팀 단위로 코딩에서 결합 테스트까지 실행합니다만, 팀에 따라 담당하는 소프트웨어 개발회사가 다른 경우도 많이 있으므로, 팀 간의 원활한 커뮤니케이션을 하는 체제가 반드시 필요합니다. 팀 간의 의사소통이나 정보공유에 문제가 있으면, 프로젝트에 치명상이 될 우려가 있습니다. 각 개발 팀은 먼저 상세한 사양서(구조 사양서) 작성 등 세부 설계 작업을 하고, 비교적 짧은 기간에 코딩 공정을 완료시킵니다. 여기서 말하는 코딩이란, 모듈 단위로 소통확인을 할 수 있는 수준까지의 모든 코드를 단번에 기술하는 작업입니다. 그 후에는 테스트 공정으로 이동합니다. 테스트 공정이라 해도 프로그램의 확인만 하는 것이 아니라, 기기의 테스트도 있습니다. 프로그램에 문제점이 있는 경우에는 소스코드를 수정할 필요가 있으므로, 코딩 공정에서 테스트 공정까지의 전 기간에서 소스코드의 변경이 발생합니다.

테스트 공정은 함수 단위나 클래스 단위의 동작을 확인하는 테스트와, 함수끼리나 클래스끼리의 연결동작을 확인하는 테스트로 이분됩니다. 테스트 공정의 호칭은 프로젝트나 기업에 따라 여러 가지입니다만, 전자는 **단품 테스트**나 **모듈 테스트**, 후자는 **결합 테스트**나 **프로그램 테스트**, **시스템 테스트** 등으로 불립니다. 본서에서는 혼란을 피하기 위해 「단품 테스트」와 「결합 테스트」로 표기합니다만, 공정 명은 프로젝트의 룰에 따라서 바꾸어 주십시오.

시스템 전체의 개발기간 중에서, 각 팀의 작업기간이 다른 것은 보통입니다. **드라이버나 미들웨어**나 **공통 사용자 인터페이스 기능** 등은, 다른 시스템이 개발에 착수하기 전에 어느 정도 완성되어 있어야 하므로, 시스템 개발의 초기에 집중적으로 개발됩니다. 새로운 하드웨어에 의존하는 모듈은 하드웨어가 완성된 뒤에 테스트를 하므로, 개발기간의 후반에 비중이 커집니다. 이와 같이 실태에 맞추어 개발계획이 세워집니다. 테스트 공정에서는 **테스터(Tester)**라고 하는 확인 작업에 전념하는 요원이 추가되는 일도 있습니다.

결합 테스트에서 정상 동작이 확인된 모듈은, 다른 모듈과의 연동을 검사하는 단계로 나아갑니다. 이 단계의 테스트를 **통합**이나 **통합 테스트** 등으로 부릅니다. 본서에서는 모듈 간의 통합작업을 「통합」으로 표기합니다.

비동기 처리(상세한 것은 제 2.5절)의 관계에서, 통합에서는 여러 가지 문제가 표면화되는 일이 많습니다만, 그것을 극복하고 무사히 작업이 완료되면, 모듈의 개발작업은 종점으로 향합니다. 핵심요원을 남기고 개발 담당자나 테스터 등은 다른 팀에 할당되는 일도 있습니다. 그렇지만 다른 팀이 개발을 하고 있는 단계에서는, 다른 모듈의 변경에 의한 변경요구가 발생할 가능성이 있으므로, 변경에 대비할 수준의 팀은 유지됩니다.

모든 모듈의 통합과 하드웨어 개발, 매뉴얼 작성 등을 완료하면 개발작업은 종료되며, 제품이 출시됩니다(그림 2-4).

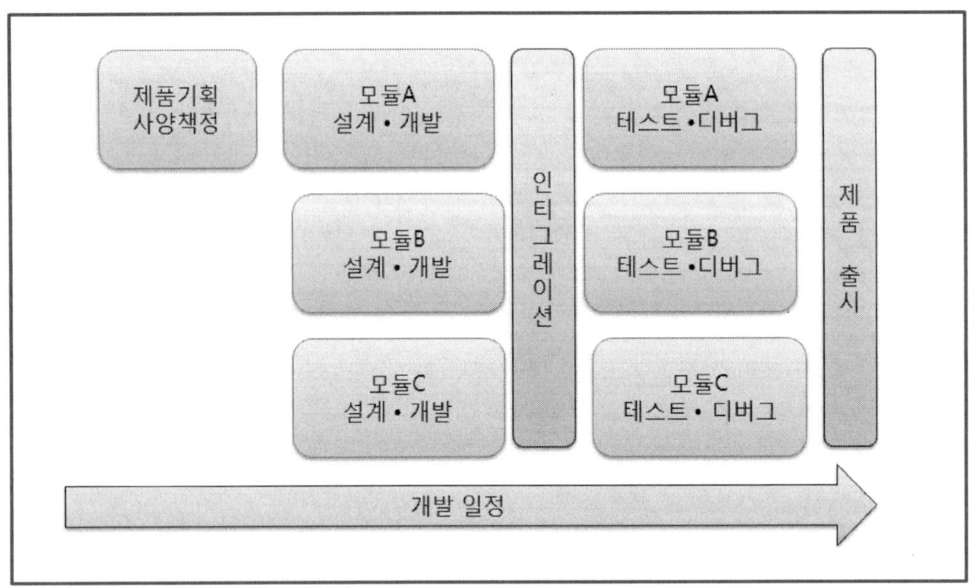

그림 2-4 임베디드 개발의 흐름

임베디드 개발 프로젝트의 흐름(그림 2-5)은, 오픈업무 시스템 개발 프로젝트의 흐름과 비교하여 다음과 같은 특징이 있습니다.

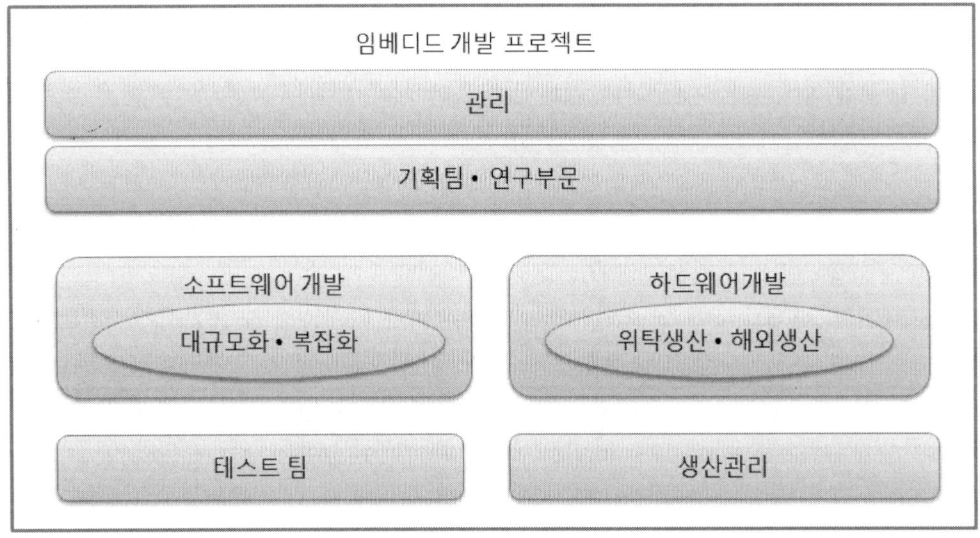

그림 2-5 임베디드 개발의 프로젝트 구성과 변화

- 제품의 개발 환경은 독자적이다
- 소프트웨어가 전용 하드웨어와 병행하여 개발된다(**Concurrent 개발**이라고 한다)
- 독자적인 사양의 프레임 워크나 라이브러리를 사용하는 일이 많다.
- 크로스 플랫폼 개발이 일반적으로 적용된다.
- 엔지니어 개인의 숙련도나 기법에 의해 프로젝트가 유지되고 있는 경우가 많다.

임베디드 소프트웨어개발 프로젝트에서는 **폭포수[1]**(Water-fall)형 개발기법이 많이 채택되어 있습니다(그림 2-6). 임베디드 소프트웨어는 대상 하드웨어의 모델 체인지에 맞추어 출시되기 때문에, 오픈업무 시스템 같은 **애자일[2]**(Agile)형개발기법을 적용해도 장점 보다 단점 쪽이 강하게 나타난다고 생각해왔습니다(또는 개발기법의 선정을 하지 않고 무조건으로 폭포수형 모델을 계속 채택해 오고 있는 제품도 적지 않을 지도 모른다).

그러나 휴대전화나 카 내비게이션 시스템 등, 다종다양한 기능을 가진 복잡한 임베디드 시스템에서는, **나선[3]**(Spiral)형 개발기법을 사용하는 케이스도 증가하고 있습니다(그림 2-7). 출시되기까지 주요기능을 병행하여 개발되는 폭포수형 개발기법에서는, 최후의 통합 단계에서 문제가 생기는 일이 많기 때문입니다.

---

1) 개발의 각 공정은, 전(前) 공정이 완전히 완료되고 나서 다음의 공정으로 나아가며, 기본적으로 전 공정으로 돌아가지 않는 개발기법
2) 나선형 개발기법 등의 반복형 개발기법을 발전시킨 개발기법으로서, 동작 가능한 소프트웨어를 만들어 소프트웨어를 평가 하고 피드백을 받으면서 개발을 추진해간다.
3) 시스템 개발의 공정을 짧게 설정하고, 설계→개발→테스트를 단기간에 반복하면서 완성으로 다가가는 개발기법을 말한다.

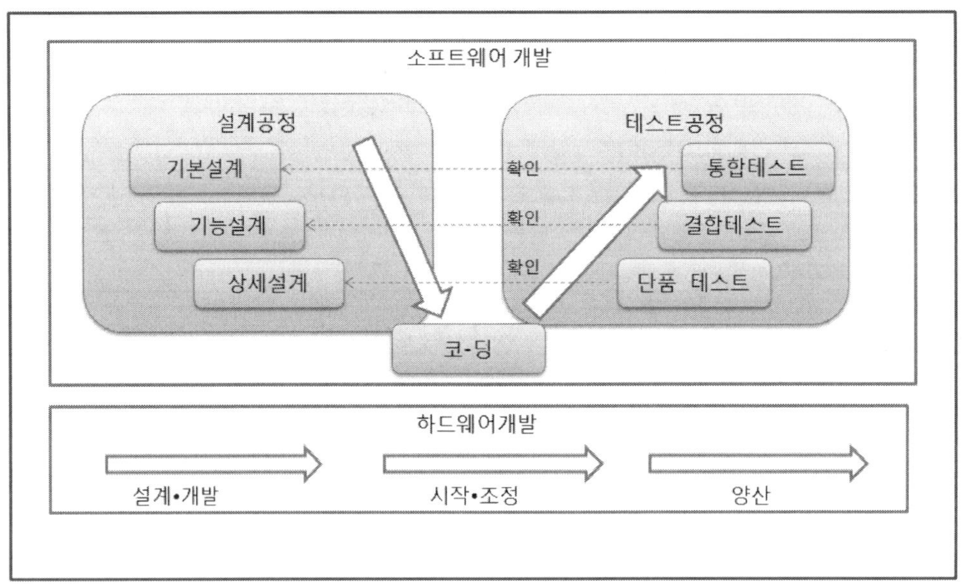

그림 2-6 임베디드 개발에서 폭포수(Water-Fall)형 개발

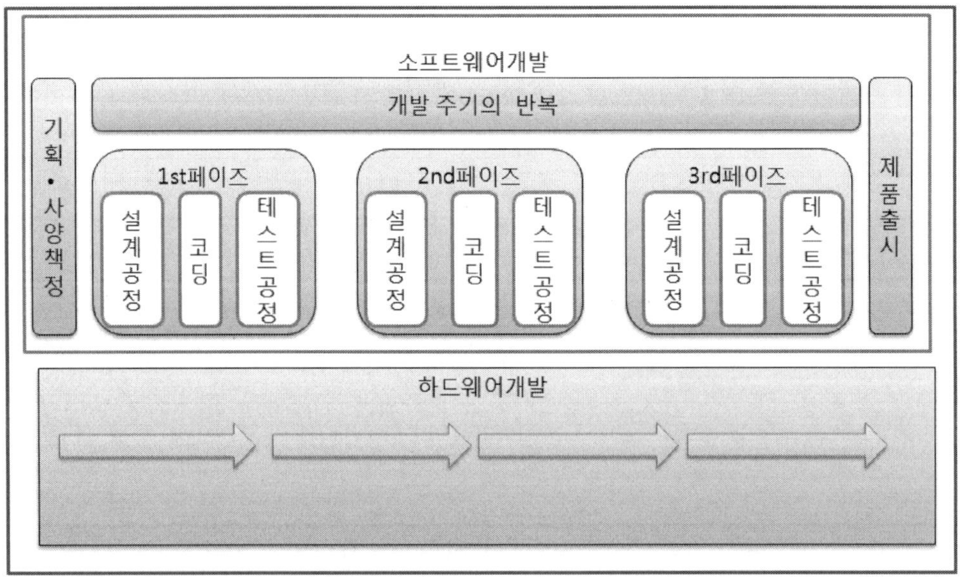

그림2-7 임베디드 개발에서 나선(Spiral)형 개발

예를 들면 1년간에 걸쳐 개발한 휴대전화에서, 브라우저(Brouser) 어플리케이션과 메일(Mail) 어플리케이션을 개선하는 경우에는, 양 기능을 병행하여 개발해 갑니다. 9개월 정도의 개발을 히고 나서 구현(Implementation) 단게에서 처음으로 상호연동에 불량이 발견

되면, 재검토와 수정에 커다란 비용이 들어갑니다. 사전에 충분한 검토와 설계를 하면 회피할 수 있는 문제라고 생각할 수 있겠지만, 비동기 처리 등의 영향으로 확실한 설계가 어려운 것이 현실입니다. 그래서 하나의 제품개발을 복수개의 **페이즈**(Phase: 기간)로 구분짓고, 나선형 개발기법이나 **반복**(Iteration)형 개발기법4)을 도입함으로써, 각 어플리케이션이 확실히 동작하는 범위를 조금씩 넓혀가는 방법이 채택되는 경우가 있습니다.

임베디드 소프트웨어개발 프로젝트의 나선형 개발기법에는, 표 2-2와 같은 장점과 단점이 있습니다.

장점로서는, 각 페이즈가 완료한 타이밍에서, 동작 확인된 중간단계의 소프트웨어를 출시할 수 있게 되므로, 고객에 β판으로서 출시되어 변경 요구사항 등을 조기에 흡수할 수 있는 효과가 있는 것입니다. 또한 신규 내장한 하드웨어를 개발 중반까지 사용할 수 없는 경우에는, 신규 하드웨어에 영향이 없는 부분을 선행 페이즈로 개발함으로써, 개발 리소스를 유효하게 할당할 수 있게 됩니다. 카 내비게이션 시스템 등과 같이 1기종의 개발에 수년이 걸리는 프로젝트에서는, 페이즈의 구분으로 제품의 사양을 재인식할 수 있으므로, 신기술이나 경쟁제품에 대한 대항기능 등을 무리 없이 도입하는 것도 가능하게 됩니다.

[표 2-2] 임베디드 개발의 나선형 개발

종 별	특 징	내 용
장점	중간 단계의 출시	β 출시에 따라 사용자의 평가를 피드백할 수 있다
	하드웨어 개발과 연동하는 소프트웨어 개발	하드웨어 개발 일정과 보조를 맞춘 부분개발이 가능하게 된다
	신기술의 도입	개발 중에 사양 확정한 신기술이나, 대항 제품을 채택한 신기술을 도입할 수 있는 가능성이 있다
단점	페이즈 구분의 동기(同期)	하드웨어 제품이나 모듈 간에서 이터레이션 기간을 맞추는 조정이 곤란하게 되는 경우가 있다
	설계 품질이 공수에 영향	혼돈된 설계의 소프트웨어에서는, 반복을 거듭할 때 마다, 개발효율이 저하할 우려가 있다

단점으로서는, 상호연동하는 기능끼리 페이즈 구분을 맞추어야 하므로, 개발규모가 다르면 페이즈 구분의 설정이 어려운 점, 개발대상이 적절하게 모듈화 되어 있지 않은 경우에는, 나선을 반복함에 따라 기능추가의 공수가 증가해버리는 점 등을 들 수 있습니다.

임베디드 소프트웨어는 모체를 추가(enhance)하는 케이스가 많고, 또한 적절한 설계가 되어 있지 않으므로 수정한 영향이 여기저기에 미치는 일도 적지 않습니다. 이와 같은 상황에서는, 나선형 개발기법은 혼란을 일으키는 원인이 될 우려도 있습니다. 적용하는 판단은, 장점과 단점의 확인이 필요하게 됩니다.

---

4) 2 ～ 4 주간 등 짧은 기간의 소 프로젝트로서, 개발해 가는 기법을 말한다.

그리고 **프로토타입**(Prototype)형 개발기법[5]을 사용하는 케이스도 있습니다. 휴대전화나 카 내비게이션 시스템 등 고도의 사용자 인터페이스로 높은 편리성이 요구되는 시스템에서는, 실제로 기획부문이나 사용자가 사용하기 편리한 정도를 확인한 다음 최적의 사용자 인터페이스를 결정할 필요가 있기 때문입니다. 윈도즈상에서 사용자 인터페이스의 실물 모형이 되는 간이 프로그램을 작성하여, 실제의 조작성을 확인하고 나서 개발에 착수한다는 수순을 밟음으로써, 보다 사용하기 쉬운 사용자 인터페이스를 개발할 수 있다는 장점이 있습니다.

현재 사용자 인터페이스에 관해서는 프로토타입형의 개발 환경이 출시되어 있습니다. Visual Basic처럼 화면을 작성하면 동작을 확인할 수 있는 동시에, 필요한 소스코드를 자동적으로 생성하는 기능이 있는 툴도 있습니다. 이와 같은 개발 환경을 활용하면, 제품의 품질은 크게 향상합니다. 사용자 인터페이스 부분의 개발공수를 절감하는 효과에 더해, 사용자 인터페이스를 간단히 변경하여 실제로 확인함으로써, 사용자의 요구에 따라 적정한 사용자 인터페이스를 설계할 수 있기 때문입니다. 종래의 임베디드 소프트웨어개발에서는, 사용자 인터페이스를 확인할 수 있는 것은 개발기간의 중반을 지나고 난 후이며, 변경요구가 있어도 간단히 대응하는 것은 불가능했습니다. 이러한 문제를 해결하기 위해서, 오픈업무 시스템의 개발에서 널리 보급된 프로토타입형 개발기법이 활용되고 있습니다.

2.3 소프트웨어 내장 부품과 대표적인 CPU

현재 상당히 폭넓은 공산품에 임베디드 소프트웨어가 내장되어 있습니다. 이전이라면 생각할 수 없었던 분야의 제품에서도 컴퓨터로 제어하는 것이 등장하였습니다.

가까운 예로, 휴대전화·디지털 TV(HD-TV)·카 내비게이션 시스템·디지털 카메라·DVD·휴대용 음악 플레이어·휴대용 게임기 등, 이 있습니다. 그 뿐만 아니라 휴대전화가 통화에 사용하는 음성 통신망을 구성하는 기기나, 패킷 통신망을 위한 라우터나 네트워크 기기도 임베디드 소프트웨어로 제어되고 있습니다. 전철역의 티켓자판기나 편의점의 현금출납기도 컴퓨터 제어가 되어있고, 최신 자동차나 각종 가전제품 등의 보이지 않는 곳에도 컴퓨터가 내장되어 있습니다. 이러한 기기끼리 공통된 특징은 별로 없고, 지극히 다양성이 풍부한 영역이라는 것을 알 수 있습니다.

임베디드 시스템에 채택되는 CPU는, PC나 서버에 내장되는 CPU와는 다릅니다. 대표

---

5) 개발의 초기단계에서 시제품(Prototype)을 만들어, 평가받으면서 개발을 추진해가는 기법

적인 CPU를 표 2-3에 찾아 보았습니다.

[표 2-3] 임베디드 시스템 용도의 CPU

명 칭	버 스	개 요
ARM 아키텍처 CPU	32비트	현재 미들렌지에서 하이엔드 제품으로 가장 많이 사용되고 있는 RISC CPU 아키텍처. 임베디드 32비트 CPU 생산수의 70% 이상이 ARM 아키텍처에 준거하고 있다. 임베디드용으로 특화하여 설계되어 있으며, 저소비 전력이지만 고기능이면서 고속 CPU
SH시리즈 CPU		임베디드 시스템용으로 설계·개발된 고성능 RISC CPU. 3D그래픽 칩이나 고속 DSP 회로 등을 내장한 제품도 라인 업 되어 있으며, 높은 처리속도와 비용 퍼포먼스를 양립한 우수한 CPU
MIPS 아키텍처나 CPU		임베디드용의 RISC CPU 아키텍처. 1990년대에 처리 퍼포먼스의 높이로 널리 보급되었으나, 현재는 생산수가 감소 경향에 있다. 널리 보급한 가정용 게임기에 채택되어 있는 것으로 유명함.
Power PC 아키텍처나 CPU		Motorola사·IBM사·애플사가 공동 개발한 범용 CPU 아키텍처. 슈퍼컴퓨터에도 사용되는 고성능 CPU이지만, 저소비 전력으로 칩 사이즈도 작기 때문에, 하이엔드의 임베디드 기기에서도 사용되고 있다.
80186/V30 CPU	16비트	Intel사제의 범용 CPU와 그 호환 CPU. 원래는 임베디드용이 아니지만, 널리 보급되어 있는 오늘날의 기준에서는 저가격·저소비전력이므로, 임베디드 제품에 내장되는 기회가 증가하고 있다
Motorola 68000 호환 CPU		Motorola사의 범용 CPU와 호환품. 현재는 임베디드 용도로도 많이 사용되고 있다. 명령 세트 등을 취급하기 쉽고, 어셈블러 개발 시스템으로 즐겨하는 경향이 있다
Z80 호환 CPU	8비트	구 자이로그사의 범용 CPU. 8비트 CPU의 결정판이라고도 할 수 있는 제품으로서, 호환품도 포함하여 폭넓은 분야에 대응한 여러 가지 변동이 존재한다. 풍부한 주변 칩이 존재하는 등의 장점이 있어, 많은 임베디드 시스템에 채택되어 있다

임베디드 기기에 내장되는 CPU에는, 낮은 소비 전력이나 발열량으로 동작하는 것이나, 작은 사이즈라는 것이 중시됩니다. 소비전력을 낮게 억제하기 위해, 필요에 따라 동작 **클럭**(Clock) 수를 낮추거나, 최소한의 회로를 남기고 동작을 정지하는 **휴면**(Sleep) 동작을 지원하는 등의 독특한 기능을 갖추고 있습니다. 임베디드 소프트웨어도, 휴면 동작을 고려한 설계와 개발을 요구하게 됩니다.

반대로 PC용 CPU와 공통된 특징도 있습니다. 임베디드용 CPU에서도 RISC형의 명령 어세트를 채택한 CPU가 주류로 되어 있습니다. 클럭 주파수나 처리속도도 나날이 향상하고 있으며, PC와 같은 정도의 처리능력을 가진 하드웨어가 사용되고 있는 일도 보통입니다. 임베디드 시스템에서도 CPU의 처리능력은 해마다 향상되고 있습니다.

ARM의 CPU(사진2-1)처럼, 같은 기능이나 명령을 가진 CPU가 다수의 회사에서 출시되어 있는 것이 있습니다. ARM CPU는 ARM Limited사가 회로의 설계도를 판매하고 있고, 국내외의 여러 가지 반도체 메이커가 ARM 호환 CPU를 제조하고 있습니다. 각 ARM계 CPU에는 부가기능에 차이가 있습니다만, 부가기능 이외의 기본기능은 동일한 프로그램을 실행할 수가 있습니다. 반도체 메이커는 멀티미디어 처리회로의 추가·소비전력의 저감·처리속도의 향상 등 특색을 가지도록 하여 차별화를 꾀하고 있습니다만, 소프트웨어 엔지니어에게는 같은 CPU라고 생각할 수가 있습니다.

사진 2-1 ARM9 CPU

〈설명 2-2〉
이와 같이 회로 로직만을 공급하는 판매형태를 IP(Intellectual Propety : 지적 재산) 판매라고 하며, CPU 등의 고기능화에 따라 여러 가지 반도체 제품에서 채택되고 있습니다. 오늘날에는 IP 서프라이어에서 제공을 받음으로써, USB의 지원·MP3 재생·MPEG2/4·H.264 동영상재생, IEEE 802.11 a/b/g·Bluetooth 통신 등, 복잡한 처리를 필요로 하는 인터페이스나 Codec(COder/DECoder : 데이터의 인코드(Encode : 부호화)와 디코드(Decode : 복호화)를 쌍방향으로 할 수 있는 장치나 소프트웨어 등)을 지원하는 하드웨어가 놀라울 정도로 신속하게 출시되고 있습니다.

보통의 임베디드 소프트웨어개발 프로젝트에서는, 메일이나 Web으로 하는 프로젝트 간의 연락·소스코드의 기술·문서 작성 등의 개발작업에 PC 등을 사용합니다. PC에 내장된 CPU와 임베디드 시스템의 CPU는 명령어가 다르게 되어 있기 때문에, 보통은 개발머신 상에서 임베디드 소프트웨어를 실행할 수는 없습니다. 그래서 임베디드 소프트웨어개발에서는 **크로스(Cross) 개발**이라는 방법이 사용되고 있습니다. 다른 시스템 간에서 개발작업과 실행을 서로 번갈아 한다는 의미입니다. 크로스 개발에서는, 개발대상이 되는 하드웨어나 CPU를 **타깃(Target) 환경**이나 **타깃 CPU** 등으로 부릅니다. 또 개발하는 PC의 환경이나 O/S를 **호스트(Host) 환경**이나 **호스트 O/S** 등으로 부르기도 합니다.

스스로 동작하는 CPU와는 다른 CPU용의 바이너리 모듈을 생성하는 **컴파일러(Compiler)**를 **크로스(Cross) 컴파일러**라고 합니다. 크로스 컴파일러로 타깃 CPU용의 바이너리 모듈을 생성한 다음, 실제의 타깃 환경으로 전송하여 동작을 확인합니다. 예를 들면 Windows판의 ARM RealView 컴파일러는 펜티엄(Pentium)상에서 동작하여, ARM계 CPU용 바이너리 모듈을 생성합니다. 생성한 ARM용의 바이너리 모듈을 개발 중인 하드웨어로 전송하여, 실제로 동작시키는 순서로 됩니다. 이러한 점에 대해서는 제 2장에서 구체적으로 설명합니다(그림 2-8).

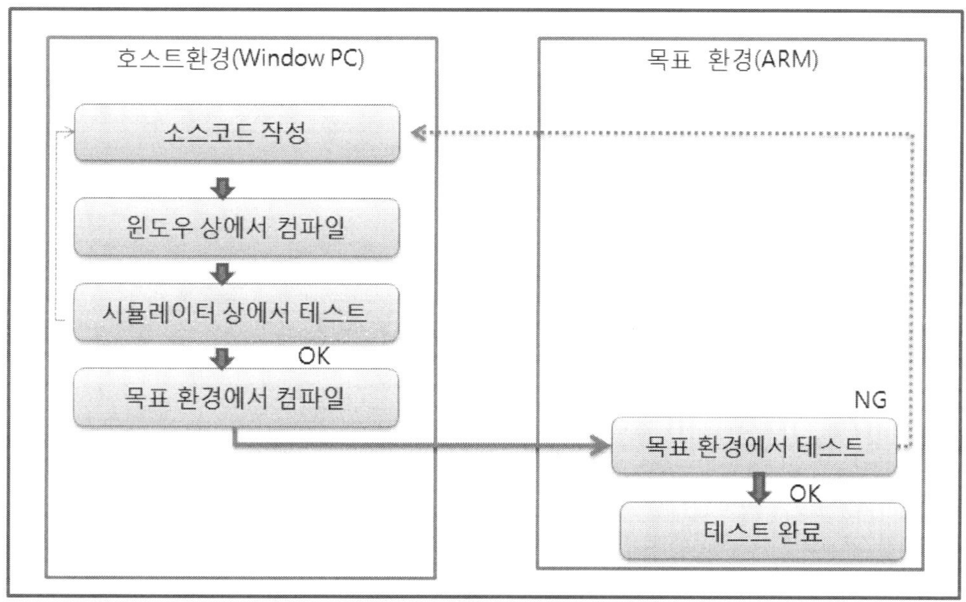

그림 2-9 크로스(Cross) 개발

개발 중인 소프트웨어에는 당연히 버그가 포함되어 있습니다. 버그를 제거하는 작업에는, 크로스 개발 특유의 어려움이 발생합니다. 타깃 환경에는 PC나 서버 같은 능력을 갖추고 있지 않기 때문에, 소프트웨어가 실행되는 모습을 알 수 있는 일이 아주 힘듭니다. 대부분의 임베디드 시스템의 입출력 디바이스에는, 디버그 정보 등을 멀티윈도우(Multi-Windows)로 표시하는 것 같은 편리한 능력은 없습니다. 물론 메모리와 기억장치의 용량도 한정되어 있고, 디버그용의 전용 툴을 실행하는 여유조차 없는 일이 드물지 않습니다. 그래서 소프트웨어의 동작이나 실행 중인 메모리의 내용을 확인하기 위해서, 다음 항 이후와 같은 툴을 사용합니다. 이러한 것들을 정리한 것이, 표 2-4입니다.

2.3.1 시뮬레이터 · 에뮬레이터

호스트 환경에 타깃 환경의 하드웨어 동작을 시뮬레이트(Simulate)하는 전용 환경이 준비되어 있는 경우는, 시뮬레이터 상에서 동작을 확인할 수가 있습니다. 이와 같은 환경에는, 실행하는 바이너리 모듈의 종류에 따라 **시뮬레이터(Simulator) 와 에뮬레이터 (Emulator)**의 2종류가 있습니다.

시뮬레이터는 호스트 환경 상에서 임베디드 시스템의 동작을 재현하고, 임베디드 소프트웨어를 가상적으로 동작시키는 것입니다. 소스코드로 부터 호스트 환경용의 디버그 정보를 포함한 바이너리 모듈로 컴파일하여 실행합니다. Windows 상에서 ARM용 시스템을 개발하는 경우는, 소스코드를 x86계 CPU용으로 컴파일하여, 시뮬레이터에 로드하여 실행합니다. 호스트 환경용의 바이너리 모듈로서 동작시키므로, Visual Studio·CodeWarrior·Eclipse·WebSphere 등 PC용의 고기능 **IDE**(Intergrated Development Environment : 통합 개발 환경)를 사용할 수 있는 장점이 있습니다. 그러나 CPU가 다르기 때문에, 소프트웨어의 동작이 다를 가능성을 항상 의식하지 않으면 안 됩니다. 실제로 장비에서 문제를 일으키는 불량이 시뮬레이터 상에서는 발생하지 않거나, 또는 그 반대의 현상이 일어납니다. **바이트- 순서(Order)**의 차이나, 메모리 **바운더리-액세스(Boundary-Access)**에 대한 에러의 유무 등에 항상 배려해야 합니다. 시뮬레이터를 사용하여 **디버그(Debug)**한 경우에도, 그 후에 실제 장비의 확인은 필수입니다.

에뮬레이터는 타깃 CPU를 포함한 전 하드웨어의 동작을 소프트웨어적으로 재현하여, 호스트 환경 상에서 타깃 CPU용의 바이너리 모듈을 실행하는 환경입니다. 실기에 극히 가까운 동작을 하는데다, 개발 중인 하드웨어가 부족한 경우에도 각 엔지니어가 마음대로 테스트를 할 수 있는 등의 장점이 있습니다. 그러나 에뮬레이터 상에서 움직이는 소프트웨어는 호스트 환경용의 어플리케이션은 아니므로, Windows나 Linux의 고기능 IDE로 사용하기 위해서는 특별한 라이브러리나 인터페이스가 필요하게 됩니다.

[표 2-4] 임베디드 소프트웨어개발의 디버그 환경

디버그 환경	개 요	요구 숙련도	기기 비용
JTAG 디버그 · ICE	하드웨어적으로 CPU 동작이나 메모리의 내용을 추적 · 참조하는 장치	고	고
에뮬레이터	PC 상에서 CPU나 하드웨어의 동작을 재현하고, 가상적으로 소프트웨어의 실행상황을 확인하고 디버그 한다	보통	저
시뮬레이터	임베디드 소프트웨어를 PC용에 컴파일하고, PC 상에서 실행하여 동작을 체크한다. 하드웨어의 동작을 시뮬레이터하는 스텁나 라이브러리와 조합하여 사용한다	보통	저

〈설명 2-3〉

　바이트-순서란, 16비트 이상의 정수를 8비트마다 구획 짓고 메모리에 저장할 때의 나열순서(order)를 가리킵니다. 구체적으로는 **리틀 엔디언(Little Endian)**과 **빅 엔디언(Big Endian)**이라는 2가지의 방식이 있습니다. 리틀 엔디언 CPU에서는 LSB(Least Significant Bit : 최하위 자릿수)가 최초로, MSB(Most Significant Bit : 최상위 자릿수)가 최후로 저장됩니다. 빅 엔디언 CPU에서는 최상위 자릿수가 최초로 저장됩니다(그림 2-A). 예를 들면 0x01234567이라는 32비트의 정수를 메모리에 보존하는 경우, 리틀 엔디언이라면 0x67, 0x45, 0x23, 0x01의 순으로 8비트씩 격납하고, 빅 엔디언이라면 0x01, 0x23, 0x45, 0x67의 순으로 저장합니다. x86계 CPU나 Z80은 리틀 엔디언을, Motorola계 CPU는 빅 엔디언을 채택하고 있습니다. 그래서 각각 Intel열, Motorola열이라고 부르기도 합니다. ARM CPU는 칩의 설계에 따라, 어느 쪽 방식도 선택할 수 있습니다.

그림 2-A 바이트 순서

〈설명 2-4〉

　메모리 영역이란, WORD나 DWORD 등 복수개의 바이트 정수값에 액세스할 때의 경계라는 의미입니다. 어떤 종류의 CPU에서는 복수개 바이트 액세스에 대하여 주소(Address)가 제한되어 있습니다. 예컨대 ARM계 CPU에서는, WORD 액세스는 2바이트 경계(짝수 주소)에만, DWORD 액세스는 4바이트 경계(4의 배수 주소)에서 밖에 허용되지 않습니다. 홀수 주소에 복수개 바이트 액세스를 하면 CPU 에러가 발생합니다. 소스코드 상의 동작으로서는, C 언어 프로그램에서 unsigned char형의 배열로서 확보한 에리어의 홀수 번째의 위치에 int 형이나 long 형의 포인터로 액세스 하면, 프로그램이 부정 종료해버리는 일이 발생합니다.

　x86계 CPU나 Java 언어에는 없는 제한이므로, 오픈업무 시스템의 엔지니어가 ARM계 CPU에 익숙해질 때까지는, 원인을 추정하기 어려운 에러의 요인이 되는 일이 있습니다.

2.3.2 실제품의 심볼릭 디버그

Visual Studio 등의 IDE에서는, LAN 접속한 다른 PC에서 실행하는 어플리케이션을 제어하고, 스텝 실행이나 변수의 워치 등을 하는 기능, 심볼릭 디버그(Symbolic Debug)를 위한 인터페이스가 공개되어 있습니다. Symbian O/S 등 일부의 임베디드 O/S에서는 심볼릭 디버그용의 라이브러리가 제공되어 있어, 타깃 환경 상에서 실행하고 있는 어플리케이션을 호스트 환경 상에서 스텝 실행하거나, 타깃 환경 속의 프로그램 변수의 값을 호스트 환경 속의 소스코드 상에서 확인할 수가 있습니다.

이와 같은 기능이 제공된 임베디드 시스템에서는, 실제품에서 대단히 효율적인 테스트 작업을 추진할 수가 있습니다.

2.3.3 JTAG-ICE에 의한 디버그

ICE(In-Circuit Emulator)란, CPU의 대신에 프로브(Probe)라고 하는 단자를 기판에 접속하여 CPU의 동작을 에뮬레이터하는 디버그 장치입니다. 스텝 실행이나 브레이크 포인트의 설정, 메모리 내용의 참조와 변경 등 고도의 디버그 기능을 사용할 수 있다는 특징이 있습니다.

JTAG는 IC 메이커의 업계단체(Joint Test Action Group)의 명칭입니다만, 임베디드 소프트웨어개발의 현장에서는 칩이나 CPU 등 검사용 인터페이스의 호칭으로서 사용되고 있습니다. 많은 CPU가 JTAG 인터페이스를 통한 디버그 기능을 지원 하고 있으며, JTAG 인터페이스에 대응한 디버그가 다수 시판되어 있습니다. 이러한 것은 ICE와 마찬가지의 기능을 사용할 수 있음으로써, JTAG-ICE나 ICE 디버그, 또는 단순히 JTAG 등으로 불리고 있습니다(사진 2-2).

사진 2-2 JTAG 인터페이스를 지원하는 ICE

JTAG-ICE 제품에는, 마치 Visual Studio 등과 같은 C 언어 소스코드 수준의 심볼릭 디버그가 가능한 제품도 있습니다. 리얼타임 O/S나 비교적 특수한 임베디드 O/S의 개발에서는, JTAG-ICE를 활용하여 디버그 하는 일이 있습니다. 실기 상에서 테스트 작업이 가능하게 됩니다만, JTAG-ICE는 고가이므로 엔지니어에게 널리 보급되는 일은 적다는 약점이 있습니다. 제 2.3.1항이나 제 2.3.2항의 방법과 비교하면, 큰 프로젝트에서는 장치의 대기 때문에 작업 효율이 저하하는 경우도 있습니다(물론 JTAG-ICE 없이 개발하는 것 보다는 훨씬 효율적임).

2.3.4 트레이스 및 로그

트레이스(Trace)란 소프트웨어에 디버그 정보를 출력하는 코드를 미리 삽입해 두고, 시리얼 통신 등에서 동작 중에 출력함으로써 버그가 발생하는 전후의 소프트웨어의 동작을 아는 방법입니다. 로그(Log)도 같은 뜻입니다만, 로그라고 하는 경우는 기기의 메모리 상에 보존하는 기법을 가리키는 일도 있습니다. 양자에 엄밀한 정의의 차이는 없습니다. 보통은 컴파일 스위치나 동작 중의 설정 값에 따라 온·오프(On·Off)를 바꿀 수 있도록 개발합니다.

트레이스를 송신하기 위한 **API**(Application Programming Interface : 시스템에서 공개되어 있는 기본 함수 등)나 **시스템 콜**(System Call)이 대부분의 임베디드 소프트웨어개발 환경을 제공하고 있습니다. 인터페이스는 천차만별입니다만, 대부분은 문자열이 바이너리 데이터를 호스트 환경에 송신합니다. 임베디드 O/S에 따라서는, 동작 상황이나 **시그널**(Signal)이라는 태스크 간 메시지로 주고받게 되는 정보를 트레이스 출력하는 기능을 갖추고 있는 것도 있습니다.

트레이스를 통한 디버그는 임베디드 소프트웨어개발의 기본이며, 여러 국면에서 도움이 됩니다. 예를 들면 개발 팀이 분산해 있어서 버그의 정보를 원격지 팀에게 알릴 때는, 트레이스 정보가 위력을 발휘합니다. Visual Studio 등의 디버그는 강력합니다만, 그 장소에서 조작해야 합니다. 버그 한 개를 확인하기 위하여 비행기로 출장을 간다면 비효율적이므로, 트레이스를 거치고 프로그램의 동작을 따르는 쪽이 단시간에 대응할 수 있는 것입니다.

다른 태스크나 어플리케이션에서 사용되는 일이 많은 미들웨어층을 개발하는 경우에는, 문제를 신속하게 해결할 수 있도록, 필요 충분한 트레이스를 요소에 삽입해 두는 일이 필요하다고 합니다. 또한 그러한 트레이스 정보에서 프로그램의 동작을 추정할 수 있는 담당자를 1명은 확보해 두면, 불량이 발생해도 원활하게 대응할 수 있습니다.

2.4 임베디드 오퍼레이팅 시스템

임베디드 오퍼레이팅 시스템(본서에서는 「임베디드 O/S」로 표기)은, 임베디드 시스템에서 어플리케이션의 실행·태스크 관리·메모리 관리·I/O(Input/Output)제어·CPU의 제어를 하는 기본 소프트웨어를 총칭하는 것입니다. 임베디드 시스템이 다양한 특징을 가진 것처럼, 임베디드 O/S도 여러 가지 특징을 가진 것이 존재합니다. 본서에서는 임베디드 소프트웨어를 실행하기 위한 플랫폼도 임베디드 O/S의 일종으로 취급하고 있습니다.

[표 2-5] 대표적인 임베디드 O/S 및 플랫폼

명 칭	특 징	리얼 타임 처리	멀티스 레드[※]	사용 메모리	주된 개발언어
μ ITRON	임베디드용 리얼타임 O/S. 세계 제일의 점유율을 가지고, 여러 가지 임베디드 기기에서 채택되어 있다. 고속이면서 경량으로, 풋 프린트가 작은 점이 특징	대응	비대응	소	C/C++
T-ENGINE · T-Kernel	ITRON을 기반로, 보다 고속의 임베디드 기기용으로 확장된 임베디드 O/S. 하드웨어와 합한 사양에 의해, 기기나 소프트웨어 모듈을 공통화하여 생산성 향상을 가능하도록 한다				
VxWorks	WindRiver사가 제공하는 UNIX 기반의 임베디드 O/S제품. BSD UNIX계의 API를 사용할 수 있다. 통신기기나 제어계 디바이스 등에 널리 사용되고 있다.				
REX	Qualcomm사가 주로 휴대 전화기용으로 제공하고 있는 리얼타임 O/S. 사실상 이 회사의 W-CDMA/CDMA 프로세서와 세트로 사용되고 있으며, 휴대전화에서는 높은 점유율을 가지고 있다				
Lynx	LynuxWorks사의 UNIX계 리얼타임 O/S. 아날로그 통신기기 등에서 사용되었다				
O/S-9	Microware Systems사(현재,RadiSys사)에서 제공되었던 리얼타임 O/S. 고도로 모듈화 된 시스템 구성으로, 범용성이나 이식성이 높은 특징이 있다				
Windows CE · Windows Mobile	Microsoft사의 PDA · 스마트폰용 O/S. 리얼타임 처리능력은 없으나, PC의 O/S로 배양된 기술에 따라, 매우 고도의 사용자 인터페이스나 다종다양한 디바이스 지원을 받을 수 있는 점이 매력	비대응	대응	중	
Windows XP	Microsoft사의 PC용 O/S인 Windows XP의 임베디드용 서브 세트판. 봉도에 따라 노룔을				

Embedded	선택함으로써, 소용량이면서 견고한 시스템으로 되어 있다. 임베디드용으로서는 매우 풍부한 모듈과 라이브러리를 사용할 수 있는 점이 장점			
임 베 디 드 Linux	임베디드용으로 특화한 Linux 디스트리뷰션. ROM 상의 실행이나 극소화된 커널 사이즈 등 임베디드용으로 튜닝 되어 있다	부 분 적 으 로 대 응		중	

임베디드 O/S는 크게 3종류로 나눌 수 있습니다.

·리얼타임 O/S(RTOS : Real Time Operating System)
·멀티스레드형의 임베디드 O/S
·임베디드 소프트웨어 실행 환경

[표 2-5] 대표적인 임베디드 O/S 및 플랫폼(계속)

명 칭	특 징	리얼 타임 처리	멀티 스레드 ※	사용 메모 리	주된 개발언어
Java2 Micro Edition(J2ME)	임베디드용의 Java 가상 어플리케이션 실행 환경. CPU의 고속화에 따라, 실용적인 속도로 동작할 수 있게 되었기 때문에 채택이 확대되고 있다. 풍부한 라이브러리를 사용가능. 소프트웨어를 동적으로 변경·추가할 수 있는 점도 장점의 하나	비대응	대응	소	Java
Symbian	Symbian사의 리얼타임 O/S. 휴대전화의 O/S로서는 대수를 토대로 가장 높은 점유율을 가진다. 매우 고기능으로 실행속도도 빠르며, 다운로드 어플리케이션에 대응하는 등 최신 기능도 적극적으로 도입하고 있다.	대 응 (v8~)			C/C++ (독자 서 식)
BREW	Qualcomm사의 가상 어플리케이션 실행 환경. Java와 달리, 가상 CPU 명령은 사용하지 않고 가상환경만을 채택하고 있다(바이너리는 ARM 명령). 그래서 하드웨어 비 의존이면서 CPU 네이티브 속도로 동작하는 소프트웨어를 개발할 수 있는 우수한 플랫폼	비대응			C/C++
N E T Compact Framework	Microsoft사가 제공하는 가상 어플리케이션 실행 환경의 임베디드용 서브세트. 실행할 때마다 JIT 컴파일을 하므로, CPU 네이티브의 소프트웨어에 필적하는 고속처리가 가능하지만, 기동시간이 걸린다. 풍부한 라이브러리와 강력한 GUI 기능을 사용할 수 있으므로, 소프트웨어 생산성이 높은 O/S	비대응	대응	중	C#/VB.NET
NET Micro	Microsoft사가 소규모의 임베디드 기기용으로			소	

Framework	더 튠한 .NET Framework환경. C#등 생산성이 높은 언어를 사용하면서, 적은 메모리와 ROM용량으로 동작할 수 있는 어플리케이션을 개발가능			
Intent	Tao사가 개발한 가상 어플리케이션 실행 환경. Java나 .NET Framework와 마찬가지로, 가상 CPU 명령을 실행하는 시스템이지만, 하나의 바이너리를 복수개 CPU용으로 변환(트랜스레이트)하여 고속 실행할 수 있는 점이 특징	중	C/C++
Windows NT/2000/XP 등	PC용 Windows계 O/S. PC 사양의 하드웨어를 내장한 고기능 임베디드 기기로 사용 된다		다	
일반용 Linux 디스트리뷰션	PC용 Linux 디스트리뷰션. PC와 같은 사양의 하드웨어를 그대로 내장한 기기로 사용된다			

※선점형(Preemptive : CPU가 실행 스레드를 바꾸는)형식의 멀티스레드를 의미한다.

각기 표 2-5와 같은 특징이 있습니다만, 엄밀한 구분은 아니며, 복수개의 특징을 가진 임베디드 O/S도 있습니다. 또한 극히 소규모의 시스템에서는, 임베디드 O/S를 사용하지 않는 케이스도 있습니다. 반대로 최근에는 하드웨어의 저가격화·소형화에 따라, PC의 규격에 준거한 하드웨어와 Windows 2000/XP를 그대로 사용하고 있는 임베디드 시스템도 있습니다.

2.5 멀티태스크의 제어 방법

임베디드 O/S는 **태스크**(Task)나 **프로세스**(Process)라고 하는 단위로 프로그램의 실행을 제어합니다. 하나의 CPU로 복수개의 태스크를 실행할 수 있는 O/S를, **멀티태스크** (Multi-Task)O/S라고 합니다. 대부분의 임베디드 O/S는 멀티태스크 처리를 지원하고 있습니다만, 복수개의 태스크 사이에서 처리를 바꾸는 방법이 다릅니다.

리얼타임(Real-Time) O/S는 비동기 처리에 따라 태스크 제어를 하는 것이 많고, **멀티스레드**(Multi-Thread) O/S는 스레드로 태스크 제어를 합니다. 비동기 처리는 **비선점형** (Non-Preemptive)한 멀티태스크, 스레드 제어는 선점형 멀티태스크라고 부르는 일도 있습니다. 양자는 태스크 간 처리의 변환을 어플리케이션으로 제어하든가, O/S가 제어하든가 하는 점이 다릅니다.

2.5.1 비동기 처리에 의한 멀티태스크

비동기 처리에 의한 멀티태스크에서는, 키 조작·통신·타이머 등의 어떤 이벤트가 발생한 타이밍에서 어플리케이션이 호출됩니다. 어플리케이션은 이벤트를 처리하는 작은 루틴(**이벤트 핸들러**(Event Handler))의 결집으로 개발되어, 하나의 이벤트에 대한 처리를 단시간에 완료하여 O/S로 처리를 되돌려 놓을 필요가 있습니다(그림 2-9). 이와 같은 어플리케이션을 **이벤트 구동형 프로그램**이라고 하며, 임베디드 소프트웨어에서는 널리 채택되어 있습니다. Windows 3.1이나 MacOS 9 이전버전 등 비선점형 멀티태스크 O/S 상에서는, PC의 어플리케이션도 같은 비동기 처리로 채택되어 있었습니다.

비동기 처리는 태스크 마다 메모리 공간을 관리하는 기능이나 태스크 마다 특권 수준을 바꾸는 제어기능이 없는 CPU라도 가상적으로 병렬처리를 실현할 수 있으므로, 옛날부터 임베디드 시스템을 포함한 여러 가지 컴퓨터에서 사용되어 왔습니다. 그러나 각 태스크 사이가, 단시간에 이벤트 핸들러에서 처리를 되돌리지 않으면, 다음 태스크의 이벤트 핸들러가 호출되지 않는 구조로 되어 있기 때문에, 하나의 태스크가 행업(Hang Up)하면 다른 태스크에도 영향이 미치기 쉽다는 결점이 있습니다. 그래서 비동기 멀티태스크는, 멀티태스크 처리로는 간주하지 않는 사고방식도 있습니다.

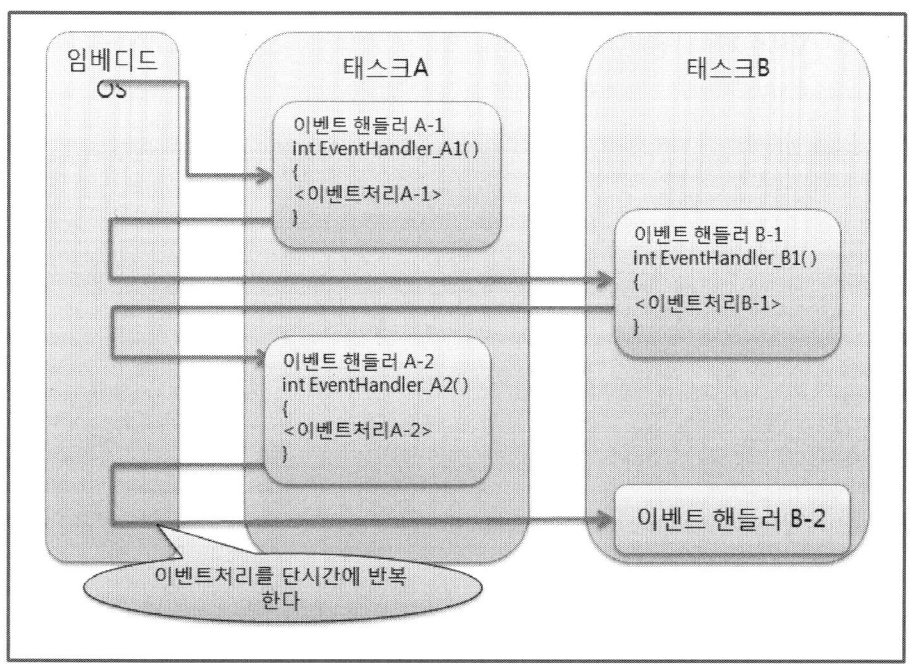

그림 2-9 비동기 멀티태스크 처리

또한 비동기 처리의 소스코드는, 처리가 잘게 토막 나서 쓰여져 버린다는 문제도 있습니다. 각 이벤트 핸들러는 최소한의 처리만을 실행하기 때문에, 일련의 처리가 소스코드 상에 분산되어 버리는 것입니다. 이것은 버그의 발견이나 **추가(Enhance)** 시에 마이너스의 요인이 됩니다.

예를 들면 「키를 누르면 메일을 송신하고, 완료하면 메시지를 표시한다」 는 조작은, 키 이벤트 핸들러, 통신 이벤트 핸들러, 사용자 인터페이스 이벤트 핸들러의 3부분으로 분산시키는 것입니다. 처리의 흐름은 다음과 같이 됩니다.

① 키 이벤트 핸들러에서, 메일 송신의 개시처리를 호출한 뒤 리턴한다
② 통신 이벤트 핸들러에서, 결과를 판정하여 메시지 표시 개시처리를 호출시여 리턴한다
③ 사용자 인터페이스 이벤트 핸들러에서, 표시완료 이벤트 시에 메일을 송신완료 박스로 이동하는 처리 등을 한다

휴대전화와 같은 시스템에서는, 수십 M바이트에 달하는 방대한 소스코드에 이와 같은 잔 토막 처리가 분산해버리므로, 소스코드 상에서 처리의 흐름을 찾거나, 처리 패턴을 망라하는 테스트케이스(Test Case)를 설정하는 일이 아주 곤란하게 되는 것입니다.

비동기 처리에 의한 멀티태스크의 구조는, 제 2장에서 소스코드를 섞어서 설명합니다. 또 비동기 처리에 대해서는, 제 7장에서 상세하게 설명합니다.

2.5.2 스레드 처리에 의한 멀티태스크

스레드에 의한 멀티태스크에서는, 어플리케이션은 다른 태스크를 의식하지 않고, 자기 자신의 처리를 계속 실행할 수 있습니다. 태스크 간 처리의 변환은 O/S에 의하여 관리되며, 시 분할 방식으로서 자동적으로 실행 중의 태스크가 변환되어 갑니다(그림 2-10). 휴대전화나 휴대음악플레이어 등과 같이 멀티미디어나 네트워크 등 고도의 기능을 갖춘 하이엔드 제품 등에서 채택되는 케이스가 있습니다. PC나 서버의 세계에서는, UNIX계 O/S·Windows NT계O/S(Windows 2000/XP/Vista)·M
acOS X이후·Java 언어 등이 멀티스레드에 따라 선점형 멀티태스크 환경을 제공하고 있으므로, 이러한 개발경험이 있는 분은 익숙해지기 쉽다.

멀티스레드 방식은 태스크 변환에 다소의 오버헤드가 생깁니다만, 태스크를 의식하지 않고 어플리케이션을 개발할 수 있다는 장점이 있습니다. 앞의 처리라면, 다음과 같이 한 맥락의 처리로서 기술할 수 있습니다.

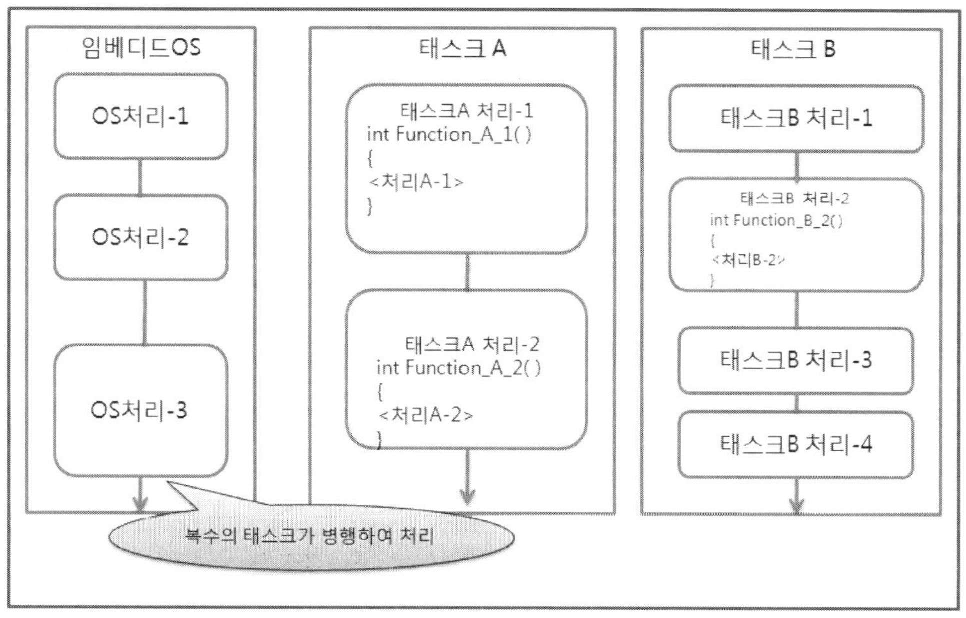

그림 2-10 멀티스레드 처리

① 메일 송신 함수 내에서, 다음의 코드를 실행한다
　　·메일 송신처리(step A)
　　·메일 송신완료 대기(step B)
　　·메일 송신결과 판정, 에러라면 메시지 표시(step C)
　　·결과 메시지를 표시(step D)
　　·메일을 송신완료 박스로 이동(step E)

멀티스레드에 의한 멀티태스크의 구조도, 제 3 장에서 소스코드를 섞어서 설명합니다. 비동기 처리의 경우와 비교하면 처리의 흐름이 분명하며, 어떤 분기가 생길지도 일목요연합니다.

시간이 걸리는 결과 대기 처리가 포함되어 있어도, O/S가 별도의 태스크를 병행하여 실행해 주기 때문에, 시스템의 동작에 영향을 주는 일도 없습니다. 멀티태스크 O/S 상의 어플리케이션은, 태스크나 추가에 요하는 비용을 낮게 억제할 수가 있습니다.

그 밖에 하드웨어 인터럽트에 따라 가상적인 병렬처리를 실현하는 시스템도 있습니다. 인터럽트 처리란 특정한 하드웨어로부터의 신호를 계기로, 프로그램의 실행이 중단되어 인터럽트 처리 프로그램(인터럽트 핸들러)이 호출되는 구조입니다. 발생하는 타이밍을 예측할 수 없거나, 간격이 길게 비는 처리를 시기적절하게 실행할 수 있으므로, 여러 가지 장면에서 사용되고 있습니다. 예컨대 키가 눌린 경우의 키 스캔 처리나, 전원 전압이 변화한 경우의 처리 등입니다. 그러나 하드웨어 인터럽트는 드라이버층에서 처리되어, 상위의 어플리케이션층으로는 이벤트나 시그널로서 통지하기 때문에, 미들웨어층이나 어플리케이션층의 엔지니어가 의식할 필요는 없겠습니다.

2.6 임베디드 O/S의 종류

임베디드 시스템에 사용되는 O/S는, 제 2.5절에서 기술한 멀티태스크 제어 방법에 의한 분류 외에, 용도나 특징에 따라서도 크게 4가지로 분류할 수 있습니다. O/S의 각 분류에는 명확한 선이 있는 것이 아니라, 복수개의 특징을 가진 O/S도 존재합니다. 제품에 요구되는 기능이나 내장하는 하드웨어에 맞도록, 최적의 O/S를 선택합니다.

2.6.1 리얼타임 O/S

리얼타임 O/S는 극히 짧은 시간에 처리해야 하거나, 엄밀한 시간간격 처리가 필요한 시스템으로 특화한 태스크 관리능력을 가진 O/S입니다. 여기서 말하는 극히 짧은 시간의 처리란, 밀리 초 단위나 그 이하의 정도(精度)가 요구되는 처리를 가리킵니다. 리얼타임 O/S는 대부분이 비동기 처리에 의한 멀티태스크 처리를 실현하고 있기 때문에, **비동기 O/S**라고 부르기도 합니다.

예를 들면 휴대전화에서는 기지국과 휴대단말 사이에서 전파로 신호의 교환을 하고 있어, 기지국에서 문의 신호를 수신한 경우에 100밀리 초 이내에 응답을 주는 등의 규정이 있습니다. 이와 같이 엄격한 처리를 확실히 실행하기 위해서는, 리얼타임 O/S에 의한 태스크 제어가 필요하게 되는 것입니다.

리얼타임 O/S는 태스크 변환을 우선도에 따라서 관리할 수 있도록 설계되어 있어, 리얼타임 처리 태스크에는 높은 우선도가, 사용자 인터페이스 태스크 등 다소의 지연이 허용되는 처리에는 낮은 우선도가 설정되어 있습니다. 우선도 낮은 태스크가 실행 중에 우선도 높은 태스크를 실행할 필요가 있으면, 리얼타임 O/S에서는 우선도 낮은 태스크를 일시적으로 정지하고 우선도 높은 태스크가 실행되는 동작을 보증하고 있습니다. 멀티스레드 O/S에서도 마찬가지로 스레드 우선도의 사고방식은 있습니다만 절대적인 것은 아니라, 100% 가까운 CPU 부하가 발생하고 있는 등의 상황에서는, 높은 우선도의 태스크라도 충분한 CPU 시간이 할당될 수 없는 케이스가 있는 것입니다.

임베디드 시스템에서는 CPU가 하드웨어를 직접 제어하는 케이스가 많기 때문에, 정해진 시간에 CPU가 처리를 할 수 있는 보증이 특히 중요하게 됩니다. 그러한 시스템에서는 리얼타임 O/S가 필요하게 됩니다.

리얼타임 O/S는 임베디드 시스템용 IOCTL 라이브러리(Input/Output ConTroL : 입출력 제어) 등에서 발달되어 왔으므로, ROM 사이즈가 작고, 처리가 가벼운 등의 장점이 있습니다. 그러나 멀티미디어 처리 등 고도의 기능은 내장하지 않은 경우가 대부분입니다. 물론 미들웨어 제품으로서 네트워크·멀티미디어·데이터베이스 등 다채로운 기능을 가진 소프트웨어가 시판되어 있으므로, 이러한 것을 채택함으로써 여러 가지 기능을 가진 제품을 개발할 수가 있습니다.

2.6.2 멀티스레드 O/S

멀티스레드 O/S는 스레드 단위로 태스크를 관리하는 능력을 가지고 있어, 하나의 태스크가 CPU를 점유하고 있는가 싶도록 어플리케이션을 개발할 수 있습니다. 또한 하나의 태스크가 복수개의 스레드를 실행함으로써, 어플리케이션 내부에서 복수개의 처리를 병행 동작시키는 일도 할 수 있습니다.

원래 PC나 서버용으로서 개발된 O/S를 임베디드 시스템용으로 경량화한 것이 많고, O/S 자신이 풍부하고 폭넓은 기능을 가진 것이 특징입니다. Windows CE·Windows Mobile·Windows XP Embedded·임베디드 Linux 등의 예가 있습니다(사진 2-3).

이러한 O/S는 고기능인 것이 많고, 네트워크 등 여러 가지 하드웨어의 지원이 충실합니다. 그래서 고도의 사용자 인터페이스를 요구하는 상위급 소비자용 제품에 적합합니다. 그러나 ROM 사용량이 크고, 메모리 공간의 관리기능과 특권 수준 제어기능을 가진 CPU가 필요하게 되는 등, 하드웨어 면에서 비용이 증가하는 경향이 있습니다. 또한 태스크 변환에 미묘한 오버헤드가 생기기 때문에, 최소한의 기능이나 속도의 CPU와 최소한의 메모리를 채택하는 소규모 시스템, 저가격 제품 등에는 합당하지 않습니다. 원래 제한이 적은 PC용으로 개발된 O/S가 원형이므로, 메모리나 CPU 소스를 많이 소비하는 경향이 있는 점도 단점이라고 할 수 있습니다.

멀티스레드 O/S에는, 리얼타임 O/S를 내포한 것도 존재합니다. 고기능의 사용자 인터페이스를 취급할 수 있는데다 풍부한 주변기기를 지원한 멀티스레드 O/S의 장점과, 엄밀한 처리에 적합한 리얼타임 O/S의 장점을 겸비함으로서, 고도의 임베디드 시스템을 실현할 수 있는 강력한 O/S입니다.

멀티스레드 O/S와 리얼타임 O/S에서는, 태스크 제어방식이나 인터페이스가 다릅니다. 그래서 2개의 O/S를 연동시키기 위해, 썽크(Thunk)[6]라고 하는 제어 기구를 경유하여 이벤트나 메시지를 교환합니다. 썽크는 이벤트나 API 호출 형식을 변환하여 중계하는 것이며,

---

6) 썽크는 PC에서, 16 비트 메모리 주소를 32 비트 주소로 변환하고, 또 그 반대로 변환하는 것을 말한다.

그 자신이 태스크의 순서나 타이밍을 제어하는 것은 아닙니다.

〈설명 2-5〉
　　멀티스레드 O/S 상의 어플리케이션에서도, 이벤트 구동형의 프로그램 구조를 채택하고 있는 경우가 있습니다. Embedded Visual C++로 Windows CE용 어플리케이션을 개발하는 경우 에는, 어플리케이션 고유의 메시지 루프는 MFC(Microsoft Foundation Class) 프레임 워크로 인해 은폐되어 있기 때문에, 엔지니어는 의식하지 않아도 되도록 연구되어 있습니다. 이것은 어플리케이션 고유의 처리에 집중하여 개발하기 위한 소스코드 상의 장치이며, 실제의 어플리케이션은 독립한 스레드 상에서 동작합니다.

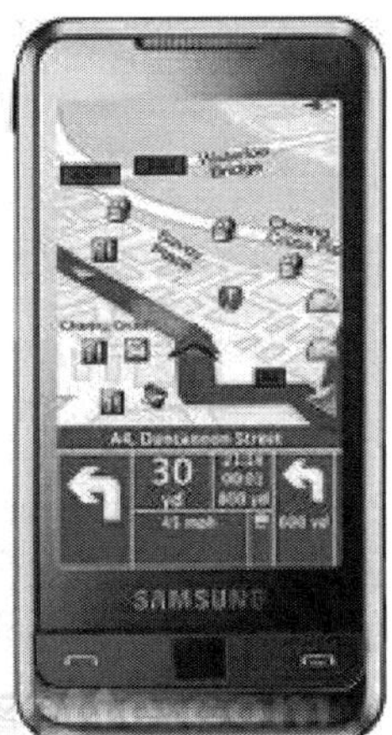

사진 2-3 멀티스레드 O/S의 예 : Windows Mobile 등

2.6.3 임베디드 소프트웨어 실행 환경

　　임베디드 소프트웨어 실행 환경이란, .NET Compact Framework 나 J2ME(Java2 Micro Edition), BREW(Binary Runtime Execution Environment), Intent 등, 임베디드 시스템 내에 가상적인 플랫폼 환경을 갖추고, 그 속에서 어플리케이션을 실행하는 플랫폼을 가리킵니다. 주로 휴대전화나 PDA 등에 내장되어, 가상적인 **VM**(Virtual Machine : 가상 머신)이나 **AEE**(Application Execution Environment : 어플리케이션 실행 환경) 상에서 소프트웨어를 실행합니다. Intent는 Tao사가 개발한 임베디드용 가상 어플리케이션 실행 환경으로, Elate 라는 가상 CPU 상에서 어플리케이션을 동작시킵니다.

　　임베디드 소프트웨어 실행 환경의 최대의 특징은, 그 추상성의 높이입니다. 하드웨어나 I/O는 완전히 추상화 되어 있으며, 어플리케이션은 실행 환경 API를 통하여 액세스하므로, 다른 하드웨어로 된 시스템 상에서 같은 소프트웨어를 동작시킬 수가 있습니다. 예컨대 GPS 네이터를 취급하는 BREW **어플렛**(Applet : 어플리케이션)을 작성하면, 복수개의 휴대전화에서 어플랫 변경없이 동작 할 수 있게 됩니다. 가령 A사의 휴대전화와 B사의 휴대전화가 전혀 다른 GPS 칩을 내장하고 있다고 해도, AEE가 차이를 흡수하여 주므로 어플리케이션에는 영향이 없는 것입니다.

단점으로서는 중간 코드를 실행하는 방식의 환경(.NET Compact Framework와 Java)에서는, 중간 코드를 CPU의 네이티브(Native) 코드로 변환할 필요가 있으므로, 메모리나 CPU의 부담이 크다는 경향이 있습니다. 이것은 하드웨어의 능력향상에 따라 해결되어 갈 단점입니다. 또한 .NET Compact Framework 2.0이나 J2ME, BREW 2.x~ 4.x는 단체로 시스템을 관리하는 능력은 없습니다. 그래서 실행 환경은 어떤 O/S 상의 1 어플리케이션으로서 실행되도록 설계되어 있습니다. 경우에 따라서는 어플리케이션 실행 환경은, 임베디드 O/S로는 간주하지 않는 일도 있습니다.

그러나 하나의 어플리케이션이 복수개의 하드웨어 상에서 동작 가능하게 되는 것은 상당히 큰 장점이므로, 임베디드 소프트웨어 실행 환경 상에서 어플리케이션을 개발하는 예가 계속 증가하고 있습니다. 앞으로는 Java 언어 등의 어플리케이션을 직접 실행할 수 있는 하드웨어가 보급되거나, 반대로 어플리케이션 실행 환경이 O/S적인 태스크 관리기능을 부가함으로써, 가상 어플리케이션 실행 환경에서 컨트롤 되는 임베디드 시스템이 늘어갈 것이라고 예상됩니다.

2.6.4 임베디드 O/S를 사용하지 않는 시스템

극히 작은 규모의 임베디드 시스템에서는, O/S를 사용하지 않고 처리하는 경우가 있습니다. 예를 들면 「달력과 기온을 표시할 수 있는 벽시계」 같은 시스템은, 메인 루프라고 하는 주 처리부터, 각 디바이스 제어처리까지를 모두 자신이 부담하여 내장해 버리는 것입니다.

메인 처리는 루프를 반복하면서 일정 간격으로 날짜 취득 루틴이나 기온 측정 루틴, 표시 루틴 등을 호출시여 표시를 계속 갱신해 갑니다.

임베디드 O/S는 유료이므로, 소규모로 저가격 제품 등 고도의 태스크 관리 기능 등이 필요 없는 경우에는, 비용을 저감할 수 있는 장점이 있습니다. 그러나 소규모의 임베디드 소프트웨어개발에서도, 앞으로는 규모가 커질 것을 예상하거나, 임베디드 O/S에 따라 하드웨어의 디바이스 드라이버가 제공되어 있어 개발 비용을 절감할 수 있는 경우 등에는, 임베디드 O/S의 채택을 검토해야 하겠습니다.

2.7 소프트웨어의 계층

오늘날의 임베디드 소프트웨어는 하드웨어의 제어에서부터 고기능 어플리케이션까지 여러 가지 레이어(Layer : 계층)로 구성되는 점이 최대의 특징입니다. 일반적인 임베디드 소프트웨어는 그림 2-11과 같은 레이어로 구성됩니다.

각각의 레이어에 속하는 태스크는, 다음과 같은 역할과 특징이 있습니다.

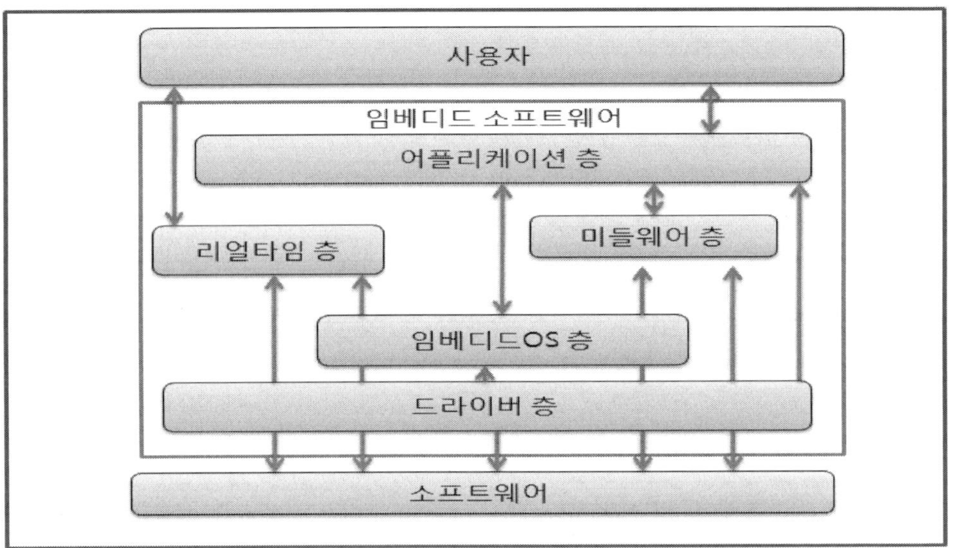

그림 2-11 임베디드 소프트웨어의 레이어 구성

2.7.1 어플리케이션층

어플리케이션층의 태스크는 사용자 인터페이스의 표시·네트워크 통신·데이터 조작·사용자용 게임 등의 고기능 처리를 제공합니다. Web 브라우저·메일 클라이언트·DVD 플레이어·한글/한자변환 어플리케이션 등이 대표적이며, 시판도 되어 있습니다.

어플리케이션층의 소프트웨어는 직접 사용자의 눈으로 보고 사용자가 조작하는 것이므로, 제품의 이미지나 평가에 커다란 영향을 줍니다. 그래서 여러 가지 연구를 결합하여, 사용자가 선호하는 인상이 좋은 어플리케이션을 개발하고 있습니다.

2.7.2 미들웨어층

미들웨어층의 소프트웨어는 여러 가지 어플리케이션에서 공통으로 사용되는 기능을 제공합니다. 3D그래픽의 묘사·음성 확인·네트워크 프로토콜 스택·메모리 파일 시스템·하드 디스크 드라이브나 CD/DVD 드라이브의 관리·JPEG 화상이나 MP3 음성·MPEG-2/MPEG-4 동영상의 전개·백그라운드 음악재생·암호 데이터 처리·임베디드용 데이터베이스 등의 매우 풍부한 미들웨어가 시판되어 있습니다. 임베디드용의 미들웨어 제품은 적은 메모리로 동작할 수 있거나, 필요한 기능만을 선택하여 링크함으로써 ROM 사용량을 절감할 수 있거나, 시간이 걸리는 처리에 대하여 비동기 인터페이스를 갖추는 등의 연구가 되어 있습니다.

만약 기능 요구를 충족하는 미들웨어가 존재하지 않는 경우 등은, 미들웨어층의 소프트웨어를 자작한다는 선택방법도 있습니다. 그와 같은 경우에는, 다른 태스크에 공개하는 인터페이스를 신중하게 검토하는 것이 아주 중요합니다. 태스크 간의 인터페이스나 소프트웨어 구조에 대해서는 제 10장에서 상세하게 설명합니다.

2.7.3 리얼타임 태스크층

리얼타임 태스크층에는, 엄밀한 타이밍 제어가 요구되는 하드웨어 처리 등을 담당하는 태스크가 포함됩니다. 휴대전화의 임베디드 시스템에서는, 무선회로의 제어나 음성통화에 필요한 코덱의 제어 등이 있습니다.

리얼타임 태스크는 하드웨어에 직결한 엄밀한 처리가 요구되므로, 고도의 지식과 경험을 가진 엔지니어에 의해 설계·개발되는 경우가 많습니다. 특히 테스트 공정에서 불량의 원인을 밝혀내거나, 적절하게 대책을 하기 위해서는, 깊은 통찰력과 적확한 판단력이 요구되므로, 필연적으로 상당히 숙련도가 높은 엔지니어가 담당하게 됩니다.

리얼타임 태스크 처리를 제공하는 시판 제품은 별로 없어서, 많은 임베디드 시스템에서는 독자적인 처리로 개발하고 있습니다.

2.7.4 드라이버층

드라이버층은 하드웨어 고유의 인터페이스를 직접 제어하는 소프트웨어입니다. 칩이나 제어대상 기기에 특유의 처리를 전문으로 처리하는 모듈이며, 하드웨어 메이커에서 제공되는 경우와, 스펙 시트 등을 토대로 임베디드 소프트웨어개발 메이커가 자작하는 경우가 있습니다.

임베디드 시스템에서는 제품을 모델 변경해도 소프트웨어는 계속 사용되는 일이 많으므로, 하드웨어의 변경에 대비해 둘 필요가 있습니다. 제품에 따라서는, 같은 모델의 제품이라도 로트나 개정으로 하드웨어(칩)가 다른 경우까지도 있습니다. 이와 같은 차이를 흡수하고 어플리케이션이나 미들웨어로부터 일정한 인터페이스로 하드웨어를 사용할 수 있게 하는 것이 드라이버의 역할입니다. 어플리케이션에 대한 영향을 우려하지 않고, 가장 적절한 하드웨어나 칩을 선정할 수 있게 된다는 효과도 있습니다.

또한 임베디드 시스템의 드라이버는, O/S에서 필요로 하기 때문에 작성하는 경우와, 하드웨어에 의존하는 부분을 분리하기 위하여 작성하는 경우의 2종류가 있습니다.

Windows CE 등의 임베디드 O/S에서는, O/S가 지원하는 디바이스를 사용하기 위해서는, 정해진 형식의 드라이버를 갖추지 않으면 안 됩니다. 그리고 표준형식의 드라이버를 작성하면, O/S가 제공하는 풍부한 기능을 사용할 수 있는 장점도 있습니다. Windows CE를 내장한 제품이라면, NDIS(Network Driver Interface Specification) 형식의 드라이버를 갖추는 것만으로 O/S의 프로토콜 스택을 사용하여 TCP/IP 네트워크를 사용하는 기능을 실현할 수 있는 것입니다. 비디오 액셀러레이터나 네트워크 카드 등 일반적인 디바이스의 경우에는, 판매처가 Windows CE나 임베디드 Linux 등 주요한 임베디드 O/S에 대응한 드라이버를 제공하고 있습니다.

O/S가 지원하고 있지 않는 디바이스나 O/S를 사용하지 않는 임베디드 시스템에서도, 보통은 드라이버층의 모듈을 개별적으로 작성하여, 어플리케이션층이나 미들웨어층의 모듈이 직접 하드웨어에 액세스 하지 않는 구성으로 합니다. 하드웨어의 변경에 따라 상위층 태스크로 영향을 끼치는 것을 피함과 동시에, 하드웨어 자원에 대한 액세스를 적절하게 관리하기 위함입니다.

또한 리얼타임층에서는 하드웨어와 직결한 처리를 하는 성격이 강하기 때문에, 드라이버층과는 명확한 경계를 구분하기 어려운 경우가 있습니다. 그러나 하드웨어에 대한 의존을 경감하기 위해서도, 추상도가 높은 인터페이스를 정의하여 드라이버층을 분리한 설계 쪽을 바람직하게 여기고 있습니다.

2.7.5 리얼타임 O/S층 · 임베디드 O/S층

O/S층에 대해서는 이미 기술한대로, 태스크의 관리나 메모리 공간 영역의 관리, 시그널이나 메시지를 주고받기 위한 메시지 큐(Message Queue)의 관리, 불휘발성 메모리 영역의 관리 등, 임베디드 시스템 전체에 영향이 있는 기본적인 처리를 담당합니다.

또한 임베디드 O/S를 통하여 여러 가지 기본적인 기능이 제공되는 일이 있습니다. ROM이나 Flash 메모리 영역을 기반으로 한 EFS(Embedded File System : 임베디드 파일 시스템) 등의 데이터 관리기능, LCD(Liquid Crystal Display : 액정 디스플레이)의 표시관리, 전원 및 휴면 상태의 관리 등입니다.

임베디드 O/S를 제품으로 구입하면, 표준기능으로서 네트워크 프로토콜 스택·JPEG 화상이나 MPEG 동영상의 신장 라이브러리·PCM 음성의 재생 라이브러리·메일·탁상전자계산기·무비 재생 어플리게이션이라는 드라이버층에서 어플리케이션층의 소프트웨어가 제공되는 경우가 있습니다. 이러한 것은 제품에서 보면 임베디드 O/S의 구성품입니다만, 기능계층의 관점에서 보면 각기 별도의 계층에 속해 있습니다.

3 **Chapter** 임베디드 프로그래밍의 기본

> 임베디드 소프트웨어개발에서는, 여러 가지 O/S 와 **플랫폼**(Platform)을 사
> 용합니다. O/S 도 개발 환경도 다양합니다. 프로젝트에서는 전혀 새로운
> O/S 의 개발을 체험하는 일도 드물지 않습니다. 이 장에서는 임베디드 소
> 프트웨어개발의 개요를 설명합니다.

3.1 임베디드 소프트웨어의 개발 환경

제 2장에서 기술한대로 임베디드 O/S는 종류에 따라 동작이 크게 다른 특징이 있습니
다. 그러나 임베디드 O/S에 따라 처리의 흐름이 전혀 다른가 하면, 결코 그런 일은 없습
니다. 물론 API나 시스템 콜, 시그널의 형식 등 인터페이스 사양은 다르지만, 대부분의
O/S에서 비슷한 기능을 제공하는 인터페이스를 갖추고 있습니다. 제 2.4절에서 기술한
O/S의 응용 영역이 같다면, 비교적 비슷한 방법으로 어플리케이션을 개발할 수 있습니다.
따라서 임베디드 엔지니어에게는 「O/S의 차이를 재빨리 이해하여, 지금까지의 경험을 적
용하는」 능력이 중요하게 됩니다.

본서에서는 가상적인 임베디드 O/S에서 어플리케이션을 작성하는 것을 상정하여, 가장
초보적인 어플리케이션 개발의 순서를 설명해갑니다. 여기서는 「Em-OS 」 라는 O/S 상
에서 메시지 표시만 하는 간단한 어플리케이션을 작성하는 예를 제시하면서, 임베디드
소프트웨어 개발작업을 소개합니다.

Em-OS는 표 3-1과 같은 특징이 있는데, 비동기형 넌프리엠프티브한 멀티태스크와, 멀
티스레드형 프리엠프티브한 멀티태스크 양쪽을 지원한 임베디드 O/S로서, C 언어와 C++
언어로 개발 환경이 제공되어 있습니다. 그래서 같은 기능을 가진 어플리케이션을 비동
기형과 멀티스레드형의 양쪽에서 개발한 경우를 비교하면서, 각각의 특징을 재확인해 가
도록 합니다.

이 절에서 작성하는 어플리케이션은, 표 3-2와 같은 API를 이용하여 메시지를 표시합
니다.

[표 3-1] Em-OS의 특징

특 징	내 용
임베디드용 경량 O/S	적은 ROM 사용량으로, 고속으로 경쾌한 동작을 실현한다
리얼타임 O/S	시그널 기반의 비동기 처리 및 멀티스레드 처리를 지원하고 있다
테스트 환경	Windows판의 시뮬레이터가 제공되어 있다

[표 3-2] 샘플 어플리케이션이 사용하는 Em-OS API

함 수	기 능	종 별
RegisterEventHandler	태스크의 톱 수준 이벤트 핸들러를 Em-OS에 등록한다	동기
TerminateTask	지정한 태스크를 종료한다	
SetEvent	동기 객체의 이벤트를 시그널 상태로 한다	
WaitEvent	동기 객체의 이벤트 발생이, 지정 시간이 경과할 때까지 처리를 기다린다	
Sleep	지정 시간 동안, 스레드를 실행 대기상태로 한다	
DrawRectangle	지정된 색으로 직사각형 영역을 빈틈없이 칠한다	
DrawText	지정된 좌표에 문자열을 묘사한다	
ReadKey	키 버퍼에서 1문자를 읽기 시작한다	
Async_DrawRectangle	지정색으로 비동기의 직사각형 칠하기 처리를 개시. 처리개시 직후에 O/S로 즉시 리턴	비동기
Async_DrawText	지정 좌표에 대한 비동기의 문자열을 묘사개시. 처리개시 직후에 O/S로 즉시 리턴	

3.2 「Hello Korea!」 어플리케이션

메시지 표시 어플리케이션은 ① 작동하여, ② 화면을 초기화하고(백색 = RGB(255,255,255)로 빈틈없이 칠한다), ③ 고정 문자열을 표시하고 나서, ④ 키 입력 대기에 들어가서, ⑤ 어떤 키가 눌리면 종료한다, 는 기능을 가진 소프트웨어입니다. 화면에는 전통에 따라 "Hello Korea!" 라는 문자열을 표시하도록 합니다. 처리의 흐름을 그림으로 나타내면 그림 3-1과 같이 됩니다.

그림 3-1 Hello Korea! 어플리케이션의 처리흐름

이것을 실현하는 비동기형 어플리케이션은 그림 3-2와 같은 구조가 됩니다. 같은 처리를 하는 멀티태스크형 어플리케이션 구조는 그림 3-3과 같이 됩니다. 이미 기술한대로 멀티태스크형 어플리케이션 구조는, 오픈 업무 소프트웨어의 구조와 매우 비슷합니다.

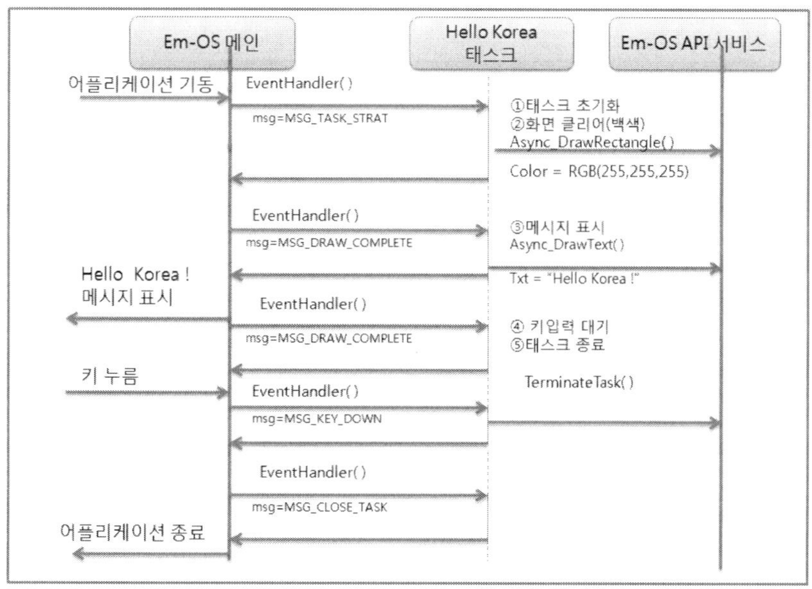

그림 3-2 비동기 처리를 채택한 시퀀스

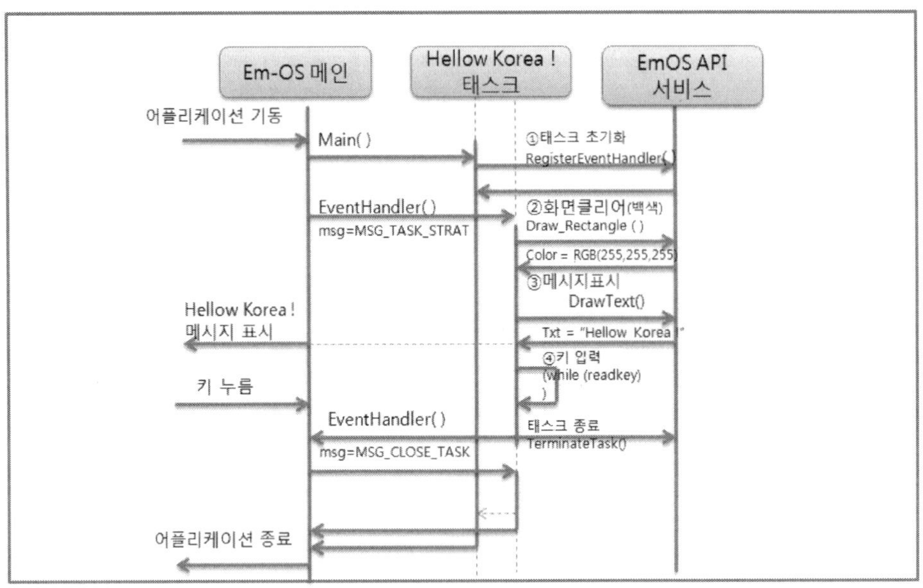

그림 3-3 멀티스레드형 처리의 시퀀스

3.3 메시지의 표시

메시지의 표시방법은, 임베디드 시스템의 O/S나 어플리케이션 환경에 따라 전혀 달라집니다만, Em-OS에서는 O/S가 제공하는 API를 호출함으로써, 지정한 위치에 LCD 화면으로 문자를 표시할 수가 있습니다. 동기 API와 비동기 API의 양쪽이 준비되어 있으므로, 어플리케이션 처리방식에 의한 API를 사용한 예를, 소스코드로 설명해 나갑니다.

◉ 리스트 3-1 비동기형 어플리케이션의 샘플 소스코드

```
1:// Non-preemptive한 태스크의 메인 처리
2:the hellokoreaEventHandler(SIGNAL *sig, void *pTaskContext )
3:{
4:     the result = E_NOTPROCESSED;
5:
6:     switch (sig->msg)
7:     {
8:     // 태스크 제어 시그널
```

```
 9:    case  MSG_TASK_START:
10:    initializeHelloKoreaTask( pContext );
                                    //   ①태스크 초기화
11:      Async_DrawRectangle(  0,  0,  120.  160,  RGB(  255,  255,  255)  );
                              //   ②화면 클리어백색)
12:    pContext->status = HWT_CLEAR_SCREEN;
13:    result = E_SUCCESS
14:      break;
15:    case MSG_CLOSE_TASK:
16:      releaseHelloKoreaContext( pContext ); pContext = NULL;
17:      result = E_SUCCESS
18:      break;
19:
20:    // 입력 디바이스계 시그널
21:    case MSG_KEY_DOWN:
                     // ④키 입력 대기
22:      if (pContext->status == HWT_PRESS_ANY_KEY)
23:        {
24:      TerminateTask( pContext->task_id, 0, NULL );
                          // ⑤태스크 종료
25:      result = E_SUCCESS
26:        }
27:      break;
28:
29:    //그래픽 처리계 시그널
30:    case MSG_DRAW_COMPLETE:
31:    switch (pContext->status)
32:      {
33:     case HWT_CLEAR_SCREEN:
34:    //화면 클리어 완료
35:      Async_DrawText( 10, 76, "Hello Korea!" , NULL );
                          //  ③메시지 표시
36:      pContext->status = HWT_DRAW_MESSAGE;
37:       result = E_SUCCESS  -
```

```
38:            break;
39:        case HWT_DRAW_MESSAGE;
40:          // 메시지 묘사 완료 → 키 입력 대기
41:          pContext->status = HWT_PRESS_ANY_KEY;
42:          break;
43:        }
44:    }
45:  Return result;
46: }
```

3.3.1 비동기형 어플리케이션의 예

비동기 "Hello Korea!" 어플리케이션은, 리스트 3-1과 같습니다. O/S로부터 이벤트를 받는 이벤트 핸들러 함수가 존재합니다. 어플리케이션의 메인이 되는 이벤트 핸들러는, 태스크 관리 처리 등에 따라 O/S에 등록되므로, 어플리케이션 전체가 서브루틴의 집합과 같은 구성이 됩니다. 어플리케이션이 기동되면, O/S에서 정해진 순서대로 이벤트가 계속 보내집니다. 샘플에서는 "Hello Korea!" 어플리케이션의 처리에 관계없는 이벤트는 무시하고 있습니다.

기동 직후에 기동 이벤트가 보내지고, 어플리케이션은 자신이 기동된 것을 알 수 있습니다(9행). 기동 이벤트의 처리에서는, 어플리케이션이 사용하는 데이터 영역이나 하드웨어 등의 초기설정을 합니다. 샘플의 소스코드에서는 화면을 초기화하기 위해서, 인수에 백색(RGB (255,255,255))을 지정하여 직사각형 영역을 색칠하는 API를 콜하고 있습니다. 초기화 처리를 호출시면, 묘사 완료까지 그 사이에 O/S로 처리를 돌려주므로, 일단 이벤트 핸들러에서 리턴합니다(14행).

화면 묘사가 완료되면, O/S에서 "Hello Korea!" 어플리케이션으로 완료 이벤트가 보내집니다. 그곳에서 화면에 문자를 표시하는 API를 콜하여, 키 입력을 기다리기 위하여 이벤트 핸들러에서 리턴합니다(30~45행).

사용자가 어떤 키를 누르면 키 누름 이벤트가 통지되므로, 어플리케이션의 종료 API를 호출시여, 자신이 종료하는 것을 O/S로 통지하고 나서 리턴합니다(21행).

O/S 측에서 어플리케이션의 종료에 필요한 처리가 개시된 후, 종료 이벤트가 "Hello Korea!" 어플리케이션으로 보내집니다. 종료 이벤트의 처리에서, 화면이나 메모리 영역 등 리소스를 해방한 뒤에 이벤트 핸들러에서 리턴합니다.

그 후에는 O/S가 태스크를 종료히는 처리를 하고, 어플리케이션의 실행이 완료됩니다.

리스트 3-1의 ①~⑤가, 제 3.2절 처리의 각 스텝에 해당합니다.

3.3.2 멀티스레드형 어플리케이션의 예

멀티스레드형 "Hello Korea!" 어플리케이션에서는 어플리케이션 마다 스레드가 할당되어, O/S에서 이벤트를 받는 메시지 루프를 기동합니다. .NET Compact Framework 등 고도의 클래스 라이브러리로 된 어플리케이션 프레임 워크에서는, 어플리케이션 클래스의 기저 클래스가 메시지 루프를 개발 완료하여, 메시지 루프 자체의 코딩은 필요로 하지 않는 경우도 있습니다.

리스트 3-2에서는 어플리케이션이 기동하면 main 함수가 호출됩니다. 어플리케이션은 초기화 처리로서 자신이 사용하는 메시지 큐를 O/S에 등록합니다. 어플리케이션에 대한 이벤트가 발생하면, 이벤트가 메시지 큐로 보내져서 어플리케이션이 처리하는 점은 비동기형의 어플리케이션과 같지만, 메시지 큐의 이벤트를 처리하지 않거나, 이벤트 처리에 오랜 시간이 걸려도 자신의 사용자 인터페이스 응답이 늦어질 뿐, 다른 태스크에 영향을 끼치는 일은 없는 점이 다릅니다.

◉ 리스트 3-2 멀티스레드형 어플리케이션의 샘플 소스코드

```
 1: // 태스크의 엔트리 포인트
 2: int main( int taskID, void *pContext, int parentTask )
 3: {
 4:     initializeHelloKoreaTask( pContext );
 5:
                                    // ①태스크 초기화
 6:   RegisterEventHandler( taskID, helloKoreaEventHandler, NULL );
 7:
 8:     WaitEvent( pContext->task_exit_event, 0 );
 9:
10:     releaseHelloKoreaContext( pContext ); pContext = NULL;
11:
12:     return 0;
13: }
14:
15: //프리엠프티브한 태스크의 메인 처리
```

```
16:  int helloKoreaEventHandler( SIGNAL *sig, void *pTaskContext )
17:  {
18:      if (sig->msg == MSG_TASK_START)
19:      {
20:          HelloKoreaTaskContext    *pContext    =    (HelloKoreaTaskContext
*)pTaskContext;
21:
22:      DrawRectangle( 0, 0, 120, 160, RGB( 255,255,255))
                                            //  ②화면 클리어(백색)
23:
24:      DrawText( 10, 76, "Hello Korea!" , NULL );
                                //  ③메시지 표시
25:
26:      while( Readkey( 0 ) == 0)
                            //  ④키 입력 대기
27:        {
28:          //키 입력 대기
29:          Sleep( 100 );
30:        }
31:        //어떤 키가 눌렸다
32:        TerminateTask( pContext->task_id, 0, NULL );
                                        //  ⑤태스크 종료
33:
34:      return E_SUCCESS
35:      }
36:      else if (sig->Msg == MSG_CLOSE_TASK)
37:      {
38:        SetEvent( pContext->task_exit_event );
39:        return E_SUCCESS;
40:      }
41:
42:      return E_NOTPROCESSED;
43:  }
```

어플리케이션의 기동 이벤트를 받은 시점에서, 초기화 처리를 개시합니다(18행).

그 후 같은 함수 내에서 화면을 백색으로 칠하고, 메시지 문자열을 표시합니다(22~24행).

그리고 키 입력 대기 상태에 들어가서, 어떤 키가 눌리기까지 while 루프에서 계속 기다립니다. 이때 이벤트 통지가 아니라, 키 상태의 취득함수를 사용하고 있습니다(26~30행).

키가 입력된 경우에는 시작 이벤트 처리를 종료하고, 메시지 루프로 돌아갑니다(32행).

그리고 종료 이벤트를 받고나서 메모리의 해방 등을 하여, main 함수에서 리턴하여 어플리케이션을 종료합니다(10~12행).

마찬가지로 샘플 소스코드 상의 ①~⑤는 3.2절 처리 시퀀스의 각 스텝에 해당합니다.

여기까지의 샘플 소스코드에서 알게 되었으리라 생각합니다만, 비동기형과 멀티스레드형의 어플리케이션에서, 호출되는 API와 파라미터는 거의 동일합니다. API 호출순서도 변함없다는 것을 알 수 있습니다. 양쪽 방식에서 다른 점은 어플리케이션의 함수구조와, 처리에서 임베디드 O/S로 리턴하는 타이밍뿐입니다. 이런 점에서도 알 수 있듯이 비동기 처리와 멀티스레드 처리는, 원리적으로 같은 함수 또는 클래스로서 개발할 수가 있습니다.

임베디드 소프트웨어를 개발할 때는, 비동기 처리 또는 멀티스레드 처리를 실현하기 위한, 말하자면 **멀티태스크 제어에 필요한 코드**와, 임베디드 시스템 자신이 필요로 하는 **어플리케이션 고유의 로직 코드**를 분리하여 생각하는 것이 아주 중요합니다.

임베디드 O/S에 특유의 호출 타이밍이나 순서를 분리하여, 어플리케이션 고유의 처리를 독립시키는 기법에 대해서는, 제 8장과 제 10장에서 설명합니다.

3.4 시뮬레이터용의 컴파일과 링크

소스코드의 기술을 완료한 후에는, 개발 머신 상의 시뮬레이터로 실행하여 소프트웨어의 동작을 확인합니다. 실행 가능 바이너리 모듈(Module)을 작성하기 위해서는, **컴파일**(Compile) 및 **링크**(Link) 처리가 필요합니다. 이러한 것을 합하여 **빌드**라고 합니다.

Visual Studio 등의 IDE로 개발하고 있는 경우는, 메뉴에서 컴파일과 링크를 할 수 있습니다. 프로젝트에 따라서는 커맨드 프롬프트 상에서 makefile과 make 커맨드를 사용하여 컴파일 하거나, 전용 스크립트가 갖추어져 있는 일도 있습니다.

또한 컴파일에 시간이 걸리는 경우에는, 조금이라도 컴파일 대상을 줄이기 위하여, 전체 소스파일을 컴파일 하지 않고 변경된 소스파일 만을 컴파일 하거나, 자신의 해당 범위

소스파일 만을 컴파일 하는 일도 많습니다.

　개발·테스트 중에 호스트 PC 상에서 동작을 확인하는 경우, 시뮬레이터를 사용하는 환경에서는 호스트 CPU용 컴파일러로 컴파일 하고, 에뮬레이터를 사용하는 환경에서는 타깃 CPU용 컴파일러로 컴파일 하여 **객체 파일**(Object File)을 생성합니다.

　객체 파일은 링커에서 다시 여러 가지 객체 파일과 결합하여, 실행 가능 바이너리 모듈이 생성됩니다. 링크 시에는 모든 모듈을 링크하는 경우(**풀 링크**나 풀 빌드라고 한다)와, 변경 부분만을 링크하는 경우(인크리멘털 링크(Incremental Link) 나 **차분 링크**(Differential Link)가 있습니다. 인크리멘털 링크의 경우, 객체 파일에 변경이 발생했는지 어떤지는, 파일의 타임스탬프로 판단하는 링커가 많아, 다른 팀에서 개발하고 있는 모듈을 **아카이브**(Archives) 파일 등에서 받고 있는 경우에는 주의해야 합니다. 즉 링커는 소스 파일 쪽이 객체 파일 보다 새로우면 소스가 갱신되었다고 판단하므로, 자신의 PC 상의 소스 파일이 갱신되어 있지만, 다른 팀 담당자의 PC 상에서 그 이후로 풀 컴파일을 하는 등으로 새로운 날짜의 객체 파일이 들어있으면, 갱신이 반영되지 않는 경우가 있는 것입니다. 그래서 다른 팀의 소스나 객체 파일을 입수한 경우에는, 항상 풀 빌드를 하는 쪽이 안전할지도 모르겠습니다(그림 3-4).

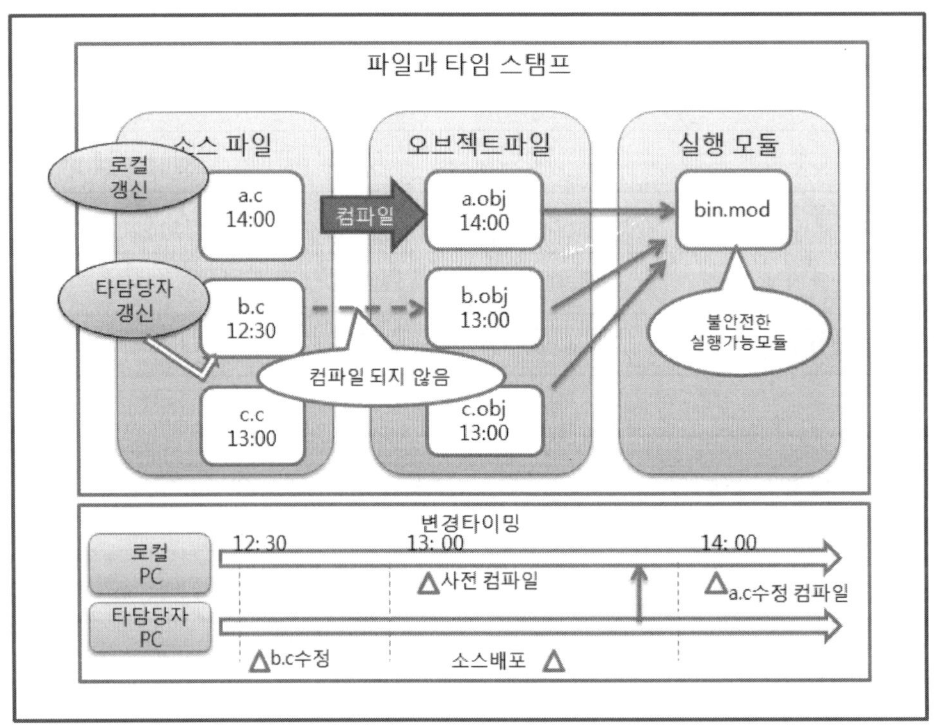

그림 3-4 인크리멘털 링크(Incremental Link)의 갱신 판정

3.5 Hello Korea! 프로그램의 실행

소스코드의 빌드가 완료되면, 실제로 소프트웨어를 기동시켜서 동작을 확인합니다. 크로스 개발에서는 개발 머신 상의 시뮬레이터 또는 에뮬레이터 상이나, 타깃 하드웨어 상이나 어느 것인가에서 소프트웨어를 동작시키게 됩니다. 실제로는 타깃 하드웨어가 시제품이 되기도 하고 테스트용 기판을 사용하기도 하는데 수가 적고, 취급하는 시간도 걸리는 일이 많아서, 시뮬레이터나 에뮬레이터 환경 쪽이 쉽게 사용할 수 있을 것입니다. 그래서 임베디드 소프트웨어개발에서는 시뮬레이터나 에뮬레이터로 동작 확인을 하고나서, 타깃 하드웨어로 다시 동작확인을 하는 수순을 밟는 것이 일반적으로 되어 있습니다. 물론 시뮬레이터를 사용할 수 없는 경우는, 타깃 하드웨어만으로 동작 검증을 하게 됩니다.

Em-OS는 다행히도 Windows용 시뮬레이터가 제공되어 있으므로, 시뮬레이터용으로 빌드한 실행 바이너리를 로드하도록 했습니다. 이 바이너리는 Windows x86 CPU 상에서 동작하는 형식의 파일, 구체적으로는 DLL[7]파일입니다. 많은 Windows 상의 시뮬레이터에서도, PE(Portable Executable : 실행가능 파일의 파일 포맷) 형식의 .exe 파일이나 dll 파일을 로드하는 사양으로 되어 있습니다.

시뮬레이터에 지정한 어플리케이션 폴더 내에 실행가능 바이너리 모듈을 복사하여 시뮬레이터를 기동하면, 자동적으로 바이너리 모듈이 로드됩니다. 그리고 태스크 메뉴에서, 작성한 "Hello Korea!" 어플리케이션을 선택하여 실행 키를 누르면, 시뮬레이터 상에서 어플리케이션이 실행되어, 화면에 「Hello Korea!」 라는 문자가 중앙에 표시됩니다(그림 3-5).

---

7) Dynamic Link Library. 복수의 어플리케이션 소프트가 공통으로 사용할 수 있는 범용성이 높은 프로그램을 부품화하여 모듈 파일로서 보존해 두고, 필요에 따라 메모리에 호출시여 사용하는 기법. 실행 시에 링크되는 라이브러리라고 생각할 수 있다. DLL에 따라서, 개발효율을 높이거나, 실행가능 파일의 파일 사이즈를 작게 할 수 있다.

그림 3- 5 시뮬레이터의 실행 결과

비동기형 처리와 멀티스레드형 처리의 어느 쪽도, 실행 결과는 같습니다. 물론 소스코드 상에서 처리의 흐름은 크게 다릅니다. 소스코드의 판독성이라는 관점에서 보면, 멀티스레드형 처리의 소스코드 쪽이 보기 쉬운 경우가 많습니다. 그러나 이미 기술한 것처럼, 어느 쪽 멀티테스크 처리방식이라도 같은 API를 같은 타이밍·같은 순서로 호출시고 있는 것임에는 틀림이 없습니다. 이것은 즉 어플리케이션의 처리방법을 설계한다는 작업은, 임베디드 소프트웨어개발에서도 오픈업무 시스템 개발에서도 변함없다는 것을 의미하고 있는 것입니다.

만약 시뮬레이터 상에서 바르게 동작하지 않았을 경우는, 개발 머신 상의 툴을 사용하여 디버그를 합니다. 시뮬레이터 상의 어플리케이션은 개발 머신용 바이너리이므로 Visual Studio 등의 IDE에서 효율적으로 테스트할 수 있습니다. 시뮬레이터를 사용할 수 없는 경우는, 함수단위나 모듈단위로 호출원과 호출선의 **더미(Dummy)함수**를 준비하고, 호스트 환경 상에서 자작부분을 실행할 수 있습니다. 이와 같이 호출원의 동작을 재현하는 더미함수를 **드라이버(driver)**[8], 호출선의 동작을 재현하는 더미함수를 **스텁(stub)**이라고 합니다. 대규모의 임베디드 시스템에서 담당부분 만을 호출하는 경우 등도 드라이버나 스텁이 사용됩니다.

---

8) 테스트 대상을 동작(drive)시키는 더미함수라는 의미로서 (driver)라고 한다. 소프트웨어 계층의 구분에서 디바이스 드라이버층을 가리키는 드라이버(Device Driver)와는 다르다.

4 타깃 환경에서의 실행과 디버그

Chapter

> 호스트 환경과 타깃(Target) 환경에서는, CPU나 칩을 포함하여 디바이스
> 가 다릅니다. 그래서 디버그 작업도 어려워집니다. 그러므로 크로스 개발,
> 임베디드 소프트웨어개발에 맞는 디버그 환경과 테크닉이 필요하게 되는
> 것입니다.

4.1 타깃용 컴파일

크로스 개발을 하고 있는 경우는, 호스트(Host) CPU와 타깃(Target) CPU가 다른 경우가
대부분입니다. 그래서 타깃 CPU용의 바이너리 모듈을 생성하는 컴파일러를 준비하여, 호
스트 환경에서 컴파일을 합니다. 이것을 **크로스 컴파일(Cross Compile)**이라고 합니다.

4.1.1 크로스 컴파일에 의한 동작의 변화

크로스 컴파일에서는 주의해야할 점이 2가지 있습니다.

하나는 **컴파일 옵션의 정합성**입니다. 시뮬레이터를 사용한 개발을 하고 있으면, 호스트
환경과 타깃 환경의 CPU나 하드웨어의 차이를 흡수하기 위해, #if 디렉티브의 판정으로
처리를 변환하는 컴파일 옵션이 다수 추가되어 갑니다. 컴파일 옵션의 설정 속에는, 복수
개의 개발 팀에서 사용하고 있는 동안에 다른 의미로 되어버리는 일이나, 「어떤 컴파일
옵션을 설정하고, 다른 컴파일 옵션도 설정하지 않으면 바르게 동작하지 않는다」 는 사
태가 발생하는 일도 있습니다. 옵션 설정에 잘못이 있으면, 시뮬레이터에서는 바르게 동
작한 소스코드가, 타깃 환경에서는 전혀 상정한 외의 행동을 하는 일도 있습니다. 그래서
크로스 개발에서는 시뮬레이터와 타깃 환경의 양쪽에서 #if 디렉티브가 바르게 움직이도
록 의식할 필요가 있으며, 또한 엔지니어는 소스코드뿐만 아니라 IDE 프로젝트 설정이나
makefile의 내용도 파악하고 있지 않으면 안 됩니다.

또 하나의 주의점은, 소스파일과 바이너리 모듈의 대응 자리입니다. 크로스 컴파일의
주의사항이라기 보다, 크로스 개발의 주의사항이라고 하는 데, 바이너리 모듈을 구성한

뒤에 시뮬레이터나 타깃 환경에 전송하여 실행할 때에, 구 바이너리 모듈이 홀로가고 있는 일이 자주 있습니다. 타깃 환경으로 전송하는데 30분이나 1시간 등의 시간이 걸리는 경우, 전송대기 동안에 버그를 감지한다는 이유로, 계속해서 소스코드를 손질해버리는 일이 있습니다. 그러면 애써서 시뮬레이터나 타깃 환경에서 바이너리 모듈을 동작시켜도, 어느 소스코드에서 움직이고 있는지 알 수 없게 됩니다. 이것은 큰 문제가 됩니다.

다급한 개발현장에서 바이너리 모듈의 혼란이 일어나면, 지금의 소스코드는 불량이 고쳐져 있는지, 움직이고 있던 것이 수정 전의 소스코드인지, 최신의 소스코드는 확인이 필요한지 등이 알 수 없게 되는 것입니다. 이렇게 되면 컴파일과 전송과 테스트를 다시 할 필요가 있습니다.

오픈업무 시스템의 프로젝트에서 Visual Studio 등의 IDE로 개발하고 있으면, 바이너리 모듈도 IDE의 관리 하에 있으므로, 항상 최신판이 실행되는 보증이 있습니다. 그러나 임베디드 소프트웨어개발에서는 엔지니어 자신이 바이너리 모듈을 올바르게 관리하지 않으면 안 됩니다. 관리자나 팀리더가 소스코드 상의 __TIME__매크로와 연동하여 바이너리 모듈에서 소스코드의 날짜를 취득할 수 있는 툴 등을 작성해 두면, 팀 전체에서 이와 같은 실수를 방지하는 효과가 있습니다.

또한 복수개의 개발 팀이 제휴하여 작업하는 대규모의 프로젝트에서는, Visual Source Safe(VSS), Concurrent Versions System(CVS) 등의 소스코드 관리 툴을 사용하거나, 단순히 ZIP 파일에 저장하는 등으로, 팀 간에서 소스코드를 공유합니다. 소스코드 관리 툴을 채택하고 있는 경우는, 타 팀에서 소스코드가 갱신되었기 때문에, 자신도 모르는 사이에 주변의 바이너리 모듈과 소스코드에 차이가 생기는 일이 있습니다. 임베디드 소프트웨어개발 프로젝트에서는 소스코드 관리 시스템에서 갱신판을 취득하는 타이밍을 스스로 컨트롤하여, 항상 소스코드와 바이너리 모듈의 대응 위치를 파악하는 노력이 필요합니다.

4.1.2 타깃용 컴파일

크로스 컴파일 및 링크의 조작은, 시뮬레이터용 컴파일·링크 조작과 그다지 다르지 않습니다. 잘 정리된 프로젝트라면, makefile에 지정하는 커맨드라인 스위치를 변경하는 것만으로 타깃 CPU를 변환시키는 일도 있습니다. 컴파일 환경의 구축은 한번 해버리면 되는 작업이므로, 대규모 프로젝트의 관리자나 팀 리더가 절차서나 환경 인스톨러를 갖추면 효율적입니다.

환경 일지를 ZIP 파일 등에 정리하여 개발멤버에 배포하는 것만으로도 유효합니다만, Windows 상이라면 인스톨러를 작성하는 소프트웨어 등을 활용하거나, Visual Studio의 Windows Installer Project 기능을 사용하여 msi 파일 형식의 인스톨러 등을 갖추면, 프로젝트 전체에서 통일된 개발 환경을 유지하기 쉽게 됩니다. Linux 기반의 개발머신을 사용하는 프로젝트에서는, 마찬가지로 RPM 형식 등의 패키지 관리 시스템을 사용할 수 있습니다.

4.2 타깃 보드에 전송

타깃 CPU용 컴파일이 완료되면, 바이너리 모듈을 타깃 환경으로 전송하여 실행해 봅니다. 타깃 환경으로 전송하는 방법은 임베디드 시스템에 따라 여러 가지가 있지만, 다음과 같은 방법이 많이 사용됩니다.

4.2.1 시리얼 전송

호스트 환경과 타깃 환경을 RS-232C 등의 시리얼 케이블에서 접속하여, 전용 어플리케이션으로 바이너리 모듈을 전송합니다. RS-232C는 전송속도가 느리므로, ROM 용량의 큰 임베디드 시스템에서 RS-232C를 사용하면, 바이너리 모듈의 전송에 수십 분도 걸리게 되는 일이 있습니다. 이와 같은 경우는 적은 전송회수로 효율적인 동작확인을 하는 연구가 요구됩니다.

구체적으로는,

·복수개의 변경을 함과 동시에 변경부분의 체크시트를 작성하여, 변경내용을 빠짐없이 체크한다.

·로그를 보통보다 많이 설정하여, 한 번의 실기동작으로 복수개의 문제를 추적과 확인을 할 수 있도록 장치를 갖춘다.

등 입니다.

최근에는 시리얼 전송경로에, 고속 USB 인터페이스를 사용할 수 있는 것도 있습니다 (사진 4-1). 당연히 전송속도가 빠를수록 전송대기 시간이 감소하고, 작업효율의 저하를 피할 수 있으므로, 가장 고속의 전송경로를 사용해야 할 것입니다. 또한 타깃 환경 측에 대한 전송 어플리케이션을 개량하여, 변경된 바이너리 모듈만을 전송하는 **부분전송**이나 **차분전송**을 가능하게 하거나, 전송경로에 흐르는 데이터를 압축하는 등의 연구에 따라서도 큰 효과를 얻을 수 있습니다.

사소하게 생각할 수 있으나 전송경로의 선택은, 프로젝트 전체의 작업효율을 좌우하는 중요한 포인트입니다.

4.2.2 기억매체에 의한 전송

타깃 환경이 SD 메모리나 하드 디스크, DVD 등 외부 기억매체를 지원하고 있는 경우는, 호스트 환경에서 바이너리 모듈을 기억매체에 보존하여, 타깃 환경이 기억매체에서 읽도록 하는 일도 있습니다. 단, 전용의 자기 미디어나 광 미디어로 전송하는 경우, 쓰기 장치의 수가 한정되어 있는 등의 이유로 효율저하를 가져올 우려가 있습니다. 예컨대 GD-ROM(Gigabyte Disk ROM)과 같은 특수한 포맷의 광 미디어를 사용한 게임기용 소프트웨어 개발 등입니다. 이 경우도 부분전송 등의 대책은 유효합니다.

4.2.3 ROM 쓰기

타깃 환경 하드웨어에서 ROM을 분리하여, 직접 ROM 라이터 등으로 쓰는 방법도 있습니다. 호스트 환경에서, ROM에 대한 쓰기 소프트웨어로써 바이너리 모듈을 ROM에 씁니다(사진 4-2).

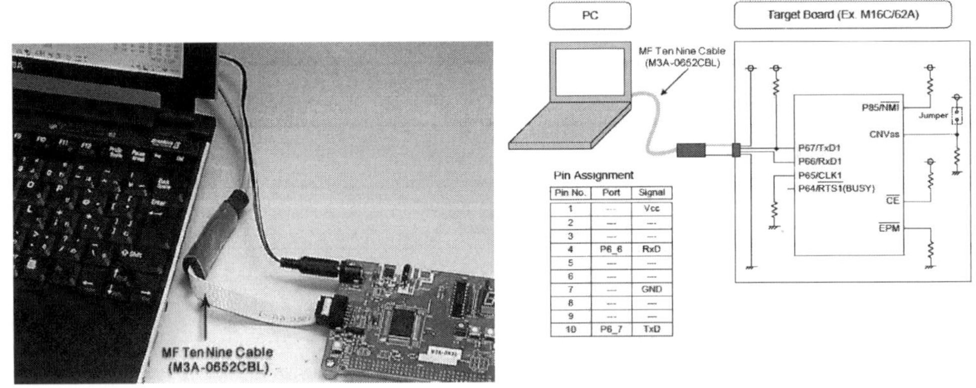

사진 4-1 타깃환경으로 전송

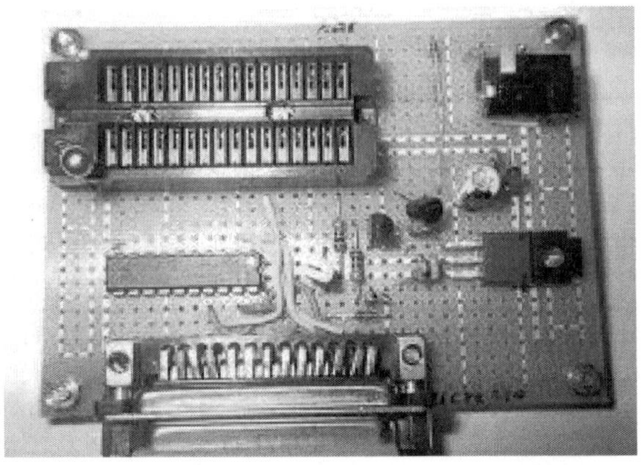

사진4-2 ROM 라이터

비교적 소규모 시스템이나, ROM을 분리할 수 있는 시험기판으로 개발하는 단계에 사용됩니다. 최근 고기능 임베디드 시스템에서는, ROM이 CPU 칩 내부에 들어있거나 기판상에 직접 개발되어 있는 일이 많기 때문에, ROM을 분리할 수 없는 경우도 적지 않습니다.

크로스 개발에서 바이너리 모듈을 타깃 환경으로 전송하는 절차는, 오픈업무 시스템의 Web 어플리케이션의 개발을 경험한 엔지니어에게는 이질감이 없을지도 모르겠습니다. 그러나 100Mbps의 네트워크를 사용하는 Web 어플리케이션과는, 전송속도나 기기조작의 노력이 크게 다릅니다.

타깃 환경으로 하는 바이너리 모듈 전송은 개발 중에 몇 번이고 반복하므로, 개발작업의 생각지 못한 부담이 되는 일이 있습니다. 이와 같은 경우 담당자나 팀리더의 수준에서는 전송속도를 개선할 수 없는 일도 많아서, 스스로 방어하기 위한 노력이 필요하게 됩니다. 예컨대 탁상 체크를 우선하도록 하거나, 스텁이나 드라이버를 철저하게 준비하거나, 쓰기 중에 확인내용의 체크메모를 작성하는 습관을 붙이거나, 로그나 트레이스를 많이 삽입하는 등의 세심한 개선을 거듭하는 것이, 문제를 해결하는 시간이나 자신의 잔업시간의 양을 좌우하는 커다란 차이로 이어질 것입니다.

4.3 프로그램의 실행

하드웨어로 바이너리 모듈 전송이 완료되면, 작성한 프로그램을 타깃 환경 상에서 실행합니다. 작성한 프로그램을 Em-OS에서 호출시기 위해, O/S의 메뉴에서 「Hello Korea!」를 선택하면, 시뮬레이터와 동일한 화면이 나타납니다. 어떤 키를 누르면, O/S의 메뉴로 돌아갑니다. 이것으로서 비로소 임베디드 소프트웨어의 작성은 완료되었습니다.

그러나 실제의 소프트웨어 개발에서는, 개발이 완료되기까지는(개발이 완료되고 나서도) 무언가 불량이 발생하게 되어 있습니다. 임베디드 소프트웨어개발 프로젝트에서는 불량을 찾아내어 원인을 밝혀내는 작업을, 반드시 실제기기 상에서 합니다. 왜냐하면, 시뮬레이터나 에뮬레이터는, 타깃 환경의 동작을 100% 재현하는 것은 아니므로, 불량 속에는 **실제기기에서 밖에 발생하지 않는 버그**가 존재하기 때문입니다.

Em-OS처럼 O/S라고 할 수 있는 수준의 관리 시스템을 가지고 있는 장치에서는, 임베디드 소프트웨어개발은 비교적 간단합니다. 만약 어떤 불량이 원인으로 어플리케이션이 동작될 수 없었다고 해도, 원인을 나타내는(운이 좋으면 친절한)메시지가 표시될 뿐으로서, 기기의 동작에는 영향을 주지 않을지도 모릅니다. 또한 메모리에 문제가 발생했다고 한다면, O/S나 디버그 라이브러리가 메시지나 해방되지 않았던 메모리의 어드레스를 가

르쳐 줄지도 모르겠습니다.

그러나 O/S를 사용하지 않는 소규모의 임베디드 시스템에서는, 태스크의 실행상황을 제어하는 일도, 메모리의 내용을 감시하는 일도 어렵습니다. 만약 LAN에서 사용하는 스위칭허브의 임베디드 소프트웨어개발 중에 「네트워크 통신 불능이 되는 버그」를 만들어 넣어버렸다면, 이미 실제기기 안에서 무엇이 일어나고 있는지를 아는 것은 힘들습니다. 실제기기의 동작확인이 어려운 것도, 임베디드 소프트웨어개발의 장애물을 부추기는 원인의 하나가 되어 있습니다.

다음 절에서는 프로그램이 타깃 환경에서 실행된 뒤의 작업으로서, 타깃 환경에서 소프트웨어의 동작을 확인하는 방법이나, 디버그 작업의 효율을 향상시키는 툴과 기법을 소개하도록 합니다.

4.4 디버그용 하드웨어

임베디드 소프트웨어개발뿐만이 아닙니다만, 만일 소프트웨어에 불량이 발생하면, 소스코드로 돌아가서 처리에 문제가 없는지를 확인하는 것이 철칙입니다. 소스코드 상에서 프로그램의 동작을 상상하여 버그의 동작과 원인을 찾아낼 수 있으면, 전용 하드웨어에서 디버그 하는 것보다도 단시간에 해결하는 일이 적지 않기 때문입니다. 이와 같은 확인 방법을 탁상 디버그라고 합니다.

소스코드를 재점검하여 불량의 원인을 특정하지 못한 경우는, 소프트웨어의 동작상황에서 원인을 찾아가게 됩니다. 이 작업은 임베디드 시스템에서나 오픈업무 시스템에서나 비슷합니다만, 환경과 필요한 노력에는 상당한 차이가 있습니다.

오픈업무 시스템 개발에서는 IDE에 심볼릭 디버그가 내장되어 있기 때문에, 소프트웨어를 실행하면서 임의의 지점에서 소프트웨어의 동작을 멈추게 하거나, 메모리상의 변수에 격납된 값을 참조하거나, 특정 조건을 충족했을 때 엔지니어에게 알리거나, 하는 편리한 기능의 지원을 받을 수가 있습니다. 그래서 프로그램의 동작상황을 비교적 쉽게 알 수 있습니다.

임베디드 소프트웨어개발에서 같은 정보를 얻기 위해서는, 몇 가지 방법이 있습니다. 그 중에서 JTAG 인터페이스를 지원한 디버그를 사용하면, 익숙해져버리면 오픈업무 시스템의 IDE에 가까운 감각으로 디버그할 수 있게 됩니다. 제 2.3.3항에서도 간단하게 언급했습니다만, **JTAG**는 원래 IC 메이커의 업무단체 명칭(Joint Test Action Group)으로서, JTAG에 따라 책정된 IC의 검사용 인터페이스도 같은 명칭으로 불리며 널리 보급되어 있습니다. 많은 CPU도 JTAG 인터페이스에 의한 디버그 기능을 지원하고 있습니다.

JTAG-ICE는 CPU로부터의 신호를 제어하고 호스트 환경과 주고받는 하드웨어와,

JTAG 인터페이스용 디버그 소프트웨어로 된 테스트 환경입니다(사진 4-3). 고기능 디버그 소프트웨어라면 소스코드 수준의 심볼릭 디버그가 가능하며, 브레이크 포인트의 설정·변수의 위치(변수를 저장한 메모리의 수치를 표시하는 기능)·변수값 고쳐쓰기 등의 기능을 사용할 수 있으므로, Visual Studio 등의 IDE에 뒤지지 않는 효율로 소프트웨어의 동작을 조사할 수 있습니다.

그러나 JTAG-ICE 기기는 대당 가격이 수백만 ~ 수천만 원의 고가이므로, 개발멤버 전원에 모두 주어지는 일은 없습니다. 또한 타깃 환경과의 섭속이나 JTAG-ICE 기기의 조작을 익숙하게 해야 하거나, JTAG 인터페이스를 갖춘 타깃 환경이 적거나 하는 여러 가지 이유로, 안타깝지만 IDE 만큼 가볍게도 사용할 수 없습니다.

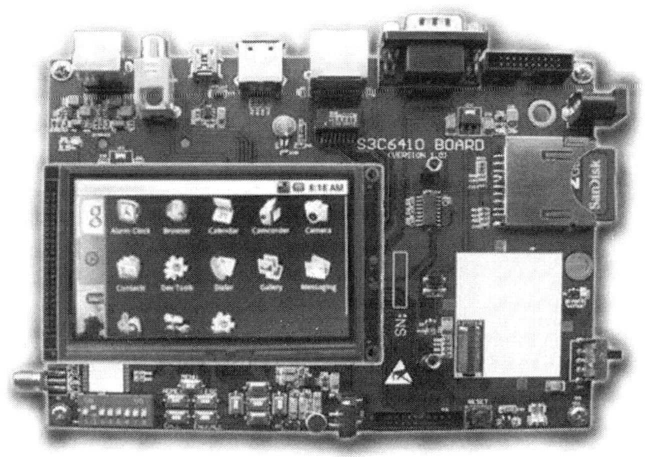

사진 4-3 JTAG-ICE 인터페이스가 부착된 개발보드

JTAG 인터페이스를 사용할 수 없는 경우에는, 동작결과나 로그에서 얻은 정보로부터 소프트웨어의 동작을 재현합니다. 로그나 트레이스는 소스코드 요소의 변수에 설정된 값이나 함수의 반환값 등을 출력한 것입니다. 시리얼 통신을 경유하여 리얼타임에서 호스트 환경으로 보내든가, 메모리나 기억매체에 축적하는 등의 방법으로 기록합니다. 로그나 트레이스로 하는 소프트웨어 동작의 조사는, 상당한 끈기를 요하는 작업입니다. 적절한 로그나 트레이스가 출력되어 있으면, JTAG-ICE 나 IDE와 동일한 정보를 얻을 수 있겠지만, 몇 천행이나 되는 로그 출력을 소스코드와 비교해 보면서 읽어나가는 단순 작업을 하지 않으면 안 됨으로, 번잡하며 시간이 아주 걸립니다.

대규모의 프로젝트에서는, 로그나 트레이스의 서식이나 출력하는 내용이 통일되어 있습니다. 복수개의 팀으로 개발하고 있는 경우, 담당자에 따라 로그 서식이 다르면, 자신의 담당 이외의 로그를 따르는 것이 어렵게 되며, 또한 로그 해석의 의뢰가 빗발쳐 개발 작업의 방해가 되어버립니다.

임베디드 소프트웨어개발에서는 로그와 트레이스가 소프트웨어의 동작을 알기 위한 극히 중요한 실마리가 됩니다. 관리자나 리더는 로그와 트레이스의 출력 룰을 프로젝트 개시 시에 결정하여, 팀 전체에서 준수하도록 정해야 합니다. 로그나 트레이스의 출력 매크로나 전용 클래스를 갖추는 등, 조금이라도 간단하게 로그 출력을 기술할 수 있는 배려도 중요합니다.

개발 담당자라면 아무리 번거롭게 느껴지더라도, 코딩 시에 정확하며 과부족이 없는 로그 출력처리를 삽입해 두는 일이 중요합니다. 또한 로그에 출력되는 내용은, 어느 담당자가 보아도 알 수 있도록 명확하게 해 두는 것을 유념해야 합니다. 로그의 내용에서 출력원인의 소스코드 위치를 알 수 있도록, 아이캐처나 __LINE__ 매크로 등을 활용하는 연구가 유효합니다. 이것은 다른 멤버를 위해서 뿐만 아니라, 테스트 공정에서 자신이 의뢰받을 로그조사를 줄여서, 스스로의 작업량을 줄이게 되는 효과가 있습니다.

4.5 체크 포인트와 어서션

체크 포인트(Check Point)란, 프로그램의 동작상에서 처리의 흐름을 체크하는 관문의 위치를 말합니다. 함수의 출입구나 중요한 조건 분기, 루프 속의 break 분기 등을 들 수 있습니다. 임베디드 소프트웨어개발에서는 체크 포인트가 되는 지점에 **어서션**(Assertion)에 의한 판정을 삽입하는 방법이 유효합니다. 어서션이란 Assert(단언하다. 선언하다)라는 말의 명사형으로서 「상태나 변수가 이렇게 되어 있어야 한다」라는 어서션을 정의하는 코드입니다.

C 언어에서는 debug.h에서 ASSERT 매크로가 제공되어 있습니다. .NET Compact Framework에서는 Diagnosticscs 이름공간에서 제공되어 있는 Debug 클래스의 Assert **메소드**(Method)가 해당됩니다. 보통의 어서션 처리는 컴파일 옵션에 따라 개발 중에만 유효하게 되며, 출시판 바이너리 모듈에는 포함될 수 없습니다.

물론 프로그램의 흐름을 좇기 위해서는, 체크 포인트로 로그나 트레이스를 출력시키는 방법도 유효합니다. 이것은 임베디드 시스템이나 오픈업무 시스템에서도 마찬가지 입니다. 그러나 앞 절에서 기술한대로, 임베디드 시스템의 디버그 작업에서는 로그나 트레이스에 의존하는 장면이 많고, 다량의 로그가 출력되기 때문에, 로그와 트레이스에 의존하면 반대로 테스트 작업의 효율을 저하시켜 버립니다. 로그나 트레이스를 많이 출력해도, 테스트 작업의 확인 항목수를 줄일 수는 없습니다.

여기에 비해 어서션은, 테스트 작업을 절감할 수 있으므로 효율이 향상됩니다. 임베디드 시스템뿐만 아니라 프로그램을 기술하고 있으면, 「이 타이밍에서 이 변수가 1 이상이 되어 있을 것」 「이 인수에는 NULL 이외의 값을 설정하여 호출할 것」 이라는 전제 조건이 생겨납니다. 이렇게 발생할 수 있는 모든 조건·분기에 대하여 완전한 처리를 거듭하려면, 소스코드의 규모와 개발공수가 한정 없이 늘어나버립니다. 그래서 현실적인 문제로서는 사양서나 인터페이스 상의 제한사항(소스코드 외의 제한사항)을 마련함으로써, 「~로 되어있는 일」 이라는 조건이 성립한 경우에만 바르게 동작하는 처리를 기술하지 않으면 안될 것입니다9). 이와 같은 소스코드 외에 존재하는 제한 사항을, 본서에서는 「암묵의 전제조건」 이라고 표기합니다.

4.5.1 어서션의 이점

암묵의 전제조건은 신중하게 검토하여, 또한 사양서에 명기하는 방법으로 프로젝트 전체에 전해집니다. 그러나 가혹한 개발현장에서는 동작 패턴의 검토누락이나, 태스크 개발팀의 과실이나 오해 등으로, 암묵의 전제조건이 충족되지 않는 경우가 발생합니다. 전제조건이 무너지면, 소프트웨어는 부정한 동작에 빠져 버그로 됩니다. 임베디드 소프트웨어 개발의 특급전문가라면 절실하게 느낀다고 생각합니다만, 임베디드 소프트웨어에는 이와 같은 암묵의 전제조건이 극히 많고, 더구나 복잡하게 뒤얽혀 있기 때문에, 정확하게 파악하는 것만으로도 굉장한 노력이 요구됩니다. 수정과 추가를 거듭해온 시스템에는 암묵의 전제조건이 너무 많아서, 1 행의 소스코드 수정 판단에 수천 행의 소스코드를 추적하는 것과 같은 어려움이 자주 발생하기도 합니다.

어서션을 사용하면, 이 소프트웨어 상의 암묵의 전제조건, 즉 사양서 상의 룰을 소스코드에도 기술할 수 있습니다. 또 어서션으로 어서션한 조건은 소프트웨어의 해당 패스(경로)를 실행할 때마다 매회 확인이 됩니다. 소스코드의 유지보수성을 향상시키고, 거기다 인간의 손으로 확인해야할 항목의 일부를 자동적으로 체크할 수 있음으로써, 소프트웨어 개발의 효율을 이중으로 개선할 수 있습니다.

4.5.2 어서션의 사용

어서션으로 하는 체크는 어려운 것이 아니라, 소프트웨어의 전제조건을 체크 포인트에 기술해 가는 것뿐입니다. 코딩 중에 데이터나 변수를 다루는 행의 부근에서 「이 변수가

---

9) 임베디드 시스템에는, 모든 조건 하에서 정상적으로 동작하는 소프트웨어가 요구됩니다. 오픈업무 시스템의 경험자에게는, 특정한 조건에서 밖에 움직이지 않는 코드는 버그로 밖에 생각할 수 없겠지만, 임베디드 소프트웨어에서는 다른 어프로치로 동작을 보증하고 있다는 의미가 된다.

가질 수 있는 값 중, 동작 불가능한 조건」을 항상 생각하고, 어떤 제한이 있으면 어서션을 기입해 갑니다. 익숙해지면 자동적으로 될 것입니다.

구체적인 예를 보면 이해하기 쉬우므로, 다음의 ①~③과 같은 처리에 관한 어서션의 예를 리스트 4-1에 나타냅니다.

◉ 리스트 4-1 ASSERT매크로로 하는 체크

```
int convertUserName( unsigned char *srcName, unsigned char *dstArea, int dstLength)
{
    ASSERT( srcName != NULL && *srcName != ' 0');
    ASSERT( dstArea != NULL    && dstLength >= MIN_USERNAME_LEN +
        1 );
    ASSERT(g_convertMode != NCM_ENGLISH );
            // 부근의 소스코드에서는 모르는 전제조건 등을 명확화 하여, 다
        // 시 자동적으로 체크한다
    ASSERT(getUser리스트()->Count > 0 );
    ASSERT(g_HmiError == E_SUCCESS );

    while (*srcName !=    0')
    {
            ⋮
```

① 문자열을 가리키는 포인터 변수에 액세스를 하는 경우, 다음의 경우에 에러가 발생
·포인터가 NULL
·문자열이 설정되어 있지 않다(배열 선두가 0)
·종단이 없다

② 정수형 변수를 인덱스로서 배열에 액세스 하는 경우, 다음의 경우에 에러가 발생
·인덱스가 음수의 값
·인덱스 값이 배열의 길이보다 크다
·배열이 확보되어 있지 않다
·배열의 데이터가 설정되어 있지 않다(-1로 되어 있다)

③ 구조체의 값에 따라 조건판정으로 분기하는 경우

·구조체가 NULL
·구조체가 초기화되어 있지 않다(length가 초기값 0x00)
·구조체 status의 값이 enum의 범위 밖

각각의 어서션으로 선언된 조건문은, 판정을 하여 에러로 해도 좋은 내용입니다. 그러나 에러 판정을 추가하면, 제품 로직의 일부가 되므로, 소프트웨어가 바르게 동작하는 것을 테스트 공성에서 확인하지 않으면 안 됩니다. 어서션이라면, 제품의 출시 시에는 삭제되므로, 개발용 테스트코드로서 생각할 수 있습니다. 코딩 공정뿐만 아니라, 테스트 공정도 포함한 프로젝트 전체에서는, 개발공수를 조금이라도 줄이는 쪽이 높은 생산성을 얻을 수 있으므로, 테스트 전용의 코딩으로서 어서션을 추가하는 기법은 효율 향상으로 이어집니다[10].

일반적으로 말하자면, 다른 함수나 태스크가 정상적으로 동작하고 있다면 발생하지 않는 조건은, 전제조건이라고 생각하여 어서션으로 판단할 수가 있습니다. 반대로 보통의 사용 상황에서도 발생할 수 있는 에러 값(예: 상정하지 않는 키가 눌려진 경우 등)은, 에러 판정 로직을 기술하여, 정확한 에러처리가 실행되도록 개발해야 합니다.

4.5.3 어서션과 테스트-퍼스트

어서션으로 하는 체크는 오픈업무 시스템 **RAD**(Rapid Application Development : 단기간 어플리케이션 개발)의 기법으로서 주목받고 있는 **테스트-퍼스트**(Test First)의 사고방식에도 통하는 것이 있습니다. 테스트-퍼스트 기법의 상세한 설명은 제 8장에서 기술합니다만, 코딩 전에 자동 테스트를 하는 테스트코드를 기술함으로써, 사양을 재점검함과 동시에, 다운그레이드(Down Grade) 확인 테스트 등 반복 작업의 수고를 줄이는 개발방법입니다.

테스트-퍼스트 기법에서는, 미리 대표적인 입력값과 그때 예상되는 동작결과를 **테스트코드**로서 기술해 갑니다. 판정에는 어서션이나 if문 등이 사용됩니다. 정식 테스트-퍼스트 기법에서는, 전용 테스트코드(테스트 클래스)를 작성하여, 정상값(적절한 범위의 값)과 이상값(에러가 발생하는 값)에 대하여 테스트코드를 기술합니다.

여기에 비하여 소스코드 내에 어서션을 기술한 경우, 이상값의 테스트케이스 만을 확인하고 있다고 생각할 수가 있습니다. 보통의 체크 리스트를 사용한 테스트 작업에 비하면, 확인과 조사도 쉬워집니다. 모든 패스의 동작을 확인해 가는 중에서 이상값이 설정된 채로 코드가 실행되면, Assert 가 통지됩니다. 문제를 검출한 행에서 Assert 통지가 발생하

---

10) 에러 입력을 어서션과 조건문(if문)의 어느 것으로 판정하는가 하는 판단기준이나, 어서션행의 취급에 대해서는, 프로젝트의 룰에 따르기 바란다.

므로, 처리가 진행되어 에러가 표면화 되고나서 소스코드를 따르기보다도, 적은 노력으로 원인부분을 특정할 수 있습니다. 즉 어서션으로 하는 체크는, 모든 에러 케이스에서 실제로 소프트웨어를 동작시켜야 하는 점은 보통의 테스트 기법과 같습니다만, 효율적으로 검출과 조사를 할 수 있는 기법이라고 할 수 있습니다(그림 4-1).

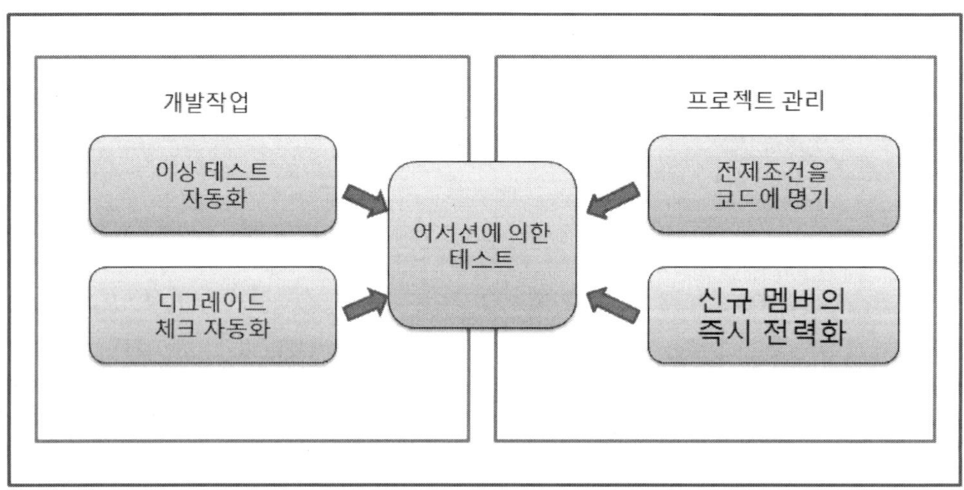

그림 4-1 그림 4-1 어서션(Assertion)을 이용한 테스트-퍼스트

또한 개발 팀의 관리 시점에서 보면, 어서션으로 하는 체크에는 다음과 같은 효과가 있습니다.

소프트웨어 개발 프로젝트에서는 공정에 따라 인원이 증감하기 때문에, 도중에서 참가하는 멤버나 미경험자에게 다량의 사양서를 읽히는 작업은 큰 부담이 됩니다. 특히 지원 멤버가 투입되는 상황에서는, 신 멤버가 가능한 한 빨리 전력보강이 되면 좋을 것입니다만, 사양서를 이해하는 데 시간을 빼앗겨버리면 중요한 개발작업에 대한 전력화가 늦어져, 기존 멤버에게도 손실입니다. 어서션으로 소스코드에 전제조건이 기술되어 있으면, 우선 소스코드로 갈 수가 있으므로, 손실을 감소할 수 있습니다. 또 임베디드 소프트웨어 개발에서는 사양변경이 발생하기 쉽기 때문에 빈번하게 다운그레이드 방지 테스트가 필요하게 됩니다만, 그 일부를 자동화함으로써 효율이 향상됩니다.

〈설명 4-1〉
여기서는 사양서의 기술과 어서션의 병용을 권유하고 있습니다. 어서션이 있으면 사양서가 불필요하다는 의미는 아닙니다. 물론 사양서는 소프트웨어 개발을 지탱하는 골격이며, 정비된 사양서를 상세히 읽으면 전제조건은 이해할 수 있을 것입니다. 그러나 현실적으로는 소프트웨어 전체에 걸쳐 정확한 사양서를 리얼타임으로 유지보수하는 작업은 아주 어렵습니다. 그러한 경우 어서션으로 전제조건이 소스 코드 상에 기술되어 있으면, 상호보완의 효과를 기대할 수 있습니다.

4.6 행업과 워치독타이머

행업(Hang-Up)에 대하여 다시 설명할 것까지도 없습니다만, 무한 루프 등에 의한 버그가 원인으로, 어플리케이션이나 태스크에서 처리가 되돌아가지 않는 상태로 되는 현상을 말합니다.

워치독타이머(Watch Dog Timer)는 태스크의 행업을 감시하는 기구로, 태스크의 이벤트 핸들러를 호출시고 나서 일정 시간이 경과해도 O/S로 리턴하지 않는 경우에, 그 태스크가 행업했다고 판단하여 강제 종료나 다시시작 등의 복귀처리를 실행하는 것입니다. Watch Dog 란 영어로 「집지키는 개」 란 의미입니다. 멀티태스크 O/S에서는 복수개의 태스크가 교대로 조금씩 처리를 진행해가기 때문에, 어느 것인가 태스크가 정지하면 다른 태스크도 연쇄하여 정지해버리는 결점이 있습니다. 그래서 시스템 전체의 정지를 방지하는데 워치독타이머가 매우 중요한 역할을 수행합니다.

워치독타이머가 태스크를 무응답으로 간주하는 제한시간으로서, 0.5초나 1초, 2초 등 끊기 좋은 초수를 사용하는 일이 많습니다. 시간은 엄밀한 문제는 아니며, 원래라면 이벤트 핸들러(Event Handler)에서 0.001초에서 길어도 1.1초라는 단시간에 처리를 리턴하지 않으면 안 되는 태스크가, 부자연스럽다고 생각될 정도로 오래 처리를 점유하고 있는 것을 검출시는 것이 목적입니다(그림 4-2).

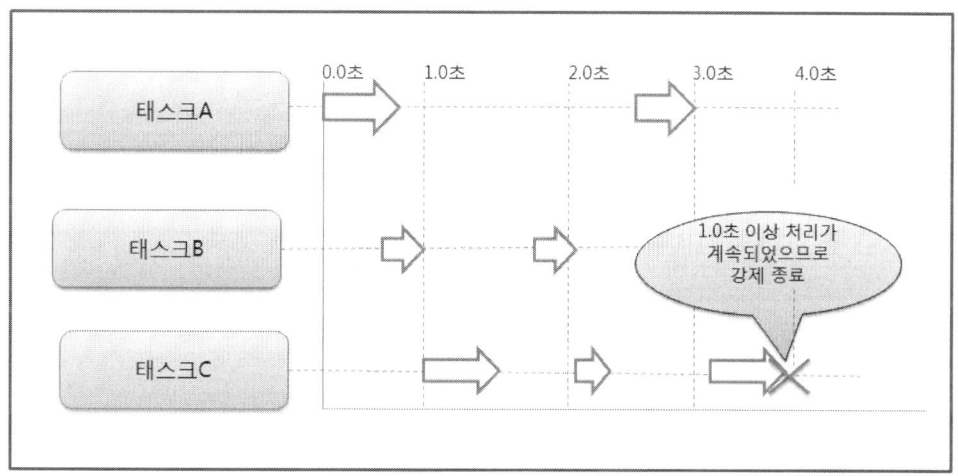

그림 4-2 워치독 타이머에 의한 통보

멀티태스크 O/S의 워치독타이머는, 시스템의 메시지 기구와 연동하고 있습니다. 시스템이 태스크로 이벤트를 보내고, 태스크 측으로 제어를 이동하기 직전에 타이머의 카운

트를 개시하며, 태스크의 이벤트 핸들러로 부터 리턴한 타이밍에서 타이머를 리셋(Reset)
합니다. 이벤트 핸들러의 처리시간이 제한시간을 경과(Over)하면, 가령 그 태스크가 정상
적으로 처리를 속행하고 있다고 해도 워치독타이머에 의해 **에러**(Error)라고 판단됩니다.

스레드 처리에 의한 멀티태스크 O/S에서는, 처음에 워치독타이머가 없는 경우도 있습
니다. 어떤 스레드가 정지해도 시스템 전체가 정지할 가능성이 낮으므로, 시스템으로서
엄격히 처리 응답을 관리할 필요가 반드시 있는 것은 아니기 때문입니다. 워치독타이머
로 유지하는 기능이 있는 경우, 각 태스크가 정기적으로 생존하고 있음을 알리는 API를
호출하는 장치나, **메시지루프**(Message Loop)로부터의 응답을 사용한 워치독타이머를 사
용할 수 있는 것이 있습니다. Windows CE는 사용자 인터페이스 이벤트를 통지하는 메시
지루프를 사용하여, 멀티태스크 O/S와 마찬가지의 태스크 감시를 하고 있습니다. 그러나
Windows CE에서는 사용자 인터페이스가 없는 태스크나 백그라운드 처리전용의 스레드
(Windows에서는 워커스레드라고 한다)의 행업을 검출시는 장치의 필요성은 낮아, O/S의
기능으로서는 제공되어 있지 않습니다.

워치독타이머에 의하여 에러라고 판단된 태스크는, 우선도나 소프트웨어 계층에 따라
서 처리됩니다. 가장 완전한 대책은, 시스템의 다시시작입니다. 사용자 인터페이스 태스
크나 TCP/IP의 백그라운드 통신 태스크 등, 시스템 전체의 처리에 반드시 필요한 태스크
가 응답하지 않게 되었을 경우는, 시스템 전체를 다시시작할 수밖에 없습니다. 그 이외에
도 하드웨어를 제어하는 시퀀스의 도중에서 태스크가 행업한 경우나, 미들웨어 태스크가
처리 중에 행업했기 때문에, 호출 측의 태스크도 처리를 속행할 수 없게 된 경우 등의 심
각한 에러에서도, 임베디드 시스템의 다시시작이 실행됩니다.

임베디드 시스템의 다시시작은, 장치 고장 이외의 모든 에러에서 탈출할 수 있는 회복
수단이지만, 사용자의 데이터나 설정값을 잃어버리거나, 복귀까지 시간이 걸린다는 문제
가 있습니다. 당연하지만 먼저 첫째로 행업하지 않는 개발이야말로 중요합니다.

시스템에 대한 영향이 적은 경우는, 태스크가 강제 종료됩니다. 구체적으로는 프로세스
단위로 메모리 공간을 가지고 있는 Windows CE에서는, 프로세스를 안전하게 강제 종료
시키는 것이 가능합니다. μITRON 등에서도 메모리나 디바이스의 핸들러 등의 리소스를
사용하지 않고 있는 태스크라면 **제거**(Purge))할 수 있는 경우가 있습니다. 행업한 태스크
를 강제 종료하는 대처법에는, 시스템 전체의 동작을 속행할 수 있다는 장점이 있습니다.
그러나 태스크를 강제 종료하면, 아무래도 **메모리리크**(Memory Leak)나 **핸들러리크**
(Handler Leak)가 발생할 가능성이 있으므로, 몇 번이라면 문제가 표면화하지 않아도, 최
종적으로 메모리가 부족하여 회복불능의 에러가 될 가능성도 있습니다. 이와 같이 잠복
성이 높은 **버그**(Bug)는, 겨냥하여 테스트를 하지 않으면 느끼지 못하는 경우가 있어, 출시
후에 문제가 될 우려가 있습니다. 그래서 장기간 계속 가동하는 임베디드 시스템에서 태
스크의 강제 종료를 할 때는 신중한 검토가 필요합니다.

또한 워치독타이머 자신이 행업 해버리면, 무응답이 된 태스크를 검출시는 일이 불가능하게 됩니다. 그래서 만일 워치독타이머를 자작하는 경우에는, 단순하면서 가능한 한 신뢰성이 높은 처리로 개발해야 합니다.

임베디드 소프트웨어의 제한

> 임베디드 소프트웨어개발에는, 오픈업무 시스템 개발에서는 생각할 수 없는 제한이 있습니다. 이러한 제한은 주로 「하드웨어적인 제약에서 기인하는 것」과 「제품의 출시 형태에 기인하는 것」의 두 가지가 있습니다. 이러한 제한에 대하여 상세하게 설명합니다.

5.1 임베디드 소프트웨어 특유의 제한

임베디드 소프트웨어개발은 오픈업무 시스템 개발에 비해서, 표 5-1과 같은 제한이 있습니다.

[표 5-1] 임베디드 소프트웨어개발 시 제한사항

개발 시의 제한	내용과 이유
독자적 기술의 채택	개별성 높은 하드웨어나 디바이스를 내장하는 제품에서는, 독자적인 소프트웨어 라이브러리나 제어 기술을 사용하지 않으면 안 되는 경우가 있다
높은 요구수준	임베디드 제품은 부가가치가 높은 상품이 많아, 그만큼 다른데서 찾아볼 수 없을 만큼 고도의 우수한 소프트웨어를 요구하는 경우가 많다
Concurent 개발	하드웨어와 동시에 개발하기 위해 필요
저 비용 개발	저 비용 대량생산의 임베디드 제품에서는, 소프트웨어의 개발 비용에 대해서도 원가 절감이 강하게 요구된다.

하드웨어적인 제약은, 제품으로 사용하는 하드웨어의 능력에서 크게 다르며, 또한 시대에 따라서도 변화해 왔습니다. 고성능의 하드웨어에서는 제약이 적고, 비교적 오픈업무 시스템에 가까운 환경에서 개발할 수가 있습니다. 제품에 따라서는 10여 년 전쯤 PC 수준의 하드웨어 구성으로 되어 있는데, Java나 C# 등의 최신 개발 환경과 객체지향언어로 개발할 수 있는 것도 있습니다. 그에 비해 능력이 낮은 하드웨어에서는 제약이 엄격한 일이 많고, 보다 고도의 임베디드 소프트웨어개발의 숙련도가 요구되고 있습니다.

이것은 제품의 카테고리나 하드웨어의 성능에 관계없이, 모든 임베디드 소프트웨어개발 프로젝트에서 발생할 수 있는 제한입니다. 특급전문가에게는 당연한 상식입니다만, 임베디드 소프트웨어개발에 처음 참가하는 엔지니어나 신인에게는 얘기하는 일이 없는 케이스도 있습니다. 임베디드 소프트웨어 엔지니어로서, 항상 의식하고 있어야할 중요한 요점입니다.

이와 같은 제한을 이해하는 것이, 임베디드 엔지니어가 되기 위한 기초이며, 가장 중요한 토대입니다. 또한 경험자도 지금까지 몸에 익힌 지식을 정리하는 일이 매우 도움이 됩니다. 이 장에서는, 표 5-2와 같은 임베디드 소프트웨어개발에 특유의 제한내용과 이유, 그리고 일반적인 대응방법에 대하여, 상세히 설명해 가도록 합니다.

5.1.1 CPU 처리속도의 제한

임베디드 시스템에서는, 오픈 업무 시스템에 비하여 처리속도가 낮은 CPU를 사용합니다. 임베디드 시스템에서는 소비전력·비용·발열량·칩 사이즈 등을 조금이라도 절감하는 일이 요구되기 때문입니다. 그래서 기기를 사용하고 있지 않을 때는, CPU의 소비전력을 낮추기 위하여 CPU의 클럭 주파수를 낮추는 슬리프 모드(저소비 전력모드)로 이행하는 특별한 제어가 필요한 경우도 있습니다.

[표 5-2] 임베디드 소프트웨어 특유의 제한

임베디드 소프트웨어의 제한	제한의 내용
CPU 처리속도의 제한	소비전력이나 비용을 위해, 비교적 처리능력이 낮은 CPU가 내장되는 경우가 있다
메모리량의 제한	비용나 칩 사이즈를 위해, 많은 경우 메인 메모리의 양이 제한된다
소프트웨어 처리속도의 제한	극히 짧은 시간에 엄밀하게 처리를 실행하는 「리얼타임 처리」가 요구되는 일이 있다
기억매체의 제한	데이터를 기억하는 장치나 매체의 용량·가격·소비전력 등을 억제하기 위해, 보다 소량의 데이터로 처리를 실현하는 일이 요구된다
개발 환경의 제한	독자적인 하드웨어나 O/S, 라이브러리를 사용하는 경우에는, 일반적인 고기능 개발 환경을 사용할 수 없는 경우가 있다
소프트웨어 갱신의 제한	출시 후에 소프트웨어를 갱신하는 일이 어려워, 개발단계에서 철저한 품질향상이 필요하게 된다. 높은 품질을 달성하려고 하면 테스트 공수가 급격히 증가하기 때문에, 같은 공수에서도 개발할 수 있는 기능이 감소한다

CPU 처리속도의 제한에 대응하기 위해서는, 소프트웨어의 처리를 고속화하든가, CPU 이외에 처리를 대신시키는 방법이 효과적입니다. 소프트웨어의 고속화 방법은, 제 5.5절

에서 언급합니다. 또 임베디드 시스템 특유의 인터럽트에 의한 비동기 처리를 활용함으로써, 쓸데없는 **폴링**(polling : 처리의 문의)으로 인한 CPU 리소스의 소비를 피할 수가 있습니다.

CPU 이외에 처리를 대신시키는 방법이란 제 5.7절에서 기술하는 것처럼, 전용 디바이스나 외부 시스템에 계산량이 많은 처리를 시키는 일입니다. DSP(Digital Signal Processor : 디지털 신호처리) 등으로 데이터를 넘겨주고 계산결과를 받으면, CPU의 부하가 적게 끝납니다.

최근의 임베디드 시스템은, 인터넷 접속을 사용할 수 있는 경우가 있어, 서버의 강력한 CPU나 기억매체를 사용할 수도 있습니다. 화상이나 음성의 가공을 서버로 하고 결과만을 다운로드함으로써, 고속처리를 실현할 수 있습니다. 또한 다 처리할 수 없는 양의 데이터도, 서버 측의 데이터베이스를 사용함으로써 고속으로 검색·갱신할 수가 있습니다. 실현되어 있는 예로서, 디지털 TV의 EPG(Electric Program Guide : 전자 프로그램표)가 있습니다. 미리 사용자가 단어나 장르를 서버에 등록해 두면, 서버 측에서 대량의 TV 프로그램 정보에 들어있는 타이틀·설명문·출연자 리스트 등을 검색하여, 사용자가 흥미를 느낄만한 TV 프로그램을 작성하는 서비스가 제공되어 있습니다.

5.1.2 메모리량의 제한

임베디드 시스템이 내장하는 메모리도, 오픈업무 시스템에 비하면 적은 것이 대부분입니다. 오픈업무 시스템의 엔지니어가 알면 놀랄 정도로 소량의 메모리를 사용하고 있는 제품도 있습니다(여기서 말하는 메모리란 프로그램의 워크 에리어가 되는 RAM의 사이즈를 의미하고 있으며, 2차 기억용 Flash 메모리 등은 포함되지 않는다).

임베디드 소프트웨어가 사용할 수 있는 메모리량은, 제품의 규모에 따라 크게 다릅니다. 소규모의 임베디드 시스템에서는, 수백 바이트 ~ 수백 K바이트, 많아도 수 M바이트입니다. 멀티미디어 기기처럼 고도의 복잡한 처리를 하는 시스템에서는, 수 M바이트 ~ 수십 M바이트의 경우도 있습니다.

어쨌든 같은 처리를 하는 PC나 서버 상의 소프트웨어에 비하면, 1/10 이하의 메모리로 처리해야 하므로, 특별한 연구와 노력이 요구됩니다. 소규모의 임베디드 시스템에서 512 바이트(킬로바이트가 아닌) 밖에 메모리가 없는 경우는, 1바이트라도 절약하기 위해서 변수 등의 사용방법에 온갖 고통을 겪는 일도 있습니다. 오픈업무 시스템 개발에서는 생각할 수 없는 고통이 수반되는 것이, 임베디드 소프트웨어개발인 것입니다.

소프트웨어의 메모리 소비를 절감하는 방법에 대해서는 제 5.6절에서도 설명하고 있습니다.

5.1.3 소프트웨어 처리속도의 제한

임베디드 시스템에서는 소프트웨어에 엄밀한 처리속도를 요구하는 일이 있습니다. 특히 리얼타임 태스크층에서는, 밀리 초(1/1,000초)나 마이크로(μ)초(1/1,000,000초)라는 극히 짧은 시간단위로, 정확하게 처리를 하지 않으면 안 됩니다. 단순하게 고속이기만 하면 되는 것이 아니라, 사양에 정해진 시간대로 처리를 반복하지 않으면 안 되므로, 아주 어려운 처리가 됩니다.

학습기능을 가진 적외선 리모컨의 임베디드 소프트웨어를 예로 들겠습니다. 적외선 리모컨은 수백 마이크로초라는 극히 짧은 시간 간격으로 점멸하는 눈에 보이지 않는 광신호입니다. 다른 리모컨이 발신하는 적외선 신호를 학습하기 위해서는, 적외선 수광부에서 아주 엄밀한 주파수(=시간 간격)를 취득할 필요가 있습니다. 또 학습한 신호를 송신하기 위해서는, 기억한 주파수와 정확하게 일치하는 시간 간격으로 적외선 발광 ON·DFF 를 제어하지 않으면 안 됩니다. 마찬가지로 CD-R이나 DVD-R의 쓰기장치를 제어하는 임베디드 소프트웨어도, 픽업레이저(Pick Up Laser)의 헤드 위치나 발광을 상당히 엄밀한 타이밍으로 제어하는 처리가 요구됩니다.

임베디드 시스템의 CPU에는 충분한 여유가 없기 때문에, 엄밀한 처리를 하기 위한 장애 수위는 더욱 높아집니다. 반대로 말하자면, 처리속도에 엄밀한 제한이 있기 때문에, 리얼타임 O/S가 하나의 O/S의 카테고리로서 발전해왔다고도 할 수 있습니다.

5.1.4 외부 기억매체의 제한

임베디드 시스템에서 사용되는 외부기억 매체는, 개발단계와 출시 후의 단계에서 여러 가지 제한을 받습니다.

임베디드 시스템에서 사용할 수 있는 미디어는 상당히 종류가 많아, 독자적 **포맷**(Format)으로 기록하고 있는 것도 있습니다. 또한 물리적인 제한이 있어, 쓰기에는 특수한 하드웨어가 필요한 매체도 존재합니다. 이러한 제한은,

·액세스 처리에 일반적인 라이브러리를 사용할 수 없다
·개발용 하드웨어에 대수의 제한이 있다
·기억장치와 컨커런트 개발에서 기능제한이 있다
·테스트를 위해서 고가의 미디어를 소비한다

등의 여러 가지 문제의 원인이 됩니다. 특수한 외부 기억매체를 사용하는 임베디드 시스템일수록, 개발효율을 저하시키지 않기 위한 대책이 필요합니다. 구체적으로는,

·개발용 대체 수단으로서 시뮬레이터나 스텁을 정비한다
·미디어용 드라이버층을 연구하여 O/S의 표준 I/O 디바이스에 접속한다
·기록장치 팀만 면밀한 테스트 계획을 작성하고, 랜덤한 테스트적 요소를 적극 회피한다

는 방법이 있습니다.

또한 출시 후의 제한으로서, 임베디드 시스템의 외부 기억장치는, 오픈업무 시스템보다도 가혹한 상황에서 사용되는 점이 있습니다. 옥외에서 사용되는 제품이라면, 하드웨어에는 방진성이, 소프트웨어에는 Read/Write 에러에 대한 적절한 대응방법을 알기 쉽게 설명하거나, 사소한 에러라면 데이터를 복원할 수 있는 메모리 용장성이 있는 포맷을 채택한다는 대책이 필요합니다. 또한 임베디드 시스템에서 사용하는 데이터는 백업이 어렵기 때문에, 가능한 한 확실하게 데이터를 보장할 장치가 필요합니다. 인명이나 금전에 관계되는 데이터를 취급하는 시스템에서는, 특히 그 필요성이 높습니다.

5.1.5 개발 환경의 제한

임베디드 시스템의 소프트웨어 개발 환경은 오픈업무 시스템에 비하여 발달이 뒤떨어져 있으며, 고기능의 IDE나 라이브러리가 존재하지 않거나, 존재해도 고가여서 사용하기 어려운 경우가 있습니다. 하드웨어나 O/S의 차이점이 다방면에 나타남으로, 하나하나의 플랫폼을 보면 개발지원 제품의 시장규모가 작아, 필연적으로 IDE나 라이브러리가 개발되기 어려운 상황이 됩니다. 또한 임베디드 시스템은 하드웨어의 차이가 큰데, 공통성이 있는 라이브러리나 미들웨어를 만들기 어려운 것도 그 원인이 되겠습니다. 제품고유의 처리를 만드는 경우는 제조사가 자체에서 해결하지 않을 수 없으므로, 공통성이 없는 개발이 되어버려 라이브러리화나 툴의 적용을 저해하는 요인이 됩니다.

해외에서는, 새로운 개발방법론이나 툴을 활용하여 스스로 프로세스를 계속적으로 개선하려고 하는 기업이 수많이 존재합니다.

오픈업무 시스템의 관리자나 엔지니어라면, 개발 환경의 개선이 가져오는 효과를 실감하고 있다고 생각합니다. 임베디드 소프트웨어개발 환경을 개선하고 싶다는 마음이 있다면, 서둘지 말고 "조금씩 조금씩" 단계적으로 변화시켜가는 것이 무엇보다 중요합니다. 자신이 담당하는 범위에서 적용할 수 있는 툴이나 스크립트, 개발기법의 일부 등을 활용하여 효과를 보게 되면, 자연히 프로젝트 전체로도 퍼져갈 것입니다. 필요 이상으로 개선을 서둘러도, 결코 좋은 결과는 이룰 수 없습니다. 소프트웨어의 설계와 마찬가지로, 종래의 방법과 새로운 기법의 균형이 중요합니다.

임베디드 소프트웨어개발의 특급전문가는, 새로운 기법이나 툴을 도입하는 일에 저항

이 강하다고 생각합니다. 단점을 보면, 기법을 바꿈으로써 위험성이 증가하거나, 또는 분주한 가운데 툴의 사용법을 익히는 시간이 없는 등, 여러 가지 이유를 들 것이라고 생각합니다. 그러나 앞으로 국내뿐만 아니라 해외기업과의 경쟁 속에서 제품을 개발해나가기 위해서는 적어도 상대와 같은 생산성을 달성하지 않으면 안 됩니다. 구미나 일본의 메이커가 개발 툴·RAD 개발의 기법·최신의 프로젝트 관리기법이라는 무기로 개발 효율을 높이고 있는 마당에, 국내 메이커도 이에 대응하지 않을 수 없는 상황에 처해 있습니다. 엔지니어는 항상 새로운 기술을 계속 배워가지 않으면 안 되는 직업입니다. 그 중에서도 변화가 빠른 소프트웨어 개발에서는, 최신 기법을 특급전문가가 솔선하여 도입해가지 않으면 안 됩니다. 장래 경쟁 메이커와의 사이에서 쫓아갈 수 없을 정도로 생산성의 차이가 벌어지지 않도록, 개선의 노력을 하루 하루 계속 반복해 가는 일이 필요한 것입니다.

5.1.6 소프트웨어 갱신의 제한

오픈업무 시스템 개발에서는, 소프트웨어의 출시 후에도 비교적 쉽게 버전 업이 가능합니다. Web 어플리케이션에서는, 오히려 정기적인 기능추가가 기대할 수 잇습니다. 그러나 임베디드 시스템에서는 출시 후의 버전 업이나 버그 수정이 아주 어렵다는 제한이 있습니다. 임베디드 시스템의 소프트웨어를 갱신하는 수단은, 제품의 회수·교환 밖에 없는 경우도 많은 것이 현실입니다.

휴대전화나 디지털 TV 등의 최상위 임베디드 시스템에서는, 네트워크를 경유하여 소프트웨어를 갱신할 수 있는 경우도 있습니다. 그러나 그것은 어디까지나 긴급 피난적인 성격의 것이어서, PC 어플리케이션의 업데이트와 마찬가지로 생각하는 것은 위험합니다. 출시 후의 버그 수정은 결함 문제로 알려져, 제품에 대한 신뢰를 크게 손상시킵니다. 결과적으로 매출의 감소라는 사태가 발생하며, 만에 하나 회수나 수리가 필요하게 되면 거액의 비용이 소요됨으로, 소프트웨어의 개발원에게 손해배상이 청구될 가능성이 있습니다. 출시 후의 수정이 일반적으로 이루어지는 PC용 소프트웨어나, 우선 출시하고 사용자의 반응을 지켜보면서 계속 개선해나가는 스타일로 개발을 진행하는 오픈 소스계의 소프트웨어와는 전제조건이 다른 것입니다.

소프트웨어 갱신의 제한에 따라 생기는 제품가치의 저하나 출시 후의 하자를 피하기 위해서는, 기획이나 상류 공정의 단계에서 충분한 기능검토를 하거나, 소프트웨어의 불량 대책으로서 엄밀한 테스트를 실시할 필요가 있습니다. 소프트웨어의 품질확보에 대해서는, 제 9장에서 상세하게 기술합니다.

5.2 표준 함수 라이브러리의 제한

임베디드 소프트웨어개발에서는 오픈업무 시스템에서 사용되는 다기능 라이브러리를 사용할 수 없는 케이스가 적지 않습니다. 경우에 따라서는, ANSI C/C++ 언어의 표준 라이브러리조차 사용할 수 없는 일도 있습니다.

구체적으로는 라이브러리로서 MFC나 STL(Standard Template Library), Microsoft사나 Borland사의 독자확장 함수(strnicmp 함수 등)를 사용할 수 없거나, ANSI C 언어 표준 함수 중 strcpy나 fopen 등의 기본적인 함수조차 사용할 수 없는 경우가 있습니다. 그런 경우 C 언어나 C++ 언어의 사양이 변경되는 것은 아니므로, 표준함수의 라이브러리를 링크하지 않는 등의 대책을 강구하지 않으면 안 됩니다. 표준 라이브러리의 사용 가부에 대한 방침은, 하드웨어적인 제한이나 개발 프로젝트의 특성을 고려하여 관리자나 리더가 검토하고, 그 이상의 **스테이크 홀더**(Stake Holder : 이해 관계자)가 최종적으로 결정하므로, 현장 수준에서 방침을 변경하는 일은 어렵습니다. 물론 표준 라이브러리를 채택하지 않는 것에는 장점과 단점이 있어서, 프로젝트의 균형을 고려한 뒤에 최적의 방침을 선택해야 합니다. 또한 프로젝트에서 정해진 라이브러리를 사용하는 방침이라하여도, 가령 표준 라이브러리를 사용하는 편이 효율적인 경우라도, 섣불리 라이브러리 적용방침의 변경을 검토하는 것이 아니라, 변경에 의한 단점에 대해서도 신중하게 검토해야 합니다. 심각한 문제가 예상되는 경우에는, 관계자에게 재검토를 시킬 필요가 있을지도 모릅니다.

표준 라이브러리를 사용하지 않는 소프트웨어에는, 다음과 같은 장점이 있습니다.

·ROM을 점유하는 프로그램 사이즈(풋 프린트)를 절감할 수 있다
·시스템에 최적의 처리를 할 수 있게 개발할 수 있으므로, 표준 라이브러리의 오버헤드를 피할 수 있다
·라이브러리가 유료인 경우, 라이센스료 등의 원가 부담을 피할 수 있다
·특정 컴파일러나 하드웨어에 대한 의존을 피할 수 있는 경우가 있다.
·이미 표준 라이브러리를 사용하지 않는 모체나 유용(流用)소스가 있는 경우, 추가의 비용이 낮게 억제된다

그리고 다음과 같은 단점이 있습니다.

·기본적인 처리를 자작하지 않으면 안된다.
·MFC나 Swing 등의 임베디드 O/S 상에 의존하지 않는 라이브러리는, 채택 하지 않도록 하지 않으면 안된다.

·기본적인 처리를 자작한 경우는 품질이 저하하기 쉬워, 표준 라이브러리라면 피할 수 있었던 불량이 발생할 우려가 있다.

·마찬가지로 기본적인 처리를 자작한 경우는 자작부분의 보수 비용이 발생한다.

·하드웨어의 변경 시에, 자작 부분의 대응 비용이 발생할 가능성이 있다.

·자작한 기본 라이브러리를 사용한 어플리케이션은, 이식성이나 유용성(流用性)이 뒤떨어진다.

절대적인 장점 단점이라기보다도 한장의 종이의 겉과 속 같은 관계에 있으므로, 「하드웨어적인 제한」과 「소프트웨어 개발 효율의 제한」의 **트레이드오프**(Trade Off)라고 생각하여 판단하는 일이 중요합니다.

표준 라이브러리를 사용할 수 없는 제한은, 경험자에게는 아주 당연하지만, 임베디드 소프트웨어개발 프로젝트에 처음으로 참가하는 멤버는 크게 당황함을 느끼는 장벽의 하나입니다. 많은 엔지니어는 C 언어나 C++ 언어 등의 프로그래밍 언어를 습득하고 있으며, 그것이 소프트웨어 엔지니어로서의 숙련도의 골격을 이루고 있습니다. 많은 기술서는 표준 라이브러리를 전제로 하고 있으므로, C 언어 stdio.h에 포함되는 입출력 함수군이나 str계의 문자열 처리함수를 사용한 프로그래밍을 습득하고 있습니다. Java 언어나 Visual Basic 언어 등도, ANSI C나 C++의 표준 라이브러리에 해당하는 클래스나 함수가 제공되어 있으므로, 표준 라이브러리 함수를 사용할 수 있는지 없는지는 엔지니어에게 커다란 차이가 나게 됩니다.

그래서 표준 라이브러리를 사용할 수 없는 것을 한탄하지 않고, 표준 함수가 처리를 어떻게 하고 있는가를, 기존의 소스코드나 사양서에서 습득하는 자세가 중요합니다. C 언어의 교과서에서 공부했을 때의 초심으로 되돌아가서 받아들이려 한다면, 짧은 학습시간에 습득할 수 있게 될 것입니다.

또한 경험자나 리더는, 신규 멤버가 한 경험의 토대 중 일부인 표준 라이브러리의 지식을 사용할 수 없는 일이, 그들에게 커다란 부담과 스트레스인 것을 잘 이해하고, 대체함수나 처리의 치환방법을 각별히 설명해 주는 배려가 필요합니다. 기본적인 strcpy나 file 함수에 대하여, 표준 라이브러리와 프로젝트 독자 함수의 대응표를 준비해 두면, 앞으로도 크게 도움이 되겠습니다.

특히 강조해야할 점으로서, 임베디드 소프트웨어뿐 아니라 소프트웨어 개발에서는, 멤버의 성취동기가 생산성에 크게 영향을 준다는 사실을 잊어서는 안 됩니다. 높은 성취동기를 유지하기 위해서는, 개발멤버가 라이브러리 적용방침에 대하여 납득한 후에 작업하는 것이 중요합니다. 라이브러리를 사용하지 않음에 따라 작업량이 증가하는 경우에는, 왜 이와 같은 단점, 즉 엔지니어가 고생을 받아들이지 않으면 안되는 가 하는 목적이나 그런 경우의 장점에 대한 이해가 필요합니다. 특히 새로운 개발멤버에게는, 특급전문가가

상상하는 이상으로 중요한 의미가 있습니다. 프로젝트 전체의 지원을 통하여 신규멤버의 불만과 장벽의 수위를 낮추면, 보다 원활하게 개발에 공헌할 수 있습니다. 라이브러리의 적용방침을 팀 멤버 전체에 전달하는 노력은, 충분히 가치가 있다고 할 수 있다.

5.3 고속 프로그램의 개발

임베디드 소프트웨어개발에서는 처리시간에 엄격한 요구가 발생하는 일이 있습니다.

5.3.1 처리속도에 대한 요구

요구되는 시간이나 대응목적에 따라, 처리속도의 요구는 크게 2종류로 나뉩니다.

먼저 하나는 극히 엄밀한 처리시간의 요구, 즉 리얼타임성에 대한 요구입니다. 밀리초(1/1,000초)나 마이크로 초(1/1,000,000초) 단위로 실행시간이 규정되어 있는 처리를, **리얼타임 제어(Real Time Control)**나 **리얼타임 처리(Real Time Process)**라고 합니다. 임베디드 시스템이라고 하면 많은 엔지니어가 먼저 떠올리는 특징일 것입니다. 대규모 임베디드 소프트웨어를 내장하는 제품에서는, 임베디드 시스템 전체에서 리얼타임 처리를 요구하는 일은 극히 드뭅니다만, 일부 기능에서는 반드시 리얼타임성이 높은 처리가 필요하게 됩니다.

또 한 가지 처리시간의 요구는, 사용자 인터페이스의 응답 시간에 대한 요구입니다. 소프트웨어가 처리를 요구받고 나서 처리결과를 되돌려주기까지의 시간을, **턴어라운드타임(Turn Around Time)**이나 **응답시간(Response Time)**이라고 합니다. 사용자의 조작에 대한 응답이 너무 길면 사용감이 나쁘다고 생각해버리기 쉽기 때문에, 상품으로서 반드시 요구되는 조건입니다.

5.3.2 리얼타임 처리의 개발

많은 임베디드 시스템에서는, 하드웨어를 엄밀한 간격으로 컨트롤하기 위하여, 리얼타임 제어를 필요로 하고 있습니다. 규정 시간 내에서 디바이스를 제어할 수 없고, 정해진 시간 내에 데이터를 취득하지 못하면, 디바이스가 정상으로 동작하지 않거나, 다른 기능이 정상으로 동작하지 않는 등의 이유로, 디바이스나 칩의 사양에서 처리시간을 규정하고 있습니다. 네트워크나 무선통신을 사용하는 임베디드 시스템에서는, 통신 프로토콜의 시퀀스(Sequence)에 따라 응답시간이 규정되어 있는 일도 있습니다.

임베디드 시스템이 하드웨어의 제어에 실패하면, 그대로 제품의 기능마비로 이어집니다. 자동차에 내장되는 임베디드 시스템에서 엔진이나 브레이크가 제어되지 않으면, 인명에 관계되는 사고로 직결됩니다. 휴대전화의 임베디드 소프트웨어에서 무선통신 회로의 제어에 실패하면, 통화나 데이터 통신을 할 수 없게 되기 때문에, 제품 가치의 전부를 잃어버립니다. 임베디드 소프트웨어에서는, 리얼타임 제어는 우선도가 매우 높고, 또 처리의 실패가 용납되지 않는 부분입니다. 엄격한 제한조건을 충족하도록 개발하기 위해, 난이도도 높아집니다.

리얼타임 제어는, 주로 제품의 성격에 따라 필요로 하는 것으로서, 하드웨어를 엄밀한 시간간격으로 제어하는 개발을 합니다. 그래서 하드웨어에 가까운 계층일수록 리얼타임 처리를 의식하는 기회가 많아집니다. 바꾸어 말하면, 하드웨어를 직접 제어하지 않는 부분이라면 비동기 처리만을 개발하면 되고, 리얼타임 제어는 필요 없는 일이 많아집니다. 미들웨어층이나 어플리케이션층에 속하는 기능에서는, 임베디드 소프트웨어개발이라도 리얼타임 처리와 전혀 관계가 없는 경우도 있습니다. 임베디드 소프트웨어개발 = 리얼타임 제어라는 종래의 일반적인 이미지는, 현재의 대규모 임베디드 소프트웨어개발에는 반드시 적합한 것은 아닙니다. 개발이 어렵기 때문에, 보통은 필요한 최소한의 부분에만 리얼타임성이 요구됩니다.

리얼타임 제어의 개발에는, 하드웨어에 대한 깊은 지식을 필요로 합니다. 또한 시스템을 구성하는 CPU나 메모리, I/O 디바이스의 동작에 관한 특성에도 숙달하고 있지 않으면, 문제에 적절하게 대처하기가 어렵습니다. 일반적으로는 다음의 ①~③에서 설명하는 것 같은 단계를 밟아, 처리속도의 단축을 검토합니다.

① 고급언어에서 로직의 고속화

최초의 단계에서는, C/C++ 언어 등으로 리얼타임 제어부분을 개발합니다. 그리고 처리에 들어있는 불필요한 로직이나 CPU 부하가 높은 로직을 제거함으로써, 제한시간 내에 처리를 완료하도록 소프트웨어를 개발하게 됩니다.

C/C++와 같은 고급언어로 기술된 소프트웨어에서는, 실행속도를 설계단계에서 예측하기 위해서 몇 가지의 테크닉이 필요하게 됩니다. 먼저 동일한 시스템 내에서 유사한 로직이 이미 개발되어 있는 경우, 기존 로직의 실행속도에서 처리시간을 유추하여 예상할 수 있습니다. 또한 O/S **시스템콜(System Call)**이나 표준 라이브러리 함수의 실행시간을 측정하여, 리얼타임 처리 속에서 호출시고 있는 시스템콜의 소요시간을 계속 축적해감으로서 대략적인 처리시간을 예측할 수도 있습니다.

만일 예측되는 시간 내에 처리를 완료하지 않은 것을 판명했다면, 처리를 복수개회로 분할하거나, 계산결과를 미리 정적 테이블로서 준비하는 등, 제 5.5절에서 제시한 것과 같은 대책을 실시합니다.

② 컴파일 결과의 튜닝

C/C++ 컴파일러가 생성하는 실행 바이너리의 CPU 명령을 체크하여, 불필요한 부분을 고쳐 씀으로써 더욱 고속화 할 수 있습니다. 많은 C/C++ 컴파일러는 컴파일 결과를 어셈블러 언어의 소스코드로서 출력하는 옵션이 있으므로, C/C++ 언어의 소스코드가 어떤 CPU 명령으로 전개되어 있는가를 확인할 수 있습니다. 만일 루프나 조건 분기 등에서 의도하지 않은 장황한 CPU 명령이 실행되어 있는 부분이 있으면, 고속 컴파일 결과를 얻을 수 있도록 C/C++ 소스코드를 조절하든가, 부분적으로 어셈블러 명령으로 치환합니다.

C/C++ 컴파일러에서는, _asm{ } 블럭 등을 사용하면, 일부분만 어셈블러 언어의 처리를 기술할 수가 있습니다. 이것은 모든 처리를 어셈블러 언어로 기술하는 것보다도 효율적인 방법입니다.

C++ 언어의 기술서 등에서는, 어셈블러 언어로 일부의 처리를 기술하는 방법은 거의 소개되어 있지 않으며, 설명이 있어도 권장하고 있지 않은 경우가 많습니다만, 임베디드 소프트웨어개발에서 리얼타임 제어의 개발에서는 아주 유효한 테크닉입니다. 최신 C/C++ 컴파일러에서는, 어셈블러 처리 블록 속에서 C 언어의 변수 심볼을 사용할 수 있는 **심레스(Seamless)**한 제휴를 할 수 있습니다. C/C++ 언어의 소스코드 내에 부분적으로 어셈블러의 개발을 편입시킴으로써, 소프트웨어의 개발효율이나 보수성의 저하를 최소한으로 그치게 하는 효과가 있습니다.

③ 어셈블러 언어로 개발

아무래도 처리시간을 단축할 수 없는 경우에는, 어셈블러 언어로 하는 고속화를 선택합니다. 8086/68000/Z80 등의 구 CISC CPU에서는, 어셈블러 언어로 시스템에서 초고속 로직을 개발할 수 있는 가능성이 있습니다.

임베디드 소프트웨어개발에서는 C/C++ 언어로 인한 오버헤드가 큰 것이 명확한 경우에는, 처음부터 어셈블러 언어로 처리를 기술하는 일도 있습니다. 특급전문가 엔지니어에게는, 설계 중에 머릿속에서 ①~②의 판단을 하여, 처음부터 어셈블러의 개발에 착수하는 사람도 있습니다. 단 소프트웨어의 판독성이나 보수성이 크게 저하하기 때문에, 개발 효율이나 보수성을 고려하면, C/C++ 언어로 기술한 쪽이 최종적인 작업량이 적은 경우가 대부분입니다. 이 단점을 객관적으로 분석한 후에 역시 어셈블러 언어를 사용하는 편이 좋다고 판단되는 경우에는 어셈블러 언어를 사용해야 합니다.

그러나 「리얼타임 처리이므로 곧 어셈블러 개발」이라는 판단은 반드시 적절한 것은 아닙니다. 어셈블러 언어로서의 고도의 개발 숙련도가 없으면, C/C++ 언어 컴파일러가 출력한 코드보다도 고속 처리의 개발은 어렵습니다. 가능한 한 어셈블러 언어의 채택은 피하는 쪽이 좋습니다.

또 RISC CPU의 경우, 어셈블러 언어로는 의도한대로 명령 스텝을 제어하는 일은 어렵고, 어셈블러 언어보다도 최적화 컴파일러를 사용하는 쪽이 최종적으로 고속처리가 되는 일도 있습니다.

5.4 비가시적인 개발언어의 오버헤드

소프트웨어 엔지니어에게는 당연한 일입니다만, 프로그래밍 언어로 기술된 소스코드는, 컴파일러 등에 의해 CPU를 독해할 수 있는 실행가능 모듈로 변환됩니다. 고도의 프로그래밍 언어에서는 단조롭고 정형적인 처리의 기술을 생략함으로써, 산뜻한 서식의 소스코드를 기술할 수 있도록 연구되어 있습니다.

예를 들면 =연산자를 사용한 구조체의 할당이라면, 컴파일 시에 멤버 변수단위의 복사처리로 자동적인 전개가 되므로, 엔지니어는 번잡한 복사처리를 몇 행씩이나 기술하는 수고를 줄일 수 있습니다. 반대로 말하자면, 소스코드로서 기술된 명령을 CPU 명령으로 변환할 때, 엔지니어가 의도하지 않은 처리로 변환되어 버리면, 소스코드로는 알 수 없는 처리의 오버헤드가 생깁니다. 이것은 어떤 프로그래밍 언어라도 많든 적든 해당되는 특징입니다.

소프트웨어 개발에서는, 소스코드를 효율적으로 작성하는 것도 아주 중요한 일이므로, 소스코드의 코딩량이 절감되고 소프트웨어의 보수성도 향상한다면, 트레이드오프에서 미묘한 오버헤드가 발생해도 충분히 허용됩니다. Java나 C# 등 오픈업무 시스템의 주력 프로그래밍 언어에서는, 복잡한 처리를 간결하게 기술하는 여러 가지 도구가 고안되어 있습니다.

그러나 임베디드 시스템에서는 CPU의 처리능력에 여유가 별로 없기 때문에, 프로그래밍 언어의 사소한 오버헤드로 인한 부하가, 뒤늦은 처리로서 표면화되어 버리는 일이 있습니다. 소프트웨어가 정상적으로 동작하지 않는다면 불량이므로, 이미 개발효율과의 트레이드오프를 하는 것은 불가능합니다. 그래서 프로그래밍 언어로 인한 오버헤드의 종류와 영향을 이해할 필요가 있습니다.

프로그래밍 언어의 오버헤드에 대한 지식이 있으면, 설계단계에서 오버헤드의 발생을 예측하여, 회피책을 강구하거나 대체수단을 준비하는 것이 가능하게 됩니다. 개발 후의 테스트 공정에서 문제가 표면화되면, 대응에 커다란 작업량이 필요하게 되므로, 임베디드 소프트웨어 엔지니어는 파악해 두는 것이 필요합니다..

또한 프로그래밍 언어의 오버헤드를 생각하는 데 있어 주의하면 좋은 요점이 단 한 가지 있습니다. 임베디드 소프트웨어개발 프로젝트에서 채택하는 프로그래밍 언어를, 오버헤드의 다소만을 근거로 선택하는 것은 잘못이라는 점입니다. 이미 기술한 것처럼 오버헤드가 큰 언어일수록, 언어사양이나 개발 환경이 갖추어져 있어 개발효율이 높은 경향이 있습니다. 임베디드 소프트웨어개발에서 널리 채택된 실적이 있는 프로그래밍 언어라면, 개발효율이나 실행효율의 어느 쪽을 선택하는가 하는 차이가 있을 뿐, 임베디드 소프트웨어개발에 적용할 때 치명적인 문제는 없을 것입니다.

소프트웨어 개발에서는, 관리자나 팀리더로 부터 개발 담당자까지 모든 수준의 의사결정에서 장점과 단점의 균형을 이루는 것이 가장 중요합니다. 프로그래밍 언어의 오버헤드도 언어를 선택하는 요소의 하나로 생각하고, 그 이외의 요소도 고려하여 판단하는 일이 필요합니다.

5.4.1 C 언어

C 언어는 현재 사용되고 있는 프로그래밍 언어 중에서는 비교적 오버헤드가 적은 언어라고 합니다. 오랜 세월에 걸쳐 계속 개량되어 온 C 언어 컴파일러의 최적화 기능의 진보나 ANSI 표준 라이브러리의 고속화에 따라, 어셈블러로 기술한 경우와 다르지 않을 정도의 속도를 발휘할 수 있습니다. C 언어에서 생기는 오버헤드는 비교적 눈에 띄지 않는 것이지만, 제 5.5절에서 기술하는 아주 작은 오버헤드가 루프의 내측에서 발생하면 크게 증폭되는 일이 있으므로, 개발 시에 염두에 넣어두는 것이 중요합니다.

C 언어의 가장 큰 오버헤드는, 함수 호출의 전후에서 생기는 처리의 추가입니다. 함수 호출 전에는, 호출하는 측에서 CPU의 레지스터에 기억하고 있는 정보를 메모리에 보존하고, 호출 함수의 인수를 보존합니다. 호출되는 함수에서는, 자동 변수 영역의 확보나 초기화(이것은 C 컴파일러의 사양에 의한다)가 됩니다. 그래서 루프 내에서 함수 호출을 하면, 실제의 처리보다도 오버헤드의 쪽이 커져버리는 일이 있습니다(그림 5-1). 그러나 한 군데 이상에서 공통된 처리가 있으므로 개발을 공통화하고 싶은 케이스도 있습니다. 그 경우 매크로를 활용하여 공통화하면서 함수 호출을 피하면, 오버헤드의 발생을 회피할 수가 있습니다.

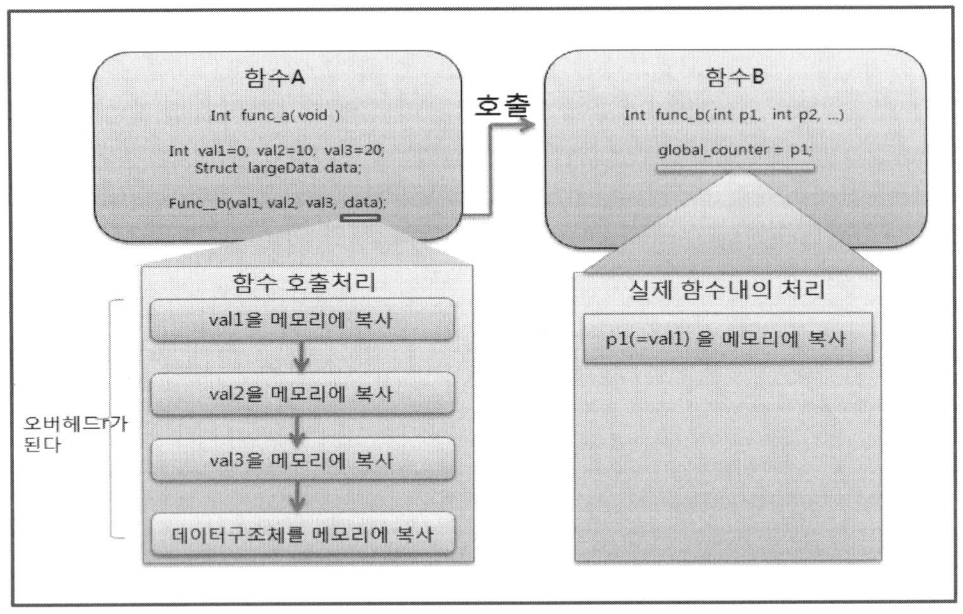

그림 5-1 C 언어의 함수 호출

또한 일부의 C 언어 컴파일러에서는, ANSI C99 사양이라는 최신의 C 언어사양으로 예약된 inline 키워드를 사용하여, C++ 언어와 같은 inline 함수를 기술할 수 있는 확장기능을 제공하고 있는 것이 있습니다. inline 함수는, 함수가 컴파일 시에 호출하는 위치에 내용이 전개되는 장치입니다. 함수서식으로 기술할 수 있는 매크로라고 생각해도 됩니다. 또한 컴파일러에 따라서는 inline 키워드를 무시하는 것도 있으므로, 확인이 필요합니다.

함수 호출 직후에 함수 속 최초의 행이 실행되기 전에 하는 처리를 **프롤로그**(Prologue) 처리, 마찬가지로 함수에서 리턴하는 최후의 처리를 **에필로그**(Epilogue) 처리라고 하며, 필요에 따라 엔지니어가 **덧쓰기**(Override)함으로써, 함수 호출 전후의 불필요한 처리를 생략할 수 있는 C 언어 컴파일러도 존재합니다. 이 기능은 컴파일러 고유의 확장입니다.

또 C 언어의 입문서에서도 반드시 언급되는, 구조체 복사의 처리도 문제 되는 경우가 있습니다. 구조체의 할당처리에서는 모든 멤버의 내용이 복사되기 때문에, 사이즈가 큰 구조체의 복사를 반복하면, 처리에 시간이 걸립니다. 특히 함수의 파라미터에 구조체를 **콜바이밸류**(Call by Value)로 호출하는 경우에는, 의외의 처리시간이 발생하는 일이 있으므로 주의가 필요합니다.

또한 C 언어 고유의 0x00('\0')에 의한 문자열 종단 룰에 유래하는, 표준 라이브러리 전반에 걸치는 문자열 처리의 지연도 C 언어 고유의 오버헤드라고 할 수 있을지도 모릅니다. strcpy 함수 등의 표준 문자열 함수는, 내부에서 종단 판정한 처리를 반복하고 있으므로, 미묘하게 처리가 증가하게 됩니다. HTML 데이터의 해석처럼 복잡한 문자열 조작을 반복하는 처리에서는, 문자열에 대한 포인터와 길이를 관리하는 구조체 등을 자작하는 쪽이, 처리가 빨라질 경우가 있습니다.

이외에 보통은 의식하지 않는 어플리케이션 기동 시의 초기화 처리도 오버헤드라고 간주되는 일이 있습니다. 프로그램이 기동하여 main함수가 호출되기 전에, stdio나 stdlib 등의 표준 라이브러리를 사용하는 영역이나, 정적으로 확보된 **스태틱**(Static) 변수영역의 초기화가 실행됩니다. 이 초기화 처리를 하는 **초기화**(Initialize) 루틴을 엔지니어가 변경할 수 있는 컴파일러가 있고, 1 바이트라도 불필요한 메모리의 확보를 피하고 싶은 임베디드 시스템 등에서는, 독자처리로 변경하는 일이 있습니다.

C 언어로 개발된 소프트웨어는, 어셈블러로 기술된 처리와 손색이 없을 정도의 고속이면서 효율적인 구조화 설계를 할 수 있는 점이 특징입니다. 그래서 임베디드 소프트웨어 개발에 적합한 언어로 여겨왔습니다. 일본에서는 C 언어의 사용비율이 가장 높다는 조사 결과가 발표되어 있습니다. 그러나 언어사양의 제한에서, 객체지향설계 등의 최신기술을 전제로 한 효율적인 설계 기법을 적용할 수 없다는 한계가 있는 것이 문제가 되고 있습니다.

대규모화한 최근의 임베디드 소프트웨어개발에서는, 개발 효율상의 단점 쪽이 장점을 상회하는 상황도 있습니다. 아무리 고속 소프트웨어를 개발할 수 있었다고 해도, 필요로 하는 기간과 예산의 범위 내에서 개발이 끝나지 않는다면 의미가 없습니다. 이 문제는 인력 투입같은 대책으로 절감할 수 있습니다만, 미래에 통용되는 방법이라고는 도저히 말할 수 없습니다.

우리나라 임베디드 소프트웨어 업계가 저 비용의 해외업계와 경쟁하여 살아남기 위해서는 개발효율의 향상이라는 과제가 우선되어야할 상황으로 변해가고 있습니다. 그리고 객체지향 개발을 토대로 한 개발 환경을 도입하는데 있어서는, C++ 언어가 유력한 옵션으로 됩니다. C 언어와 C++ 언어는 상호 호환성이 있어, C 언어로 개발된 모체를 버리지 않아 C++ 언어로 된 객체지향설계로 이행하는 것이 가능합니다. 객체지향의 해설서에서는, C++ 언어는 객체지향 프로그래밍 언어 중에서 가장 사양이 복잡하며, 객체지향 기술의 입문용에는 적합하지 않다는 평가도 있습니다. 확실히 오픈업무 시스템의 개발에서는 객체지향 프로그래밍 언어의 옵션이 풍부하므로, C++ 언어의 기능은 복잡하게 생각할 수 있습니다. 그러나 객체지향 프로그래밍 언어가 별로 없는 임베디드 소프트웨어개발에서는 사정이 다릅니다. C++ 언어는 C 언어와 거의 같은 퍼포먼스를 발휘하는 임베디드 소프트웨어를 개발할 수 있으며, 거기다 기존의 C 언어로 기술된 모체나 라이브러리와 친화성이 높다는 것 등의, 임베디드 소프트웨어개발에서 필요한 장점을 많이 갖추고 있습니다. 그래서 임베디드 소프트웨어개발의 분야에서는, 객체지향 기술의 도입에서, C++ 언어가 유력한 옵션이 되고 있는 것입니다.

5.4.2 C++ 언어

C 언어와 비교하면 C++ 언어의 오버헤드는 크다고 할 수 있습니다만, 현재 있는 프로그래밍 언어 전체에서 보면, C++ 언어는 상당히 작은 오버헤드 밖에 발생하지 않는 언어입니다.

종래에는 C++ 언어는 CPU와 메모리에 대한 부담이 크고(표 5-3), 임베디드 소프트웨어 개발에 적합하지 않다고 생각해왔습니다. 그것은 C++ 컴파일러의 최적화 능력이 낮고, CPU 처리속도의 여유도 적기 때문에, 사소한 헛일도 허용하지 않는 환경의 평가였습니다. 최신 C++ 컴파일러는 아주 고도의 최적화 능력을 가지고, 또 소스코드 상에서 실행 바이너리로서 생성되는 처리 로직을 세심하게 컨트롤할 수 있기 때문에, 경험을 쌓은 엔지니어가 작성한다면, C 언어로 기술한 소스코드 보다도 C++ 언어의 소스코드 쪽이 고속의 실행 바이너리를 생성할 수 있는 경우도 있을 정도로 진척되었습니다. 적어도 과거에 들어왔듯이, C 언어보다도 메모리 소비가 많고 처리속도가 늦은 언어라는 생각은 적절하지 않습니다(표 5-4).

C++ 언어는 C 언어를 확장한 것이므로, C 언어와 같은 오버헤드가 수반됩니다. 또한 메모리 소비와 처리속도의 점에서 얼마간의 오버헤드가 발생합니다.

[표 5-3] C++ 언어의 메모리 증가요인

소비 메모리 증가요인	개 요	영 향
가상 함수의 포인터	가상 함수의 포인터를 기억하기 위해 소스코드 상에서 보이지 않는 영역이 확보된다	소
클래스화에 의한 데이터 사이즈의 증가	클래스의 콜래보레이션에 따라, 데이터량이 증가하는 경향이 있다	중
라이브러리 사이즈의 증가	C++ 언어의 이점 중 하나인, 고기능 라이브러리나 템플릿 라이브러리 등의 메모리를 많이 소비하는 일이 있다	대

[표 5-4] C++ 언어의 처리속도 증가요인

처리속도 저하의 요인	내 용	영 향
템플릿 라이브러리	템플릿 라이브러리의 전개결과가 비교적 CPU 부하가 높은 처리로 되는 경우가 있다	중
예외처리	함수나 스코프의 경계를 지날 때마다, 예외처리의 설정 등으로 눈에 보이지 않는 처리가 발생한다	소
연산자 등의 오버라이드	부주의하게 연산자를 오버라이드하여 독자처리를 추가하면, 빈번하게 호출되어 처리속도를 저하시키는 경우가 있다. 소스코드 상에서 보기 어렵기 때문에 주의가 필요	대~소

① 메모리 소비의 오버헤드

C++ 언어에서는 클래스의 가상 함수 포인터에 의한 클래스(구조체) 사이즈의 증가가, 메모리의 오버헤드로서 가장 큰 영향이 있습니다. C++ 언어에서는 객체지향 언어의 큰 이점인 **폴리모피즘**(Polymorphysm)을 가상 함수에서 실현하고 있으므로, 가상 함수의 기구에는 충분한 장점이 있습니다.

C++ 언어의 가상 함수는, 소스코드 상에서는 보이지 않는 함수 포인터의 멤버로서 클래스에 자동적으로 추가됩니다. 1 메소드 당 4 바이트 정도의 증가입니다만, 복수개의 가상 함수를 사용하고 있는 경우는 1 클래스 당 수십 바이트로 되는 경우도 있습니다. 클래스가 취급하는 데이터가 적은 경우에는, 가상 함수 포인터가 소비하는 메모리량 쪽이 많은 일도 있습니다. 클래스 멤버의 메모리 사용량을 1 바이트 단위로 절감하지 않으면 안될 만큼 메모리량에 조심하는 시스템에서는, 무시할 수 없을 정도의 영향이 발생하는 것입니다. 또한 **인스턴스**(Instance)를 수많이 생성하면, 그만큼 가상 함수 포인터도 많아집니다. 동시에 생성되는 인스턴스의 수가 많은 경우에는 주의해야 합니다.

제 2의 오버헤드는, 클래스화에 의한 데이터 사이즈의 증가입니다. C++ 언어에서는, 어떤 클래스를 다른 클래스의 멤버로 하는 것을 자주 사용합니다. 클래스의 정적 설계에서는, **"has-a 관계"** 라고 합니다. 클래스형 멤버의 메모리 사용량은, 전술한 가상 함수나 클래스 멤버의 바운더리(메모리의 틈새) 조정의 영향으로, 아무래도 단순한 변수형 멤버보다도 많아집니다. 예를 들면 문자열을 멤버로서 취급하는 경우에, 단순한 unsigned char 포인터형의 멤버보다도 string형 멤버 쪽이 메모리를 많이 소비합니다.

객체지향의 기법으로 임베디드 시스템을 설계하면, 아무래도 복잡한 클래스가 많아집니다. 부품 클래스를 멤버로 사용하는 장면이 증가하기 때문에, 소프트웨어 구조 전체에서 메모리 사용량이 몇 퍼센트인가 증가하는 결과가 됩니다. 부품 클래스를 클래스 멤버에 사용하면, 문자열 영역의 관리 로직이 단순화되어, 모듈 간의 독립성이 향상하고 수정의 영향범위가 한정되는 등 여러 가지 장점이 있습니다. 클래스화에 의한 메모리 사용량의 증가는 소프트웨어의 설계품질과의 트레이드오프라고 생각 할 수 있습니다(그림 5-2).

제 3의 오버헤드는, 라이브러리의 소비 메모리의 증가입니다. C++ 언어는 고기능 클래스 라이브러리를 갖추고 있는 일이 많고, 기능에 비례하여 메모리 사용량이 증가하는 경향이 있습니다. 예컨대 STL은 상당히 고기능으로 편리한 표준 템플릿라이브러리입니다만, 많이 사용하면 상당한 메모리를 사용합니다. 또한 MFC 등의 GUI 라이브러리도 다량의 메모리를 필요로 합니다.

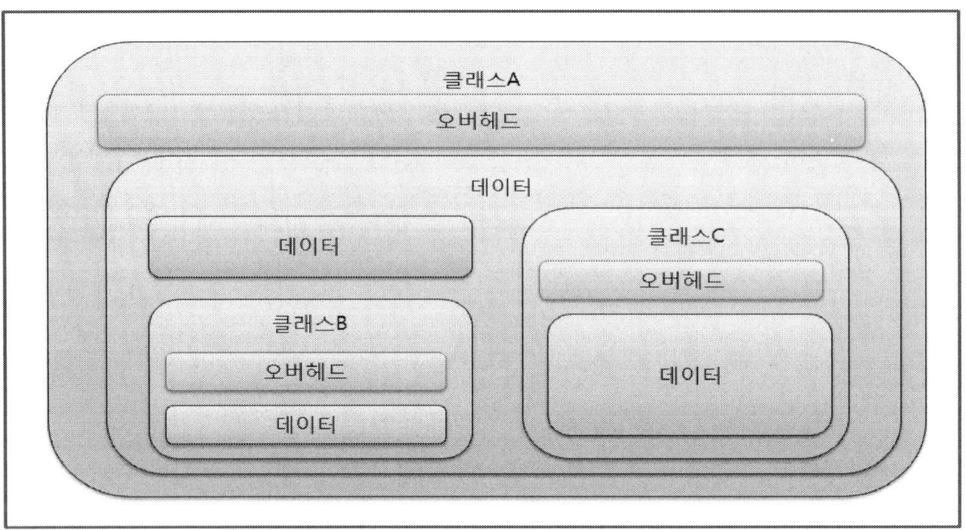

그림 5-2 클래스의 콜래보레이션

고기능 라이브러리를 사용하면, 약간의 개발로 복잡한 처리를 실현할 수 있다는 큰 혜택을 누릴 수 있습니다. 복잡한 처리가 필요한 임베디드 소프트웨어일수록 장점이 클 것입니다. 그러나 고기능 라이브러리는, 동적인 소비 메모리량뿐만 아니라, 라이브러리 자신의 **ROM 점유량(풋 프린트)**도 굉장히 크기 때문에, 하드웨어적인 제한에 따라 사용 불가능한 경우가 적지 않습니다. C++ 라이브러리의 선택에는, 장점이 큰 만큼 단점도 크기 때문에, 개발하는 임베디드 시스템의 조건을 근거로 한 검토가 필요합니다.

② 처리속도의 오버헤드

처리속도의 오버헤드는 실제로는 거의 없습니다. C++ 언어가 등장한 초기시대에는, C 언어 컴파일러를 유용하여 컴파일되어 있거나, C++ 언어로 확장된 문법이나 사양의 CPU 명령생성이 미숙했으므로, 전체적으로 처리속도가 저하하는 현상이 있었습니다. 구체적으로는 1980~1990년대 전반까지의 이야기입니다. 그러나 현재의 C++ 언어 컴파일러는 객체지향 언어 전용으로 설계되어 있고, 강력한 최적화 기능을 갖추고 있어서, C 언어 컴파일러와 손색없는 속도로 동작하는 CPU 명령을 생성합니다. 그 가운데, 약간의 속도의 오버헤드로서 다음의 3가지 점을 들 수 있습니다.

첫째는 템플릿 라이브러리로 인한 처리속도의 저하입니다. STL 등의 **템플릿라이브러리**(Template Library)는 범용성을 우선하고 있으므로, 장황한 처리로 전개되는 일이 있습니다. 특히 컬렉션 처리에서는 검색처리 등을 단순한 루프로 실행하는 코드가 출력되는 일이 있습니다. 이 경우는 메모리와 마찬가지로 생각지 않은 CPU 부하가 발생하는 일이 있습니다. 현재에는 템플릿라이브러리를 임베디드 소프트웨어개발에 사용하는 예는 들어 보지 못했습니다만, 장래에는 고려할 필요가 있을지도 모릅니다. STL 등의 라이브러리는 잘 사용할 수 있다면 그만큼 편리하며 효율적입니다.

두 번째의 오버헤드는 예외처리입니다. 예외처리는 CPU 에러나 명시적인 예외가 발생한 경우, 함수나 try~catch 블록의 경계로 점프하는 에러처리입니다. 예외를 많이 사용하면, 함수를 호출하는 일에 예외 핸들러의 설정처리가 실행되고, 그것이 쌓이면 오버헤드로서 현실화 하는 일이 있습니다. 극단적인 예입니다만, 몇 행의 대입처리 밖에 하지 않는 메소드로 try~catch 블록을 사용하면, 처리와 예외제어의 보이지 않는 처리가 같은 정도로 되어버리는 케이스도 있습니다.

세 번째의 오버헤드는 가상 함수에 의한 **중복(Override)**의 부하입니다. C++ 언어에서는 가상(Virtual) 선언된 가상 함수뿐만 아니라, +나 =, < 라는 연산자도 중복하여 독자적인 처리를 기술할 수 있습니다. 이때 빈번하게 사용하는 메소드나 연산자에 독자적 처리를 추가하면, 생각지도 않은 오버헤드가 발생하는 일이 있습니다. == 연산자나 != 연산자를 중복하고, 퍼포먼스 상의 문제에 부딪힌 경험이 있는 엔지니어도 많을 것입니다. C++에서는 컴파일러에 의해 암묵적으로 호출되는 코드가 많고, 필연적으로 소스코드 상에 없는 연산자나 메소드의 호출이 발생합니다. 번잡한 코드를 기술하는 노력을 경감하는 효과가 있습니다만, 컴파일러의 동작을 파악하기까지는 예기치 못한 오버헤드의 원인으로도 될 수 있습니다. 카피 컨스트럭터도 빈번하게 암묵적으로 호출되기 쉬운 메소드입니다. 이러한 처리 속에서 배열 복사나 다중 루프 등의 CPU 부하가 높은 처리를 기술하면, 소스코드 상에서 명시적으로 기술한 것 보다 훨씬 많은 회수의 호출이 발생하여, 처리속도를 저하시키는 원인이 됩니다.

③ C++ 언어에서는 발생하지 않는 오버헤드

C++ 언어에서는 C 언어에서 발생하는 구조체 복사 문제나 문자열 처리 문제 등의 오버헤드는 회피할 수 있습니다. 구조체(C++의 경우는 클래스)의 확보나 복사의 처리는, 컨스트럭터나 카피 컨스트럭터를 기술하여 명시적으로 처리를 지정할 수 있으므로, 불필요한 동작을 생략하는 일이 가능합니다. 문자열도, 길이 정보 부착 데이터로서 관리하는 전용 클래스(string 클래스 등)에 의해, 보다 고속으로 문자열을 처리할 수 있습니다.

임베디드 소프트웨어개발에서 C++ 언어 사용의 역사는 짧지만, 오픈업무 시스템 등에서는 옛날부터 사용해온 개발효율이 높은 프로그래밍 언어입니다. 또한 **UML(Unified Modeling Language)**이나 디자인 패턴 등 객체지향용으로 고안된 여러 가지 기법이나 툴을 활용할 수 있으므로, 사소한 오버헤드를 보완하고도 남을 장점이 있습니다. 가까운 장래의 임베디드 소프트웨어개발에서는, 주된 프로그래밍 언어로 될 것입니다.

C++ 언어에서는, 보다 고품질로 재사용성이 높은 설계 때문에 많은 오버헤드가 발생합니다. 범용성이나 확장성이 높은 설계가 가능하게 된다는 장점이 있는 대신에, 실행속도가 미묘하게 저하하거나, 메모리 사용량이 증가하므로, **설계품질과 실행속도와의 트레이드오프**가 발생하면 이해해야 합니다. 그런데 상류 공정의 설계단계에서 소프트웨어의 품질을 향상시킬 수 있으므로, 소프트웨어 개발 프로젝트 전체적으로 효과를 얻을 수 있어, 처리속도나 메모리 사용량의 영향이 허용범위라면, 대단히 효율이 좋은 트레이드오프라고 할 수 있습니다. 예로부터의 사고방식이나 초기 C++ 컴파일러의 결점 등의 단점만 보고, C++ 언어로 임베디드 시스템을 개발하는 것은 곤란하다고 정해버리면, 적정한 설계 판단의 장애가 됩니다.

현재의 임베디드 소프트웨어개발에서는 소프트웨어의 기능과 개발공수의 폭발적인 증대에 대응하는 기법과 프로세스를 개발하는 일이, 가장 중대한 목표로 되어 있습니다. 반대로 메모리나 CPU 처리속도 등의 하드웨어적인 제한은 나날이 개선되고 있습니다. C++ 언어의 단점의 영향은 급속히 감소하고, 반대로 C++ 언어의 장점에서 얻을 수 있는 성과야말로 요구되는 상황에 있는 것입니다. C++ 언어의 장점을 최대한으로 발휘하기 위해서는, 객체지향설계 등의 기법의 축적이 필요하다는 것을 생각하면, 가능한 한 빠른 시기에 C 언어에서 C++ 언어로 이동해가는 것이 필요합니다.

물론 C++ 언어로 변환했다고 해서 갑자기 개발작업이 효율화 되는 일은 있을 수 없습니다. 그러나 시작하지 않으면 변화가 일어나지 않는 것도 확실합니다. 우선 C++ 언어로의 전환과 객체지향설계를 시작하여, 조금씩 기법과 숙련도를 축적해가면, 반드시 몇 년 후에는 임베디드 소프트웨어개발 프로젝트의 효율이 개선될 것입니다.

5.4.3 Java 언어

Java 언어는, 컴파일하면 기종에 의존하지 않는 「Java 바이트코드」로서 보존하고, Java **바이트코드**(Byte Code)를 CPU 네이티브의 명령으로 변환하는 **JIT**(Just In Time) 컴파일이라는 장치로 어플리케이션을 실행합니다. 최신 Java언어는 용도에 따라 다양한 에디션이 준비되어 있고, 임베디드용에는 **J2ME**(Java 2 Micro Edition)가 많이 사용됩니다. 특히 휴대전화에서는, J2ME를 모바일 기기용으로 조정한 **MIDP**(Mobile Information Device Profile)가 채택되어 있습니다.

Java 언어의 실행 환경은 **VM**(Virtual Machine)이라고 하며, 임베디드 플랫폼 상에서 하나의 태스크로서 동작합니다. 그래서 임베디드 O/S 상에서 Java VM을 움직이는데, 그 안에 다시 J2ME용의 VM이 제공되어 있습니다. Aplix사 제품인 「JBlend」라는 제품에서는, μITRON·VxWorks·Symbian·Windows CE 등의 O/S 상에서 Java 어플리케이션을 동작시키는 능력이 있습니다.

J2ME나 그 확장판은 휴대전화의 다운로드 어플리케이션 서비스의 i모드나 V어플리 등에도 채택되어 있습니다.

Java 언어에는, JIT에 의한 컴파일 처리의 오버헤드가 생깁니다. JIT 컴파일로 인한 지연은, CPU의 성능향상이나 Java 환경 메이커의 여러 가지 연구로 비교적 적어지고 있습니다. JIT 컴파일 후의 실행모듈은, C 언어나 C++ 언어와 비슷한 메모리나 처리의 오버헤드가 생깁니다. 또 Java 내부에서 취급하는 문자열이나 수치, 배열 등의 데이터는 독특한 형식으로 관리되고 있기 때문에, CPU 네이티브의 실행모듈을 호출하는 경우에는, 네이티브 호출 전후에서 데이터 변환의 오버헤드가 생깁니다. 또한 사용 완료 메모리의 해방을 **가비지컬렉터**(Garbage Collector)라고 하는 백그라운드 처리로 실행하고 있기 때문에, 메모리 관리에 관한 오버헤드도 존재합니다.

이러한 오버헤드에도 불구하고, 발달한 개발 환경이나 풍부한 라이브러리를 사용할 수 있고, 개발효율이 높으므로, 장래에는 J2ME에 의한 임베디드 소프트웨어도 증가해 갈 것입니다.

5.4.4 C#언어 · VB.NET언어

C# 언어나 VB.NET 언어의 소프트웨어가 동작하는 .NET Compact Framework·.NET Micro Framework는 Microsoft사에 의해 Windows CE·Windows Mobile용으로 제공되어 있는 임베디드 소프트웨어개발 환경입니다. Java 언어와 비슷한 개념의 처리계로, CLR(Common Language Runtime)이라고 하는 VM 상에서, **MSIL**(Microsoft Intermediate Language)이라고 하는 형식의 중간 언어를 CPU 네이티브 명령으로 실행 시에 변환하면서 실행합니다.

C# 언어와 VB.NET 언어의 실행 환경은, Windows PC용과 Windows CE용으로 나뉘어져 있습니다. 양쪽 환경에서는 같은 프로그래밍 언어와 중간 언어를 사용합니다만, 사용할 수 있는 API나 클래스 라이브러리가 다릅니다. 본서 집필 시의 최신 버전인 .NET Compact Framework 2.0에서는, JIT 컴파일의 기동 시 등에 오버헤드가 발생합니다. 데스크 톱 PC용 .NET Compact Framework에서는, 미리 네이티브 코드에 컴파일한 바이너리를 보존해 두는 장치가 있습니다만, .NET Compact Framework 에서는 사용할 수 없습니다. 그래서 어플리케이션의 기동마다 몇 초의 대기시간이 발생합니다(이것은 장래의 버전으로 개선될 가능성이 있다).

그 이외의 오버헤드도 Java와 많이 비슷합니다. JIT 컴파일 후의 코드에서는, 함수 호출 등에서 C 언어나 C++ 언어와 같은 오버헤드가 생깁니다. 또한 **언매니지 코드**라고 하는 CPU 네이티브적 처리를 기술한 DLL 라이브러리를 호출하는 전후에는, C#이나 Visual Basic의 내부형식으로 보존된 변수나 배열을 넘겨주기 위한 변환 오버헤드가 발생합니다.

그 이외에도 **Interop** 이라고 하는 기구를 끼워서 네이티브 COM[11] 인터페이스를 호출시거나, 반대로 C#의 소프트웨어가 COM 인터페이스를 공개할 수 있습니다만, Interop의 변환에는 비교적 큰 CPU 비용을 소비합니다. 그리고 C# 언어도 가비지컬렉터로 메모리를 관리하고 있으므로, 백그라운드 처리로서 오버헤드가 발생합니다.

현 시점에서는 .NET Compact Framework · .NET Micro Framework 는 임베디드 소프트웨어의 주류로는 되어 있지 않습니다만, C# 언어나 VB.NET 언어는 지극히 개발효율이 높은 프로그래밍 언어입니다. Windows CE 플랫폼의 보급과, CPU의 고속화로 상대적인 오버헤드 경감에 따라, 채택하는 임베디드 시스템이 증가한다고 생각됩니다.

5.4.5 어셈블러

8086/68000/Z80 등 CISC 아키텍처나 CPU의 어셈블러 언어는, CPU 명령에 1대 1로 변환되므로, 언어에 유래하는 오버헤드는 원리적으로 발생하지 않습니다.

그러나 RISC 아키텍처의 CPU에서는, 직접 CPU 명령을 기술하면 명령이 지나치게 상세한(저 기능 명령을 대량으로 편성)데다, 예측 분기 등의 고도한 CPU 기능을 살린 코딩이 어렵습니다.

그래서 인간에게 알기 쉽도록 고기능 **오퍼랜드**(Operand : 연산대상의 값이나 변수)를 매크로로서 제공하고 있습니다. RISC의 어셈블러 동작은 복잡하므로 한마디로는 말할 수 없지만, 함부로 매크로를 사용하면 예기치 못한 오버헤드가 발생하는 경우도 있습니다. RISC CPU를 사용하고 있는 경우에는, 대상이 되는 CPU로 특화한 최적화 기구를 갖춘 C/C++ 컴파일러를 사용하는 쪽이, 고속으로 동작하는 코드를 획득할 수 있다고 합니다. 그래서 현재의 소프트웨어 개발에서는, 필요가 없는 한 오버헤드의 회피만을 목적으로 어셈블러를 사용하는 일은 없습니다. 소프트웨어 개발·테스트·메인터넌스의 효율이 크게 손상되어 버리는 등, 단점 쪽이 크기 때문입니다.

5.5 처리속도의 단축

소프트웨어 개발에서는, 대량의 연산처리나 입출력의 속도가 늦은 처리 등, 시간이 걸리는 처리가 자주 발생합니다. 그러나 시스템의 사양 상, 이러한 처리가 끝날 때까지 계속 기다릴 수 없는 케이스도 있습니다. 리얼타임성이 높은 임베디드 시스템에서는 특히

---

11) Component Object Model. 부품화된 프로그램을 작성 · 사용하기 위한 기술사양으로, Microsoft사가 제안하고 있다.

문제가 됩니다.

임베디드 시스템에서 문제가 발생한 경우는, 우선 필요하지 않은 처리는 하고 있지 않은지, 로직을 재검토합니다. 특히 함수 호출의 흐름 속에서, 루프 내부에서 루프를 반복하는 처리가 발생하는 부분을 찾아내어 수정합니다. 소스코드 상에서는 루프하지 않은 것처럼 보여도, 라이브러리 내에서 루프가 발생하고 있는 부분을 찾아내어 수정합니다. 소스코드 상에서는 루프하고 있지 않은 것처럼 보여도, 라이브러리 내에서 루프가 발생하고 있는 일이 있으므로 주의가 필요합니다. 자주 있는 초보적인 예로서는, strlen 함수를 루프 내에서 호출했기 때문에, strlen 함수 내의 루프와 조합하여 수십만 번의 반복이 발생하는 케이스가 있습니다.

대규모의 비동기형 시스템에서는, 이벤트의 발생순서 관계에서, 소스코드 상에서는 보이지 않는 루프가 발생하는 일도 있으므로, **프로파일러**(Profiler) 등을 사용하여 처리시간을 정량적으로 측정하는 방법도 효과를 발휘합니다. Visual Studio 등의 IDE에는, 프로파일러 기능이 내장되어 있으므로, 시뮬레이터 상에서 동작시켜 간단하게 보틀넥을 발견해낼 수 있습니다.

만약 로직적으로 쓸데없는 처리가 없으면, CPU의 처리능력에는 제한이 있으므로, 시간이 걸리는 처리를 무리하게 단시간에 완료시키는 것은 어렵다고 할 수 있습니다. 임베디드 소프트웨어개발에서는 여러 가지 방침에 의하여 처리시간의 문제를 회피하는 대비를 하고 있습니다. 그 중에서 범용적이면서 효과가 높은 대비방법을 5 종류로 설명하겠습니다. 물론 소프트웨어 처리의 고속화 대책은, 이러한 것에 국한되는 것은 아니므로, 임베디드 시스템에 대한 요구나, 문제의 내용에 따라서 가능한 한의 옵션을 검토하는 것이 중요합니다. 처리속도를 개선하기 위한 일반적인 옵션으로서 참고해 보시기 바랍니다.

5.5.1 처리대기의 회피

시간이 걸리는 처리의 원인을 규명해가면, 처리를 완료하기까지 시스템이 계속 기다리면서 기기의 동작이 멈추어버리는 점에 문제가 있는 것이 대부분입니다. 그래서 비동기 처리나 멀티스레드를 사용하여, 시간이 걸리는 처리와 병행하여 별도의 처리를 실행하면, 외관상으로는 처리대기 문제를 회피하는 것이 가능합니다. 특히 시간이 걸리는 처리에서도, 사용자가 「금방 움직이기 시작했다」 라고 느낄 수 있으면 문제가 되지 않는 일이 많습니다. 사용 개시 직후에 LED 표시나 발광 다이오드로 조작을 접수한 것을 전하거나, 입력된 것을 비퍼로 통지하는 등의 간단한 처리가 사용자에게 안심감을 가져다줍니다.

고기능 임베디드 시스템에서는 백그라운드 처리를 활용하여, 시간이 걸리는 처리의 개시 후에 별도의 조작을 받을 수 있도록 설계함으로써, 처리대기의 발생을 막을 수 있습니다. 휴대전화의 동영상메일 송신 처리에 아무래도 시간이 걸리는 경우에는, "송신 직후에 메뉴 화면으로 돌아가서 사용자가 다음의 조작을 할 수 있도록 한다" 라고 하는 방법입니다(그림 5-3).

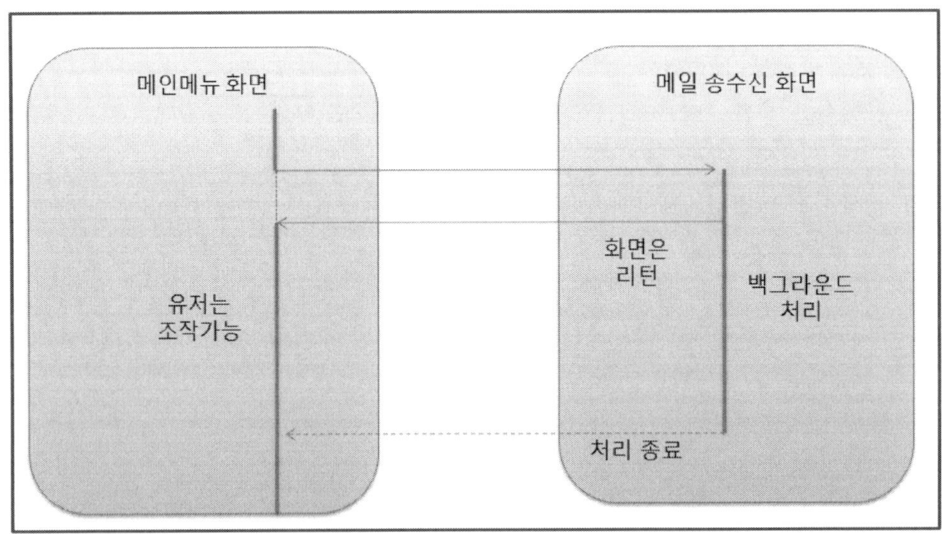

그림 5-3 처리대기가 없는 사용자 인터페이스

이와 같은 대처방법에서는 이른바 기술적으로 정당한 해결책이 아닌 것처럼 느낄 지도 모르겠습니다. 확실히 임베디드 소프트웨어개발에서는, 다음 항 이후에 기술하는 프로그래밍 수준의 고속화, 즉 정말로 처리시간을 단축하는 방법이 중시됩니다. 특히 엔지니어의 시점에서는, 그와 같이 느낄 수 있습니다. 그러나 시야를 임베디드 시스템 전체로 넓히면, 사용자 인터페이스의 동작이나 병렬처리도, 기기의 기능 중 하나라는 것을 알게 되리라 생각합니다. 즉 상류 공정이라고 할 수 있는 설계단계에서, 제품의 사용자가 만족할 수 있는 수준의 기능을 제공할 수 있으면, 「병렬처리나 메시지의 연구에 의한 처리대기의 회피로 문제가 해결되었다」 든가 「소프트웨어 로직을 실제로 고속화함으로써 해결되었다」 고 하는 차이에 지나지 않는 것입니다.

임베디드 소프트웨어개발에서 처리속도의 문제를 회피하기 위해서는, 가장 효율적인 방법 즉, 가장 적은 작업량으로 가장 높은 처리 반응을 실현하는 방법을 채택할 필요가 있으므로, 사용자 인터페이스 사양의 변경 등으로 해결할 수 있으면, 그것도 옵션으로 넣지 않으면 안 됩니다. 프로그래밍에 따라 처리를 고속화 하는 방법은 고도의 숙련도를 요하며, 또한 목적한 대로의 효과를 얻을 수 없는 가능성도 있는 해결수단입니다. 관리자나 팀리더뿐만 아니라, 소프트웨어의 움직임을 가장 숙지하고 있는 엔지니어라면, 시스템 전체에서 처리대기를 회피하는 방법을 먼저 검토하는 것이 중요하다고 할 수 있는 것입니다.

5.5.2 사전 처리결과의 대비

입력 데이터의 패턴이 제한되는 경우나, 루프 속의 계산 중 일부가 독립한 경우, 미리 계산한 결과를 보존해 둠으로써 계산에 필요한 시간을 단축할 수가 있습니다. 삼각함수를 사용한 계산처리 부분에서 필요 이상으로 시간이 걸린다면, 개발 시에 필요한 정도(예컨대 1.1도 단위)로 sin·cos·tan 의 값을 계산해 두고, 정적인 테이블에 저장해 둔다는 대책입니다.

예컨대 최근에는, 휴대전화에도 **GPS**(Global Positioning System : 위성 측위 시스템)가 내장되어 있어, 지도와 위치정보를 편성하는 어플리케이션 등이 개발되어 있습니다. 이때 위도와 경도로 목적지까지의 거리를 정확하게 구하기 위해서는 지구가 둥글다는 것을 고려해 넣어야 하며, 삼각함수를 포함한 계산식을 사용하게 됩니다. 휴대전화에서는 사이즈와 전원용량의 관계로 **카내비게이션시스템**(Car Navigation System) 같은 좌표계산 전용 프로세서가 내장되어 있지 않기 때문에, 모든 계산을 CPU로 처리하지 않으면 안 됩니다.

사용자가 커서 키를 조작할 때마다, 경로 상의 모든 교차점의 좌표를 재계산하여 지도를 다시 그리는 케이스에서는, 계산처리가 반복되므로 사소한 처리시간의 차이가 몇 백배·몇 천배로도 증폭되어 키 조작의 응답에 영향이 있습니다. ANSI C/C++표준 라이브러리의 삼각함수는 간단한 과학 기술계산에도 사용할 수 있도록 설계되어 있어, 정확한 연산결과를 얻을 수 있는 복잡한 연산을 하고 있습니다. 그래서 반복되는 연산 속에 sin함수·cos함수·tan함수의 호출이 포함되어 있으면, 소스코드는 간결해도 CPU 부하가 아주 높은 처리로 되어버립니다. 그러나 지도 어플리케이션에서는, 과학기술 계산 소프트웨어만큼 엄밀한 삼각함수의 값이 필요 없는 경우가 대부분입니다. 그래서 미리 계산한 결과를 테이블에서 취득할 수 있는 처리로 변경하면, 계산방법을 바꾸지 않고 CPU 부하를 크게 낮출 수 있습니다(그림 5-4).

시간이 걸리는 처리결과를 보존해 두고 재계산을 막는다는 사고방식은, 소프트웨어의 고속화에 널리 도움이 되는 기법입니다. 소프트웨어의 실행 중에, 동적인 처리결과를 일시 보존해 두는 방법도 같은 사고방식에 의거하고 있습니다. 대부분의 엔지니어가, 실행 시에 계산 완료 데이터를 보존해 두는 테크닉을 사용합니다.

실행 시에 계산 완료 데이터를 생성하여 재사용하는 처리에서는, 계산 완료 데이터의 생존기간을 바르게 제어하지 않으면 안 됩니다. 문자열 길이의 값이 실제로 처리대상으로 있는 문자열이 아니라, 이전에 처리한 문자열에서 계산되어 있는 경우, 소프트웨어의 불량으로 나타납니다. 계산 완료 데이터를 생성하여 클리어하는 타이밍은, 하나의 함수 속이나 하나의 클래스 속에서 처리가 완결되는 경우에는 쉽게 판단할 수 있습니다. 반복 처리가 발생하는 루프의 외측에서 계산을 하면 충분합니다.

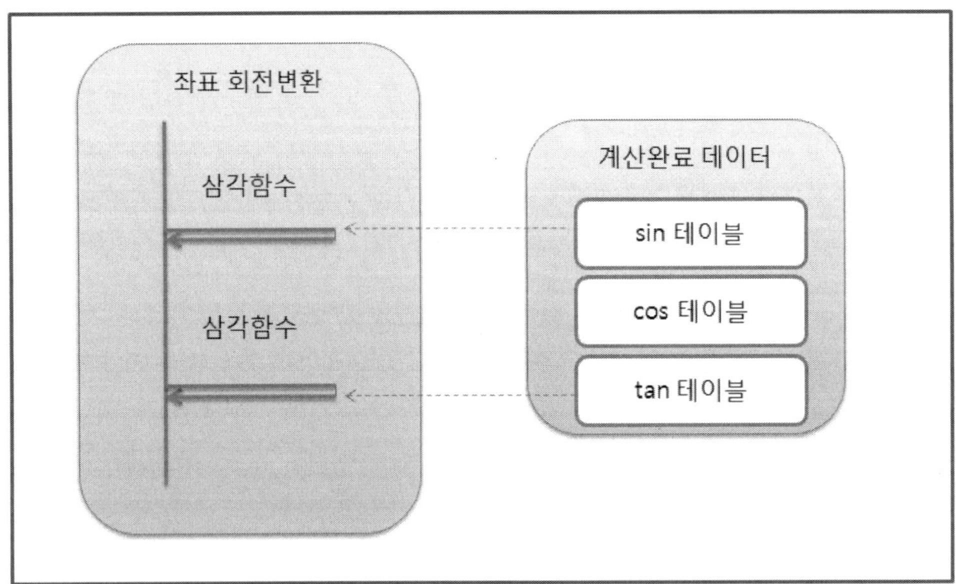

그림 5-4 실행시 계산완료 데이터의 보존

그러나 비동기 처리에 의한 멀티태스크 제어를 하는 소프트웨어에서는, 계산 완료 데이터를 생성하여 클리어 하는 타이밍을 확인하는 것이 어렵습니다. 처리가 다수의 이벤트 핸들러(Event Handler)에 걸쳐 분할되어 있는데다가, 이벤트 발생 타이밍에 따라 변하는 복잡한 처리경로를 가지고 있기 때문입니다. 이와 같은 경우에는 상태전이 매트릭스를 작성한 뒤에, 처리의 흐름을 시퀀스도나 타이밍 차트로 정리하면 확인하기 쉽게 됩니다. 또한 네트워크 통신제어 등 복잡한 제어 패스를 가진 어플리케이션의 경우, 많은 처리가 모이는 셀에 주목하여 계산 완료 데이터의 클리어 또는 재계산을 하면, 계산 완료 데이터의 생존기간을 비교적 안전하게 제어할 수 있습니다.

5.5.3 별도의 장치로 처리

별도의 장치로 처리하는 방법은, 멀티미디어계의 처리를 하는 임베디드 시스템에서는 일반적입니다. 복잡하며 계산량이 많은 화상·음성·동영상 등의 처리를 CPU로 실행하면 시간이 너무 걸리므로, 전용 하드웨어나 DSP 칩을 등으로 데이터를 처리하게 합니다. 또한 3D그래픽을 전용 GPU로 처리하는 방법은, PC의 세계는 당연시 되어 있습니다(그림 5-5).

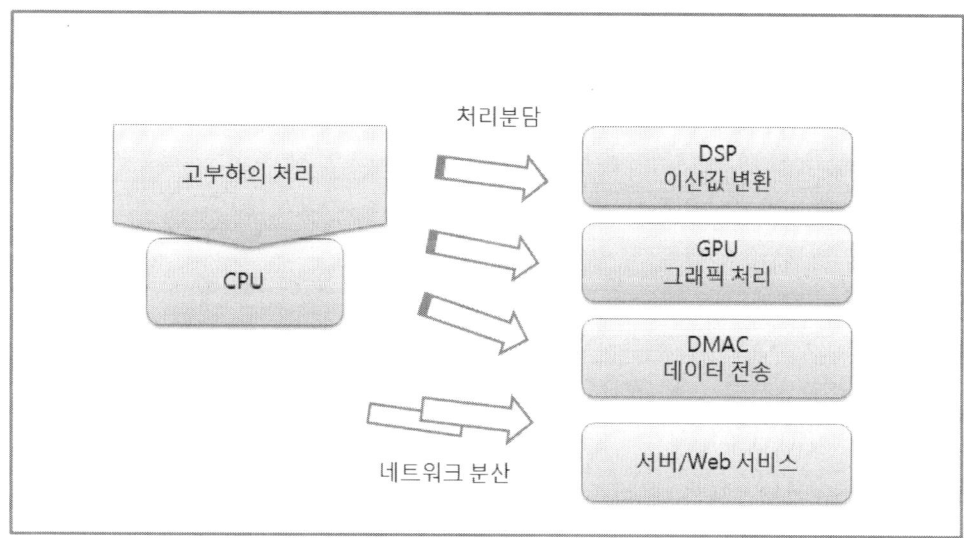

그림 5-5 별도의 장피로 처리

메모리상의 데이터 전송에 시간이 걸리는 경우에는, **DMA**(Direct Memory Access)로 데이터 처리를 하는 방법도 유효합니다. DMA란 보통은 CPU만이 액세스하는 메인 메모리에, 외부 칩이 직접 액세스 하여 데이터를 읽고 쓰는 제어방법입니다. **DMAC**(DMA Controller)라고 하는 전용 칩이 외부와의 데이터 입출력을 컨트롤하여, 디스크 장치나 네트워크 컨트롤러, VRAM 등과의 사이에서 대량의 데이터를 고속으로 전송할 수 있게 합니다.

어떤 하드웨어를 내장하는가 하는 판단은, 임베디드 시스템의 기획이나 기초설계 단계에서 결정되므로, 미리 제품이 실현하려고 하는 기능을 예측한 설계를 하게 됩니다. 소프트웨어적인 문제가 발생한 후에, 개발 팀으로부터의 요청으로 DSP칩이나 DMAC를 추가한다는 대응은 우선 불가능하므로, 소프트웨어 엔지니어에게는 현실적인 해결법이라고는 볼 수 없을지도 모르겠습니다. 단 DSP 칩 속에는 극히 범용성이 높은 처리능력을 가진 것도 있으므로, 이미 DSP 칩이 존재한다면, 그것을 문제해결에 사용할 수 없는가를 검토하면, 의외의 해결방법을 발견할 수도 있습니다.

또한 최근에는 인터넷에 대한 접속기능을 갖춘 임베디드 시스템도 증가하고 있습니다. 이미 기술한대로 복잡한 데이터를 네트워크상의 서버로 처리하도록 하는 방법도, 앞으로의 임베디드 시스템에서는 유효한 옵션으로 될 것입니다. 예를 들면 메일에 첨부된 멀티미디어 데이터의 변환처리 등은, 서버 측에서 대신하기 쉬운 처리의 전형적인 예입니다.

또한 장래적으로는 USB나 Bluetooth, **UWB**(Ultra Wide Band : 무선통신의 일종) 등과 같이 공통성 높은 인터페이스가 임베디드 시스템에 보급됨으로써, 종래에는 생각도 못했을 정도로 쉽게 복수개의 임베디드 시스템을 제휴할 수 있게 될 것이라고 생각됩니다.

지금까지의 임베디드 소프트웨어개발에서는, 하나의 제품에 내장된 장치 사이에서 처리를 분담한다는 개념 밖에 없었습니다만, 앞으로는 별도의 시스템이나 기기와 연동함으로써 처리속도를 개선하는 접근방향으로 나갈 것이라고 생각됩니다. 오픈업무 시스템에서는, 시스템 끼리 연동시킬 때의 여러 가지 문제에 대한 해결방법을 오랫동안 검토해 왔습니다. 임베디드 시스템에서도 별도의 장치와 연동하는 기능의 개발에서 같은 문제에 직면하게 됩니다. 해결법을 검토할 때에는, 혼자서 검색하려고 하지 말고, 오픈업무 시스템의 기법이나 기술을 참고하면 크게 도움이 될 것입니다.

5.5.4 어셈블러에 의한 고속화

10여 년 전의 임베디드 소프트웨어개발에서는 CPU의 능력이 극히 한정되어 있었기 때문에, 소프트웨어의 처리속도가 부족하다는 문제가 빈번하게 발생하였습니다. 그와 같은 경우에 검토되는 기본적인 해결책의 하나로서, 어셈블러 언어로 된 처리 스텝을 최소한으로 압축한 코드를 기술하여, 소프트웨어의 **수루풋**(Thru-Put) 을 개선하는 방법이 한창 사용되었습니다. 규모가 작은 경우의 임베디드 시스템이나, 미들웨어층 이하의 드라이버층이나 오퍼레이팅 시스템층의 소프트웨어에서는, 현재도 기본적인 대책으로 되어 있습니다.

어셈블러 언어를 사용함으로써, 프로그램을 구성하는 CPU 명령을 직접 컨트롤할 수 있으므로, 1 스텝 단위로 처리를 최적화할 수가 있습니다. 그래서 몇 단계나 되는 루프의 겹쳐 넣기 속에서 호출되는 처리에서는, 어셈블러 언어에 의한 고속화는, 커다란 효과를 발휘합니다. 3D그래픽을 취급하는 미들웨어의 1 픽셀을 **렌더링**(Rendering)하는 처리는 1 화면 당 화소의 수만큼(VGA 해상도의 경우 30만회) 반복하여 호출되고, 다시 1 초에 30회 영상화를 반복합니다. 매초 900만회 호출되는 서버루틴에서는, 단 몇 스텝의 차이가 처리속도에 큰 영향을 끼치므로, 어셈블러 언어에 의한 고속화는 매우 유효합니다. 고속 네트워크 통신의 제어나 광신호의 제어 등, 아주 엄밀한 타이밍에서 처리할 필요가 있는 기능도, 어셈블러로 하는 처리가 위력을 발휘합니다.

어셈블러 언어에 의한 고속화를 실시할 때에 가장 문제가 되는 것은, 요구되는 숙련도의 깊이입니다. 특히 현재와 같이 C 언어 또는 C++ 언어로 80% 이상의 임베디드 시스템이 개발되어 있는 상황도 있어, 어셈블러 언어로 고속 코드를 기술할 수 있는 숙련도를 가진 개발자를 확보하는 일은 어려운 것입니다. CPU의 어셈블러 명령 자체는, 레퍼런스 매뉴얼을 참조하면 누구나 이해할 수 있는 수준입니다. 그러나 실제로 최소한의 스텝에서 고속 동작하는 코드를 기술하기 위해서는, CPU·시스템 버스·대상 칩도 포함한 하드웨어에 대한 깊은 지식이 필요하게 됩니다. RISC CPU의 제어에서는, 더욱 고도의 CPU 동작의 이해가 요구됩니다. 이러한 숙련도와 경험이 없는 경우는, 어셈블러 언어를 사용하지 않는 쪽이 좋은 결과를 얻을 수 있기도 합니다.

또한 어셈블러 언어로 기술한 소프트웨어는, 생산성이나 유지보수성이 극히 낮은 점도 문제입니다. 이러한 점에서 어셈블러 언어를 사용한 소프트웨어의 고속화는, 최소한의 범위에서 최대의 효과를 발휘하는 포인트에 초점을 맞추어 실시되는 케이스가 대부분입니다.

5.5.5 처리의 생략

아무래도 시간이 걸리는 처리가 있어, 실현가능한 대책으로는 해결되지 않는 경우, 처리의 일부를 생략하는 방법으로 회피하는 일도 있습니다. 필요한 처리를 하지 않으면 요구된 기능을 충족할 수 없어, 결국 제품을 완성하지 못하는 것은 아닌가 하고 생각할 수도 있다고 생각합니다. 여기에는 이유가 있는데, 실제의 임베디드 소프트웨어개발의 현장에서는, 어떤 특수한 처리에 요하는 시간이 전체의 절반 이상을 차지한다는 일이 존재합니다. 휴대전화의 카메라 기능에서 화상의 색 온도를 자동적으로 조정하는 기능(Auto White Balance 기능)이나 카 내비게이션 시스템의 음성인식기능(Voice Command 기능) 등입니다. 이와 같은 기능은 같은 색조의 실내처럼 동색 계열이 극단적으로 많은 상황이나, 비포장도로의 주행 중에서 특정 주파수대의 노이즈(Noise)가 많은 상황 등, 일정한 조건하의 처리 정도(精度)를 포기함으로써, 그 이외의 상황 하의 처리속도를 개선할 수 있는 경우가 있는 것입니다(그림5-6).

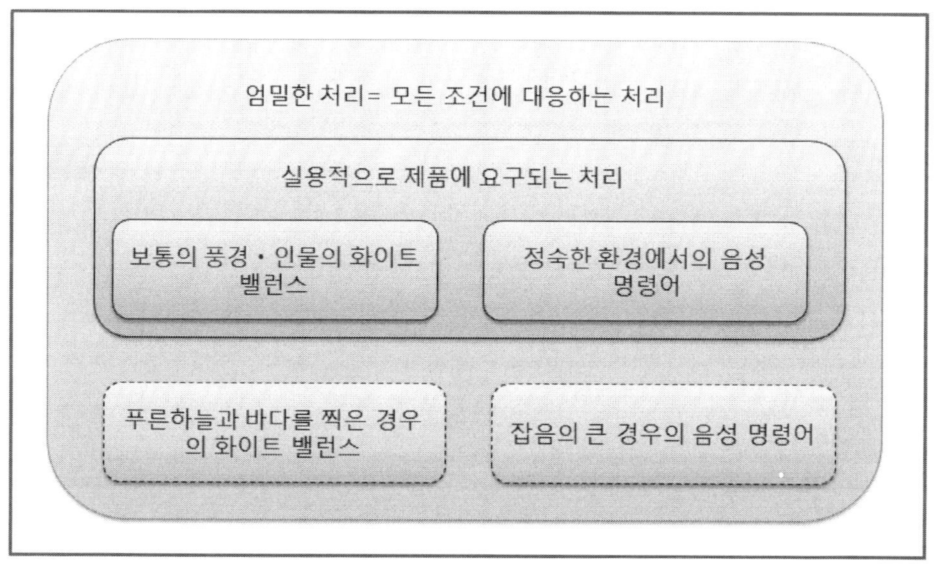

그림 5-6 처리의 생략

이와 같이 제품 전체적으로 특정한 처리를 생략해도, (소프트웨어가 아니라)임베디드 시스템으로서의 기능이나 상품구성에 큰 영향이 없다고 인정되는 경우에는, 그 부분의 처리를 제외함으로써 시간이 걸리는 처리를 개선할 수도 있습니다. 완벽한 제품이라는 것은 없고, 공수(비용)와 기능의 밸런스야말로 중요합니다. 프로토타입 작성 등의 기법을 구사하여, 복잡한 처리를 어디까지 추구하는가를 설계단계에서 확인함으로써, 주어진 CPU에 어울리는 수준의 기능을 갖출 수가 있습니다.

또한 일정이 엄격해진 최근의 임베디드 소프트웨어개발 프로젝트에서는, 개발 도중에서 제품의 기능이나 사양이 그레이드다운(Grade Down)하는, 소위 기능드롭(Drop)을 하는 일도 있습니다만, 그와 같은 대응방법과는 혼동하지 마시기 바랍니다. 개발 중 기능드롭이 발생한 경우에는, 개발 프로젝트의 비용/기간의 견적에서부터, 설계·개발 등의 어떤 공정의 검토나 작업의 실시·컨트롤이 충분하지 못했다는 것을 나타내고 있습니다. 이와 같은 기능드롭은 결코 칭찬받을 대책은 아니므로, 문제의 원인을 조사하여 다시 반복하는 일이 없도록, 적절한 PDCA 사이클(Plan-Do-Check-Act Cycle : 품질유지·향상·계속적인 업무 개선활동을 추진하는 관리방법)로 개선을 실시할 필요가 있습니다.

5.6 메모리 소비량의 절감

제 5.1절에서 기술한 것처럼, 임베디드 시스템에서는 소프트웨어가 사용할 수 있는 메모리량에 큰 제한이 있습니다. 특히 프로그램 실시 중의 변수를 기억하는 RAM 영역의 제한이 큽니다. 소규모의 시스템에서는, 프로그램의 동적 메모리 영역이 되는 **히프영역** (Heap Zone)의 사이즈가 전부에서 2K바이트 밖에 없는 제품도 결코 적지 않습니다(또는 더욱 소량의 메모리 밖에 내장하고 있지 않은 제품도 있다).

오픈업무 시스템의 소프트웨어를 개발하고 있는 생각으로, 자동변수나 히프영역을 대량으로 소비하는 소스코드를 기술해버리면, 정작 **통합**(Integration)을 한 후 메모리가 부족해버려 소프트웨어를 다시 써야 하는 처지가 되지 않을 수 없습니다.

소프트웨어가 사용하는 메모리를 절감하기 위해서는, 기능설계의 단계에서부터 메모리를 소비하지 않기 위한 배려가 필요합니다. 메모리 절감의 관점에서 소프트웨어의 설계를 체크하는 데는, 2 가지의 방침이 있습니다. 하나는 메모리 사용량이 적은 소프트웨어 구조를 채택하는 일입니다. 또 하나는 기능이나 로직을 바꾸지 않고 불필요한 메모리 소비를 배제하여, 최소한의 메모리로 동작하도록 연구하는 일입니다. 양쪽이 서로 관계가 있는데, 전자는 주로 설계면의 대책이며, 후자는 소스코드 수준의 대책이라는 성향이 강하다고 할 수 있습니다.

5.6.1 메모리 소비가 적은 설계

불필요한 메모리 소비를 피하는 설계로서 먼저 생각할 수 있는 것은, 동적 메모리의 절감입니다. 특히 메모리 사용량이 큰 구조체나 클래스의 멤버 속에 불필요한 데이터가 들어가지 않도록 배려하는 것만으로, 상당한 효과가 있습니다. 예컨대 나중에 사용하기 위해서 계산완료 시스템을 보존해 두려는 **버퍼영역**(Buffer Area)이나, 가변문자열을 격납하기 위해 항상 최대 길이를 확보하고 있는 **배열영역**(Array Area) 등입니다.

또한 어떤 타이밍에서 동시에 확보(생성)되는 구조체나 객체 인스턴스를 절감하면, 보다 적은 메모리로 같은 처리를 실현할 수 있습니다. UML 시퀀스도를 사용하여 객체의 생존기간을 잘게 끊음으로써, 무리 없이 메모리 소비를 억제할 수 있는 설계가 가능합니다. 예컨대 **썸네일**(Thumbnail)[12] 화상을 표시하면서 화상 파일을 취급하는 어플리케이션에서는, "압축된 썸네일 화상을 전개하는 버퍼영역을 공유하며, 동시에 표시하는 썸네일은 1 화싱만의 실계로 한나" 등의 방법입니다.

객체지향 프로그래밍 언어를 사용하고 있는 경우는. 디자인 패턴을 활용하여 메모리 소비가 적은 설계를 할 수도 있습니다. 예컨대 Proxy 패턴이나 Flyweight 패턴을 활용하여, 생성되는 객체 인스턴스 총량을 저감시킬 수가 있습니다(그림 5-7). 디자인 패턴은 범용성 있는 데이터 구조와 처리를 함께하여 재사용하므로, C 언어 등의 비 객체지향 언어에서도, 그 사고방식이나 알고리즘은 그대로 활용할 수 있습니다(Polymorphism 등을 재현하는 데는 약간의 테크닉이 필요). 디자인 패턴이나 알고리즘 사전에 축적된 지식은, 상세하게 정리되어 세련된 기법의 보고(寶庫)이므로, 자신 만이 필사적으로 생각한 방법보다 스마트한 해결법을 발견하는 일도 적지 않습니다. 제 1.3절에서도 소개한 것처럼, 이미 전문가에 의해 연구된 결과를 활용하는 일은, 보다 좋은 설계를 하기 위한 지름길이 될 것입니다.

---

12) 썸네일(thumbnail, 문화어: 생략도)은 사진의 축소판이며 사진을 탐색하면서 알아보기 쉽게 만들어 주며 그림을 일반 문자열 색인과 같게 취급한다.

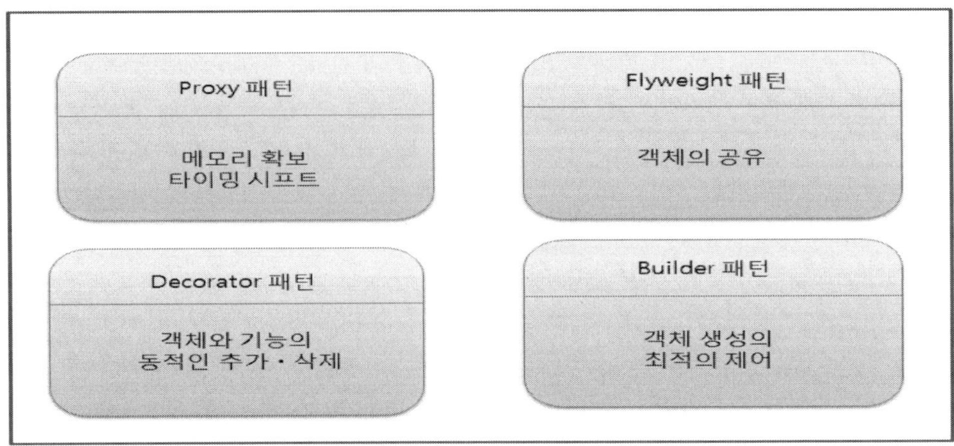

그림 5-7 메모리 소모를 절감하는 디자인 패턴

메모리 소비가 적은 처리나 클래스를 설계하면, 자연히 처리가 복잡해지는 경향이 있습니다. 여러 가지 타이밍에서 필요최소한의 메모리를 확보하는 기능을 추가하기 위해서는, 처리대상이 되는 데이터의 내용에 따라 확보할 메모리를 동적으로 확보하는 처리나, 적절한 타이밍에서 해방하는 처리가 필요하게 됩니다. 이것은 제 5.5절에서 기술한 처리속도의 고속화와 반대되는 장치가 되어, 오버헤드가 발생합니다. 로직이 복잡해지면, 코딩 공정과 테스트 공정의 작업량이 증가하는 데다, 메모리 리크 등의 불량이 발생할 위험성도 있습니다. 그래서 설계 공정에서는 처리속도나 개발공수가 서로 겹치는 것을 신중하게 판단하면서, 메모리 소비량을 절감하는 연구를 취사선택하는 일이 중요합니다.

5.6.2 메모리 소비가 적은 코딩

메모리 소비가 적은 코딩이란, 필요할 때만 최소한의 메모리를 사용하는 코딩이라고 바꾸어 말할 수 있습니다.

임베디드 소프트웨어는, 메모리 관리기구가 없는 C 언어나 C++ 언어로 개발되는 일이 많기 때문에, 보통 메모리 확보와 해방을 반복하는 데는 위험이 따른다고 생각하고 있습니다. 이것은 정말로 사실입니다. 특별한 이유가 없는 한, 함부로 메모리 확보·해방을 반복하지 않는 편이 안전합니다. 실제로 메모리가 부족하다는 것을 알고 대책이 필요한 경우나, C++로 스마트 포인트를 사용하여 안전하게 메모리 관리를 할 수 있는 경우 등은, 반드시 그렇지만은 않습니다. Java 언어나 C# 언어처럼 **가베지컬렉터**(Garbage Collector)로 메모리를 관리하는 언어에서도, 메모리를 확보한 그대로 하는 쪽이, 「처리의 흐름을 알기 쉽다」 「NULL 포인터에 액세스하는 위험이 감소한다」 고 하는 이유에서, 메모리(인스턴스) 확보를 계속해나가는 로직을 사용하고 있습니다.

저자는 메모리가 부족하지 않은 한, 메모리 사용량과 심플한 처리의 균형을 이루는 것이 가장 중요하다고 생각합니다. 결코 「항상 최소한의 메모리를 사용하도록 배려해야 한다」라는 이상론이 도움이 된다고는 생각지 않습니다. 소스코드는 예술작품이 아니므로, 완전을 추구하는 것에는 의미가 없기 때문입니다. 물론 물 쓰듯이 메모리를 소비하는 것을 권하는 것은 아니므로, 아무쪼록 오해하지 마시길 바랍니다. 만일 메모리에 여유가 있다면, 단순하며 판독성이 높고, 확장성이 풍부한 소스코드를 창출하는 노력을 하는 쪽이 임베디드 소프트웨어개발 프로젝트에 장점이 크다라고 생각하고 있습니다. 가령 설계 단계에서 메모리가 부족하다고 예측하여 대책이 필요한 경우에만, 불필요한 메모리를 해방하거나, 적은 변수 밖에 사용하지 않는 처리(대체로 알기 어려운 처리가 되기 쉽다)를 선택해야 한다고 생각합니다.

코딩에 의한 메모리 소비의 절감은, 코딩 공정에서 테스트 공정, 그리고 장래의 추가적 단점을 고려한 후에 해야 하겠습니다. 손끝의 코딩으로 극복하기보다 설계단계로 돌아가서 근본적인 대비를 하는 편이, 결과적으로 좋아지는 일도 있습니다(물론 여유가 없는 상황에서 설계를 변경하는 것은, 대단한 용기가 필요). 코딩에 의한 메모리 소비의 절감은 여러 가지 잔기술의 집합이 되므로, 선배의 소스코드나 기술서에서 기술을 습득하여, 스스로 기술을 쌓아가는 노력이 필요합니다.

본서에서는 설계에 의한 효율적인 소프트웨어 개발을 중시하고 있으므로, 개개의 메모리 절약 테크닉에 대한 설명은 하지 않겠습니다.

또한 임베디드 소프트웨어개발에서는, 여러 가지 이유에서 코딩 후에 메모리 소비량을 절감할 필요가 생기는 일도 자주 있습니다. 이미 개발한 단계에서도, 만일 설계의 재검토와 재개발을 하는 여유가 주어진다면 행운입니다만, 실제로는 본래의 작업에 더하여 메모리 절감 수정을 강요당하는 패턴으로 빠지기 쉽습니다. 수정 후의 메모리 절감에는 지름길이 없으므로, 우회한다고 생각되어도 소프트웨어 로직을 주의 깊게 검토하는 것이 결국 가장 노력을 적게 하는 수단입니다. 「불필요한 버퍼 영역을 확보하고 있지 않은가」 「사용 완료된 인스턴스를 돌려주지 않고 남겨두지 않았는가」 하는 확인을 공들여서 해나가는 일은, 모든 소프트웨어 개발에 공통되는 원칙입니다.

구체적인 체크 방법으로서, 소프트웨어의 시퀀스도나 상태전이 매트릭스를 사용하여 메모리 사용량을 구상하는 방법이 유효합니다. 비동기형 멀티태스크를 사용하는 어플리케이션에서는, 소프트웨어의 실행상황이 상태전이 매트릭스의 셀 단위로 명확하게 구분되어 있으므로, 각 셀의 메모리 확보·해방을 기입해나가면, 메모리의 사용상황을 명확하게 파악할 수 있습니다. 멀티스레드형 멀티태스크 어플리케이션에서도 시퀀스도나 **콜래보레이션도**(Collaboration Diagram)와 같은 동적 다이어그램을 사용하면 마찬가지로, 메모리 소비의 상황을 비교적 쉽게 추적할 수가 있습니다. 그러나 프로젝트에 따라서는 시퀀스도·콜래보레이션도를 설계 시에 작성하지 않는 일도 있습니다. 새로 시퀀스도를 쓰게 되면 작업부담이 단번에 증가해버리므로, 아주 엄격한 일정으로 진행되는 임베디드 소프트웨어개발 프로젝트에서는 무시되기 쉽습니다.

만일 가능하다면, 「Borland Together」 등과 같은 모델링 툴의 **역공학**(Revers Engineering) 기능을 사용하여, 기계적으로 동적 다이어그램을 작성시킴으로써, 노력을 줄일 수 있습니다. 고가의 모델링 툴을 사용할 수 없으면, 손으로 쓰는 것도 좋으므로 시퀀스를 정리하는 것을 검토해 보시기 바랍니다. 메모리 부족의 해결에 도움이 될 뿐만 아니라, 버그의 추적이나 장래의 추가에 도움 되는 일이 많을 것입니다.

또한 탁상의 재검토 이외의 수단으로서는, 프로파일러나 로그의 활용을 생각할 수 있습니다. 시뮬레이터 실행 시에 IDE의 프로파일러 기능을 사용할 수 있다면, 동작시켜서 메모리 사용량의 변화를 추적합니다. 또한 메모리 확보의 함수에 로그 기능이 갖추어져 있는 경우는, 리소스 관리 태스크의 로그 등에서 메모리의 확보·해방 상황을 추적합니다. 자신의 태스크 내에서, 메모리 확보 전후에 로그를 삽입하거나, 로그 출력 기능이 부착된 메모리의 확보 매크로를 준비하여 #define 디렉티브로 일괄 치환하여 로그를 취득하는 일도 생각할 수 있습니다. 어느 쪽 방법이든, 어느 정도의 경험과 주의 깊은 동작의 추적이 필요한, 끈기가 있어야할 작업입니다. 반드시 탁상의 재검토 작업보다 쉽다고는 할 수 없습니다.

이러한 작업에 따라, 메모리 사용량의 변화를 추적해 가면, 가장 메모리 사용량이 많아지는 패스를 발견할 수 있습니다. 그 패스에서 불필요한 영역이나 변수를 해방해감으로써 태스크 전체의 메모리 사용량을 절감할 수 있습니다. 실제의 개선작업은 케이스 바이 케이스입니다만, 하나하나 세심한 대책을 거듭하는 세련되지 못한 작업이 되는 수가 많을 것입니다.

예컨대 「메모리와 처리속도와의 트레이드오프(Trade-Off)」 관점의 예로서, 메모리상에 EFS 파일 정보를 모두 확보하여 검색하고 있는 부분이 문제인 경우에, EFS에 대한 액세스가 증가하여 속도가 저하한다고 해도, 1/3씩 정보를 검색하여 메모리 소비를 줄이는 대책을 하거나, 메모리상의 문자열 데이터나 화상 데이터를 압축하는 일이 있습니다. 또한 「메모리와 설계상 기능결합도와의 트레이드오프」 라는 관점에서, 긴급 피난적인 복수개의 기능으로 데이터를 공유하여, 메모리상의 복사를 절감하는 방법 등 여러 가지입니다.

이상론을 말한다면, 설계단계에서 적절한 대책을 세우는 것이 가장 중요합니다. 그러나 다른 중요한 태스크를 개발하던 팀이 예정보다 많은 메모리를 소비해버려, 자신의 태스크에 여파가 미치는 등, 불가항력으로 메모리 절감을 요구받는 일도 있습니다. 평소에 기술서 등을 참고로 하여 최적의 기법을 학습해 두면, 만일의 경우에 도움이 될 것입니다.

5.7 데이터의 기록 방법

임베디드 시스템에서는 데이터를 기록하는 방법에도 여러 가지가 있습니다. 대표적인 기록 방법을 표 5-5로 나타냅니다. 오픈업무 시스템 개발과 비교하면 상당히 종류가 많고, 특징도 다르다는 것을 알 수 있습니다. 그 가운데 내장 메모리칩으로 개발되는 메모리에 대해서는, 제 6.2절에서도 상세하게 설명하고 있습니다.

[표 5-5] 임베디드 시스템에서 사용하는 기억매체

명 칭	특 징	종 별	R/W	용량	가격
Flash 메모리 (NV-RAM)	Flash 메모리를 내부적인 기억장치로서 사용하는 형태. 고쳐 쓰기 회수에 상한이 있으나, 통전이 필요 없는 이점이 있다	내장	R/W	중	중
S-RAM	직류의 통전만으로 기억을 보존할 수 있는 메모리 장치			소	고
레지스터	항상 통전된 CPU 레지스터에 정보를 보존하는 방법. 그다지 일반적이지 않다			극소	
외부부착 Flash 메모리 기억매체	저가로 대용량이면서 취급하기 쉬운 기억매체. 비용 저하가 현저하며, 최근에 급속히 보급되고 있다	외부 부착		대	중
하드 디스크	하드 디스크 드라이브에 정보를 기록한다. 저가격으로 대용량이지만, 소비전력이 크고 충격에 약한 점이 결점				저
광디스크	여러 가지 직경의 광디스크에 정보를 기록한다. 대용량으로 저가이지만, 쓰기를 할 수 없다. 또한 분진 등에 약하다는 결점이 있다		R		
자기 디스크	자성체를 칠한 플라스틱 원반 등에 정보를 기록한다. 광 디스크 등에 비하여 정보밀도가 낮으며, 최근에는 차츰 모습을 감추고 있다			중	중
자기 테이프	자기 테이프에 디지털 정보를 기록한다. 저가로 대용량이지만, 시퀀셜 액세스 밖에 할 수 없는 점이 결점		R/W	소	저
자기 카드	카드 상에 도포한 자성체에 정보를 기록한다. 저가로 취급하기 쉽지만, 기록 용량이 적은 매체				
IC 카드 (접촉/비접촉)	IC 내의 기억영역에 정보를 보존한다. 수십 바이트에서 많아도 1K 바이트 정도의 용량. 전자 관리 자용 카드 등에서는, 정보를 안전하게 보관할 수 있는 점이 특징			극소	고

기억매체에 대한 데이터 보존처리에서는, 데이터의 보호가 보다 강하게 요구됩니다. 오픈업무 시스템, 예컨대 Windows Server를 사용한 시스템에서는, 저널기능 부착으로 장해나 전원의 단전에도 아주 강한 NTFS 등의 파일 시스템을 사용할 수 있습니다. Web 어플리케이션에서는, 더욱 안전한 자동 백업 기능이 부착된 RAID 스토리지나 릴레이셔널 데이터베이스를 사용할 수 있을 것입니다.

그러나 임베디드 시스템의 기억매체는, 자작한 임베디드 소프트웨어로 직접 제어되는 일이 많고, 드라이버에서 준비한 Read/Write의 기본기능 밖에 제공되어 있지 않는 경우가 대부분입니다. 만약 데이터의 쓰기 중에 태스크가 정지해 버리거나, 사용자가 기록미디어를 제거해 버리거나 하면, 기록내용이 간단하게 파괴되어 버립니다. 임베디드 시스템에서 취급하는 데이터의 중요성은 여러 가지인데, 휴대용 뮤직 플레이어라면, PC에서 전송한 음악파일이 지워져도 또 전송하면 되겠습니다. 그러나 휴대전화의 전화번호부 데이터나 유료의 다운로드 어플리케이션, 전자관리자의 IC카드에 기록하는 인증 ID정보 등이 지워져 버리면, 중대한 결함으로서 제품의 리콜(Re-call)소동으로 이어집니다. 또한 의료기기의 설정 정보나 자동차의 제어 장치의 설정이 바르게 보존되지 않으면, 인명에 관계되는 사고가 발생할 수도 있습니다.

임베디드 시스템의 외부 기록 장치를 취급할 때는, 보통의 Read/Write 처리에 더하여, 모든 상황에서 데이터의 정합성을 유지할 수 있는 처리, 즉 **Fail-Safe 처리**나 **Full Proof 처리**(상세한 것은 제 9.1절)까지 필요하게 되는 점에 주의해야 합니다. 임베디드 시스템은 데이터를 간단하게 백업하는 장치가 없으므로, 오픈업무 시스템이라면 O/S가 제공해 주던 부분까지, 엔지니어가 담당할 것을 요구하는 일이 있습니다.

그리고 최근 정보보안에 대한 요구 성향이 높아짐에 따라, 정보보안에서 암호화나 인증 등이 필요한 제품도 많아져서, 암호 미들웨어를 호출시켜 암호화·복호화하지 않으면 안 됩니다. 복잡한 데이터 보존 처리일수록, 오픈업무 시스템보다 큰 개발공수가 필요하게 되어버립니다.

5.8 콜드부트와 웜부트

임베디드 소프트웨어에서는, 시스템을 다시시작하는 방법이 크게 나누어 2 종류가 있습니다. 하나는 **콜드부트**(Cold Boot)라고 하는 다시시작 방법으로, 하드웨어나 칩에 대한 전원공급을 일단 정지하거나, 각 하드웨어를(회로적으로) 초기화하여 장치와 소프트웨어 전체를 **리부트**(Re-Boot)하는 것입니다. PC의 전원을 끊고 나서 다시시작하는 조작에 가까운 방법이라고 할 수 있습니다.

또 하나의 다시시작 방법은 **웜부트**(Warm Boot)라고 하는데, 소프트웨어만을 다시시작하는 방법입니다. 하드웨어는 계속 동작되므로, 임베디드 O/S나 드라이버가 기동 시에 초기화하지 않는 하드웨어는, 웜부트 전의 상태를 보존하는 것이 있습니다. Windows에서는 Ctrl + Alt + Del 키나 시작 메뉴에서 "다시시작"을 선택한 경우와 비슷합니다.

임베디드 시스템에서는, 시스템에 회복불능한 문제가 발생한 경우나, 태스크가 행업하여 워치독타이머에 타임아웃이 검출된 경우, 자동적으로 웜부트를 하는 설정으로 되어 있는 경우가 대부분입니다. 서버나 PC와 달리, 시스템 전체를 관리하기 위한 디스플레이나 키보드 등을 가지고 있지 않으므로, 일단 시스템이 동작 불능으로 되면, 사용자는 전원을 차단하는(콘센트나 전원을 뺀다) 수밖에 없도록 되어버리기 때문입니다. 어쨌든 다시시작을 할 수 밖에 없다면, 자동적으로 내부에서 웜부트를 하는 쪽이 좋다고 하는 사고방식입니다. 물론 자동적으로 다시시작한 것을 사용자에게 알릴 지의 여부는 제품에 의거하는 데, 특별하게 표시하지 않는 경우도 많은 것 같습니다. 디지털 기기를 놓아두며, 모르는 사이에 톱 메뉴나 초기화면으로 돌아가 있는 경험이 있을지도 모르겠습니다. 실은 이때, 내부에서 문제가 발생하여 웜부트한 케이스도 있을 것입니다.

임베디드 시스템의 규모가 크면 클수록, 또 기능이 복잡하면 복잡할수록 불량은 피하기 어렵게 됩니다. 그래서 오픈업무 시스템의 개발에서는 의식하지 않는 동작 중의 다시시작을 염두에 두지 않으면 안 되는 것입니다. 특히 웜부트의 동작을 파악해 둘 필요가 있습니다.

또한 하드웨어 층에 가까운 임베디드 엔지니어에게는, 콜드부트와 웜부트의 동작 차이를 인식할 필요가 생깁니다. 특히 초기화에 시간이 걸리는 하드웨어의 드라이버 등에서는, 웜부트 시에는 칩의 초기화를 하지 않는 등의 처리가 필요합니다. 또 네트워크 장치 등에서는, 웜부트 시에는 자동적으로 커넥션 복원이나 네트워크 인증의 재설정이 필요하게 될지도 모르겠습니다.

이러한 부팅 시의 처리절차나 동작사양은, 시스템 전체적으로 조정할 필요가 있습니다. 불필요한 초기화 처리를 피함으로써, 기동시간을 단축함과 동시에, 만일의 불량 때문에 자동적으로 웜부트가 발생해도, 사용자에게 불편을 주는 일이 적어, 클레임으로 이어지지 않는 제품을 만들 수가 있습니다.

5.9 파워관리 제어

배터리로 동작하는 임베디드 시스템에서는, 전력소비를 억제하기 위하여 장치의 일부 기능을 정지하는 제어를 요구하는 일이 많습니다. 일시적인 저소비전력 상태의 호칭은 제품에 따라 다릅니다만, **휴면(Suspend)·스탠바이(Standby)·파워세이브(Power Saving)·슬리프(Sleep)** 상태 등으로 부릅니다. 본서에서는 「휴면 상태」라고 표기합니다.

소프트웨어에 관련되는 일반적인 디바이스 가운데 소비전력이 큰 것은, CPU와 메모리, 그리고 LED 백라이트입니다. 하드디스크 장치나 무선통신 디바이스 등도, 내장되어 있는 경우에는 많은 전력을 소비합니다. 그래서 이러한 기기를 사용하지 않는 경우에는, 전원 공급을 정지하는 특별한 처리가 요구됩니다.

파워관리 제어 대상 장치는 3종류로 나뉩니다.

먼저 첫 번째는, 단순히 전력공급을 끊을 수 있는 장치입니다. 특별한 처리 로직을 가지지 않은 LED 백라이트 등이 해당합니다. 대부분의 휴대전화는 타이머 처리로 일정 시간이 경과하면 백라이트를 소등하고, 키 조작이나 착신 등의 이벤트로 재점등하는 기능을 가지고 있습니다.

두 번째는 DSP나 무선 LAN 컨트롤러와 같이, 내부적으로 처리 데이터나 상태를 관리하고 있는 디바이스입니다. 이러한 장치에 대한 전원공급을 단순히 정지하면, 장치 내부의 레지스터 등에서 보존된 데이터가 지워져버리기 때문에, 휴면에서 복귀했을 때 처리가 계속 불능이 됩니다. 그래서 휴면 상태로 이행하기 전에 데이터를 보존해 두고, 전원을 재투입할 때 데이터를 되돌려 쓰는 처리를 하는 일이 있습니다. 이와 같은 조작을 **하이버네이션(Hibernation)** 제어라고 합니다.

세 번째는 CPU 자신과 메모리입니다. 임베디드용 CPU는, 소비전력을 저감하기 위해 낮은 클럭 주파수로 변환하여 소프트웨어를 실행하는 기능이나, 소프트웨어의 실행을 정지하는 기능, 또는 CPU 자신을 정지하는(클럭 정지) 기능을 갖추고 있습니다. 그러나 CPU와 메모리는 휴면 제어를 하는 소프트웨어를 실행하고 있으므로, 단순히 정지하기만 해서는 복귀 이벤트를 받아들일 수 없게 됩니다. 그래서 CPU를 정지할 수 있는 시스템에서는 특별한 인터럽트에 의하여 CPU의 실행을 재개할 수 있도록, 하드웨어적인 제어회로가 설치됩니다. 이것으로 인하여, 키 조작 등의 이벤트가 하드웨어 인터럽트로서 CPU에 전달되어, 정지해 있던 소프트웨어의 실행이 재개됩니다. 또한 CPU의 클럭 신호를 정지하면, 보통의 인터럽트 신호도 받아들일 수 없는 상태로 되기 때문에, 하드웨어적으로 클럭 공급을 재개하고 나서 CPU의 소프트웨어 실행을 재개하도록 회로가 설계됩니다.

또한 DRAM(Dynamic Random Access Memory : 읽고 쓰기를 자유롭게 할 수 있는 RAM의 일종)은, 기억한 데이터를 보존하기 위해서 일정 간격으로 메모리의 전기적 상태를 재기억해야 합니다. 이것을 리프레시(Refresh) 동작이라고 합니다. DRAM의 리프레시 동작에는 미약한 전력밖에 필요로 하지 않지만, 장기간에 걸쳐 반복된 소비전력의 누계는 무시할 수 없는 양이 됩니다. 또한 CPU에 따라 리프레시 동작을 하는 시스템에서는, CPU를 항상 동작시켜야할 일이 발생합니다. 그래서 CPU의 클럭 공급을 정지시킬 수 있는 휴면 동작에서는, 리프레시 동작도 정지시켜 소비전력을 절감합니다. 이때 DRAM을 셀프리프레시(Self Refresh)라고 하는 자기 데이터 보존 모드로 이행하든가, 메모리의 내용을 외부 기억장치로 쓰기 시작하는 처리를 합니다.

하드웨어에 대한 액세스

하드웨어에 대한 처리는 드라이버층이나 O/S층 등 하드웨어에 아주 가까운 소프트웨어층에서 처리됩니다. 모든 엔지니어에게는, 어플리케이션이 취급하는 데이터의 의미나 이벤트의 내용을 보다 정확하게 이해하는데 도움이 됩니다.

6.1 임베디드 CPU와 하드웨어

대표적인 임베디드용 CPU의 특징에 대해서는, 이미 제 2.3절에서 기술한 그대로입니다. CPU로 제어하는 하드웨어의 종류는 여러 가지입니다만, CPU를 중심으로 시스템 버스가 후술하는 I/O 컨트롤러를 경유하여 접속됩니다. 임베디드 시스템의 대표적인 하드웨어 구성을, 그림 6-1로 나타냅니다.

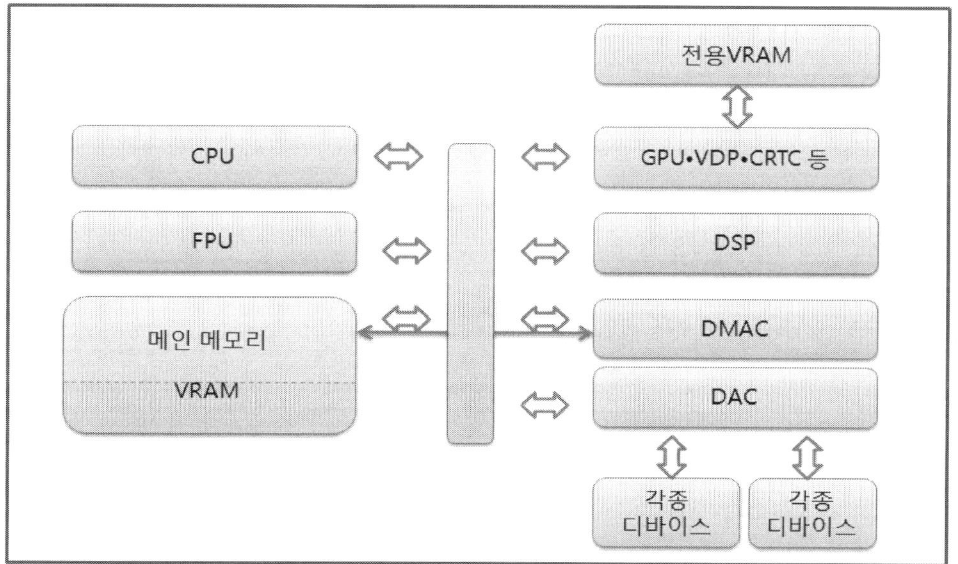

그림 6-1 임베디드 시스템을 구성하는 하드웨어

임베디드 시스템에서 하드웨어의 구성은, 제품의 목적을 충족하기 위한 최소한의 기능만으로 구성됩니다[13]. 기능이나 성능을 억제하는 최대의 목적은, 제품의 비용과 가격을 저하시키는데 있습니다. 국내외 시장의 경쟁 때문에, 비용 절감을 위해 상당히 강한 압력을 받고 있습니다.

그래서 최근의 임베디드용 칩은, 제품의 집적화나 일체화를 추진해나가고 있습니다. 지금까지 복수개의 칩으로 기판에 개발했던 부품을 하나의 칩에 집약할 수 있으면, 칩 가격과 하드웨어의 개발 비용도 낮게 유지될 수 있습니다. CPU나 메모리, 특수한 회로 등을 하나로 통합한 칩을, **시스템 칩**이나 **시스템 LSI**[14] 등으로 불립니다. 시스템 칩은 임베디드 시스템 메이커가 선호하므로, 반도체 메이커도 기능을 집약한 칩을 활발히 개발·출시하고 있습니다. 그림 6-1의 블록 구성도는 하드웨어를 기능적으로 분할한 것으로서, 실제의 칩 구성은 복수개의 블록이나 모든 블록이 하나의 칩에 들어있는 일이 있습니다.

다음 절 이후에서 대표적인 하드웨어의 특징과, 하드웨어나 칩과 CPU와의 접속방법이나 제어방법에 대하여 설명합니다.

6.2 메모리의 종류와 액세스

소프트웨어 자신이나 실행 시의 변수를 기억하기 위해, 메모리칩이 기판 상에 내장되어 있습니다.

내장되는 메모리는 크게 2 가지로 분류됩니다. 읽기뿐 쓰기를 할 수 없는 ROM과, 읽기와 쓰기의 양쪽을 할 수 있는 RAM입니다. ROM과 RAM은 정보를 기록하는 방식이나 용도에 따라, 다시 여러 가지 종류로 나뉘어져 있습니다. 일반적으로 임베디드 시스템에서 사용하는 메모리는, 표 6-1과 같은 종류가 있습니다.

[표 6-1] 메모리의 종류

종 류	명 칭	주된 용도	용 량	속 도	가 격
ROM	마스크 ROM	프로그램 · 데이터기억	대	고속	저가
	EPROM		소		고가
	EEPROM		소		

---

13) 제품에 따라서는 최소한의 기능조차 내장하지 않고 있기 때문에, 소프트웨어의 연구로 해결하고 있는 일도 있다.
14) 하나의 칩에 1000~10만개 정도의 요소가 있는 것을 「LSI」(Large Scale Integration)라고 한다

	Flash ROM		대	저속	저가
RAM	DRAM	주 기억 장치	대	고속	
	SDRAM		대		
	SRAM	불휘발성 메모리	소		고가
	Flash 메모리		대	저속	저가

6.2.1 ROM

ROM은 기억한 데이터를 보존하기 위한 외부적인 전원공급이 불필요한 메모리 장치입니다. ROM에는 다음과 같은 종류가 있습니다.

● 마스크 ROM(Masked ROM)

마스크 ROM은 반도체의 미세회로 패턴에 의해 정보를 기억한 ROM입니다. 마스크 ROM의 「마스크」란, 반도체 웨이퍼[15] 상에 회로를 형성하는 공정에서 사용하는 포토 마스크[16]를 가리키고 있습니다. 종이의 인쇄와 마찬가지로 생각할 수 있고, 상당히 저가로 대량생산이 가능합니다만, 제조 후에 데이터를 변경할 수는 없습니다. 또한 반도체 제조 공정을 거쳐 양산되기 때문에, 제조까지 어느 정도 시간이 필요하게 됩니다.

● EPROM

EPROM이란, 소거 가능한 PROM(Erasable Programmable ROM)의 약자입니다. 데이터의 설정이 가능하며, 거기에 특정한 조작으로 데이터를 소거하는 일도 가능한 ROM을 가리킵니다. 일반적으로 소거에는 자외선이 사용되며, 블랙 라이트 등의 광원을 일정 시간 조사함으로써 데이터가 소거됩니다. 그래서 DIP 패키지[17]의 중앙부에 노광용의 투명한 창이 있는 특징적인 모양을 하고 있습니다. 그곳은 자연광 등으로 인한 잘못된 소거를 방지하기 위해, 알루미늄 실(Seal)이 붙여져 있습니다(사진 6-1).

EPROM은 다음에 소개하는 EEPROM과 명시적으로 구별하기 위하여, **UV-EPROM** (Ultra Violet-EPROM : 자외선 EPROM)이라고 부르기도 합니다.

---

15) Wafer:반도체 소자 제조의 재료로서 실리콘제가 많으며, 원료의 물질을 원주상으로 결정 성장시킨 것을 얇게 잘라 사용한다.
16) Photo Mask:회로 패턴이 묘사된 기판
17) 장방형 칩의 양쪽에 단자를 가진, 흉한 모양을 한 시스템 칩

사진 6-1 EPROM

● EEPROM

EEPROM은 전기적으로 소거 가능한 PROM(Electronically Erasable Programmable ROM)의 약자입니다. 보통 운동 시 보다도 높은 전압을 더하는 등의 조작으로, 전기적으로 데이터 소거를 할 수 있는 EPROM을 가리킵니다. UV-EPROM과는 달리, 소프트웨어 제어만으로 바꾸어 쓰기가 가능하므로, 업 데이터 할 수 있는 펌웨어 기록 매체로서 사용됩니다.

● Flash ROM

Flash ROM은 EEPROM의 일종인 Flash 메모리를 ROM처럼 사용하는 경우를 가리킵니다. Flash 메모리는 대용량화에 의한 양산효과로 가격이 급격하게 내려가고 있으며, EEPROM을 채택하는 것보다 비용적으로 유리한 케이스가 증가하고 있습니다. 보통은 쓰기 기능을 사용하지 않는 회로구성인 ROM으로서 취급하는 제품이 증가하고 있습니다. 출시 후에 데이터를 바꾸어 쓰는 일도 가능하므로, EEPROM의 대용품으로서 급속하게 보급되고 있습니다.

단 마스크 ROM이나 EEPROM에 비하면 Flash 메모리는 극단적으로 액세스 속도가 늦기 때문에, Flash ROM의 내용을 기동 시에 모두 DRAM에 복사하고 나서 실행하는 등의 대비를 하고 있는 제품도 있습니다.

6.2.2 RAM

RAM은 Flash 메모리를 제거하고, 기억한 데이터를 보존하기 위해서는 전원 공급이 필요합니다. RAM에는 다음과 같은 종류가 있습니다.

● DRAM

DRAM은 Dynamic RAM의 약지로서, 반도체상에서 전기장 효괴 트랜지스티와 미소한 콘덴서를 조합하여 콘덴서에 쌓은 전하에 따라 데이터를 기억하는 메모리 장치입니다. Dynamic(동적)이라고 하는 이유는, 일정한 시간간격으로 기억내용을 다시쓰기(Refresh)하는 동작이 필요하기 때문입니다. 저가로 고속이면서 대용량화를 할 수 있는 RAM이며, PC의 메인 메모리로서 폭넓게 사용되고 있습니다.

● SDRAM

SDRAM은 Synchronous Dynamic RAM의 약자입니다. 데이터의 읽고 쓰기를 외부 신호로 동기(Synchronous)시킴으로써, 데이터 입출력 속도를 고속화한 DRAM입니다. PC의 메인 메모리로서 일반적으로 사용되고 있습니다만, 임베디드 시스템에서는 그다지 보급되어 있지 않습니다. DRAM과 비교하면, 비용이 높은데다가 극단적인 고속성을 요구하지도 않기 때문입니다.

DRAM의 아류로서, **EDO-DRAM**(Extended Data Out DRAM)이라고 하는 메모리도 존재하지만, 현재는 거의 사용하지 않고 있습니다. 또 소형의 외부 메모리 카드규격인 「SD 메모리」 와는 직접 관계가 없습니다.

● SRAM

SRAM은 Static RAM의 약자입니다. 플립플롭회로(Flip-Flog Circuit)라고 하는 트랜지스터의 조합에 따라 전압상태에서 데이터를 기록하는 RAM입니다. DRAM과 달리 리프레시 동작이 불필요하므로, Static(정적)이라고 합니다. 전원 전압을 계속 가하는 것만으로도 데이터를 보존할 수 있으므로, 버튼 전지 등으로 간단하게 불휘발성 메모리 장치를 구성할 수 있습니다.

● Flash 메모리

Flash 메모리는 EEPROM의 일종입니다만, 제어회로의 연구로 수 만회 이상의 쓰기를 할 수 있게 되어 있습니다. 상당히 저가로서 대용량이므로, 최근에는 SDRAM을 대신하는 불휘발성의 쓰기를 할 수 있는 메모리로서 사용되는 예가 증가하고 있습니다.

Flash 메모리는 반도체상의 기억회로 형식에 따라 NAND형과 NOR형의 2종류로 나눌 수 있습니다. NAND형은 대용량입니다만 랜덤 액세스 속도가 늦고, NOR형은 랜덤 액세스가 고속입니다만 쓰기 속도가 늦은 저용량이라는 특징이 있습니다.

외부 기억장치의 대용품으로서 사용되는 케이스도 증가하고 있습니다만, Flash 메모리는 원리적으로는 바꾸어 쓰기 가능한 회수에 제한이 있는데, 1 블록 바꾸어 쓰기 가능 회수는 수 백회에서 수 만회가 한도로 되어 있습니다. 동일 부분에 바꾸어 쓰기가 집중되지 않도록 컨트롤하는 등 쓰기 방법을 연구함으로써, 수십만 회의 바꾸어 쓰기를 가능하게 한 제품도 있습니다만, 어쨌든 보통의 RAM이 무제한으로 바꾸어 쓰기를 할 수 있는데 비하면, 큰 제한이 됩니다. 그래서 Flash 메모리를 사용한 불휘발성 메모리의 제어에서는, 액세스 회수를 절감하는 처리방법이 요구됩니다.

6.3 I/O 포트와 메모리 매핑된 I/O

I/O 포트(Input/Output Port)란 CPU가 외부 칩이나 입출력 디바이스와의 데이터를 주고받기 위한 창구가 되는 회로입니다. 데이터라는 화물이 **출입**(Input/Output) 하는 **항구**(Port))처럼 작용하므로, I/O 포트라고 합니다. I/O 포트는 다른 칩의 레지스터나 AD 컨버터[18], DA 컨버터[19]등에 접속되어 있어, 하드웨어 사이에서 정보를 주고받기 위해 사용됩니다.

칩 측에서는 I/O 포트에 액세스된 것을 검출할 수 있으므로, 그 타이밍에서 칩의 레지스터에 커맨드 값을 써넣고 칩 처리를 개시시키는 등의 사용법도 있습니다. I/O 포트는 보통은 **I/O 컨트롤러**라고 불리는 제어를 위한 칩을 경유하여 CPU에 접속되어 있습니다. I/O 컨트롤러는, 구 컴퓨터나 임베디드 시스템에서는 독립한 칩이었습니다만, 최근의 시스템화 된 칩에서는 I/O 컨트롤러가 내장되어 있는 경우가 적지 않습니다.

I/O 포트에 액세스 하는 방법은, 주로 2종류가 있습니다.

하나는, I/O 포트 액세스 전용 CPU 명령을 사용하는 방법입니다. x86계의 CPU에서는 64K바이트의 I/O 어드레스 공간을 관리하고 있어, 어셈블러의 IN 명령이나 OUT 명령에서, I/O 포트와 바이트 단위로 데이터의 입출력을 할 수 있습니다. C 언어에서는, I/O 액세스용의 inp함수나 outp함수를 호출함으로써 I/O 포트에 직접 액세스할 수 있습니다.

---

18) Analog-Digital Converter:아날로그 신호를 디지털 신호로 변환하는 칩이나 회로를 말함.

19) Digital-Analog Converter:디지털 신호를 아날로그 신호로 변환하는 칩이나 회로를 말함.

또 하나는, I/O 포트를 메모리 공간상에 맵(할당)하여, 보통의 메모리와 같이 액세스하는 방식입니다. 이와 같이 접속된 I/O 포트를 **메모리 매핑된 I/O**(Memory Mapped I/O)라고 합니다(그림 6-2). 메모리 매핑된 I/O 포트에서 데이터를 입출력하는 데는, CPU의 메모리 액세스 커맨드나 C 언어 등에서는 포인터를 사용합니다. ARM 아키텍처의 CPU에서는, 메모리 매핑된 I/O로 특정한 어드레스에 값을 써넣음으로써, 관련된 칩이나 디바이스를 제어하고 있습니다.

I/O 포트의 데이터 입출력은, 시스템에 내장된 각종 하드웨어를 제어하기 위한 기본적인 수단입니다. 복수개의 태스크나 스레드에서 동시에 칩에 액세스하면 부정한 동작을 일으키므로, I/O 포트에 대한 액세스는 드라이버층이나 O/S층에서 적절하게 관리될 필요가 있습니다. 대부분의 임베디드 소프트웨어개발 프로젝트에서는, 드라이버층보다도 하층을 개발하는 엔지니어를 빼고는 리스트 6-1과 같은 코딩은 금지되어 있을 것입니다.

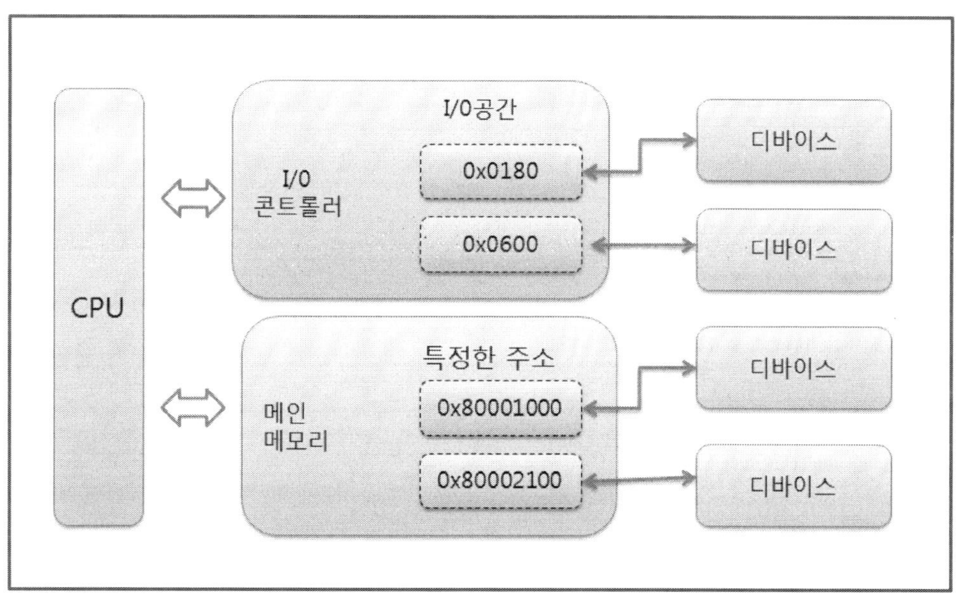

그림 6-2 I/O 포트와 메모리 매핑된 I/O

◉ 리스트 6-1 I/O 포트에 액세스하는 코드

```c
void ioAccess( void )
{
    unsigned char data = 0x24;
```

```
data |= imp( 0x0610 );
                              // I/O 포트 입력

outp( 0x0612, data );
                              // I/O 포트 출력
}
```

6.4 하드웨어 인터럽트

하드웨어 인터럽트는 하드웨어나 외부환경에 의존한 타이밍에서 발생하는 변화나 입력을 처리하기 위해서 예전부터 사용되어 온 처리방법입니다. 키보드 조작·디스크 I/O·비디오 처리의 완료·GPIB 인터페이스[20])의 입력이나 네트워크의 패킷 수신 등, CPU나 소프트웨어 처리의 흐름과 연동하지 않는 타이밍에서 발생하는 일을 CPU에 통지하기 위해 사용됩니다.

대부분의 CPU는, 하드웨어의 인터럽트 발생 신호를 받는 회로를 가지고 있어, 외부의 칩이나 디바이스에서 보내오는 인터럽트 신호에 응한 처리를 호출할 수 있습니다. 인터럽트 신호는, 보통은 **인터럽트 컨트롤러**(Interrupt Controller)고 하는 칩이 우선도를 붙여 관리하고 있는 데, 우선도가 높은 인터럽트부터 순서대로 인터럽트 컨트롤러로부터 CPU로 전합니다. 이것은 어셈블러 수준의 처리이며, 이른바 함수의 호출보다도 저 수준의 동작입니다. 어플리케이션층의 개발담당 엔지니어에게는 친숙하지 못한 세계입니다. 또한 최근의 시스템화된 임베디드 시스템에서는, 인터럽트 컨트롤러도 I/O 컨트롤러와 마찬가지로 CPU와 일체화되어 있는 일이 있습니다.

하드웨어 인터럽트 발생 시에 호출되는 함수나 서브루틴을 **인터럽트 핸들러**(Interrupt Handler)라고 합니다. O/S는 인터럽트 핸들러의 어드레스를 **인터럽트 벡터**(Interrupt Vector)라고 하는 정해진 메모리 영역에 설정합니다. 하드웨어 인터럽트 신호가 발생하면, 프로그램의 CPU 레지스터 등 실행 중의 정보를 스택[21])으로 퇴피하고 나서, 인터럽트 벡터에 설정된 어드레스의 프로그램을 실행합니다. 인터럽트 처리를 완료하면 스택에 보존된 정보를 레지스터로 복귀시키고, 인터럽트 전의 위치에서 프로그램의 실행을 재개합니다. 이 일련의 흐름은 하드웨어 측이 처리하므로, 인터럽트된 측의 프로그램은 인터럽트가 발생한 것을 의식할 필요는 없습니다.

---

20) 계측기기 등의 접속에 많이 사용되었던 인터페이스
21) 최후에 입력한 데이터가 먼저 출력된다는 데이터 구조로 되어 있는 메모리 공간

CPU가 처리할 수 있는 인터럽트 신호의 수는 정해져 있어서, 보통은 번호와 우선도가 할당되어 있습니다. x86계의 CPU에서는 **IRQ**(Interrupt ReQuest)라고 하는 16종류의 인터럽트가 사용 가능하며, 각기 단순히 IRQ0,IRQI,....,IRQ15라고 순위가 붙여져 있습니다. 이 외에 **NMI**(Non-Maskable Interrupt)라는 인터럽트 신호도 있습니다. 보통의 IRQ 인터럽트 처리는 소프트웨어적으로 온·오프할 수 있으나, NMI는 소프트웨어에서 오프로 되지 않는 인터럽트입니다. NMI는 메모리 칩 등 중요한 하드웨어의 고장이나 전원전압의 저하 등, 하드웨어에 심각한 문제가 발생한 경우의 긴급처리를 호출시기 위해시 사용됩니다.

6.5 비디오 메모리와 화면

비디오 메모리는, 디스플레이 등에 표시하는 내용을 보존하는 전용의 메모리입니다. Video-RAM을 약자로 VRAM이라고도 합니다. 주로 XY좌표에서 격자모양으로 칸을 지은 매트릭스형의 **영상표시장치**(Display Device: PC의 디스플레이나 휴대전화의 화면, TV등)에서 사용됩니다.

VRAM상의 수치가, 화면상 1 픽셀의 색이나 휘도에 대응하고 있습니다. 예컨대 모노로 그에서는, VRAM의 1 비트가 화면의 1 픽셀(1도트)의 표시/비표시에 대응하여, 1 바이트에서 8 픽셀의 표시정보를 제어합니다. 또한 블루 컬러에서는, 4 바이트에서 1 픽셀의 표시정보를 나타내고, 선두부터 각기 1 바이트씩 R,G,B의 3원색 휘도를 0~255의 값으로 나타냅니다(그림 6-3).

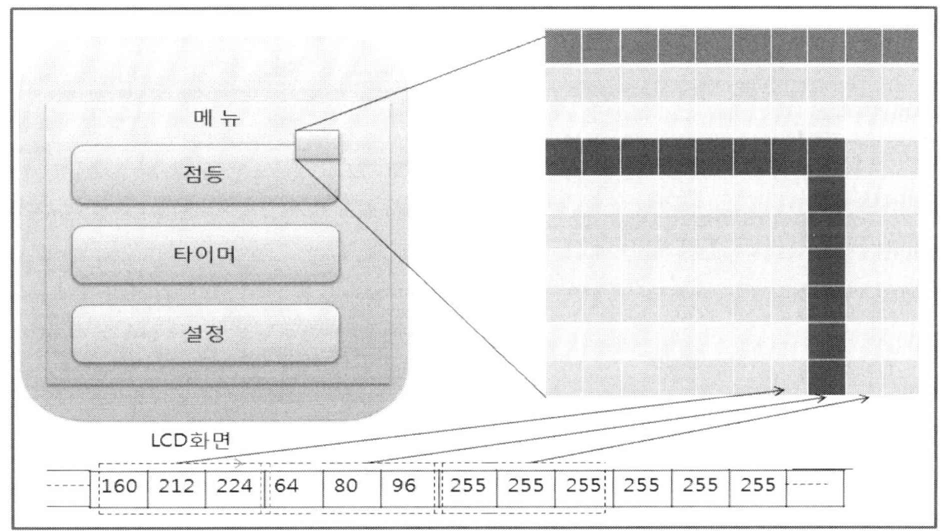

그림 6-3 VRAM과 픽셀

VRAM에 대한 액세스는, 태스크에서 직접 하게 되 는 경우와, API나 전용 태스크(사용자 인터페이스 태스크)를 경유하는 경우가 있습니다. 보통 화면을 변경할 때에는 변경부분만을 재 묘사함으로, 복수개의 태스크가 제각각 VRAM을 직접 제어하면, 병행처리 중에 표시내용을 관리하는 일이 어렵게 됩니다. 어떤 태스크의 화면상에, 일부분만 다른 태스크의 메시지가 표시된다는 불량으로 이어집니다. 그래서 복잡한 멀티태스크 처리를 하는 시스템에서는, 보통은 VARM에 대한 액세스를 관리하는 장치가 갖추어져 있습니다.

VARM에 데이터를 써넣으면, 그대로 화면상의 픽셀이 변화합니다. VARM은 CPU의 메모리 공간상에 맵(배치)되는 일이 많으므로, 보통의 메모리 액세스와 마찬가지로 포인터를 사용하여 값을 참조·설정할 수가 있습니다. 보통은 가로 방향(X축 방향)으로 연속한 화면상의 1 라인(**래스터**라고 한다)이 VARM상의 연속영역에 대응하고 있습니다. 그리고 래스터 말미 어드레스의 바로 뒤 또는 일정한 바운더리 위치(경계선)에서, 다음의 래스터에 대응하는 VARM 영역이 이어집니다.

VARM 영역의 선두 어드레스를 VRAM_ST, 디스플레이의 1 라인에 대응하는 VRAM 사이즈가 VRAM_LINE_LENGTH, 1 픽셀 디스플레이에 필요한 바이트 수를 VARM_BYTES_PER_PIXEL이라고 하면, 좌표(x,y)의 픽셀에 대응하는 VRAM 영역의 선두위치는 다음의 식에서 계산할 수 있습니다(그림 6-4).

$$\text{VRAM\_ST} + (\text{VRAM\_LINE\_LENGTH} \times y) + (\text{VARM\_BYTES\_PER\_PIXEL} \times x)$$

PC용 디스플레이나 TV 화면에서는, 표시내용은 일정하게 짧은 간격으로 갱신되어 있습니다. Windows에서는 화면 프로퍼티의 **다시쓰기비율**(Refresh Rate)로서, 갱신회수가 헬츠(Hz)로 나타나 있습니다. TV 화면이나 많은 LCD의 갱신간격은 매초 60회입니다.

디스플레이 표시를 갱신하고 있는 동안, 즉 VARM의 데이터를 RGB 신호 등으로 변환하여 전송하고 있는 동안에 VARM의 내용을 변경하면, 디스플레이 화면의 도중에서 변경 전의 내용과 변경 후의 내용이 서로 섞여서 표시되어버리는 경우가 있습니다. 어긋난 내용이 1/60초라는 짧은 시간에 표시되므로, 인간의 눈에는 화면이 어른거리며 보입니다.

화면의 어른거림을 피하기 위해서는, 화면표시를 하고 있지 않은 타이밍을 가늠하여 VARM의 내용을 변경하는 수밖에 없습니다. 아시는 분도 많으리라 생각합니다만, CRT 화면이나 TV 화면에서는 수평방향의 **주사선**이라고 불리는 래스터를 위에서부터 순서대로 표시하여 화면을 구성하고 있고, 가장 아래의 주사선(래스터)을 표시하는 것을 끝내면, 조금 기다리고 나서 다시 가장 위의 주사선을 표시하는 장치로 되어있습니다. 이 주사선이 아래에서 위로 돌아오는 기간을 (RGB 신호나 TV 신호의) **수직귀선(垂直歸線) 구간**이라고 합니다. 수직귀선 구간에 VRAM을 변경함으로써, 어른거림이 없는 화면표시를 할 수 있습니다.

수직귀선 구간의 타이밍은, 일반적으로 **V-Sync**(Vertical-Synchronization) 인터럽트라고 하는 하드웨어 인터럽트로 통지됩니다. 1/60초라는 시간은 아주 짧은 듯이 생각할 수 있으나, CPU의 처리속도에서 보면 충분히 여유가 있으므로, VRAM으로 화면 데이터를 전송하는 처리를 할 수가 있습니다. 만일 CPU 처리능력이나 리얼타임 처리와의 관계에서, 수직귀선 구간 속에 VRAM 표시내용을 갱신하는 보증이 어려운 경우는, VRAM과 같은 사이즈의 버퍼 메모리를 2 화면 준비하여, 한쪽의 표시 속에 또 한쪽의 내용을 갱신하는 기법이 사용됩니다. 이것을 **더블버퍼링**(Double Buffering)이라고 합니다(그림 6-5). 고품질의 화면표시가 요구되는 HD-

TV·휴대전화·카내비게이션 시스템·게임기 등에서 널리 사용되는 기법입니다.

Windows CE판 DirectX 등과 같이, 플래그를 설정하기만 하면 자동적으로 더블 버퍼링 처리를 해주는 고기능 묘사 라이브러리도, 임베디드용에 제공되기 시작하고 있습니다.

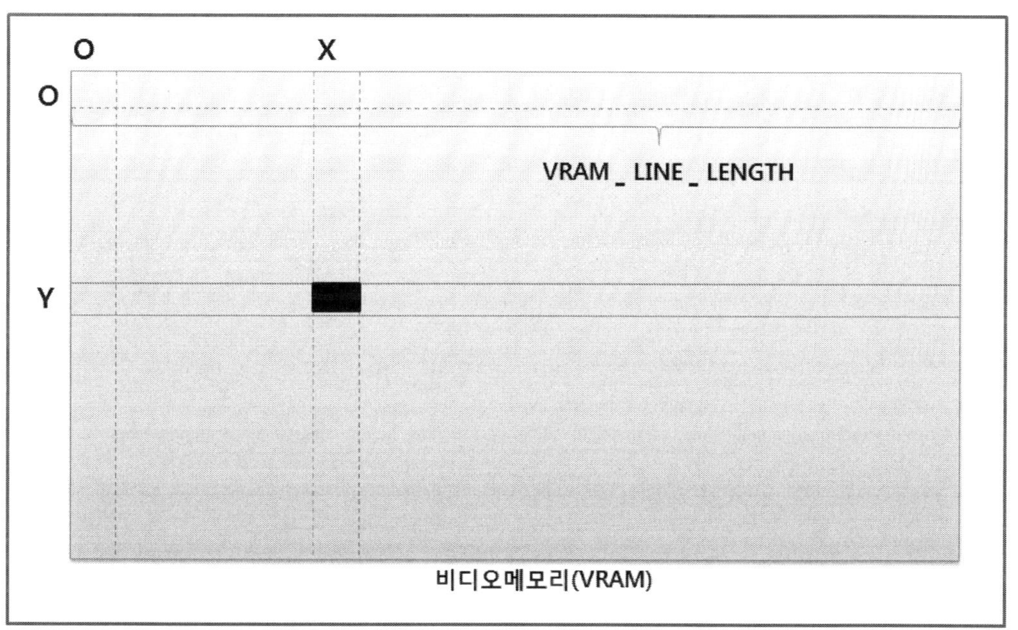

그림 6-4 VRAM과 화면표시

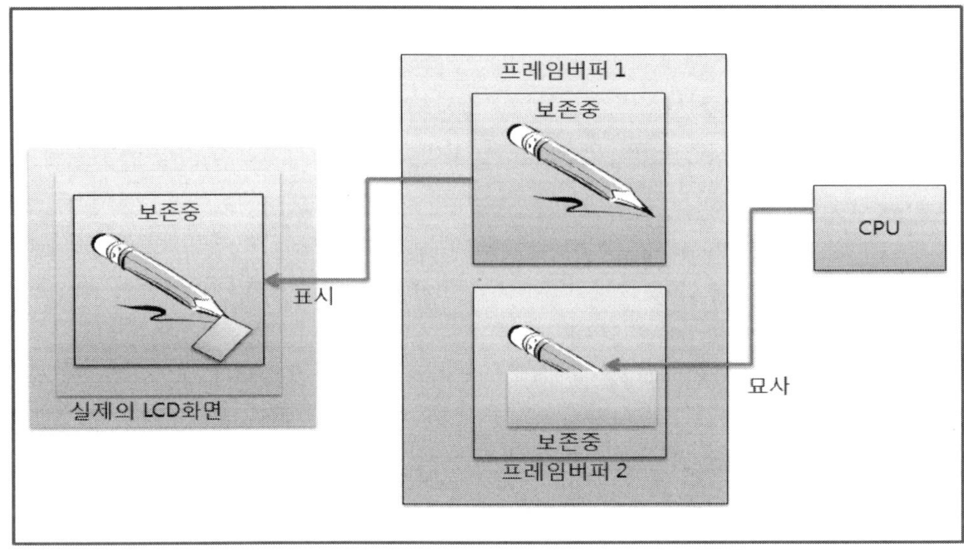

그림 6-5 더블 버퍼링(Double Buffering)

6.6 사운드의 재생

사운드의 재생에 사용되는 음원 하드웨어는 아주 많은 종류가 있습니다.

현재의 임베디드 시스템에서 사용되는 주된 음원은, 음파를 기록·생성하는 방식의 차이에서 표 6-2의 4 종류로 나눌 수 있습니다.

목소리나 음악 등의 음성재생 처리에서는, 음성 데이터의 포맷 형식과, 음원 디바이스의 재생방식이 혼란되기 쉬우므로 주의가 필요합니다.

[표 6-2] 음원 칩의 방식

명 칭	주된 용도	대응 데이터 형식	데이터량	입출력
PCM 음원	음성·음악 등 대부분의 음 데이터의 재생·녹음	비 압축·압축된 음성 파형(波形)데이터	대	재생 녹음
FM 음원	고품질 악곡 데이터(음계와 리듬)의 재생	음색 데이터	소	재생
PSG 음원	저품질 악곡 데이터의 재생	음색 데이터	소	재생
기타 비퍼 등	전자음의 발진	온·오프뿐	소	재생

WAV나 MP3, MPEG4-AAC 형식 등의 음성 데이터 포맷은, 모두 재생 전에 PCM 형식의 데이터로 변환되고 나서, PCM 음원 칩으로 보내져서 스피커에서 음성으로서 출력됩니다. 마찬가지로 **MIDI**(Musical Instrument Digital Interface) 형식이나 **MML**(Music Macro Language) 형식의 데이터는, 시스템에 따라 PCM 형식이나 FM 음원, PSG 음원의 데이터로 변환되고 나서, 음원 칩으로 보내져서 재생됩니다.

일반적으로 음성 데이터를 음원 칩용의 원시데이터로 전개하는 것은 미들웨어나 드라이비의 역힐이며, CPU나 DSP로 하는 소프트웨어석인 처리입니다. 음원 칩은, 전개된 데이터를 전기적으로 해석하여 아날로그의 음성파형을 생성합니다.

각 음원에는 다음과 같은 특징이 있습니다.

6.6.1 PCM 음원

PCM(Pulse Code Modulation) 음원은, 음파의 파를 일정 시간마다 수치화하여 기록하고, 또 연속한 수치에서 음파를 재현하는 방식의 음원입니다. PCM 음원은 멜로디뿐만 아니라 인간의 목소리나 녹음된 음악 등 모든 음을 처리할 수가 있습니다. 또 재생과 녹음의 양쪽을 할 수 있는 음원 디바이스입니다.

음파를 PCM에서 수치화하는 처리를 **샘플링**(Sampling)이라고 하며, 수치화하는 주기를 **샘플링 주파수**(Sampling Frequency)라고 합니다. 보통은 수kHz에서 48kHz 정도의 샘플링 주파수가 사용됩니다. 또한 음성의 파를 강함을 나타내는 수치의 정도(精度)를 **양자화 비트 수**(Quantization Bit Length)라고 하며, 0~65535(16비트)의 값으로 나눈 경우는 「16비트로 양자화한 데이터」 라고 합니다. 일반적으로는 4~16비트의 양자화를 하게 됩니다.

PCM 데이터의 샘플링 주파수와 재생되는 음성 사이에는 **샤논의 부호화 정리**를 나타내는 관계가 있으며, 샘플링 주파수의 절반이 되는 주파수 음까지밖에 재생할 수 없습니다. 예컨대 12kHz로 샘플링 된 PCM 데이터를 재생하면, 6kHz 이상의 고음성분은 잃어버립니다. 인간의 귀의 가청범위는 20Hz~20kHz로 되어있기 때문에, 40kHz 정도의 주파수로 샘플링 된 PCM 데이터를 재생하면, 원리적으로는 인간에게 원음과 동일하게 느낄 수 있는 음성을 재현할 수 있을 것입니다. 음악 CD는 44.1kHz/16비트의 2 채널(스테레오)의 PCM 데이터로서 음성을 기록하고 있습니다.

PCM 음원은, 다른 방식의 음원에 비하여 비교할 수 없을 정도로 다량의 데이터를 사용합니다. PCM 데이터의 1 초당 데이터량은,

(전자화 비트수÷8)×샘플링 주파수×채널 수

로 계산할 수 있습니다. 예컨대 음악 CD와 동등한 PCM 음성을 취급하는 데는, 다음의

데이터량을 처리하지 않으면 안 됩니다.

$$(16비트\div2)\times44100\times2 = 176.4K바이트/초$$

이 정도의 데이터량을 취급하는 것은, 최근 성능이 향상된 임베디드 시스템이라도 쉬운 일은 아닙니다. 멀티미디어 데이터 처리에 강한 하드디스크레코더나 휴대용 오디오플레이어라면 어쨌든, 대부분의 임베디드 시스템에서는 부담이 큽니다.

그래서 PCM 음원의 데이터는, 자주 압축 알고리즘에 따라 작은 사이즈의 데이터로 변환되어 취급됩니다. 현재는 표 6-3에 제시하는 압축 알고리즘이 널리 사용되고 있습니다. PC로 음악을 즐기는 분에게는, 음악 데이터의 압축에 사용되는 알고리즘은 친숙할지도 모르겠습니다.

[표 6-3] PCM 데이터의 압축 알고리즘

알고리즘명	주된 용도	압축종별	압축률	음질
PCM	음악 CD 및 멜로디 재생이나 음성의 녹음·재생기능을 가진 각종 기기로 폭넓게 채택	무 압축	–	고
AD–PCM	PHS 방식의 휴대전화·디지털 보이스 레코더·자동응답 전화 등	가역	저	저
MP3	휴대용 오디오 플레이어·휴대전화의 착신 멜로디·디지털 보이스레코더 등	비가역	고~저	고~저
WMA	휴대용 오디오 플레이어·휴대전화의 착신 멜로디·디지털 보이스레코더 등	가역/비가역	고~저	고~저
OggVorbis	휴대용 오디오 플레이어 등		고~저	고~저
ATRAC3	휴대용 오디오 플레이어·휴대전화기의 착신 멜로디·디지털 보이스 레코더 ·MD 플레이어 등		고~저	고~저
MPEG4–AAC	휴대용 오디오 플레이어·휴대용 무비 플레이어 등	비가역	고	고
ITU–T G.726	VoIP(Voice over Internet Protocol) 전화 등	비가역	고	저
ITU–T G.729	내선 VoIP망용 전화 등	비가역	고	저
EVRC	CDMA/W–CDMA 방식의 휴대전화 등	비가역	고	중
QCELP	CDMA 방식의 휴대전화 등	비가역	고	저
V–SELP	PCD방식의 휴대전화 등	비가역	고	저
AMR	GSM방식의 휴대전화 등	비가역	고	저

이러한 압축 알고리즘이 등장한 직후의 시기는, 임베디드 시스템의 취급은 무언가 어려웠습니다. 데이터 전개의 연산을 CPU로 처리하고 있었으므로, 처리능력이 낮은 임베디드 시스템 CPU에는 부담이 큰게 문제였습니다. 그러나 현재는 주요한 압축 포맷이라면, 변환처리를 하는 여러 가지 회로가 판매되고 있어서 이러한 회로설계를 구입함으로써, 간단하면서 자작하는 것보다 저 비용으로, 임베디드 시스템에 압축 음성 포맷을 지원할 수 있게 되었습니다.

6.6.2 FM 음원

FM(Frequency Modulation) 음원은, 복수개의 오실레이터와 앰프를 페어로 한 오퍼레이터라고 하는 파형 발생기를 복수개 조합하여, 복잡한 파형을 가진 음색 데이터를 재생하는 음원 칩입니다. PCM 음원에 비하면 아주 적은 양의 데이터로 악기의 음색을 재현하여, 각 음계의 음을 발생시킬 수가 있습니다. 그래서 멜로디의 재생에 특화한 음원으로서 사용되고 있습니다.

FM 음원은 프로페셔널용의 악기에도 사용될 정도의 고품질 음원으로서, 원래 악기 메이커인 야마하사가 음원 칩을 제품화한 일 때문에, 현재도 야마하사의 칩이 널리 채택되어 있습니다. 주로 휴대전화나 고정 전화기의 착신 멜로디 연주, 고급 멜로디 시계의 시보 멜로디 연주 등, 여러 가지 임베디드 시스템에 고음질 음원으로서 내장되어 있습니다.

최신 YAMAHA MA 시리즈 등에 사용되고 있는 SMAF 음원은, FM 음원을 발전시킨 것입니다.

6.6.3 PSG 음원

PSG(Programmable Sound Generator) 음원은, 아주 예전부터 사용되고 있는 음원 칩으로서, 단형파나 삼각파라는 단순한 파형으로 된 음파를 발생시킬 수 있습니다. 본래는 제네럴 인스트루먼트사의 제품을 가리켰습니다만, SSG 음원이나 PSC 음원 등 유사한 기능을 가진 여러 가지 칩이 보급된 가운데 가장 널리 사용됨으로써, 단형파 등을 출력하는 음원을 총칭하여 PSG 음원이라고 하는 일이 있습니다.

FM 음원과 마찬가지로, 멜로디 재생만 가능한 칩이며, 이것이 전자음 재현이 한계입니다. 현재도 음질에 대한 요구가 낮은 임베디드 시스템에 사용되고 있습니다. PSG 음원은 MML 등으로 기술된 아주 적은 멜로디 데이터에서 음악을 재생할 수 있다는 특징이 있습니다.

6.6.4 비퍼 및 기타

비퍼나 벨 등 기계적인 기구로 직접 음파를 발생하는 장치입니다. CPU에서 직접 컨트롤하는 것은 불가능하므로, 임베디드 시스템에서는 DA 컨버터에서 릴레이나 **FET**(Field Effect Transistor : 전계효과 트랜지스터) 등을 경유하여 제어됩니다. 비용이 낮으므로, 리모컨에서 가전, 대형기기의 조작 패널까지 상당히 폭넓게 사용되고 있습니다.

발진기와 스피커를 조합한 음원도 비퍼와 같은 전자음을 발생시킬 수가 있으므로, 비퍼와 마찬가지로 사용되고 있습니다. 특히 압전 스피커라고 불리는 스피커는, 피에조 소자의 압전효과로 전압의 변화를 진동으로 바꿈으로써 음을 발생시키는 장치로서, 저가로 아주 얇다는 특징이 있습니다. 발진기의 주파수를 바꿈으로써 다른 음색을 발생시킬 수 있으므로 여러 가지 기기에서 사용되고 있습니다.

비퍼 등의 음원은, 보통 I/O 포트 등을 경유한 온·오프 제어밖에 할 수 없습니다. 또 재생만 되며, 녹음은 할 수 없습니다.

6.7 DSP에 의한 고속 데이터 처리

DSP(Digital Signal Processor : 디지털 신호 프로세서)는 정지화상이나 동영상, 음성신호 등의 디지털 데이터를 고속 처리하는 전용 프로세서입니다. 적화연산기(積 和演算器)등의 단순한 처리 스텝을 조합하여, 정형적인 수치연산을 반복해서 하는 일에 특화해 있어서, CPU처럼 범용적인 명령 세트를 해석하여 다종다양한 처리를 하는 일은 할 수 없습니다.

오픈업무 시스템에서는 CPU의 파워에 여유가 있으므로, 멀티미디어 데이터 등은 CPU로 처리됩니다만, 임베디드 시스템에서는 CPU의 처리능력이 낮은데다가 리얼타임 처리가 우선되므로, 충분한 처리속도를 얻을 수 없다는 문제가 발생되기 쉽습니다.

이와 같은 경우에, 전용 DSP를 내장하여, 데이터의 전개나 압축 등 단순계산을 반복하는 처리를 대신시킴으로써, 처리시간을 단축함과 동시에, 그 동안 CPU는 리얼타임 처리를 하는 여유가 생깁니다. 최근 발달한 멀티미디어 데이터를 취급하는 디지털 가전에서는 특히 위력을 발휘하므로, 휴대전화나 하드 디스크 레코드 등에 널리 내장되어 있습니다. 휴대전화의 모바일 프로세서(사진 6-2) 등과 같이, 임베디드 시스템에 특화한 고성능 프로세서는, 칩 내에 DSP 회로가 내장되어 있습니다.

사진 6-2 휴대전화에 내장된 DSP 칩 내장 CPU

DSP는 **디지털 필터**라는 디지털처리를 하는 회로이며, AD 변환으로 샘플링된 이산값[22] 에 대한 푸리에 변환 등을 고속으로 실행할 수 있습니다. 디지털 필터의 변환에는 여러 가지 패턴이 있습니다만, **DFT**(Discrete Fourier Transform : 이산 푸리에 변환)나 디지털 처 리로 특화한 **FFT**(Fast Fourier Transform : 고속 푸리에 변환), 특수형인 **DCT**(Discrete Cosign Transform : 이산 코사인 변환)[23], 이산값의 라플라스 변환, Z변환 등이 많이 사용 됩니다.

DSP를 사용하여 JPEG 화상 전개 등의 데이터 처리를 하는 경우에는, DSP가 사용하는 버퍼에 대하여 데이터를 보내고, 처리의 완료를 기다립니다. 데이터는 작은 부분으로 나 누어 처리되기 때문에, 하나의 화상이나 하나의 영상파일을 모두 변환하기 위해서는 DSP 를 반복하여 호출하는 처리가 필요합니다. 그리고 하나의 DSP에서 동시에 2 개 이상의 데이터는 처리할 수 없으므로, DSP 리소스를 복수개의 태스크가 동시에 사용하지 않도록 배타제어 장치가 필요하게 됩니다. 휴대전화에서는 JPEG 화상이나 MPEG 영상의 전개 외에, 통화음성을 압축·전개하는 이른바 Vocoder도 DSP를 사용하는 일이 있습니다. 만일 JPEG 화상의 표시 중에 음성착신을 받으면, DSP 점유권이 전화 어플리케이션으로 이동 하여 JPEG의 전개는 일시정지 됩니다.

고기능의 임베디드 시스템에서는, DSP는 드라이버 경유로 액세스 되는데다가, 보통은 미들웨어가 제공하는 기능의 일부가 되므로, 어플리케이션층의 엔지니어가 의식하는 일 은 없습니다. 반대로 소규모의 시스템에서는 칩의 스펙을 읽으면서 드라이버층에 닿는 부분까지 자신이 작성하는 일도 있습니다.

---

22) 이산값이란, 서로 떨어져 있는 값을 갖는 변수라는 의미입니다. 8비트 AD 변환으로 샘 플링된 아날로그 값은, 0~255의 어떤 정수값을 갖는 이산값이 됩니다.

23) DCT는 JPEG나 MPEG 1/2/4, MP3 등의 데이터 압축에서 폭넓게 사용되는 대표적인 디지털 변환처리를 말합니다.

비동기 처리 어플리케이션 개발

> 비동기 처리로 하는 어플리케이션 개발에 따라, CPU가 프로세스마다 메모리 공간을 관리하는 기능을 가지고 있지 않아도, 멀티태스크를 실현할 수가 있습니다. 반면에 프로그래밍에서는 주의해야 할 일이 많이 있습니다.

7.1 비동기 처리의 필요성

임베디드 시스템에 CPU가 사용되기 시작하고 나서 오랫동안, 멀티태스크 제어방식은 비동기 처리를 사용한 Non-preemptive한 방법이 주류였습니다. 비동기 처리로 하는 멀티태스크는, 프로세스 별로 메모리 공간을 관리하는 기능을 가지고 있지 않은 CPU라도 복수개의 처리를 병렬 실행할 수 있거나, 비교적 소규모의 O/S라도 실현할 수 있다는 장점이 있으므로, 현재도 널리 사용되고 있습니다. 그러나 비동기 처리로 하는 멀티태스크에서는, O/S의 관리기능이 간결한 만큼, 어플리케이션 측에 큰 부담이 되어버리는 것은 어쩔 수가 없는 일입니다.

견고하며 안정된 비동기형 멀티태스크 처리를 개발하기 위해서는, 비동기 처리에 특유의 테크닉과 숙련도가 요구됩니다. 몇 번이나 기술해왔듯이, 최근에는 임베디드 소프트웨어의 규모가 급격하게 증대하고 있는데다가 개발 비용은 낮게 통제되어 있습니다. 어떤 개발방법이라도, 테스트를 반복하면 최종적으로는 동작하는 소프트웨어가 만들어지는 것은 사실이며, 비동기 처리의 테크닉을 알지 못해도 임베디드 소프트웨어를 개발할 수는 있습니다. 그러나 비효율적인 방법으로 하는 개발은 프로젝트에 악영향을 끼치며, 무엇보다 자기 자신이 불필요한 고생을 하게 됩니다. 제 1.3절에서 기술한 것처럼, 선배들의 연구와 시행착오의 결과를 결집한 개발기법·테크닉을 익히면, 최대한의 효율로 비동기 처리 어플리케이션을 개발할 수 있게 되며, 자기 자신이나 자신의 프로젝트에 크게 도움이 되겠습니다. 또한 이미 임베디드 소프트웨어개발 프로젝트에 참가하여, 비동기 처리로 하는 어플리케이션 개발을 경험하고 있는 엔지니어라면, 자신이 경험한 개발순서와의 차이를 꼭 비교해 보시기 바랍니다.

임베디드 시스템에서 비동기 처리를 개발하는 목적은 하나라고 해도 과언은 아닙니다.

즉 **하나의 CPU로 복수개의 처리를 동시에 하는 것**입니다. 이를 위한 방법의 하나가 비동기 처리이며, 임베디드 시스템처럼 CPU 처리능력이나 메모리에 제한이 있는 경우에는 최적이었습니다. 그래서 예전부터 임베디드 시스템이나 리얼타임 O/S의 멀티태스크 처리기법으로서 채택되어 온 것입니다.

비동기 처리에 따라 복수개의 태스크가 병행 동작하는 모습을 화살표로 나타내면, 그림 7-1과 같이 됩니다. 각각의 단계는 하나의 태스크를, 화살표는 CPU에 의해 태스크가 실행되고 있는 기간을 나타냅니다. 그림 7-1에서는 화살표가 서로 겹쳐져 있는 기간이 전혀 없습니다. 복수개의 태스크가 조금씩 처리를 해나가기 때문에, 하나의 CPU로 복수개의 처리를 동시에 실행할 수가 있는 것입니다. 비동기 처리는 인간이 자동차를 운전할 때, 한사람의 운전수가 전방의 확인, 백미러의 확인, 속도계의 확인, 도로표지의 확인을 짧은 시간 마다 반복해 가는 모습과 많이 비슷합니다.

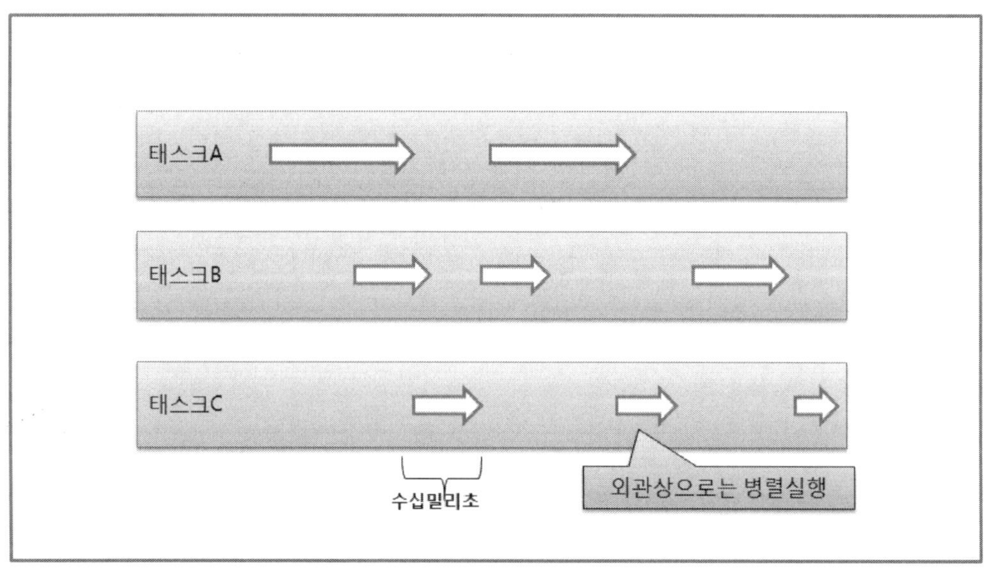

그림 7-1 비동기 처리의 흐름

이와 같은 병행처리를 실현하기 위해서는, 태스크를 전환하기 위한 어떤 장치가 필요합니다. 그러나 초기의 CPU에는, 실행 중의 프로그램을 도중에서 강제적으로 일시 정지해서 다른 프로그램으로 전환하는 기능이 구비되지 않았습니다. 그래서 임베디드 시스템 상에서 동작하는 프로그램 모두가, 잠시간만 실행하면 자주적으로 다음의 프로그램으로 CPU 제어를 넘겨주는 룰을 지킴으로써, 그림 7-1과 같은 태스크 전환을 실현했습니다. 태스크 제어기능이 없는 CPU로 멀티태스크 제어를 실현하기 위하여, 비동기 처리가 필요했던 것입니다.

오늘날에는 임베디드용 CPU도, 특권 수준제어나 메모리 보호기능 등의 태스크 전환에 필요한 기능을 갖추고 있어, 멀티스레드형의 임베디드 O/S가 수많이 사용되고 있습니다. 그러나 비동기 처리로 하는 멀티태스크 O/S(리얼타임 O/S)의 쪽이 처리가 가볍고, 또 과거의 방대한 자산을 활용할 수 있음으로써, 현재도 임베디드 시스템의 과반수에서 비동기 처리를 채택하고 있는 일이 많은 것 같습니다.

비동기 처리의 태스크는,

    ·정지 상태(Ready 상태)

    ·실행가능 상태(Suspend 상태·Wait 상태)

    ·실행 상태(Execute 상태·Running 상태)

의 3가지 상태를 가지고 있습니다. 태스크의 상태는 O/S에 의해 전환됩니다. 정지 상태에 있는 태스크는 O/S의 이니셜 로더나 다른 태스크로부터 기동되어, 실행가능 상태로 전이합니다. 실행가능 상태의 태스크에 이벤트가 발생하면, O/S로부터 어떤 시그널을 보내와서 실행 상태로 전이합니다. 실행 상태에서 처리한 태스크는 단시간에 O/S로 돌아와서 실행가능 상태로 돌아갑니다. 태스크가 종료하면, 정지 상태로 전이합니다. 또한 비동기형의 임베디드 O/S에서는, 하나의 태스크 처리가 막히면 시스템 전체가 영향을 받게 되므로, 행업한 경우는 워치 도그 타이머 등으로 강제적으로 정지 상태로 전이하게 됩니다(그림 7-2).

멀티스레드 O/S에서는, 모든 전이가 O/S에서 관리되므로, 태스크는 시스템이나 다른 태스크의 실행상황을 의식할 필요가 없고, 또한 태스크 상태가 다른 태스크에 영향을 주는 일도 없습니다. 그러나 비동기 처리의 시스템에서는, 상태의 전이를 나타내는 화살표 중, 실행 상태에서 실행가능 상태로 이동하는 전이만을 태스크 스스로 제어합니다. 비동기 처리 시스템에서는, 실행 상태에서 실행가능 상태로 전이하는(즉 이벤트 핸들러에서 리턴하는) 전이만은, O/S가 아니라 태스크 자신이 책임을 가지고 실행하는 구조입니다. 그래서 이벤트 핸들러의 처리시간에 대해서만은, 상당히 엄밀한 관리를 엔지니어가 개발하지 않으면 안 되는 것입니다.

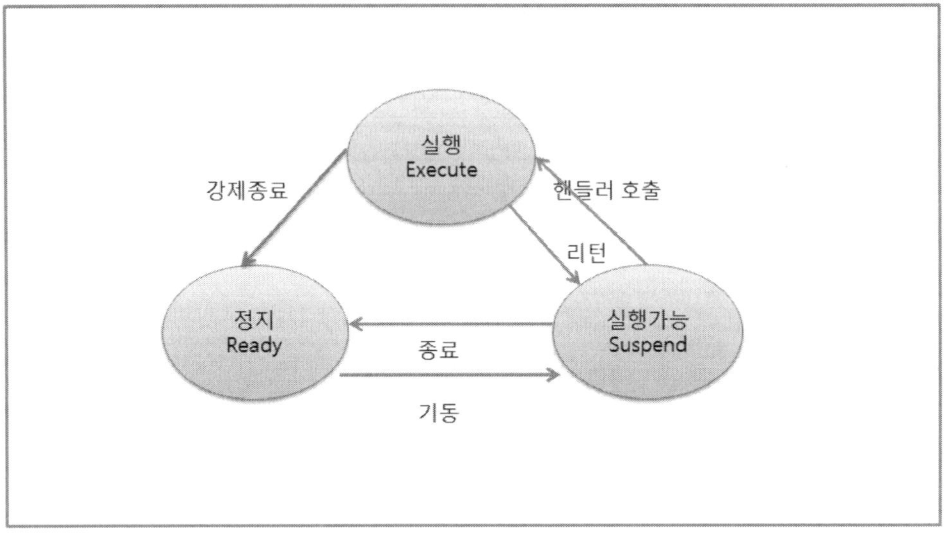

그림 7-2 태스크의 상태전이

7.2 시그널과 이벤트 핸들러

소프트웨어나 하드웨어의 상태를 알리는 시그널과, 그 때의 이벤트 핸들러의 관계를 설명합니다.

7.2.1 이벤트 처리의 흐름

비동기형의 멀티스레드 처리를 하는 임베디드 시스템에서는, 어플리케이션이나 태스크는 어떤 사상(이벤트)에 대한 처리의 집합으로서 개발됩니다. 발생한 이벤트에 대한 처리를 하는 함수나 case 블록을 **이벤트 핸들러**(Event handler)라고 합니다.

임베디드 시스템의 내부에서 이벤트가 처리되는 모습은, 그림 7-3과 같이 나타냅니다. 시스템의 이벤트 발생근원이 되는 입력장치(키, 스위치 등), 내장 디바이스 등에서 입력되는 정보는 임베디드 O/S에 의해 관리되고 있습니다. 소규모의 임베디드 시스템에서는 자작한 태스크 관리기능이 같은 역할을 담당할지도 모르겠습니다만, 여기서의 설명으로는 임베디드 O/S로서 나타내고 있습니다.

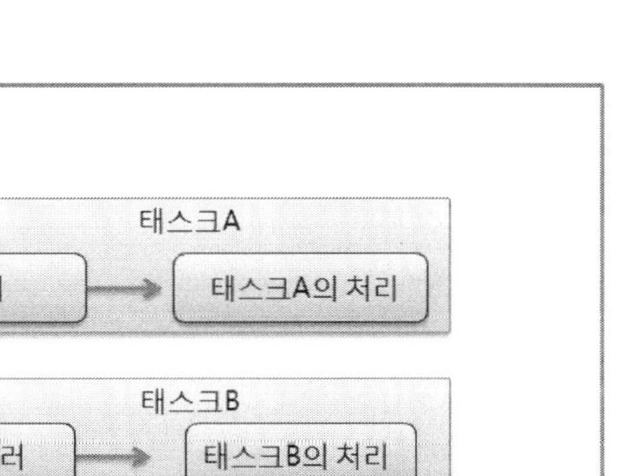

그림 7-3 태스크 체인과 이벤트의 흐름

각 태스크는 이벤트를 받는 **메시지큐**(Message Queue)를 가지고 있으며, 임베디드 O/S에 메시지 큐 자체를 등록하든지. 메시지 큐에 이벤트를 추가하는 처리를 개발한 **콜백** (Call-Back) 함수를 등록합니다. 임베디드 O/S는 등록된 태스크의 정보와 메시지 큐를 관리하고, 이벤트가 발생하면 태스크의 우선도에 따라 이벤트를 알립니다. 이와 같이 순서대로 관리된 태스크의 체인을, **태스크체인**(Task Chain)이라고 합니다.

임베디드 시스템의 내부에서는 여러 가지 이벤트가 발생하며, 그 종류에 따라 알림선의 태스크가 달라집니다. 전원 전압의 변화 등 시스템 전체에 관계하는 중요한 이벤트는, **방송**(Broadcast) 이벤트로서 전체 태스크에 통지됩니다. 키 조작 등 입력 포커스를 가진 태스크 중 어느 것인가로 처리되면 되는 이벤트는, 태스크 체인의 순서대로 차례차례 통지되어, 어느 것인가의 태스크로 처리된 시점에서 클리어 됩니다. 또한 네트워크 제어 이벤트처럼 처리해야할 태스크가 정해져 있는 이벤트는, 특정한 태스크에만 보내지게 됩니다(그림 7-4).

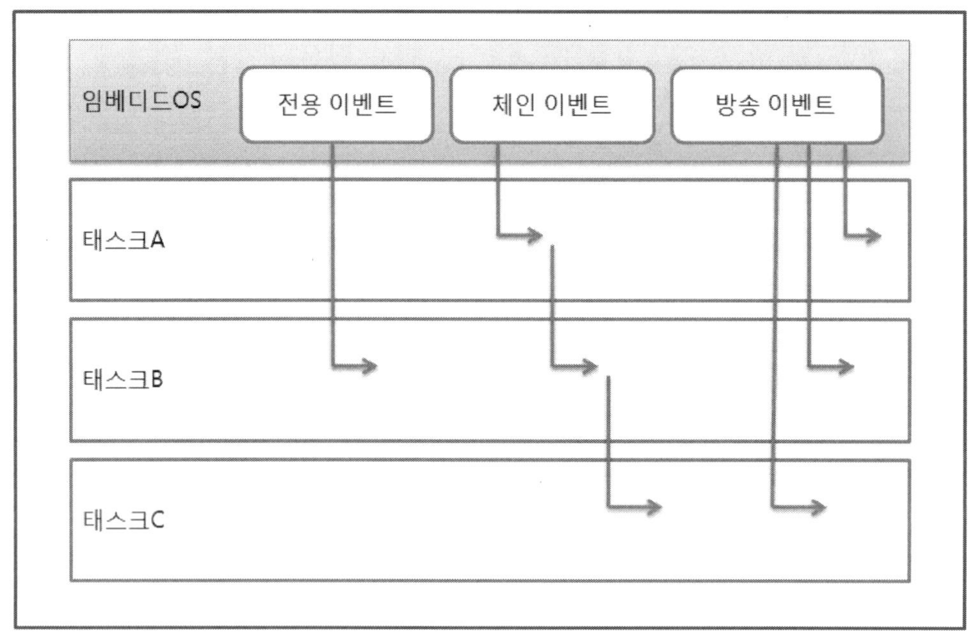

그림 7-4 이벤트 알림의 종류

리스트 7-1의 소스코드는, 이벤트 핸들러의 예입니다. 각각의 이벤트 핸들러는 이벤트의 종류에 의한 case 블록으로 되어 있어, 이벤트의 처리만을 하는 점이 특징입니다. 즉 비동기 처리에서는 통합이나 의미를 가진 처리의 구분이 아니라 이벤트의 구분에 따라 소스코드의 구조가 결정되어 버립니다. 그래서 이벤트 핸들러 단위로 필요한 처리를 기술해 가도록 어플리케이션을 설계하면, 상당히 처리의 흐름을 알기 힘든 프로그램으로 되어 버립니다. 충분히 소프트웨어 설계를 하지 않고, 이벤트 사양서를 보면서 생각나는 대로 소스코드를 기술한 경우에도 마찬가지입니다. 그러한 개발을 하면, 소프트웨어의 테스트나 추가에 요하는 공수가 부자연스럽게 증가하고, 임베디드 시스템의 라이프 사이클에 강한 악영향을 끼칩니다. 비동기 처리 시스템의 설계에서는, 제 7.5절과 제 10장에서 기술하는 것처럼, 설계단계에서 충분한 검토를 하는 것이 중요합니다.

7.2.2 시그널

이벤트를 통지하는 기구는 O/S에 따라 여러 가지 이름으로 불립니다만, 기본적인 장치는 같습니다. 어플리케이션이나 태스크에 이벤트를 넘겨주는 메시지 큐가 존재하고, 이벤트의 종별과 관련정보를 격납한 구조체를 메시지 큐에 추가하여 통지합니다. Windows의 윈도우 메시지라고 하는 사용자 인터페이스 통지와 거의 같은 기구입니다. 이 이벤트 통지징보를 격납한 메시지 구조체를 시그널(Signal)이나 이벤트, 메시시 등으로 부릅니다.

본서에서는 「시그널」이라고 표기합니다(그림 7-5). 비동기 처리의 시그널은, 멀티스레드 O/S의 동기 **객체**(Mutex·Event·Signal·Semaphore 등)의 하나인 시그널과는 다르므로 주의하시기 바랍니다.

◉ 리스트 7-1 이벤트 구동형의 소프트웨어

```
int EventHander_ReceivingPacket(SIGNAL *sig, void, *pTaskContext )
                    //  이벤트 핸들러
{
    int result = E_NOTPROCESSED;

    //디스패치 처리
    switch (sig->event)
    {
    case MSG_TCP_RECEIVE_RSP:
        result = ReceivingPacket_onReceiveRsp( (uSigTcpReceiveRsp *)msg,
                (TcpCotext *)pContext );
        Break;
    case MSG_TCP_CONNECT_RSP:
        result = ReceivingPacket_onConnectRsp( (uSigConnectRsp *)msg,
                 (TcpCotext *)pContext );
        Break;
    case MSG_TCP_BLOCKING_IND:
        result = ReceivingPacket_onBlocking( (uSigTcpBlockingInd *)msg,
                (TcpCotext *)pContext );
        Break;
    case MSG_TCP_DISCONNECTED_IND:
        result = ReceivingPacket_onDisconnected( (uSigConnResetInd *)msg,
                (TcpCotext *)pContext );
        Break;

                    ⋮

    }
```

```c
    return result;
}


int ReceivingPacket_onReceiveRsp( uSigTcpReceiveRsp *msg, TcpCotext *pContext )
{
    //데이터 수신처리
    AddReceiveData( pContext, msg->buffer, msg->receive_size );
    If (pContext->data_length > 0)
    {
        sendSendReq( pContext ->data_length, pContext->buffer - pContext
        ->data_length);
        return E_SUCCESS;
    }
    pContext->reason = E_INVAL;
            // 이벤트 발생 시의 집합으로서 소프트웨어를 개발
    SendDisconnectReq();
    Return E_
}


int ReceivingPacket_onConnectRsp( uSigConnectRsp *msg, TcpCotext
    *pContext )
{
    //접속 응답→수신 개시
    sendSendReq( 0, pContext->buffer );
    return E_PROGRESS;
}


int ReceivingPacket_onBlocking( uSigTcpBlockingInd *msg, TcpCotext
    *pContext )
{
    //일시적인 수신 불가 상태
    If (pContext->timeoutLeft < TASKTCP_DEFAULT_ TIMEOUT)
    {
        pContect->timeout_left
```

```
        return E_PROGRESS;
    }
    pContext->reason = E_TIMEDOUT;
    pContext->data_length = 0;
    SendDisconnectReq();
    return pContext->reason;
}

int ReceivingPacket_onDisconnected( uSigConnResetInd *msg, TcpCotext
    *pContext )
{
    // Peer에서 절단된 경우 등
    pContext->reason = E_CONN_RESET;
    pContext->data_length = 0;
    SetTcpStatus( pContext, TASKTCP_ST_SOCK_SHUTDOWN );
     return pContext->reason;
}
```

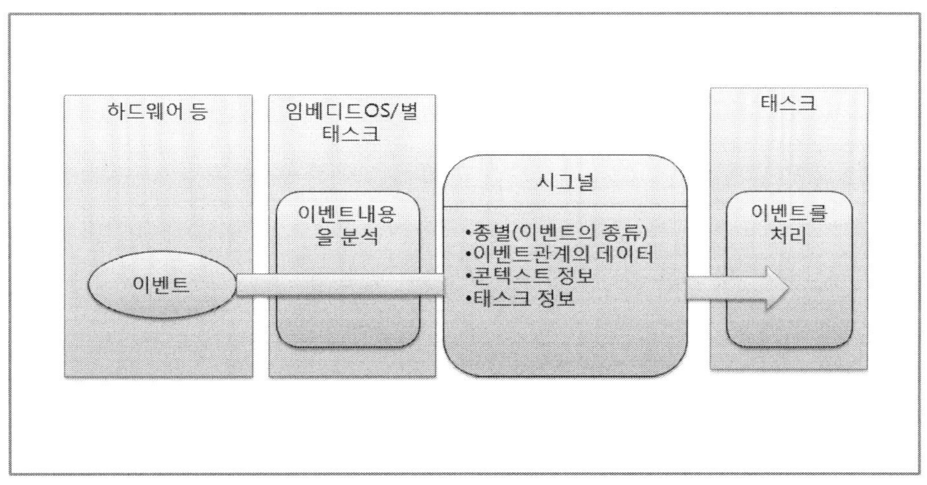

그림 7-5 시그널에 의한 통지

7.2.3 시그널에 의한 태스크 간 인터페이스

시그널은 O/S에서 태스크로 송신될 뿐만 아니라, 태스크끼리의 데이터 통지에도 사용됩니다. 예를 들면 TCP/IP 통신을 담당하는 태스크가 송신완료를 어플리케이션 태스크에 알리는 경우 등에도 사용됩니다.

대부분의 임베디드 시스템은 사용자 정의의 시그널을 추가할 수 있도록 되어있어, 시그널이 API 호출이나 시스템 콜과 같은 공개 인터페이스로서 사용됩니다. 그래서 비동기 처리에서는, 시그널이나 시퀀스의 설계가 그대로 모듈 간 인터페이스의 설계를 의미하는 일이 많이 있습니다. 시그널 설계에서는, 인터페이스를 추상화하여 모듈 간의 결합도를 낮게 억제하기 위하여, 구조화 설계나 객체지향설계의 사고방식을 활용할 수 있습니다(설계 기법에 대해서는 제 10장 참조).

시그널 구조체의 멤버가 함수의 인수에 해당하므로, 모듈 간의 결합도가 낮게 억제되도록 멤버를 설계할 필요가 있습니다. 또한 처리대상인 콘텍스트[24])를 시그널에 격납하면, this 포인터와 같이 취급함으로써. 객체지향적인 인터페이스도 실현할 수 있습니다. 예를 들면 파일의 비동기 입출력을 하는 태스크는, 파일 정보의 콘텍스트를 시그널 구조체에 넣어둠으로써, 복수개의 파일에 대한 조작을 동시에 받을 수 있습니다. 또한 시그널 구조체에는 태스크 내부에서 처리되는 데이터가 보이지 않도록 배려해야 합니다. 내부처리를 캡슐화 함으로써, 태스크 내의 변경이 다른 모듈에 영향을 주지 않도록 설계할 수 있습니다.

또한 어플리케이션 간에서 주고받는 데이터는, 보통은 시그널 구조체에 저장합니다. RAM에 여유가 있다면 글로벌 영역을 경유하는 것도 가능합니다만, 글로벌 영역을 사용한 데이터의 교환은 피하는 것이 철칙입니다. 비동기 처리의 소스코드 상에서는, 글로벌 영역을 참조하는 타이밍을 완전히 파악하는 것이 어렵기 때문입니다. 글로벌 영역의 조심성 없는 사용은, 때로는 조작이나 타이밍에서 발생하는 성가신 불량을 일으키는 원인이 됩니다. 만일 사이즈 등의 문제로 글로벌 영역을 사용할 필요가 있는 경우는, Mutex 등의 동기 객체로 액세스 관리를 하는 쪽이 좋습니다.

7.2.4 시그널의 시퀀스 설계

시그널의 시퀀스는, 함수 인터페이스의 API 호출순서에 해당합니다. 많은 인터페이스 시그널은, 요구(Request)와 응답(Response)의 페어형을 하고 있으므로, 호출원은 Request 시그널을 발행하여 호출선에 처리를 의뢰하고, 호출선에서 호출원으로 하는 Response 시

---

24) Context. 프로그램의 처리내용을 판단할 때의 프로그램 내부 상태나 상황 등을 나타낸 것.

그널로 처리결과를 받기까지 기다리는 시퀀스가 됩니다. Request가 API 호출, Response가 API로부터의 리턴에 해당 합니다. 여기서 API 호출과 달리 주의가 필요한 것은, 페어가 되는 시그널의 Request ~ Response 사이에 별도의 시그널을 받을 가능성이 있는 점입니다 (그림 7-6). 그래서 시그널 인터페이스에서는, 부르는 측도 불리는 측도, 모든 시그널을 모든 순서로 받아도 오작동하지 않는 시퀀스 설계가 요구됩니다.

그림 7-6 시그널의 시퀀스

「이 타이밍에서는 이 시그널 밖에 오지 않을 것」 이라는 안이한 전제에 의거한 인터페이스 설계는, 언젠가 반드시 버그를 낳게 되겠습니다. 시그널 인터페이스의 시퀀스 설계에는, 상태전이 매트릭스가 매우 도움이 됩니다. 상태전이 설계에 대해서는 제 7.4절에서 설명합니다.

7.3 최초의 비동기 처리

이벤트에 대한 처리의 집합으로서 소프트웨어를 개발하는 스타일의 프로그램을, 이**벤트 구동형 프로그램**(Event Driven Program)이라고 하는 일이 있습니다. 이벤트 구동형 프로그램은 Windows 어플리케이션이나 Java 서브렛(Servlet)의 엔지니어에게 친숙한 스타일이지만, 멀티스레드 O/S의 이벤트 구동형 프로그램과 리얼타임 O/S의 이벤트 구동형 프로그램에서는 제한조건이 다르기 때문에, 구별하여 생각해야 합니다.

7.3.1 비동기 처리의 예

리얼타임 O/S의 이벤트는, 매우 세분된 간격으로 보내옵니다. 또한 이벤트의 처리시간도 엄밀히 제한되어 있는데, 100밀리 초 이하 등의 짧은 시간에 처리를 O/S로 돌려보내야 합니다. 그래서 이벤트 핸들러 내에서 어플리케이션의 입력이나 처리를 점유하는 일은 할 수 없습니다. PC의 사용자 인터페이스 용어에서 말하는 「모덜」한 처리를 개발할 수 없는 것입니다. 구체적인 예를 들어 설명하자면, 다음과 같은 차이가 있습니다.

예를 들면 키친 타이머 기능을 가진 태스크를 개발한다고 생각하십시오. 「START」「STOP」「시간 설정」의 메뉴를 가지고, 개시하면 시간을 카운트 다운하여, 남은 시간이 제로시간이 되면 비퍼 음을 재생한다고 하는, 그림 7-7 같은 어플리케이션입니다.

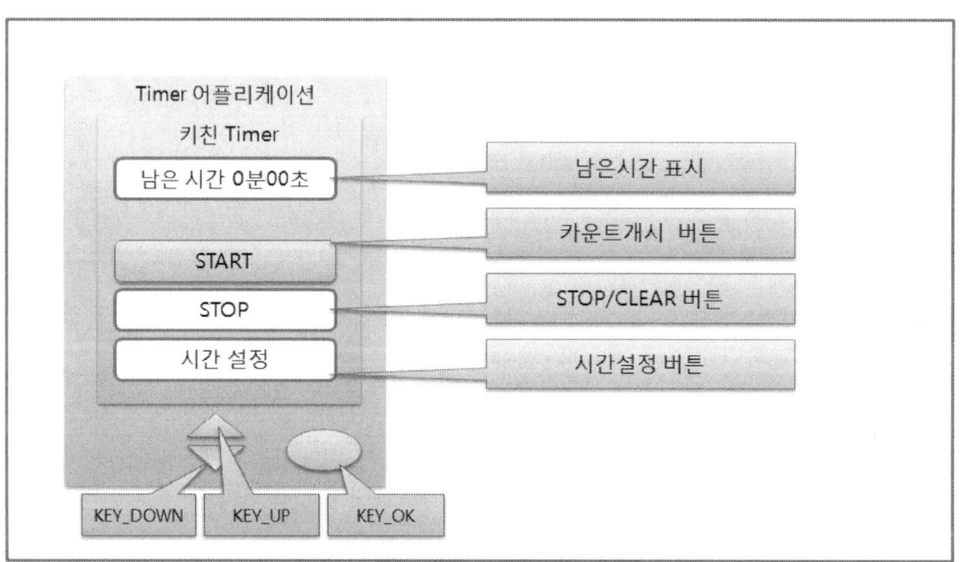

그림 7-7 타이머(Timer) 어플리케이션

7.3.2 비동기 처리의 문제점

이 어플리케이션에서 타이머의 카운트다운을 중단하는 처리의 흐름을 생각해 봅니다. 오픈업무 시스템의 PC 어플리케이션에서는, STOP버튼을 누른 후에 그것을 취소하는 사용자확인을 모덜 대화창으로서 표시할 수 있습니다. 입력이 완료되지 않으면 어플리케이션의 조작을 할 수 없으므로, 확인 중에 다른 사용자 입력이 발생할 가능성에 대해서는 고려할 필요가 없습니다. 그대로의 사고방식으로 취소 처리를 개발하면, 그림 7-8[25])과 같

---

25) 이와 같이 처리의 흐름이 변화하는 모습을 규정하는 그림을 시퀀스도라고 합니다.

은 처리가 됩니다.

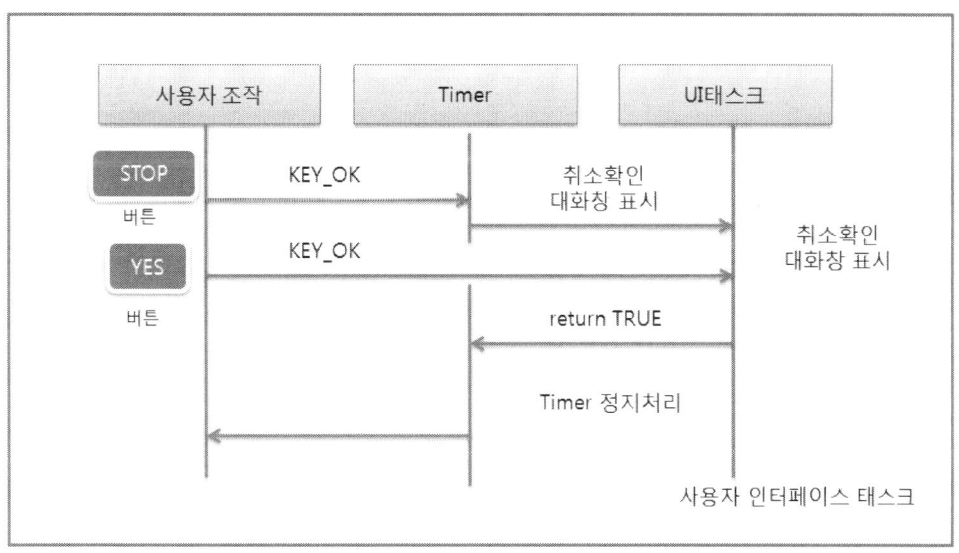

그림 7-8 멀티스레드형과 정상계 간의 비동기 처리

그러나 비동기 처리에서는 처리대기 동안에 다른 이벤트나 시그널이 발생할 가능성이 있습니다. 예컨대 취소의 사용자 확인 중에 타이머의 남은 시간이 제로가 되면, 타이머의 만료처리가 호출되어 버립니다. 그 결과 그림 7-9와 같이, 취소 확인에서 YES버튼이 선택되었을 때는 이미 타이머가 종료하고 있는 상황이 발생합니다.

이와 같이 비동기 시스템에서는, 처리대기 동안에 처리대상의 데이터가 무효가 되거나, 입력대기 동안에 다른 처리가 발생하는 등의, 이른바 처리가 엇갈리는 일이 발생하므로, 어느 때에나 대응할 수 있는 이벤트 핸들러를 설계하는 것은 아주 어렵게 됩니다.

이 예에서는 타이머의 ID를 판정하여, 이미 클리어 되어 있으면 아무 것도 하지 않도록 수정해야 한다고 간단하게 판단할 수 있습니다. 실제로는 더욱 복잡한데, 예를 들면 일정한 순서로 처리를 호출해야 하는 네트워크를 제어하는 태스크에서 예기치 않은 취소가 발생하면, 정지처리가 올바른 순서로 호출되지 않고 리소스 해방 누출이 발생하는 등, 발생빈도가 낮은 불량이 쉽게 일어나 버립니다.

이와 같은 문제를 피하여 적절한 비동기 처리를 설계하기 위해서는, 제 7.4절에서 소개하는 상태 머신의 설계 기법이 아주 유효합니다. 비동기 처리의 시스템에서는 복수개의 태스크가 제각각 동작하기 때문에, 이벤트가 임의의 타이밍에서 보내져올 가능성이 있습니다. 그래서 상태와 이벤트를 조합하여 표(매트릭스)를 작성하고, 고려한 것의 누락을 방지하면서 가장 효율적인 처리를 설계할 수가 있습니다.

이와 같은 설계를 효율적으로 확실하게 실행하는 툴로서, 본서에서는 **상태전이도**(UML의 경우는 **상태 차트도**)와 **상태전이 매트릭스**를 사용한 설계 기법을 설명합니다. 일반적으로는 상태전이도와 상태전이 매트릭스는, 네트워크 동작을 하는 서브 어플리케이션이나 프로토콜 스택층의 설계에서 사용되는 기법으로 알려져 있습니다만, 비동기 처리의 태스크 설계에서도 높은 효과를 발휘합니다. 비동기 처리에서는 시그널이라는 메시지만으로 태스크끼리 연동하여 동작하고 있는데, 네트워크 통신에서도 클라이언트와 서버가 통신 패킷 메시지를 중간에 넣고 연동하고 있습니다. 양자는 동일한 하드웨어 내에서 연동하든지, 네트워크상의 떨어진 하드웨어에서 연동하든지 하는 차이만 있고, 거의 비슷한 제어를 하고 있으므로, 같은 설계 기법을 적용할 수 있습니다.

그림 7-9 비동기 처리의 취소와 완료의 어긋남

7.4 상태전이도와 상태매트릭스의 작성

비동기 처리 시스템의 태스크는 상황에 따라 복수개의 동작 상태를 취하는 모듈이라고 생각할 수 있습니다. 같은 이벤트를 받은 경우에도, 태스크의 실행상태에 따라 다른 처리를 실행합니다. 앞 절의 키친 타이머의 태스크도, 실행상태에 따라 동작이 다릅니다.

예를 들면 취소 키의 입력 이벤트를 받으면, 타이머의 카운트다운 중이라면 취소 확인 화면을 표시하고, 타이머가 움직이지 않는 상태라면 무시하는 동작을 실행합니다. 이와 같이 상태에 따라 동작이나 행동을 바꾸는 시스템을 **상태머신**(State Machine) 이라고 합니다.

구체적인 예를 들면서, 비동기 처리 시스템의 태스크를 적절히 설계하는 방법을 4가지의 단계로 나누어, 제 7.4.1항~제 7.4.5항에서 순서대로 설명해 갑니다.

먼저 설명의 토대로서, 키친 타이머 태스크의 화면전이 사양을 그림 7-10과 같이 결정합니다. 개시 대기 화면에서 시간설정으로 돌아갈 수 없는 등, 실제의 제품으로서는 일부 문제가 있습니다만, 설명을 간단하게 하기 위하여 감히 생략했습니다.

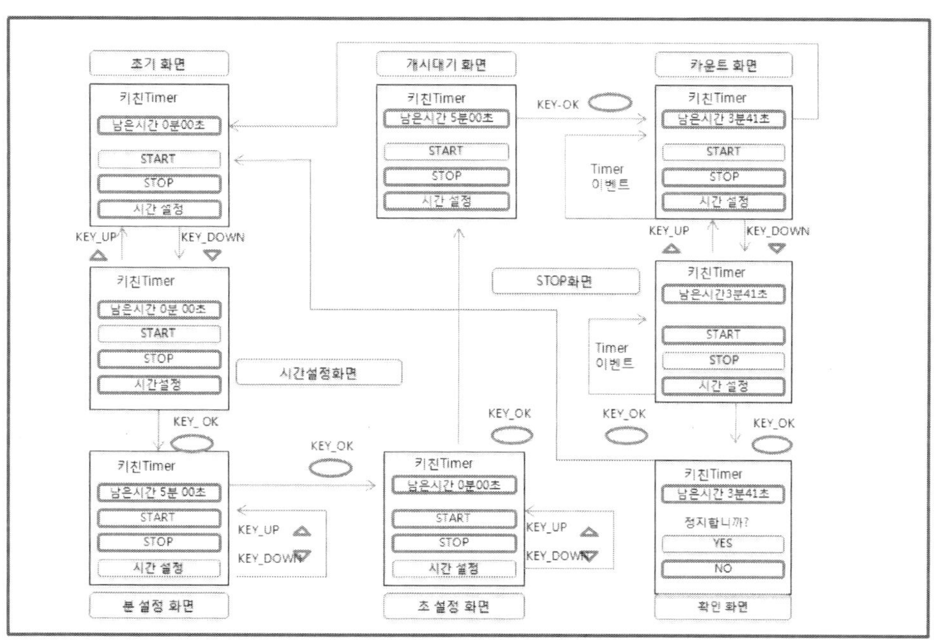

그림 7-10   키친Timer의 화면 전이도

많은 소프트웨어는(설계자가 의식하고 있는지 아닌지는 별도로 하고), 많든 적든 상태 머신으로서의 성질을 가지고 있습니다. 즉 동작 상태에 따라, 같은 입력에 대하여 다른 동작이나 출력을 하는 기능을 가지고 있습니다. 워드프로세서의 소프트나 이벤트 소프트라면, 같은 키를 입력하거나 같은 위치에서 마우스를 클릭해도, "파일을 열지 않고 있다", "파일 읽기 완료", "인쇄 중"이라는 상태에 따라서 동작이 다를 것입니다. 그리고 소프트웨어의 속에서도 특히 비동기 처리의 태스크는, 대부분 모두가 상태 머신으로서 개발되어 있습니다. 왜냐하면, 상태관리를 하지 않으면 복잡한 처리를 실행할 수 없기 때문입니다.

비동기 처리에서는, 시그널을 수신한 태스크가 단시간의 처리를 하고 임베디드 O/S로 돌아가지 않으면 안된다는 개발상의 제한이 있으므로, 이벤트 핸들러에는 처리의 일부분만이 기술됩니다. 또 보통은 이벤트 핸들러로 넘겨지는 시그널에, 앞서 실행된 처리의 정보가 들어있지 않습니다. 그래서 「지금은 어떤 처리를 하고 있으며, 어디까지 진행되어 있는가?」 하는 동작상황을, 태스크 자신이 "상태"로서 보존해 둘 필요가 있는 것입니다. 그리고 상태를 바르게 추출할 수 있으면, 각각의 상태에 의한 이벤트 동작도 적절하게 설계할 수가 있게 됩니다.

7.4.1 시스템 상태의 작성

비동기 처리에서 동작하는 태스크의 상태설계에서는, 최초의 단계로서 태스크의 동작이나 사양을 바탕으로 하여, 그곳에 존재하는 상태를 확인하는 작업이 필요하게 됩니다. 상태라고 해도 어렵게 생각할 것은 없습니다. 제 7.3절의 키친 타이머의 태스크로 말하자면, 「타이머 정지 상태」 「카운트 중인 상태」 「남은 시간 입력 중인 상태」 라는 상황입니다. 디지털 카메라에서 사진 데이터를 일람표시하는 태스크라면, 「입력대기 상태」 「파일전개 중인 상태」 「썸네일 생성 중인 상태」 「커서 묘사 중인 상태」 등과 같이, 처리의 내용이나 상황을 나타낸 것이 대부분입니다.

상태 머신의 동작을 설계할 때에는, 상태의 수를 가능한 한 적게 억제하는 쪽이 좋은 결과를 얻을 수 있습니다. 상태의 수가 많으면 상태전이의 동작이 복잡하게 되어, 소프트웨어의 구조나 소스코드가 복잡해져 버리므로, 여러 가지 공정에서 원래는 쓸데없는 공수가 발생해 버립니다. 단 갑자기 필요 최소한의 상태를 작성하려고 하면 잘 되지 않습니다. 오히려 필요한 상태를 간과하는 미스를 일으키기 쉽습니다. 또한 후술하는 상태전이 매트릭스의 작성 중에 상태의 열거 누락이 드러나면, 처리의 분리로 고생하게 됩니다. 반대로 만에 하나 상태가 많아도, 설계를 완료할 때까지 최소한의 수까지 정리할 수 있으면 문제는 없습니다. 또 상태의 중복은 상태전이 매트릭스의 작성 중에 알아차리기 쉽고, 상태의 결합작업도 비교적 간단합니다. 만일 하나로 표현할 수 있는 상태를 복수개의 상태로 나누어버렸다고 해도, 각각 상태의 처리 내용이 대부분 동일하게 되므로, 간단하게 깨닫고 결합할 수 있습니다.

상태 머신의 상태설계에서는, 「급하면 돌아서 가라」 는 말대로, 먼저 모든 화면이나 외부처리의 호출을 열거하고 나서, 각각을 하나의 상태로 가정하는 작업부터 시작하는 쪽이 무난합니다. 그리고 가정의 상태끼리 비교하여, 장황한 상태를 집약해가면, 과부족 없는 상태수로 압축할 수가 있습니다. 키친 타이머의 태스크는 사용자 인터페이스의 변화를 나타내는 화면 전이도가 있으므로, 그것을 바탕으로 가정의 상태후보를 추출시면, 그림 7-11과 같이 됩니다. 사용자 인터페이스를 가지고 있지 않은 경우는, 태스크가 호출하는 API나 시그널을 화면 전이도의 박스라고 간주하여, API 호출도나 UML 콜래보레이션도를 기술하면, 태스크가 가진 동작의 변천을 명확하게 분석할 수 있습니다.

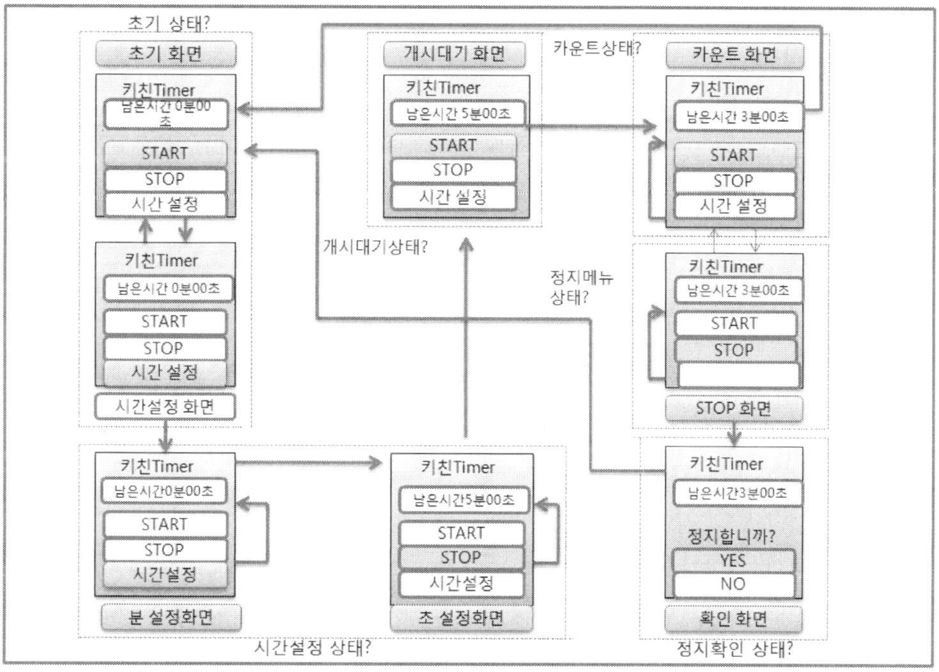

그림 7-11 상태후보

7.4.2 시스템 상태의 정리

다음으로, 상태후보 속에서 역할이 중복된 상태를 찾습니다. 예를 들면 "카운트 화면" 과 "STOP 화면"은 메뉴의 커런트 선택위치가 다를 뿐으로. 타이머의 카운트를 기다리는 역할은 동일하므로, 하나의 상태로 집약할 수 있습니다. 반대로 "분 설정화면"과 "초 설정 화면"은 같은 키 조작에 비해 변경대상이 되는 데이터가 다르므로, 별도의 상태로서 취급 하는 편이 사정이 좋을지도 모르겠습니다. 이와 같이 하여 태스크가 가진 상태를 최소한 으로 압축하면 표 7-1, 그림 7-12와 같이 됩니다.

각각의 상태에 이름을 붙일 때는, 「분 입력상태」「카운트 중인 상태」와 같이, 구체 적이며 오해가 적은 고장을 설정하도록 명심하시기 바랍니다. 「사용자 대기상태」라는 일반적이며, 어떤 처리를 해야 하는지 즉석에서 떠오르지 못하는 이름을 붙여버리면, 상 태전이도의 설계나 코딩 이후의 공정에서 불필요한 미스를 낳는 원인이 됩니다. 만에 하 나 상태의 이름과 실제의 동작이 다르면, 여유가 없는 상황 하에서 수정을 하는 경우에, 아무래도 이름에서 받는 이미지를 우선해버려 수정 미스 등으로 이어질 수 있습니다. 상

태 머신에서는 하나의 상태가 모든 이벤트를 받으므로, 어느 이벤트에 대해서도 오해가
생기지 않도록 충분히 배려하여 상태의 이름을 결정하는 쪽이 좋습니다.

[표 7-1] 키친 타이머 태스크의 상태

상 태		기 능	전이선
초기	Initial	시각 미설정의 상태	Initial,SetMin
분 설정	SetMin	타이머의 "분" 설정 중인 상태	SetMin,SetSec
초 설정	SetSec	타이머의 "초" 설정 중인 상태	SetSec,Ready
개시 대기	Ready	시간설정 완료로, 카운트 개시대기 상태	CountDown
카운트 중	CountDown	타이머의 남은 시간을 카운트 중인 상태	CountDown,StopConf,Initial
정지 확인	StopConf	타이머를 중단하든가, 사용자에게 확인 중인 상태	Initial

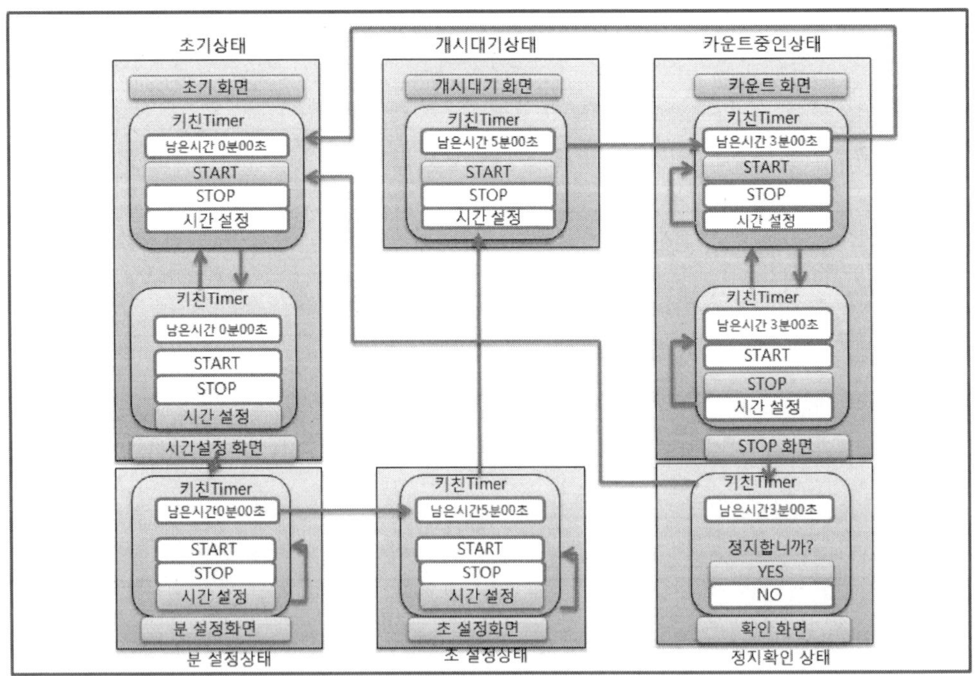

그림 7-12 키친Timer 태스크의 상태

7.4.3 상태전이도의 작성

다음의 단계에서는, 추출한 상태를 근원으로 하여 상태전이도를 작성합니다. 상태전이도는 **KS**(Korean Industrial Standards : 한국산업규격)에서 규정한 설계도표의 하나로, 상태를 원 또는 타원으로 상태전이의 방향과 입출력을 화살표로 나타낸 것입니다. UML의 상태 차트도도 널리 사용되고 있는데, 양자에서는 상태를 나타내는 박스의 형상 등이 다릅니다.

상태전이도에서는 그림 7-13과 같이, 시스템의 상태 중 초기상태를 이중의 타원으로 나타냅니다. 또 상태의 전이를 나타내는 화살표에 「입력/출력」이라는 형식으로, 상태전이를 일으키는 방아쇠가 되는 이벤트와 시스템의 동작이나 출력 데이터를 표현합니다.

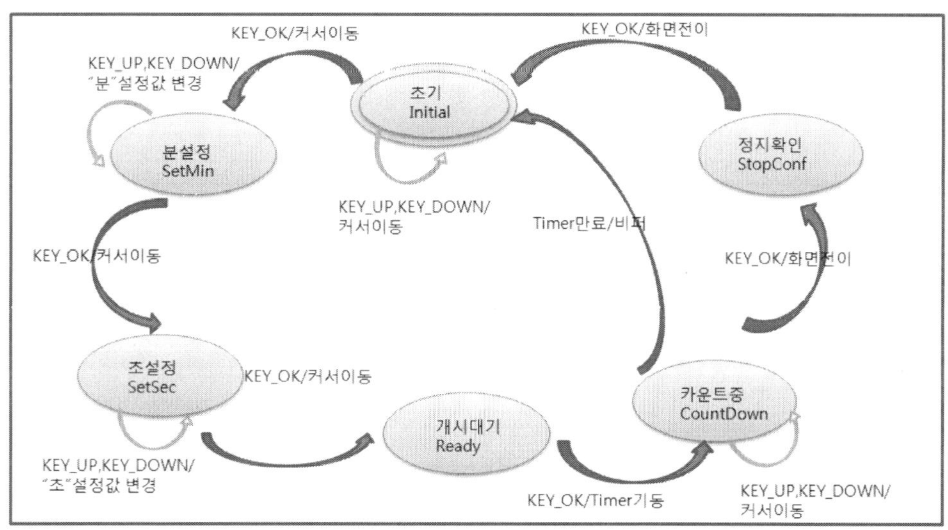

그림 7-13 상태전이도

객체지향 언어로 개발되고 있는 임베디드 시스템에서는, UML 쪽이 소프트웨어의 제조 표현에 적합합니다. 그림 7-13의 상태전이도는, UML의 상태 차트도에서도 기술할 수 있습니다. UML의 상태차트도에서도 내용은 거의 변하지 않고, 그림 7-14와 같이 됩니다.

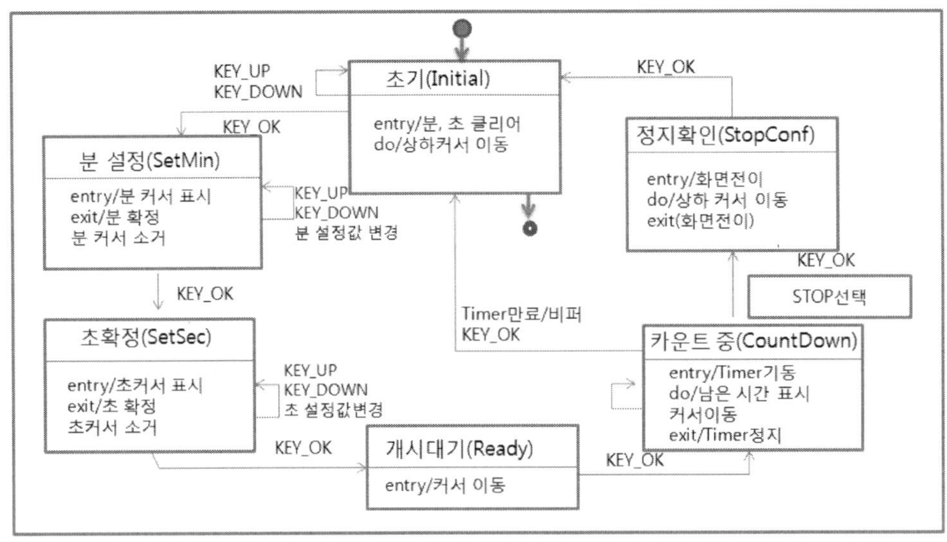

그림 7-14 UML의 상태차트도

7.4.4 상태전이 매트릭스의 작성

상태전이도에 따라 시스템의 행동을 정리한 후에, 구체적인 상태 머신의 동작을 정의하는 작업으로 이동합니다. 상태전이도는 상태 변화의 흐름을 부감하여 표현하는 데는 최적입니다만, 시스템에 발생하는 이벤트에 대한 상세한 동작을 기술하려고 하면, 대단히 알기 어렵게 되어버립니다. 그래서 시스템이 가지는 모든 상태와, 시스템에 발생하는 모든 이벤트를 행과 열로 할당하여 표 형식으로 표현하면, 모든 이벤트에 대한 동작을 보기 쉽게 기술할 수 있습니다. 표 7-2와 같은 표를 **상태전이표**라고 합니다.

상태전이 매트릭스의 내용은 상태전이도와 1 대 1로 대응하므로, 상태전이 매트릭스의 작성은, 앞의 단계에서 설계한 내용을 보다 상세하게 구체화해 나가는 작업이 됩니다. 만일 상태전이 매트릭스의 작성 중에 상태전이도의 미비함을 발견한 경우는, 일단 상태전이도로 되돌아가서 상태의 추가나 전이 동작을 변경해야 하는지를 재검토하지 않으면 안됩니다.

상태전이 매트릭스에서는, 보통은 상태 머신의 상태를 열(가로 방향)로, 상태 머신에 발생하는 이벤트를 행(세로 방향)으로 표기하는 형식이 일반적입니다. 또한 시스템에 따라서는, 변칙적으로 가로 방향에 이벤트를 나열한 상태전이 매트릭스를 작성하는 경우도 있습니다.

상태전이 매트릭스에서는, 하나하나의 셀에 각 상태(열)에서 이벤트가 발생한 경우의 동작을 기술합니다. 동작의 내용은 가능한 한 상세한 편이 좋으며, 가능하다면 개발 수준의 상세한 처리를 기술합니다. 설명은 한글로도 괜찮지만, 복잡한 로직의 처리가 들어있게 된다면, 소스코드 풍으로 기술하는 쪽이 간결합니다. 이것은 상태전이 매트릭스의 작성 시에 코드를 확정한다는 의미는 아닙니다. 엔지니어가 사용하는 설계 문서이므로, 「만약 ~의 경우는…」 과 같이 아주 길게 쓰기보다도   「if (~) {.....}」 로 하는 쪽이 알기 쉽다는 것입니다.

상세하게 기술하지 않으면, 상태전이 매트릭스의 설계 시에 처리 누락을 판단할 수 없게 됩니다. 시간이 걸리는 작업입니다만, 「에러 메시지를 표시」 라는 애매한 표현이 아니라, 「MsgCommonUI 함수로 ○○를 표시」 와 같은 정도(精度)로 처리를 기술해 갑니다.

본서에서는 심플한 기능 밖에 없는 키친 타이머의 태스크를 예로 하고 있으므로, 상태전이 매트릭스도 상당히 컴팩트하게 정리되어 있습니다. 그러나 임베디드 소프트웨어개발에서 작성되는 상태전이 매트릭스는 아주 거대한 것으로 됩니다. 저자는 A3 용지에 인쇄한 것을 이어 맞추어, 회의실 책상 가득히 펼쳐진 상태전이 매트릭스를 작성한 일이 몇번이나 있습니다. 그렇지만 전 기능을 망라한 것은 아니고, 태스크 중의 1 기능의 동작을 나타내는 부분적인 매트릭스였습니다.

거대한 사이즈의 상태전이 매트릭스는, 표 계산 소프트의 화면상으로 전체를 바라보는 것이 어려워, 그렇다고 해서 머릿속에서 정리하는 것도 큰일입니다. 그래서 전자 매체에만 의존하지 않고, 인쇄하여 형광펜 등으로 확인하여 가는 작업을 병용하면, 보다 원활하게 검토할 수 있습니다.

[표 7-2] 키친 타이머 태스크의   상태전이 매트릭스

상태\이벤트	초기 Initial	분 설정 SetMin	초 설정 SetSec	개시 대기 Ready	카운트 중 CountDown	정지 확인 StopCnf
KEY_OK	분 커서 표시 →SetMin	분 확인 초 커서 표시 →SetSec	초 확인 초 커서 소거 →Ready	타이머 기동 → CountDown	STOP 버튼? →StopConf	화면 전이 →Initial
KEY_UP	커서 상 →*	분+1 →*	초+1 →*	N/A →*	커서 상 →*	커서 상 →*
KEY_DOWN	커서 하 →*	분-1 →*	초-1 →*	N/A →*	커서 하 →*	커서 하 →*
타이머	−	−	−	−	타이머 만료? →Initial	−

[범례] * : 동일 상태로의 전이(상태전이 없음) - : 발생하지 않은 이벤트 N/A: 동작없음

7.5 비동기 처리와 처리 로직의 분리

여기까지의 단계에서, 시스템의 행동을 설계할 수 있었기 때문에, 최후에 가장 중요한 설계 작업의 단계로 이동합니다. 시스템의 동작을 실현하기 위한 최적의 소프트웨어 구조를 설계하는, 이른바 상세설계의 프로세스입니다.

상태전이 매트릭스는 이벤트(시그널)를 단위로서 처리를 정리한 것에 지나지 않습니다. 상태전이 매트릭스를 그대로 개발하면, 잘게 분할된 처리의 집합이라고 밖에 할 수 없는, 판독성도 보수성도 낮은 소스코드가 완성될 것입니다.

임베디드 소프트웨어개발 프로젝트에 따라서는, 경험을 쌓은 엔지니어가 소스코드를 보수하는 일이 암묵의 전제로 된데다가 상태전이 매트릭스를 직접 개발하는 일이 적지 않습니다. 아니, 정확하게 말하면, 그와 같은 프로젝트가 임베디드 소프트웨어개발의 과반수를 차지하고 있다고 해도 과언이 아닙니다. 실제로 저자도, 여러 가지 프로젝트에서 그와 같은 어프로치 때문에, 구조설계가 불충분하게 되어버린 임베디드 시스템의 케이스를 가끔 경험하였습니다.

〈설명 7-1〉
이미 기술한 대로, 종래의 임베디드 소프트웨어는 규모가 작고, 국내의 프로젝트에서는 고도의 전문숙련도를 가진 엔지니어를 확보할 수 있었기 때문에, 상태전이 매트릭스가 그대로 switch문으로서 개발된 설계라도 고품질의 임베디드 소프트웨어를 구축할 수 있었습니다. 그러나 시스템과 소프트웨어의 규모가 확대됨에 따라서, 이와 같은 어프로치가 성립되지 않게 되는 것은 확실합니다. 왜냐하면 과거의 오픈업무 시스템의 프로젝트에서, 쓰라린 경험과 함께 몇 번이나 실증되어 왔기 때문입니다.

예를 들면 시스템 요구의 변전이 격심한 Web 시스템 개발에서는, 일찍부터 개발효율이 높은 소프트웨어 구조를 연구해 왔습니다. 데이터베이스를 참조하는 시스템에서는, 3-Tier(3계층) 등의 계층화된 설계가 당연하게 되어 있습니다. 그리고 시스템 처리의 흐름과 소프트웨어 구조가 같은 설계는, 시대에 뒤떨어졌다고 여기고 있습니다. 만일 처리의 순서에 따라, 여기저기에 HTML가공과 데이터베이스로의 액세스가 직접 함께 기술되어 있는 혼돈된 소프트웨어를 설계하는 엔지니어가 있다면, 지극히 설계능력이 낮든가, 경험이 너무 부족하다고 평가되겠습니다. 그와 같은 소프트웨어는 결국은 유지보수의 면과 확장성으로 앞일이 막힐 것이 명백하기 때문입니다. 경우에 따라서는 실제 가동에 도달하기 전의 테스트 공정을 극복하는 것조차 안 될 가능성이 있습니다. 오픈업무 시스템에서는, 제품의 하드웨어 능력의 차이에서, 임베디드 소프트웨어 보다 선행하여 개발효율의 요구수준이 계속 상승해 왔습니다. 그래서 오늘날에는 스스로 자신의 목을 죄는 것 같은 낮은 수준의 소프트웨어 설계를 허용할 만큼의 여유는 이미 없어진 것입니다. 그리고 임베디드 소프트웨어개발 분야에서도 같은 변화가 확실히 일어나고 있습니다.

특급전문가인 임베디드 소프트웨어개발 엔지니어도, 과거의 설계나 개발방법이 통용되지 않게 되어 가는 것을 실감하는 경우가 많아진 것은 아닌 지? 이것은 제품개발의 환경, 즉 엔지니어에게 외적인 변화가 원인이며, 결코 과거의 방법이 틀렸다는 것을 의미하지는 않습니다. 소프트웨어뿐만 아니라 대부분의 공학적인 설계의 패러다임에는 적용범위라는 것이 있어, 그 범위를 초과하면 갑자기 여러 가지 문제가 현재화 합니다. 최근의 임베디드 소프트웨어개발의 규모나 속도가, 우연히 설계 패러다임의 한계를 넘어버린데 지나지 않는다고 생각되고 있습니다. 즉 소프트웨어 엔지니어 측의 소질이나 능력부족에 기인하는 문제가 아니라, 새로운 설계 숙련도를 도입함으로써 해결할 수 있는 문제에 지나지 않는 것입니다.

현재 오픈업무 시스템이나 PC상의 클라이언트 소프트웨어 개발에서는, 새로운 설계 기법이나 개발환경을 도입함으로써 개발효율을 비약적으로 향상시키는 데 성공했습니다. 그러나 개개의 관리자나 소프트웨어 엔지니어의 자질이나 가능성이 현격하게 변한 것은 아닙니다. 엔지니어의 자실은 어느 소프트웨어의 분야에서도 거의 비슷하다고 생각해도 틀림이 없습니다. 오픈업무 시스템에서 달성할 수 있었던 개발효율의 향상과 같은 수준의 개선이, 임베디드 시스템의 엔지니어에게 안 될 리가 없다고 단언할 수 있습니다. 그러기 위해서는 소프트웨어 공학의 지식이나 기법을 적극적으로 받아들여, 임베디드 시스템 분야용으로 연구를 더하면서 활용하는 것이, 가장 간단한 지름길입니다.

비동기 처리의 구조설계 방침으로서, 다음의 2가지 선택 방안이 있습니다. 개발대상이 되는 임베디드 시스템의 특징이나, 담당하는 기능의 개발상황에 따라, 어느 쪽 방법을 채택할지 비교 검토할 필요가 있습니다.

● 상태전이 매트릭스의 직접 개발

이미 기술한 대로 이 옵션은 소프트웨어 설계의 관점에서 보면, 반드시 최적 해법이라고는 할 수 없습니다. 그러나 실제의 개발 프로젝트에서는, 소프트웨어 설계가 적절한가 하는 점 이외에도 중요한 판단기준이 수많이 존재합니다. 이미 상태전이 매트릭스를 그대로 개발한 모체가 존재하는 경우나. 프로젝트의 방침으로서(경험자나 다른 멤버가 알기 쉽도록) 상태전이 매트릭스에 1 대 1로 대응한 개발이 요구되고 있는 경우에는, 부분적으로 다른 구조를 채택하면 프로젝트 전체를 혼란시키는 원인이 될 수도 있습니다.

담당부분을 적절하게 설계한다는 방침과, 전체로 통일하여 설계한다는 방침은, 어느 쪽이나 같은 정도로 가치가 있는 사고방식입니다. 본서에서는 반복하여 기술하고 있습니다만, 소프트웨어 개발의 판단은, 효과와 비용(공수)의 균형을 잡는 것이 가장 중요합니다. 그 다음에 상태전이 매트릭스를 그대로 개발한다는 결정이 된 경우는, 상태전이 매트릭스의 내용을 구조 설계하는 방법 이외의 기법을 구사하여, 설계품질을 높이는 방향으로 에너지를 쏟는 편이 건설적입니다.

여기서 「상태전이 매트릭스를 직접 개발한다」는 옵션을 택한 경우는, 상세설계의 프로세서는 사실상 종료가 됩니다. 그 후는 코딩 공정으로 나아가, 상태전이 매트릭스에 정의된 처리를 소스코드로 변환하는 작업에 착수할 수가 있습니다.

● **구조화 설계 또는 클래스 설계에 의한 개발**

　상태전이 매트릭스를 실현하는 설계를 하여, 최적의 구조를 가진 소프트웨어를 개발하는 방법이, 임베디드 소프트웨어개발의 바람직한 모습입니다. 어떤 규모의 소프트웨어라도 설계를 하지 않고 코딩하면, 결코 좋은 결과는 얻을 수 없습니다. 상태전이 매트릭스를 그대로 개발하지 않고, 구조화 설계 또는 클래스 설계를 하여 적용성이 높은 소프트웨어 구조로서 개발하는 방법을, 제 7.5.1항 ~ 제 7.5.4항에서 설명합니다.

7.5.1 소프트웨어 설계에 대한 반영

　C 언어로 개발된 상태 머신의 구조 설계가 불완전한 경우, 상태전이 매트릭스의 열(또는 행)을 하나의 함수로서 기술하고, 그 함수 내에 거대한 switch문을 작성하여, 각 셀의 처리를 case 블록에 헤더 쓰기로 개발한 소스코드로 되기 쉽습니다. 또 객체지향 언어로 클래스 설계가 불충분한 채로 개발하면, 마찬가지로 상태전이 매트릭스의 열이 거대한 하나의 클래스가 되어, 매트릭스의 1 셀이 1 메소드로 되어있는 소스코드가 만들어지는 사례를 자주 볼 수 있습니다.

　임베디드 시스템의 기술서에서는 상태매트릭스와 소스코드의 대응함을 명료하게 나타내기 위하여, 굳이 상태전이 매트릭스의 열(행)을 통째로 switch문에 개발한 소스코드가 제시되어 있는 경우도 있습니다. 그래서 현실의 임베디드 소프트웨어의 소스코드에도 같은 구조의 것이 존재할지도 모릅니다. 이와 같은 소스코드는, 거의 예외 없이 처리의 흐름을 알기 힘들고, 유지보수성이 나쁜 것을 한눈에 보면 알 것입니다. 처리가 분단되어 있어 흐름을 좇기 힘들고, 변경의 영향범위도 불명확하므로, 테스트 공정이나 장래의 추가 작업의 효율이 대폭적으로 저하됩니다. 단 1 행을 수정하기 위해서 오랜 시간 소스와 대응하면서 조사하지 않으면 안 되거나. 충분히 검토하여 수정했다고 생각했는데, 상상도 하지 않은 패스를 간과하여 수정이 불충분 하게 되는 등, 여러 가지 고생의 근원이 됩니다.

　클래스 설계나 상세설계를 충분히 하지 않고 개발한 결과이므로 당연하다고 하면 당연합니다만, 단기간에 효율적인 개발작업이 요구되는 최근의 임베디드 소프트웨어개발 프로젝트에서는, 가능한 한 피해야 할 개발기법입니다.

7.5.2 상태전이 설계의 관점

　C++ 언어 등의 객체지향 언어로 개발하는 경우도 마찬가지입니다. 클래스 설계의 관점에서도, 리스트 7-2와 같이, 상태매트릭스의 내용을 그대로 하나의 클래스로서 개발하는 설계는 바람직하지 않습니다. 처리를 끌어 모으기 만한 클래스 설계는, 많은 기술서가 엄

중히 경계하고 있습니다.

상태매트릭스는 태스크가 받는 전 시그널에 대한 동작이 기술되어 있으므로, 그대로 클래스화 하면 「타이머의 설정과 사용자 인터페이스의 제어」「전원 이벤트의 처리와 태스크 초기화의 처리」등 각각의 처리 1 메소드를 모은 1 클래스가 되어버려, 객체지향 설계의 사고방식에는 전혀 부합되지 않습니다.

또한 이것은 디자인 패턴인 "상태"패턴을 부정하고 있는 것은 아닙니다. 상태패턴은 인스턴스에 대한 포인터를 사용하여 상태전이 매트릭스 열의 변환을 제어하는 클래스 구조를 하고 있습니다만, 그 구현할 클래스 속에 상태전이 매트릭스 안의 복잡한 처리를 모두 집어넣은 것 같은 설계는 피해야 한다는 의미입니다.

◉ 리스트 7-2 매트릭스를 그대로 개발한 소스코드

```
int EventHandler_Status_KeyInput( SIGNAL sig, void *pTaskContext )
                    //     상태
{
  switch (sig->message)
  {
            ⋮

  case MSG_TIMER_EXPIRE:
                        // 이벤트
    if (pTaskContext->mode == STF_JAPANESE_FEP)
            // 상태전이 매트릭스의 1셀을 개발한 블록
    {
        <한글 입력처리>
    }
    else if (pTaskContext->mode == STF_DSPCALL &&
        pTaskContext->deviceBuffer != NULL)
    {
        <DSP 커맨드 큐의 추가 처리>
    //    동일 이벤트를 계기로 실행될 뿐,
    //  서로 전혀 관계없는 처리가  혼재하고 있다
    }
        else if (pTaskContext->fCursorBlink == TURE)
```

```
    {
        <커서 점멸 처리>
    }
    else if ( … )
    {
            ⋮
```

마지막 단계로서, 상태전이 매트릭스의 처리를 실현하기 위해서 최적의 소프트웨어 구조를 검토하고, 클래스 설계(또는 구조 설계나 상세설계)를 합니다. 매트릭스에의 입력을 접수하는 처리, 즉 시그널의 종류에 따라 처리를 양분하는 인터페이스층을 설치하면, 시그널 사양의 영향을 받지 않고 태스크 본래의 처리를 쉽게 설계할 수 있습니다. 그리고 실제의 처리는 인터페이스층과는 별도로 하고, 전용의 함수나 클래스로 개발하면, 그림 7-15와 같이 「시그널과의 외부 인터페이스를 개발하는 클래스나 모듈」과 「로직을 개발하는 클래스/모듈」을 분리할 수 있습니다.

C 언어라면, 시그널 입력 인터페이스를 분리한 후의 태스크 처리는, 소프트웨어 설계의 기본인 구조화 설계의 기법에 따라, 기능단위로 정리한 함수군과 구조체로서 설계합니다. 구조화 설계에 대해서는 제 10.3절을 참조하십시오. 호출원의 이벤트 핸들러가 시그널 단위로 분할되어 있기 때문에, 그대로 시그널에 대응하는 처리의 내용을 별도의 함수로 잘라내는 구조화를 해버리면, 충분한 효과를 얻을 수 없습니다. 오히려 소프트웨어 구조가 외부의 시그널 사양에 따라 좌우된 불완전한 설계로 끝나며, 역효과가 될 우려도 있습니다. 간결하며 보수성이 높은 소프트웨어 구조를 실현하기 위해서는, 시그널에 의한 어플리케이션 고유의 처리를 개발하는 함수가 시그널 단위로 분할되지 않도록 고려하지 않으면 안 됩니다.

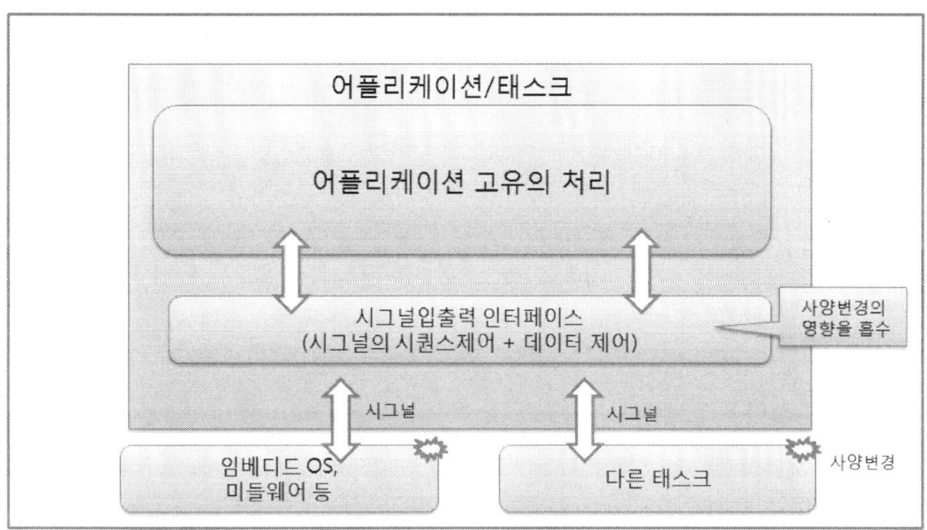

그림 7-15 시그널 입력 인터페이스의 분리

7.5.3 상태전이 제어와 기능의 분리

상태전이 제어와 어플리케이션 고유의 처리를 분리하기 위해서는, 상태전이도상의 처리를 2 개로 분리하는 방법이 유효합니다. 즉 실행 중인 콘텍스트 데이터에 의존하여 동작이 변하는 부분과, 실행상태에 의존하지 않고 같은 처리를 하는 부분을 분리한 소프트웨어 구조를 설계하는 것입니다.

구체적으로 파일 리스트 태스크의 타이머 만료 이벤트 처리를 예로 들어 설명하면, 표 7-3과 같은 개발이 됩니다. 파일 리스트를 회람 표시하는 태스크에서는, 타이머 만료 이벤트(MSG_TIMER_EXPIRE)를 받았을 때, 실행 중의 타이머로 인하여 ① 메시지 클로즈, ② JPEG 전개 연산의 타임아웃, ③ 커서 점멸, ④ 스무스 스크롤, ⑤ 아무 것도 하지 않는다, 는 5종류의 동작을 변환하는 것으로 합니다.

이때 태스크의 동작 상태에 따라 각 처리를 호출하는 부분과, 실제의 처리를 하는 부분은 비교적 쉽게 분간할 수 있습니다. 상태전이 매트릭스를 그대로 개발하면, switch ~ case 문으로 개발되는 부분이 동작 상태에 의존하는 부분입니다. 또한 case문 속에서, 실제의 처리를 하고 있는 로직이 동작 상태에 의존하지 않는 부분입니다.

동작 상황에 의존하지 않는 부분은, 상태전이 매트릭스와는 독립한 클래스나 함수군으로서 분리할 수가 있습니다. 이때 C 언어로 개발하고 있는 시스템이라면, 제 10.3절에서 기술하는 구조화 설계의 기법을 활용하여 독립성이 높은 함수를 설계합니다. 그림 7-16과 같이 상황에 의존하지 않고, 같은 입력 파라미터를 넘겨주면 같은 출력이 돌아오는 처리를 맡고, 또한 하나의 함수가 1 종류의 처리만을 하도록 주의합니다.

그리고 상황에 따라 처리가 변화하는 부분을 시그널 인터페이스의 함수군으로서 독립시킴으로써, 테스트 등의 결과 발생하는 수정에 효율적으로 대응할 수 있습니다. 처리의 흐름이 실제 기능의 어딘가에 수정이 필요하게 되어도 영향 범위를 최소한으로 저지시키므로, 신속하게 조사를 하고, 수정하여, 수정확인을 완료할 수가 있게 됩니다. 이와 같은 소프트웨어 구조에서는, 화면표시의 타이밍이 변경되면 시그널 인터페이스 함수만을 변경하면 되고, 또한 메시지 내용이 변경되면 화면 표시 함수만을 변경하면 되는 설계가 실현되어 있는 것을 알 수 있습니다.

[표 7-3] 타이머 만료 이벤트에 대한 동작

동 작	내 용	상 태
메시지 클로즈	확인 메시지의 규정 표시시간이 경과한 경우는, 메시지를 자동 클로즈 한다	메시지 다이아로그 표시 중
JPEG 전개 연산 타임아웃	내장 DSP에 의한 JPEG 전개 연산이 타임아웃한 경우에, 화상표시 불능을 알린다.	JPEG 전개 중
커서 점멸	일정한 시간 간격으로 커서의 표시·비표시를 변환한다	텍스트 입력 중
스무스 스크롤	일정한 간격이 경과할 때마다, 화면의 표시 내용을 조금씩 스크롤시킨다.	텍스트·화상의 스크롤 중
아무 것도 하지 않는다	이벤트를 무시한다	상기 이외

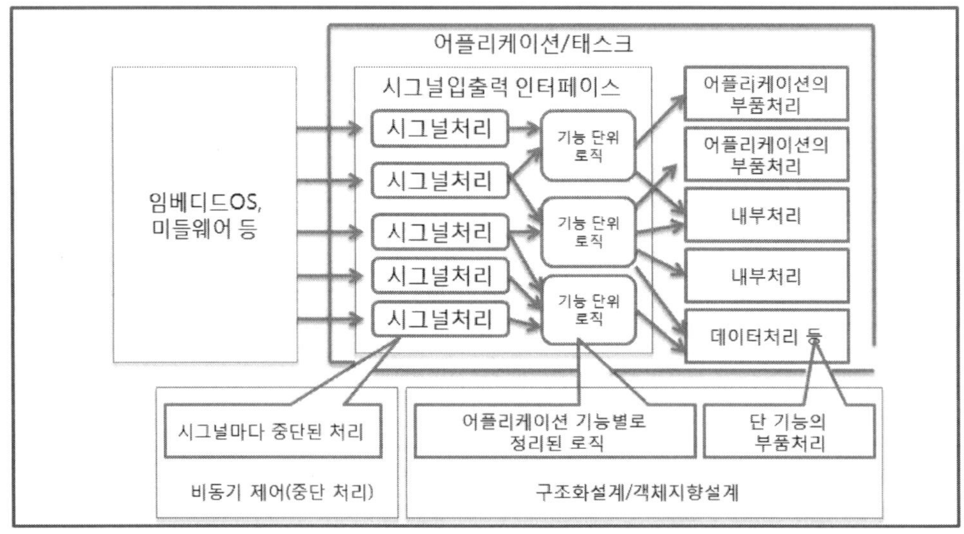

그림 7-16 처리의 중단을 막는 대책

7.5.4 객체지향설계의 비동기 처리

C++ 언어 등의 객체지향 프로그래밍 언어로 개발하고 있는 시스템이라면, 클래스가 복수개의 다른 종류의 데이터를 취급하지 않도록 주의하면서, 제 10장에서 기술하는 객체지향설계의 이론에 따라서 설계합니다. 비동기 처리의 객체지향설계에서는, 그림 7-17과 같이, 시스템을 조작하는 사용자나 태스크의 호출원을 액터로 간주하고 유스케이스 분석을 해야 합니더. 상태전이 메트릭스를 액터라고 생각하고 유스케이스 분서을 하는 것은, 즉 시그널을 액터로 하여 설계하는 것과 같은 뜻입니다.

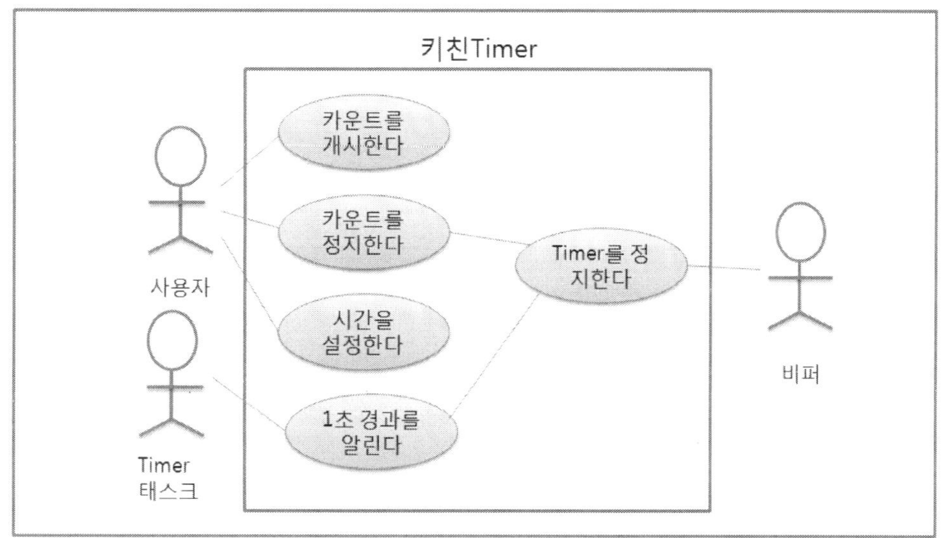

그림 7-17 상태전이 매트릭스의 유스케이스 분석

비동기 처리 시스템에서는, 원래는 일련의 처리로서 취급해야 하는 기능이, 처리 시간의 관계로 복수개의 시그널로 분할되는 일이 빈번하게 발생합니다. 예를 들면 파일의 읽기 개시와 읽기 데이터 및 결과의 획득은, 항상 페어가 되는 일련의 처리입니다. 오픈업무 시스템이라면 File 클래스의 Read 메소드의 인수 및 반환값으로서 1단계에서 처리될 것입니다. 이것이 비동기 처리에서는 SIG_FILE_READ_REQ 시그널과 SIG_FILE_READ_RES 시그널로 분할된 인터페이스 사양이 됩니다. 만일 파일 읽기 처리를 「읽기 개시」와 「읽기 결과 획득」 이라는 2 개의 액션으로 분할하여 유스케이스 분석을 했다고 한다면, 비동기 처리의 복잡함을 내포한 그대로의 클래스가 되어 버립니다.

앞에서 기술한 바와 같이, 시그널 인터페이스 처리와 실제의 태스크 기능의 개발이 서로 섞인 설계를 피하기 위해서는, 상태전이 매트릭스를 **액터**(Actor)로 하지 않는 편이 좋은 것입니다.

상태전이 매트릭스의 처리를 실현하는 클래스 설계에서는, 몇 가지 점에 주의가 필요합니다.

먼저 각 이벤트의 입력이 되는 시그널 정보는, 반드시 캡슐화 하도록 해주십시오. 시그널에 격납되는 정보는, 시그널 송신원 태스크의 수정에 따라 변경될 가능성이 있으므로, 시그널의 사양변경의 영향이 클래스 각 부분에 미치는 일이 없도록 배려가 필요하게 됩니다. 또한 메소드가 시그널의 단위로 분할되는 것을 방지하는 대책이 중요합니다. 이 문제에 대해서는 C 언어 설계의 함수분할을 막는 연구와 마찬가지의 조치가 유효합니다.

키친 타이머 태스크의 처리대상을 모델링하면, 「타이머 클래스」 「시간 입력 대화 클래스」 「메시지 대화 클래스」 「키친 타이머 클래스」 의 4클래스로 된 정적 클래스 설계를 생각할 수 있습니다. 타이머 클래스와 메시지 대화 클래스는, 범용성이 있는 공통 클래스입니다.

여기에 시그널을 받는 인터페이스인 「어댑터 클래스」 를 더한 5클래스로 이루어진 설계로 되었습니다. 이러한 샘플 클래스의 관계를 나타내는 정적 클래스도는 그림 7-18과 같이 됩니다.

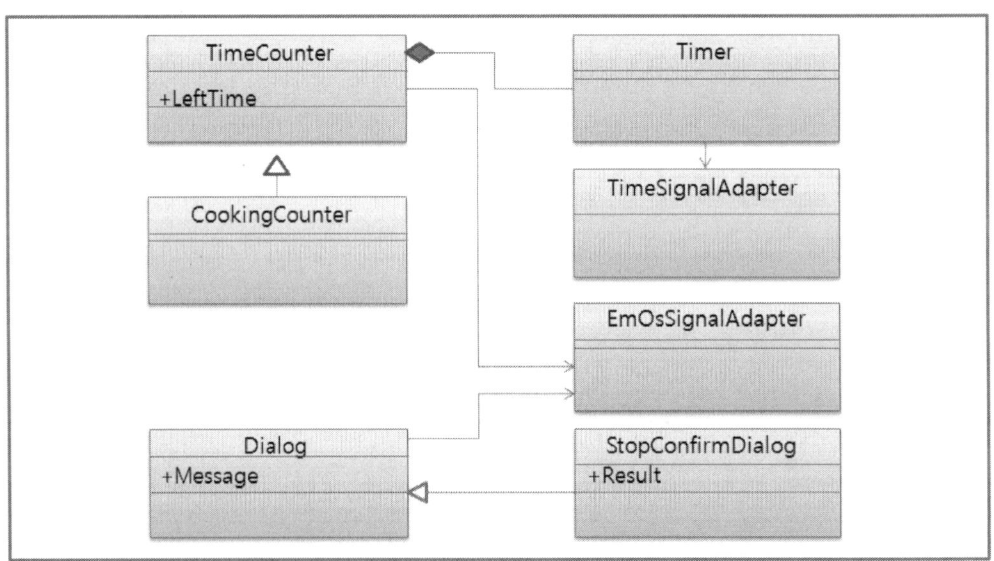

그림 7-18 키친Timer 태스크의 클래스도

리스트 7-3의 예에서는 키친 타이머의 처리는, 키친 타이머 클래스에 있고, 상태전이 매트릭스를 개발하는 어댑터 클래스에는 키친 타이머 클래스를 호출하는 약간의 코드만이 기술되어 있습니다. 비동기 처리의 시그널은, 시그널을 받는 측 처리의 정리와는 관계없는 단위로 보내 옵니다. 그래서 실제로 이벤트(시그널)를 받는 어댑터 클래스에서 처리

로직을 분리함으로써, 처리의 흐름이 잘게 끊어지게 되는 문제를 어느 정도 피할 수가 있습니다.

이와 같이 이벤트를 받기 위하여, 말하자면 매트릭스 표의 테두리선에 해당하는 클래스와, 매트릭스의 각 셀의 내부 처리를 개발하는 클래스를 분리함으로써, 시그널의 인터페이스나 시퀀스의 사양변경에 대응하기 쉬운 소프트웨어 구조로 할 수가 있습니다. 여기서 말하는 시그널의 변경이란, 시그널을 사용하는 다른 모듈의 변경을 의미합니다.

◉ 리스트 7-3 어댑터 클래스

```
// SIG_TIMER_EXPIRE
class timerAdapter
{
    protected FEPControler m_fepCtrl;
    protected DSPManager m_dspMmgr;
    protected Cursor m_cursor;

  public onTimerExpire(…)
  {
    switch (this->status)
    {
    case JAPANESE_INPUT:
        // 어댑터 클래스가 시그널 인터페이스의 각 클래스 인터페이스로 변환한다
        m_fepCtrl.ChangeMode(…);
        break;
    case BACKGROUND_DSP_PROC:
        m_dspMmgr.DecompressImage(…);
        break;
    }
    if (m_cursor.Blink)
    {
        m_cursor.RefleshCursor();
    }
  }
}
```

```
// FEP 제어 클래스
class FEPControler
{
    public ChangeMode(…)
            //기능단위로 정리된 처리
    {
        if (this->keyStrings.Length == 0)
        {
            // 미입력
            AddCharacter();
        }
        else
        {
            switch (key)
            {
            case VK_SPACE:
                // 변환
                    ⋮
            }
        }
    }
    private AddCharacter();
}

// DSP 관리 클래스
class DSPManager
{
    public DecompressImage(...)
            // 정리된 처리를 개발한 메소드
    {
        if (this->status == WAIT_CMD)
        {
            AddCmdQueue();
```

```
        }
        if (this->dspFlags  &  OUTSTREAM_EMPTY)  ==  0)
        {
            readResultFromBuffer();
        }
                    ⋮
    }
    protected  AddCmdQueue(…);
    protected  readResultFromBuffer(…);
}
```

임베디드 소프트웨어개발에서 발생하는 변경에는 2종류가 있는데, 장래의 추가의 변경뿐만 아니라, 현재 프로젝트의 개발완료까지 그동안에 발생하는 여러 가지 사양변경을 상정하지 않으면 안 됩니다. 임베디드 시스템에서는 여러 가지 이유로 시그널이나 동작 시퀀스의 변경이 요구되므로, 변경에 강한 설계를 채택하는 일이 중요하게 됩니다. 특히 하드웨어와 병행한 컨커런트 개발을 하는 프로젝트나, 복수개의 모듈을 변경하여 개발하는 프로젝트에서는, 복수개의 팀이 서로 개발 전에 검토에 따라 책정한 인터페이스 사양서를 바탕으로 하여 설계 작업을 하게 됩니다. 당연한 일이지만, 완벽하게 검토를 끝낸 인터페이스를 탁상에서 작성하는 것은 지극히 어려운 일이므로, 실제의 코딩 ~ 테스트의 공정에서 많든 적든 변경이 발생하게 됩니다. 자신의 팀은 인터페이스나 동작을 변경할 필요가 없을 정도로 충분한 검토를 했다고 해도, 연동하는 하드웨어나 모듈 측에서 인터페이스 사양이 변경됨에 따라, 수정이 필요하게 될 가능성이 있습니다.

폭포수 개발적인 이상론을 말하자면, 설계단계에서 완벽한 검토를 함으로써 코딩 공정 이후에 매트릭스를 수정할 필요가 없을 것이지만, 현실적으로는 짧은 검토기간이나 미확정된 사양의 영향으로, 많든 적든 코딩 이후의 공정에서 상태전이 매트릭스의 내용을 변경하는 것을 염두에 두지 않으면 안 되겠습니다. 실제로 단기간의 개발 때문에 연구되어 온 애자일(Agile) 개발의 방법론에서도, 사전에 100% 바른 설계를 하는 것은 불가능하게 여기고 있습니다.

이것은 물론 정확한 설계를 위한 노력을 방기해도 좋다는 의미는 아닙니다. 주어진 기간에서 최고의 설계를 하는 것이 프로페셔널로서의 의무이지만, 임베디드 소프트웨어개발을 포함한 단기간의 개발 프로젝트에서는, 설계단계 후에 변경이 발생한다고 해도 수정할 수 있는 개발기법을 사용하여, 전체적으로 신속하게 개발을 진행하는 스타일이 유효하다는 의미입니다.

반대로 말하면 충분한 설계 검토의 기간이 주어지지 않은 소프트웨어 개발 프로젝트에서는, 개발 중의 사양변경에 대응할 수 있는 설계나 개발기법을 사용하지 않으면, 예정한 기간이나 비용, 품질 등을 달성할 수 없다는 것도 의미하고 있습니다.

그리고 관리자나 엔지니어 개인의 입장에서 보면, 변경에 강한 설계를 항상 명심하여 개발 중의 사양변경에 대비해 두는 것은, 설계 공정에서 테스트 공정의 총 작업량, 즉 자신의 작업시간이나 잔업시간을 줄이는 일로 이어집니다.

비동기 처리형 멀티태스크를 채택한 임베디드 시스템의 개발 프로젝트에서는, 비동기 처리 설계의 좋고 나쁨이, 그 이후의 개발기간 모두에 걸쳐 커다란 영향을 미칩니다. 설계에 시간을 투입하여 충분한 설계를 해두면, 그 이후의 하류 공정에서 시간과 공수를 몇 배나 절약할 수 있다는 것을 잊지 마시기 바랍니다.

7.6 해외의 설계 기법

현재의 시점에서는 임베디드 소프트웨어개발 분야에서도, 선진적인 설계 기법의 다수가 외국의 대학이나 기업에서 제안되어, 실제의 소프트웨어 개발에서도 적용되고 있습니다.

한국은 임베디드 소프트웨어개발의 시장규모에서는 뒤떨어지지 않습니다만, 안타깝게도 설계 기법의 창안 면에서는 뒤지고 있는 것이 현실입니다.

외국에서는 오픈업무 시스템의 개발기법은 빠른 속도로 발달해 왔습니다. 오픈업무 시스템은 공통된 기술을 사용하고 있으므로, 개발기법이나 개발 툴의 시장규모가 비교가 되지 않게 크며, 그만큼 큰 노력을 투입할 수 있는 시장이 형성되어 있습니다. 그 결과 고도의 개발기법이나 개발 툴이 연달아서 등장하고, 그것이 큰 효과나 이익을 창출함으로써 한층 더 연구나 개발을 확대한다는 선순환이 형성되어 있습니다. 이것은 한국에서는 볼 수 없는 커다란 장점입니다.

한국의 임베디드 소프트웨어의 개발기법이나 개발 툴은, 그 다수가 1 기업이나 1 업종의 내부라는 한정된 범위를 대상으로 하여 계속 개량되어 왔습니다. 그래서 하나하나의 개발 툴에 투입되는 노력이 상대적으로 적으며, 높은 범용성과 커다란 효과가 있는 개발기법이나 개발 툴이 창출되기 어려운 환경이 계속되어 왔습니다. 또한 한국의 오픈업무 시스템 개발에서도 개발기법이나 개발 툴, 나아가서는 O/S·릴레이셔널 데이터베이스·Web 서버 등 모든 기술 분야에서, 해외의 제품을 기반으로 국내 고객용에 필요한 기능을 추가하거나 커스터마이즈하는 업무가 태반을 차지하고 있었기 때문에, 국내 독자적인 개발기법이나 개발 툴은 소규모의 제품밖에 존재하지 않습니다.

이와 같은 차이에서 해외에서는 오픈업무 시스템의 개발기법이나 개발 툴의 풍부한 시장을 배경으로 두터운 연구자 층이나 툴 개발기술이 축적되어 있고, 그것이 임베디드 소프트웨어개발 분야로 파급되어 있습니다.

그에 비해서 국내에서는, 개발기법의 연구와 개발 툴의 개선이 진행되기 어려운 상황이 형성되어 있습니다. 또한 개발기법의 연구나 툴 개발에 관심있는 연구자나 엔지니어는, 상당한 고생을 거듭하며 개발의 효율향상에 힘을 기울이고 있는 상황입니다. 임베디드용 개발기법에 한해서 말하면, 임베디드 시스템 자체의 기능이나 기술은 별도로 하고, 잎서있는 외국의 기법이 크게 참고가 되겠습니다.

표 7-4와 같은 임베디드 소프트웨어개발로 특화한 설계 기법이, 해외에서 실제로 적용되어 있습니다. 한눈에 알 수 있듯이. 해외의 개발기법의 대부분은 객체지향 기술을 토대로 하고 있습니다. 특히 툴로써 자동적인 코드 생성을 할 수 있게 하는 강력한 개발기법은, 모든 객체지향 기술과 UML에 의거하고 있습니다. 국내의 임베디드 소프트웨어개발에서는, C 언어와 C++ 언어가 거의 같은 비율로 되어 있습니다만, C++ 언어를 사용하고 있는 프로젝트에서도 충분한 객체지향설계를 채택하고 있는 예는 별로 찾을 수 없다고 생각됩니다. 그러나 임베디드 시스템의 경쟁상대인 해외의 흐름은, 확실히 객체지향과 **MDA**(Model Driven Architecture : 모델구동 아키텍처) 툴의 도입을 시도하며, 개발 효율을 향상시켜 가고 있습니다. 국내의 임베디드 소프트웨어개발 프로젝트에서도, 객체지향 기술의 도입에 대해서는 더 이상 미룰 수 없는 상태로 되어 있는 것을 알 수 있습니다.

[표 7-4] 임베디드 소프트웨어개발용의 설계 기법

설계 기법	개 요	고안자/조직	대상 분야
Realtime UML	리얼타임 제어용으로 UML을 확장한 기법	Bruce P.Douglass	임베디드
Formal Method	프로그램의 동작사양을 중소언어로 정의하여, 소스코드를 자동 생성하는 설계 기법. 형식기법이라고 한다	옥스퍼드대학 등	제어계 일반
ROOM	UML2.0에 도입된 설계 기법. 비동기 제어 시스템의 설계에 특유의 문제를 분석하고, 표현할 수 있다	Bran Selic Garth Gullekson Paul T.Ward	소프트웨어 일반
Octopus	이벤트 구동형 시스템용의 객체지향설계 기법. 세계 점유율 톱인 NOKIA사에서 휴대전화기 개발 등에 적용하고 있다	NOKIA사	임베디드
CODARTS/COMET	비동기 제어 시스템용으로 특화한 설계 기법으로서, 모델 분석의 결과를 소프트웨어 설계로 변환하는 점이 특징	Hassan Gomaa	
Executable UML	실행 가능한 2계층의 UML 모델을 작성하여, 소스코드를 자동 생성함으로써 개발을 효율화 하는 기법	Sally Shlaer Stephen J.Mellor	소프트웨어 일반

7.6.1 Realtime UML

Realtime UML이란 리얼타임 제어 시스템(비동기 처리형의 임베디드 시스템)의 설계에 UML을 응용하기 위해서, 일부 확장을 가한 표기법입니다. 이벤트 구동형의 제어를 나타내기 위한 확장 등이 추가되어 있습니다. 또한 Realtime UML을 실제의 제품개발에 적용하는 설계 기법으로서, 브루스 더글라스(Bruce Powel Douglass)이 제창한 ROPES(Rapid Object Oriented Process for Embedded System)라는 방법론이 알려져 있습니다.

"Real Time UML : Advances in the UML for Real-Time Systems" (Bruce Powel Douglass 저. Addison-Wesley Professional간, 이나 "Real Time Design Patterns : Robust Scalable Architecture for Real-Time Systems"(Bruce Powel Douglass저, Addison-Wesley Professional간) 등의 서적에서 상세하게 해설되어 있습니다.

여기에 의거한 개발 툴로서는, Telelogic사가 개발한 「Rhapsody」라는 UML 설계 툴이 유명합니다. UML 모델에 따라 설계한 소프트웨어의 소스코드를 자동적으로 생성함으로써, 개발효율의 향상을 달성하는 것입니다. 또한 모델 수준의 재사용성도 어느 정도 향상합니다만, 재사용성은 개발언어나 시스템 사양에 조금 의존합니다. 범용적인 UML 개발 툴입니다만, 임베디드 용도의 적용 실적도 있는 제품입니다.

7.6.2 Formal Method

Formal Method는 테스트-퍼스트의 사고방식에 영향을 준 매우 엘리건트한 설계방법론입니다. **형식기법**으로 번역됩니다. 원래는 소프트웨어 개발 전체의 효율을 개선하기 위한 개발 방법론이며, 테스트 기법에 한정된 사고방식은 아닙니다. 주로 옥스퍼드 대학 등에서 연구되어, 영국이나 프랑스의 기간 시스템 개발 등에서 실적을 올려 왔습니다.

형식기법에서는 소프트웨어를 설계·기술하고 나서 테스트 공정에서 확인하는 일반적인 개발 프로세스에는 쓸데없는 일이 많다고 여기고 있습니다. 그래서 「프로그램의 정확한 동작을 나타내는 사양을 기술하고, 거기서 소프트웨어의 소스코드를 자동 생성하면, 바른 소프트웨어라는 것을 수학적으로 증명할 수 있다」고 하는 사고방식에 의거하고 있습니다. 이론에만 치우친 방법이 아니라, 실제 작업의 효율화에도 중점을 두고 있는 설계 기법이라는 점도 특징입니다.

구체적으로는, 프로그램의 동작 사양을 **「Z언어」**나 **「B-Method」** 등의 추상 언어로 기술하고, 모델 기법 툴 등을 통하여 반자동적으로 설계의 정당성을 확인합니다. 그 후 소스코드 생성 툴을 사용하여 코딩함으로써, 효율적으로 소프트웨어를 개발하려는 접근을 시도하고 있습니다. 대규모 시스템용의 툴 등이 실용화되어 있고, 메인 프레임의 CICS 트랜잭션처리 모니터 개발이나 파리 지하철의 제어시스템 개발 등에서 큰 성공을 거둔

점에서, 높은 평가를 받고 있습니다. 또한 임베디드 시스템의 분야에서는 복잡한 LSI의 자동 테스트 등에서 사용되어, 실적을 올리고 있는 기법이므로, 그 사고방식은 임베디드 소프트웨어개발에도 효과적으로 응용할 수가 있습니다. 단 툴로 자동화하여 개발효율을 향상시키기 때문에, 개발지원 툴의 존재가 꼭 필요합니다. 안타깝게도 임베디드 소프트웨어용의 개발 툴은 거의 존재하지 않고, 당장 임베디드 소프트웨어개발에 적용하는 것은 어려운 상황에 있습니다. 장래에는 매우 유효한 기법의 하나가 될 가능성이 있습니다.

7.6.3 ROOM

ROOM(Real-Time Object-Oriented Modeling)는 UML을 리얼타임 시스템(임베디드 시스템)의 개발용으로 확장한 것입니다. 현재는 그 사고방식이 UML2.0에 도입되어 있습니다. UML2.0에서는, 타이밍도나 프로토콜 상태 머신 등의 리얼타임 시스템용의 기능이 정식 채택되어, UML SPT Profile(Scheduling, Performance and Time Profile) 등이 옵션으로서 추가되었습니다. 이에 따라 많은 UML 개발 툴이 리얼타임 개발용의 기능을 지원하기에 이르렀습니다.

UML2.0은 사실상의 업계 표준이며, 다수의 개발 툴이 판매되고 있습니다. 유명한 제품으로서는, IBM사의 Rational Rose·Borland사의 Together·ChangeVision사의 JUDE·Menter Graphics의 EDGE UML Suite·No Magic사의 MagicDraw UML·CATS사의 ZIPC·오지스 총연 사의 AGE 등을 들 수 있습니다.

7.6.4 Octopus

Octopus는 핀란드의 NOKIA사에서 고안한 임베디드용의 설계 기법입니다. 이벤트 구동형의 리얼타임 시스템의 설계를 목적으로 하고 있는, 객체지향 기술을 전제로 한 설계 기법입니다. UML 상태 차트도를 사용하여 상태전이의 분석을 한 후에, 주로 UML 콜래보레이션도를 사용하여 비동기 처리(컨커런트 처리) 시스템의 설계를 합니다. 그리고 클래스와 인스턴스 객체를 추출한 후, 분류를 하여 개발 모듈로 변환해 갑니다.

NOKIA사는 세계 최대의 휴대전화기 메이커로, 휴대전화기 전 세계 매출실적 1위인 업체로서 무선통신기기나 네트워크 장치도 제조하고 있으며, 그 다수에 실제로 적용되어 크게 성과를 올리고 있는 설계 기법입니다. 그러나 Octopus에 준거한 개발 툴 제품 등은 시판되어 있지 않으며, 일반적인 개발 프로젝트에서 채택되는 케이스는 별로 없는 것 같습니다.

NOKIA Research Center의 Web 사이트(http://www-nrc.nokia.com/octopus/)에서 설계 기법의 설명이나 구체적인 샘플 등을 소개하고 있습니다.

7.6.5 CODARTS/COMET

CODARTS(COncurrent Design Approach for Real-Time Systems) 및 COMET(Concurrent Object Modeling and Architecture design mEThod)는 조지 메이슨 대학의 하산 고마(Hassan Gomaa)가 제창한 임베디드용의 설계 기법입니다.

CODARTS는 임베디드 소프트웨어개발의 연구에 의거한 설계 방법론입니다. 객체지향적인 설계 기법을 도입하여 UML 등 표준적인 모델 표기 등에 대응한 방법론이, COMET/UML입니다. 유한 상태머신이나 컨커런트 태스크(비동기 처리)의 설계를 전제로 하여, 모델 분석의 결과를 소프트웨어 설계로 변환하는 기법으로, 하드웨어나 디바이스 사양에 대한 의존을 피하는 연구가 근저에 있습니다. 이것은 오픈업무 시스템계의 설계 기법으로서 발전해 온 순수한 UML에서는 볼 수 없는 특징입니다.

미국뿐만 아니라 국내에서도 사용되고 있는 것 같은데, COMET에 준거한 일반적인 개발 환경이나 툴이 아니지만, 유익한 정보로서. "Software Design Methods for Concurrent and Real-Time Systems"(Hassan Gomaa저, Addison-Wesley Professional간)이나 "Designing Concurrent, Distributed, and Real-Time Applications with UML"(Hassan Gomaa저, Addison-Wesley Professional간)등의 저서가 있습니다.

7.6.6 Executable UML

Executable UML이란 **모델구동 개발기법**(MDD : Model Driven Development)의 하나로서, 비교적 오랜 역사를 가지고 있는 기법입니다. xUML이라는 약칭으로 나타내기도 합니다. 범용적인 MDD의 대처이며, 임베디드 소프트웨어개발로 특화한 기법은 아닙니다. UML로 모델링한 소프트웨어 설계결과에서 직접 소스코드를 출력한다는 어프로치는 UML2.0 개발 툴과 같습니다만, 소스코드를 수작업으로 수정하는 것을 생각하고 있지 않는 점에서 선진적인(또는 참신한) 기법입니다. UML을 도형을 사용한 프로그래밍 언어로서 사용하는 기법이라고 생각하면, 이미지를 떠올리기 쉬울지도 모르겠습니다.

Executable UML은 Project Technology사의 설리 슈레이어(Sally Shlaer)와 스테판 멜러(Stephen J. Mellor)가 제창한 Shlaer-Mellor법을 바탕으로 하고 있습니다. UML로 정의한 도표 중에 클래스도, 상태 차트도,(UML2.x의 상태 머신도), 액션·시멘틱을 조합하여, **플랫폼 비의존 모델**(PIM : Platform Independent Model)의 그림에서 직접 실행 가능한 소스코드를 작성하는 것을 목적으로 하고 있습니다. 구체적으로는 클래스도에 기술된 정적 클래스 구조 메소드에, Action Language라고 하는 추상화된 언어로 처리 로직을 기술함으로써, PIM 모델로부터 개발 코드를 출력할 수 있도록 하고 있습니다.

개발 툴 제품으로서는, 미국의 Project Technology사의 BridgePoint, KENNEDY CARTER

사의 iUML, Kabira Technologies사의 Infrastructure Switch 등이 있습니다(Project Technology사는 슈레이어, 멜러 두 사람이 설립한 기업).

사용자 인터페이스(UI)의 개발

임베디드 시스템의 UI라고 하면, 종래에는 버튼과 LED나 램프가 주류였습니다. 그러나 액정기술의 발달로, 고도의 그래픽을 처리할 수 있습니다. 본 장에서는, 고기능 UI를 효율적으로 설계하는 방법을 설명합니다.

8.1 여러 가지 UI

임베디드 시스템의 인터페이스는 오랜 역사가 있어, 제어방법도 확립되어 있습니다. 그러나 최근의 임베디드 시스템에는 디스플레이를 갖춘 것이 있어, PC 소프트웨어 같은 고도의 **그래피컬 사용자 인터페이스(GUI)**가 요구되므로, 종래의 임베디드 시스템의 UI와는 비교가 안 될 규모의 소프트웨어가 필요하게 됩니다.

임베디드 시스템은 매우 변동이 풍부하며, 여러 가지 종류의 인터페이스를 내장하고 있습니다. 입력장치로서는 버튼·센서·키보드·마이크 등이 있습니다. 출력장치로서는 LED·고정표시의 액정디스플레이·도트 매트릭스형의 디스플레이·비퍼·스피커·프린터 등이 있습니다.

그 가운데 가장 복잡하며 다양한 표시를 할 수 있는 디바이스는, 도트 매트릭스형 디스플레이 등의 픽셀로 표시 제어를 할 수 있는 출력장치입니다. 급속하게 저 비용화·소형화와 고해상도화가 진전된 결과, 매우 작은 디지털 오디오 플레이어에서 카내비게이션 시스템까지 **하이엔드(High-End)**한 임베디드 시스템에서는 일반적인 인터페이스로 되어 있습니다.

픽셀 표시 디바이스는, 소프트웨어로 표시내용을 자유 자재로 제어할 수 있으므로, 제어용의 소프트웨어에도 매우 복잡하며 고도의 기능이 요구됩니다. 특히 GUI를 채택한 임베디드 시스템에서는, UI부의 개발공수가, 임베디드 소프트웨어개발 공수 전체의 반 이상을 점유한다는 상황도 발생하고 있습니다.

종래의 임베디드 시스템에는 단순한 UI 장치 밖에 내장하지 않았던 관계로, UI는 단순한 기능 밖에 개발하고 있지 않았습니다. 그래서 리얼타임 처리나 고속 데이터 연산의 기법이 고도로 발달되어 있는 반면에, 체계적인 UI의 개발기법은 오랫동안 도입되는 일이 없었습니다. 그 결과 현재의 고도화된 GUI개발에서도, 매우 낮은 기법에 의존한 임시 방편의 설계나, 비효율적인 개발을 수 없이 볼 수 있습니다. 그러나 기간과 인원적으로 엄격함 속에서, 지금부터 시행착오를 거듭하며 GUI 개발기법을 만들어나갈 여유는 없다고 해도 과언은 아닙니다.

그와 같은 상황에서 단기간에 GUI 개발의 효율을 개선하기 위해서는, 다른 분야에서 이미 연구된 기법을 참고로 하면서, 임베디드 소프트웨어개발용에 맞춰 나가는 방법이 가장 현실적인 지름길이 됩니다.

임베디드 시스템의 UI는, 몇 종류의 그룹으로 나눌 수 있습니다. 여러 가지 표시 인터페이스 가운데, GUI라고 할 수 있는 형태의 UI에는 다음과 같은 종류가 있습니다.

8.1.1 멀티윈도우 GUI

멀티윈도우 GUI는 Windows XP나 Vista 등으로 친숙한 UI입니다(그림 8-1). 복수개의 태스크가 동시에 GUI 표시를 하는 일이 가능합니다. 태스크 마다 표시 내용은 화면의 일부 또는 전체를 점유하는 윈도우의 내부에 표시됩니다. 복수개의 윈도우를 서로 겹쳐서 표시할 수 있으며, 동시에 복수개의 어플리케이션을 변환하여 사용할 수 있습니다.

화면상에 복수개 표시된 윈도우 중, 사용자가 조작할 수 있는 것은 보통 하나의 윈도우뿐입니다. 사용자 입력 대상으로서 선택된 상태라는 것을 나타내는 플래그를 포커스(Focus)라고 합니다. 사용자로 부터의 입출력 이벤트는 포커스를 가진 윈도우만이 받습니다만, 그 이외의 비동기 입출력 처리의 이벤트나 타이머 관계의 이벤트 등은 포커스를 가지지 않은 윈도우에도 보내지게 됩니다.

멀티윈도우 GUI는, 고기능 임베디드 O/S나 GUI 라이브러리를 통하여 제공되는 일이 대부분입니다.

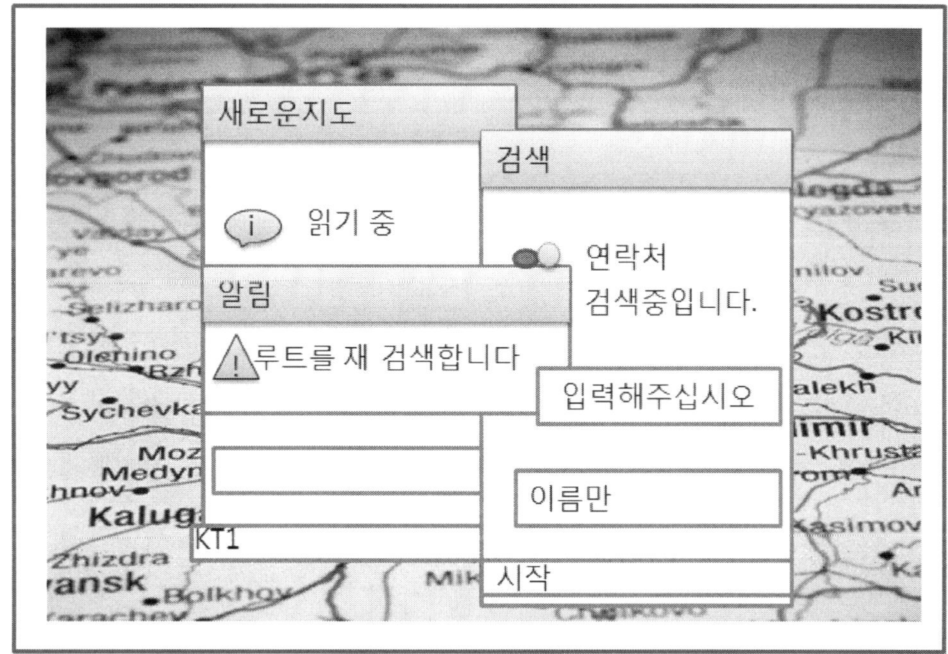

그림 8-1 멀티윈도우 GUI

8.1.2 타일링 윈도우 GUI

타일링 윈도우 GUI는, 복수개의 태스크가 표시영역을 겹치는 일 없이 동시에 화면 표시를 하는 형식의 멀티윈도우 GUI입니다(그림 8-2). 화면을 가로나 세로로 2분할하여, 각기 별도의 태스크가 GUI 표시를 제어하는 임베디드 시스템에서 사용되고 있습니다. 범용적인 **타일링**(Tiling) GUI 라이브러리는 거의 존재하지 않고, 메이커가 독자적으로 개발한 라이브러리로서 개발되어 있는 예가 태반을 차지합니다. 라이브러리 개발에 필요한 공수가 작은 반면, 정리되어 보기 쉬운 GUI를 실현할 수 있으므로, TV 화면에 GUI를 표시하는 **OSD(On Screen Display)** 기능을 가진 AV 가전제품이나, 소형 디스플레이를 내장한 임베디드 시스템 등에서 사용되고 있습니다.

타일링 윈도우 GUI에서는 윈도우의 중첩처리가 지원되지 않기 때문에, 화면표시 속의 부품이 중첩되는 일이 발생해도 감추어진 부분을 보존하는 기능도 제공되어 있지 않은 경우가 많고, 표시영역 내의 묘사내용은 태스크 자신이 관리하는 사양이 되기 쉽습니다. 그래서 묘사 로직이 복잡해지며, GUI로서 제공되는 그래픽의 수준과 비교하면, 개발공수가 크다는 특징도 있습니다.

또한 타일링 윈도우 GUI에서도, 메시지 통지 등에 사용되는 모덜 대화창만은 윈도우 상에 중복 표시할 수 있습니다. 그 경우에도 메시지만이 겨우 Yes/No를 선택하는 정도의 간단한 기능을 가진 정형의 다이아로그 뿐입니다. 임의 디자인인 대화창은, 보통은 중복 표시는 할 수 없습니다.

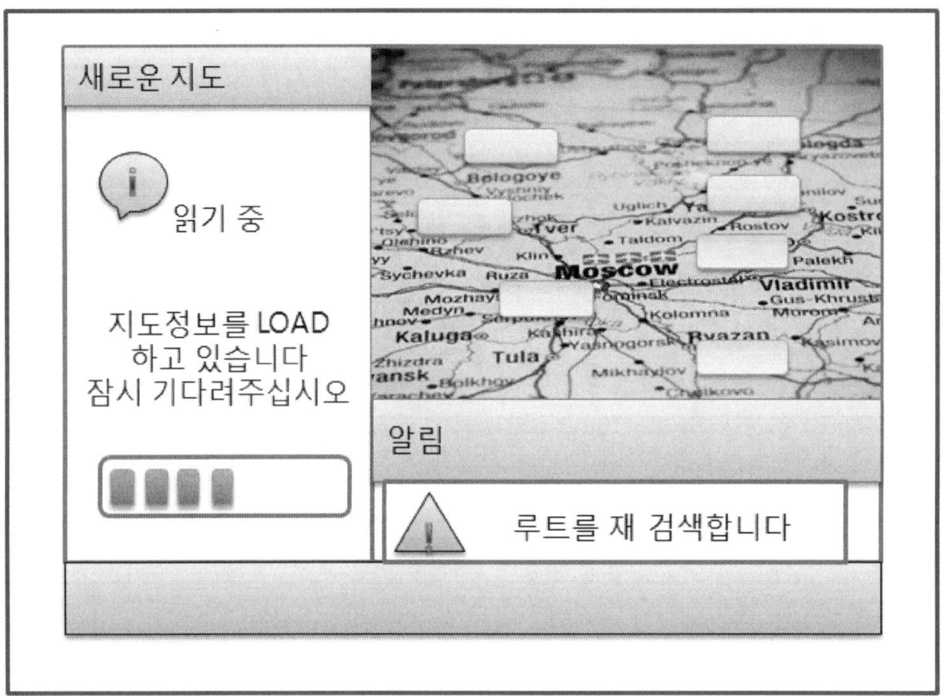

그림 8-2 타일링 윈도우 GUI

8.1.3 싱글 윈도우 GUI

싱글 윈도우 GUI는, 이름 그대로 하나의 윈도우가 화면을 점유하여, 단일 태스크가 GUI를 표시하는 방식입니다(그림 8-3). 멀티태스크 O/S 상에서 실현되어 있는 경우에도 화면표시가 가능한 태스크는 하나뿐인 점이 특징입니다. 백그라운드에서 동작하는 태스크는 휴면 상태가 되어, 일시적으로 실행이 정지되는 일이 있습니다.

싱글 윈도우 GUI에서도, 화면의 일부에만 표시되는 모덜 대화창의 윈도우를 사용할 수 있는 것이 대부분입니다. 표시되는 윈도우 태스크의 뒤에는 직전에 실행되었던 태스크가 표시되어 있으므로, 멀티윈도우 GUI와 같은 외관의 GUI를 실현할 수 있습니다. 그러나 싱글 윈도우 GUI에서는, 중첩처리에 따라 아래에 감추어진 윈도우의 동작은 정지되고, 배경의 일부로서 표시되는 것만으로 그칩니다. 멀티윈도우 GUI의 비 포커스 윈도우처럼 백그라운드에서 표시를 계속 갱신하는 처리는 할 수 없습니다. 태스크와 GUI가 연동하고 있는데, 액티브한 태스크가 표시 디바이스를 점유하는 구조가 일반적입니다.

  싱글 윈도우 GUI는 일반적으로 공개되어 있는 라이브러리나, 메이커 독자적인 라이브러리로 실현되어 있습니다. 임베디드 분야는 변동이 풍부하므로 한마디로는 말할 수 없습니다만, **Widget**나 **Parts**라고 하는 UI의 부품을 조합하여 복잡한 화면을 구축할 수 있는 고도의 GUI 라이브러리도 얼마간 존재합니다. 휴대전화나 카 내비게이션 시스템용의, 장면에 따라 화면이 완전히 바뀌는 타입의 GUI에서 많이 사용되고 있습니다.

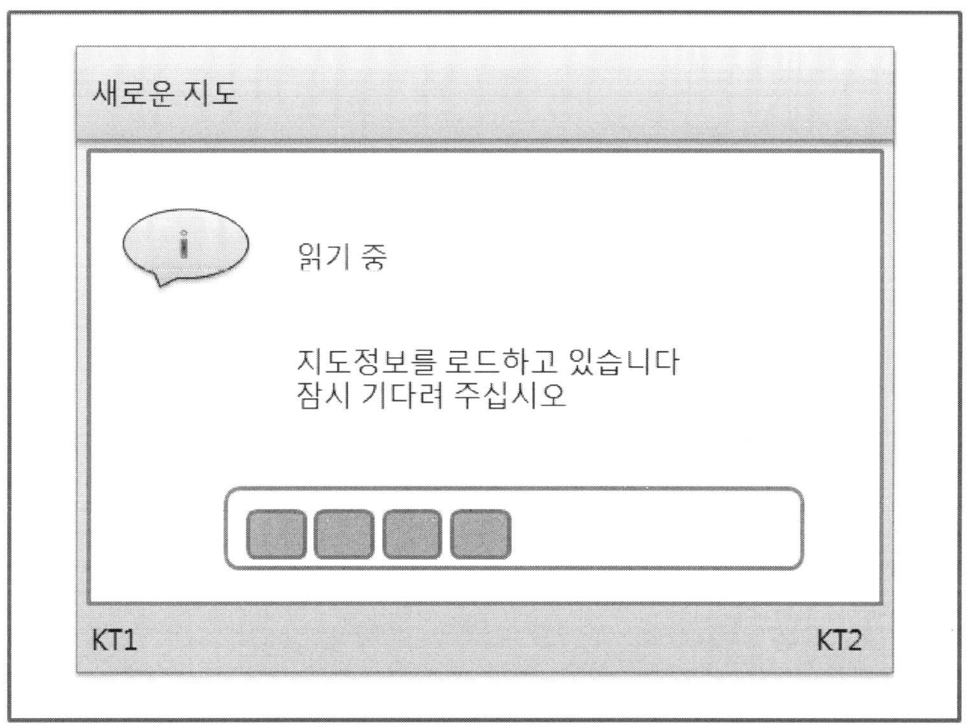

그림 8-3 싱글윈도우 GUI

8.1.4 비트 맵 GUI

  비트 맵 GUI는 화면표시 영역을 하나의 태스크가 점유하고, 자신의 관리 하에서 화면묘사를 하는 형식입니다(그림 8-4). 외관상은 싱글 윈도우 GUI나 타일링 윈도우 GUI와 분간하기 어렵습니다만, GUI를 제어하는 소프트웨어의 구조는 완전히 다릅니다.

  비트 맵 GUI에서는 GUI 라이브러리에 윈도우나 스크린이라고 불리는 화면 단위의 표시 제어 버퍼의 개념이 없습니다. 디스플레이 등에 대한 표시내용을 격납한 VRAM 영역을 액티브한 태스크가 점유하고, 화면상의 픽셀로 표시하는 데이터를 써넣어 갑니다. VRAM 액세스를 총괄하는 모듈이 있어, VRAM이 래핑되어 있는 경우도 있습니다만, 비트 맵 형식의 묘사정보를 각 태스크의 책임으로 관리하는 점은 변함없습니다.

그림 8-4 비트맵 GUI의 묘사

표시 중인 내용은, 액티브한 태스크가 제어하지 않으면 안 됩니다. 임베디드 시스템에서는 표시내용을 변경할 때에는 화면 전체를 재묘사하지 않고 변경된 부분만을 갱신하는 처리가 일반적입니다만, 어느 부분이 변경되었는지에 대한 관리를 태스크의 GUI 기능이 개발하지 않으면 안 되기 때문에 복잡하며, 보기 좋은 GUI를 개발하려고 하면 할수록 번잡한 처리가 필요하게 됩니다. 특히 비동기 제어 시스템에서는, GUI 처리 로직이 극히 복잡해지기 쉬우므로, 필연적으로 불량이 많이 발생하게 됩니다. 그 결과 임베디드 소프트웨어개발의 GUI 개발 비용, 특히 테스트 공정의 비용을 상승시키는 요인이 됩니다. 반대로 간결한 GUI의 시스템에서는, 비트 맵 GUI의 문제점은 표면화 되지 않고 끝나는 경우도 있습니다.

비트 맵 GUI는, 라이브러리가 제공하는 부품의 제한을 받지 않고, 아주 자유스러운 화면구성을 채택할 수 있는 점도 특징입니다. 그래서 소규모의 임베디드 시스템이나 임베디드 기기용의 2D 게임 등에서 사용되고 있습니다.

8.1.5 캐릭터 기반의 GUI

캐릭터 기반의 GUI는, 문자 표시만이 가능한 디스플레이 장치를 사용하여 의사적으로 GUI적인 표현을 하는 UI입니다(그림 8-5). 문자만을 사용하는 UI이므로, 엄밀하게는 GUI에 포함되지 않습니다만, 임베디드 시스템에서는 예전부터 사용되어 왔습니다.

테두리선이나 기호문자 등을 잘 편성하여, 윈도우 표시풍의 화면 등을 표시할 수 있습니다. 캐릭터 기반의 GUI의 라이브러리 대부분이 메이커 독자적으로 개발되었으므로, 일반적으로 사용되는 공개 라이브러리는 없습니다. 캐릭터 표시능력 밖에 없는 디스플레이나 **VDP**(Video Display Processor)를 채택한 시스템에서 사용되는 방식입니다.

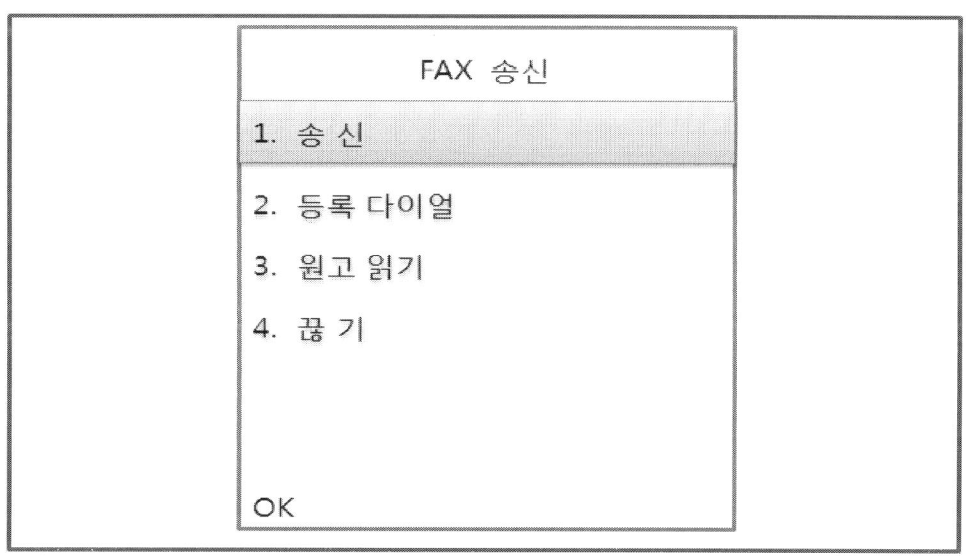

그림 8-5 캐릭터 기반의 GUI

8.1.6 3D그래픽 GUI

최근의 임베디드 시스템에서는, **3D그래픽 GUI**를 채택한 제품도 있습니다. 고도의 표현력을 가진 UI가 요구되는 카내비게이션 시스템이나 휴대전화, 디지털 비디오카메라, 디지털 하이비전 TV 등에서 널리 사용되고 있습니다(그림 8-6).

3D그래픽 GUI에서는, 3D그래픽 처리를 전문으로 담당하는 라이브러리가 많이 사용됩니다. 또한 최근 몇 년 사이에는 ATI사(AMD사)나 nVIDIA사, NEC사 등에서 PC용의 3D그래픽 칩을 임베디드용으로 커스터마이즈한 GPU가 제조되어 있으므로, 3D 액셀러레이터를 내장한 임베디드 시스템도 존재합니다.

GPU를 직접 제어하는 시스템도 있지만, 일반적으로는 칩 메이커로부터 제공되는 3D그래픽 라이브러리를 경유하여 화면 묘사를 하고 있습니다(표 8-1, 표 8-2).

그림 8-6 3D그래픽 GUI

[표 8-1] 3D그래픽을 실현하는 기능 계층

계 층	역할과 목적
어플리케이션	GUI가 하는 조작을 받아서 어플리케이션으로서의 기능을 제공하고, 여러 가지 처리를 한다
UI 라이브러리	화면상의 GUI요소(버튼이나 텍스트 표시영역, 화상 표시영역 등)를 관리하고, 또 입력 라리 포커스나 각종 이벤트의 관리를 함으로써, 사용자와의 상호작용을 실현하기 위한 기능을 제공한다
라이브러리	프로그램의 제어에 따라, 좌표나 텍스처 등의 데이터에서 3D 화상을 생성한다
GPU(3D묘사 프로세서 등)	3D그래픽 생성에 필요한 연산 등을 고속으로 실행하는 하드웨어
VRAM	3D 데이터를 화소 단위로 기록하고, LCD나 TV 화면 등에 표시한다

[표 8-2] 3D그래픽 라이브러리

3D 라이브러리	특 징	주된 용도
OpenGL ES	SGI사가 개발한 3D 라이브러리 "OpenGL"을, 임베디드 기기용으로 특화한 라이브러리	휴대전화·카 내비 외에 다수
DirectX	Microsoft사의 PC용 DirectX 라이브러리를, Windows CE 플랫폼에 커스터마이즈한 라이브러리	PDA·카 내비·스마트 폰 등
Mascot Capsule Engine	독자적인 API에 의한 경량의 고속 3D 라이브러리. 국내 대부분의 휴대전화에 채택되어 있어, 널리 사용되고 있다	휴대전화 등
ORGL3D	히타치 어드밴스트 디지털사가 개발한 SH-Navi 프로세서 대응 카 내비용 3D 라이브러리. OpenGL을 바탕으로 한 독자 확장 API를 제공	카 내비 등

임베디드용 3D그래픽 라이브러리 자체에는, UI 기능을 구축하기 위한 화면 부품이나 UI 이벤트, 입력 포커스 제어라는 기능이 없습니다. 3D 객체를 지정한대로 화면에 표시할 뿐이므로, 각각의 객체(패널이나 버튼, 3D 아이콘 등)가 어떤 의미를 가지고 있고, 어떤 동작을 해야 하는지는 모두 개발자가 개발해야 합니다. 즉 비트 맵 GUI의 VRAM처럼, 표시기능을 제공하는 것뿐입니다. GUI를 작성하기 위해서는, 어플리케이션 측에서 UI로서의 기능을 컨트롤하는 미들웨어적인 처리를 개발할 필요가 있으므로, 3D그래픽 GUI를 채택한 임베디드 소프트웨어개발에는 상당한 부담이 됩니다. 비트 맵 GUI라면, XY 좌표에서 지정한 위치에 이미지를 묘사해가면 되므로, 표계산 소프트나 페인트 소프트를 사용하는 감각의 연장선상에서 직감적으로 개발할 수 있습니다. 효율의 차는 있어도 대부분의 개발자라면 대응할 수 있으므로, 임베디드 시스템 특유의 인해전술적 멤버의 투입으로도 제품을 완성하는 일이 가능했습니다.

그러나 3D그래픽을 표시하기 위해서는, 최저라도 행렬과 벡터를 사용한 수학적 연산이 필요하게 됩니다. 또한 기본적인 동작을 개발하는 것만도, 프로그램 상의 데이터에서 실제의 화면을 머릿속에서 이미지 하는 훈련이 필요합니다. 그 결과 종래용의 묘사를 모두 컨트롤하는 방법으로 UI 기능을 개발하려고 해도 개발자를 확보할 수 없기 때문에, 단념하지 않으면 안 된다는 상황이 실제로 발생하고 있습니다.

같은 조작 기능을 제공하는 경우에 2D와 3D의 GUI를 비교하면, 3D의 GUI 쪽이 보기가 좋고, 소비자나 사용자가 선호하는 경향이 있으므로, 3D의 GUI를 사용한 UI는 앞으로 급속히 보급되어갈 것으로 생각합니다. 임베디드 제품의 경쟁력을 유지하고, 또한 높은 부가가치를 확보하기 위해서는 3D GUI의 지원은 피해갈 수 없는 문제의 하나가 되리라 예상합니다.

이 문제를 해결하기 위해서는, 3D그래픽의 개발 숙련도를 가진 엔지니어를 양성하는 것도 중요합니다만, 보다 근본적인 해결책으로서, 고도의 3D그래픽의 지식이 없어도 UI를 개발 가능하게 하는 라이브러리를 정비하는 일이 필요하겠습니다.

같은 문제는 2D GUI에서도 과거에 발생했습니다. 2D 화면의 중첩 처리나 윈도우 표시 영역의 그래픽 처리, UI 메시지 처리 등의 개발은, 수학적인 어려움이야 없었습니다만, 번잡하며 작업량이 많고, 고기능 GUI를 개발하는 족쇄가 되었습니다. 그래서 GUI 라이브러리를 정비하고, 오늘날에는 엔지니어는 묘사영역이나 메시지의 UI 응답(버튼이 눌린 후에, 띠를 나타내는 화상을 표시하는 처리) 등에 피해를 끼치지 않고, 고도의 멀티윈도우 GUI를 간단하게 개발할 수 있도록 되어 있습니다. 알파(α) 브랜딩 처리의 로직은 몰라도 플러그 하나로 반투명한 메시지 윈도우를 표시할 수 있는 기능 등이 계속 추가되어, GUI의 요구 수준이 고도화함에 따라 라이브러리 기능을 강화함으로써, 개발 비용의 증대를 억제할 수 있게 되어 있습니다.

3D그래픽도 마찬가지로, 3D 객체를 UI의 부품으로서 등록하는 것만으로 간단하게 표시할 수 있는데, 사용자로부터의 입력에 응하여 자동적으로 색이나 형을 변경하고 나서

이벤트 메시지만을 어플리케이션으로 보내는 3D 윈도우 라이브러리라고도 불러야할 미들웨어가 보급되면, 단번에 3D의 GUI 채택이 가속되어 갈 겁니다. UI 기능을 담당하는 임베디드 엔지니어에게는, 가까운 장래에 일어날 UI의 변화에 대응하는 각오가 필요하게 됩니다.

　3D그래픽을 간단하게 실현하기 위해서는, 또 하나의 어프로치가 있습니다. 그것은 프로그램을 사용하지 않고 3D GUI를 실현하려는 방법입니다. Adobe Flash등을 사용한 2D GUI와 아주 닮은 형식입니다. 전용의 표시 어플리케이션이 UI를 정의하는 데이터 파일 정보에서 GUI 화면을 생성함과 동시에, 사용자의 입력 조작을 관리합니다. 키 이벤트 등이 발생하면 엔지니어가 준비한 이벤트 핸들러가 호출됩니다. 어플리케이션은 화면묘사를 일체 하지 않는데, 화면의 내용을 변경하는 경우에는 전용 표시 어플리케이션에 변경 내용을 전할 뿐입니다. 실제의 묘사는 전용 표시 어플리케이션이 제어합니다. 이와 같은 표시방법을 사용하면, GUI의 개발이 쉬워질 뿐만 아니라, 실행 시에 UI 디자인을 변경할 수 있다는 큰 장점을 얻을 수 있습니다.

　GUI 자체는 전용 어플리케이션 상에서 데이터 파일을 편집하여 디자인 할 수 있으므로, 직감적이면서 효율적으로 편집할 수 있습니다. C 언어 등의 프로그램 지식도 필요 없습니다. 또한 제품의 출시 후에도 GUI를 정의하는 데이터 파일을 변경하면, GUI 디자인을 변경할 수가 있습니다. 데이터 소스를 바꾸기만 해도 파스텔조의 젊은 개인취향 GUI와, 메탈릭한 사무직 전문가 취향의 GUI를 바꿀 수가 있습니다. 그림 8-7과 같이 화상 소재뿐만 아니라 부품의 레이아웃도 자유롭게 변경할 수 있으므로, 사용자의 목적에 따라 가장 적절한 디자인으로 바꿀 수 있다는 새로운 부가가치를 제공할 수 있는 것입니다.

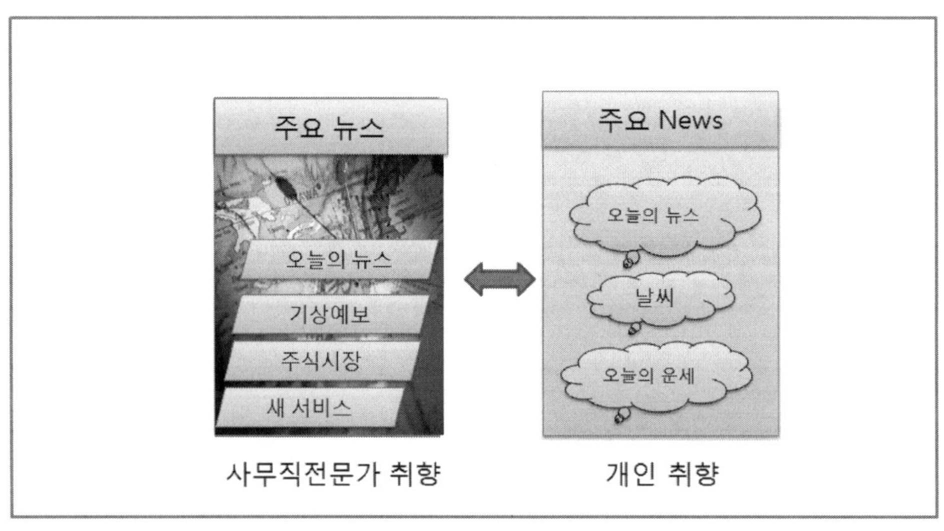

그림 8-7 그래픽의 변환

표시 어플리케이션을 사용한 3D그래픽 라이브러리로서는, 아크로디어사가 제공하는 VIVID UI라는 제품이 유명합니다. 현재 많은 휴대전화 등에 계속 채택되고 있습니다. 또한 Microsoft사도 Windows Vista와 .NET Framework 3.0에 채택한 **WPF**(Windows Presentation Foundation)에서, UI 정의를 데이터화하는 구조를 채택하고 있습니다. Windows CE/Mobile에서도, 장래에는 데이터로 GUI를 컨트롤 하는 방법이 일반화될 것입니다. 표시 어플리케이션형의 라이브러리에도 장점과 단점이 있는데, 리얼타임 처리의 개발이 어려운 일 둥으로 인해 모든 GUI를 지원하기에는 이르지 않았지만, 매력적인 UI 표현을 사용자가 선호하는 기능이나 태스크 부터 서서히 적용되어 왔습니다.

8.2 UI의 제어와 사양변경

임베디드 소프트웨어개발 프로젝트뿐만 아니라 소비자(일반 고객)가 사용하는 분야의 소프트웨어 개발에서는, 안타깝게도 UI의 사양변경이 아무래도 피할 수 없다는 현실이 있습니다.

8.2.1 사양변경의 원인

UI는 상품가치에 직결하는 제품의 얼굴이 되므로, UI의 변경을 피하고 싶다는 개발 측의 요구 보다, 조금이라도 사용하기 쉬운 UI를 원한다는 고객 측(사내개발에서는 기획·영업 측)의 요구 쪽이 우선시됩니다. UI의 사양변경은 오픈업무 Web 시스템에서도 마찬가지로 발생합니다.

임베디드 소프트웨어개발에서는, 제품의 프로토타입이 완성되는 개발 중반이후가 될 때까지 UI를 실제 동작시키지 않으므로, 실제로 제품과 편성하여 사용해서 비로소 알게 되는 개선점을, 나중에 가서야 판명하는 일이 적지 않습니다. Web 시스템이라면 간단한 프로토타입을 만들어 조작감을 확인하고 나서 개발에 착수할 수 있으므로, 나중이 되어서 사양변경을 요구받는 빈도를 대폭 낮게 억제할 수가 있는 것입니다(그래도 많은 변경이 발생한다).

임베디드 시스템에서는, UI를 시제품 하는 것만으로도 대단한 작업량이 발생하므로, 프로토타이핑 기법을 적용하는 것이 어렵습니다. 그리고 사양서 상에서 화면동작을 검증하는 작업도 쉽지는 않습니다. Windows 어플리케이션이나 Web 어플리케이션의 UI 부품과 공통화 되어 있지 않기 때문입니다. Windows 어플리케이션이라면 콤보박스(풀다운 리스트)의 조작감은 누구나 상상할 수 있습니다. 그러나 독특한 조작 인터페이스를 채택하고 있으면, 화면 사양서에서는 실제의 조작을 이미지 하기 어려우므로, 그 단계에서는 실제로 동작했을 때에 생기는 문제를 검출시기 어려운 것입니다. 초기의 디지털 카메라 등에서는 직감적이라고는 할 수 없는 UI의 제품도 있었습니다. 현재는 대단히 사용하기 쉬워졌는데 그것은 실제로 조작한 감각을 포함하여 개량과 사양변경을 거듭한 결과입니다.

이와 같이 다음 기종의 개량을 알고 있으면 설계단계부터 변경을 포함시킬 수 있지만, 한기종의 개발기간 안에 어떻게든 개량해 두고 싶다고 결정이 되면, 개발 중의 사양변경으로서 대응하게 됩니다. 즉 UI 사양의 검토를 지원하는 기법을 사용하기 힘든 임베디드 소프트웨어개발의 환경이, 개발 중에 사양변경을 발생시키는 원인의 하나가 되어 있는 것입니다.

또 임베디드 소프트웨어는, 그 임베디드 시스템의 하드웨어와 밀접하게 관련되므로, 하드웨어 측의 변경에 따라서 UI 사양이 변경되는 일도 있습니다. 처음 예정했던 기능의 내장을 단념하지 않으면 안 되는 상황이 되어, 해당하는 UI도 삭제하는 변경이 필요하게 되는 경우가 있습니다. 반대로, 개발 프로젝트의 기간 중에 발표된 경합제품에 대항하기 위해, 급히 새로운 기능과 UI를 추가하는 일도 있습니다. 그밖에도 부품의 버전 업에 의한 사양변경이 있습니다. Web 브라우저나 무비 라이브러리 등, 시판 모듈이나 라이브러리를 사용하고 있는 제품에서는, 개발 중에 부품의 버전 업이 발생하는 일이 적지 않습니다. 이때 신기능 등이 추가되어 있으면, 모듈이나 라이브러리의 제어 인터페이스에 변경이 발생하는 일이 있으므로, 그 영향이 UI에 미칩니다. 원래는 개발 중의 버전 업은 다음의 제품개발에서 흡수해야 하는데, 실제로는 출시의 타이밍에 의한 방침으로 인해, 개발 중인 제품에서 내장하도록 요구되는 일도 있습니다. 휴대전화와 같이 같은 시기에 출시하는 제품의 기능은 각 메이커에서는 거의 동등하게 통일되므로, 누구나 신기능의 추가는 위험하다고 판단해도 대응할 수밖에 없는 상황이 발생합니다.

임베디드 시스템의 다른 태스크에서 인터페이스 사양이 변경되었기 때문에, UI의 변경이 필요하게 되는 경우도 있습니다. 이와 같은 이유의 변경도 원래는 피해야합니다만, 표 8-3과 같은 이유에서 특히 개발이 뒤떨어져 있는 태스크가 있으면, 일정 조정 등의 이유로 사양변경이 용인되는 일이 적지 않습니다. 임베디드 시스템 전체의 개발이 낙후되는 것을 피하기 위하여, 순조롭게 진척되고 있는 태스크의 개발에 부담이 발생해도, 뒤떨어져 있는 태스크의 인터페이스를 간단한 개발로 변경하여 일정을 회복하려고 하는 경우가 있는 것입니다.

[표 8-3] UI 사양변경의 원인

사양변경의 원인	이유나 상황
UI 설계의 낙후	편의성 향상 등의 이유로, 개발 중에 UI의 변경요구가 발생하는 것
하드웨어의 사양변경	예정되었던 하드웨어 기능이 드롭(개발 중지)되었든가, 또는 개발 중에 신기능이 추가되었기 때문에, 소프트웨어 사양이 변경된다
라이브러리의 사양변경	외부조달품의 라이브러리나 모듈의 업 데이터나 사양변경에 따라, 소프트웨어 사양이 변경된다
타 기능의 인터페이스 변경	다른 태스크 등의 시그널 인터페이스가 변경되는 등의 이유로, UI의 표시순서나 내용에 변경이 발생한다

이와 같이 UI는 여러 가지 외부적·내부적인 요인으로 변경되기 때문에, UI를 작성하는 엔지니어가 아무리 노력해도 사양변경은 피할 수 없는 것이 실정입니다. 그리고 안타깝게도, 많은 분야의 소프트웨어 속에서도, 임베디드 소프트웨어는 사양변경에 아주 약하다는 특성이 있습니다. 개발 환경이나 개발지원 툴이 발달되어 있지 않으므로, 사양변경에 따르는 소프트웨어 수정을 엔지니어가 조사·검토·실시하여, 다시 테스트로 확인하는 작업에 큰 노력과 시간이 들게 되어버리는 것입니다.

게다가 임베디드 시스템의 UI는, 급격히 복잡화 되어 있습니다. 서로 겹칠 가능성이 있는 멀티윈도우 표시·반투명 표시·부분적인 파트의 애니메이션 효과, 나아가서는 영화나 3D그래픽 표시 등, 종래에는 생각지도 못했을 만큼 고도의 인터페이스가 요구되고 있어, 그에 따라서 UI 부분의 소프트웨어도 증대했습니다.

UI의 변경을 피할 수 없다면, UI의 변경을 상정하여, 변경에 강한 소프트웨어 구조로 설계하는 이외에, 상황을 개선하는 방법은 없습니다.

이 절 이후의 부분에서는, UI의 변경에 강한 소프트웨어 구조를 설명하고, UI뿐만 아니라 모든 사양변경에 강한 소프트웨어 구조를 설계하는 방법의 하나를 설명합니다.

8.2.2 UI 변경의 영향 범위

UI(UI)의 변경이 소프트웨어에 끼치는 영향은, 소프트웨어의 구조에 따라 크게 다릅니다. 이 인식을 강하게 함으로써, 엔지니어가 소프트웨어의 설계를 개선하는 동기가 됩니다.

매우 바쁜 소프트웨어 개발 프로젝트에서는, 조금이라도 새로운 작업을 피하고, 지금까지 그대로의 작업량으로 억제하려는 강한 심리가 계속 작용하고 있습니다. 그와 같은 상황에서 소프트웨어 구조의 설계변경이라는 부담이 큰 작업을 하며, 더구나 성과를 얻기 위해서는 엔지니어의 이해를 빼놓을 수 없습니다. UI 기능의 설계 변경에 따라 늘어나는 작업보다, 설계가 최적화되어 코딩 공정이나 테스트 공정이 절감되는 쪽이 훨씬 큰일이라고 납득시키면, 비로소 최적의 설계 변경에 진심으로 열중하도록 할 수 있습니다.

UI 변경의 영향은, 소프트웨어 설계의 단계에서 표 8-4와 같이 변합니다. 먼저 현재의 임베디드 시스템 설계가 어느 단계에 있는가를 냉정하게 분석하고, 개발 팀의 동의를 얻는 일이 필요합니다. 그리고 소프트웨어 설계를 개선한 결과와, 그에 따라 얻을 수 있는 장점을 구체적으로 제시합니다. 그리고 설계 개선의 목표를 설정함으로써, 임베디드 소프트웨어개발에서도 UI의 설계 개선을 효과적으로 진행시킬 수가 있습니다.

[표 8-4] 소프트웨어 설계와 UI 변경의 영향도

소프트웨어의 설계수준	UI 변경의 영향 범위	수정 공수
설계되어 있지 않다·설계가 불충분	소프트웨어 전체에 변경이 발생할 가능성이 있고, 미소한 사양변경이라도 큰 영향을 끼친다. 수정으로 인하여 심각한 불량을 일으킬 가능성도 있고, 영향범위의 조사도 쉽지는 않다	대
UI와 로직이 분리된 설계	UI를 개발한 모듈과, 관련된 로직 제어부분에만 변경이 발생한다. 영향범위가 UI부와 로직부에 걸쳐 확대할 가능성은 낮지만, 각각의 내부에서 연쇄적인 수정이 필요하게 될 우려가 있다	중
기능별로 계층화된 설계	사양변경이 발생한 기능이나 데이터에 직접 관계하는 부분에만, 소규모의 국소적인 변경이 발생한다. 변경부분과 영향범위의 확인도 쉽고, 적은 작업량으로 대응가능	소

8.2.3 설계가 불충분한 소프트웨어

가장 원시적인 임베디드 소프트웨어에서는, 그림 8-8과 같이 UI의 제어와 처리 로직이 완전히 서로 섞여 있습니다. 비동기 제어 시스템이라면, 이벤트를 switch문으로 양분하여, case 속에 데이터 처리와 UI 변경을 혼돈되게 기술한 상태입니다. 멀티스레드형 시스템에서도, 하나의 함수로 데이터 처리와 UI 제어를 동시에 실행하고 있는 것이 해당합니다.

이와 같은 소프트웨어 설계에서는, UI의 변경이 처리 로직에 영향을 주고, 처리 로직의 변경은 UI에 영향을 주므로, 무언가 변경이 발생하면 소프트웨어 전체에 수정이 필요하게 됩니다. 하나의 변경이 연쇄적으로 다른 부분에 영향이 있으므로, 영향의 범위가 불필요하게 퍼져버리는 것을 쉽게 추측할 수 있습니다.

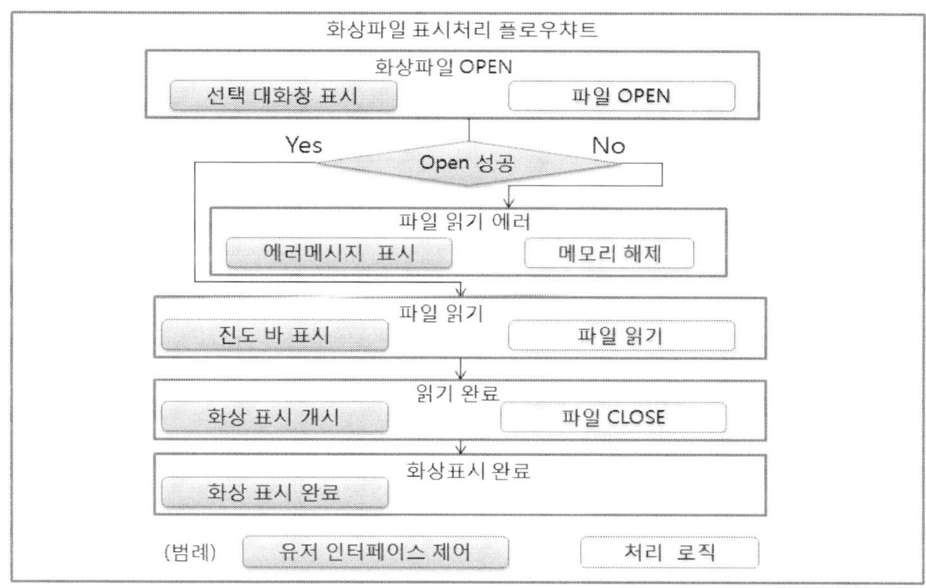

그림 8-8 UI 제어와 처리로직의 혼합

8.2.4 UI와 로직이 분리된 설계

소프트웨어 설계를 배려한 경우는, 그림 8-9와 같이 UI 부분과 로직 부분이 분리된 설계로 되어 있습니다. 로직 부분이란 내부적인 데이터를 취급하는, 비 UI 제어 전체를 가리킵니다. 각 태스크가 스스로의 로직과는 독립한 UI 처리를 하고 있어, UI의 변경이 태스크의 로직에 영향이 없는 설계로 되어 있습니다. 제품에 따라 디스플레이의 해상도나 색의 수가 다른 제품에 공통으로 내장되는 태스크 등, 복수개의 다른 UI 장치를 제어할 수 있는 임베디드 소프트웨어 등에서 많이 채택되어 있습니다.

이와 같은 설계에서는, 로직 부분이 「UI를 조작하지 않는 부분」 이라는 단락으로 분리되어 있으므로, 태스크의 「데이터 제어 부분」 과 「처리의 흐름을 제어하는 부분」 의 분리가 불충분한 설계로 되기 쉽습니다. 제 10장에서 기술하는 바와 같이, 어떤 소프트웨어 설계 기법이라도 데이터 제어와 처리의 흐름을 각기 분리하여 생각하는 원칙이 있습니다만, 그것은 어느 한 쪽의 변경이 또 한쪽에 영향을 주는 것을 막기 위한 룰입니다. 데이터 제어와 처리의 흐름이 혼합된 소프트웨어 구조에서는, 데이터 구조가 변경되면 처리의 흐름에도 영향이 미치고, 처리의 흐름이 변경되면 데이터 구조에도 영향이 미치기 때문에, 원래 불필요한 수정이 발생한다는 것이 알려져 있습니다.

그래서 이와 같은 설계에서는 UI의 변경이 로직 부분에 미치는 일은 피할 수 있습니다. 그러나 로직 부분에서 대규모의 변경이 발생하기 쉬우며, 필연적으로 로직 변경이 UI에 영향을 주기 쉽다는 단점이 있습니다.

8.2.5 기능별로 계층화된 설계

더욱 세련된 소프트웨어 설계에서는, 소프트웨어의 기능별로 계층화된 구조로 되어 있습니다. UI층이 분리되어 있을 뿐만 아니라, 로직 처리도, 「데이터 제어층」 「처리 컨트롤층」 「디바이스 제어층」 이라는 제어 대상별로 분리되어 있는 점이 특징입니다. 데이터 구조의 변경은 데이터 제어층에서 흡수되고, 처리 흐름의 변경은 처리 컨트롤층에서, 하드웨어 사양의 변경은 디바이스 제어층에서 각각 흡수되기 때문에, 그 이외의 부분까지 변경의 영향이 미치기 어려운 설계입니다. 변경의 영향범위는 최소한으로 억제할 수 있으므로, 적은 작업량으로 소프트웨어를 수정할 수 있습니다.

최근에 개발된 고기능 임베디드 시스템의 일부에서는, 이와 같은 설계가 채택되어 있는 제품이 존재합니다. 국내에서는, 특히 선진적인 제조 메이커나 개발 프로젝트에서 계층화 설계를 채택하고 있을 뿐이라는 상태입니다. 반대로 말하면, 지금부터 소프트웨어 설계를 개선하여 감으로써 큰 어드밴티지를 손에 넣는 호기를 잡을 수도 있습니다. 이와 같은 설계의 구체적인 예에 대해서는 제 8,6절에서 설명합니다.

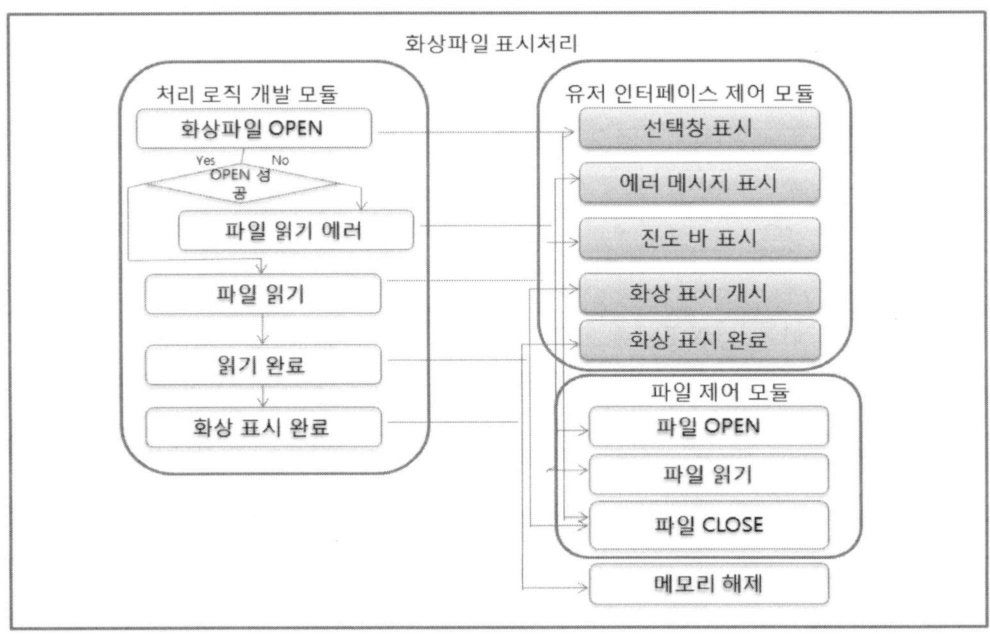

그림 8-9 사용자 인터페이스의 분리

8.3 UI의 엄격한 제한

　임베디드 시스템의 UI는, 그림 8-10과 같이, 하드웨어의 기능 등에서 생기는 여러 가지 제한을 받습니다. Web 어플리케이션이나 Windows 어플리케이션을 개발할 때에는 의식할 필요가 없는 제한도 많아, 미리 제한에 대비한 설계를 빼놓을 수 없습니다.

　GUI를 갖춘 임베디드 시스템에서는, 사용자가 오해하는 일 없이 조작방법을 직감적으로 이해할 수 있는 UI의 디자인이 요구됩니다. 그러나 임베디드 시스템에서는, GUI 라이브러리의 능력에 따라 사용할 수 있는 UI의 기능에 커다란 제한을 받습니다. 부분적으로 색을 변경하여 사용자의 주의를 촉진하거나, 폰트를 바꾸는 등의 표시효과가 불가능한 경우도 있습니다. 1 화면에 표시할 수 있는 정보량에도 제한이 있으므로, PC 등에서는 불필요한 화면변환이나 서브화면 표시가 필요하게 되는 일도 있습니다.

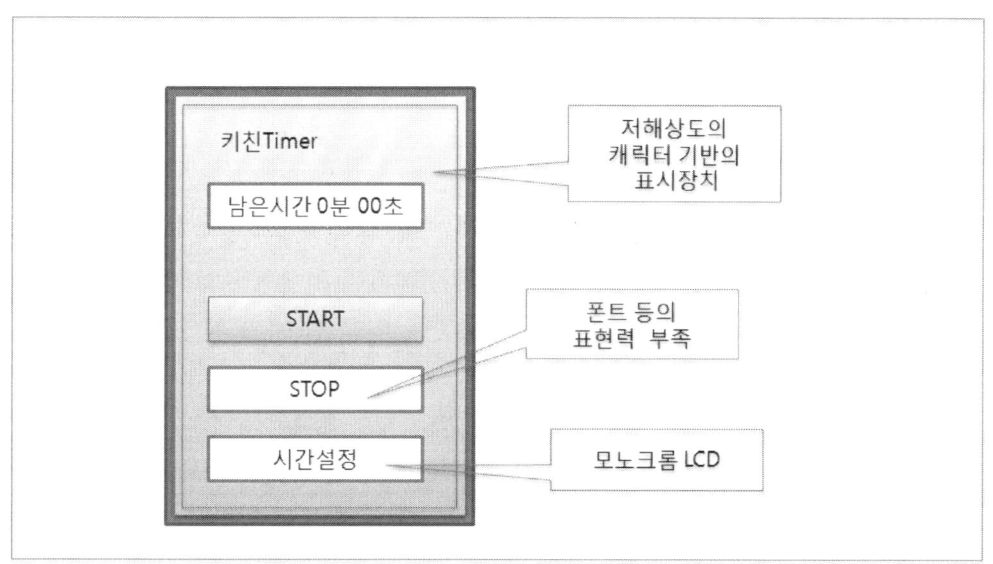

그림 8-10 사용자 인터페이스의 제한

　임베디드 시스템에서는, 입력 측의 인터페이스도 제한됩니다. 그림 8-11과 같이 버튼이나 키는 필요 최소한 밖에 준비되지 않습니다. 또한 키 조작에 따라 비퍼 음을 울리거나, LED를 점등시키는 등의 연구도 요구됩니다. 버튼의 배치나 형상은, 임베디드 제품의 사용의 편리함에 큰 영향을 주며, 인간공학 등의 지식을 활용한 디자인을 요구하게 됩니다. 제품의 주 기능을 실행하는 버튼을 크게 배치하거나, 조작의 순서에 따라 버튼을 배열시키는 등의 연구도 일반적입니다.

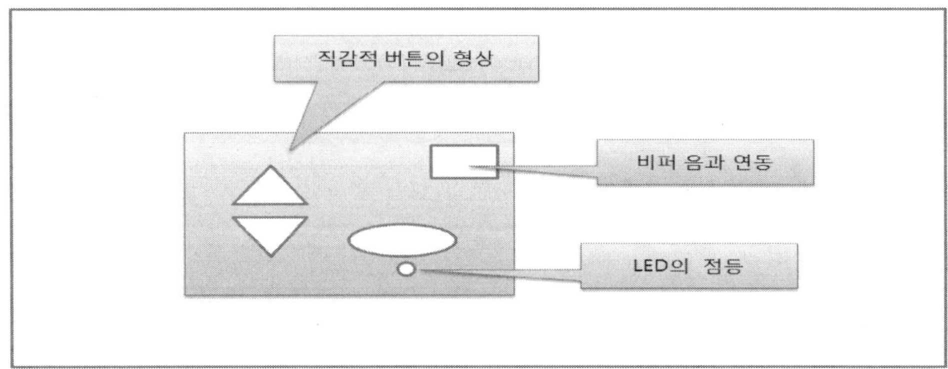

그림 8-11 임베디드 시스템의 입력장치

8.3.1 표시 사이즈의 제한

임베디드 시스템의 UI를 디자인 하는데 가장 큰 제한은, 화면 표시 사이즈의 제한입니다. 이것은 최종적으로는 UI 기능을 개발하는 태스크의 소프트웨어 구조에까지 영향이 있습니다.

PC와 같은 디스플레이를 사용할 수 있는 임베디드 시스템은, 일반적으로는 고기능의 제품입니다만, 사용할 수 있는 화면 해상도는 PC에 비하면 작은 경우가 대부분입니다. 가장 큰 디스플레이 장치라도, 해상도는

SVGA 사이즈(800× 600 도트표시)나 VGA 사이즈(640× 480 도트표시)입니다. 작은 것으로는 QVGA(320× 240 도트표시)나 CIF(352× 288 도트표시)이하의 화면 사이즈 밖에 가지지 않은 제품도 적지 않습니다.

임베디드 시스템에서 사용되는 디스플레이의 해상도는, 액정 패널이나 VDP의 규격에 따라 일정한 사이즈가 채택되는 일이 많은 것 같습니다. 표 8-5와 같은 해상도가 일반적으로 사용됩니다. VGA계의 해상도는 PC의 규격에 유래하는 해상도입니다. CIF(Common Interface Format)는 ITU(International Telecommunication Union : 국제전기 통신연합)가 정한 화상처리 포맷의 사이즈에 유래합니다. 비디오 표시 칩이나 화상/영상처리 칩이 많이 채택되어 있습니다. 그러나 반드시 용도가 정해져 있는 것은 아니므로, QCIF(Quarter Common Intermediate Format : 176×144도트, 30FPS(Frame Per Second : 1초당의 표시매수)) 해상도의 디스플레이 등도 널리 사용되고 있습니다. 또한 이 밖의 해상도로 화면을 표시하는 임베디드 시스템도 많이 존재합니다.

[표 8-5] 임베디드 시스템의 표시 사이즈

명 칭	표시 영역		명칭	표시 영역	
	가로	세로		가로	세로
HQVGA(QQVGA)	160	120	Sub-QCIF	128	96
QVGA	320	240	QCIF	176	144
VGA	640	480	CIF	352	288
WVGA	800	480	2CIF(NTSC)	704	240
SVGA	800	600	2CIF(PAL)	704	288
WSVGA	1024	600	4CIF(NTSC)	704	480
XGA	1024	768	4CIF(PAL)	704	576

화면 해상도가 작은 제품에서는, 한 번에 표시할 수 있는 정보량에 제한이 있으므로, UI의 디자인에 큰 제한이 발생합니다. 어떤 한 기능의 정보를 복수개의 화면에 나누어 표시하지 않으면 안되거나. 아이콘을 다용하여 동작상황을 표시하는 등의 특별한 기능이 필요하게 됩니다. Sub-QCIF의 크기에서는 1 문자 크기의 제한 때문에 한자를 사용할 수 없는 경우도 있습니다. 어느 것이든 PC나 Web 어플리케이션의 UI를 디자인 할 때는, 우선 발생하지 않는 제한입니다. 또한 사용자 입력에 관해서도, 메뉴화면 수가 증가하거나, 입력 시에 충분한 설명을 표시할 수 없는 등의 문제가 발생합니다.

UI 기능의 개발면에서는, 화면표시의 제어가 복수개화면으로 분산하기 쉽고, 복수개화면에 걸쳐 데이터 입력 제어가 필요하게 되고, 아이콘의 비동기 제어가 필요한 등과 같은 영향을 받습니다. 보통 이러한 제한은, 설계 공정 때까지 판명되므로, 소프트웨어의 복잡화를 피하는 설계가 요구됩니다.

8.3.2 표시 속도의 제한

임베디드 시스템에서는 화면의 표시 속도가 비교적 늦기 때문에, UI에 속도의 제한이 발생하는 일이 있습니다. 묘사 갱신에만 CPU의 시간을 할당할 수도 없으므로, 표시처리의 갱신 간격을 줄이는 등의 대책이 필요하게 됩니다.

가까운 예로서는, 휴대전화의 카메라 기능인 파인더 화면입니다. 카메라의 파인더 표시에서는, **CMOS**(Complementary Metal Oxide Semiconductor : 금속산화막 반도체)가 카메라로부터의 화상전송과 명도와 대비 등의 조절, 그리고 표시용 VARM에 대한 전송 처리를 리얼타임으로 할 필요가 있습니다. 그러나 CPU의 처리능력이나 내부 메모리 버스의 전송 속도가 불충분한 경우에는, 보통의 묘사 간격 30FPS로 파인더 화면 전체를 계속 갱신해 가는 것이 불가능한 일이 적지 않습니다.

이런 경우 처리시간 단위로 끊어, 1/30초로 처리된 부분까지를 수시 전송하여 부분 묘사를 시키는 일이 있습니다. 이와 같은 처리를 하면, 그림 8-12와 같이 화면의 위에서 아래로 조금씩 화면이 전송되므로, 가로방향으로 카메라를 회전하면 화면 하부일수록 움직임이 커지며, 물결치는 것처럼 표시되는 현상이 일어납니다. 분할 전송은 매우 복잡한 처리로서, PC와 같이 강력한 CPU와 비디오 카드를 사용할 수 있으면 전혀 필요 없는 제어이므로, 임베디드 시스템 특유의 부담이라고 할 수 있습니다.

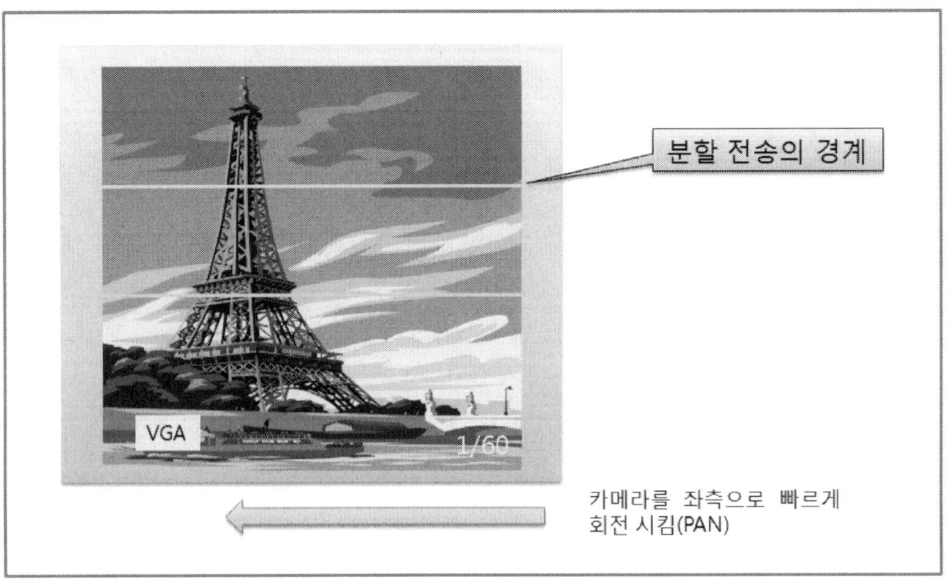

그림 8-12 부분표시의 반복에 의한 묘사

그 밖에도 무비 표시·화면 스크롤·애니메이션 표시 등에서 표시 속도의 제한으로 인해 추가기능이 요구되는 경우가 있습니다. 만일 설계 공정에서 미리 속도가 부족한 것을 알고 있으면, 설계면에서 대책이 가능합니다. 그러나 소프트웨어의 개발 후에 문제가 발견되는 일도 있는데, 그때 대책을 하려고 하면 대단한 고생을 하게 됩니다. 화면 전송량이 많은 기능을 개발하는 경우에는, 데이터의 부분전송이나 숨음처리의 추가에 대비하여 로직을 검토해 두면 안전하겠습니다.

8.3.3 시스템의 휴면

임베디드 시스템 속 배터리를 주 전원으로 하는 제품에서는, 배터리의 전력을 절약하기 위해서 휴면모드로 이행하는 기능이 필요한 경우가 있습니다. 휴면 동작에서는 묘사 중의 화면 내용이 클리어 되기(또는 불특정한 표시내용을 잃는다) 때문에, 휴면 동작의 직전에 화면 내용을 보존하지 않으면 안되는 경우가 있습니다. 그러나 메인 메모리에 화면 전부를 보존하는 여유가 있는 경우는 드뭅니다.

또한 비동기 제어 임베디드 시스템에서는, 화면에 묘사하는 내용은 이벤트 핸들러 속에서만 생성되어, 핸들러 처리가 끝나면, 메모리 절약을 위해 파기되는 것이 보통입니다. 그래서 휴면 복귀를 위해서 화면의 표시내용을 복원하려고 하면, 예상외에 시간이 걸리는 일이 있습니다. 예를 들면 JPEG 화상의 전개에 10초를 요하는 시스템에서는, JPEG 표시 중에 휴면하여 복귀하면, 화면이 회복하기까지 10초 이상의 대기시간이 발생합니다.

Windows 어플리케이션에서는, 윈도우의 아이콘화나 클리핑 시의 복원 동작은 O/S나 라이브러리가 자동적으로 하고 있어, 특별히 의식할 필요는 없습니다. Web 어플리케이션이나 Java 어플리케이션이라면, 브라우저나 VM이 화면을 복귀해 주므로, 화면복귀의 메시지 자체가 없습니다. 그러나 임베디드 소프트웨어개발에서는 휴면에 따라서 화면을 대피·복원하는 처리도 의식하여 UI 기능을 설계해야 합니다.

8.3.4 입력장치의 제한

임베디드 시스템에서는, 사용자가 조작하기 위한 입력 디바이스에도 커다란 제한이 있습니다. 키의 수는 한정되어 있어, 보통은 최소한의 조작 키 밖에 준비되지 않습니다. 그리고 키 디바이스는 직접 I/O 디바이스에 접속되어 있는 경우도 많고, PC에서라면 O/S가 처리하고 있을 제어를 개발하지 않으면 안 되는 경우도 있습니다.

예를 들면 많은 키 장치는, 기계적인 접점의 충돌 등의 요인으로, 압하된 직후의 아주 단시간에 언과 오프의 상태를 반복합니다. 이 현상을 **채터링**(Chattering)이라고 합니다. 드라이버층의 개발에서는, 언 또는 오프로의 변화를 검출시고 나서 일정시간(50밀리 초 등) 동안만, 소프트웨어 측에서 키 상태의 변화를 무시하는 등의 대책이 요구되는 일이 있습니다(그림 8-13).

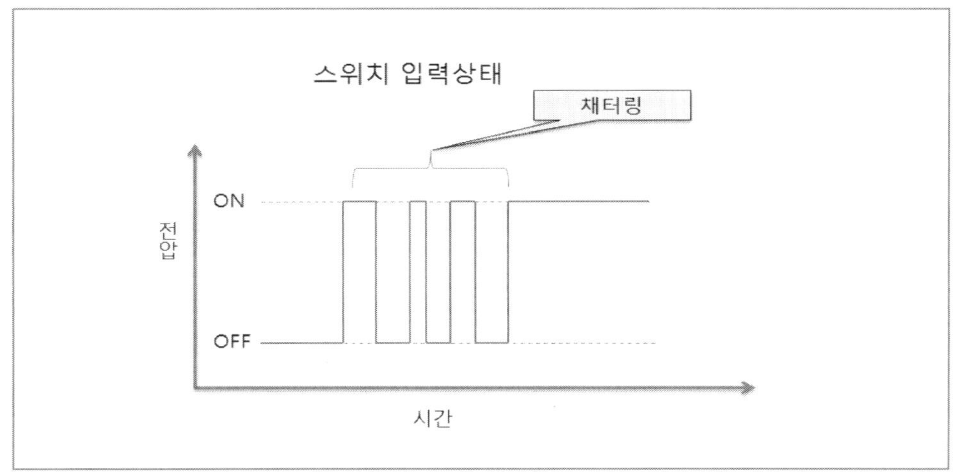

그림 8-13 채터링(Chattering)

또한 태반의 임베디드 시스템은, 마우스와 같은 포인팅 입력 디바이스를 장비하고 있지 않습니다. 그래서 고도의 GUI를 사용하는 경우에는, 입력 인터페이스에 큰 제한이 발생합니다. PC 등과 같이 멀티윈도우 GUI를 내장하면, 아무래도 1화면에 표시하는 부품의 수가 많아집니다. 그러나 마우스 등을 사용할 수 없기 때문에, 조작하는 부품을 선택하기 위해서 커서 키 등으로 입력 포커스를 이동하지 않으면 안되며, 조작성이 손상될 우려가 있습니다.

문자를 입력하는 키보드가 없는 임베디드 시스템에서는, 적은 키 입력으로 문자입력을 할 수 있도록 하기 위한 **FEP**(Front End Processor)나, 소프트웨어 키보드 등이 필요한 경우도 있습니다. 휴대전화나 카 내비게이션 시스템, 디지털 하이비전 TV 등에서는, 입력을 조금이라도 간단하게 하기 위해서 여러 가지 기능을 개발하고 있습니다. 이러한 개발공수도 임베디드 소프트웨어개발 특유의 제한입니다.

8.4 대표적인 UI 라이브러리

임베디드 시스템에는 여러 가지 GUI 라이브러리가 있습니다. 메이커가 독자적 기술로서 GUI 라이브러리를 개발하고 있는 케이스도 많은데, 그것은 일반적으로는 공개되어 있지 않은 예가 대부분입니다.

최근에는 멀티윈도우 GUI나 3D그래픽 GUI 등의 고도의 UI가 요구되므로, 메이커 독자적으로나 제품단위로 GUI 라이브러리를 개발해서는 효율이 나쁘다는 생각을 하게 되었습니다. 그래서 O/S 메이커나 3D그래픽 칩 메이커가 준비한 표준 GUI 라이브러리나, 복수개의 제품에서 바로건너 사용할 수 있는 범용 GUI 라이브러리, 오픈 소스 커뮤니티로 개발된 GUI 라이브러리 등이 한창 채택되어 있습니다.

이 절에서는 임베디드 시스템에서 채택되어 있는 GUI 라이브러리 중, 주요한 라이브러리의 기능에 대하여 간단하게 설명합니다. 물론 여기서 예를 든 라이브러리는 전체 중 극히 일부분에 지나지 않습니다만, 현재의 임베디드용 GUI 라이브러리의 기능수준을 아는 표준으로서 참고가 될 것입니다.

8.4.1 Linux 기반의 GUI 라이브러리

Linux계의 임베디드 O/S 상에서 사용할 수 있는 라이브러리에는, 표 8-6과 같은 것이 있습니다. 각기 개요를 간단하게 설명해가도록 합니다.

[표 8-6] 임베디드 Linux용 GUI 라이브러리

GUI 라이브러리	특 징	제공원
GTK+	UNIX(GNOME)용 GUI 라이브러리이지만, 임베디드 Linux에서도 사용가능. 외관을 커스터마이즈하는 전제로 설계되어 있으므로, 독자적인 디자인의 GUI를 쉽게 개발할 수 있다	(오픈 소스)
Qtopia	경량이면서 고속으로, 전 세계에 폭넓게 사용되고 있는 실적이 풍부한 GUI 라이브러리. 고기능 GUI 디자이너를 포함하는 개발 환경을 사용할 수 있다. 오픈소스판과 상용판이 있다	Trolltech사
WideStudio/MWT	경량의 GUI 라이브러리. 멀티 플랫폼에 대응하며, 전용 디자이너로 효율적인 GUI 개발을 할 수 있다	(오픈 소스)
Flash Lite	GUI의 레이아웃 정의와 리소스를 격납한 데이터파일(Flash 데이터)에 의하여, 동적인 GUI를 구축할 수 있는 라이브러리	Adobe System사
VIVID UI	GUI 레이아웃 정의에 따라, 동적으로 변경 가능한 GUI를 실현하는 GUI 라이브러리. 3D 데이터를 취급할 수 있는 점이 특징	아크로디어사
UI Engine	GUI 레이아웃 정의에 따라, 실행 시에 GUI를 변환할 수 있는 GUI 라이브러리	UI Evolution사

● GTK+

GTK+는 「GIMP」라는 유명한 오픈 소스의 그래픽 소프트를 개발하기 위해서 개발된 GUI 라이브러리를 바탕으로 한. 임베디드 용도에도 사용할 수 있는 범용 라이브러리입니다.

C 언어로 개발되어 있습니다만, 객체지향의 개념을 도입한 Widget 부품을 바탕으로 하고 있습니다. Widget의 편성으로 UI를 만들기 때문에, 모듈화된 소프트웨어 구조, 계층화된 알기 쉬운 메시지의 흐름이 있는 소스코드를 실현할 수 있는 특징이 있습니다.

또한 테마 엔진이라고 하는 모듈로 Widget 부품의 외관을 제어하고 있고, 테마엔진을 커스터마이즈함으로써 독자적인 형상이나 색의 GUI를 구축할 수 있는 점도 중요한 장점입니다.

Web 페이지의 「GTK+ The GIMP Toolkit」(http://www.gtk.org/) 에 상세한 정보가 있습니다.

● Qtopia·Qt/Embedded

Qtopia와 Qt/Embedded는 임베디드용의 멀티 플랫폼 GUI 라이브러리입니다. Qt는 "큐트"라고 발음합니다. Qtopia는 휴대전화나 PDA 개발로 특화한 최신판입니다. 노르웨이의 Trolltech사(http://trolltech.com/)에서 상용 라이선스가 제공되어 있으며, 또한 오픈 소스판도 GPL 라이선스가 공개되어 있습니다. QT Designer라고 하는 GUI 디자인 툴로, Windows상에서 효율적으로 GUI를 개발할 수 있습니다.

경량의 고속 임베디드용 GUI라이브러리로서 널리 보급되고 있는데, 특히 해외에서는 높은 평가를 받아, 국내외의 폭넓은 임베디드 제품에 채택되어 있습니다. 같은 노르웨이에 본거를 두고 Opera사의 Web 브라우저 「Opera」 의 개발에 사용되고 있는 일로도 유명합니다.

● WideStudio/MWT

MWT(Multi-platform Widget Toolkit)는 오픈소스 GUI 라이브러리로서, WideStudio가 그 개발 환경입니다(http://www.Widestudio.org/ja/). 멀티 플랫폼 대응 GUI 어플리케이션을 구축하기 위하여 설계되어 있으며, C++ 언어로 제어합니다. 임베디드 소프트웨어개발을 메인 목표로 하고 있고, Linux 뿐만 아니라 아주 풍부한 플랫폼을 지원하고 있습니다. 고기능의 GUI 디자이너를 갖춘 개발 환경을 사용할 수 있는 점도 특징입니다.

상용 사용 가능한 오픈 소스 소프트웨어로서 제공되어 있으며, 국내에서 사용실적도 있는 것 같습니다.

● Flash Lite·VIVID UI·UI Engine

Flash Lite나 VIVID UI, UI Engine은, GUI의 정의 데이터를 읽고, 전용의 표시 어플리케이션이 GUI를 관리하는 플레이어 타입의 GUI 라이브러리입니다.

Flash Lite는 PC에서 디펙트 스탠더드로 되어있는 Adobe System사(http://www.adobe.com/jp/)의 Flash를 임베디드용에 커스트마이즈한 멀티 플랫폼 제품입니다. 휴대전화 등에 채택되어, 국내에서도 널리 사용되고 있습니다.

VIVID UI는, 아크로디어사(http://www.acrodea.co.jp/)에서 제공하고 있는 멀티 O/S/멀티 플랫폼의 고기능 GUI 플레이어/라이브러리입니다. 무비나 3D그래픽 등의 멀티미디어 데이터를 취급할 수 있는 점이 특징입니다.

UI Engine은, 미국의 UI Evolution사(http://www.uievolution.co.jp) 가 제공하고 있는 멀티 O/S/플랫폼 대응의 고기능 GUI 플레이어/라이브러리입니다.

이러한 라이브러리는 전용 에디터로 GUI를 효율적으로 개발할 수 있는 특징이 있습니다. Flash Lite의 개발 환경은 임베디드용 GUI 라이브러리로서는 다른 유례를 볼 수 없을 만큼 고기능으로서, 여러 가지 그래픽 처리에서 제휴할 수 있는 관련 툴도 풍부하게 시판되어 있습니다. VIVID UI나 UI Engine도, 전용 GUI 에디터를 제공하고 있습니다.

또 하나의 특징은 GUI 정의 데이터를 변경함으로써, 동적으로 GUI의 디자인이나 기능을 변경할 수 있는 점입니다. 데이터를 다운로드함으로써, 선호하는 디자인에 GUI를 커스터마이즈할 수 있으므로, 코딩하여 개발된 GUI에 비해 매력적인 서비스를 제공할 수 있습니다. 휴대전화에서는, 이른바 「갈아입히기」 기능으로서 사용되고 있습니다.

8.4.2 Windows Mobile/CE의 GUI 라이브러리

Windows CE나 Windows Mobile에서는, 표 8-7과 같이 GUI 라이브러리를 사용할 수 있습니다. 제 8.4.1항에 포함되지 않는 GUI 라이브러리에 대하여 개요를 설명합니다.

● MFC

Windows 어플리케이션의 개발에서 널리 사용되고 있는 MFC 라이브러리를 Windows CE/Mobile용으로 커스터마이즈한 것입니다. Microsoft사에서 제공하고 있습니다. 상당히 고기능 라이브러리로서, Windows CE의 어플리케이션 설계 가이드라인에 의한 표준적인 인터페이스를 실현할 수 있다는 장점이 있습니다.

[표 8-7] Windows CE·Windows Mobile용 GUI 라이브러리

GUI 라이브러리	특 징	제공원
MFC	PC용의 고기능 GUI 라이브러리의 서브세트로서, 임베디드용으로 경량화 되어 있다. 매우 고기능의 Visual Studio로 개발할 수 있는 점이 매력	Microsoft사
.NET Compact Framework	PC용 .NET Framework의 임베디드용 서브세트. 고기능이면서 극히 개발효율이 높은 라이브러리	Microsoft사
WideStudio/MWT	경량 GUI 라이브러리. 멀티 플랫폼에 대응하여, 전용 디자이너로 효율적인 GUI 개발을 할 수 있다	(오픈 소스)
Flash Lite	GUI의 레이아웃 정의와 리소스를 격납한 데이터 파일(Flash 데이터)로, 동적인 GUI를 구축할 수 있는 라이브러리	Adobe System사
VIVID UI	GUI 레이아웃 정의에 따라, 동적으로 변경 가능한 GUI를 실현하는 GUI라이브러리. 3D 데이터를 취급할 수 있는 점이 특징	아크로디어사
UI Engine	GUI 레이아웃 정의에 따라, 실행 시에 GUI를 변환할 수 있는 GUI 라이브러리	UI Evolution사

Visual Studio 2005의 강력한 통합개발 환경을 사용할 수 있으므로, 다이아로그 기반의 어플리케이션에서, MDI를 사용한 Windows 어플리케이션과 같은 GUI를 가진 어플리케이션까지 효율적으로 개발할 수 있습니다.

● .NET Compact Framework

.NET Compact Framework는 Windows용 .NET Compact Framework의 GUI 라이브러리 서브 세트 판입니다. Windows CE의 표준적인 GUI 기능은 대체로 지원 하고 있습니다만, 특수효과나 상세한 제어기능이 생략되어 있습니다.

Visual Studio 2005의 IDE와 GUI 에디터를 사용할 수 있으므로, Windows CE/Windows

Mobile 어플리케이션의 소프트웨어를 매우 쉽게 개발할 수 있습니다.

8.4.3 T-Kernel · μ ITRON의 GUI 라이브러리

임베디드 시스템용의 리얼타임 O/S인 ITRON계의 T-Kernel O/S나 T-Engine 플랫폼에서 사용할 수 있는 GUI 라이브러리는 종류가 상당히 풍부하며, 기능도 다방면에 걸쳐있습니다. 또한 임베디드 제품 메이커 내에서 사용되고 있는 비공개 GUI 라이브러리도 상당한 수에 이른다고 생각되므로, 모두 열거하는 것은 어렵습니다. 표 8-8의 라이브러리는, 그 일부에 지나지 않습니다.

● PEG

Swell Software사(http://www.swellsoftwaew.com/) 가 개발한 임베디드 GUI 라이브러리입니다. 일본 내에서는 에이아이 코퍼레이션사나 이솔사 등이 μITRON이나 T-Kernel용에 커스터마이즈한 제품을 판매하고 있습니다. GUI 에디터 등을 포함한 개발 환경을 사용할 수 있는데다가, 풋 프린트가 작고 또한 복수개해상도를 지원하는 등 임베디드용으로 유리한 기능을 제공하고 있습니다.

[표 8-8] T-Kernel, T-Engine용의 GUI 라이브러리

GUI 라이브러리	특징	제공원
PEG	경량으로, 복수개 해상도 지원 등 임베디드로 특화한 GUI 라이브러리	Sweel Software사
GENWARE2	전용 디자이너에 의하여 움직임이 있는 GUI를 비교적 쉽게 개발할 수 있는 라이브러리	아이 · 엘 · 시사
WideStudio/MWT	경량 GUI 라이브러리. 멀티 플랫폼에 대응하여, 전용 디자이너로 효율적인 GUI를 개발할 수 있다.	(오픈 소스)
Flash Lite	GUI의 레이아웃 정의와 리소스를 격납한 데이터파일(Flash 데이터)에 의하여, 동적인 GUI를 구축할 수 있는 라이브러리	Adobe System사
VIVID UI	GUI 레이아웃 정의에 따라, 동적으로 변경 가능한 GUI를 실현하는 GUI 라이브러리. 3D 데이터를 취급할 수 있는 점이 특징	아크로디어사
UI Engine	GUI 레이아웃 정의에 따라, 실행 시에 GUI를 변환할 수 있는 GUI 라이브러리	UI Evolution사

● GENWARE2

일본의 아이·엘·시사(http://www.ilc.co.jp/) 가 개발한 ITRON용 GUI 라이브러리입니다.

그래픽컬한 에디터로 움직임이 있는 GUI를 효율적으로 개발할 수 있습니다. 또한 고속으로 동작하는 라이브러리에 의해, 비교적 능력이 낮은 CPU라도 사용할 수 있습니다.

8.4.4 Java나 BREW 등의 GUI 라이브러리

Java나 BREW등의 가상 어플리케이션 실행 환경에서는, 표 8-9와 같은 GUI 라이브러리를 사용할 수 있습니다.

[표 8-9] Java/ BREW용 GUI 라이브러리

GUI 라이브러리	특 징	제공원
J2ME MIDP	임베디드용 Java 환경에서 표준적으로 사용할 수 있는 GUI 라이브러리	Sun Microsystem사
Doja 라이브러리	휴대전화기용의 독자 확장기능을 추가한, J2ME 기반의 GUI 라이브러리	NTT 도코모사
BREW UI Widgets	Widget라고 하는 GUI 부품의 편성으로 화면을 개발하는 독자사양의 휴대전화용 라이브러리	Qualcomm사
uiOne	GUI 정의 파일에 의하여, 실행 시에 동적으로 GUI를 변경할 수 있는 휴대전화용 라이브러리	Qualcomm사
iVE	Elate/intent 가상 실행 환경용의 GUI 라이브러리	Tao사

● J2ME MIDP

J2ME의 MIDP로 사용할 수 있는 GUI 라이브러리입니다. 오픈 소스의 IDE 「Eclipse」 상에서 효율적으로 디자인과 개발이 가능합니다.

임베디드 Java 표준 라이브러리이며, 전 세계에서 널리 사용되고 있습니다. 많은 사이드 파티에서 편리한 클래스 라이브러리가 제공되어 있어, 고기능 어플리케이션을 원활하게 개발할 수 있습니다. 또한 소프트웨어 시뮬레이터를 사용한 디버그가 가능하며, 테스트 작업의 효율도 높다는 특징이 있습니다.

● Doja 라이브러리

Doja는 일본의 NTT 도코모사의 서비스인 i모드에 대응한 어플리케이션을 개발할 때에 사용할 수 있는 GUI 라이브러리입니다. 개발 키트 등이 일반에 공개되어 있어, Eclipse 플러그인을 사용하면 IDE로 개발이 가능합니다.

Java의 클래스로서 2D뿐만 아니라 3D그래픽의 묘사기능이 제공되어 있어, 고기능의 보기에 좋은 UI를 작성할 수 있습니다. i어플리의 사양상의 제한으로, 어플리케이션의 사이즈나 실행 시의 메모리량에 제한을 받습니다만, 라이브러리 자체는 사용하기 쉬운 API를 제공하고 있습니다.

● BREW UI Widgets

BREW UI Widgets는, BREW 어플리케이션의 GUI를 구축하기 위한, Widget 기반의 GUI 라이브러리입니다.   CDMA   기술의   세계적   주요기업인   Qualcomm사 (http://brew.qualcomm.com/brew/ja/)에서 제공하고 있습니다. C 언어로 기술되어 있습니다만, C++ 언어를 강하게 의식한 객체 기반의의 Widget가 제공되어 있습니다. GUI의 디자인 툴은 개발 키트에 포함되어 있지 않습니다만, Visual Studio와 에뮬레이터를 편성하여, 통합 환경 상에서 테스트와 디버그 작업을 할 수 있습니다.

● uiOne

uiOne는, 같은 BREW 어플리케이션으로 사용할 수 있는 GUI 라이브러리입니다. GUI 정의 데이터를 읽는 플레이어형 GUI 프레임 워크입니다. 동적으로 변경할 수 있는 UI를 효율적으로 개발할 수 있습니다. 국내에서는 사용되지 않고 있습니다만, 해외에서는 UI를 변경할 수 있는 서비스로서 계속 널리 채택되어 가고 있습니다.

● iVE

iVE는, Tao사(http://tao-group.com/) 가 개발한 Elate/intent상에서 동작하는, intent Visual Environment라는 멀티 플랫폼의 GUI 프레임 워크입니다. 부품 기반 2D GUI 뿐만 아니라, 3D그래픽이나 MPEG 무비를 사용한 GUI를 개발할 수가 있습니다.

8.5 UI를 분리하는 이유

변경에 강한 UI를 설계하기 위해서는, 제 8.2절에서 기술한 것처럼, 먼저 UI와 소프트웨어의 처리를 분리하는 것이 중요합니다. UI와 처리는, 처리대상이 되는 **영역**(Domain : 도메인)이 다른 것인데, 규명해보면 각각 독립하여 기능요구나 사양변경이 발생하기 때문입니다. 물론 한 개 처리의 안팎이라는 면도 가지고 있어서, 하나의 변경이 양쪽에 영향을 끼치기도 합니다만, 항상 일체라는 것은 아닙니다. 그래서 소프트웨어의 구조상으로도 UI 기능과 데이터 처리의 로직을 분리하면, 어느 한 쪽에만 사양변경이 발생한 경우, 영향범위를 최소한으로 그치게 할 수가 있습니다.

8.5.1 UI와 로직

구체적으로는 다음과 같이 생각할 수 있습니다.

일반적으로 소프트웨어 개발에서는, 같은 데이터를 취급하는 처리에서도 GUI를 보는 방법은 무수히 생각할 수 있습니다. GUI의 구성은 편의성에 직접 영향이 있으므로, 사용자의 요구를 고려하여 설계됩니다. 그러나 내부의 로직은 사용자가 의식하지 않으므로, 적절한 기능이 개발되어 있는 한, 개발자가 자유롭게 결정할 수가 있습니다. 즉 UI는 개발자의 의사만으로는 설계할 수 없으므로, 개발자의 상정과 사용자의 희망에 큰 차이가 있으면, 그림 8-14와 같이, 사양변경이 발생해버립니다. 반대로 내부의 처리 로직에 변경이 발생해도 사용자는 의식하지 않으므로, UI를 변경하지 않아도 좋은 경우도 있습니다.

이와 같이 디자인이나 설계에 대하여 판단하는 주체가 다르기 때문에, UI와 내부로직에서 각각 별도로 변경요구가 발생할 가능성이 높아집니다.

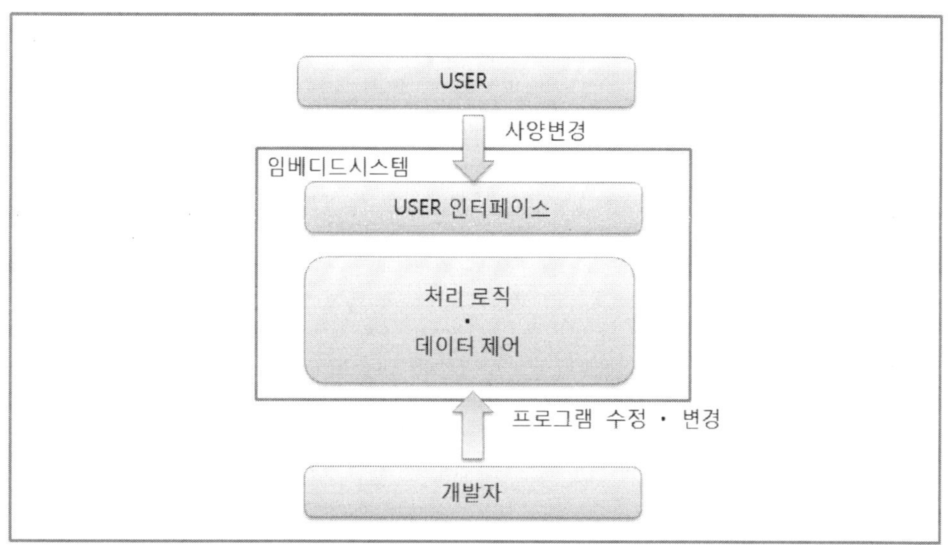

그림 8-14 UI와 로직의 변경 요구

8.5.2 UI층

UI층과 **처리 로직층**을 분리한 설계를 하는 경우, 어디까지를 UI층으로 취급하면 좋은가 하는 의문이 발생합니다. 특히 C 언어로 처리 로직층을 중심으로 한 설계를 하고 있으면, 사용자의 조작부터 데이터의 변경, 그리고 UI에 대한 반영까지가 일련의 처리로서 인식되기 쉽습니다.

결론부터 말하면, 그림 8-15와 같이, 처리 중 UI층으로서 분리해야할 부분은, **화면 묘사**

의 제어를 하는 부분뿐입니다. UI층에 입력값의 판정이나 표시 데이터의 가공처리 등을 포함해버리면, 최종적으로 분리가 충분하지 못한 설계가 됩니다.

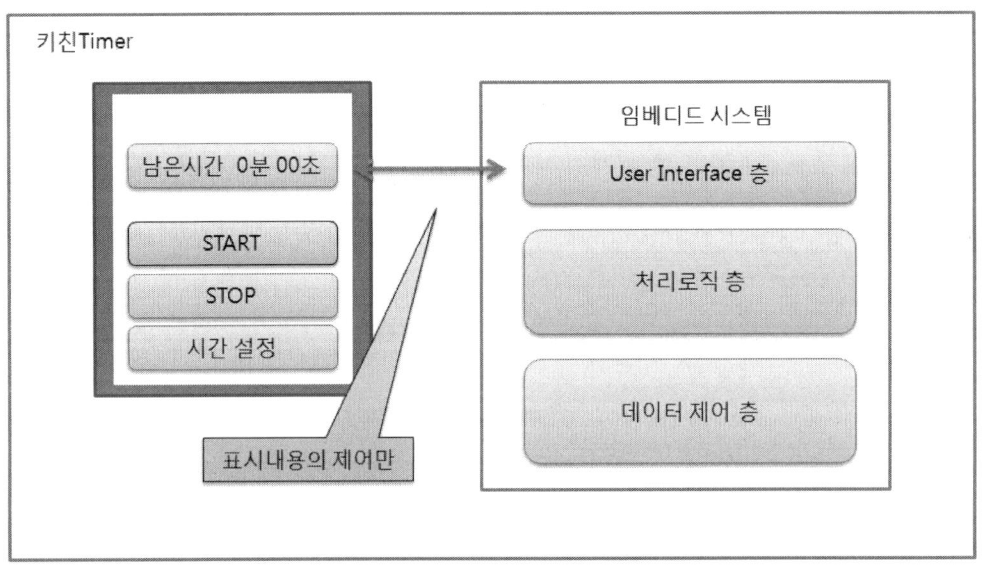

그림 8-15 UI층의 처리

　이 절의 처음에 기술한 것처럼, UI층을 분리하는 목적은, 변경요구의 발생근원마다 소프트웨어의 모듈을 나누어, 변경요구의 영향범위를 한정하는 일입니다. 사용자가 사용의 편리성을 향상시키기 위하여 변경하기를 바란다고 생각하는 것은, 「화면의 레이아웃」 「색 등의 디자인」 「메뉴의 배열」 「표시되는 메시지」 라는 시각상의 요소가 태반을 차지합니다. 예컨대 휴대전화의 전화번호부에서, 「입력 화면의 이름 입력란의 가로 폭이 너무 좁다」 라는 레이아웃 변경의 요구가 발생할지도 모릅니다. 그러나 「특수기호를 이름으로 사용할 수 없다」 라는 불만이 있어도, 그것은 임베디드 시스템의 사양에 유래하는 제한이기 때문에, UI의 문제로는 되지 않습니다. 이 경우, 임베디드 시스템의 로직에 대한 변경요구가 됩니다(그림 8-16).

　마찬가지로 「전파감도를 나타내는 아이콘이 작다」 「위치를 알기 어렵다」 라는 요구는, UI의 디자인에 관한 요구입니다. 아이콘의 묘사처리를 UI층으로 분리함으로써, 내부처리에 영향을 주지 않고 디자인을 변경할 수 있습니다. 그러나 「전파감도를 10 단계로 표시하면 좋겠다」 라는 요구는, UI가 아니라 시스템 사양에 대한 요구이므로, 처리 로직 층에서도 취급하는 편이 좋습니다.

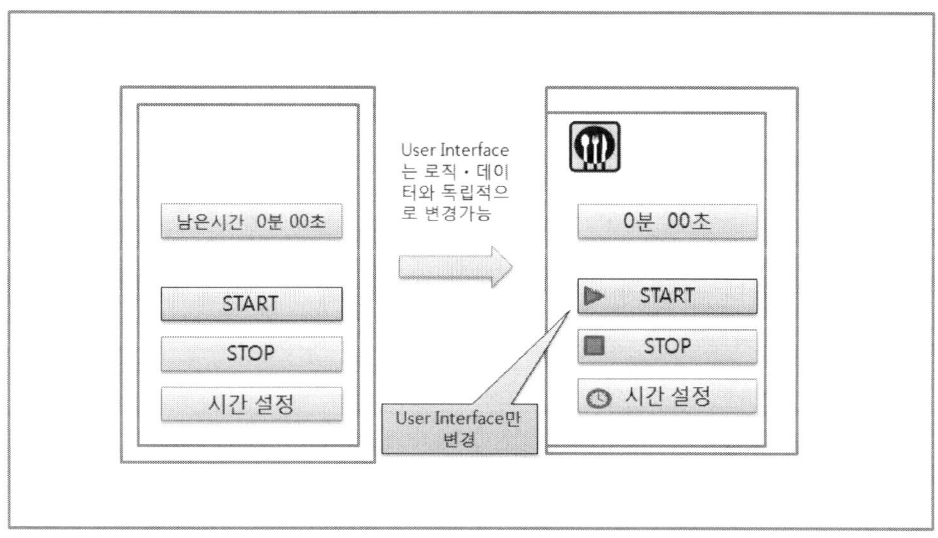

그림 8-16 UI의 사양변경

또 하나 판단이 어려운 점은, UI끼리 연동하여 변화하는 처리입니다. 예를 들면 어떤 항목이 입력될 때까지는 등록버튼을 사용할 수 없고, 필수항목이 모두 입력되면 버튼을 유효화 한다는 처리가 있습니다. 이 경우, 데이터의 내용을 판정하고 있으므로 처리 로직층과 UI층으로 분리하여 개발해야하는지, 또는 버튼의 액티브 상태를 조작하고 있을 뿐이므로, 모두 UI층에서 개발해야 하는지 어려운 바입니다.

이와 같은 경우에도, 원칙적으로 데이터의 내용에 관한 처리는 로직 층에 포함하는 쪽이 좋습니다. 처리 로직층 측에, 입력된 데이터의 내용에서 등록버튼 조작이 가능한지의 여부를 판정하는 함수를 개발합니다. 입력값이 변화할 때마다, UI층에서 판정함수를 호출시켜, 등록버튼의 액티브 상태를 변경하도록 개발합니다. 이와 같이 UI층을 분리하는 원칙은, 항상 적용을 검토해야 합니다.

〈설명 8-1〉
로직 측의 판정처리가 작아, 모두 UI층에 개발해 버리는 쪽이 간결하게 개발할 수 있는 경우에는, 일부분만 무리하게 분리하지 않고 개발한다는 옵션도 있습니다. 그와 같은 경우에도, 원래 목표로 해야 하는 설계를 의식한 후의 판단이 필요합니다.

이와 같이 화면표시에 한정된 부분을 분리함으로써, 레이아웃 변경이나 UI 요소의 추가·삭제라는 변경요구에 대해 수정과 확인의 공수를 저감할 수가 있습니다. 임베디드 시스템에서는 개발기간의 중반부터 후반에 변경요구가 발생하기 쉬우므로, 프로젝트의 공수의 증가를 억제한 다음에 유효합니다.

UI층을 분리한 설계는, 소프트웨어에 대한 변경의 영향을 국소화한 후에 유효합니다. 그러나 현재의 설계 기법에서는, UI의 분리만으로는 불충분하다고 여겨지고 있습니다. 다음 절에서는 **MVC 아키텍처**라고 하는, 보다 변경의 영향범위를 작게 억제할 수 있는 소프트웨어 구조에 대하여 상세하게 설명합니다.

8.6 MVC 아키텍처에 의한 모듈화

소프트웨어 구조의 분리를 진행한 계층화 설계의 기법으로서, **MVC 아키텍처**라고 하는 계층구조를 가진 설계패턴이 잘 알려져 있습니다.

MVC 아키텍처란, 소프트웨어의 역할을 명확화 하여, 확장성이 높고 수정이 쉬운 소프트웨어 설계의 패턴을 정의한 기법입니다. UI와 로직의 분리에 더하여, 내부 로직도 기능에 따라 분리하는 설계 기법입니다. MVC란 「Model View Controller」의 머리글자를 딴 것으로서, 소프트웨어를 세 가지 역할을 가진 계층으로 나누어 설계하는 것을 의미합니다. 「사용자의 조작에 응하여 어떤 데이터 처리를 하는」 소프트웨어의 다수에 적용 가능하며, 보다 적확하게 소프트웨어를 설계할 수 있다는 것을 알고 있으므로, 오픈업무 시스템 개발에서는 널리 채택되어 있습니다. 특히 Windows 어플리케이션이나 서버 사이드 Java 소프트웨어의 설계에서는, 절반 표준으로 간주되고 있습니다.

MVC 아키텍처에서는, Model은 소프트웨어의 데이터 관리를 담당하고, View는 UI의 제어를 담당합니다. 그리고 처리의 로직을 개발하는 것이 Controller입니다. 「M」 「V」 「C」의 각 층을 독립한 모듈로 구성하고, 가능한 한 결합도가 낮은 인터페이스를 개입시켜 MVC층이 연동하도록 설계합니다(그림 8-17). 임베디드 시스템에서는, 디바이스 제어용인 드라이버층이나 미들웨어층을 더한 4계층의 설계가 되는 일도 있습니다.

8.6.1 Model층

Model층은 데이터의 관리만을 담당하고, 또한 데이터의 정합성을 항상 확보하는 역할을 하고 있습니다. 즉 데이터를 소프트웨어가 필요한 형식(많은 경우는 구조체나 클래스의 배열 등)으로 관리하며, 또한 데이터의 값에 대한 액세스를 통일하여 관리합니다. 설정값의 정당성에 대한 판정도 담당하는데, 만일 부정한 값을 설정하려고 하면 에러를 판정해 줍니다. 다른 두 층에서는 설정값에 관하는 판정은 일절 하지 않고, 사용자 입력값이나 조작을 그대로 Model층에 넘겨줍니다. 예를 들면 0이상의 값밖에 설정할 수밖에 없는 필드에 1이 입력된 경우에는, View층이나 Controller층은 단지 입력처리를 하고, Model층이 에러를 판정하여 결과를 상위층을 경유해서 사용자에게 알린다. 라는 처리를 합니다.

이렇게 해서 소프트웨어가 취급하는 데이터와 데이터 값의 사양에 대한 개발이 Model 층에 집약되어, 데이터에 관한 변경의 영향이 다른 층에 미치지 않는 설계로 됩니다.

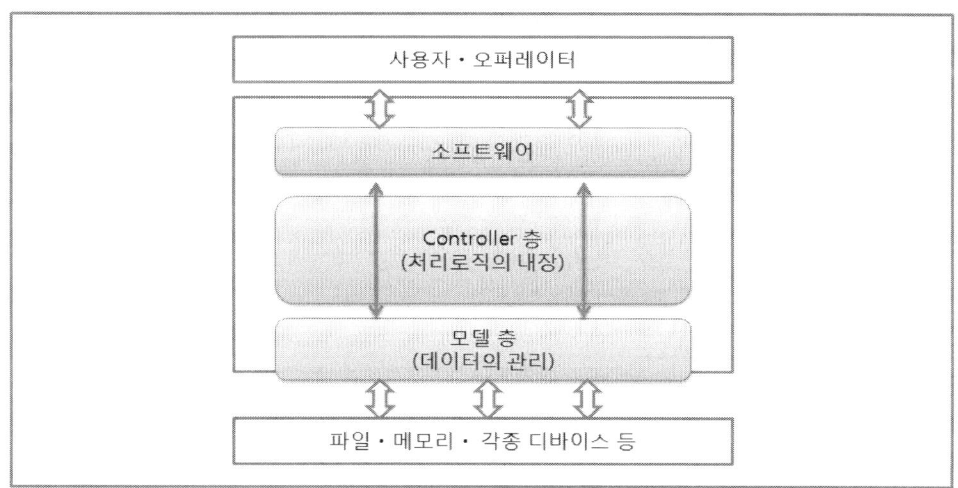

그림 8-17 MVC 아키텍처

8.6.2 View층

View층은 UI 표시내용의 제어만을 합니다. 원칙적으로 데이터를 가공하는 처리나 판정의 로직은 가질 수 없는 설계로 하는 것이 중요합니다. UI의 출력 제어는 Controller층의 지시에 따라 넘겨진 데이터를 그대로 표시만 하는 역할로 그칩니다. 또 사용자로 부터의 입력에 대해서도, 내용이나 실행이 가능한지의 여부를 판단하지 않고, 입력 이벤트를 태스크 내부의 인터페이스 형식으로 변환하여 Controller층에 넘겨주기만 하는 기능을 합니다.

View층은 가능한 한 시키는 대로 표시하도록 작성하는 것이 요령입니다. 마치 넘겨진 데이터를 그대로 표시하는 전자흑판을 개발한다는, 정도의 마음가짐으로 설계하면 좋습니다.

8.6.3 Controller층

Controller층은 태스크의 사양에 따라서 데이터를 가공하는 기능과, 데이터의 정합성 체크 이외의 여러 가지 판정 로직을 개발합니다. 사용자의 입력으로부터, 어떻게 Model층의 데이터를 변경해야 하는지를 판정하여, Model층으로 변경을 의뢰합니다. 또한 그 결과

Model층의 내용을 어떻게 사용자에 보이면 좋을지를 판정하여, View층으로 표시내용을 넘겨줍니다. Controller층은 로직을 중심으로 개발하는 계층 때문에, 데이터는 거의 취급하지 않습니다(표 8-10).

[표 8-10] MVC 아키텍처의 계층

계 층	역 할	동작의 개요
Model	데이터 관리를 담당	데이터의 보존과 입출력을 관리한다. 또한 데이터의 정합성에 대하여 책임을 진다.
View	화면 표시를 담당	Controller의 지시에 따라 화면을 묘사한다. 또한 사용자 입력을 해석하고, 적절한 Controller를 호출한다
Controller	데이터 처리 로직을 제공	사용자나 디바이스의 조작·입력에 따라서, 데이터를 Model로 부터 취득하여, 가공해서 View로 넘겨준다

8.7 MVC 아키텍처로 하는 설계

MVC 아키텍처에 따라서, 독립성이 높은 모듈화 설계를 진행하는 순서와 포인트를 구체적으로 설명합니다. 여기서는 그 예로서 메모리 카드를 지원한 카 내비게이션 시스템에서, SD 카드상의 파일을 일람표시하는 데이터 폴더 기능의 태스크를 설계하는 케이스를 들어봅니다.

데이터 폴더 기능은, 파일의 내용을 세로 방향의 리스트로서 표시합니다. 하나의 표시 블록이 1 파일의 정보를 나타내고 있으며, 파일명·파일 사이즈·아이콘을 표시합니다. 1 화면에 파일을 5 건까지 표시할 수 있습니다. 파일이 1화면에 다 들어가지 않을 경우는, 상하의 커서 키 입력에 따라 세로방향으로 스크롤 표시합니다. 리스트의 가장 위, 또는 가장 아래까지 커서가 이동하면 스크롤을 정지합니다. 각 파일에 대하여, 내용표시·복사·삭제·리네임의 조작이 가능합니다(그림 8-18).

표시 화면은 부품 기반 GUI 라이브러리로 개발합니다. 5 개분의 표시 에리어를 미리 확보하여, 표시하는 내용을 바꿈으로써 스크롤하고 있는 것처럼 보이는 방식으로 합니다. 파일 수와 같은 만큼의 표시부품을 생성하면, 파일이 많은 경우에 메모리가 부족하기 때문입니다. 또한 스크롤바는 리스트와 연동하지 않고, 어플리케이션이 바의 길이와 위치를 조절하여, 리스트 전체의 표시범위 기준을 나타내기 위하여 사용합니다. 포인팅 디바이스가 없기 때문에, 스크롤바를 조작하는 일은 할 수 없습니다.

아주 단순한 기능밖에 가지고 있지 않으므로, 동작 전체를 간단하게 상상할 수 있다고 생각합니다. 이와 같은 태스크의 개발을 맡았을 경우를 상상하여, 어떻게 설계하는지를 생각해 보시기 바랍니다.

소프트웨어 설계가 이미지 되었다면, MVC 아키텍처로 하는 설계와 어디가 다른지를 비교하면서 읽으면, 구체적인 개발의 장점을 납득하기 쉽습니다.

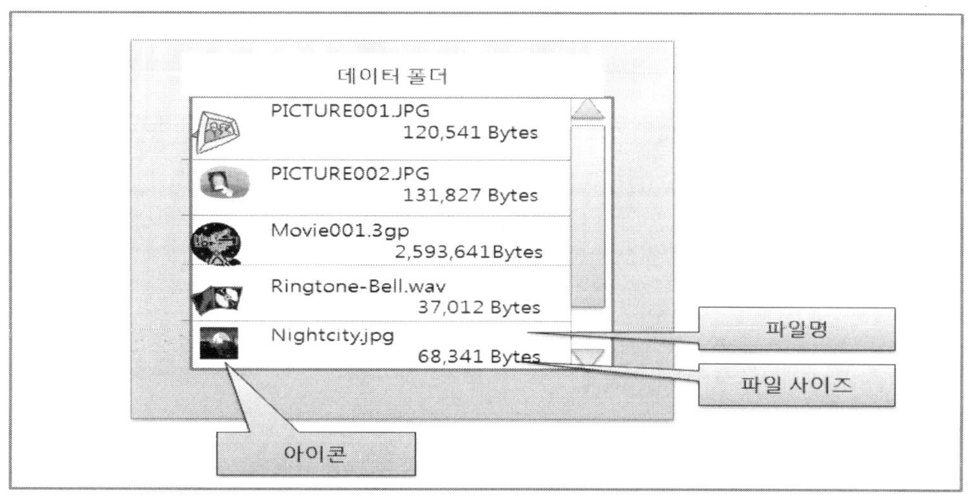

그림 8-18 데이터 폴더의 기능

8.7.1 기능의 분할

이 태스크를 개발하기 위하여, MVC의 사고방식에 따라서 세 층 각각의 기능을 할당해 나갑니다. 먼저 처음으로 검토하기 쉬운 것은 Model층의 부분입니다(표 8-11, 그림 8-19).

Model층은 데이터의 관리를 전문으로 취급합니다. 이 예에서는 파일 정보를 읽고, 일람하도록 기록하여, 다시 파일 조작을 실행하는 기능을 가지도록 합니다.

다음으로 검토하기 좋은 것은 View층입니다. View층에서는 표시제어 만을 취급하므로, 화면에 타이틀과 스크롤바, 그리고 파일 정보를 5건 표시하는 기능이 필요합니다. 또한 파일 정보로서 이름·사이즈·아이콘을 표시하는 기능도 필요합니다.

마지막으로 남은 Controller층의 기능은, Model층이 관리하는 데이터에서 현재 표시 중인 파일 5 건을 골라내어, 표시하는 순서대로 View층으로 넘겨줍니다. 또한 파일에 대한 내용표시·복사·삭제·리네임의 4 종류의 조작을 받아서, Model층에 대한 파일 조작을 제어합니다.

[표 8-11] 디지털 폴더의 기능 분할

계 층	기 능
Model	파일 정보 데이터의 배열을 관리하며, 또한 표시 정보를 관리한다
View	아이콘 표시용의 이미지 부품(Widget)·파일명 표시용 텍스트 부품·사이즈 표시용 텍스트 부품을 각 5건을 관리. 또한 스크롤바 부품을 관리
Controller	View에 대한 표시 내용 리스트 작성처리를 한다. 또한 표시갱신 처리·키 조작에 대한 처리·파일 정보 취득 처리·파일의 내용표시·복사·삭제·리네임 처리의 로직도 제공

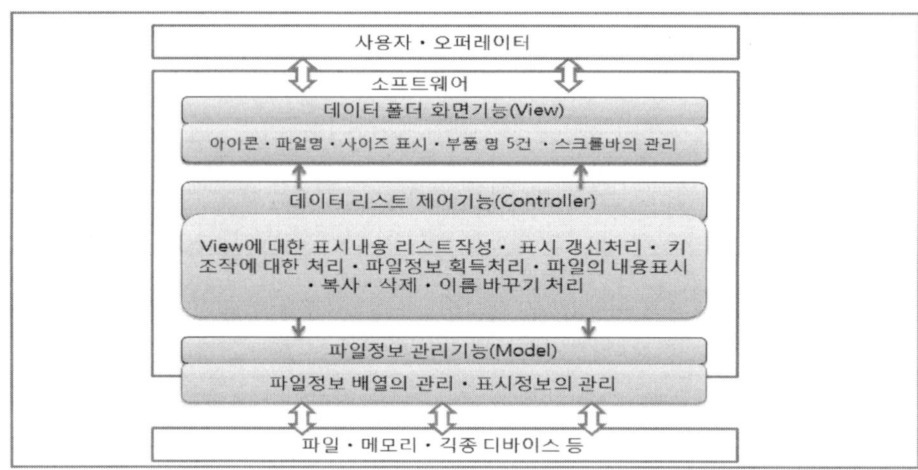

그림 8-19 데이터 폴더의 기능

8.7.2 관리대상의 데이터 설계

다음으로 MVC 각 층을 관리하는 데이터를 결정합니다. 구조화 설계의 기법에서는 처리의 흐름을 먼저 결정합니다만, 객체지향설계의 기법에서는 관리대상 데이터부터 상세화해 나갑니다. 어느 쪽이 먼저라도 같습니다만, 인터페이스 설계의 근거를 알기 쉽게 설명하기 위하여, 먼저 데이터를 명확화 해 두도록 합니다(표 8-12, 그림 8-20).

일반적으로 Model층은 태스크의 제어대상 데이터를 모두 관리합니다. 몇 가지 종류의 데이터(예컨대 현재 좌표 데이터와 지도 데이터와 점포 데이터)를 관리하는 태스크에서는, 복수개의 함수군이나 클래스로 나누어지게 됩니다만, 각각의 데이터 관리를 담당하는 모듈은 모두 Model층으로 분류됩니다. 이 데이터 폴더의 예에서는 파일의 내용이 아니라, 이름이나 사이즈 등 파일에 관한 속성 정보를 취급하고 있으므로, 파일 속성의 정보를 구조체 배열로서 관리하도록 설계합니다.

View층에서는 표시제어 만을 취급하므로, 화면 표시용 부품 데이터만을 관리합니다. 이 경우는 태스크 전체의 표시 부품으로서 타이틀 표시용 텍스트 박스 부품을 하나, 스크롤바 부품을 하나 가집니다. 다시 각 파일 1건당 텍스트 박스 부품을 2개, 비트 맵 이미지 부품을 하나 구조체에 격납하고, 5건의 배열로서 관리합니다. 그리고 표시상태를 관리하는 어플리케이션 자신의 동적 데이터로서, 커서 위치와 리스트의 표시개시 인덱스를 int 형의 데이터로서 보존합니다.

Controller층에서는 기본직으로 처리 로직민을 개발하므로, 가능힌 힌 데이디는 가지지 않도록 설계합니다. C 언어라면 함수만, C++ 언어라면 멤버 변수가 없는 클래스가 되는 케이스가 많습니다. 이 예에서도, Controller층은 데이터를 가지지 않는 기능으로서 설계합니다.

[표 8-12] 데이터 폴더의 각층을 관리하는 데이터

계 층	데이터와 변수형	
Model	파일 정보 구조체 배열	파일 정보 리스트
	int	파일 수
	int	커서 위치
	int	표시개시 인덱스
View	GraphicWidget[5]	아이콘 표시 부품
	TextWidget[5]	파일명 표시 부품
	TextWidget[5]	파일 사이즈 표시 부품
	ScrollbarWidget	스크롤바 부품
	Form	스크린 관리 부품
Controller	없음	

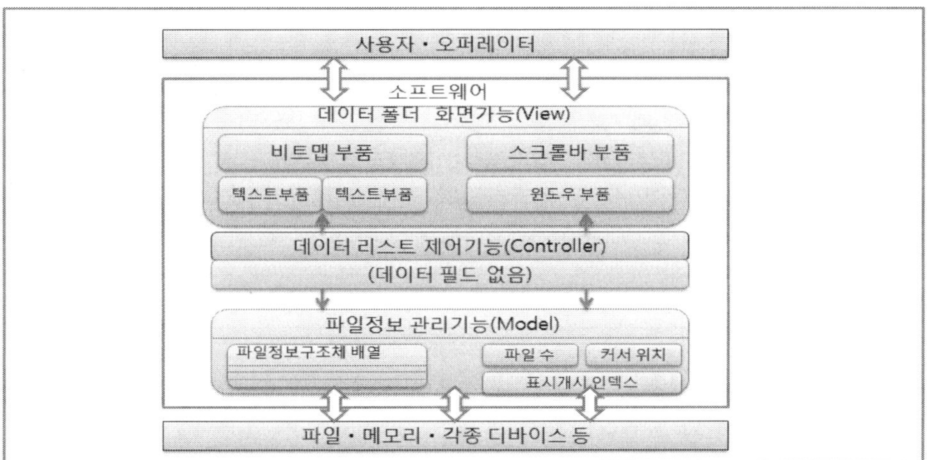

그림 8-20 데이터 폴더기능의 기능 분할

8.7.3 Model의 설계

다음 단계로서, MVC의 각 계층 간 인터페이스를 설계합니다. 인터페이스를 정함으로 써, 각 층이 내부에서 실행해야 할 처리의 큰 틀을 확정합니다. 먼저 처음으로, Model층의 인터페이스를 결정합니다.

Model층에서는 파일 정보의 취득과 파일에 대한 복사·삭제·리네임의 조작을 제공합니다. 그리고 데이터 폴더 태스크 자신의 동작 정보로서, 현재의 표시 인덱스를 취득/설정하는 인터페이스를 제공합니다. 각 설정 인터페이스는 입력값을 체크하고, 사용할 수 없는 설정값이 입력된 경우에는 에러를 사용자에게 통지하는 메시지를 줍니다(표 8-13).

이와 같은 인터페이스를 채택하는 장점에 대해서는, 제8.7.5항에서 설명합니다.

[표 8-13] Model층의 인터페이스

함수(메소드)	인 수	기 능
GetFileInfo()	File 인덱스 · 파일 구조체	파일 정보 취득
CopyFile()	File 인덱스 · 복사선 파일명	파일 복사
DeleteFile()	File 인덱스	파일 삭제
SetFileName()	File 인덱스 · 파일명	파일명 변경
GetCursor()	없음	현재의 커서 위치(0~4)를 취득
SetCursor()	커서 위치(0~4)	커서 위치를 기억
GetCurrentIndex()	없음	현재의 표시 인덱스를 취득
SetCurrentIndex()	표시 인덱스	표시 인덱스를 설정

8.7.4 View의 설계

다음으로 View층의 인터페이스를 결정합니다. View층의 인터페이스는 입력과 출력(표시)으로 나뉩니다. 입력 인터페이스는 GUI 라이브러리로부터의 이벤트를 받기 때문에, 이벤트 핸들러 사양에 준거합니다. 이를 위한 인터페이스, HandleEvent를 공개합니다.

출력 인터페이스는 Controller층으로 부터의 표시요구를 받는 인터페이스입니다. View 층은 데이터의 처리 로직이나 판정을 하지 않고, Controller층의 지시대로 표시하도록 설계하면 좋습니다. 이 경우는 표시하는 리스트를 갱신하는 show라는 인터페이스만을 공개합니다. Controller층으로 부터는, 인수로서 표시하는 파일정보의 구조체 배열을 받고, 또한 스크롤바의 위치를 지정하기 위한 건수와 선두 인덱스를 취득합니다. 이때 데이터 건수와 선두 인덱스는, 스크롤바의 위치와 길이를 결정하기 위해서만 사용하고 있습니다.

리스트에 표시하는 내용은, 배열에서 주어진 데이터만으로 결정됩니다. View층에서는 지금은 자신이 어떤 리스트를 취급하고 있고, 리스트 속의 어떤 부분을 표시하고 있는지는 전혀 의식하지 않고 있습니다. 단 단순하게 주어진 5건의 구조체 내용을 표시 에리어에 설정하고 있을 뿐입니다.

이와 같이 설계함으로써, 데이터 제어의 영향을 받지 않고, 표시화면의 제어에만 집중한 모듈로서 설계할 수 있습니다(표 8-14).

[표 8-14] View층의 인디페이스

함수(메소드)	인 수	기 능
HandleEvent()	이벤트 종별 · 파라미터1 · 파라미트2	UI 라이브러리에서 이벤트를 받는다
show()	파일 정보 배열[] · 파일 수 · 선두 위치	주어진 파일 정보 배열의 내용을, 화면에 순서대로 표시한다
EnterFilename ()	파일명 격납 영역	파일명 입력 다이아로그를 열고, 파일명을 취득한다

8.7.5 Controller의 설계

마지막으로 Controller층의 인터페이스를 설계합니다. Controller층의 인터페이스는, View층으로부터 사용자의 조작을 받는 인터페이스와, Model층으로부터 데이터 변경 통지 등을 받는 인터페이스로 나뉩니다. 이번 샘플에서는 Model층으로 부터의 변경 통지는 없으므로, View층으로부터 UI를 통하여 입력된 조작을 받는 인터페이스만을 개발합니다.

이 샘플에서는 5종류의 조작이 가능합니다. 커서의 상하와, 메뉴에서 실행되는 표시·복사·삭제·리네임의 조작입니다(표 8-15).

[표 8-15] Controller층의 인터페이스

함수(메소드)	인 수	기 능
MoveUp()	없음	1파일 분 위로 커서를 이동하고, 필요하면 스크롤한다(윗 키 압하 시의 동작)
MoveDown()	없음	1파일 분 아래로 커서를 이동하고, 필요하면 스크롤한다(아래 키 누름 시의 동작)
ShowFile()	없음	현재 커서 위치의 파일 내용을 표시한다
CopyFile()	새로운 파일명	현재 커서 위치의 파일을 복사한다
DeleteFile()	없음	현재 커서 위치의 파일을 삭제한다
SetFileName()	새로운 파일명	현재 커서 위치의 파일명을 변경한다

Controller층에서는, 요구받은 데이터의 갱신을 합니다. 예를 들면 커서 위치를 이동시키거나. 파일명 등을 변경하는 처리입니다. 그리고 Model층에서 파일 정보 중 5건을 추출시여 배열에 격납하고 나서 View층으로 넘겨줍니다. 이때 어플리케이션의 기능이 가지는 로직은 모두 Controller층에 집약되어 있습니다.

Model층은, 지금의 화면이 어떠한 상태로 되어 있는지를 전혀 의식하지 않고, Controller층의 요구에 따라 파일을 조작하고, 또한 정보를 넘겨주고 있을 뿐입니다. View층도 전술한대로, 데이터의 내용은 의식하고 있지 않습니다. 아래에 스크롤하는 처리 시퀀스는 그림 8-21과 같이 됩니다.

이와 같이 각 층의 역할에 따라서 기능을 할당함으로써, 명확한 기능 범위를 분담하고 개발하는 모듈을 설계할 수가 있습니다.

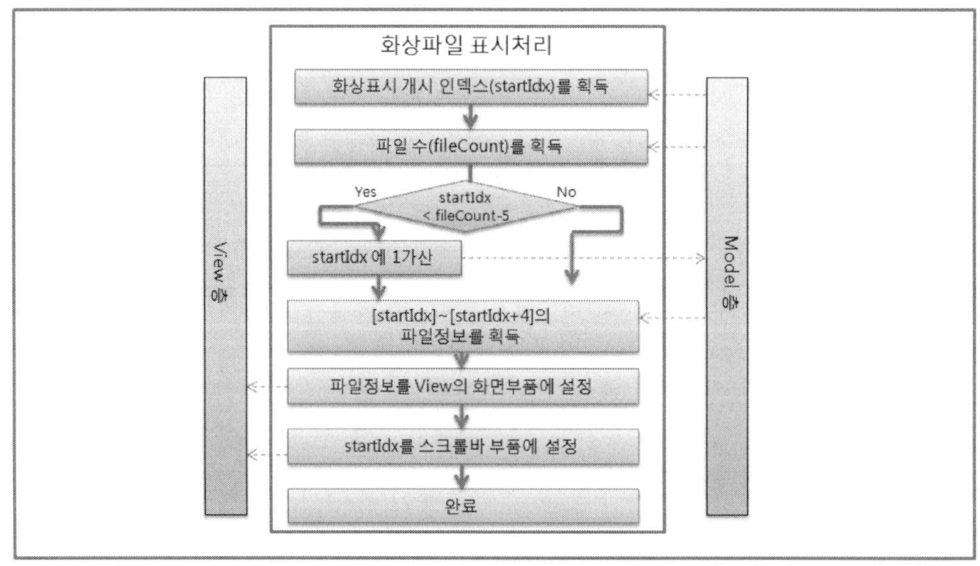

그림 8-21 하부의 키 조작에 대한 처리순서

8.7.6 MVC 아키텍처의 효과

마지막으로 여기까지의 단계에서 설계한 MVC 아키텍처가, 어느 정도 변경에 강한가를 검증해 보기로 합니다. 각기 정말 임베디드 소프트웨어개발에서 발생할 것 같은 예를 들며, 변경내용을 분석해 봅시다.

상태전이 매트릭스를 switch~case문에 직접 개발한 것 같은 소프트웨어 구조에서는, 어떤 변경 요구가 발생해도 처리 전체에 대규모의 수정이 발생할 우려가 있습니다. ③ 등은 특히 영향이 커서, 만약 개발종반에 변경의뢰를 받아도 무리라고 거절하지 않을 수 없을

지도 모르겠습니다.

MVC 아키텍처의 변경범위와 비교해 보면, MVC 아키텍처에 의거한 소프트웨어 설계의 효과가 얼마나 큰지 실감할 수 있다고 생각합니다.

① 표시항목의 추가

리스트에 표시하는 항목을 추가하는 요구가 발생한 경우, Model층과 View층에만 변경이 발생합니다. 파일 정보에 「날짜」 표시를 추가하기 위해서는, Model층의 파일 정보 구조체에 날짜 필드를 추가하고, View층에 날짜를 표시하는 GUI 부품을 추가합니다. Controller층은 파일 정보의 내용을 의식하고 있지 않으므로 변경이 발생하지 않습니다(그림 8-22).

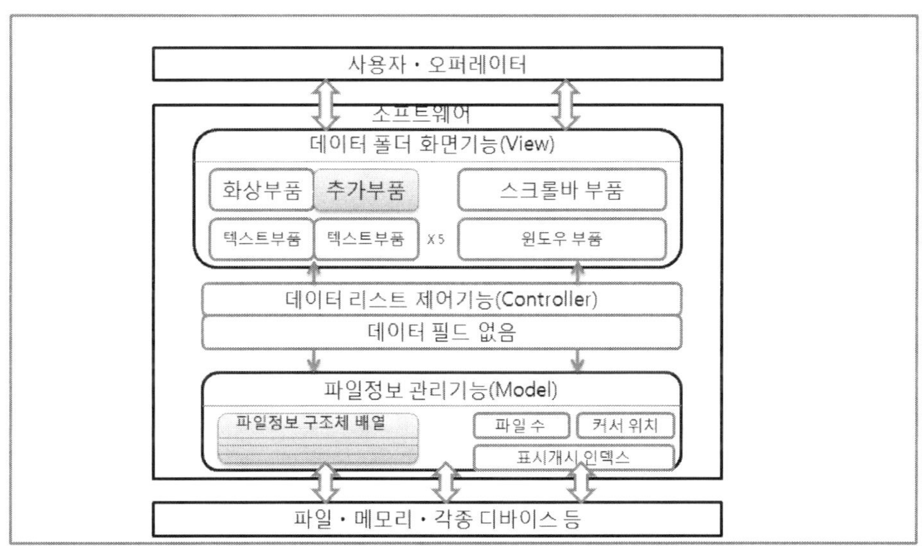

그림 8-22 표시항목의 추가

② 랩 어라운드 기능의 추가

커서를 랩 어라운드 하는 기능을 추가하는 경우에는, Controller층에만 변경이 발생합니다. 랩 어라운드란, 가장 아래의 파일을 표시한 상태에서 아래 키가 압하되면 가장 위의 파일로 돌아가고, 가장 위의 표시에서도 마찬가지로 가장 아래까지 커서와 스크롤 위치를 되돌리는 처리입니다(그림 8-23).

③ 정렬표시 기능의 추가

파일을 소트하여 표시하고 싶다는 요구에 대해서는, Controller층만을 변경하는 것으로 끝납니다.

Controller층에서 격납한 파일 정보 배열을 소트하면, Model층과 View층은 변경을 의식하지 않은 채로, 소트 기능이 추가됩니다.(그림 8-24).

④ 디바이스의 추가

SD 카드에 더하여, CD-ROM의 내용도 함께 표시하고 싶다는 변경요구에 대해서도, Model층만의 변경으로 대응할 수 있습니다. Model층이 파일 정보 구조체의 배열을 생성할 때에 SD 카드와 CD-ROM의 양쪽 파일 정보를 추가하면 되는 것입니다(그림 8-25).

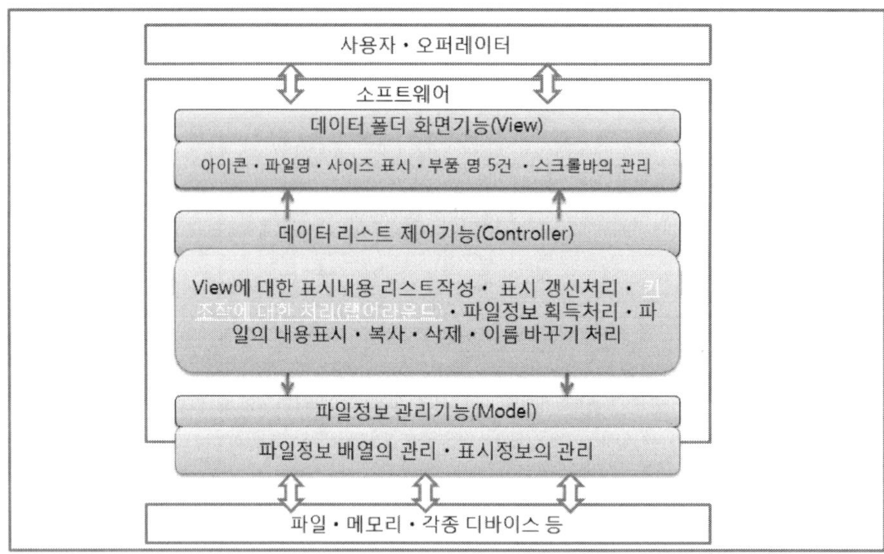

그림 8-23 스크롤 방법의 추가

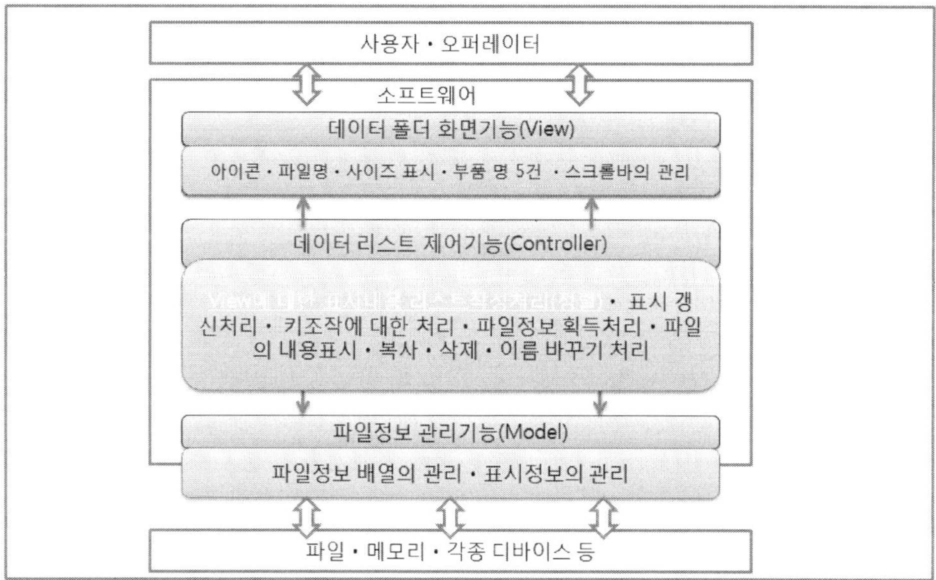

그림 8-24 정렬표시의 추가

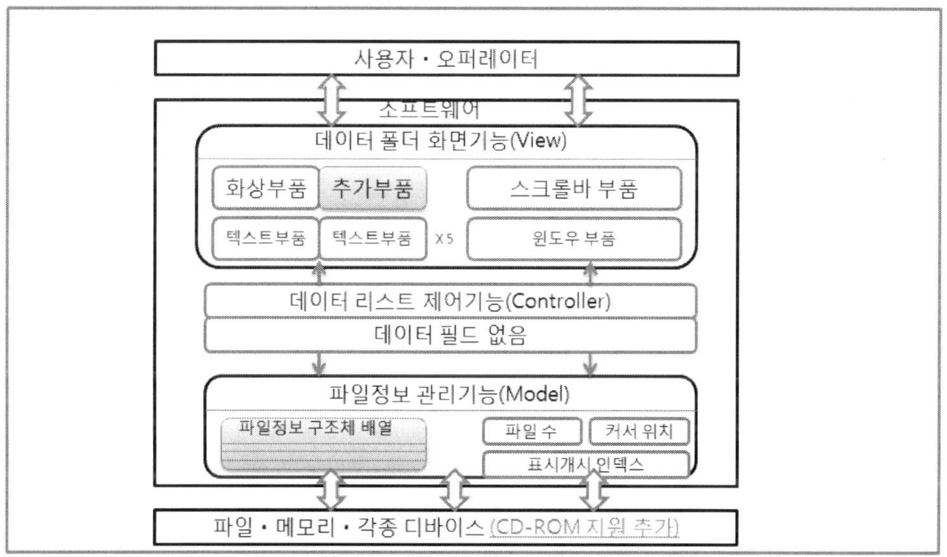

그림 8-25 표시항목의 추가

　여기서 강조하고 싶은 포인트는, 「소프트웨어의 설계에 따라, 같은 기능을 개발하거나 같은 수정을 가하는 경우의 작업공수가 전혀 다르다」 고 하는 점입니다.

　현재의 임베디드 소프트웨어개발에서는, 설계나 소프트웨어 구조를 재검토하지 않고, 단지 수정작업을 인해전술로 함으로써 규모의 증가에 대응하려 하고 있습니다. 그러나 수정의 공수는, 소프트웨어의 설계에 따라 크거나 작게도 변할 수가 있는 점에는 주의를 하지 않고 있습니다. 설계가 불충분한 소프트웨어에서, 어떤 수정에 2인월(人月) 걸린다고 판단을 한 경우, 그것은 누가 어떻게 수정하여도 2인월이 걸린다는 절대값은 아닙니다. 같은 수정이라도, 적절한 설계 기법과 기술에 의거하여 대응하면 1인월이나 그 이하에서 완료하는 케이스도 있습니다.

임베디드 소프트웨어개발에서는 소프트웨어의 규모가 확대하여 공수가 증가하고 있습니다. 그에 비하여 인원을 추가 투입하는 대응은, 머지않아 한계를 맞을 것입니다. 소프트웨어의 설계를 개선하고, 같은 공수에서 보다 대규모의 소프트웨어를 개발할 수 있는 체제를 정비하는 일이 지극히 중요하다고 할 수 있습니다.

효율적인 테스트

> 테스트는 프로젝드 진체의 1/3 이상을 치지히는 중요한 공정입니다. 임베디드 시스템에서는 출시 후의 소프트웨어 갱신이 어렵든지 불가능하기 때문에, 테스트 공정에서 불량은 간과할 수 없습니다. 제품출시 후에 소프트웨어의 수정은 가능해도, 제품에 대한 신뢰가 크게 손상됩니다.

9.1 임베디드 소프트웨어의 품질 보증

임베디드 시스템의 규모가 확대함에 따라서 소프트웨어의 기능은 복잡화 되고, 테스트의 편성도 지수적으로 증대하고 있습니다. 단순하게 생각하면, 소프트웨어의 규모가 2배로 된 경우, 같은 기법으로 테스트 공정을 해내려면, 테스트 공수는 확실히 2배 이상으로 됩니다. 기능단위의 테스트 작업이 규모에 비례하여 증가하는 것은, 기능끼리 편성된 동작 테스트 작업량이 그 이상으로 증가하기 때문입니다. 그래서 테스트 공정의 효율이 낮으면, 임베디드 소프트웨어의 규모가 확대함에 따라서, 정해진 기간 내에 충분한 테스트를 하는 것이 어렵게 되어 갑니다. 결과적으로 소프트웨어의 불량이 발생하고, 제품의 회수나 수리라는 큰 문제로 이어져, 제품에 대한 고객의 신뢰가 크게 손상되어, 소프트웨어 불량으로 인한 직접적인 영향 이상으로 크게 손해가 될 우려가 있습니다. 최근에는 휴대전화 등 고도의 임베디드 시스템이 소프트웨어 불량으로 인해 회수되는 사례가 몇 번이나 보도되고 있는 일에서도, 현실에서 테스트 공정의 문제가 감당할 수 없을 수준으로 확대되고 있는 것을 추측할 수 있습니다.

테스트 공정에서도 여러 가지 기법이 고안되어 있는데, 이러한 것을 받아들이는 것은 작업 효율을 개선시키는데 유효한 존재입니다. 물론 이른바 **은 탄환**, 즉 결정적인 특효약은 아니므로, 적용 직후에 극적으로 개선되는 일은 없고, 설계 프로세스나 설계 기법의 개선과 마찬가지로, 조금씩 쌓아가는 것이 중요합니다. 앞으로의 임베디드 소프트웨어개발에서는, 폭넓은 테스트 기법의 지식을 망라하는 일이 대단히 중요합니다.

9.1.1 품질보증의 개념

소프트웨어 개발의 품질보증에는, 2가지 측면이 있습니다. 하나는 **소프트웨어의 완전성 보증**, 즉 불량이나 기능제한이 없는 것을 보증하기 위한 작업입니다. 그리고 또 하나는 **소프트웨어에 적절한 기능이 갖추어져 있는 것을 보증**하기 위한 작업입니다(그림 9-1). 소프트웨어 개발 프로세스의 관점에서 보면, 전자는 개발작업, 즉 구조설계에서 코딩의 결과를 확인하여 보증하는 작업이며, 후자는 제품의 외부설계(외관이나 조작이라는 맨 머신 인터페이스 사양의 설계)나 기능설계의 결과를 검증하여 보증하는 작업이라고 할 수 있습니다.

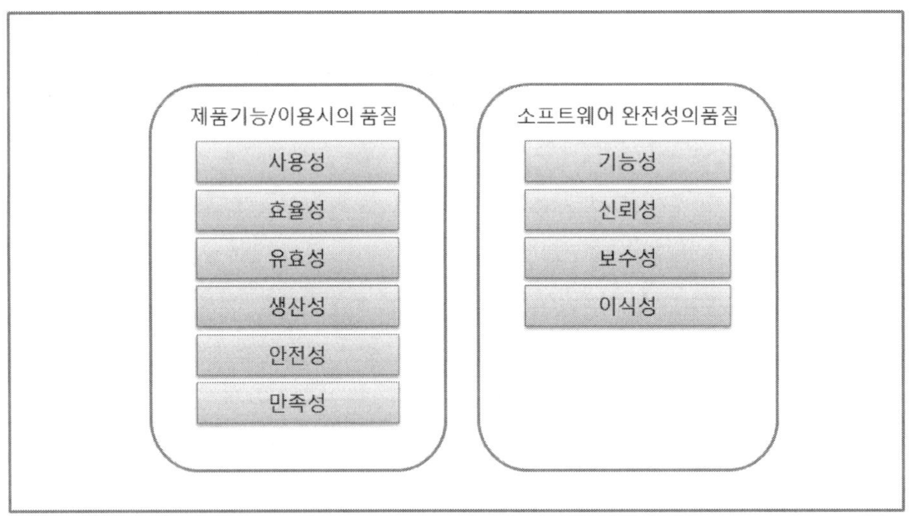

그림 9-1 소프트웨어의 품질(ISO 9126 품질특성)

본서에서는 두 가지의 품질보증 중, 소프트웨어의 완전성을 보증하는 작업 중심으로 설명해 갑니다. 소프트웨어의 기능이나 UI 디자인의 품질보증에 대해서는, 임베디드 시스템의 분야나 제조원 기업의 방침, 상품 자체의 성격 등에 따라 요구되는 수준이나 판단기준이 크게 달라서, 케이스 바이 케이스의 성격이 강하므로, 일반적인 설명에 그칩니다.

소프트웨어의 완전성을 보증하는 작업에서는, 소프트웨어에 예정된 대로의 기능이나 처리가 개발되어 있는가를 확인합니다. 그러기 위해서는, 어떤 조건을 충족시키면 좋을지를 판단하는 기준이 필요하게 됩니다. 소프트웨어의 기능에 대해서는 기능 사양서 등이 기준이 됩니다만, 그 이외에도 수많은 기준이 필요하게 됩니다. 예를 들면 **테스트케이스의 설정은 어떻게 해야 하는가**라는 기준입니다. 또한 불량이 제로라는 것은 있을 수 없으므로, **어느 정도의 비율까지 불량을 검출시면 품질이 충분하다고 판단할 수 있는가** 하는 판정기준도 필요하게 됩니다. 그리고 프로젝트 전 공정 속에서, 어느 타이밍에서 어떠한 품질보증 작업을 하는 가? 라는 플랜도 필요합니다. 또한 예정외의 사태가 발생한 경우의 대책방법이나 승인순서를 정해놓을 필요도 있습니다. 예컨대 예상을 훨씬 웃도는 수의 불량이 발생하고, 소프트웨어의 품질에 중대한 문제가 있다고 간주되는 경우에는 어떻게 해야 하는가, 라는 일에 대한 대응책입니다.

품질보증의 작업이란, 테스트케이스에 따라서 소프트웨어의 동작 확인만 하는 단순한 작업은 아닙니다. 소프트웨어의 품질을 판단하는 기준을 정하여, 품질보증 작업의 관리 계획을 입안하고, 다시 테스트 작업을 실행함과 동시에 상황을 감시한다는 커다란 흐름이 있는 공정입니다. 임베디드 소프트웨어개발에서는 충분히 의식되지 않고 있는 일도 있습니다만, 고품질의 임베디드 소프트웨어개발을 하기 위해서는, 프로젝트의 초기부터 품질보증을 위한 시책을 적확하게 실행해 가는 것이 요구됩니다.

또한 임베디드 소프트웨어를 상품의 일부로서 본 경우에는, 설계대로 바르게 움직이는 것만으로는 충분치 못한 경우가 있습니다. 극단적인 의견으로 들릴지도 모르겠습니다만, 사용자는 불량이 없는 것은 당연하다고 생각하므로, 완전성의 테스트는 소프트웨어의 마이너스 면을 제거하고 있는데 지나지 않습니다. 완전성의 테스트를 아무리 완벽하게 해도, 사용자가 상품에 매력이나 소구력(訴求力) 등의 새로운 가치를 느끼는 효과는, 안타깝지만 별로 없다고 할 수 있습니다. 사용자가 기대하고 있는 기능이나, 기대이상의 기능을 제공해야 비로소, 상업적으로 충분한 이익을 창출할 수가 있는 상품이 됩니다.

임베디드 소프트웨어개발의 최종적인 목적은 상품의 대가를 얻는 일이므로, 그러기 위하여 필요한 품질을 무시할 수는 없습니다. 기능면의 품질은 제품 기획의 단계나 기본설계, 기능설계의 공정에서 결정됩니다. 이러한 설계품질을 높이는 일도, 임베디드 소프트웨어의 품질향상에는 중요한 의미가 있습니다(그림 9-2).

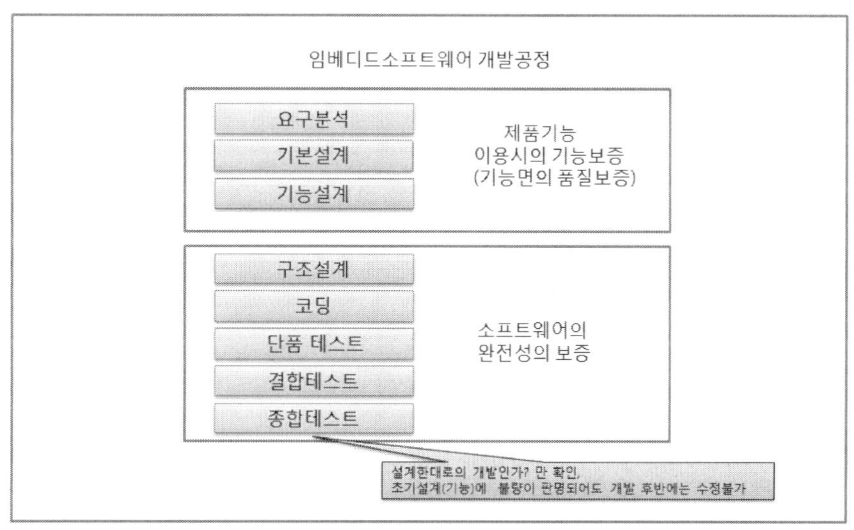

그림 9-2 기능면의 품질

임베디드 소프트웨어개발의 특급전문가는, 소프트웨어의 기능면의 품질을 향상하기 위해서는 프로젝트 환경을 바꿀 필요가 있다고 생각할지도 모르겠습니다. 기능면의 품질개선이란 즉, 편리하며 사용하기 쉬운 고도의 기능을 가진 소프트웨어를 개발하는 것과 같은 뜻입니다. 개발기간을 연장하든가, 개발인원을 추가하지 않는 한, 현재 보다 우수한 기능의 제품을 개발할 수 없다는 체념이 존재할지도 모르겠습니다. 그러나 여기서 상기해 주었으면 하는 것은, 현재의 임베디드 소프트웨어개발에 필요한 것은, 종래의 인해전술적인 사고방식이 아니라, 개발 프로세스의 효율화에 의한 상황의 개선을 꾀하는 자세라는 점입니다. 그것은 품질확보의 공정에도 적용됩니다.

테스트 공정의 작업환경이나 기법을 개선함으로써, 종래와 같은 인원·같은 기간에서 보다 많은 항목을, 보다 확실하게 테스트하기 위하여 도움이 되는 방법을 설명해 가도록 합니다.

9.1.2 폭포수와 테스트 공정

폭포수형 개발기법에서는, 테스트 공정과 설계 공정은 대응관계에 있습니다. 전형적인 프로젝트의 설계 공정은 「기본설계」 → 「기능설계」 → 「구조설계」 의 순서로 상세화해 갑니다. 그리고 코딩 공정에서 개발을 하고, 테스트 공정에서는 「단품 테스트」 → 「결합 테스트」 → 「종합 테스트(품질검사)」 와 같이 세부에서 전체로 하는데, 설계 공정과는 반대의 순서로 동작을 확인합니다(그림 9-3).

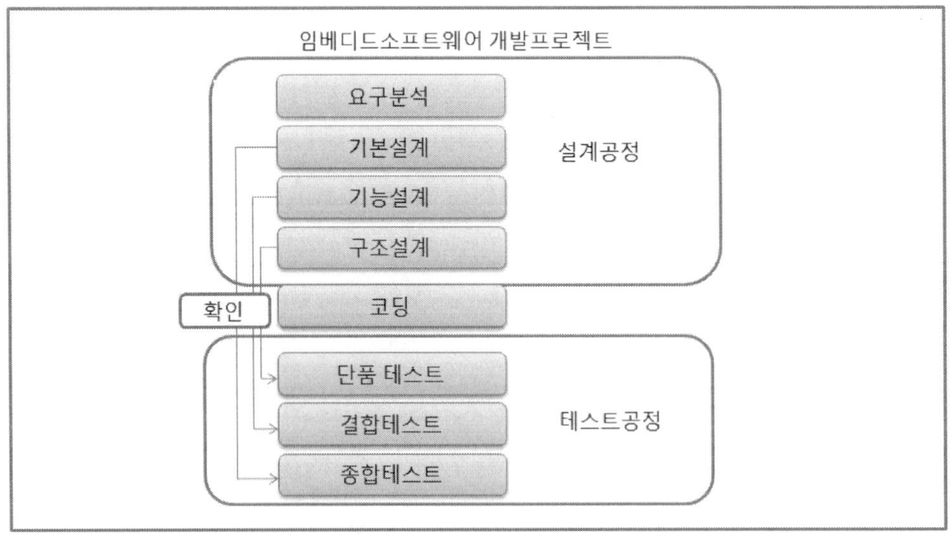

그림 9-3 설계와 테스트의 관계

「기본설계에서 정해진 내용을 통합 테스트로 확인하며, 기능설계의 내용을 결합 테스트로, 구조설계의 내용을 단품 테스트로 확인합니다. 설계와 테스트를 대비하여 확인하는 일에서, 품질을 보증하는 순서는 폭포수 개발의 특징입니다」

폭포수형 개발기법은, 각 공정에서 검토를 거듭하여 충분한 품질이 확보된 단계에서 다음의 공정으로 나아간다는 전제에 의거하고 있습니다. 만일 상류 공정의 작업 성과물의 품질이 불충분하다면 후 공정에서 불량으로 검출되므로, 불량을 수정하기 위해서 일단 전 공정으로 되돌아가는 **수동 복귀 작업**이 발생합니다. 폭포수형 개발기법에서는, 수동 복귀 작업은 가능한 한 피해야 한다고 여기고 있습니다. 전 공정의 작업을 토대로 하여 후 공정의 작업을 하므로, 전 공정의 성과물이 일부라도 변경되면 후 공정에 넓은 범위로 영향이 발생하기 때문입니다. 또한 전 공정 작업의 비용과 기간이 실질적으로 증가하므로, 프로젝트 운영상의 마이너스 요인이 됩니다.

그래서 폭포수형 개발기법에서는, 각 공정이 종료하기 전에, 그 공정의 성과물의 품질을 확보하지 않으면 안 된다고 여기고 있습니다. 그러나 단품 테스트나 결합 테스트라는 소위 「테스트 공정」은, 프로젝트 후반에만 있습니다. 즉 소프트웨어의 품질을 보증하는 작업을 프로젝트 후반에서만 실시하고 있다면, 폭포수형 개발기법의 전제조건을 충족하지 못한 것이 됩니다. 즉 실제로는 테스트 공정보다 앞의 공정에서도, 품질을 보증하기 위한 작업이 이행되리라는 것입니다(그림 9-4).

설계 공정의 품질은, 테스트 이외의 방법으로 확보하지 않으면 안 됩니다. 아직 소스코드의 수준에까지 되어있지 않아, CPU 상에서 동작시키는 것은 불가능하므로, 소위 테스트 작업은 적용할 수 없기 때문입니다.

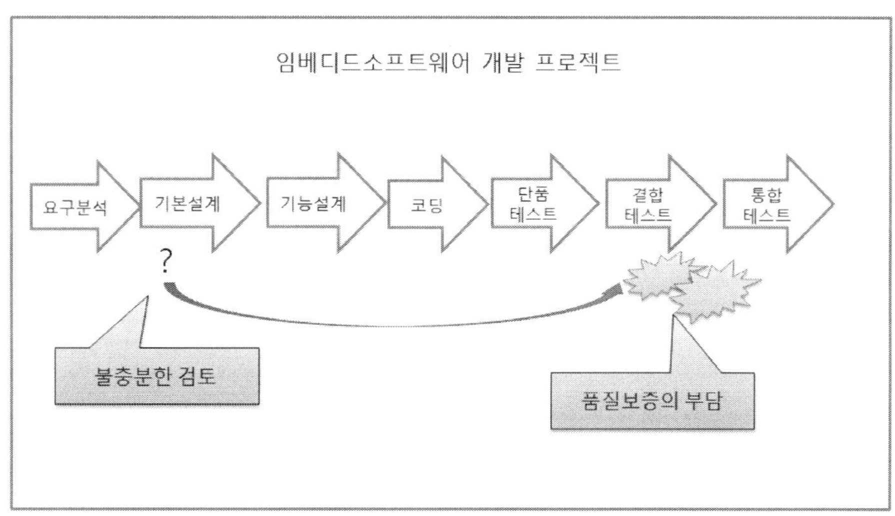

그림 9-4 각 공정의 품질보증작업

그래서 소프트웨어 설계의 품질을 향상시키기 위해서, 여러 가지 방법이 고안되어 있습니다. 현재는 **피어리뷰**(각 단계에서 타인에게 체크하도록 하여, 결함을 검출시켜 개선한다)나 **형식기법**(수학을 기반으로 한 사양·개발·검증의 기술), UML에 의한 가시화 등을 조합함으로써, 설계내용을 구체적으로 검증할 수 있습니다.

소프트웨어 개발 프로젝트에서는, 설계를 검증하는 작업이 품질을 보증하기 위해서 반드시 필요합니다.

9.1.3 불량의 예방과 검사

테스트 작업에서 소프트웨어의 불량이 발견된 경우는, 불량의 원인을 제거하는 작업을 합니다. 이것이 **디버그 작업**(불량 수정 작업)입니다. 본서에서 「테스트 작업」이라고 표기하는 경우에는, 소프트웨어의 불량을 수정하는 작업뿐만 아니라, 정상적으로 동작하는 부분도 포함한 모든 동작을 확인하는 작업을 가리킵니다.

테스트 공정은, 소프트웨어의 전체 기능에 대하여 동작확인을 하는 필요불가결한 작업입니다. 소프트웨어를 상품으로서 출시하는 이상, 소프트웨어의 불량의 유무에 관계없이, 소프트웨어 전체가 바르게 동작하는 것을 확인할 필요가 있으므로, 피해서 될 일이 아닙니다. 그에 비하여 디버그 작업은, 불량이 발생한 부분에 대해서만 실시하는, 원래라면 피해야할 수동 복귀 작업입니다.

또한 임베디드 소프트웨어개발에서 가장 많이 채택하고 있는 폭포수형 개발기법에서는, 소프트웨어의 수정에 필요한 공수는, 후 공정이 될수록 증가해 갑니다. 미국의 대학에서 하는 연구에서, 같은 기능에 대하여 같은 내용의 수정을 실시하는 경우에도, 설계단계에서 수정하기 위하여 필요한 작업량을 1로 하면, 코딩 단계에서 5, 단품 테스트 공정에서는 15, 결합 테스트의 단계에서는 50이라는 규모의 수정작업이 필요하게 된다는 보고가 있습니다. 물론 수정 내용이나 모듈구성에 따라서 수정작업의 영향범위와 규모는 크게 달라지므로 비율이 일정하게 되는 것은 아닙니다만, 폭포수형 개발기법에서는 하류 공정에서 수정을 할수록 큰 작업량이 필요하게 되는 것은 널리 알려져 있습니다. 나선형 개발기법·반복형 개발기법 등의 애자일 개발기법에서도, 하나의 페이스는 「설계」 → 「코딩」 → 「테스트」 라는 폭포수형 개발기법의 흐름으로 되어 있으므로, 마찬가지의 영향이 있습니다.

이러한 특징에서 소프트웨어 개발 프로젝트에서는, 먼저 불량을 만들지 않기 위한 노력이 요구됩니다. 실제적으로 불량은 피할 수 없으므로, 불량을 가능한 한 조기의 단계에서 색출할 필요도 있습니다.

품질보증의 프로세스에서, 불량을 피하기 위한 작업을 **예방**, 불량을 발견하여 수정하기 위한 작업을 **검사**라고 합니다. 테스트와 디버그는 함께 검사 작업의 일부이므로, 이러한 것만으로는 충분한 품질보증을 하는 것은 어렵습니다. 품질이 높고, 불량이 발생하기 어려운 설계 기법을 채택하여 불량의 발생률을 억제하는 대책도 빠뜨릴 수 없습니다. 임베디드 소프트웨어개발의 현장에서는, 품질보증을 위한 테스트 작업만이 중시되는 경향이 있습니다만, 이것은 큰 오해라는 것을 다시 인식할 필요가 있습니다. 최근의 고도화한 임베디드 소프트웨어개발에서는 설계단계의 품질향상이 요구되고 있어, 이를 위한 최신의 설계 기법을 도입할 필요가 있습니다. 예방과 검사의 양쪽 품질보증 작업이 적절하게 실시되고 비로소, 정말로 고품질의 소프트웨어를 개발할 수 있게 됩니다. 그리고 이 두 가지 작업을 함께 실행함으로써, 소프트웨어의 개발 비용도 내려갈 수 있는 것입니다(그림 9-5).

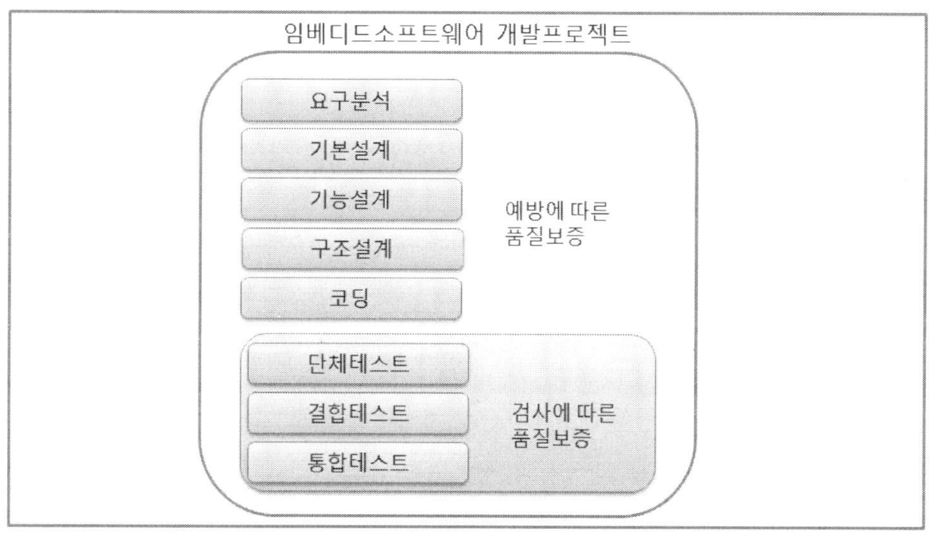

그림 9-5 품질보증의 기본

9.1.4 신뢰성의 확보

소프트웨어의 안전성에는 여러 가지 요소가 필요합니다만, 그 중에 중요한 한 가지가 소프트웨어의 신뢰성입니다. 임베디드 소프트웨어는 여러 층의 사용자가 사용하므로, 엔지니어가 상상도 못한 상황이나 조작을 하게 되는 일이 있습니다. 이때 제품이 부정한 동작을 하거나, 파손 또는 주위에 손해를 끼치는 사태는 절대 피하지 않으면 안 됩니다. 또한 소프트웨어가 예기치 못한 문제에 부딪힌 경우에, 단순히 에러로 판정하여 정지하기만 해서는 실용적인 제품이 될 수 없습니다. 에러에 대하여 제품이 적절하게 대응할 수 있는가 하는 특성을, 공학 분야에서는 **신뢰성**이라고 합니다. 이것을 전문으로 취급하는 **신뢰성 공학**은, 엔지니어링에서 상당히 오랜 역사를 가진 분야이며, 신뢰성을 확보하기 위한 여러 가지 기법이 고안되어 있습니다.

또한 임베디드 시스템의 다수는, 전문적인 지식이 없는 사용자가 조작하므로, 사용자가 에러의 원인을 이해하고 적절하게 회피할 수 없는 경우가 많고, 단순히 신뢰성이 높은 것만으로는 불충분하게 여기는 일이 있습니다. 예컨대 신뢰성이 중시되는 항공기에서는, 조종사·기관사·정비사 등 고도의 전문 지식을 가진 스태프로 운용되는 것이 전제로 되어 있으므로, 소프트웨어가 에러를 판단하여 알기 쉽게 스태프에 전달할 필요는 별로 없을 것입니다. 이에 비하여 소비자용 임베디드 시스템에서는, 보다 고기능의 신뢰성 대책이 요구됩니다. 하드 디스크 카 내비게이션 시스템은 널리 보급되어 있어, 기능을 이해하고 조작할 수 있는 사용자는 많습니다. 그러나 하드 디스크 내의 파일 사양을 이해하고 있는 사용자는 없습니다. 만일 하드 디스크상의 데이터가 부분적으로 파손했을 때 제품이 에러를 표시하여 정지하도록 설계되어 있으면, 사용자는 대응방법을 몰라 제품을 사용할 수 없게 됩니다. 보통은 메이커에 수리를 의뢰하므로, 지원을 위한 비용이 발생해버립니다. 임베디드 시스템의 신뢰성 대책에서는, 지식이 부족한 사용자에게도 상황을 간단하게 이해할 수 있도록 하여, 어느 정도라면 취급설명서를 읽지 않아도 회피할 수 있는 에러 처리가 요구된다는 어려움이 있습니다.

소프트웨어뿐만 아니라 공업 제품의 신뢰성을 향상시키기 위해서는, 에러로 인한 치명적인 기능정지를 일으키지 않는 설계가 효과를 발휘합니다. 임베디드 소프트웨어개발에서도 에러의 영향을 적게 하기 위하여, 여러 가지 설계방법이 연구되어 왔습니다. 그런데 임베디드 시스템 이외의 소프트웨어 분야에서도, 신뢰성 향상을 위한 수단이 상세하게 연구되어 있어, 임베디드 소프트웨어개발보다도 발달해 있는 분야도 많이 있습니다. 특히 메인 프레임 등의 기간시스템은, 극히 높은 신뢰성을 요구하므로, 예전부터 치명적인 에러의 영향을 경감하기 위한 설계방법이 널리 검토되고 있습니다. 대규모로 복잡화 되어 있는 임베디드 소프트웨어에서도, 그 사고방식은 상당히 참고가 됩니다.

메인 프레임 등에서 일반적으로 채택하고 있는 대책에는, 「Fail-Safe」 「Fail-Soft」 「Fault-Tolerant」 라는 세 가지 사고방식이 있습니다(그림 9-6).

● Fail-Safe

Fail-Safe는, 에러의 결과가 장치의 고장이나 데이터의 파괴 등 치명적인 결과로 이어지지 않도록 소프트웨어를 설계하는 사고방식입니다. 예를 들면 전기밥솥을 제어하는 임베디드 시스템에서는, 어떤 부정 조작을 해도 발화나 파손 등의 중대한 결과로 이어지지 않도록, 무언가 있으면 전원을 끊는 방향으로 소프트웨어를 설계한다는 대책을 합니다.

● Fail-Soft

Fail-Soft는, 에러가 발생한 경우에 제품 전체의 기능이 정지하지 않도록 부분적으로 기능을 제한하여 남은 제품 기능을 가능한 한 유지하도록 설계하는 사고방식입니다. 하드 디스크 레코드에서, 하드 디스크 드라이브의 디스크 영역의 일부에 불량 부문이 발생해도, 그 부분을 피하고(녹화가능 용량을 줄여서) 제품의 동작을 유지하는 기능이 해당됩니다. 기능을 제한하여 동작을 속행하는 상황을 축퇴(縮退)운전이라고 합니다.

● Fault-Tolerance

Fault-Tolerance란, 제품에 고장이 발생해도 제품의 기능을 유지하는 특징이나 능력입니다. 또한 그러한 능력을 가지도록 하기위한 설계방법을 가리키는 일도 있습니다. 페일 소프트와의 차이는, 기능제한의 유무입니다. 폴트 톨러런스 설계에서는 고장이 발생해도 제품 본래의 기능은 유지하도록 대책이 되어 있습니다. 임베디드 시스템에서는 비용나 기능의 제한이 많으므로 폴트 톨러런스 설계가 채택되는 일은 별로 없습니다만, 산업용 제품이나 의료용 제품에서는 필요한 경우가 있습니다.

예를 들면 동종의 온도 센서가 3계통 내장되어 있는데, 소프트웨어에서는 하나의 센서 계측치가 다른 2개와 크게 다른 경우에는, 전용 로직으로 이상값을 판정하는 기능을 개발하는 일이 있습니다. 센서 고장이 발생했다고 추정되면, 부정한 센서의 계측치를 버리고 제어능력을 유지한다는 특별한 설계로, 폴트 톨러런스 능력을 제공합니다.

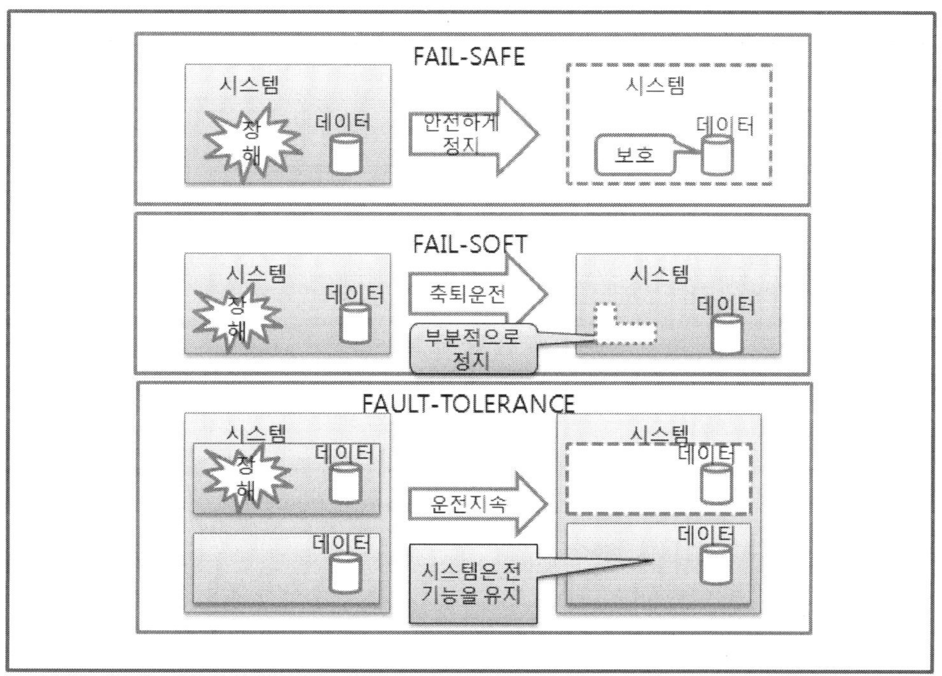

그림 9-6 신뢰성의 확보

● Full-Proof

상기한 이외에 UI 설계 등의 관점에서, Fool-Proof라는 사고방식을 채택하는 일도 있습니다. Fool을 Proof하는 설계라는 의미에서 알 수 있듯이, 부정한 조작이 애당초 불가능하도록 장치나 UI를 설계하는 사고방식입니다.

풀 프루프 설계는, 신뢰성의 향상뿐만 아니라, 사용자의 스트레스를 저감하거나, 개발량을 절감한다는 효과가 있습니다.

예를 들면 SD카드 상의 사진 데이터를 메일에 첨부하여 송신하는 태스크를 풀 프루프 없이 설계하는 경우를 생각해 봅니다. 태스크는 메일 송신 인터페이스가 조작된 후에 사진 데이터를 읽고 서버로 송신하여, 「송신 중에는 SD카드를 빼지 말아 주십시오」라는 메시지를 표시하여 사용자에게 주의를 촉구합니다. 이 경우는 메일 송신 중인 SD카드를 떼어낸다는 부정 조작이 발생할 가능성은 여전히 남기 때문에, 전술한 페일 세이프(부정 메일의 송신이나 송신완료 아이템의 데이터 파손을 방지한다) 등의 대책을 개발할 필요가 있게 됩니다. 또한 테스트 공정에서도 에러 시의 동작을 확인하는 작업이 발생합니다.

이것을 풀 프루프의 사고방식으로 설계하면, 메일에 사진 데이터가 첨부된 시점에서 데이터를 SD카드에서 읽어버리는 처리를 생각할 수 있습니다. 송신 시에는 SD카드에 액세스 하지 않기 때문에 「송신 중의 SD카드 떼기」라는 에러 사상이 발생하지 않는 설계로 되었습니다. 그 결과 에러처리의 개발과 테스트를 위한 작업이 불필요하게 되며, 또한 사용자도 송신 시에 불필요한 주의 메시지를 보지 않아도 되는 일석이조의 효과를 얻을 수 있습니다.

이와 같은 신뢰성 설계의 기법은, 많은 임베디드 시스템에서 채택되어 있습니다. 그러나 만일 의식하지 않고 적용하고 있는 프로젝트가 있다면, 제품의 모든 기능에서 동등한 신뢰성이 확보되어있지 않거나, 추가 시에 신뢰성이 손상되어 버리는 문제가 잠재되어 있을 가능성이 있습니다.

소프트웨어의 설계단계에서, 제품의 모든 기능이나 모듈에 대하여 신뢰성 확보의 관점에서 적절한 대책이 세워져 있는가를 확인함으로써, 보다 품질이 높은 제품을 창출할 수 있습니다.

9.1.5 테스트 현황의 관리

테스트 작업의 진도와 버그의 검출상황을 시각적으로 확인하기 위한 툴로서, 버그 관리도라고 하는 그림을 사용할 수 있습니다. 버그 관리도에서는 횡축에서 작업의 경과일수를 나타내고, 종축에 테스트케이스 소화의 잔여 건수와 버그의 검출건수를 표해 갑니다. 전형적인 버그 관리도는 그림 9-7과 같이 됩니다. 이 예에서는 테스트 잔여 건수를 실선으로, 버그의 검출건수를 점선으로 나타내고 있습니다. 일수가 경과하여 그림의 우측으로 나아감에 따라서 테스트 잔여건수는 감소하기 때문에 오른 쪽으로 내려가는 그래프가 되고, 버그 검출건수는 증가하여 오른 쪽으로 올라가는 그래프가 됩니다.

양곡선의 상단, 즉 테스트케이스의 수와 예정 버그건수는, 개발 프로젝트나 기업의 과거 경험이나 개발 팀의 숙련도, 개발하는 소프트웨어의 특성 등에 의거하여 결정됩니다. 이 수치는 테스트 작업을 감시·컨트롤하기 위한 기준이 되는 수치이며, 얼마나 적절한 값을 설정할 수 있는가는 프로젝트나 기업의 기술력에 따라 좌우됩니다.

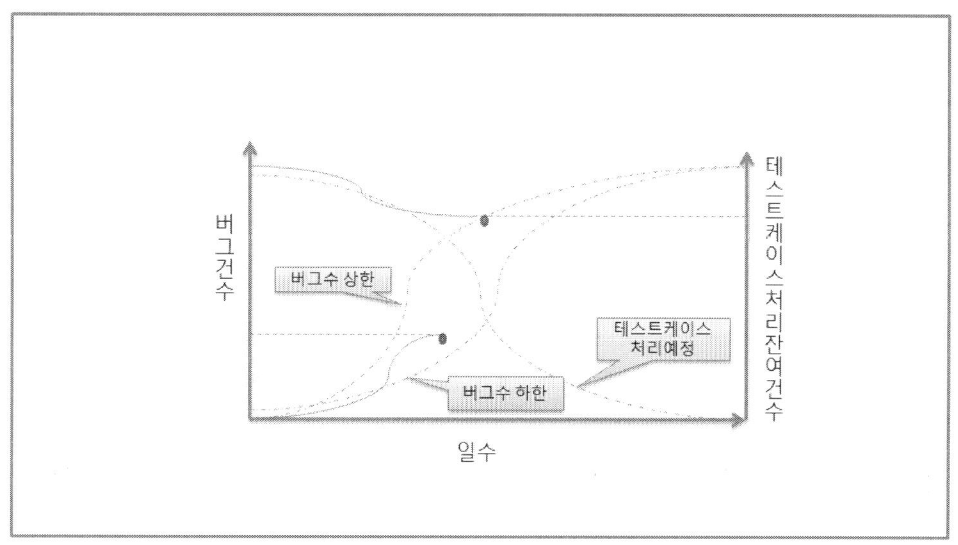

그림 9-7 버그 관리도

소프트웨어 개발 프로젝트에서는 일반적인 경향으로서, 테스트 작업의 진도는 일정하게는 되지 않으므로, 그래프는 양단이 완만한 곡선을 그립니다. 테스트 작업의 초기에는 테스트 환경의 구축이나 테스트 데이터의 준비에 시간이 걸리므로, 테스트케이스의 소화는 완만하고 검출되는 버그도 많지 않습니다. 테스트 작업의 중기에서는 작업이 궤도에 올라, 담당자도 익숙해지기 때문에 테스트케이스가 빠른 페이스로 소화되며, 버그 검출수도 순조롭게 증가합니다. 그리고 테스트 작업의 후기에는 1건의 소화에 시간이 걸리거나 재현이 어려운 테스트케이스가 남겨지므로, 테스트케이스 소화는 다시 페이스가 내려갑니다. 또한 품질이 안정되어 가므로 버그 검출건수의 신장도 진정되어 평탄한 그래프가 됩니다. 이것은 일반적인 경향으로 여기고 있습니다만, 대부분의 폭포수형 개발기법의 프로젝트에 들어맞는다고 알려져 있습니다.

버그 검출건수의 상하에 있는 곡선은, 프로젝트에 의해 설정된 검출상황의 이상값 경계입니다. 예정대로 테스트케이스가 소화되어 있는 상황에서 버그 검출건수가 경계의 범위에 들어있다면, 테스트는 적절하게 실시되어, 대상 소프트웨어도 표준적인 품질을 확보할 수 있는 것을 나타냅니다. 만일 버그 검출건수가 이상값 경계의 범위를 초월해 있다면, 상하 어디에 오버했는가로 원인을 어느 정도 추측할 수 있습니다.

만일 버그 검출건수가 상한의 경계를 초월한 경우에는, 표준적인 건수를 크게 웃도는 버그가 발생하고 있다는, 즉 대상 소프트웨어의 품질이 극단적으로 낮을 가능성이 있습니다(그림 9-8). 이 경우에는 바로 소프트웨어의 설계품질이나 소스코드 품질의 재검토를 실시하여, 상류 공정의 작업이 완전하게 되고 있지 않은 상황에서 테스트 공정에 돌입하고 있지 않은가를 확인할 필요가 있습니다. 일정에 여유가 없고, 정해진 마일스톤(프로젝트에서 공정지연이 허용되지 않는 큰 고비단계)의 시점에서 강제적으로 다음 공정으로 나아가도록 관리가 된 프로젝트에서는, 품질의 문제가 많이 발생합니다. 또한 개발 팀의 숙련도나 동기에 문제가 있는 경우에도 마찬가지의 상황이 됩니다.

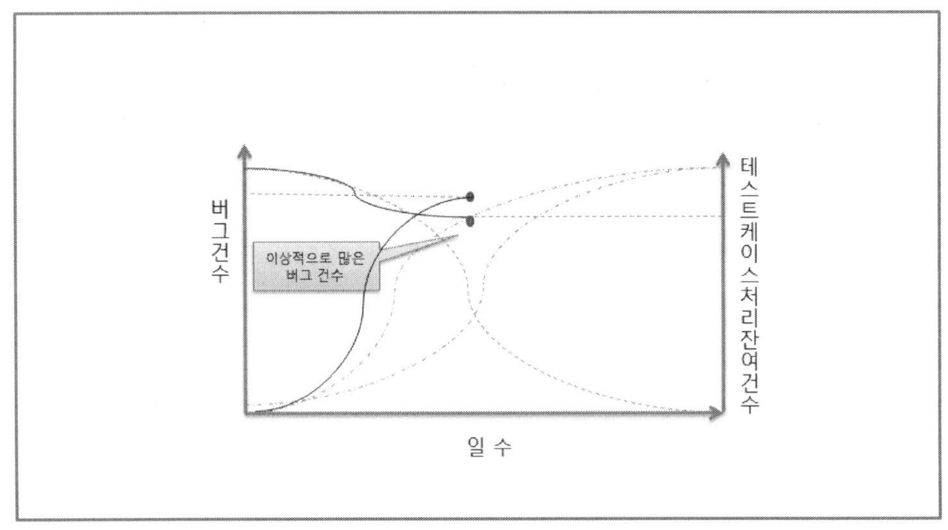

그림 9-8 버그 관리도(오버)

만일 소프트웨어의 개발에 문제가 있어, 너무 많은 버그가 발견되게 되면, 이후의 테스트 작업의 진행방법에 검토가 필요하게 됩니다. 테스트 작업을 중단하여 전 공정으로 돌아갈지. 아니면 테스트 팀과 수정 팀을 나누어 효율화 할지를 신속하게 판단하는 것입니다. 극단적으로 낮은 품질 그대로 테스트 작업을 계속하면, 팀 전체가 수정작업에 계속 쫓기므로, 테스트 작업의 효율이 극단적으로 저하합니다. 그리고 즉흥적인 수정이 반복되어, 최종적으로 소프트웨어의 품질을 확보할 수 없는 우려도 있습니다.

대상 소프트웨어의 품질부족이 판명된 경우에는, 일단 테스트 작업을 중단하고, 설계 또는 코딩 공정의 작업으로 수동 복귀를 할 각오도 필요합니다. 물론 전면적으로 전(前)

공정으로 수동 복귀하면 일정에 회복 불능한 악영향을 미치므로, 특히 문제가 많은 모듈에 한정하는 편이 좋습니다. 또한 전 공정으로 수동 복귀를 할 경우에는, 작업 프로세스를 재점검해야 합니다. 충분한 기간을 가지고 설계에서 코딩을 진행한데도 불구하고 불량이 다발한다면, 상류 공정의 작업방법에 치명적인 문제가 있었다고 추측할 수 있으므로, 단지 설계나 코딩 공정으로 수동 복귀하는 것만으로는 같은 과오를 반복하지 않을 수 없습니다. 수동 복귀하기 전에, 상류 공정에서 발생한 프로세스상의 문제를 발견하고, 대책을 깅구하는 일이 절대적으로 필요합니다.

또한 버그 검출건수가 하한의 경계를 초월한 경우에는, 테스트케이스의 소화건수에서 생각하면 버그의 검출이 예상외로 적은 것을 나타내고 있습니다. 이와 같은 상황이 되는 원인은 2가지 생각할 수 있습니다. 하나는 대상 소프트웨어의 품질이 높아, 애당초 버그가 별로 없는 경우입니다. 또 하나는 테스트케이스의 설정이나 테스트 작업에서 확인이 불충분한 경우입니다. 즉 테스트케이스를 소화하는 과정에서 버그를 간과했기 때문에, 예상외로 적은 버그밖에 검출하지 못했을 가능성이 있다는 것입니다.

전자라면 아무런 문제가 없습니다만, 현실적으로는 우선 발생하지 않습니다. 상류 공정에서 상당히 특별한 대책을 강구하거나, 팀 능력이 높은 품질의 우수한 설계와 코딩이 되어 있다고 확신할 수 있는 등의 극히 특별한 경우 이외에는, 버그가 적다는 낙관적인 사고방식은 금물입니다. 특급전문가 관리자나 리더라면 경험에서 알 수 있듯이, 같은 숙련도의 팀이 개발작업을 담당한다면, 어떤 소프트웨어를 작성해도 거의 같은 비율로 버그가 발생합니다. 특별한 이유도 없이, 버그가 적은 소프트웨어가 손에 들어오는 것은 있을 수 없습니다.

버그 검출건수를 나타내는 그래프의 선이 저미하다면, 버그의 간과를 의심해야 하겠습니다. 테스트 공정의 일수를 소비하면서, 작업의 성과가 올라가지 않는다는 매우 위험한 상황이므로, 신속하게 대책을 하지 않으면 안 됩니다. 테스트케이스에 문제가 있으면 개발자를 포함한 멤버가 테스트케이스의 재검토 등을 실시하고, 테스트의 확인이 불충분하다면 확인방법의 룰을 명확화 하거나, 문제가 있는 테스트 담당자에게 경험자의의 지원을 받게 하는 등의 대책이 필요하게 됩니다.

9.2 테스트 영역

테스트케이스의 설정은, 테스트 작업의 효과와 소프트웨어의 최종품질을 결정하는 중대한 요소입니다. 적절한 테스트케이스 없이는 아무리 장기간의 테스트 작업을 해도 충분한 효과는 얻을 수 없습니다. 그러면 테스트케이스를 바르게 설정하기 위해서는, 어떠한 지표에 의거하여 검토하면 좋을까요? 테스트 공정이 소프트웨어의 동작을 실제로 확인하는 작업이며, 소프트웨어의 버그가 모든 부분에 잠재해 있는 가능성이 있는 이상, 자연히 대답은 정해질 것입니다.

결론부터 말하자면, 테스트 공정에서 소프트웨어의 버그를 완전히 검출시키 위해서는, 모든 소스코드가 모든 조건에서 정상적으로 동작하는 것을 확인할 필요가 있습니다. 즉 모든 패스와 모든 조건 분기를 실행하여, 소프트웨어가 기대한대로 동작하는 것을 확인하는, 즉 **모든 패스, 모든 분기**의 확인이 필요합니다.

현재의 임베디드 소프트웨어는 폭발적으로 규모가 확대되어 있는데, 휴대전화나 디지털 TV, 자동차 내비게이션 시스템 등의 대규모의 제품에서는 100만 스텝을 가볍게 넘는 양의 소프트웨어가 내장되어 있습니다. 그래서 현실적인 문제로서, 모든 소스코드의 동작을 확인하는 것은 불가능하다고 생각하는 분도 계실지 모르겠습니다. 그러나 오해하지 마시길 바랍니다만, 아무려면 소스코드 1행 당 테스트케이스 1건의 확인이 필요하다는 의미는 결코 아닙니다. 1건의 테스트케이스를 확인하기 위해서 소프트웨어를 동작시키면, 그 조작 속에서 다수의 소스코드가 실행됩니다. 그래서 적절하게 테스트케이스를 설정해서 하면, 현실적인 작업량으로 전 패스·전 분기의 확인이 가능하게 되는 것입니다. 실제로 고품질의 소프트웨어 개발을 자랑하는 기업의 다수는, 모든 소스코드를 테스트 공정에서 확인하고 있습니다.

테스트케이스의 전수성은, **테스트 영역**(Test Coverage)이라고 하는 지표로 측정할 수 있습니다. 테스트로 확인해야 할 대상 중, 어느 정도의 비율이 테스트케이스에서 실행되고 있는가를 백분율로 나타낸 것입니다. 테스트케이스의 소화율이나 테스트의 진도율을 나타내기 위하여 사용됩니다. 일반적으로는 「C0 테스트 영역」 「C1 테스트 영역」 이라고 하는 영역값이 많이 사용됩니다.

실행율의 계산에는 여러 가지 모수를 생각할 수 있습니다. 소스코드의 행이나 동작 스텝을 기준으로 하거나, UML 시퀀스도나 플로우 차트, PAD도 등의 설계도면상에 나타난 처리와 분기를 기준으로 합니다. 화면전이도나 화면전이 매트릭스를 기준으로 하는 경우도 있습니다. 이러한 것들 중, 일반적으로는 소스코드 상의 실효 스텝을 기준으로 테스트케이스의 망라율을 측정합니다. 소스코드상의 전 실효 스텝 중, 테스트 작업에서 확인된 스텝수를 비율로 나타냅니다.

테스트 영역의 사고방식은, 실제 테스트 작업의 진도 상황을 판단하는 재료로서 사용됩니다. 또한 테스트가 불충분한 채로 후 공정으로 진행되면 수동 복귀가 많이 발생할 위험이 있으므로, 공정의 체크 포인트의 판정에도 사용되는 일이 있습니다. 제품 출시 시에는 테스트 영역 100%가 달성되어 있는 것이 이상적이지만, 실제로는 다 확인할 수 없는 경우도 있습니다. 그래서 영역뿐만 아니라, 모듈이나 기능의 중요도도 판단하면서 테스트 작업의 리소스를 할당합니다.

9.2.1 C0 테스트 영역

C0 테스트 영역은 소프트웨어의 처리 중에서, 테스트로 확인된 패스의 비율을 나타낸 것입니다(그림 9-9). C0 테스트 영역이 100%라는 것은, 모든 패스가 테스트에 따라 실행되어 동작한 것을 나타냅니다. 소스코드에 기술된 처리의 순서와 내용에는 차이가 없다는 것을 알 수 있습니다. 또한 올바르게 테스트케이스가 설정되어 있다면, 테스트 대상인 소프트웨어에는 필요한 기능이 모두 포함되어 있는 것도 알 수 있습니다.

그러나 복수개의 조건에서 분기가 발생하는 로직이 들어있는 경우 등은, 그 중의 1조건에서 정상으로 동작을 하는 것을 확인하고 있는데 지나지 않으므로, 모든 조건 분기가 올바르게 동작하는지의 여부는 알지 못합니다. 예컨대 인수가 마이너스이거나 10 이상인 경우에 에러 메시지를 표시하는 처리에서는, 인수가 마이너스 조건에서 에러 메시지가 올바르게 표시되는 것은 확인되지만, 조건 분기 외의 판정, 이 경우라면 「10 이상의 경우에 에러 메시지가 나오는가」 는, C0 테스트 영역의 값에서는 판단할 수 없습니다.

C0 테스트 영역이 100%가 될 때까지 확인하는 일에서, 확인 작업에서 설정한 조건 하에 든다면, 모든 기능이 바르게 동작한다고 할 수 있게 됩니다.

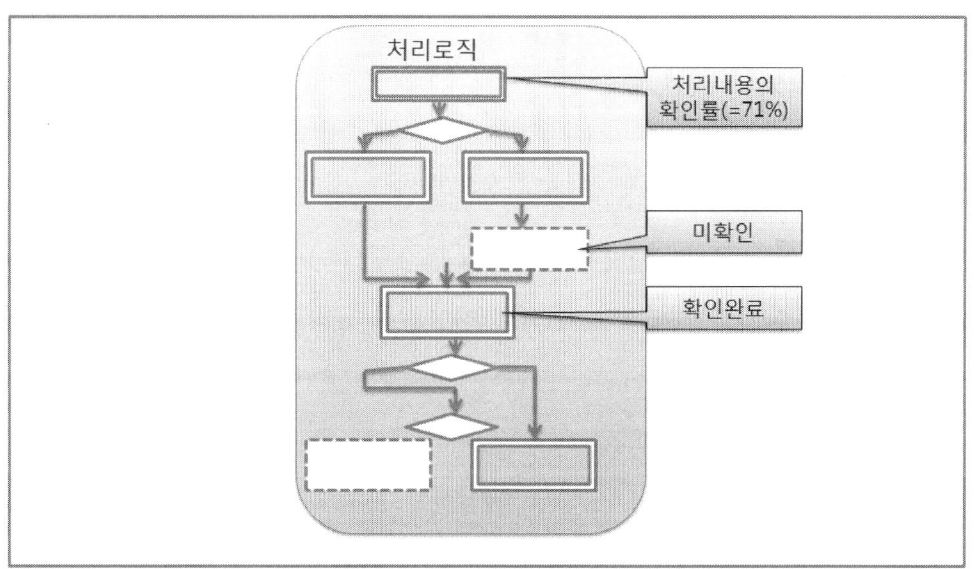

그림 9-9 C0 테스트 플로우

9.2.2 C1 테스트 영역

C1 테스트 영역은 소프트웨어 분기의 모든 조건 중, 테스트 하여 확인된 분기조건의

비율을 나타냅니다. C1 테스트 영역이 100%라면, 상정되는 모든 조건 하에서 소프트웨어가 올바른 동작판정을 할 수 있는 것을 나타냅니다. 조건 분기에 잘못이 없다는 것을 나타내는 지표이므로, 분기 후의 처리가 올바른 것을 확인했는지의 여부는, C1 테스트 영역의 값에서는 알 수 없습니다.

C0 테스트 영역과 C1 테스트 영역의 양쪽이 100%로 되면, 비로소 소프트웨어의 동작 모두에 대한 확인 작업이 완료됩니다.

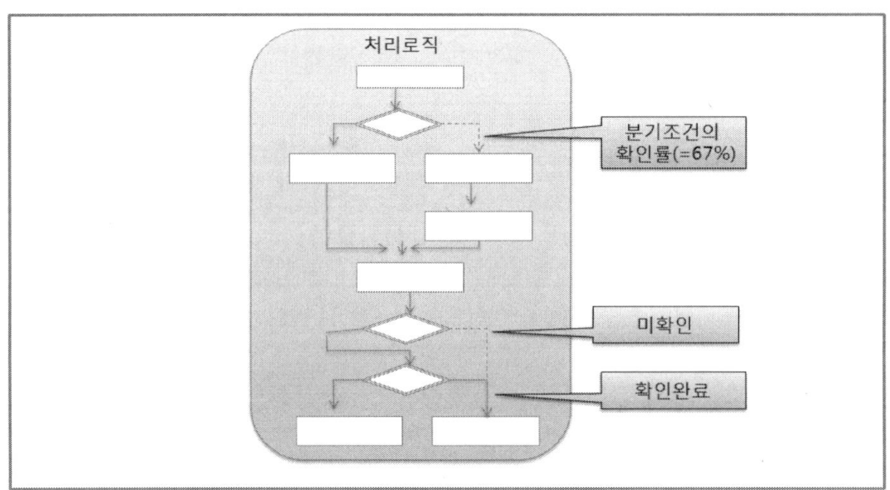

그림 9-10 C1 테스트 플로우

9.3 테스트-퍼스트의 사고방식

테스트-퍼스트(Test First)라는 언어는, 최근 급속하게 침투되고 있는 애자일 개발기법의 하나로서 고안된 것입니다. 테스트 전용의 함수나 클래스를 작성하여, 소프트웨어의 동작을 확인한다는 테스트 자동화 기법의 하나입니다. 이름 그대로, 테스트 대상 제품 코드보다 앞에 테스트 전용의 코드를 기술한다는 어프로치를 합니다(그림 9-11).

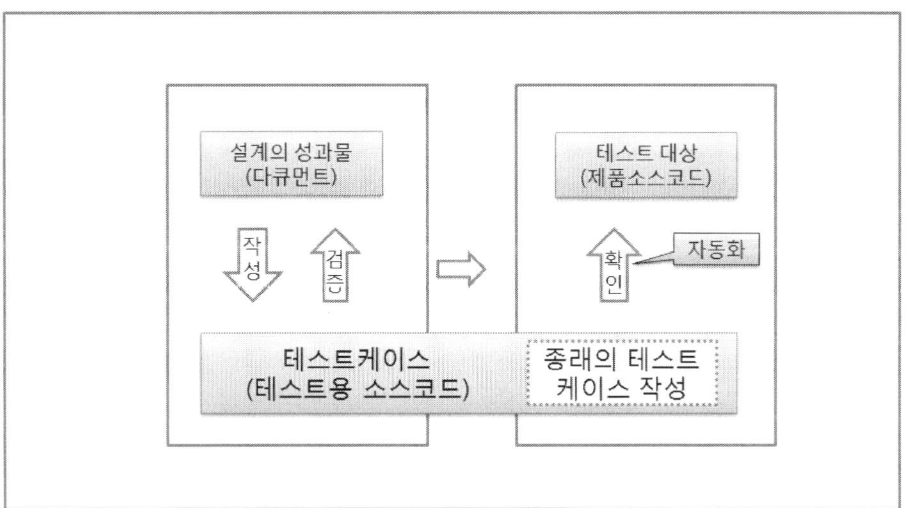

그림 9-11 테스트-퍼스트(Test First)

테스트-퍼스트의 기법에 준하여, 테스트코드를 토대로 소프트웨어를 만드는 개발 스타일을, **테스트구동 개발**(TDD : Test Driven Development)이라고 부르는 일이 있습니다. 주로 오픈업무 시스템의 개발에서 사용되고 있는 기법이므로, 임베디드 소프트웨어개발에서는 아직 그다지 귀에 익지 않을지도 모르겠습니다. 또한 임베디드 소프트웨어개발에서 주류인 폭포수형 개발기법의 방침과 반대의 순서로 테스트코드를 작성하기 때문에, 내용을 처음으로 들은 임베디드 엔지니어는 아주 강한 위화감을 느낄지도 모릅니다.

그러나 실제로는 폭포수형 개발기법의 약점을 개선하기 위하여, 종래의 개발방법을 발전시킨 기법입니다. 그 내용을 상세하게 이해하면, 많은 엔지니어가 납득할 수 있을 것입니다.

본서에서는 임베디드 소프트웨어의 엔지니어라면, 반드시 도입을 검토하기 바라는 선진적인 애자일 개발기법의 하나로서 소개합니다.

9.3.1 테스트-퍼스트의 기법

테스트구동 개발에서는 소프트웨어의 구조사양의 검토와 테스트코드의 작성이 같은 공정에서 실행됩니다. 먼저 충분한 설계에 의거하여 사양검토를 하고, 소프트웨어 사양을 확정합니다. 그리고 사양을 충족하는 테스트케이스를 설정한 다음, 테스트케이스를 확인하기 위한 테스트코드를 기술합니다. 그리고 테스트케이스를 설정하거나 테스트코드를 기술하는 작업 속에서 설계내용에 문제가 발견되면, 설계 작업으로 되돌아가서 소프트웨어 사양을 재검토합니다.

이 기법에 따라 소프트웨어 설계의 품질을 빠른 단계로 향상시켜, 테스트 단계의 수동 복귀를 저감하는 효과가 있습니다. 폭포수형 개발기법에서는, 상류 공정의 설계내용은 최후의 테스트 공정에서 확인됩니다. 그래서 기능설계의 사양 불량 등이 존재하면, 수정을 위해 커다란 수동 복귀가 발생합니다. 물론 설계의 리뷰나 점검은 실시합니다만, 실제로 소스코드를 기술해보지 않으면 알 수 없는 검토 누락이나 생각의 차이는 피할 수 없는 것입니다. 이것은 소프트웨어 개발자라면, 누구나 알고 있는 일입니다.

폭포수형 개발기법의 프로세스는, V자형 흐름의 그림으로 나타낼 수가 있습니다.

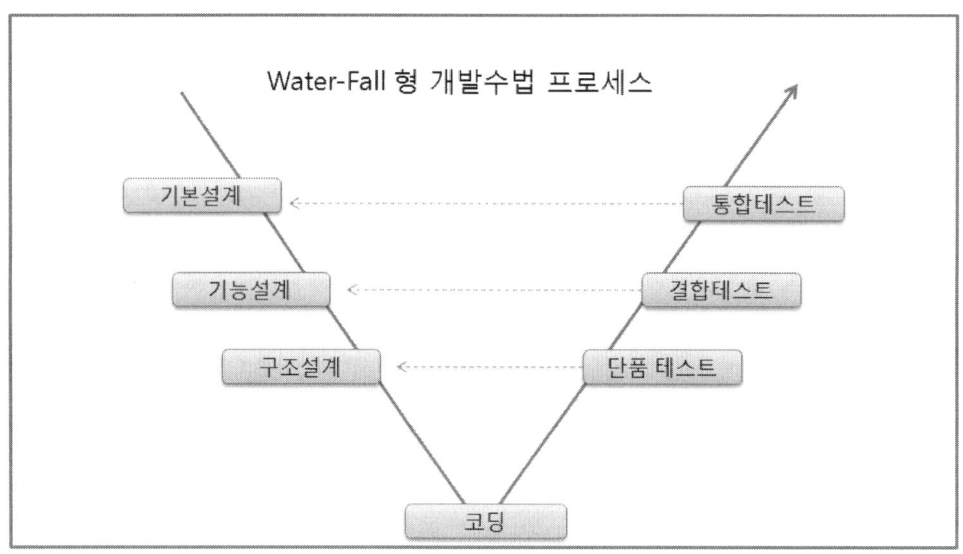

그림 9-12 폭포수형 개발기법의 V자형 프로세스

테스트구동 개발에서는, 사양책정 단계에서 테스트케이스를 검토하고, 테스트코드를 기술합니다. 테스트코드는 대상 모듈의 동작결과를 판정하는 기능을 포함하고 있으며, 테스트코드를 실행하면 자동적으로 테스트가 실시되어 확인결과를 얻을 수 있는 구조로 되어 있습니다(리스트 9-1). 이것은 종래부터 시도해온 테스트 자동화에 의한 테스트 효율의 개선과 같은 수단입니다. 테스트구동 개발에서는, 전용의 모듈 테스트 툴을 활용함으로써, 테스트코드의 관리와 실행의 수고를 크게 줄일 수가 있습니다. 또한 공통적인 테스트 툴에 준거함으로써 테스트코드의 재사용이 가능하게 되며, 장래의 버전에서도 테스트구동 개발의 효과를 지속할 수 있는 것입니다.

테스트코드를 정기적으로 실행함으로써, 모듈의 외부사양이 바르게 유지되고 있는 것을 자동적으로 확인할 수 있습니다. 소프트웨어의 수정에 의한 디그레이드 확인은, 테스트 공수를 증가시켜 개발프로젝트의 공수를 압박하는 큰 요인입니다. 테스트구동 개발의 기법을 도입한 모듈에서는, 소스코드의 수정에 의한 테스트 작업이 극적으로 간략화 되므로, 개발자가 자주 디그레이드 방지 확인을 할 수가 있습니다. 종래라면 소프트웨어 변경에 의한 확인 공수가 너무 커서, 개발기간 종반의 기능변경은 가능한 한 피해야 한다고 여겼습니다. 그러나 원 클릭으로 단품 테스트를 재실행 할 수 있다면, 기능변경에 대한 판단도 또한 달라집니다. 자동화에 따라 절감한 분의 공수를 디그레이드 방지 확인으로 돌림으로써, 지금까지 단념했던 기능개선이나 수정도 할 수 있게 될지도 모르겠습니다(그림 9-13).

◉ 리스트 9-1 테스트용 함수

```
/* 테스트 대상의 제품 소스코드 */
int getRankInSortedArray( unsigned int target, unsigned int[] sortedArray, const int
arrayCount )
{
    int rank = 0;
    for (rank = 0; rank < arrayCount; rank++)
    {
        if (sortedArray[rank] >= target)
// 소트완료 배열 sortedArray의 속에서, 인수 target의 순위를 돌려주는 함수
        {
            break;
        }
    }
    return rank + 1;
}

/* 테스트용 소스코드 */
boolean test_ getRankInSortedArray_001( void)
{
    int testArray[] = { 0, 1, 2, 4, 5 };

    If (getRankInSortedArray( 0, testArray, 5 ) != 1) {
    // 정상 케이스·이상 케이스·경계조건 등의  여러 가지 테스트 조건을 설정하여,
// 확인내용과 비교한다
```

```
        return FALSE;  /* 불량 있음 */
    }
If (getRankInSortedArray( 1, testArray, 5 ) != 2) {
        return FALSE;  /* 불량 있음 */
    }
If (getRankInSortedArray( 3, testArray, 5 ) != 4) {
        return FALSE;  /* 불량 있음 */
    }
If (getRankInSortedArray( 5, testArray, 5 ) != 6) {
        return FALSE;  /* 불량 있음 */
    }
If (getRankInSortedArray( _INT_MAX, testArray, 5 ) != 6) {
        return FALSE;  /* 불량 있음 */
    }
If (getRankInSortedArray( (-1), testArray, 5 ) != 1)
    {
        return FALSE;
    }
    return TRUE;  */모든 테스트 성공 */
}
```

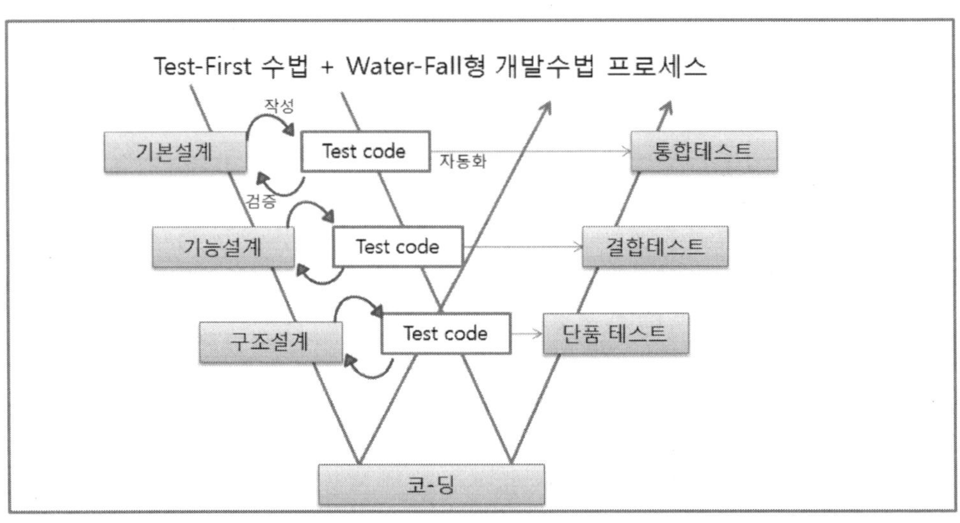

그림 9-13 테스트구동개발의 W자형 프로세스

테스트구동 개발의 기법은 「설계품질의 향상」「테스트 효율의 개선」「공수의 절감」이라는, 일석삼조라고도 할 수 있는 효과를 발휘하는 대단히 유효한 개발기법입니다.

또한 테스트구동 개발을 사용해도, 소프트웨어 설계의 공정까지는 종래의 기법과 똑같습니다. 테스트구동 개발에 관한 가장 심한 오해의 하나는,「갑자기 테스트코드를 쓴 소프트웨어라도, 품질이 높은 소프트웨어가 개발된다」라는 것입니다.

어떤 설계 기법이라도 다르지 않습니다만, 설계를 하는 일 없이 직접 기술된 소스코드의 품질은 지극히 낮아집니다. 설계도 없이는 집을 건축해도 판잣집 밖에 못 짓듯이, 소프트웨어 구조의 면밀한 검토와 설계 없이 고품질의 소프트웨어를 창출시는 것은 불가능합니다. 설계 없이 기술된 테스트코드는, 애당초 잘못일 가능성이 높으므로, 그와 같은 테스트코드로 아무리 확인을 실시해도, 소프트웨어의 품질은 결코 향상되지 않습니다.

마찬가지로 소프트웨어 설계를 하고나서, 테스트케이스와 테스트코드를 기술하기만 하면 된다고 해서, 설계내용을 확인하지 않고 다음 공정으로 나아가버려도, 테스트구동 개발의 효과는 발휘할 수 없습니다. 테스트케이스를 최초에 쓴다는 프로세스는, 설계품질을 조기에 확인하기 위한 수단이므로, 폭포수형 개발기법의 테스트케이스 작성의 공정을 앞으로 조금 당긴 것만으로는 의미가 없는 것입니다.

테스트구동 개발의 장점을 최대한으로 끌어내기 위해서는, 소프트웨어를 설계하고 나서 테스트케이스를 통하여 품질을 확인하고, 그 결과를 설계에 피드백 한다는 작은 루프를 반복할 필요가 있습니다. 상류 공정의 설계품질을 향상하면서 앞의 공정으로 나아감으로써, 폭포수형 개발기법의 결점이 크게 개선되는 것이 테스트구동 개발 사고방식의 최대 장점입니다. 폭포수형 개발기법에서는, 상류에서 하류로 잘못이 없는 설계를 진행하는 것이 전제입니다. 그러나 실제로는 사양도 개발도 불량이 존재하므로, 하류에서 미스가 발견될수록 수동 복귀 공수가 증가하는 점이 문제로 되어 있습니다. 테스트구동 개발의 기법을 통하여 폭포수형 개발기법의 이상에 보다 근접하는 개발을 할 수 있다면, 임베디드 소프트웨어개발 프로젝트에 원활하게 도입할 수 있게 되어, 큰 효과를 볼 수 있습니다.

9.3.2 테스트구동 개발을 위한 툴

테스트구동 개발을 위한 툴은 발전 도상에 있습니다만, 객체지향 프로그래밍 언어에 대응한 툴이 오픈 소스 소프트웨어로서 공개되어 있습니다. 이러한 것은 오픈 소스 소프트웨어 IDE의 Eclipse에서 사용할 수도 있습니다. Eclipse에는 테스트구동 개발에 대응한 플러그인이 공개되어 있는데, 테스트코드를 반자동적으로 생성해 주는 아주 편리한 플러그인도 존재합니다. 또한 Microsoft사의 개발 환경인 Visual Studio 2005 Team System 중, for software Developers와 for software Testers에서는, 테스트구동 개발을 통하여 소프트웨어 개발을 지원하는 아주 강력한 기능이 제공되어 있습니다(표 9-1). IBM사나 Boland사의 개발 툴에서도 마찬가지의 기능이 많든 적든 사용 가능합니다.

[표 9-1] 테스트구동 개발 툴

툴 명	특징과 단품 테스트의 방법	제공원
CppUnit	C++ 언어로 기술된 소프트웨어를 위한 자동 단품 테스트용 라이브러리. 테스트용의 클래스를 별도로 준비함으로써, 테스트 대상 소스코드의 판독성에 대한 영향을 억제하고 있다. 테스트 결과는 파일이나 콘솔 등으로 출력할 수 있다.	오픈 소스
CUnit	테스트 함수와 어서트 매크로를 사용하여 C 언어로 기술된 소프트웨어의 단품 테스트를 반자동 실행하는 커맨드라인 기반의 툴	
jUnit	Java용 자동 단품 테스트 툴. 일정한 규칙의 함수명이나 애너테이션이라 불리는 속성의 지정에 따라 테스트 대상과 테스트코드를 관련짓는다	
nUnit	C#으로 기술된 소프트웨어의 단품 테스트를 자동 실행하는 툴. 애스펙트 지향 기술을 채택하고 있으며, 가시성이 높은 테스트코드를 기술할 수 있는 우수한 툴	
Visual Studio 2005 Team System for Software Developers	아주 고가의 툴이지만, 강력한 IDE상에서 단품 테스트용 코드를 관리하고, 자동적으로 실행할 수 있다. 또한 디버그와 연동한 단품 테스트에 의해, 테스트 실행완료한 행을 기록하여 분류해서 표시하는 등 고도의 기능을 구비하고 있다	Microsoft사
Visual Studio 2005 Team System for Software Testers	테스트 담당자용의 지원 기능으로서, Web 테스트 기능 등을 갖추고 있으나, 단품 테스트 기능은 Software Developers판과 동등. 테스트 결과 등의 공정정보를 공유하면서, 팀 개발을 진행하기 위한 기능을 사용할 수 있는 고성능 툴	
Eclipse	플러그인의 형식으로, Eclipse 통합개발 환경에서 간단하게 호출할 수 있는 단품 테스트 툴이 복수개 개발되어 있다. 개발과 테스트를 반복하면서 소프트웨어를 개발하기 위한 연구가 결집되어 있어, XP(eXtreme Programming)라는 애자일 개발기법에도 적용할 수 있다.	오픈 소스

이러한 툴은 객체지향 언어뿐만 아니라 C 언어로 사용할 수 있는 것도 있어, 대부분의 임베디드 소프트웨어개발 프로젝트에서 활용할 수 있습니다. 또한 비교적 단순한 기능밖에 필요 없는 경우는, 테스트구동 개발의 툴을 자작해버리는 옵션도 생각할 수 있습니다.

테스트구동 개발에는 변경으로 인한 확인 작업을 효율화·자동화할 수 있다는 장점이 있어, 사양변경이 많은 소프트웨어 개발에서는 큰 효과를 발휘합니다. 임베디드 소프트웨어개발에서는 하드웨어와의 컨커런트 개발이나, 복수개 모듈의 병행개발이라는 사양변경을 일으키는 요인이 많이 존재합니다. 따라서 테스트구동 개발을 채택하면, 사양변경에 따르는 단품 테스트의 수동 복귀나 디그레이드 확인의 작업량을 저감하는 효과를 기대할 수 있습니다.

테스트구동 개발의 사고방식은 적용범위의 융통성이 높으므로, 부분적인 도입이 쉽다는 특징이 있습니다. 이것은 개발효율의 향상을 추구하고 있는 관리자나 리더에게 상당히 매력적인 장점입니다. 새로운 개발기법을 전면적으로 도입할 때는, 아무래도 도입의 초기 비용나 리스크의 우려가 늘 따라다닙니다. 임베디드 소프트웨어개발 프로젝트에서는, 지금까지 하던 방법을 바꾸는 것만으로도 개발 팀으로 부터 큰 저항을 받을 것이 쉽게 예상됩니다. 프로젝트의 기간이나 공수적으로 초기 비용나 리스크에 대비할 여유가 없다는 사실은, 새로운 것을 기억하는 것이 번거롭다는 소극적인 감정을 정당화시키는 것입니다. 그래서 새로운 개발기법의 다수는 시험적으로 도입하는 것만도 (정치적으로)큰 힘이 필요하며, 생각한대로 채택할 수 없는 일이 많이 있습니다.

　그런 점에서, 테스트구동 개발의 사고방식은 비례적이므로, 필요한 팀이나 담당자만, 또는 소프트웨어의 필요한 부분에만 압축하여 도입하기 쉽습니다. 변경의 영향을 받기 쉬운 단품 테스트의 재확인이 빈번하게 발생하는 공통 모듈이나, 자동 테스트의 쉬운 내부적 처리를 선택하여 적용함으로써, 프로젝트에 대한 장점·단점을 확인하면서 원활하게 채택할 수가 있습니다. 처음에는 일부분에만 도입하여, 효과와 운용방법을 익히고 나서 적용범위를 전체로 확대해 간다는 이상적인 흐름으로 도입할 수 있으므로, 수많은 애자일 개발기법 속에서도 임베디드 소프트웨어개발에 적정한 기법이라고 할 수 있습니다.

9.3.3 임베디드 시스템에 대한 적용 포인트

　테스트구동 개발은 어느 정도 정리된 기능이 있는 소프트웨어 부품의 동작확인에 큰 효과를 발휘합니다. 또한 테스트를 반복하지 않으면 안되는 경우에도 상당히 효과적입니다. 그러나 전면적인 도입은 결코 바람직하다고는 할 수 없습니다. 드라이버 부분이나 하드웨어 제어 등은, 테스트용 하드웨어의 제한으로 툴을 사용한 테스트가 어렵거나, 상태전이 매트릭스의 어댑터처럼 상황에 따라 전혀 다른 동작을 하는 경우는, 테스트케이스를 준비하는 시간과 노력 쪽이 커져버리기 때문입니다. 테스트구동 개발의 사고방식은 임베디드 소프트웨어개발 프로젝트에의 적용이 쉽고, 게다가 효과적이면서 즉효성이 높다는 특징이 있습니다. 이만큼 오픈업무 시스템의 사고방식을 원활하게 적용할 수 있는 예는 드물 것입니다(표 9-2).

　전면적으로 도입하기보다도, 오히려 높은 효과를 얻을 수 있는 대상을 신중하게 판단하여, 설계단계에서 확실하게 테스트케이스를 작성할 수 있는 부분에 적용하는 편이 좋습니다. 구체적으로는 사양이 자신의 태스크 내에서 완결되어 있는 기능 블록이나. 호출선 태스크가 모체로서 이미 완성되어 있는 기능, 프로토콜 사양이 명확하게 책정되어 있는 네트워크 기능 등입니다. 반대로 컨커런트 개발되는 하드웨어에 관련되는 기능이나, 개조가 발생하는 태스크를 호출하는 기능 등에 테스트구동 개발의 기법을 적용하면, 만일 사양변경이 발생한 경우 소프트웨어 본체의 개발공수뿐만 아니라, 테스트코드의 작성

공수까지도 헛되어버릴 우려가 있습니다. 그 밖에 표 9-2에서 제시한 바와 같은 기능도, 테스트구동 개발의 기법에 대한 적·부적을 예측하기 쉽습니다.

또한 테스트구동 개발을 UI 기능에 적용하는 경우는, 테스트코드의 기술에 연구가 필요합니다. UI의 표시는 눈으로 밖에 확인할 수 없는 경우가 많으므로, 그대로는 자동적인 테스트코드를 작성할 수 없습니다. UI를 처리하는 태스크 측에 테스트 전용의 기능을 설치하고, 화면에 표시되어 있는 내용을 데이터로서 호출원에 전하는 스텝을 준비할 필요가 있습니다. 예를 들면 포커스가 있는 윈도우와 표시 중인 문자열을 통지하는 디버그용 워크 영역을 준비하여, 호출 측 태스크에 표시내용을 통지합니다. 테스트코드에서는 워크 영역 내용이 적절하게 설정되어 있는 것을 확인하여, 테스트 결과의 판정을 하도록 합니다. 이와 같이 비교적 간단한 아이디어로, 자동적으로 UI의 표시결과를 판정하는 테스트코드를 작성할 수 있습니다(그림 9-14).

소프트웨어 개발의 방침결정은, 장점과 단점의 밸런스를 고려하는 것이 중요합니다. 테스트구동 개발의 특징을 이해하고, 투입하는 비용 이상의 장점을 얻을 수 있는 부분부터 적용하도록 검토하면 좋은 결과를 얻을 수 있습니다.

[표 9-2] 테스트구동 개발기법의 적·부적

적용하기 쉬운 부분	이 유
구조화 설계에 따라 기능 중심으로 분할된 함수	기능분담이 명확한 함수의 다수는, 논리적으로 테스트 조건을 설정하기 쉬우므로, 테스트코드로 하는 기계적인 테스트에 적합한 경향이 있다
부품적으로 단순한 기능만을 개발하는 함수 및 클래스	단기능을 개발하는 함수나 클래스는, 테스트 조건이 심플하며 자동적인 조건설정이 비교적 쉬운 일이 많고, 기계적인 테스트에 적합하다
복수개의 모듈이 공통으로 사용하는 함수 및 클래스	변경의 영향이 많은 부분에 미치므로, 수정을 한 경우에는 확실히 디그레이드를 방지하는 일이 요구된다. 자동 테스트로 재확인을 반복하는 시간과 비용을 절감할 수 있으므로, 큰 효과가 있다
적용하기 어려운 부분	이유
전용하드웨어를 필요로 하는 기능	하드웨어의 테스트 환경준비가 어렵고, 소프트웨어만으로 자동화 할 수 없는 케이스가 많기 때문
비동기 제어로 시그널을 직접 받는 부분	시그널 데이터나 발생순서의 재현을 위한 환경설정이나 조건이 복잡하게 되어, 불량이 없는 테스트코드를 작성하는 것 자체가 힘든 경우가 있다. 테스트코드를 다시 테스트하지 않으면 안되어서는, 효율적인 작업이라고 할 수 없다
개발 중인 프로토콜을 사용하는 네트워크 제어부 등	통신상대의 제어나 프로토콜 자체의 검증 등을 자동 테스트코드로 하기 어려우므로, 적용하기 힘든 케이스가 있다. 반대로 이미 기술적으로 확립된 네트워크(TCP/IP망 등)를 처리하는 부분은, 테스트-퍼스트 기법에 적합하다

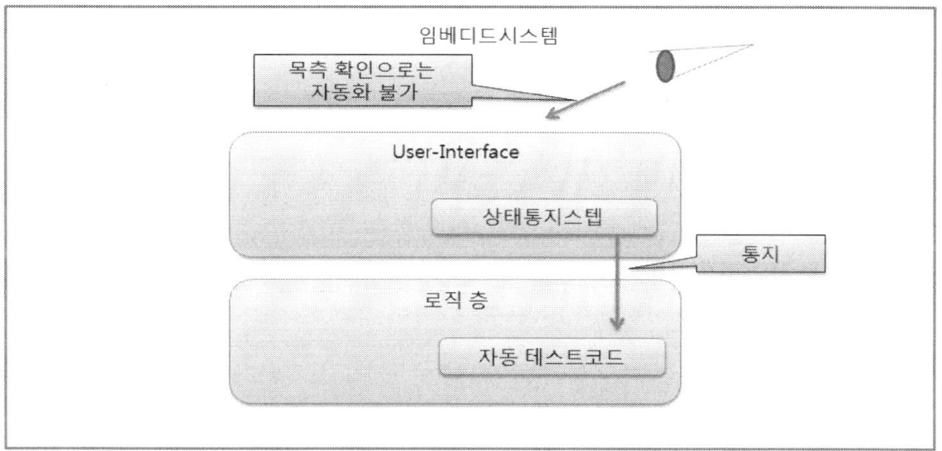

그림 9-14 UI의 상태통지 스텝

9.4 상태매트릭스의 테스트 기법

상태매트릭스의 테스트는, 임베디드 소프트웨어개발 가운데 가장 머리가 아픈 문제의 하나입니다. 제 6장에서 기술한 바와 같이, 상태매트릭스는 처리의 흐름을 파악하는 것이 힘든데, 적절한 테스트케이스를 설정하기 어렵기 때문입니다. 물론 모든 패스를 확인하는 원칙은 변함없습니다만, 하나의 함수처럼 처리가 위에서 아래로 한 방향으로 흐르도록 기술되어 있지 않으므로, 매트릭스의 셀을 차례로 따라가지 않으면 안 됩니다(그림 9-15).

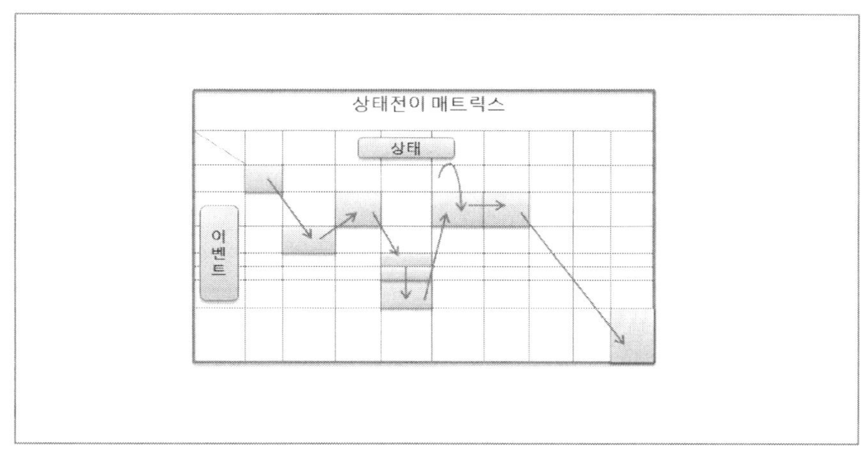

그림 9-15 상태매트릭스 패스의 특정

 상태매트릭스의 패스를 특정하는 것은, 트리 구조의 루트 탐색에 비유할 수 있습니다. 그림 9-15의 매트릭스 상에서 발생할 가능성이 있는 처리의 패턴 모두를 트리 상으로 표현하면 그림 9-16과 같이 됩니다. 이와 같이 비동기 제어의 임베디드 시스템 등이 가질 수 있는 상태나 처리경로를 망라적으로 리스트 업해서, 하나하나 검증해가는 기법을 모델검증이라고 합니다.

 상태매트릭스가 복잡해짐에 따라서, 패스의 조합이 폭발적으로 증대해 가는 것은 분명합니다. 테스트 공정의 작업량에는 한정이 있으므로, 무한에 가까운 조합을 모두 확인해 나가는 것은 현실적으로 불가능합니다.

 비동기 제어의 임베디드 소프트웨어개발에서는, 이 복잡한 문제를 해결하기 위해서 여러 가지 기법이 연구되어 있습니다. 그 중에서도 일반적으로 사용할 수 있는데다 효과가 높은 방법으로서, 분할통치법, 형식기법, 데이터 망라법의 3가지를 소개합니다. 그 밖에도 UI 태스크라면, 화면 전이도를 기준으로 작성한 테스트케이스를 적용할 수 있는 등, 여러 가지 기법을 활용할 수 있습니다.

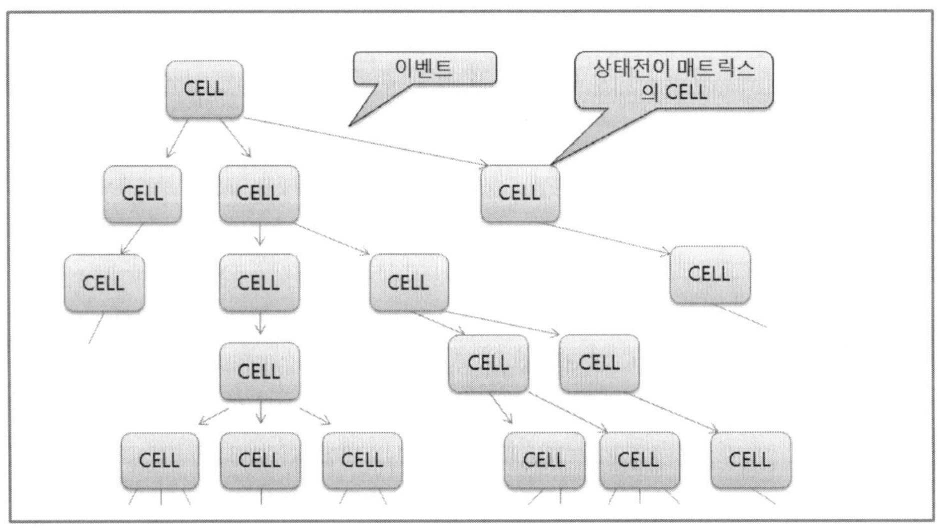

그림 9-16 상태매트릭스의 패스를 표현하는 트리

9.4.1 분할통치법

 분할통치법(Divide and Conquer)은, 소프트웨어 개발에 국한되지 않고 사용되는 일반적인 기법의 하나입니다. 거대하며 너무 복잡한 문제를 작은 부분으로 분할하여 취급함으로써, 문제를 작은 부분에서 전체를 향해 해결해가는 방법입니다. 소프트웨어 설계 등의 분야에서 인기 있는 사고방식이므로, 그 장단점을 새삼스럽게 말할 것까지도 없습니다.

거대한 소프트웨어를 기능단위로 상세화해 간다는 소프트웨어 설계 기법 자체가, 분할통치법과 같은 사고방식을 기본으로 하고 있습니다.

상태매트릭스의 테스트에서는, 거대한 처리 패스 트리의 일부분에 같은 패턴이 나타나는 일이 있습니다. 예를 들면 메시지 표시 UI 제어나, 파일의 조작, 화상 데이터의 전개 등, 어떤 정해진 처리를 하는 부분에서 일정한 패턴의 흐름이 생깁니다. 이와 같이 부분적으로 공통된 처리를 색출해서, 하나의 처리 블록으로서 취급함으로써 처리트리를 간소화할 수 있습니다.

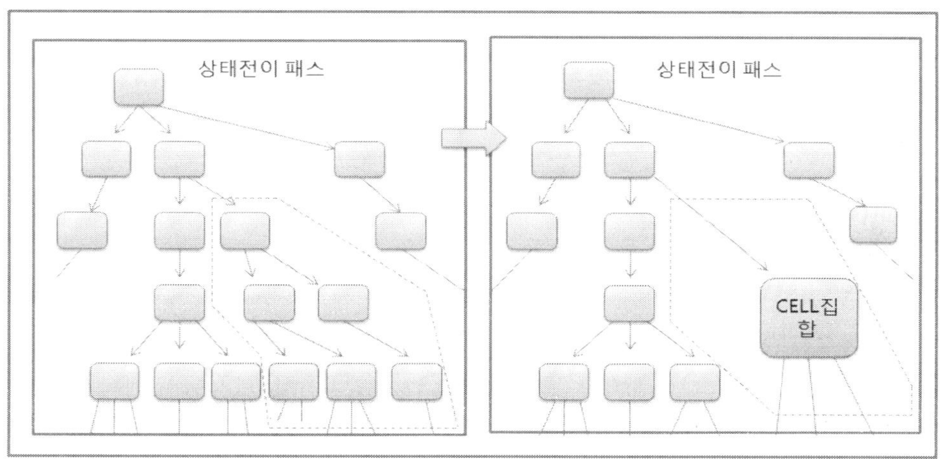

그림 9-17 분할통치법에 의한 처리트리의 간소화

공통처리 패스의 블록화 양상은, 그림 9-17과 같이 됩니다.

그리고 공통화 할 수 없는 패스라도, 그림 9-18과 같이 하나의 정리된 흐름으로 있는 처리를 블록화 함으로써 현실적으로 테스트할 수 있는 규모의 처리패스로 분할하고, 각각의 블록 사양을 근본으로 하여 부분적으로 테스트 합니다. 분할과 부분 테스트라는 2가지의 조작을 반복함으로써, 상태전이 매트릭스의 방대한 처리패스를 완전히 테스트할 수가 있게 됩니다. 분할통치법으로 하는 테스트는, 테스트케이스에 의한 동작을 확인하는 작업에도 적용할 수 있는 점 또한 장점의 하나입니다. 툴 등을 사용하지 않으므로, 실기나 특수한 환경의 테스트에서도 유효합니다.

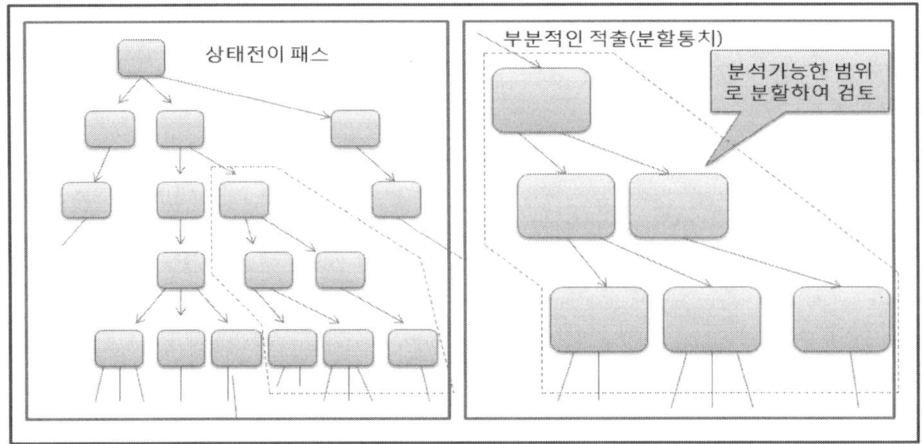

그림 9-18 분할통치법에 의한 블록의 검출

9.4.2 형식기법에 의한 테스트케이스의 설정

형식기법(Formal Method)은, 주로 옥스퍼드 대학 등 유럽에서 메인프레임 시대부터 연구되어온 설계 기법으로, 기간 시스템 등에서 대규모 시스템의 개발에 적용된 실적을 가지고 있습니다. 상세한 설명은 그림 9-19와 제 7.5.3항을 참조하시기 바랍니다.

상태전이 매트릭스는 어떤 이벤트에 대한 동작을 기술한 작은 처리의 집합입니다. 이벤트에 대한 각 셀의 동작은, 태스크의 실행상황에 따라 변화합니다. 그리고 많은 경우, 태스크가 관리하는 변수나 데이터의 내용에 따라 처리가 결정되며, 또한 결과도 결정된다는 조건이 존재하고 있습니다. 예컨대 화상파일을 일람표시하는 태스크에서는 「파일 수를 나타내는 변수가 0일 경우, 화면을 클리어하면, 상태는 변화하지 않고 메시지가 "데이터가 없습니다"로 설정된다」라는, 사양을 구체적인 케이스에 적용시킨 조건입니다. 형식기법에서는 이와 같은 조건을 **프로퍼티**라고 합니다. 제 3.5절에서 기술한 **어서션**과 거의 같은 것입니다.

상태전이 매트릭스나 소프트웨어의 기능사양에서 프로퍼티를 도출시여, 모든 처리패스에서 프로퍼티의 조건이 충족되어 있는가를 확인함으로써, 비동기 제어 소프트웨어를 자동적으로 테스트할 수가 있습니다. 구체적으로는 비동기 제어 시스템의 소스코드에 프로퍼티 조건을 나타내는 어서션을 삽입하여, 실제로 동작시킴으로써 프로퍼티를 확인합니다. 만일 상태전이 매트릭스 전용의 테스트 툴 제품을 사용할 수 있다면, 설계단계의 상태전이 매트릭스에 대해 직접 테스트를 하는 것도 가능합니다.

이때 앞에서 설명한 **모델검사**의 기법으로, 비동기 제어 시스템이 가질 수 있는 처리패스를 망라적으로 확인하게 됩니다. 확인대상의 처리패스가 방대한 양으로 올라가기 때문에, 현실적으로는 툴로 자동적인 검증을 하게 됩니다.

형식기법에 의한 모델검사에서도, 검사대상이 되는 처리패스의 수가 너무 많으면 문제가 됩니다. 복잡화된 임베디드 소프트웨어의 모든 동작 패스를 검증하려고 하면, 툴로도 처리할 수 없을 정도의 양에 달해버리는 것입니다. 그래서 일정한 조건을 충족한 경우에는 패스의 검증을 중단한다는 룰을 마련함으로써, 실제로 확인 가능한 범위로 검증작업의 양을 억제하는 대책이 필요하게 됩니다.

형식기법과 모델검사의 편성에 의해 자동적으로 동작확인을 함으로써, 상태전이 매트릭스의 설계 수준의 불량을 효율적으로 발견할 수 있습니다. 그리고 발생빈도가 드문 처리패스에 잠재한 불량이나, 두 상태 사이를 반복 전이하여 시스템이 응답하지 않게 되는 불량 등, 보통의 테스트 작업에서는 검증이 어려운 문제를 발견할 수 있다는 장점도 있습니다.

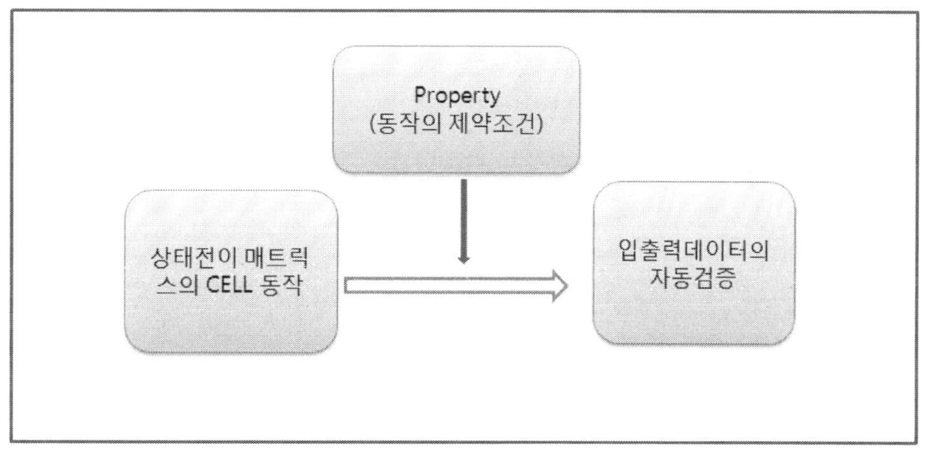

그림 9-19 형식기법에 의한 확인

9.4.3 전수데이터 설정에 의한 총체적인 테스트

전수데이터 설정에 의한 총체적이 테스트는, 상태전이 매트릭스의 처리가 참조하는 데이터에 착안하여, 참조 데이터의 모든 편성을 테스트 조건에 설정하여 동작확인을 하는 테스트 기법입니다. 비동기 제어를 실행하는 블록은, 처리 중인 콘텍스트(실행 중인 소프트웨어의 정보)나 글로벌 변수 등을 참조합니다. 이러한 데이터가 가질 수 있는 값을 모두 망라하는 테스트케이스를 작성함으로써, 이벤트 핸들러 함수나 그 속의 case문 단위로 전 패스·전 분기의 동작을 확인하는 방법입니다. 보통의 소프트웨어 개발에서는 데이터가 가질 수 있는 패턴이 너무 방대해져서 비현실적인 기법입니다만, 비동기 제어의 임베디드 시스템에서는 테스트케이스의 건수가 실용으로 감당할 범위에 들어갑니다. 비동기 제어에서는 처리가 상세하게 분단되어 있으므로, 그것을 반대 기법으로 함으로써 데이터 패턴을 제한할 수가 있기 때문입니다.

이 기법은 상태전이 매트릭스의 셀을 그대로 개발한 소프트웨어로 비교적 유효한 방법입니다. 소프트웨어의 동작조건을 고려하지 않아, 실제로 발생하는지의 여부를 의식하지 않고 기계적으로 전 데이터 패턴의 테스트케이스를 작성하기 때문에, 테스트케이스의 수가 급증하는 경향이 있습니다. 테스트용 드라이버나 스텁을 다용하여, 자동적으로 테스트를 하는 환경을 작성하는 편이 좋습니다.

테스트케이스도 데이터 값의 조합에 따라 만들어지므로, 보통 처리의 흐름을 기술하는 테스트케이스의 설정은 어렵습니다. 「어떤 데이터가 NULL이며, 어떤 데이터가 0인 경우」는 실제로 어떤 조건에서 발생하는가를 생각한다면, 테스트케이스의 작성공수 쪽이 커져버립니다. 그래서 총체적테스트에서는, 효율적이면서 빠짐없는 테스트케이스를 작성하기 위하여, 테스트케이스의 작성에 표 9-3과 같은 결정표(Decision Table)를 많이 사용합니다.

[표 9-3] 결정표

확인조건	테스트케이스ID					
	001	002	003	004	005	006
파라미터값 = NULL	Y	N	N	N	N	N
파라미터값 ="Test String"	−	Y	Y	Y	Y	N
파라미터값 = ""	−	N	N	N	N	Y
문자수 = 0	Y	Y	N	N	N	Y
문자수 = 1	−	N	Y	N	N	−
문자수 = 2	−	N	N	Y	N	−
문자수 = (−1)	−	N	N	N	Y	−
리턴값 ""	−	X	−	−	−	X
리턴값 "T"	−	−	X	−	−	−
리턴값 "Te"	−	−	−	X	−	−
리턴값 NULL	X	−	−	−	X	−

결정표는 상태전이도의 작성 등에도 사용되는 설계도표로서, 입력이 되는 이벤트의 편성조건과 그 동작결과를 표로 나타낸 것입니다. 망라 테스트의 테스트케이스 작성에 사용하는 경우에는, 표의 상단에 테스트 조건, 표의 하단에 확인내용을 기입합니다.

이 방법의 결점은, 테스트케이스의 확인조건의 설정이 어려운 점입니다. 상태전이 매트릭스의 1셀 내의 처리가 너무 분단되어 있기 때문에, "올바른"동작을 특정하는 일이 애당초 어려운 것입니다. 예컨대 EFS 상의 파일에 대한 쓰기처리를 하는 셀이 있다고 합시다. 이때 관계하는 데이터로서, 덧쓰기 그래프가 TRUE, 쓰기 사이즈가 0이 되어 있는 상태는, 애당초 어떤 처리의 흐름 속에서 발생하는가를 상정하는 것이 어려우며, 또한 확인조건의 설정 미스도 발생하기 쉽습니다. 물론 일반적으로 발생하는 패스는 간단하게 생각납니다만, 가장 확인이 필요한 「설계자가 상정하고 있지 않은 패스」를 발견해 내는 일이 어렵고, 그 상황을 확인하는 테스트케이스의 누락이 발생하는 일이 있습니다.

그래서 전 데이터를 설정하여 망라성이 있는 테스트 조건을 설정한 뒤에, 전술한 형식 기법의 상태전이 모델 등을 병용하여 테스트 조건의 평가를 하면, 망라성이 높은 확인조건을 효율적으로 설정할 수 있습니다. 데이터의 총체적테스트는, 테스트 전용의 스텁나 드라이버를 사용한 모듈 테스트 작업에서 효과를 발휘합니다. 반대로 실기 확인에 대한 적용은 어려운 일이 있습니다.

9.5 테스트 작업의 문제와 원인

임베디드 소프트웨어개발의 테스트 작업에서는, 그 밖의 카테고리의 소프트웨어 개발과 마찬가지로 여러 가지 문제가 발생합니다. 테스트 작업의 문제은, 임베디드 소프트웨어개발 고유의 문제와 일반적인 문제로 나눌 수가 있습니다.

임베디드 소프트웨어개발 특유의 문제로 들 수 있는 트러블에는, 표 9-4와 같은 것이 있습니다.

[표 9-4] 임베디드 소프트웨어개발의 테스트 작업 트러블

대표적인 테스트 작업의 문제	내 용
컨커런트 개발에 의한 문제	하드웨어와의 동시 개발에 따라, 일정 조정이나 사양변경 등의 영향이 미칠 가능성이 있다
테스트 조건의 문제	특수한 기재나 재현조건이 필요한 테스트케이스가 발생할 우려가 있다
외부 모듈의 문제	외부 조달 모듈의 품질부족이나 사양변경 등의 영향으로, 테스트 작업이 악영향을 받을 가능성이 있다
파생모델 대응의 문제	다른 기능 구성을 가진 복수개의 모델을 동시 개발함으로써, 테스트 케이스가 복잡화되거나 수정의 영향 확인이 어렵게 되는 일이 있다

9.5.1 컨커런트 개발에 의한 문제

개발 일정이 엄격하여, 최소한의 개발시간 밖에 주어지지 않는 일이 많기 때문에, 아무래도 개발공수에서 기능을 역산하여 일정이 결정되기 쉽습니다. 그리고 실제의 개발 국면인 코딩에서 테스트의 공정으로 나아가면, 소프트웨어의 불량을 제거하는 것만도 벅차서, 편의성이나 기능의 만족도까지 손길이 미치지 않는 일도 적지 않습니다. 경우에 따라

서는, 소프트웨어의 불량을 제거하지 않은 채 출시해 버리는 일도 현실에서 일어나고 있습니다. 그래서 소프트웨어의 완전성 보장도 노력 목표로 되어 있는 프로젝트조차 존재하고 있습니다.

그러나 소프트웨어의 품질이 불충분하면, 임베디드 제품의 품질을 확보하는 일도 불가능합니다. 임베디드 제품의 개발 프로젝트 전체에서 보면, 소프트웨어의 품질확보는 제품의 품질을 확보하는 작업의 일부가 됩니다.

개발 중인 소프트웨어가 정상적으로 동작하는가를 확인하기 위해서는, 동작 플랫폼이 되는 하드웨어나 라이브러리가 완성되어 있지 않으면 안 됩니다. 그러나 컨커런트 개발을 하는 프로젝트에서는, 관련되는 하드웨어가 개발 중인 경우도 있습니다. 또한 모듈단위로 복수개 팀이 병행하여 개발하고 있는 경우에도, 호출선이나 호출원의 처리가 개발중이므로, 테스트 작업에 사용할 수 없는 경우가 있습니다. 이와 같은 케이스에서는, 함수단위나 모듈단위로 호출원과 호출선의 더미 함수를 준비하여, 호스트 환경에서 자작부분을 실행시킵니다. 이것이 지금까지 몇 번인가 나왔던 **드라이버**와 **스텁**의 역할입니다. 결합 테스트의 단계에서도, 임베디드 시스템의 외부에 존재하는 서버나 외부부착 하드웨어의 동작을 재현하기 위해서, 스텁이나 드라이버를 사용하는 일이 있습니다. 그러나 최종적인 확인은 반드시 실제의 타깃 환경에서 하지 않으면 안 됩니다.

스텁나 드라이버를 다용하면 할수록 스텁나 드라이버에 불량이 혼입할 가능성이 높아지므로, 테스트 환경의 구축 미스가 발생할 위험이 커집니다. 만일 단품 테스트 공정에서 부적절한 스텁을 사용해서 불량을 간과해 버리면, 결합 테스트의 공정에서 발견하더라도 불량 수정에 보다 큰 작업량이 필요하게 됩니다. 스텁으로 인하여 단품 테스트를 효율화하려고한 시책이 역효과가 되면 무의미하므로, 스텁과 드라이버에도 원래와 같은 정도의 품질이 요구된다는 것을 인식해 두지 않으면 안 됩니다. 스텁과 드라이버를 다용하기 보다는, 테스트 작업의 순서를 조정하여, 실제의 소스코드를 사용한 테스트를 할 수 있도록 연구하는 편이 좋습니다.

9.5.2 테스트 조건의 문제

임베디드 소프트웨어개발에서는, 테스트를 위한 기재 조달이나 재현조건의 정비 등에서 문제가 발생하는 일이 있습니다. 일반적으로 테스트용의 기재는, 준비나 조달이 어렵다고 생각하는 편이 좋습니다. 특히 제품은 프로토타입 제품이나 선행 양산품은 간단하게 조달할 수 있어도, 전용의 테스트 기재나 치공구(治工具)의 수에 한정이 있는 일은 적지 않습니다. JTAG 기기나 USB 패킷의 스니퍼[26] 등이 전형적입니다. 휴대전화의 개발에

---

26) 스니퍼(Sniffer): 네트워크 등을 통과하는 데이터나 트래픽을 감시하거나 기록하기 위한
　　 소프트웨어.

서는, 법정심사를 통과하기까지는 국내에서 전파를 발하는 일이 안되므로, 기지국과 같은 기능을 가진 유선접속의 전용 테스트 기재(기지국 시뮬레이터 등으로 불린다)를 사용하여, 착신이나 패킷 통신의 동작을 재현합니다. 이와 같은 기재를 사용하는 모듈은 복수개가 동시에 개발을 진행하는 일이 많기 때문에, 테스트 공정에서는 기재의 쟁탈 같은 상태가 됩니다.

또한 해외용으로 출시되는 제품에서는, 실제의 동작환경, 즉 해외에서 밖에 발생하지 않는 문제기 일어날 수 있습니다. 만일 다행히도 개발 팀의 일부가 현지에 있으면, 현지에서 재현하면서 소프트웨어의 동작을 트레이스할 수가 있습니다. 그러나 불량이 발생한 기능을 담당하는 개발 팀이 국내에 있을 경우, 일수적으로도 비용적으로도 간단하게 확인 작업에 나설 수는 없습니다. 과밀한 개발 일정에서는, 불량 1건을 해결하기 위해서만 개발 멤버가 수일에서 1주일 이상 동안 출장을 가는 것은 힘이 듭니다.

현지에서 보내온 정보를 가지고 스텁을 만들어 가상적으로 재현을 시도하거나, 로그 정보 등을 바탕으로 원인을 추구하게 됩니다. 테스트 조건에서 문제가 발생한 경우에 대비하여, 적절한 양의 로그 정보를 출력해 두는 준비가 중요합니다.

9.5.3 외부 모듈의 문제

임베디드 소프트웨어개발뿐이 아닙니다만, 외부에서 미들웨어 등의 모듈을 조달하는 경우에 무언가 문제의 원인이 되는 일이 있습니다. 또한 임베디드 소프트웨어개발에서는 하드웨어나 소프트웨어 환경이 제품에 따라 크게 다르므로, 일반적으로 사용되고 있는 모듈이라도, 막상 내장하려고 하면 여러 가지 문제가 표면화하는 일이 적지 않습니다. 오픈업무 시스템 개발이라면, O/S나 가상 머신이 환경의 차이 태반을 흡수하여 줍니다만, 임베디드 시스템에서는 자력으로 흡수해야할 가능성도 있습니다.

외부에서 모듈을 조달하는 경우에는, 제공원의 기술 지원을 받은 커스터마이즈 작업이 빠질 수 없다고 생각하는 편이 무난합니다. 유사한 시스템의 채택 실적이 있는지, 커스터마이즈가 쉬운 설계로 되어있는지, 또한 제공원의 지원 체제는 충분한지, 라는 엄밀한 확인이 필요합니다. Web 시스템에서 Apache를 도입하는 것처럼, 가볍게 시판 모듈을 채택하는 일은 안 됩니다. 또한 해외의 소프트웨어 메이커가 개발·판매하고 있는 모듈을 채택하는 경우는, 기술 지원에 언어 커뮤니케이션의 부담이 생길 수도 있습니다.

그러나 복잡화한 고기능 임베디드 제품에서는, 모든 기능을 개발원 메이커가 개발하는 일은 불가능하게 되어가고 있으므로, 외부 모듈은 적극적으로 사용되고 있습니다. 장래에는 외부 모듈 조달의 비율이 보다 증가하겠습니다. 그래서 임베디드 소프트웨어개발에 참가하는 엔지니어는, 외부 모듈을 사용하는 장점과 단점을 충분히 파악해 둘 필요가 있습니다.

9.5.4 파생모델 대응의 문제

임베디드 제품의 분야에서는, 유사기능을 가진 파생상품을 생산하는 일이 드물지 않습니다.

해외용으로 수출되는 임베디드 시스템에서는, 예를 들면 하드 디스크 레코드는 나라나 지역에 따라서 영상 코덱도 저작권 법규도 다르므로, 기능적인 차이가 커집니다. 한 종류의 소프트웨어를 기반으로 하여 파생상품 소프트웨어를 개발하는 경우에는, 파생상품의 수가 많아질수록 소프트웨어가 복잡하게 됩니다. 또한 테스트 공정에서는 파생상품 마다 모든 기능을 확인하면 쓸데없는 것이 많아지므로, 차이가 있는 기능만을 체크하려고 하여, 테스트케이스의 설정 누락에 의한 문제도 빈번하게 발생합니다.

프로젝트의 규모가 크면, 제 13.2절에서 설명하는 구성관리 툴과 같은 시스템을 도입하는 편이 효율적일지도 모릅니다. 또한 차이가 발생하는 부분을 설계단계에서 예측하여, 기능변경이나 파생상품 개발에 대응하기 쉬운 소프트웨어 구조를 채택하는 등의 대책도 필요합니다. 또한 테스트를 자동화하는 테스트구동 개발의 기법도 크게 효과를 발휘할 것입니다.

9.6 프로젝트의 리스크 관리

소프트웨어 개발에서는 미리 예상할 수 있는 여러 가지 문제뿐만 아니라, 실제로 일어나기까지는 상상 조차 할 수 없는 문제까지 온갖 문제가 발생합니다. 문제가 발생하는 리스크를 발견하고, 감시하고, 적절한 대응을 함으로써, 프로젝트에 발생하는 문제와 대책 비용을 저감할 수 있습니다. 특급전문가 엔지니어나 관리자에게

새삼스럽게 말할 것까지도 없습니다만, 문제가 발생하고 나서 대응하기 보다도, 문제의 발생 그 자체를 회피하는 쪽이 비교를 할 수 없을 만큼 적은 노력으로 끝납니다.

예상되는 여러 가지 문제나 문제은, 개발 프로젝트의 리스크 요인으로서 인식되어, 적절하게 관리되지 않으면 안 됩니다. 이것은 소스코드를 취급하는 개발작업에서 프로젝트 관리까지, 개발의 전 수준에서 공통적으로 말할 수 있는 것입니다. 그러나 그러한 수준 속에서도 관리의 리스크 관리의 성패가 프로젝트에 가장 큰 영향을 끼침으로서, 리스크 관리의 기법이 한창 주목되어 왔습니다.

9.6.1 소프트웨어 개발의 리스크

소프트웨어 개발 프로젝트에서는, 여러 가지 리스크 요인이 존재합니다. 그러한 것은 리스크의 내용에 따라 프로젝트 운영의 리스크와, 소프트웨어 개발업무의 리스크로 분류할 수 있습니다. 프로젝트 운영의 리스크란, 여러 명의 멤버가 공동으로 하나의 작업을 추진해가는 데서 발생할 가능성이 있는 여러 가지 문제입니다. 소프트웨어 개발 프로젝트뿐만 아니라, 모든 집단 작업에서 같은 리스크가 존재하고 있습니다. 프로젝트 운영의 리스크를 관리하기 위해서는, 커뮤니케이션이나 스테이크 홀더 관리라는 휴먼 숙련도가 필요하게 됩니다. 소프트웨어 개발업무의 리스크는, 소프트웨어 개발이라는 전문 작업상에서 발생하는 기술적인 문제점의 가능성입니다. 이러한 것들은 소프트웨어 개발 프로젝트에서만 발생하는 고유의 리스크입니다. 소프트웨어의 리스크를 관리하고, 문제의 발생을 회피하기 위해서는, 소프트웨어 개발기술의 설계·개발·테스트 등 폭넓은 전문적인 지식이 필요하게 됩니다.

각각의 리스크는 하나의 프로젝트 내에서 관련이 있습니다만, 전혀 별개의 요인에서 생기는 리스크입니다. 그래서 리스크를 관리하기 위한 숙련도나 능력도 전혀 다르며, 각기 전문가에 의해 컨트롤되어야 합니다.

프로젝트의 리스크 관리에서는, 애당초 리스크를 발견하는 것이 어렵다는 문제가 있습니다. 리스크를 발견하고, 그 특징을 확인하는 작업을 리스크 식별이라고 합니다. 리스크 식별에는, 표 9-5와 같은 기법이 유효합니다.

[표 9-5] 리스크를 발견하는 기법

리스크 식별 기법	구체적인 방법
리스크 식별 체크리스트	과거의 프로젝트에서 발생한 리스크를 열거한 체크리스트를 작성해 두는 기법. 유사한 프로젝트에서는 같은 리스크가 발생하므로, 쉽게 식별할 수 있다. 그러나 리스트에 들지 않은 리스크에는 대응할 수 없다
플레인 스토밍	멤버끼리 생각나는 대로 발상을 기술하여, 생각할 수 있는 범위의 리스크를 폭넓게 열거하는 방법. 발언에 대하여 일절 부정·비판하지 않고, 연상이나 긍정을 거듭하여 의식을 넓힘으로써, 가능한 한 많은 리스크를 검출한다
델피법	각 멤버가 예상되는 리스크를 수집하고 공표하여, 전원의 예상을 본 다음 다시 예상을 한다. 이것을 반복함으로써 의견과 지식을 집약하거나 리스크 예상을 얻는 방법
인터뷰	전문가나 경험자 등의 의견을 수집하는 기법
전제 조건 분석	프로젝트가 전제로 하고 있는 조건을 열거하고, 애매한 점이나 모순된 점을 찾음으로써 잠재적인 리스크를 발견하는 기법
특성 요인 분석	프로젝트의 특징과, 그 원인을 세분화해감으로써 숨겨진 리스크를 밝혀내는 방법

9.6.2 리스크의 관리

리스크 관리는, 「프로젝트 관리자만 의식해야 하는 일이어서, 담당수준과는 무관계」라는 오해도 생기고 있습니다. 실제로는 결코 그와 같은 일은 없으며, 리스크 관리는 모든 개발멤버에게 필요한 프로세스의 하나로 여기고 있습니다. 소프트웨어 개발의 리스크는, 개발 담당자에게도 리더나 관리자에게도 마찬가지로 발생하기 때문입니다. 관리자에게는 관리 작업 한 사람 분이나 그 이상의 리스크가 존재하며, 개발 멤버에게는 개발작업 한 사람 분이나 그 이상의 리스크가 존재합니다. 리스크의 내용이나 현재화한 경우의 영향범위는 업무에 따라 다릅니다만, 어떤 업무라도 한 사람 분의 작업에는 한 사람 분 이상의 리스크가 균등하게 잠재해 있는 것입니다.

리스크 관리의 사고방식은 프로젝트 관리의 기법 중 하나로서 연구되어 왔습니다. 현재 여러 가지 프로젝트 관리기법이 전 세계에서 발표되어 있습니다만, 그 중에서도 **PMI**(Project Management Institute)라는 미국의 비영리 단체가 제창하고 있는 **PMBOK**(Project Management Body Of Knowledge : 프로젝트 관리 지식체계)라는 방법론이 사실상의 국제표준으로서 널리 보급되어 있습니다. PMBOK는 미국의 국방총성이 프로젝트를 확실하면서 효율적으로 관리하는 방법의 연구를 한 성과를 모체로 하여 탄생한 것으로서, 소프트웨어 개발 이외에도 널리 적용할 수 있는 근대적인 관리 지식체계입니다.

PMBOK에서는, 프로젝트에서 미지의 문제나 발생이 예측되는 문제, 즉 발생 전의 문제점을 **리스크**라고 합니다. 이에 비하여 실제로 현재화한 리스크는, **문제점**이라고 부릅니다. 본서에서도 PMOBK의 정의에 따라, 리스크와 문제점이라는 용어를 분별하여 쓰고 있습니다.

리스크 관리의 작업에서는, **계획단계**와 **관리단계**의 2가지로 나누고 있습니다(그림 9-20).

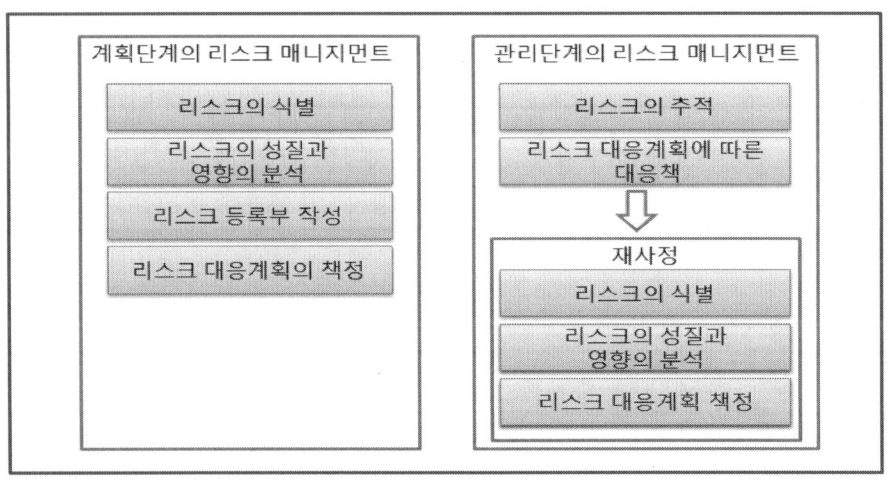

그림 9-20 리스크 관리의 개요

리스크 관리의 계획단계에서는, 리스크를 인식하고 그 리스크의 성질이나 영향을 특정하여, 대응계획을 준비한다는 순서를 밟습니다.

그리고 리스크 관리의 관리단계에서는, 미리 리스트 업된 리스크를 추적하여, 상황에 변화가 발생한 경우에는 그 성질이나 영향을 재사정합니다. 그 결과에서 필요에 따라 실제 개발작업의 내용을 변경하고, 리스크에 대한 대응계획을 수정하게 됩니다.

임베디드 소프트웨어개발 프로젝트에 생기는 리스크에는, 여러 가지 종류가 있습니다. 하드웨어 개빌의 지연·해외로부터의 기술정보 입수 표준기술의 업데이트에 의한 수정발생·타 모듈 개발의 지연이나 사양변경·개발멤버 구성의 변화·작업의 진행상황에 의한 멤버확보의 실패·모체 소프트웨어 불량의 발견... 등등, 열거하려면 한이 없습니다.

또한 리스크 관리라는 용어에서는 프로젝트 관리자 수준의 작업이라는 인상을 받기 쉽습니다만, 리스크는 모든 수준의 모든 작업에 잠재해 있습니다. 개발을 담당하는 엔지니어 수준이라면, 사양 입수의 지연이나 테스트용 하드웨어 할당시간의 확보 등, 손길이 닿는 범위에서도 여러 가지 리스크가 존재한다는 것을 알 수 있습니다. 그래서 리스크 관리도 멤버의 작업범위에 맞춘 내용으로 실시되는 일이 필요합니다.

자신의 분담범위의 리스크를 식별하여 작성해두고, 다시 문제가 발생한 경우의 대책방법을 준비해 둡니다. 물론 어떤 입장에서도 문제에 대한 대책은 한정되어 있으므로, 자신이 할 수 있는 범위의 대책을 세우는데 그칩니다. 결코 「은 탄환」을 준비할 필요는 없습니다. 대책내용을 팀 멤버로부터 상위자로 연락하여, 미리 이해를 구해 두는 것이 중요합니다. 그리고 정기적으로 상황을 체크하여, 리스크가 현재화할 징조는 없는지, 새로운 리스크가 발생하지 않았는지에 대한 감시를 계속합니다. 만일 리스크가 문제점으로 구현화되면, 즉시 대책을 실행하게 됩니다.

만약 소프트웨어 개발 팀의 팀리더 입장이라면, 표 9-6과 같은 리스크 일람표를 준비하게 됩니다. 리스크 관리의 작업에서는, 리스크에 대하여 정기적으로 리스크 발생 확률이나 영향의 증감요인의 변화를 감시합니다. 그리고 만일 리스크나 영향이 증대할 것 같으면 대책을 실시합니다. 일반적인 프로젝트 관리의 기법에서는, 표 9-7의 4종류의 리스크 대책이 유효하다고 여기고 있습니다.

[표 9-6] 리스크 일람표

번호	리스크	대 책	감시방법
1	인터페이스 사양 입수의 지연	잠정 인터페이스로 개발 착수	1주일 마다 공정회의에서 상황 확인
2	통신 프로토콜 기능의 설계 수동 복귀	UI 개발 팀에 지원멤버를 일시적으로 투입	○○의 마일스톤까지 달성률을 매일 확인

3	고객 사양 승인의 지연	UI 개발을 동결하고, 모듈 테스트에 선행 착수	1주일 마다 공정회의에서 상황 확인
⋮	⋮	⋮	⋮

리스크 대책은 반드시 사전에 계획해 둡니다. 입안의 타이밍은 리스크를 식별하여 작성한 시점이 바람직합니다. 리스크 대응계획에서는, 상정되는 복수개의 리스크에 대한 대책·대응책임자 및 우선도를 명확하게 정의합니다. 물론 단순히 계획할 뿐만 아니라, 개발 프로젝트 내에서 정식으로 승인을 얻어두지 않으면 안 됩니다. 리스크 대책을 주위에서 동의 받지 않고 있으면, 리스크 요인의 변화에 의한 시기적절한 대책을 하기 어렵게 되기 때문입니다. 리스크 대책의 실시에는, 공수나 기간이라는 비용이 발생하며, 리스크에 대응하기 위해서 프로젝트 작업을 당초의 예정에서 변경할 필요가 생깁니다. 미리 팀의 연장자나 다른 멤버, 혹은 관계하는 다른 팀에도 대책의 동의를 받아둠으로써, 리스크에 신속하게 대응할 수 있는 준비를 갖춥니다.

프로젝트가 진행됨에 따라서, 리스크 요인이나 리스크의 영향도 시시각각으로 변화합니다. 리스크 관리의 프로세스에서는, 이미 인식한 리스크를 감시함과 동시에, 새롭게 발생한 리스크를 재빨리 발견하여 대책을 강구해야 합니다. 리스크의 감시는, 프로젝트의 완료까지 계속하여 실시하지 않으면 안 됩니다.

리스크 감시의 작업으로서, 프로젝트의 리스크 발견을 정기적으로 실시하여 새로운 리스크를 확인함과 동시에, 확인완료 리스크의 발생확률이나 영향을 재평가하여, 리스크 대책이 충분한지를 확인합니다. 특히 리스크에 대하여 **경감** 또는 **수용**의 대책을 채택하고 있는 경우에는, 대책이 충분한 효과를 유지하고 있는지, 또는 리스크에 대한 예비가 충분한지를 확인하지 않으면 안 됩니다.

개발 프로젝트의 리스크 총량은, 프로젝트의 공정이 진행됨에 따라서 감소해 갑니다. 그래서 보통은 리스크 대책도 프로젝트가 후 공정으로 나아갈수록, 상세하며 국소적인 것으로 변경하게 되겠습니다.

[표 9-7] 리스크 대책

리스크 대응책	임베디드 소프트웨어개발의 구체적인 예
리스크의 회피	리스크 자체가 발생하지 않도록, 제품사양이나 프로젝트 계획을 변경. 외제 미들웨어에서 품질상의 리스크가 있는 경우에, 미들웨어의 채택을 두고 보는 등의 방법
리스크의 전가	리스크가 발생한 경우의 영향을 제 3자에게 부담시키는 방법. 장해보험의 계약 등이 일반적. 또한 개발 시에 기능을 엄밀하게 정의하고, 기능추가가 발생한 경우에는 발주원에 추가비용을 부담시키는 계약 등도, 개발 측에서 본 리스크 전가의 대응책이라고 할 수 있다
리스크의 경감	리스크의 발생확률이나 발생한 경우의 영향을 저감시키는 대책을 실시. 하드웨어의 개발

	이 늦음에 의한 지연 리스크가 우려되는 경우에, 하드웨어 개발을 선행 착수하거나, 하드웨어 제어부분을 분리한 소프트웨어 설계를 철저히 하는 등의 리스크 경감책을 생각할 수 있다
리스크의 수용	리스크를 받아들이는 옵션. 만의 하나 리스크가 현재화한 경우에는 예비비 등을 투입해서 대응한다. 개발 중에 경합제품이 발표되어, 급히 대항기능을 추가할 필요가 생기는 리스크 등과 같이, 능동적인 리스크 경감책이 어려운 경우에 채택된다. 예비비나 예비인원을 확보해 두고, 개발기간에 여유를 주는 등의 대책이 일반적이다

9.6.3 리스크 관리를 강화하는 방법

프로젝트 팀의 운용에서는, 멤버로 부터 작업의 진도상황이나 문제점의 보고를 수집할 때에 리스크 관리에 대한 보고도 하게함으로써, 리스크 관리의 노력이나 상황을 쉽게 파악할 수 있습니다. 각 멤버가 작성하는 일보나 주보의 리포트에 「어떤 리스크를 인식하여, 어떻게 판단하여 대책을 실시하고 있나」 라는 항목을 추가함으로써, 리스크를 상세하게 관리할 수 있는 동시에, 각 멤버의 능력·판단력을 활용하는 효과도 얻을 수 있습니다. 작업의 세부를 가장 숙지하고 있는 것은, 작업을 담당하는 각 멤버입니다. 리스크 관리 상황을 보고 사항에 포함시킴으로써, 각각 자신이 다시 리스크를 정리하여 대책을 하기 위한 계기가 되는 것입니다. 이때 리스크(가능성)가 아니라 **문제점(현재 발생한 사실)의 열거가 되지 않도록**, 미리 주의 사항을 전해 놓는 것이 중요합니다. 일정한 이상의 숙련도를 가진 개발 멤버라면, 리스크를 감지할 수만 있다면 다음은 자신이 판단하여 문제를 회피하거나 윗사람에게 상담하여 대책을 할 수 있습니다.

또한 관리자나 리더는, 리스크 관리의 노력에 대하여 충분히 배려한 평가를 하도록 명심해야 합니다. 현실의 프로젝트에서는, 리스크가 현실의 문제로서 현재화 하고 나서 문제를 수습시키는 능력이나 실적은 높이 평가됩니다만, 리스크를 컨트롤하여 사전에 회피하는 능력은 눈에 보이지 않는 점도 있어 그다지 평가되지 않는 케이스가 적지 않습니다. 대단한 노력으로 리스크를 회피해나가도, 프로젝트 관리자나 팀 외의 사람(스테이크 홀더)으로부터 「이번에는 고객이 별로 말썽부리지 않는 제품이라서 다행이었네」 라고, 마치 운이 좋았던 것처럼 취급해버려, 고생에 보답을 받지 못하는 일이 종종 있습니다. 마치 레스토랑에서 요리를 태우지 않고 원만하게 조리를 한 사람보다, 재료를 태워버리고 나서 수완 좋게 얼버무린 사람 쪽이 높이 평가되는 것 같은 이야기가 되어버리므로, 단 1회의 평가 미스나 간과가 동기에 심각한 악영향을 줍니다. 눈에 보이지 않는 노력을 파악하는 것은 어려우므로, 메일이나 보고서에 따라 시각화를 활용하는 관리가 유효합니다. 또 리스크 컨트롤이라는 적극적인 노력과, 위험을 두려워만 하는 소극적인 자세는 전혀 다른 성질의 행동이므로 혼동하는 일 없도록 주의가 필요합니다.

이와 같은 연구에 따라, 리스크 관리의 분야에서도, 개개의 멤버나 그룹이 스스로 담당

범위의 문제를 발견해내어 해결한다는 소프트웨어 개발 프로젝트의 기본동작을 지킬 수 있게 됩니다. 그 결과 프로젝트 팀 전체의 잠재력을 끌어내어 문제의 발생건수와 해결에 요하는 공수가 큰 폭으로 경감될 것입니다. 고대 중국의 손자의 병법서에서는 「싸우지 않고 이기는 길」 이야말로 전쟁의 비법이라고 하고 있습니다. 소프트웨어 개발에서도 리스크 관리를 통하여 「실제 작업 없이 문제를 해결해 버리는 일」이 개발작업의 생산성 저하를 방지하는 비책이 될 것입니다(그림 9-21).

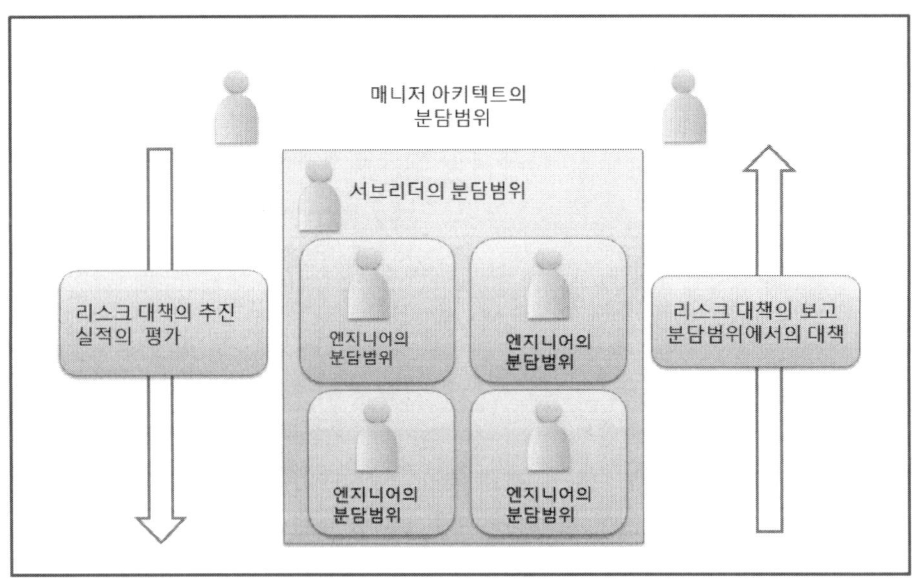

그림 9-21 리스크 관리의 전개

9.7 품질관리의 기법

소프트웨어의 품질관리에는 많은 기법이 있습니다만, 그 중에서도 기본이 되는 7개의 기법이 알려져 있습니다. 이러한 것은 QC 7개 도구라고 불리는 유명한 기법입니다(표 9-8). QC는 Quality Control의 약자입니다.

[표 9-8] QC 7개 도구

NO.	명 칭	특징과 용도
1	특성 요인도	문제의 요인을 상세화 하여, 큰 요인에서 작은 원인까지 시각적으로 분석한다
2	관리도	측정값을 통계적으로 분석하여 그래프화해서, 데이터의 경향이나 이상한 측정값 등을 발견한다
3	히스토그램	측전값을 일전 범위마다 막대그래프로 나타내고, 경향이나 격차를 분석한다
4	파레토도	문제의 주요한 원인을 분석하고, 비용 대 효과가 높은 대책방법을 검토한다
5	산포도	2종류의 측정값끼리의 상관관계 등을 분석한다
6	체크시트	일정 체크내용을 빠짐없이 확실하게 판정한다
7	층별	공통된 특성을 가진 데이터끼리 분류하여, 특성의 경향이나 영향을 분석한다

9.7.1 QC 7개 도구

QC의 7개 도구는, 도표를 사용하여 소프트웨어의 품질을 분석하는 기법으로서, 복수개의 기법을 편성함으로써 다각적으로 소프트웨어 품질을 파악할 수 있습니다. 각각의 기법을 간단하게 설명해 가기로 하겠습니다.

● 특성 요인도

특성 요인도(Cause and effect diagram)는, 분석대상인 문제의 원인을 상세화 하여 결과를 도시하는 분석기법입니다. 그림의 모양에서 **피시 본 다이어그램**(Fish bone Diagram)이라고 하거나, 고안자의 이름에서 **이시카와(石川)다이어그램**(Ishikawa Diagram)이라고 부르기도 합니다.

문제를 일으키고 있는 원인을, 큰 요소부터 작은 요소로 정리해 가는 과정에서 명백하게 관찰할 수 있는 정보가 되며, 분석자가 깨닫지 못했던 상세한 정보까지 효율적으로 모아서 정리할 수가 있습니다(그림 9-22).

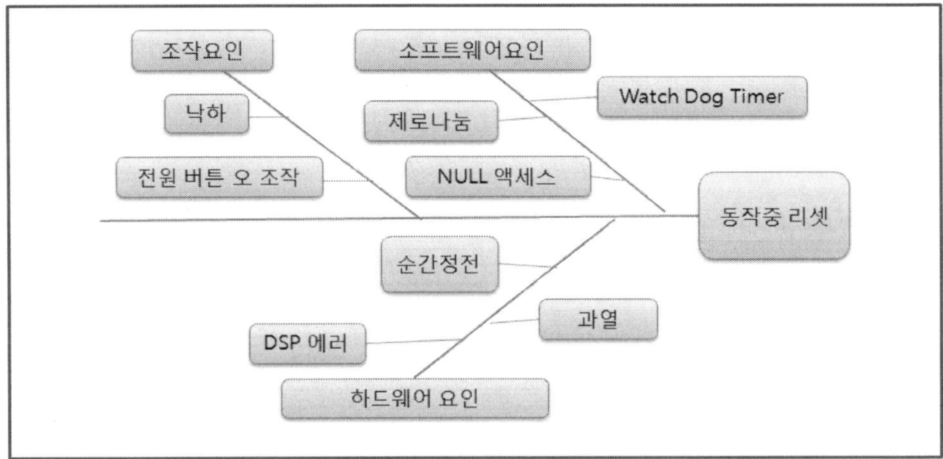

그림 9-22 특성 요인도(Cause and Effect Diagram)

● 관리도

관리도(Control Chart)는 측정값을 통계적으로 분석하여, 일정한 순서로 특성값을 그래프화한 것입니다. 중앙의 표준값을 경계로 플러스값과 마이너스값으로 나타냅니다. 이상한 값의 경계가 되는 「상방 관리한계」 「하방 관리한계」를 설정하여, 성과물의 특성값이 프로젝트에서 정한 정상적인 범위 내에 있는가를 판단할 수 있습니다. 또한 데이터에 따라서는 특성값이 연속하여 플러스 또는 마이너스의 값이 되는 경우에는, 이상이 발생하고 있다고 판단할 수 있습니다. 버그 발생건수가 규정한 회수 이상 연속하여(5회 연속, 7회 연속 등)플러스의 값이 되는 경우, 관리한계를 넘지 않아도 소프트웨어의 품질이 낮을 우려가 있습니다(그림 9-23).

여러 가지 특성값을 사용할 수 있습니다만, 일반적으로는 측정 데이터의 평균값·표준오차·메디안 등을 사용하는 일이 많은 것 같습니다.

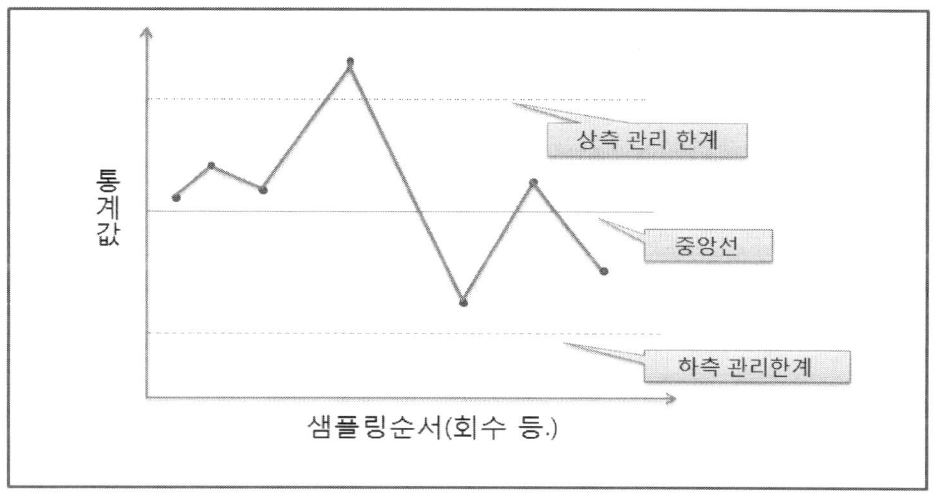

그림 9-23 관리도(Control Chart)

● 히스토그램

히스토그램(Histogram)은, 측정값을 일정한 범위에서 구획을 짓고, 건수를 막대그래프로 나타낸 것입니다. 데이터의 발생경향·격차의 상태·평균값 등을 시각적으로 이해할 수 있으므로, 상황을 부감적으로 분석할 수가 있습니다(그림 9-24).

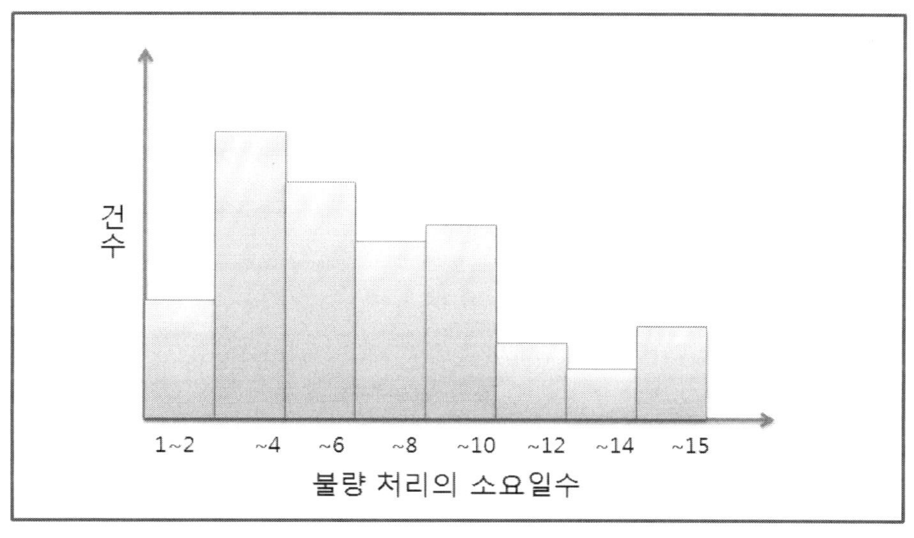

그림 9-24 히스토그램(Histogram)

● 파레토도

파레토도(Pareto Diagram)는, 히스토그램의 일종으로서, 발생빈도순으로 데이터를 나열한 그래프입니다. 각 요소의 비율을 가산한 **누적도수 분포선**이라는 그래프와 겹쳐서 기술됩니다. 누적도수 분포선은 데이터 건수의 퍼센티지를 차례로 더한 것으로서, 우단에서 100%가 됩니다.

파레토도는 문제의 주가 되는 원인(주원인)을 분석하기 위하여 사용됩니다. 「문제의 80%는 20%의 원인으로 인하여 일어난다」 는 「파레토의 법칙」 에 의거하여, 비용 대 효과가 높은 대책 방법을 검토할 때에 유효합니다(그림 9-25).

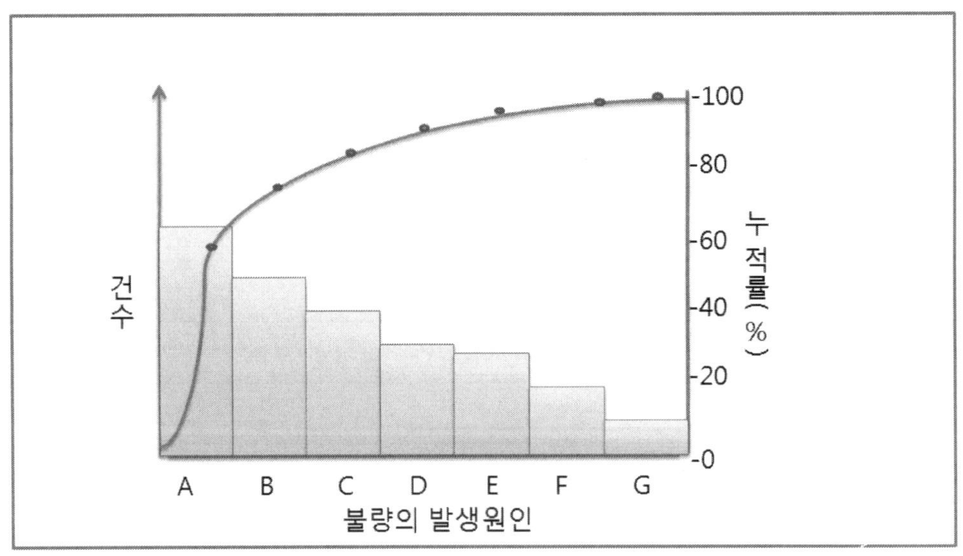

그림 9-25 파레토도(Pareto Diagram)

● 산포도

산포도(Scatter Diagram)는, 그래프의 종축과 횡축으로 2개의 지표를 적용시켜, 그래프 상에 데이터를 써넣음으로써 지표끼리 상관관계를 분석하는 기법입니다. 예를 들면 모듈의 스텝 수를 횡축으로, 버그 발생률을 종축으로 하면, 모듈의 규모와 버그 발생률 사이에 어떠한 관계(비례·일정·반비례 등)가 있는지를 알 수 있습니다(그림 9-26).

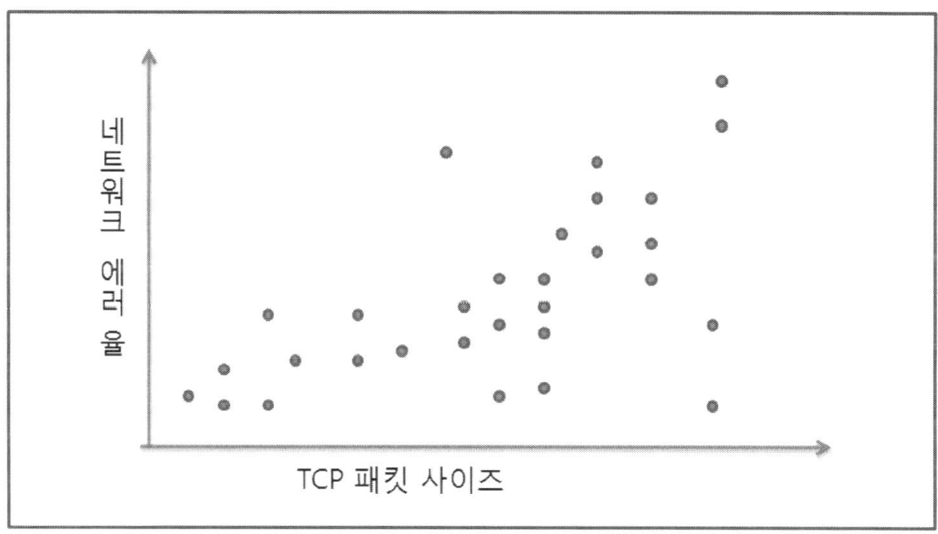

그림 9-26 산포도(Scatter Diagram)

체크시트(Check Sheet)는, 품질을 조사하기 위한 항목을 열거한 일람표를 작성하여, 평가대상인 소프트웨어의 품질상황을 체크해감으로써 품질을 판정하는 분석방법입니다.

● 층별

층별은, 기능 단위·모듈 단위·팀 단위·담당자 단위 등, 공통된 특성을 가진 범위를 분류하여 데이터를 분석하는 기법입니다. 분류에 사용한 특성에 따라, 영향을 받고 있는 품질의 상황을 알 수 있습니다.

9.7.2 PMBOK의 QC 7개 도구

PMBOK에서는 이 7개 도구와는 일부 다른 QC 7개 도구를 제시하고 있습니다. 「특성요인도」 「관리도」 「히스토그램」 「파레토도」 「산포도」 의 5건은 같고, **플로우차트화**와 **런차트**(그림 9-27)가 추가됩니다.

플로우차트화란, 플로우차트를 통하여 프로세스 순서상의 문제점 등을 분석하는 기법입니다.

런차트란, 품질 데이터를 시계열 순으로 꺾은선 그래프로 나타낸 것입니다. 매일한 테스트 소화건수표 등이 해당합니다. 문제의 발생경향(증가·감소·변화 없음) 등을 분석하기 위해 사용할 수 있습니다.

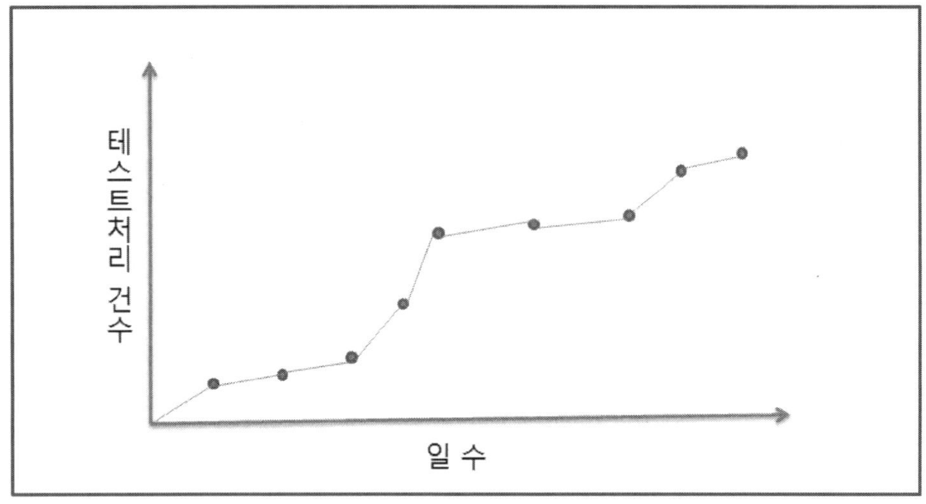

그림 9-27 런차트(Run Chart)

9.7.3 검사

검사(Inspection)란, 작업결과의 내용을 평가하는 검사작업을 가리킵니다. 「설계 문서가 규격에 따라 작성되어 있는가」 「소스코드가 정해진 서식으로 개발되어 있는가」 등을 확인하는 작업입니다. 문제점을 검출시는 역할 만을 가지고 있으므로, 문제가 발견된 경우에는, QC 7개 도구 등으로 분석해야 합니다.

검사의 대상이 많아서 모두 검증할 수 없는 경우에는, 일부분만을 픽업하여 전체의 품질을 예측하는 **추출검사**를 하는 경우도 있습니다. 추출검사는 기능 단위·모듈 단위·팀 단위·담당자 단위 등, 일정한 유사성이 있는 그룹 단위로 실시됩니다. 추출검사를 통하여 품질에 문제가 있다고 추정된 모듈이나 기능은, 보통 보다 상세한 검사를 하여 품질상의 문제를 확인합니다.

9.8 피어리뷰의 활용

임베디드 소프트웨어의 품질을 향상시키기 위해, 현저한 효과를 발휘하는 **피어리뷰**(Peer Review)라고 하는 기법을 소개합니다. 피어리뷰는 소프트웨어 개발 프로젝트에서 여러 가지 작업의 성과물 내용이나 품질을 확인하기 위한 체크 방법입니다(그림 9-28).

리뷰라는 기법에는 여러 가지 형식이 있습니다. 프로젝트 성과물을 승인하기 위한 **설계리뷰**(Design Review)나, 소프트웨어의 불량의 원인과 수정내용의 타당성을 검사하는 **품**

질리뷰(Quality Review), 프로젝트의 진도상황이나 비용 사용상황 등을 검증하는 **상황리뷰**(Status Review)등이 널리 실시되고 있습니다. 많은 리뷰는 내용을 심사하고 판정하는 역할을 가진 상위자가, 담당자의 작업내용을 검사하는 형식으로 하고 있습니다. 프로젝트의 작업내용을 확인·수정하고, 다음의 단계로 진행하기 위한 관문으로서 리뷰가 실시되는 것입니다.

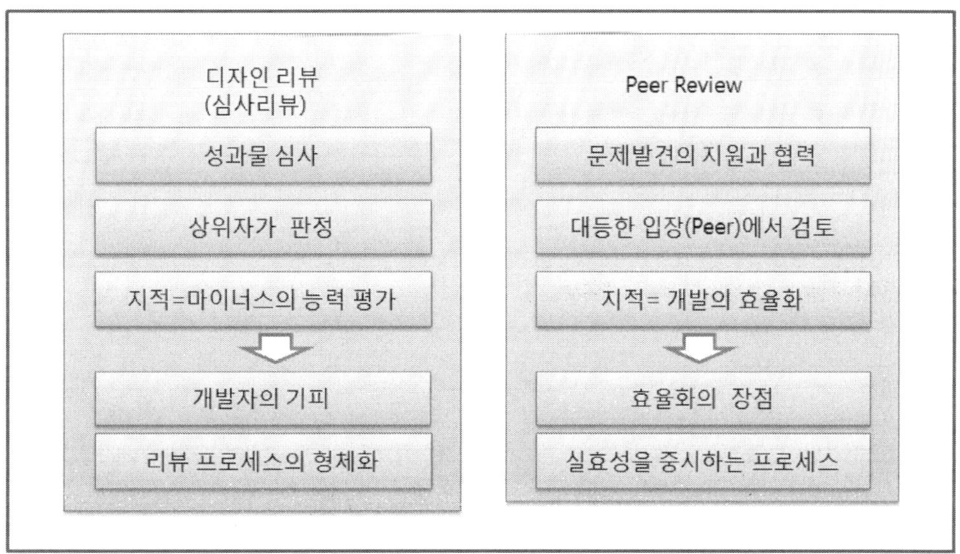

그림 9-28 피어리뷰(Peer Rieview)

그러나 피어리뷰는, 성과물에 잠재하는 문제점을, 제조단계에 이르기 전에 검토함으로써 발견해 내는 것을 목적으로 하고 있습니다. 인간의 작업에는 반드시 실수가 존재한다는 사실을 냉정하게 받아들여서, 여러 가지 숙련도나 지식을 가진 검열자(Reviewer : 리뷰 참가자)가 복수개의 관점에서 성과물을 검증함으로써, 문제가 표면화하기 전에 발견·대책을 합니다. 그 목적에 따라, 피어리뷰에서는 참가자를 대등한 입장에 두는 것을 대전제로 하고 있습니다. 피어리뷰의 피어(Peer)란, 동료·동년배라는 의미의 영어로 상하관계가 아닌 사이를 가리킵니다. 가능한 한 솔직하게 의견을 교환하고, 깨닫기 어려운 문제나 과오를 누군가가 발견하기 위한 환경을 조성하는 것을 중시합니다.

피어리뷰의 역사는 오래되며, 메인 프레임 상의 소프트웨어 개발의 설계효율을 개선하는 리뷰 기법의 하나로서 IBM사나 카네기 멜론 대학 등에서 연구되었습니다. 칼 위거스(Karl E. Wiegers)의 저서 "Peer Reviews in Software : A Practical Guide"(Addison-Wesley Professional) 등이 유명합니다. 문제를 효율적으로 발견·수정하는 효과가 높다고 알려져 있고, 현재는 CMMI[27]수준 3의 검증 프로세스의 하나로도 설정되어 있습니다.

오랜 세월에 걸쳐 많은 개량을 가하여, 다시 기업이나 제품 카테고리마다 여러 가지 유파가 생겨났으므로, 풍부한 변동이 존재합니다. 그래서 「이것이 피어리뷰다」 라는 정의는 아주 어렵습니다만, 보통은 복수개의 검열자가 모여, 성과물에 무언가 실수가 들어있지 않은가를 미팅과 같은 형식을 취하여 검증합니다. 성과물이란, 사양서 등의 설계 문서·소스코드·테스트 공정의 체크리스트나 절차서·취급설명서나 조작 절차서 등, 모든 공정에서 작성되는 것에 이릅니다. 피어리뷰 기법에는, 단지 만연하게 확인하는 것이 아니라, 효율적이면서 망라적으로 체크하기 위한 기법이 포함됩니다. 또한 리뷰의 결과를 통계적으로 확인하며, 피어리뷰의 프로세스를 형식화 시키지 않고 효율을 유지하는 연구도 포함되어 있습니다.

9.8.1 피어리뷰의 효과

피어리뷰에는 2가지의 효과가 있습니다.

하나는 제품에 잠재한 불량을 조기에 발견함으로써 품질을 향상시키고, 또한 불량 수정의 비용을 저감하는 효과입니다. 설계 공정이나 코딩 공정에서 불량을 검출시고 수정할 수 있으면, 그 후의 테스트 공정에서 불량을 수정하는 것보다도 적은 비용과 기간 밖에 들지 않습니다. 상류 공정에서 문제를 발견할 수 있다는 효과는, 피어리뷰의 커다란 장점입니다.

또 하나의 효과는, 설계품질의 향상입니다. 다른 검열자의 의견을 참고로 함으로서, 담당자만으로는 깨닫지 못했던 개선방법이나 처리방식을 발견하는 효과가 있어, 보다 우수한 소프트웨어 설계를 실현할 수 있는 경향이 있다고 알려져 있습니다. 특히 특급전문가 등 숙련도가 높은 검열자가 참가하는 경우에는, 리뷰가 경험이나 지식을 공유하는 장이 되어, 프로젝트 전체의 숙련도를 향상시키는 효과가 있습니다. 또한 같은 시스템의 개발 프로젝트 내에서, 문제나 불량의 정보를 공유하여 같은 건의 불량발생을 막는 효과도 있습니다. 개발 숙련도가 엔지니어 개인에 의존하고 있는 경향이 강한 임베디드 소프트웨어개발 프로젝트에서, 피어리뷰는 특히 유효합니다.

피어리뷰로 충분한 효과를 얻기 위해서는, 리뷰의 진행방법에 특별한 배려가 필요합니다. 그저 만연하게 성과물의 체크를 반복하고 있는 것만으로는 급속히 형해화 해버려, 기대한 대로의 성과를 얻을 수 없게 됩니다. 또한 프로젝트의 참가 멤버끼리의 인간관계를 배려하지 않으면, 애당초 적절한 문제발견을 할 수 없는 것도 알려져 있습니다. 피어리뷰의 룰은 프로젝트나 기업조직의 특성에 맞게 세밀하게 조정할 필요가 있습니다만, 이 절

---

27) Capability Maturity Model Integration : 능력 성숙도 모델 통합. 능력 성숙도를 5단계로 나타낸, 프로세스 개선을 위한 타깃치입니다. 보다 높은 수준의 CMMI를 실현함으로써, 보다 프로세스가 개선된다는 사고방식에 의거하고 있다.

에서는 많은 조직에 적합한 일반적인 룰을 해설합니다.

9.8.2 피어리뷰의 흐름

피어리뷰는, 리뷰 대상이 되는 성과물의 작성 후에 실시됩니다. 먼저 성과물을 어느 정도 완성한 단계에서, 피어리뷰의 준비를 개시합니다. 리뷰대상은 어떤 실수를 포함하고 있는 것을 전제로 하므로, 피어리뷰 전에 완벽하게 완성하려는 자세는 금물입니다. 오히려 「검열자의 힘을 빌어 성과물의 완성 작업을 효율적으로 진행할 수 있도록」 하는 정도의 편안한 마음을 가지도록 팀 멤버의 의식을 맞추어 놓아야 하겠습니다.

보통은 표 9-9의 4가지 단계에 따라, 검열자의 시간을 유효하게 활용하면서 효율적으로 피어리뷰를 실시합니다.

[표 9-9] 피어리뷰의 순서

피어리뷰의 순서	실시하는 작업
검열자의 선정	리뷰의 목적이나 내용에 따라서 적절한 참가자를 선정하고, 리뷰 일정 등을 조정한다
평가대상의 사전 배포	평가대상의 성과물(문서나 소스코드)을 사전에 배포하고, 단시간에 효율적으로 리뷰할 수 있도록 체크를 의뢰한다
피어리뷰의 실시	실제로 회의실 등에 모여서, 문제에 대하여 리뷰를 한다
피어리뷰 결과의 반영	리뷰에서 검출된 문제점을 기록하고, 담당자를 할당하여 대책을 한다

① 검열자(Reviewer)의 선정

성과물이 어느 정도 완성한 시점에서 피어리뷰를 계획하고. 검열자에게 피어리뷰 참가를 의뢰합니다. 검열자는 같은 정도의 입장이나 직위의 프로젝트 멤버에서 약간 명을 선택합니다. 담당 엔지니어가 작성한 성과물을 리뷰하는 경우에는, 팀리더나 대리급까지가 적절합니다. 그 이상 지위의 관리자나 과장, 발주처 회사의 사원 등과의 검토는 별도의 기회를 만드는 쪽이 좋습니다.

리뷰에 참가를 요청하는 인원수는, 3~5명 정도, 많아도 8명을 기준으로 합니다. 참가자가 많으면 효율이 저하할 뿐만 아니라, 솔직한 의견교환에 저해가 되어 문제점을 간과할 우려가 있습니다. 또한 특수 하드웨어의 제어나 통신 프로토콜의 개발 등 전문적인 지식이 요구되는 성과물의 피어리뷰에서는, 대상기술에 대해 높은 숙련도나 지식을 가진 멤버를, 적어도 1명 이상은 확보할 필요가 있습니다. 검증대상에 관계하는 멤버의 수가 많은 경우에는, 보통은 복수개회로 나누어서 피어리뷰를 실시하게 됩니다.

또한 개발 팀의 멤버에 작업을 의뢰할 때의 상식으로서, 피어리뷰에 상위자(관리자나 리더 등)가 참가하지 않는 경우에도, 관리자나 리더에게 피어리뷰의 작업 예정을 알려서 동의를 얻어 둡니다(그림 9-29).

그림 9-29 피어리뷰의 참가자 선정

② 평가대상의 사전 배포

피어리뷰의 목적은, 여러 가지 숙련도나 지식을 가진 검열자가 복수개의 관점에서 성과물을 검증하는데 있습니다. 그래서 사전의 준비는 반드시 필요합니다. 피어리뷰 실시일의 적어도 수일 전에, 리뷰 대상의 성과물(설계 문서나 소스코드)을 배포하여 내용을 파악해 주도록 의뢰합니다. 또한 리뷰 참가자의 부담을 경감하기 위해서, 소스코드의 개요 설명이나 문서의 중요 포인트 일람 등의 참고자료를 작성하면 좋습니다. 피어리뷰를 활용하는 프로젝트에서는 누구나 다 검열자가 되기 위해, 반대로 자신이 피어리뷰에 대한 참가 의뢰를 받은 경우에는, 다른 멤버가 작성한 처음 보는 자료를 읽음으로써 크게 도움이 됩니다.

또한 관리자나 리더는, 피어리뷰 참가예정인 멤버가 사전에 리뷰 대상물을 훑어보는 시간을 가질 수 있도록 배려해야 합니다. 그 뿐만 아니라, 리뷰 자료를 확인하지 않고 피어리뷰에 참가한 것을 알았다면, 지도하는 정도의 팀 컨트롤이 필요합니다.

③ 피어리뷰의 실시

피어리뷰는 그다지 시간을 들이지 않고, 집중력을 유지하는 범위에서 실시합니다. 리뷰 성과물의 분량을 조정하여, 30분에서 길어도 2시간 정도에서 리뷰를 완료하도록 합니다.

피어리뷰에는 검열자 외에, 진행자와 기록담당자가 참가하는 일이 있습니다. 기록담당자가 없는 경우는 보이스 레코더 등을 활용하여, 지적 내용을 흘러버리지 않도록 연구합니다. 진행자는 리뷰 성과물의 작성자와는 별도로 두어야 합니다. 작성자는 검증 대상물을 가장 상세하게 아는 인물이므로, 리뷰에 적극적으로 참가하는 편이 바람직하다고 여기고 있습니다. 그래서 작성자는 리뷰에 집중할 수 있도록, 별도의 참가자에게 진행자 역할을 할당합니다. 가능한 한 피어리뷰의 경험이 풍부한 멤버에게 의뢰하는 것이 좋습니다.

피어리뷰의 목적을 손상시키는 요소는, 신중하게 배제하지 않으면 안 됩니다. 리뷰에서 확인하고 싶은 포인트를 정리해 두어, 피어리뷰 개시 시에 전 참가자의 인식을 공유합니다. 그리고 가장 중요한 점은, 가능한 한 많은 문제를 검출하려는 분위기를 만드는 것입니다. 특히 작성자는 문제점의 지적을 피하려고 하는 심리가 작용하므로, 변호에 시종일관해 버리는 일이 있습니다. 그와 같은 경우에는 진행자 등이 피어리뷰의 목적을 재확인하는 등으로 논의의 흐름을 보정할 필요가 있습니다.

또한 같은 이유에서, 피어리뷰 지적 사항의 책임을 추궁하거나, 능력이나 숙련도의 평가에 사용하는 것도 금물입니다. 「그러고 보니 그 전의 불량과 같은 게 아니었나?」 라는 것처럼 사소한 한마디를 하는 것만으로도, 작성자는 부담감을 가지게 되어버립니다. 피어리뷰는 어디까지나 기술적인 문제의 검증에 시종일관하도록 주의하고, 만일 작성자 개인에 대한 발언이 있으면, 진행자 등이 지원하면 좋습니다. 또한 관리자나 리더는, 피어리뷰 지적에서 작성자가 심리적으로 열등감을 느끼지 않도록 엄중하게 배려하지 않으면 안 됩니다.

피어리뷰가 효과적으로 운영되지 않을 경우, 문제를 간과해버리는 결과가 됩니다. 리뷰 대상에 문제가 발견되지 않고, 예상 밖의 페이스로 리뷰가 진행될 경우에는, 일단 멈추고 간과한 것이 없는지를 재점검하도록 진행자가 유도합니다. 반대로 하나의 문제에 얽매여 논의가 중단된 경우는, 진행자가 별도의 검토를 제안하여 피어리뷰의 흐름을 유지합니다.

④ 피어리뷰 결과의 반영

피어리뷰에 의해 검출된 문제점은 모두 기록하고, 확실히 대책을 세우도록 수정담당자를 할당합니다. 리뷰 대상의 성과물 이외에 문제가 있는 것이 판명되는 일도 있으므로, 리뷰 대상의 작성자가 반드시 수정을 담당한다고는 할 수 없습니다. 또한 리뷰 결과를 주지하여 유사한 문제가 그 이상 발생하지 않도록 대책하는 일도 필요합니다.

피어리뷰의 지적 내용을 적확하게 대책함으로써, 리뷰 작업의 가치를 인식할 수 있는 효과도 있습니다. 그 이후의 리뷰 작업에서, 멤버의 적극성 등에 플러스 영향이 나올 것입니다.

9.8.3 피어리뷰의 툴과 기법

효과적인 피어리뷰를 실시하기 위해서는, 여러 가지 연구가 필요하게 됩니다. 피어리뷰의 진수는 소프트웨어의 문제를 CPU상에서 동작시켜 확인하는 것이 아니라, 검열자의 머릿속에서 검증하여 불량을 발견하는 점에 있습니다. 그래서 검열자의 두뇌를 어떻게 움직이느냐에 마음을 써야 합니다. 검열자가 적극적으로 리뷰 활동에 참가하려고 하는 심리상태에 있으면, 피어리뷰의 효과는 크게 향상합니다. 일반적인 관리기법으로 말하면, 동기를 발전시키기 위한 기법이나 툴이 피어리뷰에서는 효과를 발휘합니다. 구체적으로는 다음과 같은 방책이 유효하다고 여기고 있습니다.

● 피어리뷰 참가의 권장

피어리뷰를 통하여 품질향상 활동을 정착시키기 위해서 가장 중요한 시책은, 프로젝트 전체에서 피어리뷰 활동을 권장하는 자세를 가지는 것입니다. 관리자나 리더가 솔선하여 피어리뷰 작업에 참가하도록 요청하는 자세를 가지면, 피어리뷰에 대한 멤버의 동기도 향상합니다. 또한 분주한 프로젝트에서는, 피어리뷰의 준비와 참가에 필요한 시간을 공식적인 작업시간으로서 인정하는 것도 중요합니다. 효과적인 피어리뷰에는, 미팅 참가뿐만 아니라 사전 배포된 자료를 훑어볼 시간도 반드시 필요합니다.

또한 피어리뷰의 경험이 없거나, 실제로 효과를 체험하지 않은 멤버는, 보통의 승인 리뷰처럼 시간을 뺏기는데다가 야단을 맞을 뿐이라는 오해나 나쁜 인상을 가지고 있는 일이 적지 않습니다. 설계 리뷰와 피어리뷰가 전혀 다른 것이라는 것을 구체적으로 설명하고, 신 멤버가 효과를 실감할 수 있게 될 때까지 지원하는 것도 중요합니다.

● 피어리뷰 검열자의 선정

전술한 대로 피어리뷰에서는, 같은 정도의 지위·직위·숙련도의 멤버가 검열자로 되는 것을 요구합니다. 기술적으로 숙련도를 가진 사람이 국한되어 있다는 이유에서 어쩔 수 없이 상위자가 참가하는 경우에도, 지위나 인간관계를 배경으로 한 일방적인 발언을 하지 않도록 조정이 필요합니다. 그러나 실제로는 피어리뷰의 시간에만 인간관계를 리셋하는 것도 아니므로, 멤버의 위축에 의한 효율저하는 어느 정도 각오해야 됩니다.

피어리뷰의 검열자는 많아도 7~8명으로 압축합니다. 많은 인원수로는 의견의 충돌이나 인간관계의 악영향이 발생하여, 피어리뷰의 효율을 저하시키는 결과가 됩니다. 또한 한사람 당 발언시간이 감소하여, 쓸데없는 시간을 보내는 결과가 됩니다. 임베디드 소프트웨어개발 프로젝트와 같이 분주한 업무에서는, 참가자의 귀중한 시간을 낭비할 뿐만 아니라, 다음 회 이후의 피어리뷰에 대한 의욕을 저하시킬 우려가 있습니다.

또한 가능한 한, 기술적인 핵심 멤버를 포함시키려고 합니다. 특히 전문적인 지식이 필요한 시큐리티·통신 프로토콜·특수 하드웨어의 제어 등에 관계하는 성과물을 검증하는 경우에는, 핵심 멤버가 참가하지 않으면 충분히 문제를 검출할 수 없습니다.

● 피어리뷰 결과의 평가

피어리뷰에서는, 지적 내용이나 건수는 성과물의 개선에만 사용하고, **담당자의 능력이나 숙련도의 평가에 사용**해서는 안 됩니다. 왜냐하면 피어리뷰의 효과는, 담당자의 심리나 적극성에 큰 영향을 받기 때문입니다. 이론적으로는 지적한 내용이나 건수는 숙련도 등과 일정한 상관관계가 있을 것입니다만, 그것을 평가의 판단 재료로는 하지 않는다는 명확한 프로젝트 방침을 설정하여 견지하는 일이 필요합니다. 피어리뷰의 내용이나 결과는, 개인의 평가에는 영향을 주지 않고, 프로젝트 전체적으로 불량의 추출률이나 피어리뷰 실시 상황 등을 평가합니다. 그 결과 얻을 수 있는 데이터는 어디까지나 피어리뷰 적용 효과의 개선을 위해서 사용하는 것만으로 그치시기 바랍니다.

「일반 개발작업도 어느 정도 평가의 대상이 되므로, 피어리뷰의 결과도 평가의 참고로서 좋지 않을까?」 라고 생각하는 관리자도 있겠지만, 그것은 완전한 오해입니다. 보통의 개발작업은 가능한 한 오류를 피하는 것을 요구하여, 오류가 발생하면 작업에 문제가 있다고 평가하는 수도 있습니다. 그러나 피어리뷰는 전혀 반대로서, 불량을 가능한 한 많이 추출시는 것에 목적이 있습니다. 평가의 기준이 180도 다른 것입니다.

만일 적극적으로 피어리뷰에 참가하는 자세나, 후 공정에 남아버린 큰 수정공수가 발생한 불량을 피어리뷰로 얼마만큼 추출할 수 있는가? 라는 관점에서 평가를 한다면, 피어리뷰 활동의 효과를 높이는 성과가 있습니다. 그러나 승인 리뷰와 같은 감각으로, 피어리뷰 지적이 많으면 문제가 있다고 간주하는 평가는 절대로 피하지 않으면 안 됩니다.

「오늘은 문제점이 많았습니다. 좀 더 신중하게 검토해 봅시다.」 라는 아무 것도 아닌 한 마디에서 관리자나 리더가 「문제점 지적이 적은 쪽이 좋다고 생각하고 있구나」 라는 평가 자세로 받아들여버려, 피어리뷰 지적을 피하는 경향이 생기는 일도 있습니다. 개발자뿐만 아니라, 회사원이라면 자신의 평가에는 극히 민감합니다. 관리자나 리더는 머리로 이해할 뿐만 아니라, 철저하게 피어리뷰 결과에 대한 평가의 자세를 보여야 합니다.

● 피어리뷰 상황의 측정

피어리뷰는 프로젝트 멤버의 동기가 저하하면, 간단하게 와해되어 버립니다. 또한 형식적으로 피어리뷰가 계속 실시되므로, 언뜻 보면 품질향상의 활동이 정착하고 있는 것처럼 보입니다. 그러나 실제로는 무의미한 리뷰 미팅이 반복되어, 검열자의 귀중한 시간과 노력을 낭비하게 됩니다.

피어리뷰의 실시 상황을 측정하여 분석하기 위해서는, 먼저 소개한 QC 7개 도구가 도움이 됩니다. 관리도를 사용하여 피어리뷰의 지적 상황을 모니터링 함으로써, 피어리뷰가 의욕적으로 실시되고 있는지 어느 정도　나타나게 되어 있습니다(그림 9-30).

　피어리뷰 지적 건수를 관리도상으로 나타냈을 때, 플러스의 통계값이 많이 나타날 경우에는, 피어리뷰 작업이 형식화 하여, 정형화된 지적만을 기계적으로 보고하고 있을 우려가 있습니다. 반대로 마이너스 통계값이 많을 경우에는, 피어리뷰를 통한 검증이 불충분하여 문제점을 다 추출시지 못하고 있을 가능성을 생각할 수 있습니다. 또한 상부층으로의 관리한계나 하부층으로의 관리한계를 초월한 측정값이 있다면, 그 회의 피어리뷰 작업에 문제가 있었을 가능성이 높아, 평가대상이 된 성과물을 다시 리뷰할 필요가 있다는 것을 알 수 있습니다.

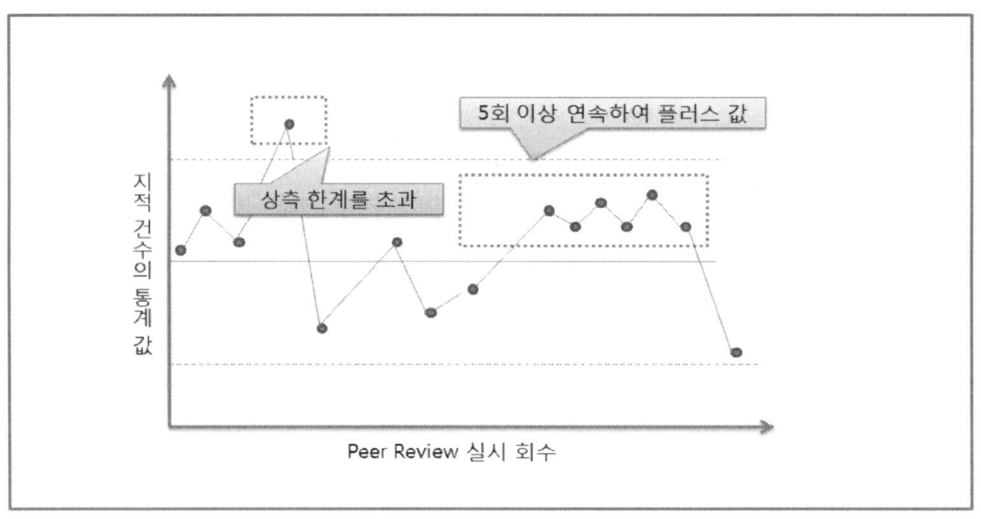

그림 9-30 리뷰의 지적건수 · 관리도 표시

　또한 피어리뷰 지적내용을 집계하여 파레토도로 나타냄으로써, 프로젝트에 존재하는 문제점을 부각시킬 수가 있습니다(그림 9-31). 만일 특정한 미들웨어 태스크의 제어로 문제가 다발하고 있는 것을 알면, 그 태스크의 설계상황을 재점검함으로써 프로젝트 전체의 작업이 원활하게 진행되도록 개선할 수 있는 가능성이 있습니다. 또한 코딩 수준의 문제가 많으면 코딩 룰을 개선하거나. 빈발한 문제의 주지 미팅을 개최하여 유사한 불량의 발생을 억제하는 등의 대책이 가능하게 됩니다.

　피어리뷰의 분석결과를 개개의 문제해결에 사용할 뿐만 아니라 프로젝트 전체의 개선 적극적으로 활용해가면, 프로젝트의 문제해결에 도움이 될 뿐만 아니라, 검열자의 공기를 높이는 효과도 기대할 수 있습니다. 검열자에게 피어리뷰 작업에는 높은 가치가 있다고 인식되므로, 보다 효과가 높은 피어리뷰가 실시된다는 선순환을 만들어 낼 수 있습니다.

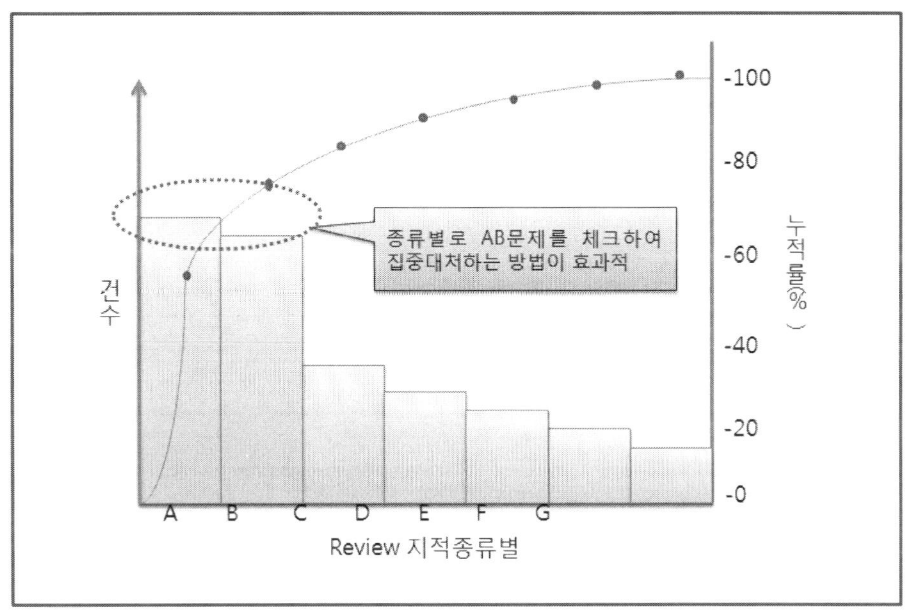

그림 9-31 리뷰의 지적종류별 · 파레토도 표시

9.8.4 다양한 스타일의 피어리뷰

피어리뷰는 목적에 따라 여러 가지 스타일을 취할 수가 있습니다. 참가자의 숙련도나 작업 부하의 상태, 또 프로젝트의 공정 등 여러 가지 조건을 고려하여 가장 적절한 리뷰 기법을 채택하는 일이, 피어리뷰의 효과를 최대화 하는 포인트입니다. 피어리뷰는 형식주의를 배제하고 효율을 추구하는 품질향상의 기법이며, 목적과 효과를 올바르게 이해하고 난 뒤라면, 맞출 수가 있습니다.

피어리뷰의 특수형으로서, 표 9-10과 같은 4종류의 형식을 소개합니다.

[표 9-10] 피어리뷰의 스타일

리뷰의 스타일	개 요
워크스루	기술적 키 퍼슨을 중심으로 타당성 등을 확인한다
검사	문제점의 발견만 하는 리뷰
특정영역 리뷰	리뷰 대상의 범위를 한정하는 스타일
페어 리뷰	2명으로 단시간에 집중한 리뷰를 실시한다

● 워크스루(Work-Thru)

기술적인 키 맨 등이 중심으로 되어, 리뷰 대상의 성과물을 검증하는 리뷰입니다. 문제점의 발견뿐만 아니라, 처리방식의 타당성 검토나 설계방식의 옵션 등을 검토하는 경우에 유효합니다. 상류 공정의 설계단계에서 많은 사람의 의견을 모아서 검토하는 작업에 적합합니다. 또한 팀 편성을 위해 숙련도 업을 목적으로 하여 실시되는 경우도 있습니다.

● 검사(Inspection)

문제점의 발견에만 초점을 둔 리뷰입니다. 추출된 문제점에 대한 수정방법의 검토 등은 하지 않습니다. 비교적 단시간에 많은 문제점을 검출할 수가 있습니다. 또한 잘 아는 분야나 담당이 다른 참가자를 더함으로써, 다각적인 시점에서 문제를 검증할 수가 있습니다.

검사를 리드하는 역할은, 성과물을 작성한 담당자 이외의 사람이 맡습니다. 또한 비교적 빠른 템포로 논의가 진행되므로, 기록을 전문으로 담당하는 참가자를 더하는 쪽이 좋다고 여기고 있습니다.

● 특정영역 리뷰

시큐리티에 관한 문제점이나 퍼포먼스에 관한 문제점 등, 특별한 지식이나 숙련도를 필요로 하는 내용에 한정하여 리뷰를 하는 기법입니다. 멤버에 대상영역의 전문가를 더하여, QC 7개 도구도 활용해서, 일반적인 기술지식 밖에 없는 담당자로는 검토하기 어려운 문제를 검출합니다.

프로젝트 전체의 숙련도 수준이 부족한 경우나, 경험이 적은 신 분야의 제품개발에 몰두하는 경우 등에 유효합니다.

● 페어 리뷰

피어리뷰가 아니라, 페어리뷰(Pair Review), 즉 2명만으로 리뷰를 하는 변형판 피어리뷰입니다. 정식 피어리뷰 만큼의 준비와 일정 조정이 불필요하므로, 부담 없이 실시할 수 있는 점이 최대의 장점입니다. 그러나 담당자만으로는 깨닫기 어려운 생각에 기인하는 문제 등을 효율적으로 검출할 수 있으므로, 잘 사용하면 프로젝트의 효율을 향상하는 효과를 기대할 수 있습니다. 복수개의 검사자가 회람하는 방식으로 차례로 성과물을 확인하는 크로스체크(Cross Check)의 기법과는 달리, 페어리뷰에서는 2명의 개발자가 대면하여 성과물의 내용을 검증합니다. 애자일 개발기법의 하나인 **익스트림 프로그래밍**(XP : eXtreme Programming)에서 사용되는 페어프로그래밍이라는 프랙티스와 마찬가지의 효과를 발휘하는 일도 있습니다.

스마트한 임베디드 소프트웨어 개발

산업제품의 다수는 최신의 기술과 부품을 투입하여 세심한 주의를 기울이면서 설계되어 있습니다. 품질이 높은 「소프트웨어 설계」는 어떻게 진행하면 좋은지? 이를 위해서는 일정부분 소프트웨어 공학의 지식이 도움이 됩니다.

10.1 소프트웨어의 아키텍처

「소프트웨어 설계」라는 언어는, 임베디드 시스템의 개발 프로젝트에서도 자주 사용하고 있습니다만, 그 의미를 정확하게 이해하지 않고 사용되는 케이스도 곧잘 눈에 띕니다.

10.1.1 소프트웨어의 설계

일반적인 공업제품의 개발, 예컨대 자동차의 개발 프로젝트의 설계로 말하자면, 설계도를 그리고 어떤 부품에서부터 어떤 자동차를 만들어 낼 것인지 결정해가는 작업을 상상하게 됩니다. 설계에는 최고의 기술과 기법을 투입하여, 한정된 비용으로 요구한 스펙을 충족시킬 최고의 자동차를 설계하기 위해서 시행착오를 반복할 것입니다. 결코 요구사양을 충족하는 최소한의 자동차를 만들면 된다는 마음가짐으로, 먼저 눈에 보이는 부분부터 부품을 그러모아, 최종적으로 그럴듯한 모양으로 완성한다는 설계는 하지 않을 것입니다. 오디오 제품이나 카메라, 또는 건축물이라는 제품의 설계에서도, 국내나 세계에서 높은 가치를 인정받고 있는 제품은, 그 시점에서 구축할 수 있는 최신의 기술과 부품을 투입하여, 세심한 주의를 기울이면서 설계되어 있습니다.

반대로 기능만 충족시키면 된다는 자세로 설계된 제품도 주위에 넘치고 있습니다. 단지 영상만 볼 수 있을 뿐인 수만 원하는 DVD 플레이어, Web 카메라 보다 화질이 나쁜 디지털 카메라, 뚜껑을 닫으면 틈이 벌어지는 카세트 플레이어 등, 결코 드물지 않습니다. 어느 제품도 최소한의 기능은 어떻든 동작하지만, 제품으로서의 가치는 높다고는 할 수 없습니다. 당신이라면 면밀하게 설계된 제품과, 최소한의 개발을 편성한 제품의 어느 쪽에 높은 대가를 지불하려고 하겠습니까? 대답은 생각할 것까지도 없습니다.

소프트웨어의 개발에서도, 제품을 창출시키 위해 요구되는 자세는 다르지 않습니다. 소프트웨어 설계란, 최신의 소프트웨어 기술과 사용할 수 있는 최고의 라이브러리를 활용하여, 주어진 제한조건 속에서 최고의 구조나 기능을 가진 소프트웨어를 신중하게 검토하여 완성하는 작업이 아니면 안 됩니다. 심한 말입니다만, 사양서의 페이지를 넘기는 순으로 설계 문서나 소스코드를 써넣고, 최종적으로 요구대로 동작하는 소프트웨어를 어설프게 만들어내는 작업은, 결코 설계 작업이라고 부를 수 있는 것은 아닙니다.

그러면 실제로 「소프트웨어 설계」 라고 할 수 있을만한 퀄리티를 달성하기 위해서는, 어떻게 설계 작업을 진행하면 좋은 것인지? 그러기 위해서는 어느 정도 소프트웨어 공학의 지식이 도움이 됩니다. 서두에서 기술한 것처럼, 소프트웨어 공학이란 소프트웨어를 개발하기 위한 기법이나 테크닉을 집적한 지식체계입니다. 내용은 개발 프로젝트의 실무에서 대응하고 있는 여러 가지 작업의 기법을 해설한 것이므로, 소프트웨어 기술자에게는 학문이라기보다, 오히려 친밀한 일상작업의 연장이라고 느낄 수 있는 것입니다. 이와 같이 아주 알기 쉬운 테크닉을 사용하여, 소프트웨어의 아키텍처를 결정하고, 여러 가지 설계 기법을 적용함으로써, 완성도 높은 구조를 가진 소프트웨어를 설계할 수가 있습니다.

소프트웨어의 설계에서는, 어떠한 아키텍처를 채택하는지 결정하는 일이 큰 의미가 있습니다. 아키텍처(Architecture)란 「건축 양식」 을 나타내는 영어로서, 소프트웨어 설계에서는 소프트웨어 구조의 타입을 가리킵니다. C 언어로 상태전이 매트릭스를 개발한 소프트웨어는, 이벤트 구동형의 아키텍처를 채택하고 있는 것이 됩니다.

기능이 고도화, 복잡화 되고 있는 오픈업무 시스템의 소프트웨어 개발에서는, 특정한 패턴의 업무에 적합한 소프트웨어 구조가 몇 종류나 고안되어 있습니다. 데이터베이스의 정보에 Web 브라우저 경유로 액세스 하는 업무에는, 3-Tier(3계층) 아키텍처의 소프트웨어가 적합하다고 여기고 있습니다.

최근의 임베디드 시스템은 상당히 복잡한 기능을 가지고 있으므로, 소프트웨어 구조를 제로부터 검토하여 적절한 소프트웨어 구조를 설계하는 것은 곤란하게 되어가고 있습니다. 그래서 여러 가지 아키텍처 중, 개발대상에 가장 적합한 아키텍처를 선택하여 설계에 활용하면, 효율적이면서 확실하게 최적의 소프트웨어 구조를 설계할 수가 있게 됩니다. UI를 가진 임베디드 소프트웨어개발에서는, PC의 스탠드 얼론 어플리케이션을 위해 고안된 아키텍처가 쉽게 적합하다 여기고 있습니다. 또한 비동기 제어의 미들웨어 태스크와 같이 백그라운드에서 동작하는 소프트웨어에서는, 소규모 서버용으로 고안된 아키텍처를 사용할 수 있습니다.

아키텍처를 결정했다면, 그 다음에 여러 가지 설계 기법을 사용하여 최적의 소프트웨어 구조를 설계하는 일이 필요합니다. 소프트웨어의 설계 기법은 수많이 존재합니다만, 임베디드 소프트웨어개발에서 사용할 수 있는 것은 국한되어 있습니다. 프로그램 언어나 장치, 전제한 소프트웨어의 제한 때문에, 오픈업무 시스템 설계 기법의 일부는 사용할 수 없는 것도 있기 때문입니다. 이 절에서는 기본적인 설계 기법부터 최신 객체지향설계까지를 기초부터 응용이라는 흐름에 따라 설명해 나가겠습니다.

10.1.2 인베디드 시스템의 소프트웨어 설계

임베디드 시스템뿐만 아니라, 소프트웨어 개발 프로젝트에서는, 설계의 좋고 나쁨이 프로젝트의 공수나 난이도에 극히 큰 영향을 줍니다.

임베디드 소프트웨어개발 프로젝트에서는, 하나의 프로젝트 내에서 사양이 폐쇄되어 있는 일이 많으므로, 잠정적으로 기능간의 단절로 인해 불충분한 인터페이스나 내부 구조를 한 소프트웨어를 설계하기 쉽습니다. 개발기간이나 인원이 부족한 프로젝트에서는 특히 그런 경향이 강하게 나타납니다. 구체적으로는 미들웨어의 내부 구조를 호출원에 공개하고 있거나, 처리의 차례마다 함수가 공개되어 있거나, 또는 심한 경우에는 글로벌 변수를 개입하여 데이터나 제어를 주고받고 있는 등의 인터페이스나 구조입니다.

만일 애매하고 독립성이 낮은 인터페이스가 공개되어버리면, 호출 측의 변경에 따라 미들웨어나 공통처리에도 변경이 필요하게 되어버립니다. 복수개의 태스크에서 호출되는 미들웨어의 경우, 어떤 태스크로부터의 변경요구가 파급되어, 원래 전혀 관계없는 다른 태스크에까지 변경이 필요하게 되는 케이스가 있습니다. 이것도 프로젝트에서 공수를 증대시키는 요인이 됩니다. 적절한 설계가 되어 있다면 원래는 불필요했던 수정이 발생한다는 의미에서는, 프로젝트에 손해를 끼치게 되어버리는 설계 미스라고 파악해야 합니다 (그림 10-1).

소프트웨어 개발 프로젝트에서는 매우 복잡한 요인이 뒤얽혀 있으므로, 프로젝트 전체에 영향을 줄 만큼 큰 문제가 발생했다고 해도, 원인을 적확하게 포착하는 것이 거의 불가능합니다. 프로젝트 전체의 공수가 예정을 초과한다는 중대한 문제가 일어나도, 그 원인의 하나가 소프트웨어 구조나 인터페이스 설계에 있다는 것을 정성적(定性的)·정량적으로 설명하는 것은 극히 어렵습니다. 그래서 관리자나 리더가 설계의 품질을 개선하려고 해도, 그 때문에 변화에 필요한 작업(또는 노력)의 이유를 모두 멤버에 납득시키는 것이 어려워집니다. 소프트웨어 설계의 품질향상은 어려운 작업이므로, 각 멤버가 효과를 충분히 이해하여 의욕을 가지고 열중하는 것이 필요조건이 됩니다.

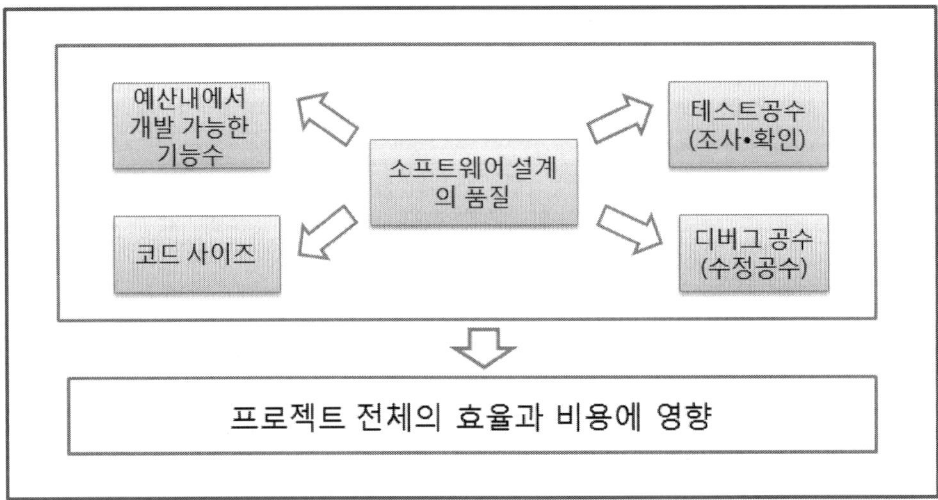

그림 10-1 소프트웨어 설계의 영향

10.1.3 관리와 아키텍처

소프트웨어 개발뿐만 아니라 공수적인 프로젝트에서는, 제품이 채택하는 기술과 프로젝트 공정관리의 양쪽 관리가 매우 중요합니다. 그리고 기술적인 숙련도와 공정관리의 숙련도은, 그 내용과 능력적인 적정함이 크게 다르므로, 각각 별도의 전문적 기능으로서 취급해야 합니다.

국내의 소프트웨어 개발, 특히 오픈업무 시스템 개발에서는, 프로젝트를 적절한 기간과 비용으로 수행하기 때문에 **관리**라는 사고방식이 편중되어 왔습니다. 이것은 소프트웨어 개발 프로젝트를 수행하는 조직(기업·부서·팀)의 편성이나 프로세스 룰이 충분히 성숙되어 있지 않고, 기간이나 예산을 초과하는 프로젝트가 빈발하고 있었던 일이 원인입니다. 개발기간과 예산은 달성하는 것이 당연한 전제조건이므로, 이러한 약속이 지켜지지 않는 상황에서는 기간초과나 예산초과를 피하기 위한 대책이 최우선이 되는 것은 당연합니다. 그러기 위해서는 **공정관리**의 강화가 유효하며, 가장 필요한 숙련도가 됩니다.

그에 비하여 **기술적 관리**는, 제품에 최적의 기능과 기술을 적용하여 제품의 매력과 상품가치를 향상시키기 위한 관리 작업이라고 생각할 수 있습니다. 현재의 소프트웨어 개발에서는 충분히 의식되고 있지 않는 일도 많아, 실제로 개발기간과 최소한의 요구사양만을 충족한 소프트웨어를 개발하여 성공이라고 평가한 프로젝트도 적지 않습니다. 그러나 실제는 국제적인 개발경쟁을 이겨내기 위하여, "플러스 알파(+ α)"의 가치도 필요하다고 여기고 있습니다.

본서에서 말하는 기술적 관리란 일반적인 용어는 아니지만, 제품을 설계하고 개발하여 테스트할 때의 엔지니어링면의 관리라는 의미로 사용하고자 하였습니다. 어떤 설계 기법을 채택하여 소프트웨어의 모듈구조나 데이터 처리방법에 어떠한 기술을 적용하는가 하는 의사 결정을 하며, 또한 「당초의 예정대로 소프트웨어가 개발되어 있는가?」「**복사(Copy) & 페이스트(Paste)**가 반복되는 등의 원인으로 소프트웨어 구조의 품질이 저하되어 있지 않은가?」를 감시하며, 관리를 하는 작업입니다[28]. 외국에서는 **아키텍트**(Architect)라는 고도의 소프트웨어 기술 전문가가, 기술적 관리를 담당합니다.

공정관리는 손실을 막는 관리, 기술적 관리는 플러스 알파를 늘리는 관리라고 할 수 있습니다. 어느 쪽이 중요하다는 것이 아니라, 차의 양쪽 바퀴처럼 양방향이 충분히 기능하면 비로소, 가치가 높은 소프트웨어 제품을 창출할 수가 있게 되는 것입니다(그림 10-2).

소프트웨어 개발의 기술적 관리력이란, 간단히 말하자면 설계력이라고 생각할 수 있습니다. 그리고 공정관리력은 팀의 수행력이라고 생각할 수 있습니다. 소프트웨어 개발에서는 동일 인물이 기술적 핵심 멤버와 공정관리자의 양쪽 역할을 담당해 왔으므로, 양자를 동일시하는 일이 있었습니다. 그러나 소프트웨어 개발과의 유사점이 많고, 모델로서 비교되는 일이 많은 건설업계에서는, 양자는 완전히 구별되어 있습니다. 고대부터 수천 년의 역사를 가진, 혁명적인 기술혁신을 몇 번이나 경험해온 건설업에서는, 50년이 채 안 되는 역사밖에 가지지 않은 소프트웨어 산업이 참고로 해야 할 선진적인 연구를 수많이 볼 수 있습니다.

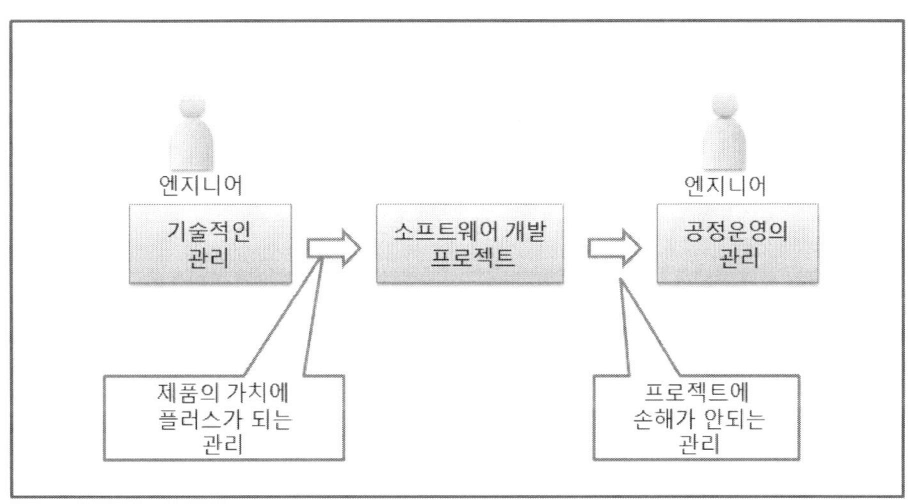

그림 10-2 소프트웨어 개발의 2가지 관리

---

28) 기술적 관리라고 하는데, 제품에 적용하는 테크놀로지를 관리하는 작업은 아니므로 주의하면 좋겠다. 예컨대 무비 재생에 H.264 코딩을 채택해야하는가, 라는 문제는 제품 사양책정의 하나의 판단내용에 지나지 않고, 여기서 말하는 기술적 관리와는 다르다.

　건설업에서는 오래 전부터 프로젝트의 기술적인 책임자와, 운용의 책임자가 명확하게 분리되어 왔습니다. 고대부터 중세시대에는 식자율이 낮아, 석조의 거대한 성이나 교회의 건축에 필요한 고도의 계산과 설계를 하는 기술자는 한정되어 있었기 때문입니다. 건축물의 설계는 건축가를 중심으로 한 팀(팀장과 제자)에서 담당하고, 실제의 건설작업은 국왕이나 영주가 신하로부터 리더를 뽑아서 프로젝트에 동원함으로써 진행되었습니다. 이 분업은 전문성이 높은 산업일수록 유효하게 작용하므로, 중세와는 비교할 수 없을 정도로 발달한 현대의 건설업에도 그대로 계속 이어지고 있습니다.

　오늘날에도 거대한 빌딩이나 아파트는 설계사무소나 전문의 설계부서가 설계하고 있습니다. 그리고 실제의 건설은 건설회사가 시공한다는 체제로 되어 있습니다. 건설 사무소의 리더가 건축물의 기술적 관리를 하고, 건축회사의 관리자나 현장감독이 프로젝트 공정관리를 한다는 스타일입니다. 이때 기술적 관리는 건축물의 부가가치를 결정하고, 공정관리는 건설작업의 기간과 비용을 예정대로 관리하는 역할을 완수하고 있습니다.

　예를 들면 유명한 건축가가 설계한 극장이나 빌딩, 유명한 설계사가 직접 디자인 한 아파트는, 같은 기간 같은 재료로 건축된 평범한 빌딩이나 집장수의 아파트보다도 높은 가치가 있다고 평가됩니다. 운영관리자인 현장감독이 마음대로 건물의 디자인에 손을 대는 것은 허용되지 않는데, 가령 손을 대도 좋은 결과는 얻을 수 없을 것입니다. 마찬가지로 건축가는 건축물의 디자인이나 기능성, 거주성 등을 검토하고, 같은 재료와 기간에서 할 수 있는 한 좋은 설계를 합니다. 그러나 건축가가 실제의 콘크리트 매입처나 내장공사의 순서를 관리한다면 공사가 혼란해져 버립니다(그림 10-3).

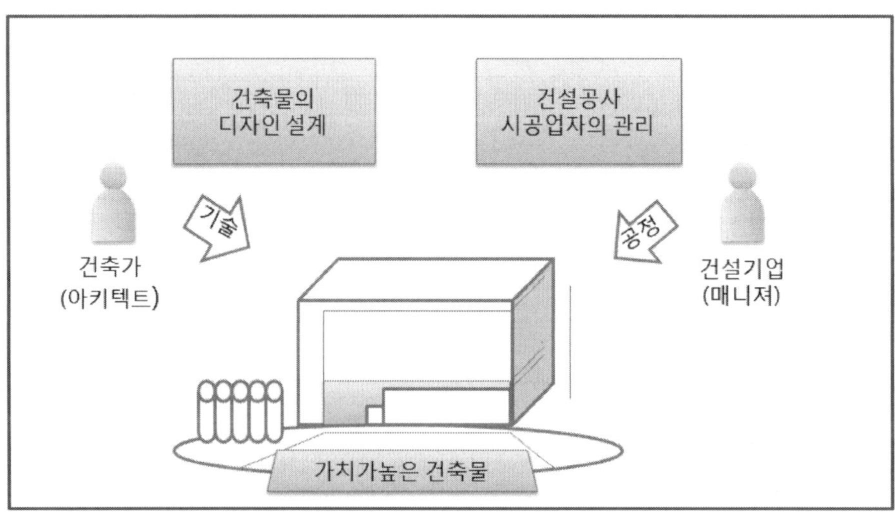

그림 10-3 건축에서 기술과 공정관리

영화제작 분야에서도 제작비용의 조달이나 스태프의 수배, 촬영 프로젝트의 관리 등을 하는 프로듀서와, 실제 영상의 질이나 촬영 작업의 지휘를 담당하는 감독의 역할은 완전히 구별되어 있습니다. 양쪽의 재능을 갖춘 일부의 감독이 프로듀서를 겸무하는 일은 있습니다만, 일반적으로는 프로듀서가 영화의 신마다 구도나 연출을 관리하는 일은 없습니다.

최근의 소프트웨어 개발에서도, 오픈업무 시스템의 분야에서는 건설업의 건축가(설계사)나 영화감독에 해당하는 전문직이 구두의 소프트웨어의 실현에 빠질 수 없다는 인식이, 구미를 중심으로 퍼지고 있습니다. 그와 같은 가장 좋은 소프트웨어 설계를 하는 책임을 가진 노련한 기술의 엔지니어를 아키텍트(Ardhitect)라고 합니다. 이것은 「건축가」라는 영어 바로 그것입니다. 한국의 소프트웨어 개발, 특히 임베디드 소프트웨어개발을 하는 조직에서는, 관리자의 책임과 공정관리력을 강화하는 방향으로 나아가고 있습니다만, 아키텍트를 조직상의 지위나 직무로서 취급하는 흐름은 볼 수 없습니다.

주위에 있는 여러 가지 제품을 보아도, 실계력이 얼마나 중요한시 실감할 수 있습니다. 디지털 가전·자동차와 그 액세서리·가정용 컴퓨터·휴대전화 등, 상품을 선택할 때의 포인트는 몇 가지 있습니다만, 다른 제품에는 없는 매력적인 기능을 구비하고 있는가가 장점이 되는 것은 틀림이 없습니다. MP3 플레이어를 살 때는, 사용의 용이함이나 기능이라는 상품설계의 결과를 가장 중시하는 사람이 많을 것입니다. 개발 프로젝트의 진척상황은, 마이너스 평가의 요소는 되어도 플러스 평가로는 이어지기 어려운 것입니다. 즉 판매가 늦은 상품은 불량이 있을 것 같다고 생각하여 피하는 일이 가끔 나타납니다. 그러나 "예정대로 출시되었기 때문에 이 제품이 우수하다." 라고 생각하는 사람은 거의 없습니다. 공정이나 예산이 지켜지는 것은, 고객이나 사용자에게는 당연한 일에 지나지 않는 것입니다.

소프트웨어 개발에서도, 2가지의 관리 목적과 효과를 이해하고 개발 팀을 편성하여, 프로젝트를 수행하는 일이 필요하게 됩니다. 개발기간과 비용이 초과하여 프로젝트에 손해가 생기지 않도록 할 뿐만 아니라, 보다 우수한 기능의 소프트웨어 제품을 개발하기 위한 기술적 관리도 중시할 필요가 있습니다.

그러나 제품의 부가가치를 창출시키는 능력은 프로젝트의 운이나 담당자의 역량에 의한, 즉 CMMI의 관점에서 말하자면 성숙도 수준 1의 초기단계에 있는 조직이 적지 않습니다. 높은 부가가치가 있는 소프트웨어 제품을 개발할 수 없는 것은 무엇 때문일까 하고 생각하는 조직만이, 기술적 관리력이 높은 인물을 낮은 직위나 대우를 달게 받도록 하기도 합니다. 그 이유는 「공정관리 능력이 낮기 때문」 이라는 경우가 대부분입니다. 평가체계가 공정관리 능력만을 중시하고 있기 때문에, 매력있는 제품을 창출시키는 조직을 구축할 수 없는 것입니다.

엔지니어링에서는 어떤 일이든 하나의 관점이나 기준에 편중되면 좋은 결과는 나올 수 없습니다. 여러 가지 요소를 가능한 한 높은 수준에서 밸런스 시키는 일이야말로 가장 중요한 것입니다.

10.1.4 관리의 밸런스

종래의 임베디드 소프트웨어개발에서는 아주 다행스럽게도 기술적 관리와 공정관리가 밸런스 좋게, 매우 우수한 제품을 세계에 배출해왔습니다. 그러나 최근, 이 밸런스가 무너지고 있습니다. 이미 몇 번이나 기술했듯이, 개발기간의 단축과 개발 비용의 절감으로, 기간이나 예산을 지킬 수 없는 프로젝트가 두드러지게 되었으므로, 오픈업무 시스템의 개발 프로젝트의 특징을 그냥 받아들여, 긴급 피난적인 측면을 이해하지 않은 채로 공정관리를 강화해버리는 움직임이 계속 눈에 띄고 있습니다. 더구나 위험하게도, 공정관리 강화야말로 정통적인 프로젝트 관리의 중심이라고, 사실과 정반대의 오해를 하고 있는 기업이나 프로젝트가 적지 않습니다.

한국의 엔지니어로서는 매우 안타깝게도, 오픈업무 시스템은, O/S도 개발언어도 각종 서버도, 무엇이나 다 해외제품을 기반으로 하여 개발되어 있습니다. 국내 고객이나 업무 흐름에 맞추어서, Web 사이트·e커머스 시스템·ERP·데이터베이스 등을 판매하고 있는데 지나지 않습니다. 국내 벤더가 일하면 할수록, Microsoft사·Oracle사·SAP사·IBM사가 이익을 얻는 산업구조로 되어 버렸습니다(그림 10-4).

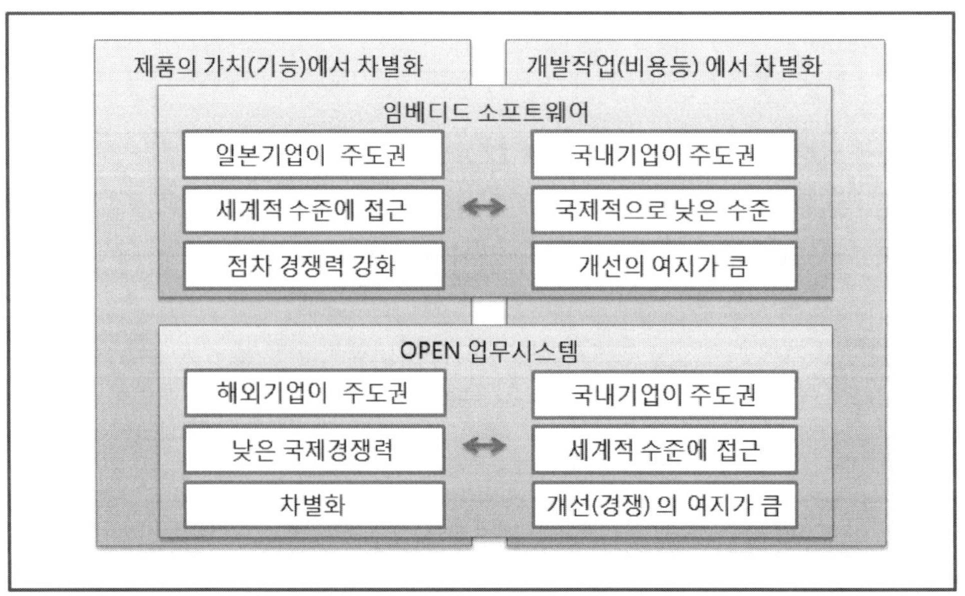

그림 10-4 오픈업무 시스템 개발과 임베디드 소프트웨어개발

이와 같은 상황 하에서는 기술적인 제품의 부가가치에는 한계가 있습니다. 아무리 노력해도 Oracle사의 데이터베이스가 없는 기능이나, Microsoft사의 서버가 없는 기능은 만들기가 어렵습니다. 그래서 공기 단축이나 비용 절감 등의 노력으로 차별화를 꾀할 필요가 생겼으며, 프로젝트 관리의 중심은 공정관리의 쪽으로 기울어지게 됩니다. 또 한 편의 기술적 관리(기능개발의 방침 결정)는 해외 기업에 주도권이 있기 때문에, 기능적인 부가가치에 대해서 국내 벤더가 관리하는 일이, 애당초 불가능한 것입니다.

임베디드 소프트웨어개발에서는, 상황이 크게 다릅니다. 현재의 국내 기업은 세계시장에 통용하는 제품을 계속 출시하고 있으며, 제품의 가치나 매력이 경쟁력에 크게 관계하고 있습니다. 제품의 기능적·기술적인 매력은, 종래의 임베디드 소프트웨어개발 스타일이 가진 장점에 의하여 유지되어 왔다고 할 수 있습니다. 현제는 전문 엔지니어의 기량에 의존한 개발기법은, 개선의 대상이라고 간주되고 있습니다. 그러나 고도의 지식과 기량을 가진 기술자에게도 프로젝트 방침결정의 주도권이 주어졌기 때문에 그야말로, 세계시장을 석권힐 민큼 고기능의 독창직인 임베디드 소프트웨어가 창출되어 온 것도 사실인 것입니다(그림 10-5).

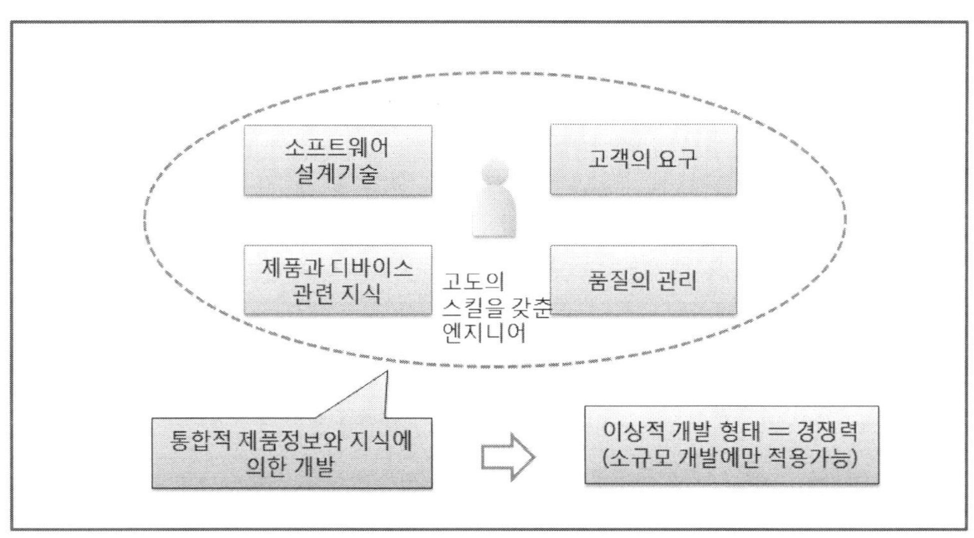

그림 10-5 전문가형개발 스타일의 장점

해외제품에 대한 높은 경쟁력이 요구되는 임베디드 소프트웨어개발에서는, 짧은 납기·저 비용 개발뿐만 아니라, 고기능에 부가가치가 높은 제품개발이 강하게 요구되고 있다는 것을 결코 잊어서는 안 됩니다. 그래서 임베디드 소프트웨어개발에서는 기술적 관리에 대해서도, 공정관리와 마찬가지의 비중을 두어 프로젝트를 진행해나가지 않으면 안 됩니다.

오픈업무 시스템의 개발 프로젝트로부터 배워야 할 것은 배우고, 배우지 말아야할 것은 배우지 않는 자세가 중요합니다. 진보한 설계 기법이나 애자일 개발의 기법 등은 많이 배워야 합니다. 그러나 해외 소프트웨어에 기반기술을 제압당한 상황을 전제로 한 프로젝트 관리의 방법론은, 결코 그냥 그대로 받아들여서는 안 된다는 것을 명심해 주시기 바랍니다.

지금 진실로 필요한 것은, 개발기간의 단축이나 비용의 절감을 목적으로 한 기법이나 체제의 연구를 받아들이는 자세입니다. 기술적 관리, 즉 소프트웨어 설계능력을 강화하여, 현재의 장점을 보다 견고하게 하는 노력을 하지 않으면 안 됩니다. 기술적인 관리력이나 소프트웨어의 설계력에 대해서도 적극적으로 평가하는 자세를 잃지 않도록, 특단의 경계와 배려가 필요합니다(그림 10-6).

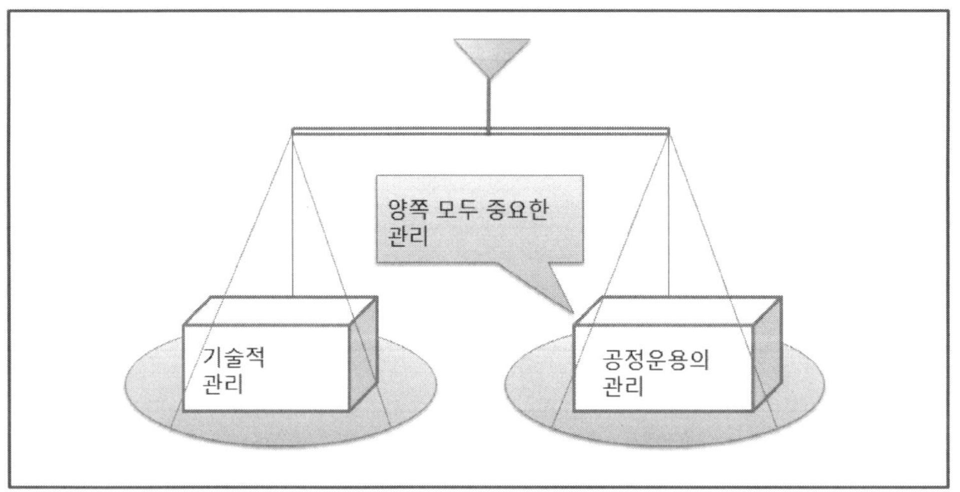

그림 10-6 관리의 밸런스

10.2 설계기법의 발전사

소프트웨어 개발의 설계 기법은, 컴퓨터의 소프트웨어 발달과 함께 변천되어 왔습니다.

10.2.1 소프트웨어의 탄생

소프트웨어 개발의 역사는, 프로그램 제어식의 전자계산기가 등장한 1960년대까지 거슬러 올라갑니다. 아주 초기의 소프트웨어는 모두 CPU의 동작 명령을 직접 기술하여 개발되었습니다. 또한 O/S라는 개념은 희박하며, 기본적인 처리를 제공하는 **BIOS**(Basic Input/Output System)라고 하는 시스템 서비스를, 어플리케이션이 직접 제어하는 구조였습니다. 소프트웨어의 구조에 대한 검토는 초보적인 수준에 머물고 있어, 공통처리를 서브루틴으로 나눈다는 정도의 사고방식 밖에 사용되지 않고 있었습니다. 많은 프로그램은 처리의 흐름에 따라 어셈블리 코드를 직접 나열해 가는 방법으로 개발되어 있었습니다. 컴퓨터는 1개국당 몇 대라는 수밖에 존재하지 않고, 소스코드는 종이에 기술하여 펀치카드나 천공테이프 등으로 김퓨터에 입출력되었습니다.

하드웨어의 설계에 관해서는 전자공학적인 회로설계 기술이 어느 정도 확립되어 있었습니다만, 소프트웨어는 막 등장한 미지의 기술이었으므로, 어떻게 만들어 가면 좋은가 하는 방법도 없이, 처리 로직을 그대로 기술한 프로그램이 암중모색으로 개발되어 있었던 것도 무리는 아닙니다. 소프트웨어를 "설계한다"고 하는 개념은, 아직 존재하고 있지 않았습니다(그림 10-7).

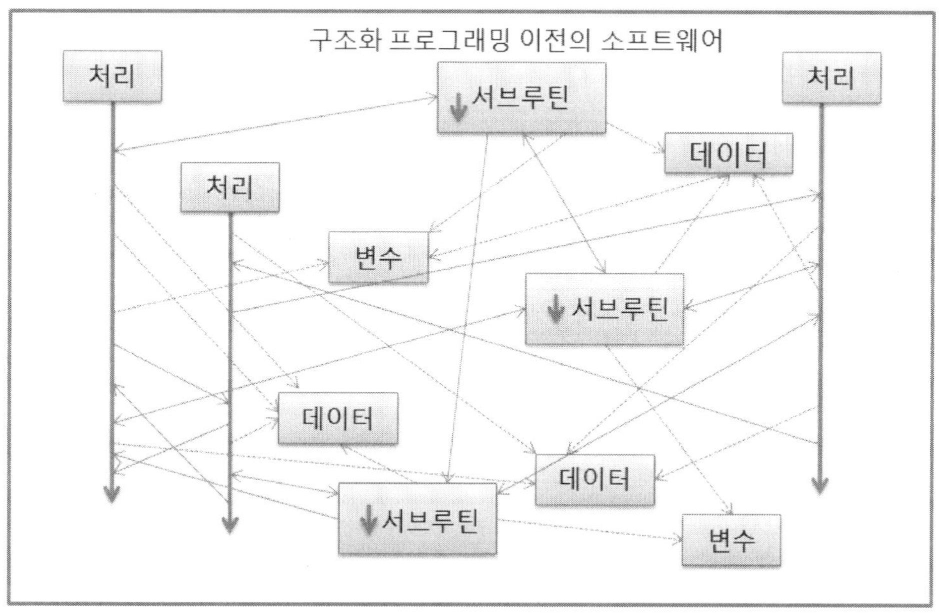

그림 10-7 초기의 프로그램 구조

10.2.2 초기의 설계 기법

컴퓨터의 발전에 따라, 즉흥적으로 프로그램을 만들어가는 방법은 1970년대 이전에 파탄이 났습니다. 소프트웨어의 규모가 확대했으므로, 적절한 구조를 가지고 있지 않은 소프트웨어는, 현실적인 기간과 공수로 보수·수정하는 일이 불가능하게 되어가고 있었던 것입니다. 이 문제에 대처하기 위해서, 당시 메인 프레임을 개발하고 있던 구미의 대기업 연구소나 대학의 연구기관을 중심으로 하여, 한창 소프트웨어 개발에 관한 연구를 하게 되고, 연구의 성과로서 소프트웨어를 어떻게 설계해야 하는가 라는 설계방법론이 많이 나타났습니다. 현재 대부분의 소프트웨어 개발기법의 기초가 되어 있는 가장 중요한 사고방식이, **구조화 설계**라는 소프트웨어 설계 기법입니다.

구조화 설계는 소프트웨어 처리의 흐름을 기능이나 역할에 따라 그룹화하여, 각각을 모듈화함으로써 생산성과 보수성, 판독성을 향상시킨다는 획기적인 기법이었습니다(그림 10-8). 과장된 표현이 아니라 소프트웨어 설계 기법의 지동설이나 진화론에도 비유할 수 있는 극히 중요한 발견입니다. 현재의 소프트웨어 엔지니어라면 누구라도 한 번은 들은 일이 있을 법한 기본적인 원칙입니다만, 당시의 소프트웨어 엔지니어에게는 경악할 수밖에 없는 발상의 전환이었습니다. 구조화 설계에 대해서는 제 10.3절에서 상세하게 기술합니다.

그 후 구조화 설계 기법을 보다 강고히 하기위한 평가방법이나 설계기법이 고안되어, 현재로는 구조화 설계의 기법은 완성의 성에 다다르고 있습니다. 구조화 설계를 토대로 하여, 더욱 효율적인 개발기법이 계속 창출되어 갔습니다.

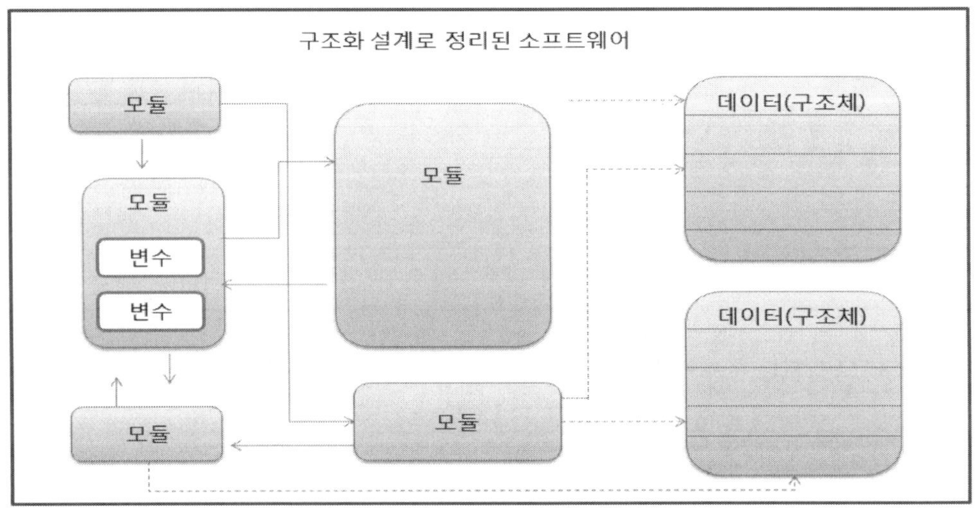

그림 10-8 구조화된 소프트웨어

10.2.3 최신의 설계 기법

1980년대 후반을 경계로, 컴퓨터의 하드웨어에 큰 변화가 일어났습니다.

그때까지의 컴퓨터 주역은 메인 프레임이라고 불리는 대형의 범용 컴퓨터였습니다. 캐

비닛이나 옷장 사이즈의 거대한 케이스로 구성되어, 공기조절 장치·자가발전기가 부착되어 빌딩의 한 층을 차지하듯 공간 가득히 설치되어 있었습니다. 주된 용도는 기업이나 은행 등의 기간업무용으로서, 매우 고가였던 점과 설치 대수는 수 십대 정도로서 그다지 많지 않았습니다. 한국에서도 그와 같은 환경이 1980년대부터 1990년대에 급격하게 변하게 됩니다. 퍼스널 컴퓨터, PC의 성능이 비약적으로 향상하여, 일상 업무에서 널리 사용할 수 있도록 성능개선이 급속히 이루어지게 된 것입니다. 가격이 저렴한 PC는 급속하게 보급되고, 다방면의 업무에 적용이 되어 나갔습니다. 사원 한 사람에게 1대의 컴퓨터가 배포되는 등, 메인 프레임의 시대에는 생각지도 못했던 일입니다. PC는 가정에도 보급되어, 다양한 소프트웨어를 기대하게 되었습니다. 당초의 PC는 각 메이커에서 제각각의 사양으로 제조되어 있었습니다만, 차츰 IBM사의 PC/AT사양이나 Microsoft사의 MS-DOS, Windows 3.1이라는 사실상의 표준사양이 보급되어, 소프트웨어 환경이 통일되게 됩니다.

이와 같은 하드웨어 환경의 변화에 따라, 소프트웨어 개발에 대한 요구도 크게 변화하게 됩니다. 메인 프레임의 세계에서는 소프트웨어의 신뢰성(불량이나 에러가 일어나지 않고, 연(年) 단위로 연속 동작하는 능력)이 가장 중요시 되었습니다만, PC의 세계에서는 보다 사용하기 쉬운 다기능의 소프트웨어가 요구되었습니다.

그 결과 구조화 설계만으로는 기능의 확장이나 신속한 개발에 한계가 있게 되어, 객체지향설계 등의 새로운 설계 기법을 고안하게 되었습니다. 객체지향설계는 데이터 구조에 착안하여 소프트웨어를 설계하는 기법입니다. 처리의 흐름에 착안하여 설계했던 구조화 설계의 기법을 기본으로, 보다 높은 효율로 소프트웨어를 설계할 수 있는 기법입니다. 생물학에 비유한다면, 마치 생물의 외형이나 생태에서 진화를 연구하는 기법으로 DNA를 해석하여 진화를 탐구하는, 분자 생물학이 발전한 것과 같은 차이입니다. 이 두 가지는 서로 「생물이 진화한다」 고 하는 같은 생각에 의거하고 있으며, 결코 서로를 부정하는 것은 아닙니다(그림 10-9).

객체지향설계의 사고방식을 발전시킨 여러 가지 기법이나, 설계용의 강력한 툴 등이 계속 탄생하고 있는데, 현재도 발전단계에 있는 설계 기법입니다. 주된 설계 기법만으로도 표 10-1과 같이 여러 가지 기법이 있습니다. 객체지향설계에 대해서는 제 10.4절과 제 11장에서 상세하게 설명하고 있습니다(그림 10-7, 11-1).

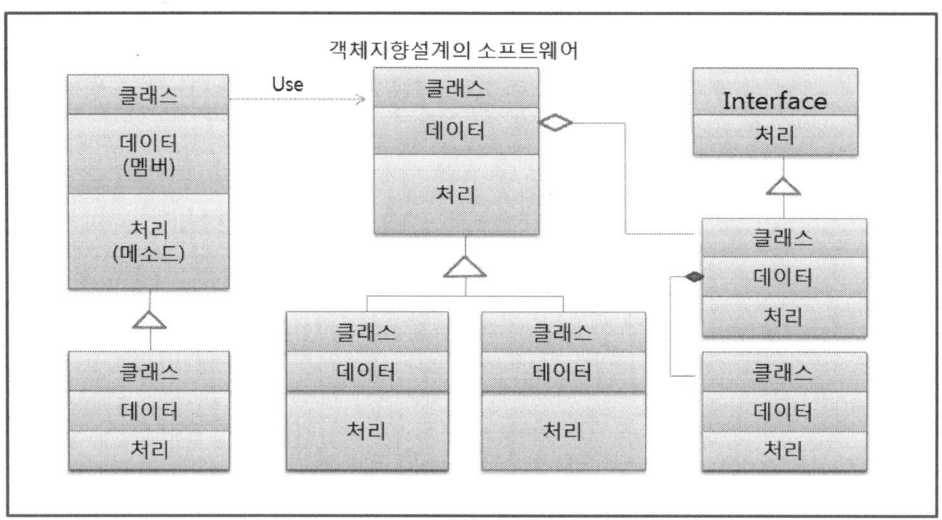

그림 10-9 객체지향설계에 의한 소프트웨어 구조

[표 10-1] 객체지향설계 기법

설계 기법	종별·약칭	제창자	특징
Booch법	OOD	Grady Booch[※]	클래스 간의 관련성에서 계층구조와 추상화를 하는 초기의 객체지향설계 기법이며, 최신 설계 기법의 기초가 되어 있다. 현재는 UML로 통합되어, 일반적으로 사용되고 있다
OMT법	OMT	James Rambaugh[※]	우수한 객체의 모델링 분석기법을 특징으로 하는 기초적인 객체지향설계 기법. 이 기법도 UML의 기반이 되었다
OOSE법	OOSE	Ivar Jacobson[※]	유스케이스 분석 등 객체지향설계를 실천하기 위한 분석방법을 가진 기초적인 객체지향설계 기법. 현재는 UML에 도입되어 널리 보급되어 있다
Coad Yordon법	OOA	Petar Coard Edward Yourdon	메시지로 객체 간의 관련을 설계하는 기법 등이 특징인 초기의 객체지향설계 기법. 그 일부가 UML 사양에 도입되어 있다
Shlaer-Mellor법	xUML	Sally Shlaer Stephen Mellor	실행가능한 2계층의 UML모델을 작성하고, 소스코드를 자동 생성함으로써 개발을 효율화하는 기법
ROOM법	ROOM	Bran Selic Garth Gulleksonv Paul T.Ward	UML2.0에 도입된 설계 기법. 비동기 제어 시스템의 설계로 특유의 문제를 분석하고 표현할 수 있다
Fusion법	Fusion	Hewlett-Packard사 Derek Coleman	Booch법이나 OMT법 등을 통합(Fusion)하고, Hewlett-Packard사의 개발 기법을 더하여, 시스템 분석에서 클래스 설계까지의 개발 프로세스 전체를 지원하려고 한 설계 방법론
Octopus법	Octopus	NOKIA사 Naher Awad Juha Kunsela Jurgen Ziegler	이벤트 구동형 시스템용의 객체지향설계 기법. 휴대전화의 개발에서 높은 실적이 있다

※ UML을 고안한 3명의 엔지니어(The Three Amigos 라고도 한다)

10.2.4 장래의 설계 기법

현재도 여러 가지 소프트웨어 설계 기법이 고안되어 있습니다만, 구조화 설계나 객체지향설계에 필적할 정도의 큰 패러다임 시프트를 가져오는 설계 기법은 등장하지 않고 있습니다. 그러나 최근의 설계 기법 가운데, **어스펙트지향 개발**(Aspect Oriented Development)이라는 기법이 오픈업무 시스템 개발에서 주목되고 있습니다.

어스팩트지향 개발, 또는 어스펙트지향 프로그래밍이라는 기법은, 소프트웨어의 부품화의 연장선상에 있습니다. 어떤 소프트웨어의 처리에 기능을 추가하기 위한 인터페이스를 공통화하여, 필요한 기능을 필요에 따라서 부가하도록 하는 이미지입니다.

예를 들면 「파일의 입출력」 이라는 처리에 대하여, 여러 가지 부가적인 기능을 생각할 수 있습니다. 예컨대 문자코드를 변환하여 읽기기능, ZIP 압축을 변환하여 읽기기능, JPEG 압축된 화상 데이터를 비트맵으로 전개하여 읽기 기능, 네트워크상의 파일을 HTTP 프로토콜로 읽기기능, 데이터가 파손되어 있을 경우에 백업 파일에서 최후의 상황을 재현하여 읽기기능.... 등, 여러 가지 부가기능이 필요하게 됩니다. 종래의 구조화 설계 기법에서는 바이너리 데이터를 읽은 후에, 데이터를 변환하는 기능을 호출했습니다. 객체지향 설계의 기법에서는, 제각기 데이터 변환기능을 가진 클래스를 파생시켜, 폴리모피즘을 사용하여 데이터 읽기 처리를 오버라이드하든지, 디자인 패턴인 Chain of Responsibility 패턴[29])에 따라 순서대로 변환처리를 실행했을 것입니다.

어스펙트지향의 사고방식에서는, 파일 읽기 시의 변환에 관한 인터페이스를 정의하여, 그 인터페이스에 따라 추가기능을 개발합니다(리스트 10-1). 이 경우는 데이터 변환이므로, Decompress, Compress라는 인터페이스로 개발할 수 있습니다. 여기까지는 Chain of Responsibility 패턴의 개발과 같습니다만, 어스펙트지향 개발에서는, 이러한 부품적인 기능을 간단한 기술로 파일 입출력 처리에 추가하기 위한 기술방법이 연구되어 있습니다.

◉ 리스트 10-1 어스펙트지향 프로그래밍의 표기

```
class userDataPackage
{
    [PasswordPropertyText(true)]
            // 속성 지정 어스펙트
    public string UserPassword;
```

---

29) 복수개의 객체를 이어서 동작한다. CoR이라고도 한다.

```
    // 어스펙트 클래스를 호출하는 처리가 텍스트 표시 직전에,
    // 컴파일러에 의해 자동적으로 추가된다. 그래서 문자를
    //   마스크('*'표시)하는 제어를 간결하게 표기·개발할 수 있다.
}
```

예를 들면 C# 언어에서는 클래스나 메소드의 정의 앞에 Attribute라고 하는 어스펙트 부품을 부가할 수 있습니다. "[ ]"로 둘러싼 블록을 정의 행의 바로 앞에 쓰는 것만으로, 객체의 생성에서 대상 클래스에 대해 관련된 것까지 컴파일러가 자동적으로 처리해 주는 기능이 제공되어 있습니다. 소스코드에 [ZipCompresss, JpegCompress, HttpAsyncCompress]라는 기술이 있다면, MyDataFile 클래스의 입출력 메소드에 대하여, ZIP 압축 기능과 JPEG 변환기능과 HTTP 비동기 통신기능이 1행으로 부가 가능합니다. 즉 Web 서버상의 ZIP에서 아카이브된 JPEG 화상을, 비트맵에 전개하여 메모리상에 읽기 처리를 완성하는 것입니다. 게다가 MyDataFile 클래스의 로직을 변경하지 않고, 어스펙트 부품을 바꾸는 것만으로 PNG 화상을 취급하는 처리를 개발하거나, LZH 아카이브를 취급하는 처리로 변경한다는 주문을 쉽게 할 수 있습니다.

이와 같이 어스펙트지향 개발은, 새로운 소프트웨어 설계의 사고방식 그 자체는 아닙니다. 실제의 시스템 개발에서 직면하는 문제의 하나, 즉 유사한 처리를 여러 가지 대상으로 하지 않으면 안된다는 문제를 해결하기 위한 기술적인 어프로치의 하나라고 생각할 수 있습니다(기술적으로는 기존의 사고방식이므로, 소스 표기 방법의 어프로치라고 하는 편이 올바를지도 모릅니다).

같은 리퀘스트를 IE5·IE6·IE7·Firefox.....라는 것같이 브라우저별로 세밀하게 나누어 처리하지 않으면 안되거나, 같은 요금 계산에서 어떤 사용자는 요금 플랜 A코스+할인, 다른 사용자는 요금 플랜 B코스이므로 할인은 적용 외, 또 다른 사용자는 2년 이상 경과되어 계속 할인이 된다, 라는 것처럼 복잡한 변동이 필요한 처리를, 간결한 소프트웨어로 개발하고 싶다는 요구에 부응하기 위한 개발기법의 하나입니다.

어스펙트지향 개발 이외에도 여러 가지 개발기법이 검토되고 있어, 임베디드 시스템의 능력이 향상함에 따라서 사용할 수 있게 되어 가습니다. 바꾸어 말하자면 임베디드 시스템 개발에서는, 오픈업무 시스템의 개발 프로젝트가 여러 가지 아이디어를 시험한 결과 중에서, 우수한 것만을 선택하여 도입할 수 있습니다. 어떤 의미에서 혜택 받은 입장을 살림으로써, 개발기법의 정보수집과 습득에 대한 노력이 매우 효율성 있게 성과로 연결될 것입니다. 주의 깊게 선진 개발기법의 동향을 관찰해감으로써, 임베디드 시스템 개발 프로젝트의 개선에 도움이 되겠습니다.

10.3 구조화 설계

소프트웨어 개발의 역사에서, 구조화 설계 사고방식의 등장은 1960년대 후반에서 1970년대로 거슬러 올라갑니다. 컴퓨터 초창기에는 처리를 기술해나가기만 한 소프트웨어는 FORTRAN이나 COBOL이라는 프로그래밍 언어로 대량 기술되어 있었습니다. 이러한 것들은 절차형 언어(Procedural Programming Language)라고 하는 구조화 되어 있지 않은, 가장 원시적인 프로그래밍 언어입니다. 처리의 순서에 따라 명령문을 기술해가는 기능과, 처리의 흐름을 제어하는 기본적인 구문밖에 가지고 있지 않았습니다. 처리의 흐름을 제어하는 경우는 for문이나 while문 등의 루프 구문, 서버루틴이라고 불리는 부품처리를 콜(Call)하는 구문, 그리고 프로그램 상에서 다른 행으로 점프하는 goto문이 사용되었습니다.

이 goto문이 상당히 문제로서, 엔지니어가 소프트웨어 실행의 흐름을 관리하는 중, 소프트웨어에 불량이 있으면 프로그램이 전혀 예기치 않은 순서에서 실행될 우려가 있는, 아주 원시적으로 위험한 제어방법입니다. 또한 처리가 여기저기로 점프하기 때문에 처리의 흐름을 따라가기가 어렵고, 프로그램의 판독성은 매우 낮은 수준이었습니다.

10.3.1 구조화 설계의 탄생 배경

현재 구조화되어 있지 않은 프로그래밍 언어로 개발된 소프트웨어를 보는 기회는 거의 없습니다. 만일 있다고 하면 어셈블러 언어 정도가 아닐까 생각됩니다. 그 때문인지 goto문의 위험성에 대해 논의되는 일은 적어졌습니다만, 구조화 설계의 배경을 설명하기 위해서 간단한 예를 들겠습니다. C 언어로의 개발에서라면, break문이나 continue문이라는 탈출전용의 점프 구문을 사용한다고 생각합니다. goto문은 임의의 장소에서 임의의 장소로 점프할 수 있는 점프 구문입니다. 만일 함수 a의 처리도중에서 함수 b의 처리 도중으로 점프할 수 있다면, 각각의 처리가 서로 관련되어 정합성의 확보가 어렵게 됩니다. 또 소프트웨어의 어딘가로 부터 함수의 "처리 도중"에 점프해오면, 함수 내에서 처리를 완결시킬 수가 없습니다. 소프트웨어가 복잡화 하면, 어떤 처리의 뒷부분 반을 어딘가에서 호출시거나, 특정 조건에서 처리가 중단하여 다른 처리가 시작되거나 하는 혼돈된 상태로 됩니다(그림 10-10).

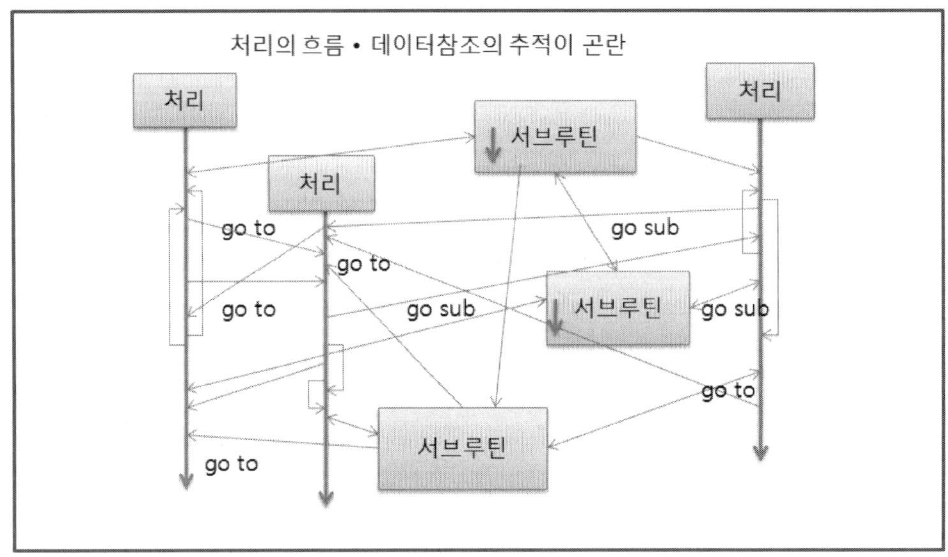

그림 10-10 goto문으로 제어되는 소프트웨어

이와 같은 상황이 소프트웨어의 약간의 추가나 수정에 방대한 시간과 노력을 필요로 하게 한 것입니다. 이 혼란된 상황을 개선하는 기법으로서, 구조화 설계가 눈 깜빡할 사이에 소프트웨어 개발의 기본이 된 것입니다.

지금까지의 설명에서 깨달은 분도 계시리라 생각합니다만, 비동기 제어 시스템의 상태전이 매트릭스를 개발한 소프트웨어는, 처리가 분단되어 시그널의 도착순으로 제각기 실행되는 점이, goto문으로 제어된 소프트웨어와 많이 닮아 있습니다. 그리고 처리의 흐름을 이해하기 힘들고, 약간의 수정에 큰 노력이 든다는 같은 문제점도 내포하고 있습니다.

임베디드 소프트웨어개발에서 구조화 설계의 기법을 다시 학습하지 않으면 안되는 이유는 여기에 있습니다.

10.3.2 소프트웨어의 구조화

소프트웨어 개발의 규모가 확대함에 따라서, goto문을 사용한 원시적인 소프트웨어 개발방법이 벽에 부딪힘으로써, 1960년대 후반부터 한창 소프트웨어 개발의 이론을 연구하게 되었습니다. 그 중에서 라이덴 대학의 정보과학자 다익스트러(Edsger Wybe Dijkstra)가 "Structured Programming"(Academic Press 간, 『구조화 프로그래밍』)이라는 저서에서, 소프트웨어의 구조는 「순차」, 「반복」, 「분기」의 3가지 기본적 구조의 조합으로서 기술할 수 있다는 사고방법을 제창했습니다(그림 10-11). 그리고 프로그램은 전체에서 부분으로 서브루틴이라는 함수나 프로시저 처리로 분할됨으로써, 특정 기능을 나타내는 부분

구조의 집합으로 구성할 수 있다고 생각했습니다. 여기서 아주 중요한 것은, 서브루틴이 「같은 입력에 대하여 같은 출력을 돌려주는」 부분 기능이라고 여기고 있는 점입니다. 외부상태에 의존하지 않고, 일정한 처리를 하는 부분처리를 조합함으로써, 처리와 데이터의 직교성(서로가 영향을 주지 않는 성질)을 확보하여, 프로그램 수정과 데이터 구조의 수정을 독립하여 할 수가 있는, 「모듈화」 된 소프트웨어를 설계한다는 사고방식입니다.

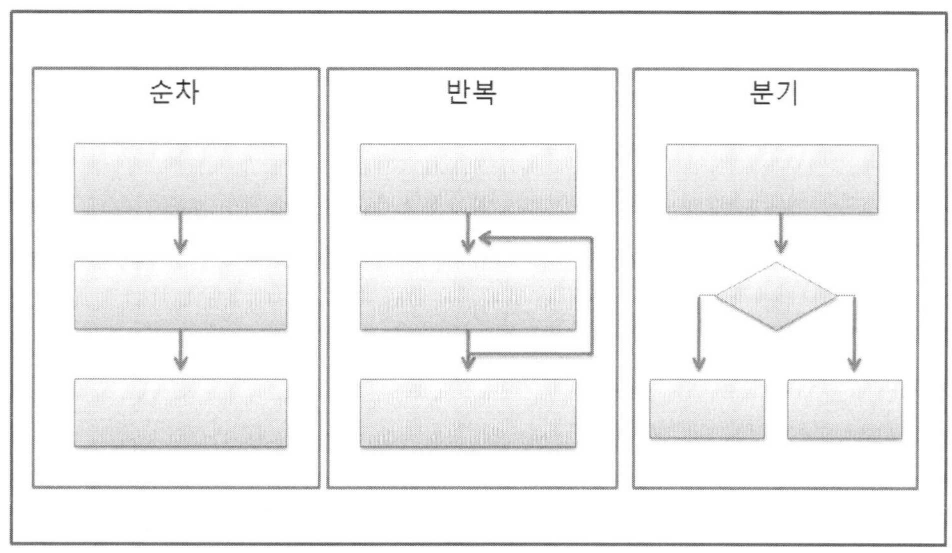

그림 10-11 프로그램의 기본구조

현재의 임베디드 소프트웨어에서도, 글로벌 변수나 데이터 상태에 따라 동작이 바뀌는 함수를 개발하고 있는 예를 빈번하게 볼 수 있습니다. 이것은 데이터 자체를 취득하는 액세스 메소드 등을 부정하는 것은 아닙니다. 예를 들면 같은 함수나 같은 이벤트 핸들러를 호출해도, 처리 상태나 컨텍스트값에 따라 동작이 변하는 함수나 기능을 가리키고 있습니다. 구조화 설계의 기법에서는, 데이터에 따라 동작이 영향을 받는 함수나 클래스는 프로그램의 독립성을 저하시켜, 소프트웨어가 혼란하게 되는 원인이 된다고 해서, 피할 것을 권장하고 있습니다. 또한 goto문에 해당하는 시그널 핸들러 간의 처리의 연속도 피해야 합니다(그림 10-12).

이러한 사례를 생각하면, 임베디드 소프트웨어개발의 세계에서는, 40년 전에 제창된 구조화 설계의 기법조차 충분히 침투하고 있지 않은데 새삼 놀라게 됩니다. 과거의 기법이라고 경시하지 않고, 소프트웨어 엔지니어의 숙련도를 토대로 하여 구조화 설계를 확실하게 학습할 것을 강력하게 권장합니다.

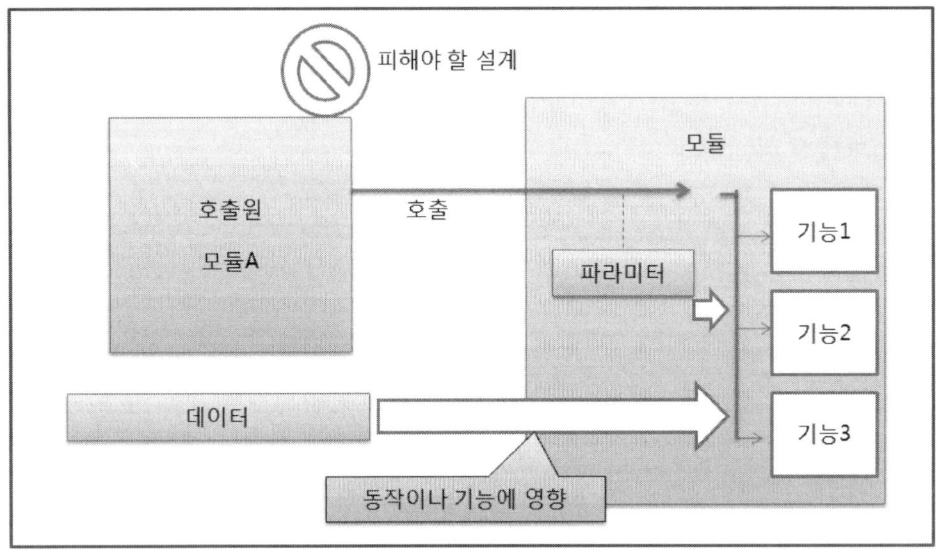

그림 10-12 구조화 설계시 피해야할 구조

10.3.3 모듈간의 결합도

구조화 설계에서는 모듈마다 고유의 기능이 할당되어 있는 소프트웨어 구조일수록, 개발이나 수정이 쉬워집니다. 소프트웨어 구조가 적절하게 분할되어 있는가를 판단하기 위해서, 요든(Edward Nash Yourdon)과 콘스탄틴(Larry Constantine)의 저서 "Structured Design"(Prentice Hall 간, 『구조화 설계』)에서, 모듈의 결합도(Coupling)라는 기준이 제안되어 있습니다. 소프트웨어 내의 모듈 간 결합도가 낮을수록, 독립한 기능과 처리를 담당하는 소프트웨어 구조를 하고 있다는 것을 나타내고 있습니다. 모듈의 결합도는 다음 6단계로 분류할 수 있습니다. ①의 데이터 결합이, 가장 결합도가 낮고 바람직한 설계입니다 (분석 기법상은, 결합관계가 없는 것을 나타내는 「비직접결합」도 포함한 7단계로 취급한다). 모듈 결합도는 객체지향설계에서도 유효합니다. 클래스끼리의 독립성을 검증하는 수단의 하나로서 사용할 수 있습니다(그림 10-13).

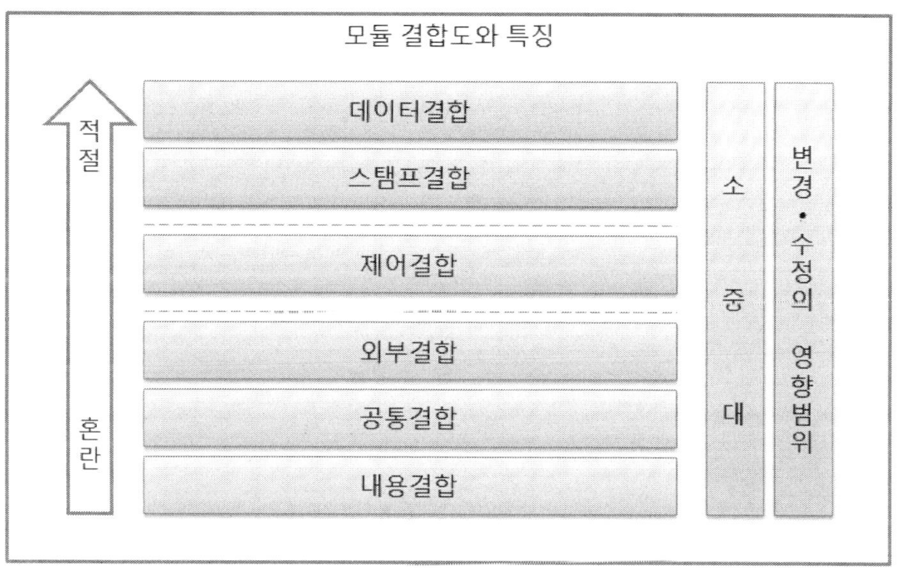

그림 10-13 모듈의 결합도

① 데이터 결합(Data Coupling)

모듈 간의 인터페이스가, 필요한 데이터를 주고받기만 하도록 실현되어 있는 결합입니다. 모듈이나 함수는 넘겨받은 파라미터만을 사용하여 처리를 하고, 파라미터의 내용에만 의존하는 처리결과를 돌려줍니다. 소프트웨어의 실행상황이나 다른 모듈이 취급하는 데이터의 영향을 받는 일은 없습니다. 실제의 소프트웨어는 실행상황에 의존한 처리를 포함하기 때문에, 데이터 결합만으로 소프트웨어를 개발할 수는 없습니다(그림 10-14).

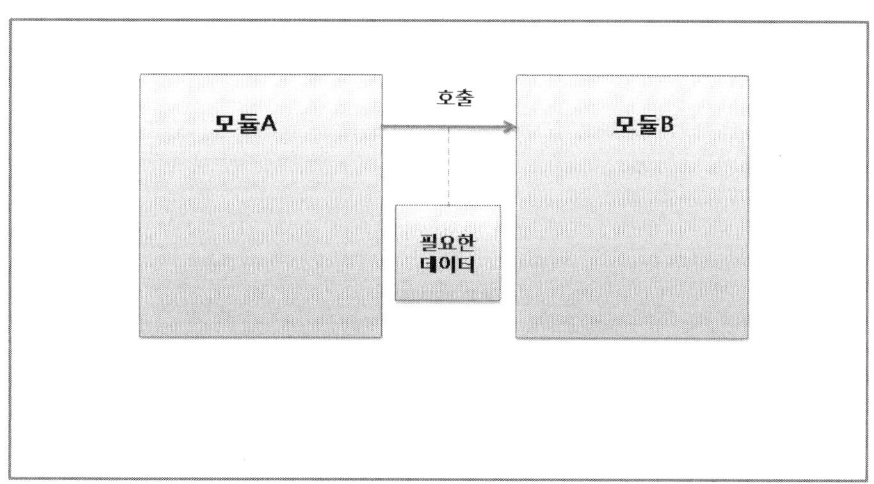

그림 10-14 데이터 결합(Data Coupling)

② 스탬프 결합(Stamp Coupling)

모듈 간의 인터페이스가, 사용하지 않는 데이터를 포함한 파라미터를 주고받고 있는 결합입니다. 범용의 구조체를 인수로서 넘겨주고 있는데, 그 중에 모듈의 처리에서는 사용하지 않는 멤버가 포함되어 있는 경우 등이 해당합니다(그림 10-15).

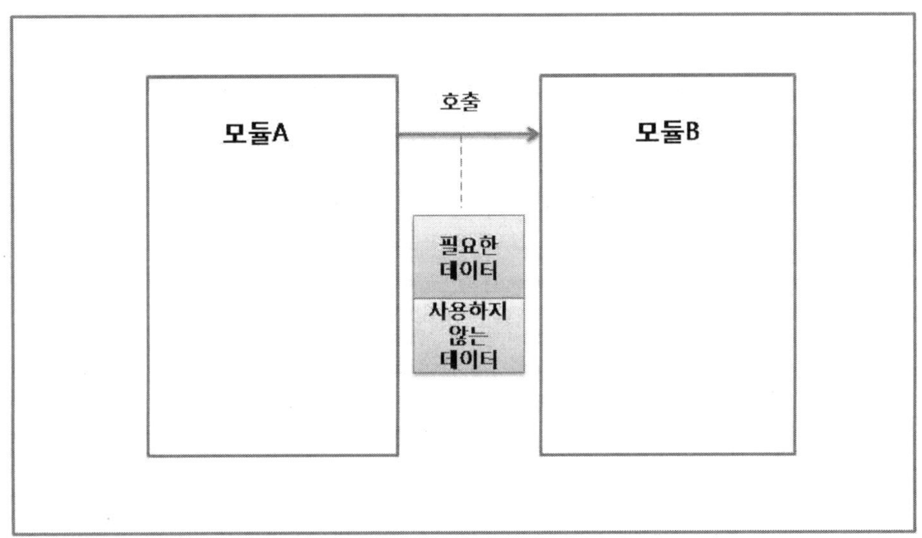

그림 10-15 스탬프 결합(Stamp Coupling)

③ 제어 결합(Control Coupling)

모듈의 파라미터에 의해, 모듈의 동작이 제어되는 결합을 가리킵니다. 제어 결합으로 컨트롤되는 모듈은, 관련이 적은 복수개의 기능을 개발하고 있을 가능성이 높아, 한쪽 처리의 수정에 따라 그 외의 기능도 영향을 받는다는 문제가 있습니다. 어떤 하나의 함수가, 제어 커맨드의 파라미터값에 따라 화상 디코드와 화상 데이터의 리사이즈라는 2가지의 처리를 하는 경우가 해당합니다.

④ 외부 결합(External Coupling)

단독의 글로벌 변수를 통하여 데이터를 주고받고 있는 모듈끼리의 결합입니다. 글로벌 워크에리어에 파라미터값을 설정하고 있는 모듈 등을 가리킵니다. ④이후의 결합에서는 글로벌 변수가 소스코드의 모든 장소에서 변경될 가능성이 있고, 또한 글로벌 변수에 액세스하는 순서나 타이밍을 특정하기 어렵다는 문제점이 있습니다. 그래서 소프트웨어의 수정뿐만 아니라, 불량 조사 등의 작업량도 현격하게 증가해버립니다(그림 10-16).

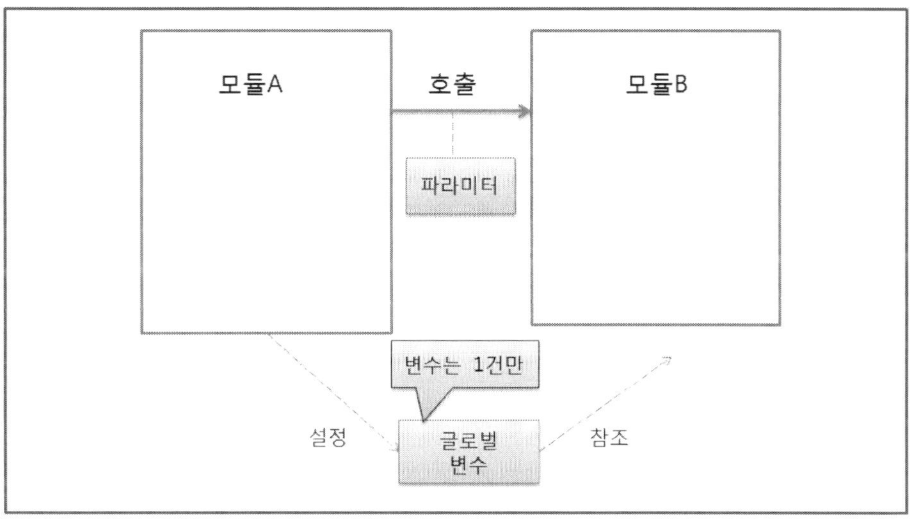

그림 10-16 외부결합(External Coupling)

⑤ 공통 결합(Common Coupling)

모듈끼리 복수개의 글로벌 변수를 참조하고 있는 상태를 가리킵니다. 각각의 글로벌 변수가 서로 제각각의 타이밍에서 변경되므로, 처리의 흐름을 조사하는 일이 극히 어렵게 됩니다. 또한 글로벌 변수를 사이에 두고, 1군데 로직 수정의 영향이 전혀 관계가 없는 모듈로 미칠 우려가 있습니다(그림 10-17).

⑥ 내용 결합(Content Coupling)

모듈이, 다른 모듈의 내부적 데이터를 참조하는 결합입니다. 어떤 모듈이 다른 모듈의 로컬 변수를 extern참조하고 있는 것과 같은 경우를 가리킵니다. 참조되고 있는 쪽의 처리를 변경하면 참조선 모듈의 동작에도 영향이 미치므로, 소프트웨어 동작의 조사나 수정이 극히 어렵게 됩니다. 객체지향설계로 말하자면 캡슐화 되어 있지 않은 상태입니다(그림 10-18).

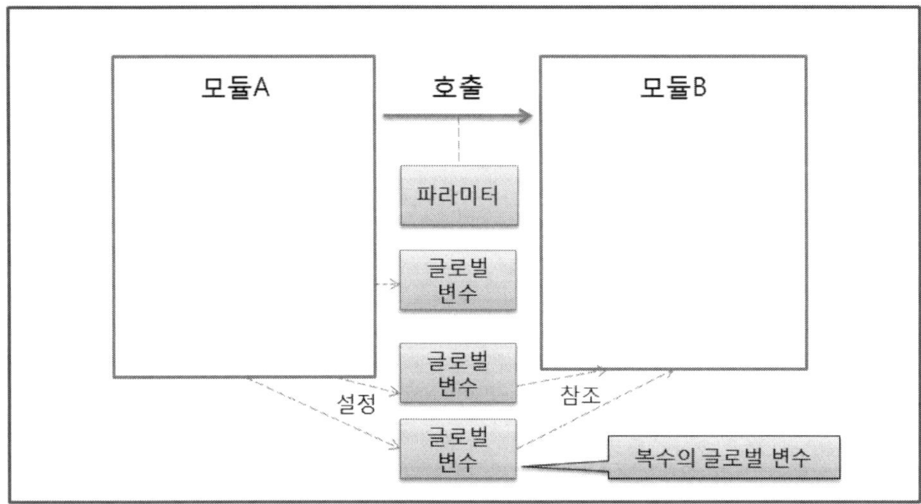

그림 10-17 공통 결합(Common Coupling)

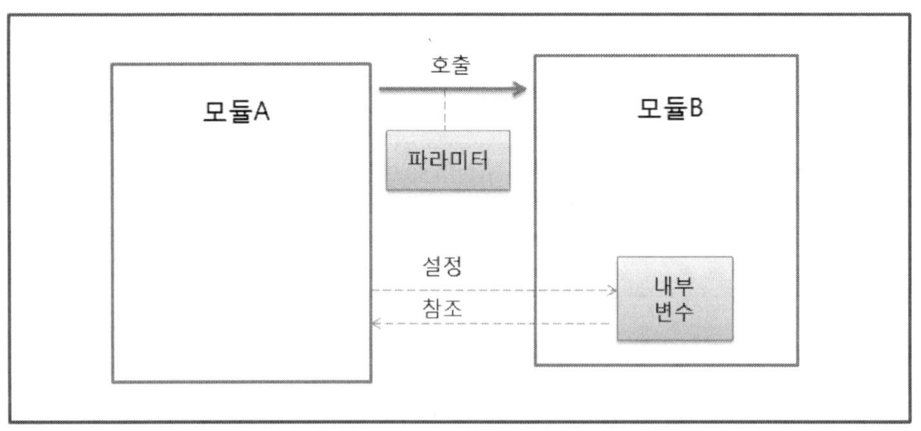

그림 10-18 내용 결합(Content Coupling)

　임베디드 소프트웨어에서는, 복수개의 글로벌 변수를 서로 참조하거나, 부분적으로 처리 데이터를 공유하고 있다는 ⑤~⑥의 높은 결합도의 모듈은 결코 드물지 않습니다. 소프트웨어 구조를 설계할 때는 모듈의 결합도를 분석하여, 보다 낮은 결합도의 인터페이스나 기능분할을 할 수 없는지 검토하는 일이 중요합니다. 결합도는 모듈간의 인터페이스를 보면 조금씩 다를 뿐입니다. 결합도의 지식만 있으면 큰 수정을 가하지 않고, 보다 낮은 결합도의 인터페이스를 선택하는 일도 가능하게 됩니다.

10.3.4 모듈의 응집도

소프트웨어의 응집도(Cohesion)는, 요든과 콘스탄틴, 그리고 IBM사의 연구자였던 스티븐스(Wayne P. Stevens), 메이어스(Glenford J. Myers) 등에 의해 고안된 소프트웨어 기능의 고유성의 잣대입니다. 응집도가 높은 모듈은, 명확한 책임을 가지고, 심플하며 독립성이 높은 기능을 개발하고 있는 것을 나타냅니다. 이 지표는 객체지향설계의 목표와 일치하는 점에서도 알 수 있듯이, 클래스 설계의 평가기준으로서도 사용할 수 있는 것입니다. 객체지향설계에 대해서는 세 10상에서 상세하게 설명합니다만, 여기서는 참고로 각 응집도의 예를 제시해 두겠습니다.

일반적으로 응집도가 높은 소프트웨어일수록 보수성이나 확장성이 높고, 재사용도 쉬운 경향이 있습니다. 또 응집도가 높을수록 모듈간의 결합도는 낮은 경향이 있습니다.

모듈의 응집도는 다음의 7단계로 분류할 수 있습니다. ⑦의 기능적 응집의 상태가, 가장 응집도가 높고 바람직하다고 여기고 있습니다.

① 우연적 응집/우발적 응집(Coincidental Cohesion)

서로 관련이 없는 복수개의 기능을 지닌 모듈의 응집도를 가리킵니다. 가끔 타이머 이벤트에 따라 메시지 표시와 파일쓰기 처리를 개시하기 위해 하나의 함수 속에 양쪽을 개발한 경우 등에, 이와 같은 구조가 나타납니다. 기능끼리는 타이밍도, 처리내용도, 종류도 전혀 관련이 없습니다. 그래서 수정이나 기능 추가의 영향범위가 넓은데다가 판독성이 낮아서, 보수나 수정이 어려운 소프트웨어 구조입니다.

② 논리적 응집(Logical Cohesion)

실제의 내용은 다릅니다만, 같은 영역에 속하는 처리를 모은 모듈의 응집도입니다. 예컨대 LCD 표시를 처리하는 함수에, 아이콘 제어와 메시지 표시와 배경화상의 묘사처리를 개발하고 있는 경우 등이 해당합니다. 일단 논리적 응집상태에 있는 모듈을 개발하면, 관련되는 기능을 추가하는 경우에 분리가 어렵게 됩니다. LCD 제어 처리나 데이터가 이미 모여 있는 함수가 있는 경우에 새로 시계표시를 추가하려고 하면, 기존처리를 사용하기 위해서는 같은 함수 속에 개발시키지 않을 수 없게 됩니다. 그래서 기능이 급증하여 다음에 수정과 보수가 어려워져 갑니다.

③ 시간적 응집(Temporal Cohesion)

같은 타이밍에서 실행되는 처리를 모은 모듈의 응집도입니다. 카 내비게이션 시스템에서 목적지에 도착한 타이밍에 메시지 표시와 음성재생과 화면갱신 등을 실행하기 위해. 하나의 함수에 개발한 경우 등에서 발생합니다. 기능적인 관련이 없으므로, 공통화나 수정이 어려워집니다.

④ 절차적 응집(Procedural Cohesion)

일련의 처리를 실행하기 위해서 필요한 기능을 모은 모듈의 응집도입니다. 내장 칩을 초기화하는 기능으로서, 초기화 개시처리·초기화 완료 대기처리·초기값의 데이터 설정처리 등을 하나의 모듈에 개발한 경우 등에 발생합니다. 일괄적인 처리로서 실행될 뿐 기능끼리의 관련이 미약하므로, 어떤 부분을 수정하면 다음 처리에도 영향이 미치는 결과가 되어 보수성이 저하합니다.

⑤ 통신적 응집(Communicational Cohesion)

같은 데이터를 취급하는 처리를 모은 응집도입니다. 처리에 순서성이 없고 데이터의 공통성에 따라 결합되어 있으므로, 데이터 구조의 변경이 복수개의 부분에 영향을 끼칠 가능성이 있습니다. 클래스에 따라서는 최적의 설계결과가 통신적 응집의 상태가 되는 경우도 있습니다.

⑥ 순차적 응집(Sequential Cohesion)

같은 데이터를 취급하는 처리를, 순서성이 있도록 집약한 모듈의 결합도입니다. 어떤 처리의 출력이 다음 처리의 입력이 되어, 처리를 분리해도 소프트웨어의 구조가 단순화되지 않는(또는 오히려 복잡해지는) 기능을 가진 상태를 가리킵니다.

⑦ 기능적 응집(Functional Cohesion)

하나의 함수나 모듈이 단일한 역할과 목적을 가지고 있어, 고유의 기능을 개발하는 상태의 응집도입니다. 확장성이나 보수성이 높아 가장 바람직한 응집도라고 여기고 있습니다. 클래스 설계에서도 독립한 심플한 클래스라고 할 수가 있습니다. 물론 모든 모듈을 기능적 응집도로 개발할 수는 없지만, 가능한 한 이 수준에 가깝도록 검토해야 합니다.

10.3.5 데이터의 설계

소프트웨어 설계에 관한 연구가 진행됨에 따라서, 구조화 설계만으로는 변동폭이 큰 현실의 업무를 적절하게 처리하는 소프트웨어를 작성하는 일이 어렵다는 것을 알게 되었습니다. 그리고 소프트웨어의 처리 로직의 설계와 같은 정도로, 데이터 구조의 설계가 중요하다는 사실이 분명해진 것입니다.

그래서 데이터 설계를 하기 위한 표기법과 설계기법이 몇 종류나 고안되었습니다. 그 중에서 오늘이라도 유용하게 쓸 수 있는 방법을 2가지 소개하겠습니다.

● 데이터 플로우 다이어그램

데이터 플로우 다이어그램(DFD : Data Flow Diagram)은, 처리의 흐름 속에서 데이터의 취급을 검증하는 설계도표입니다. 에드워드·요드에 의해, 이벤트를 근원으로 한 DFD로 하는 설계 기법이 고안되었습니다. 데이터를 취급합니다만 처리의 흐름이 중심이 되므로, **프로세스 지향기법**(POA : Process Oriented Approach)이라고 불리기도 합니다.

DFD에서는 소프트웨어의 처리와 데이터의 관계를, 데이터 입력(Source : 소스)·처리 (Process : 프로세스)·기억(Datastore : 데이터 스토어)·데이터 출력(Drain : 흡수)·플로우(Data Flow : 데이터 플로우)로 표현합니다.

DFD의 프로세스는, 입력된 데이터를 가공하여 변경하는 처리단위를 가리킵니다. 각 요소는 하나 이상의 데이터 플로우로 연결됩니다. 또 데이터 스토어는 하나나 그 이상의 프로세스와 접속되지 않으면 안 됩니다.

보통의 구조화 설계 기법에서는, DFD는 톱다운의 흐름에 따라 작성됩니다. 시스템 전체의 처리를 나타내는 DFD를 작성하고, 각 프로세스에 대해 보다 상세한 DFD를 작성해 나갑니다(그림 10-19).

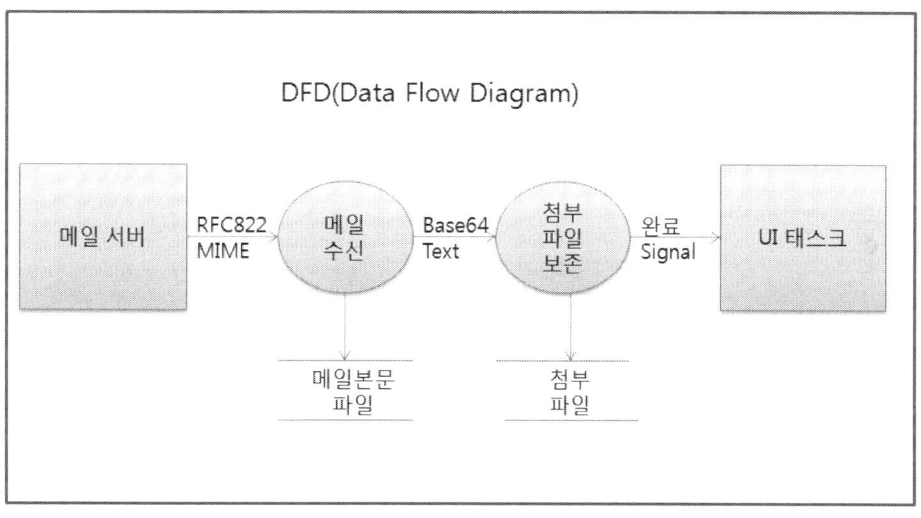

그림 10-19 데이터플로우 다이어그램

이에 비하여 임베디드 시스템의 구조화 설계에 효과를 발휘하는, 이벤트에 의거한 DFD도의 작성법을 **이벤트 분할법**이라고 합니다. 이벤트 분할법에서는 시스템에 입력되는 모든 이벤트에 대하여 프로세스로서 정의하고, 그 다음에 프로세스 간의 연관을 데이터 플로우로 표현합니다. 이벤트에 대한 동작과, 이벤트에 따라 처리되는 데이터를, 프로세스와 접속된 프로세스나 데이터 스토어에 의해 명확화하는 기법입니다. 시스템 전체를 망라한 데이터 플로우를 검토함으로써, 비동기 제어형 소프트웨어 전체의 동작을 모순 없이 설계할 수가 있습니다.

● 엔티티 릴레이션도

엔티티 릴레이션도(ER도 : Entity-Relation Diagram)는 ER도라고도 하는데, 소프트웨어가 취급하는 데이터끼리의 관계를 나타냅니다. 소프트웨어 구조의 설계뿐만 아니라, 데이터베이스 설계 등에서도 일반적으로 사용되고 있습니다(그림 10-20).

데이터 구조의 개념적인 특징을 나타내기 위해, 어떤 데이터를 취급하는가를 처리와 분리하여 검토할 수가 있습니다. ER도에 따라 데이터를 분석하고, 그 데이터를 처리하기 위한 기능분할이나 처리를 설계한다는 기법은, 객체지향설계에 통하고 있습니다. 그러나 ER도를 사용한 구조화 설계에서는, 데이터와 처리가 분리되어 있기 때문에, 이 두가지를 하나로 검토하여 설계하는 작업에는 맞지 않습니다.

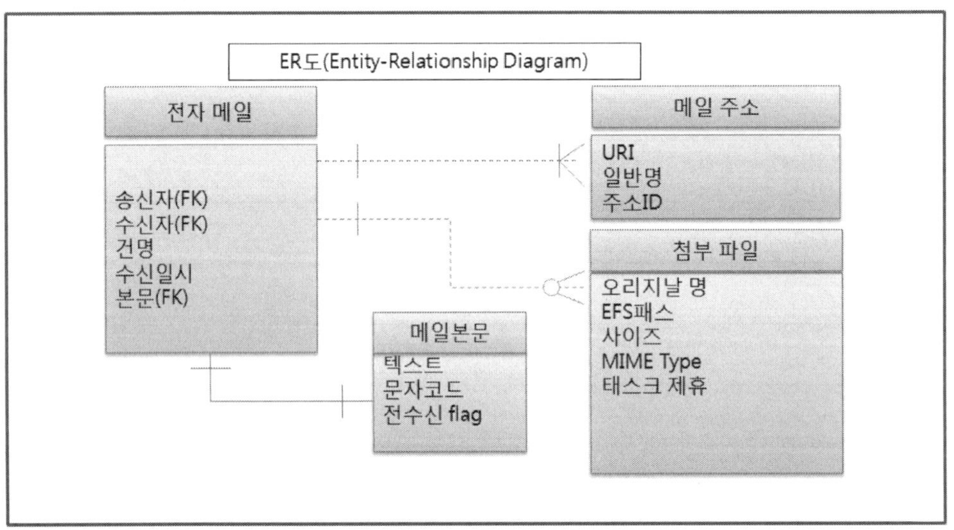

그림 10-20 ER도(ER-Diagram)

10.4 객체지향의 설계

객체지향설계의 사고방식은, 소프트웨어가 취급하는 데이터를 중심으로 하여 소프트웨어를 설계하는 기법입니다. 객체지향설계의 상세한 점에 대해서는 제 10장에서 설명합니다. 여기서는 설계 기법의 발달 속에서 객체지향 개발기법의 위치에 대하여 기술하도록 하겠습니다.

구조화 설계 기법에서는 최초에 소프트웨어의 처리 로직을 검토하고, 그 다음에 사용하는 데이터 구조를 결정했습니다. 그에 비해서 객체지향설계에서는 소프트웨어가 취급하는 데이터를 검토하고, 그 데이터를 취급하기 위해서 어떠한 처리가 필요한가라는 순서로 설계를 합니다. 객체지향설계 기법은, 구조화 설계의 사고방식의 연장선상에 있는 것입니다. 구조화 설계의 약점을 보완하는 형태로 여러 가지 개선이나 확장이 되어 있습니다만, 구조화 설계의 기법을 부정하는 것은 아닙니다. 소프트웨어 구조를 검토하는 순서가 다릅니다만, 잘 검토된 설계에서는 양자의 데이터 구조나 부분적인 처리(서브루틴이나 메소드)의 로직은 많이 비슷하게 되는 일이 있습니다.

구조화 설계의 기법에서는 원래 데이터와 처리를 분리하여 모듈화해서, 사양변경의 영향을 최소한으로 억제하려고 했습니다. 그러나 실제의 소프트웨어 설계에서는, 처리가 데이터의 구조에 의존하는 부분이나, 반대로 데이터 구조가 처리 로직의 영향을 받는 부분이 아무래도 발생합니다. 이와 같은 경우에는, 처리와 데이터를 독립하여 취급하고 있다는 특징이 불행을 초래하여, 반대로 영향의 범위를 넓혀버리는 결과가 됩니다. 특히 처리 로직을 중심으로 분석하고 있으므로, 데이터가 종속적으로 독립성이 낮은 설계로 되기 쉬웠습니다. 처리 로직의 수정이 데이터의 변경을 일으키는 일은 피할 수 있어도, 데이터가 변경되면 처리 로직에 영향이 미치는 케이스가 적지 않았던 것입니다. 구조화 설계의 이상과의 차이가 원인으로, 소프트웨어 규모가 확대함에 따라서, 구조화 설계에서도 사양변경의 영향이 무시할 수 없는 수준으로 확대되어 갔습니다.

그래서 객체지향설계의 기법에서는, 데이터를 설계의 중심으로 자리 잡게 함으로써 소프트웨어 수정의 영향을 저감하고 있습니다. 단순히 데이터를 중심으로 설계한 것만으로는 근본적인 차이는 없습니다만, 처리가 데이터와 결합함으로써 데이터의 캡슐화가 쉬워지며, 폴리모피즘(다태성)을 판독성 높은 소스코드 서식으로 개발할 수 있게 됩니다.

이러한 프로그래밍 언어상의 신기능에 따라, 보수성·확장성·판독성을 높은 수준으로 밸런스 있게 달성할 수 있게 된 것입니다.

객체지향설계는 구조화 설계의 기법을 기반으로 한 기법이므로, 품질이 높은 객체지향설계를 하기 위해서는 제 10.3절에서 나타낸 바와 같은 구조화 설계의 숙련도 등, 기본적인 소프트웨어 설계의 지식이 빠질 수 없습니다. 이러한 지식을 토대로 하여, 비로소 보다 고도의 설계 기법을 사용할 수 있게 되는 것입니다. 만일 기초지식의 필요성에 대한 이해가 불충분하다면, 객체지향설계의 효과를 충분히 볼 수 없을 우려가 있으므로 주의해야 합니다.

10.5 설계의 사양변경과 공수의 비교

소프트웨어의 사양변경이 발생하면, 기존의 동작을 유지한 채로 변경부분만 수정하는 작업이 필요하게 됩니다. 이때 소프트웨어 수정의 영향범위가 넓을수록, 수정이 어려워 확인 작업에 많은 시간과 노력을 요하는 것은 말할 것도 없습니다. 가능하다면 사양변경 없이 개발을 완료할 수 있다면 좋겠지만, 실제로는 사양변경이 반드시 발생합니다. 여기서 말하는 사양변경이란, 외부적인 동작사양의 변경뿐만 아니라, 모듈 간의 인터페이스의 변경이나, 모듈 내부의 소프트웨어 동작의 변경을 의미하고 있습니다. 또 일단 소프트웨어 개발을 완료한 후에도, 다음 모델의 제품을 개발하기 위해 소프트웨어를 개량하는 작업도 필요하게 됩니다.

10.5.1 사양변경의 시기

개발기간이 짧은 프로젝트 등 엄격한 일정으로 진행하는 개발작업에서는, 소프트웨어의 확장성이나 내부 인터페이스의 독립성이 경시되는 경향이 있습니다. 최근에는 확장성에 대한 잘못된 인식이 있습니다. 즉 「확장성이란 장래의 소프트웨어 개발에서 필요하게 될 특성이 있으므로, 지금의 난관을 극복하기 위해서는 다소 눈을 감아주어도 된다」라는 오해입니다(혹은 장래의 제품개발은 다른 팀이 담당하므로, 고생해서 확장성 높은 소프트웨어를 개발해도 자신들에게는 장점이 없다, 라는 프로답지 못한 생각을 하는 엔지니어도 있을지 모릅니다).

그러나 실제로는 그 반대입니다. 지금 기술한대로 실제의 소프트웨어 개발에서는, 하나의 개발 프로젝트 속에서 변경이 반드시 발생합니다. 사양변경이 없어도, 불량의 수정에 따라 관련되는 부분을 변경하는 케이스는 반드시 일어납니다.

즉 확장성이 높은 소프트웨어를 설계하는 장점는, 장래의 기능추가가 쉽게 되는 것뿐만이 아닙니다. 현재 개발 중인 프로젝트에서 사양변경이 발생해도, 보다 적은 공수로 대응할 수 있게 된다는 장점 쪽이 훨씬 중요하다고 할 수 있습니다. 특히 일정에 여유가 없는 개발 종반의 수정이 많기 때문에, 확장성이 높은 설계가 매우 도움이 됩니다. 「확장성」이라는 용어에서는 장래의 버전 확장작업만을 연상할 수 있습니다만, 실제로는 지금 자신의 프로젝트에서 도움이 되는 특성이라는 것을 이해할 필요가 있습니다(그림 10-21).

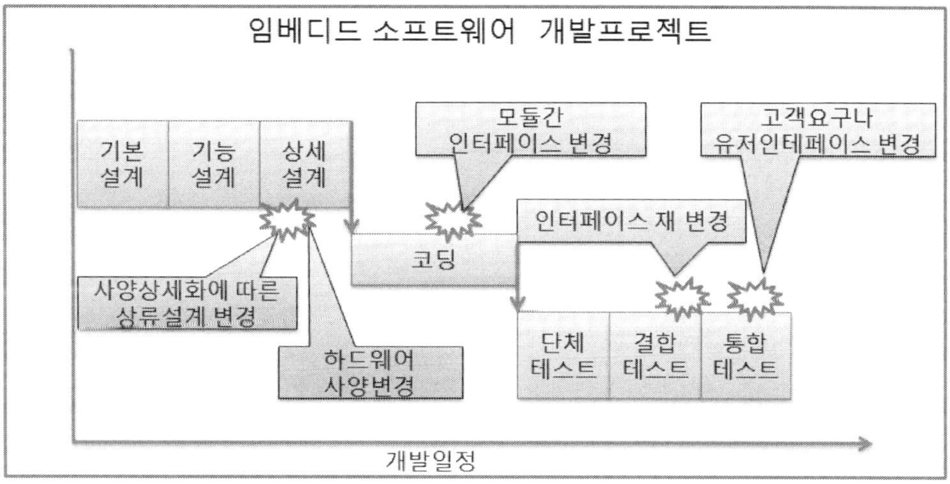

그림 10-21 소프트웨어의 확장성

10.5.2 사양변경의 영향

사양변경에 대하여 확장성이 높은 소프트웨어를 설계하기 위해서는, 설계 공정의 작업이 대단히 중요한 의미가 있습니다. 코딩 이후의 공정에서 확장성을 확보하려고 해도 한계가 있으므로, 소프트웨어 구조 자체에 확장성을 가지도록 하는 일이 중요한 것입니다. 충분한 검토를 해서 소프트웨어의 설계품질을 향상시키지 않으면, 같은 사양변경에 대하여 보다 많은 작업이 필요하게 되는 것은 명백합니다(그림 10-22).

현재의 임베디드 소프트웨어개발에서는 소프트웨어 구조의 좋고 나쁨이 프로젝트 전체의 공수·비용에 크게 영향을 준다는 사실을 인식하고 있지 않은 팀이나 조직이 적지 않습니다. 또한 소프트웨어의 수정에 대하여 작업량을 경험적으로 추측하여, 담당자가 신고한 대로의 공수를 투입한다는 대책이 채택되는 경우가 대부분입니다. 대책방법을 검토함으로써, 보다 적은 작업량으로 같은 수정을 할 수 있게 된다는 점을 고려하지 않고, 단순작업을 반복하는 수정방법을 채택하는 일이 있습니다. 혹은 수정방법의 타당성에 대해서 검증하지 않고, 담당자의 추측을 그대로 받아들이는 경우도 있습니다.

어느 케이스든, 담당자가 충분한 검토를 실시한 후에 최소한의 공수가 되는 설계·수정방법을 선택하고 있다고 단정하고 있는 점에, 문제가 있는 일이 많다고 생각됩니다. 소프트웨어의 설계는 상당히 고도의 지식과 숙련도를 필요로 하는 작업이므로, 충분한 기술이 없는 경우에는 다른 멤버가 지원하거나, 투입될 필요가 있는 것입니다.

그러나 현재의 임베디드 소프트웨어개발에서는, 소프트웨어 설계의 숙련도를 반드시 중시하고 있는 것은 아니므로, 적절한 지원이나 평가를 할 수 있는 엔지니어 자체가 부족한 일이 많다고 생각합니다.

현재의 임베디드 소프트웨어개발이 직면하고 있는 규모나 기능의 증대라는 문제에 대응하기 위해서는, 인원과 공수를 추가하는 방법으로는 한계가 있습니다. 개개의 엔지니어가 효율적으로 개발할 수 있는 소프트웨어를 설계·개발할 수 있도록 하는 일이 필요합니다. 그러기 위해서도 설계 숙련도를 향상하여, 보다 설계품질이 높은 소프트웨어를 개발할 수 있도록 팀이나 조직을 개선해가야 합니다.

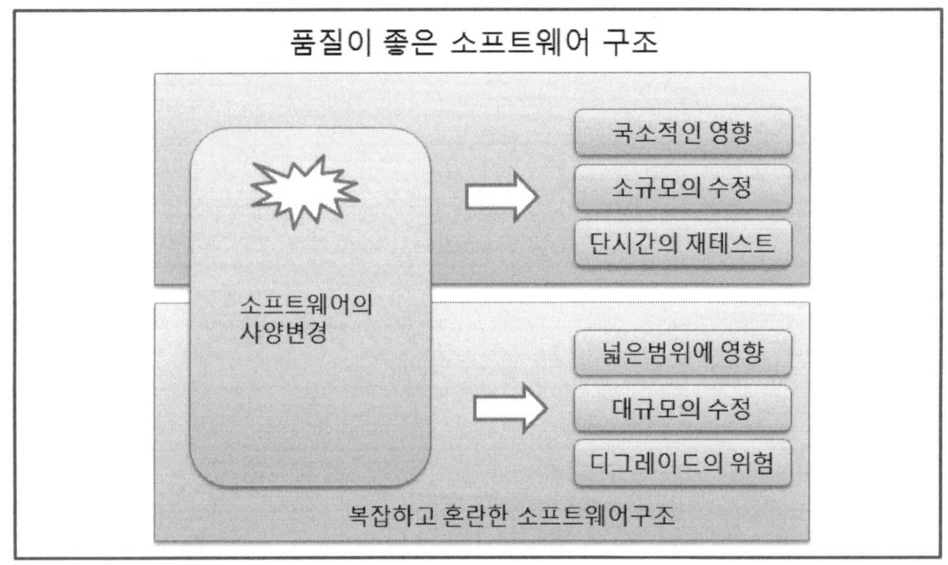

그림 10-22 사양변경의 영향

10.5.3 변경을 예상한 소프트웨어 구조

변경을 예상한 소프트웨어 구조를 설계하기 위해서는, 어떠한 변경이 발생할 가능성이 있는가를 확인하지 않으면 안 됩니다. 모든 변경에 대한 대비를 개발하는 것은, 작업량으로나 논리적으로나 불가능합니다. 또한 모든 변경에 대비하려고 하면 방대한 검토나 작업이 필요하게 됩니다만, 애당초 변경에 대비하기 위한 설계나 작업은, 사양변경이 없으면 모두 소용이 없어져 버립니다. 그래서 시스템에서 변경이 발생할 우려가 있는 기능과, 변경을 예상하지 않은 기능으로 나누어, 사양변경이 예상되는 기능에만 한정하여 확장성을 향상시키는 방법을 채택하지 않으면, 반대로 프로젝트의 효율이 저하해 버립니다.

소프트웨어의 변경을 예상하는 일은 아주 어렵습니다만, 프로젝트의 특성이나 모듈 구성에서 어느 정도 예상하는 것도 가능합니다. 일반적으로는 다음과 같은 부분에서 사양변경이 발생하는 일이 많다고 생각됩니다. 반복하게 됩니다만, 이러한 것에 대하여 변경내용을 예측하여 그 부분을 잘라 내거나 캡슐화해 둠으로써, 만에 하나 설계변경이 생겨도 최소한의 작업으로 대응할 수 있게 됩니다. 이와 같은 변경에 대비한 설계는 리스크 대책에 해당되는 작업이므로, 필요이상으로 공수를 투입하지 않도록 주의가 필요합니다.

·신규로 작성하는 기능
·UI
·타 모듈과의 인터페이스
·하드웨어 제어 처리
·O/S와의 인터페이스 부분
·국제화 대응 부분

또 하나의 방편으로서 사양변경의 영향범위를 최소화하는 대책도 유효합니다. 사양변경의 영향을 극소화하기 위해서는, 모듈이나 클래스 간의 결합도를 낮출 필요가 있습니다. 또한 모듈의 기능을 명확화 하여 심플한 기능으로 분리하면 응집도가 높아지므로, 역시 변경의 영향은 저하합니다. 소프트웨어 설계의 공정에서는, 항상 적절하게 설계되어 있는지 자기분석을 반복하면서 소프트웨어 구조를 결정해나가지 않으면 안 됩니다. 일단 소프트웨어 설계를 한 후에, 설계내용을 재검토하여 결합도나 응집도를 평가함으로써, 보다 변경에 강한 설계로 개선할 수 있는 부분을 특정할 수도 있게 됩니다.

이러한 대책은 프로젝트 후반에서 효과가 나타나므로, 어느 정도 유효한지 알기 어려운 면도 있습니다. 그러나 아무런 대책도 하지 않으면, 사양변경이 발생했을 때 인해전술적인 대책 밖에 할 수 없게 되어, 작업시간의 증가나 개발기간의 연장 등으로 자기 자신이 고통스럽게 됩니다.

만일 효과를 실감하고 싶다면, 담당부분의 일부만 확장성을 향상시키는 대책을 실시해 보는 것도 좋은 방법입니다. 그리고 문제점의 발견이나 수정도 포함된 사양변경이 쉽게 되는 것을 실감할 수 있으면, 다음 회 이후의 개발에서는 보다 적극적으로 확장성을 향상시킬 수가 있을 것입니다.

10.6 소프트웨어 구조의 분할 시점

임베디드 시스템뿐만 아니라, 소프트웨어의 설계에는 거의 무한이라고 할 만한 변동이 존재합니다. 그 중에서 엔지니어의 기술력과 판단력을 구사하여, 프로젝트의 목적을 충족할 수 있는 소프트웨어 구조를 발견해 내는 작업이야말로, 소프트웨어 설계의 본질이라고도 할 수 있습니다. 마치 르네상스 시대의 조각가 미켈란젤로가 조각을 석재 속에서 인물을 추출시는 작업에 비유하듯이, 소프트웨어라는 소재의 구도에서 디테일까지를, 스스로의 경험과 정성들인 검토로 완성해가는 일이 요구되고 있는 것입니다.

그러나 소프트웨어와 조각에는 결정적인 차이가 하나 있습니다. 조각의 아름다움은 눈으로 확인할 수가 있습니다만, 소프트웨어는 결코 볼 수가 없습니다. 그래서 소프트웨어 구조가 적절하게 설계되어 있는지, 다른 좋은 방법으로 하면 소프트웨어의 설계가 아름다울까를 판단하기 위해서는, 전문적인 지식을 필요로 합니다.

그 중에서 일반적으로 채택되는 소프트웨어 구조의 분할기준을 표 10-2로 나타냅니다. 각기 기준은 서로 배타적인 것은 아닙니다. 오히려 복수개의 기준으로 동시에 분할되어 있는 쪽이, 변경에 강한 독립성 높은 설계로 되어있다고 생각됩니다. 소프트웨어 구조의 설계에서는 아래의 기준과 대조하여, 분할이 불충분한 부분이 없는지 확인합니다. 그리고 복수개의 기능이나 처리를 개발하는 모듈끼리 유착하고 있는 부분이 없는지를 다시 체크함으로써, 보다 아름다운 소프트웨어 구조에 근접할 수가 있습니다.

[표 10-2] 소프트웨어 구조의 분할기준

소프트웨어 구조의 분할기준	내 용	구체적인 예
기능에 의한 분할	같은 기능을 실현하는 부분을 모듈화 하여, 소프트웨어 구조를 분리하는 사고방식	파일 조작에 관한 부분을 모듈화 한다, 메모리상의 배열을 관리하는 기능을 모듈화 한다, 등
데이터 구조에 의한 분할	유사한 데이터를 취급하는 부분을 정리하여 모듈화하는 분할기준	전자메일의 데이터를 관리하는 모듈로서, 작성·편집·보존·송신·수신...등의 기능을 모듈화 한다 등
하드웨어 의존성에 의한 분할	특정한 하드웨어에 관련하는 부분을 분할하여 모듈화 하는 분할기준	DSP 제어부의 소프트웨어를 모듈화 한다 등
소프트웨어 계층에 의한 분할	소프트웨어 계층에 따라, 사용자나 각 태스크 및 각 디바이스와 관련된 강도를 기준으로 소프트웨어를 분리하는 사고방식	UI부를 독립한 모듈화를 한다 등

● 기능에 의한 분할

구조화 설계의 기법에서는, 소프트웨어를 기능단위로 분할하여 모듈화 하는 설계방법이 일반적입니다. 기능단위로 소프트웨어를 분할함으로써, 어떤 기능에 변경이 생겨도 다른 부분에 영향이 미치지 않는 설계를 실현할 수 있습니다. 또한 같은 기능을 가진 모듈끼리는 공통된 처리를 필요로 하는 경우가 많으므로, 소프트웨어의 부품화·공통화를 하기 쉬운 설계가 됩니다.

● 데이터 구조에 의한 분할

소프트웨어가 처리하는 데이터에 따라, 소프트웨어 구조를 분할하는 방법도 있습니다. 객체지향설계의 기법에 따라 소프트웨어를 설계하면, 이와 같은 구조가 되는 일이 많습니다.

● 하드웨어 의존성에 의한 분할

소프트웨어를 특정한 하드웨어에 의존하는 부분과, 공통적인 기능을 가진 부분으로 분할하는 방법입니다. 하드웨어 이외에도 특정한 라이브러리나 미들웨어 등에 의존하는 부분을 분리하도록 소프트웨어를 설계하는 일이 있습니다.

● 소프트웨어 계층에 의한 분할

하드웨어 의존의 기능에서 UI 기능까지, 소프트웨어 계층에 따라서 소프트웨어 구조를 분할하는 설계방법도 있습니다.

임베디드 시스템과 객체지향

> 객체지향설계의 효과와 장점을 충분히 살리기 위해서는, 설계 기법으로서의
> 객체지향 기술의 숙련도가 필요합니다. 이 장에서는 객체지향설계의 이미지
> 와, 객체지향설계를 임베디드 소프트웨어개발에 적용할 때의 요점에 대하여
> 설명합니다.

11.1 객체지향의 사고방식

객체지향설계는 데이터를 중심으로 한 소프트웨어 설계 기법입니다. 현재의 오픈업무
시스템 개발에서는 주류가 되어 있고, 임베디드 소프트웨어개발의 분야에도 침투하고 있
습니다. 객체지향설계는 확장성이 높은 소프트웨어를 효율적으로 설계할 수가 있기 때문
에, 충분한 숙련도와 경험이 있는 엔지니어라면, 소프트웨어의 생산성을 크게 향상 시킬
수 있습니다.

최근의 임베디드 시스템에 내장되어 있는 소프트웨어의 다수는, C/C++ 언어로 개발되
어 있습니다. 일본 경제 산업성의 조사에서는 그 반수에서 C++ 언어가 채택되어 있다고
합니다. C++ 언어는 C 언어와 상위 호환성이 있기 때문에, 모두가 반드시 객체지향설계
로 개발되어 있다고는 할 수 없습니다만, C++ 언어가 보급하는 경향은 앞으로도 변함이
없습니다.

이 장은 객체지향에 처음으로 접하는 엔지니어를 위한 것입니다. 지금까지의 장에서는,
임베디드 소프트웨어개발의 전반에 걸쳐 객체지향을 권장해왔습니다만, 객체지향의 근본
적 설명은 여기서 처음으로 하게 됩니다.

11.1.1 객체지향설계

객체지향이라는 언어는 영어의 「Object Oriented」의 직역입니다. 그래서 우리 말로는
의미가 애매하여 알기 어려운 인상을 줍니다. 그러나 실은 단순하며 아주 알기 쉬운 것입
니다. Object란 「대상·목적」 등을 나타내는 영어로, 소프트웨어 개발에서는 처리대상이

되는 「데이터」 를 의미합니다. 또한 Oriented란 「 ~ 로 중심을 잡다 · ~ 로 적응시켰다 · ~ 로 방향을 지향했다」 라는 영어입니다만, 우리 말에서는 그다지 잘 쓰지 않는 표현입니다.

「Male-Oriented Society」 (남성 중심 사회)라고 사용되는 일이 있으므로, 「~중심의」 라고 번역하는 것이 자연스럽습니다..

즉 객체지향설계란 **데이터를 중심으로 한 설계**라고 번역할 수가 있습니다. 이름에서 알 수 있듯이, 그 의도하는 것은 아주 심플합니다(그림 11-1).

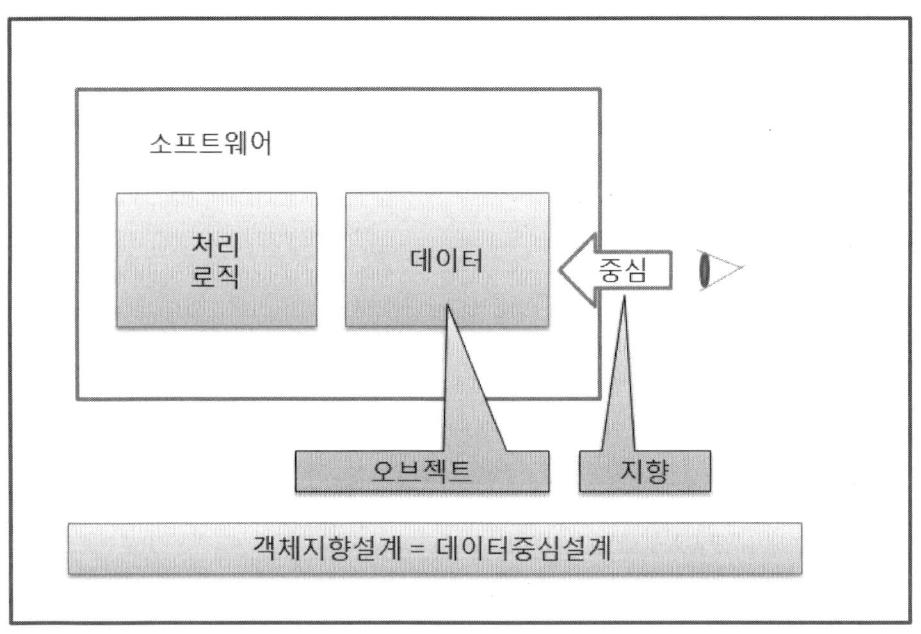

그림 11-1 객체지향(Object Oriented)

「데이터를 중심으로 한 설계」 가 어떤 것인가는, 구조화 설계와 비교하면 확실히 알 수 있습니다. 구조화 설계에서는 소프트웨어는 주로 처리의 흐름을 중심으로 하여 설계를 검토해 왔습니다. 소프트웨어에서 어떠한 처리를 하는가를 검토하여, 전체에서 세부로 처리의 흐름을 분할해가는 설계를 합니다. 소프트웨어는 기능단위로 분할되어, 다시 처리구조의 단위로 세분화됩니다.

예를 들면 화상을 표시하는 프로그램을 설계하는 경우를 생각할 수 있습니다. 구조화 설계에서는 처리의 흐름에 주목하여, 데이터 파일의 읽기처리·화상 데이터의 전개처리·화상 데이터의 표시처리 등 처리별로 기능을 설계합니다. 데이터 파일의 읽기처리에서는, 파일의 읽기처리를 하고 다음에 내용을 판정하여 데이터 포맷마다의 전개기능을 호출합니다. 그리고 처리의 설계가 완료한 후에, 각각의 처리에 필요하게 되는 데이터 구조를 결정합니다(그림 11-2).

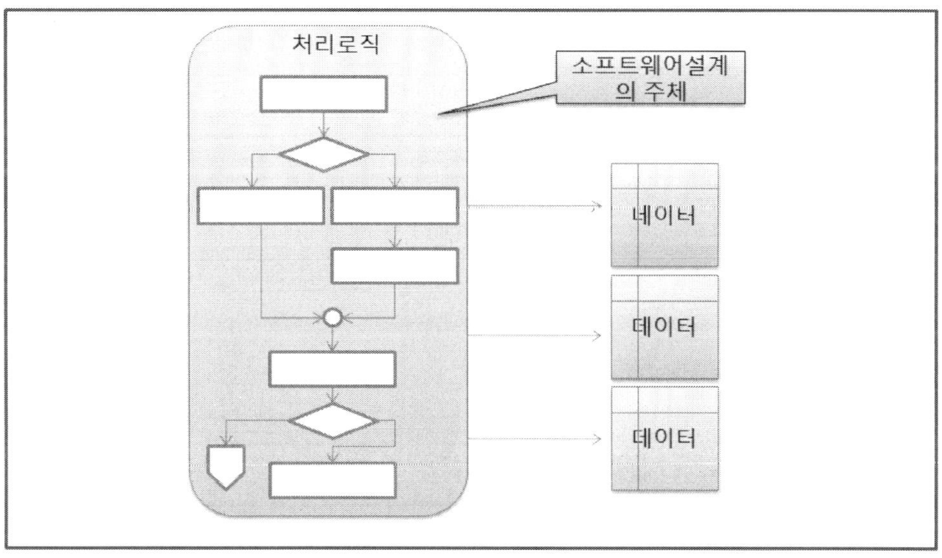

그림 11-2 구조화설계 기반의 소프트웨어

　객체지향설계에서는 소프트웨어가 어떤 데이터를 취급하는가 하는 점에서 설계를 시작합니다. 처리대상의 특성이나 정보를 데이터로 표현하고, 다시 데이터에 대하여 처리를 부가해 갑니다. 처리는 데이터의 종류에 따라서 다를 뿐만 아니라, 데이터의 종류가 처리를 결정한다고 생각해서, 소프트웨어의 구조를 설계합니다(그림 11-3).

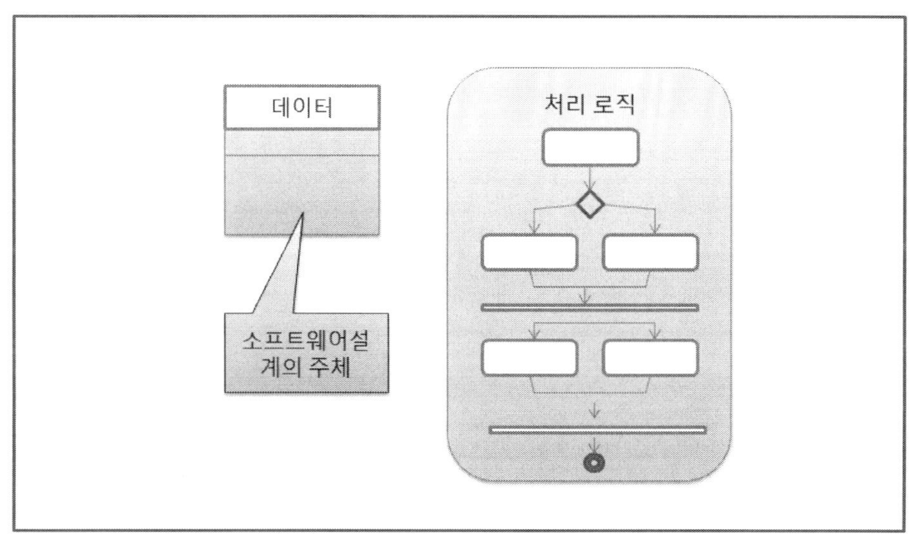

그림 11-3 객체지향설계 기반의 소프트웨어

〈설명 11-1〉
　객체지향 기술에서는 객체지향, 즉 데이터 중심으로 소프트웨어를 설계하는 기법을 객체지향설계라고 합니다. 또한 클래스 등의 객체지향 기술을 도입한 프로그래밍 언어를 객체지향 언어라고 합니다. 객체지향으로 설계된 소프트웨어 구조를 실현하기 위해서는, 객체지향 언어로 개발하는 것이 사실상 필수가 됩니다. 반대로 객체지향 언어를 사용하여 개발하기 때문이라고 해서, 반드시 객체지향설계를 할 필요는 없습니다.

　C++나 Java 등의 객체지향 언어는 어디까지나 도구이며, 효율적인 확장성이 높은 소프트웨어 구조를 실현하기 위해서는 객체지향설계를 이해하고 마스터하지 않으면 안되는 점에 주의하시기 바랍니다.

　이와 같이 소프트웨어를 설계하는 데에 있어 데이터를 중심으로 하는 데는, 매우 효과적인 2가지의 이유가 있습니다. 먼저 첫째로 대부분의 처리는, 데이터를 조작하는 것을 목적으로 하고 있습니다. 일반적으로 소프트웨어의 함수나 메소드는, 그것이 1개의 정수나 플래그라도, 반드시 어떤 데이터 처리를 수반합니다. 데이터를 전혀 취급하지 않는 함수나 메소드는, 일정시간의 대기처리를 하는 Wait-Loop 정도입니다(그래도 「대기 시간」이라는 데이터를 취급한다). 대부분의 소프트웨어에서는, 데이터의 내용에 따라 처리내용이 결정됩니다. 즉 처리에서는 데이터가 "주", 처리가 "종"이라는 관계에 있으므로, 현실에 준거한 설계가 가능하게 됩니다.

　두 번째 이유는 소프트웨어 구조의 독립성이 향상하므로, 확장성이 높은 설계로 되는 것입니다. 데이터와 처리 로직이 일체로 된 모듈로서 설계하므로, 어느 쪽에 변경이 발생해도 하나의 모듈 내에서 변경을 완결시키기 쉽게 되는 것입니다. 또한 소프트웨어를 변경할 때도, 사양변경이 발생한 데이터에 관련하는 부분만을 보면, 관련하는 처리를 알 수 있고, 또는 사양변경이 생긴 처리를 보면 관련하는 데이터도 특정할 수 있습니다. 그래서 사양변경이나 사양추가가 쉬운 소프트웨어 구조가 자연히 만들어집니다.

　이러한 이점이 데이터 중심의 설계 기법에서, 소프트웨어의 동작을 헛되지 않게 확실히 설계할 수 있다고 하는 이유입니다.

　객체지향설계에서는, 데이터와 처리 로직을 페어로 취급합니다. 구체적으로 말하자면 구조체와 함수를 조합하는 것입니다. 객체지향설계의 세계에서는, 조작대상인 데이터를 나타내는 구조체와, 그 데이터 전용의 함수를 부가한 모듈을 합쳐서 **클래스**(Class)라고 합니다. 클래스라는 명칭도 오해의 근원이 되므로 간단하게 설명해 두겠습니다. 클래스란 학교의 학급을 가리키는 「클래스」가 아니고, 「유형·등급」이라는 의미입니다. 이것은 외래어와는 다른 용법이므로 적절한 비유가 없습니다만, 선박의 「클래스」와 비슷합니다. 같은 형의 배를 복수개 만들면, 일괄해서 ○○급, ○○클래스라고 부릅니다. 유명한 호화객선 "퀸 엘리자베스 II세 호"에는, 같은 형의 "퀸 메리호", "퀸 빅토리아호" 라는 자매선이 있습니다. 이러한 배(의 설계)를 퀸 엘리자베스 II세 "클래스"라고 합니다. 객체지향설계의 클래스도, 메모리 영역 상에 있는 데이터 구조의 원형·설계를 "클래스"라고 부르고 있습니다. 소프트웨어 상에서는, 클래스는 메모리 영역의 원형이 됩니다. 클래스는 구조체의 형 선언을 확장한 것으로서, 클래스 정의·선언을 하면 메모리상에 **인스턴스**(Instance)라고 하는 실체가 확보됩니다.

처리대상의 특성이나 행동에서 클래스 구조를 설계하는 작업을, **모델링**이라고 합니다. **유스케이스**(Use Case) 분석 등의 모델링 기법을 사용함으로써, 보다 정확하게 현실의 처리대상의 특징을 갖춘 클래스 구조(데이터 구조와 로직)를 설계할 수 있습니다.

11.1.2 클래스와 구조체

객체지향설계의 도입 초기에, 엔지니어가 가장 망설이는 포인트의 하나가 클래스의 취급입니다. C++ 언어에서는, **클래스는 구조체와 동일한 요소**로서 취급되고 있습니다. C 언어의 개발 경험밖에 없는 엔지니어로서는, 구조체와 클래스가 같은 것이라고 인식하는 것만으로도, C++ 언어를 이해하는데 큰 도움이 됩니다.

클래스의 개념은 어느 정도의 양이 되는 소프트웨어를 실제로 설계해 보기까지는 납득하기 힘든 것입니다. 그래서 처음으로 객체지향설계에 임할 때는, 어떤 클래스를 설계하면 좋은지에 대해서 고민하는 일이 많습니다. 그러나 C 언어의 경험자는 구조체의 취급은 완전히 익숙해져 있을 것이므로, 지금까지 한대로 구조체를 설계하면 된다고 생각할 수 있으면, 심리적인 저항이 상당히 줄어듭니다. 그리고 C 언어의 개발에서 기른 경험을 활용한다면, 매우 단기간에 객체지향설계에 의거한 적확한 소프트웨어를 설계하는 일도 충분히 가능하겠습니다.

물론 클래스는 구조체를 확장한 것이므로, 완전히 동일하지는 않습니다. 클래스란 구조체와 같이 데이트를 취급하는 요소와, 데이터 처리의 전용로직을 짝으로 한 것입니다. 반대로 구조체에 전용의 함수를 설정할 수 있도록 사양이 확장되어 있는 것이라고도 생각할 수 있습니다. 전용 로직을 개발하는 클래스 전용의 함수를 **메소드**(Method)라고 합니다.

C 언어로 파일 조작에 사용하는 fopen, fread, fwrite, fclose 표준 함수 등은, 객체지향설계에 통하는 설계가 되어 있습니다. 그 동작을 참고로 하면, 클래스를 이미지하기 쉽지 않을까 하고 생각합니다. 제어대상 파일의 정보는, FILE형의 구조체에 저장됩니다. 그리고 FILE형의 전용 처리 로직을 제공하는 함수로서, fopen, fread 등이 제공되어 있다고 생각하는 것입니다. 파일을 조작하는 경우는, FILE 구조체를 fopen계의 함수로 넘겨주지 않으면 안 됩니다. 파일 디스크 리프터·파일 오픈모드·현재의 읽기 위치 등의 정보가 FILE 구조체에 저장되어 있기 때문입니다.

이 FILE 구조체에 fopen 등의 함수를 전용 메소드로서 조합한 것이 「클래스」 라는 요소가 됩니다(그림 11-4). 이것은 독립성이 높은 모듈을 작성하기 때문에 아주 효과적인 구성입니다. 특급전문가 엔지니어라면, 잘 아시다시피, 어떤 대상(이 경우는 디스크 상의 파

일)을 취급하는 데이터와 로직은, 대부분의 경우는 서로 밀접하게 영향이 있어서, 한쪽의
사양이 또 한쪽을 결정짓습니다. 많은 소프트웨어에서 데이터의 변경은 함수 로직에 영
향이 있고, 함수 로직의 변경에 따라 데이터 내용도 변경됩니다. 데이터와 함수를 조합함
으로써, 서로 관련이 있는 2개의 요소를 일괄하여 취급할 수 있게 되는 것입니다. 이것만
으로도 독립성·확장성·판독성 등을 높여주는 충분한 효과가 있습니다. 그리고 후술하는
캡슐화나 **폴리모피즘**도 사용하면, 아주 효율적인 소프트웨어 구조를 실현할 수 있습니다.

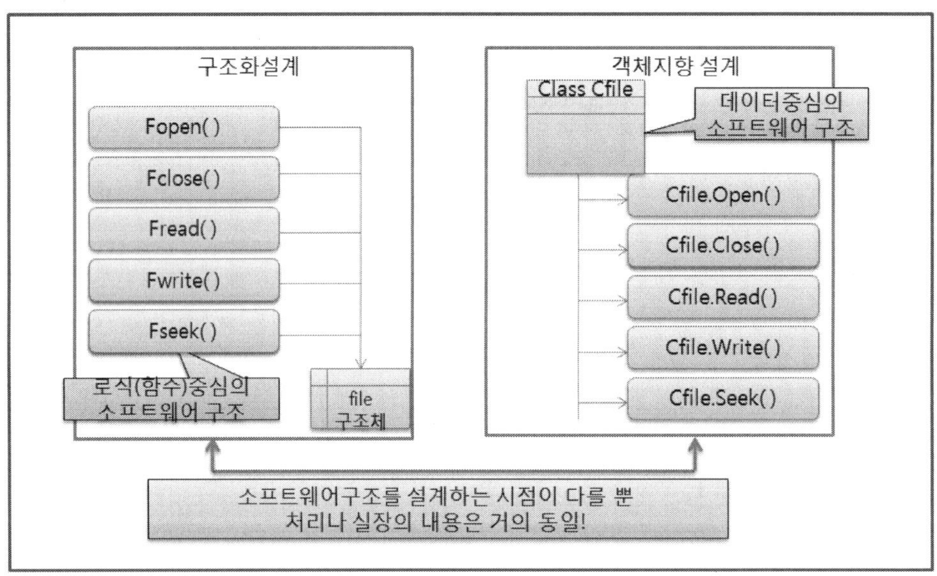

그림 11-4 클래스와 구조체

클래스는 데이터 제어구조의 원형이라고 합니다. 메모리상의 변수로서 클래스의 실체
를 생성한 것이 인스턴스입니다. 클래스와 인스턴스의 관계는, C 언어로 말하면 "구조체
의 형 선언"과 "메모리상의 변수영역"의 관계와 같습니다.

클래스에는 **컨스트럭터**(Constructor)라고 하는 초기화 전용의 함수를 설정할 수 있습니
다. 이것은 메모리상에 **실체**(인스턴스)가 생성될 때에 자동적으로 호출되는 메소드로서,
데이터에 초기값을 설정하거나, 특별한 초기화 처리를 실행하는 것입니다. 마찬가지로 인
스턴스를 해방할 때, **디스트럭터**(Destructor)라고 하는 메소드가 호출되는 언어도 있습니
다.

클래스가 가진 데이터를 참조하거나 변경하기 위해서는, **액세서**(Accessor)라고 하는
메소드를 경유하여 데이터에 액세스하는 일이 바람직하다고 여기고 있습니다. 데이터의
조작과 올바른 내용을, 그 클래스가 책임을 지고 취급하도록 함으로써, 클래스를 사용하
는 측은 데이터의 내용을 의식하지 않고 클래스를 부품으로서 취급할 수 있습니다. fopen

등의 함수에서도, 만일 문제가 있으면 에러가 돌아올 뿐이고, FILE 구조체에 설정된 데이터의 내용이나 정합성을 호출원이 의식할 필요가 없는 것과 마찬가지입니다.

메소드를 경유하여 데이터의 제어를 받는 방식은, 클래스 자신에게도 클래스를 사용하는 측에도 서로 처리내용을 의식하지 않아도 된다는 장점이 있습니다. 즉 모듈 간의 결합도를 저하시킬 수가 있는 것입니다(그림 11-5).

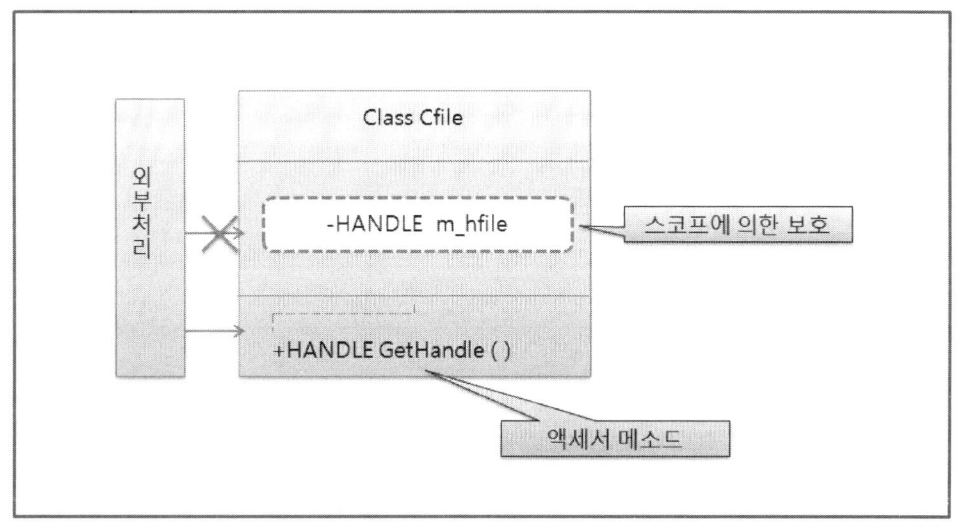

그림 11-5 클래스의 제어

이와 같이 변수에 직접 어떤 값을 설정하는 것이 아니라, 데이터를 관리하는 클래스에 데이터의 변경을 의뢰하는 처리의 기법을 **메시지 패싱**(Message Passing)이라고 합니다. 이 경우의 메시지란 메소드 호출에 의한 작용을 가리키고 있습니다. 클래스는 데이터를 저장한 단순한 구조체가 아니라, 데이터를 보존함과 더불어 데이터의 관리와 제어에 책임을 지는 요소적이며 단위적인 모듈이 됩니다.

이와 같이 개개의 클래스가 명확한 책임범위를 가지고, 데이터와 그에 관련되는 처리를 집약함에 따라서, 모듈 간의 독립성이 향상합니다. 그리고 사양변경이 발생한 경우에도, 변경의 영향범위가 클래스의 내부에 한정되므로, 소프트웨어의 수정작업이 자연히 적어진다는 장점이 생깁니다.

11.1.3 데이터의 캡슐화

객체지향설계에서는, 어떤 클래스가 보존하는 데이터를 다른 클래스나 모듈에서 직접 변경할 수 없도록 컨트롤하고 있습니다. 이와 같은 기법을 **캡슐화**(Encapsulation)라고 합니다. 데이터의 내용이나 사양을 직접 공개하지 않고, 변경하는 타이밍이나 설정되는 데이터의 내용을 클래스에서 컨트롤함으로서, 처리대상의 데이터 사양이 변경된 경우의 영향범위를 국소화하기 위한 기법입니다.

이와 같은 제한은 구조화 설계에서도 사용하고 있으므로, 객체지향 특유의 새로운 어프로치는 아닙니다. 대규모 소프트웨어에서는 여러 가지 모듈에서 각각의 타이밍으로 액세스 되는 글로벌 변수가 하나라도 있으면, 어느 타이밍에서 어떤 값이 설정되어 있는가를 확인하기 위해서, 소프트웨어 전체를 조사하지 않을 수 없게 됩니다. 이와 같은 구조는 소프트웨어 수정의 작업량을 크게 증가시키므로, 가능한 한 피해야할 것으로 여겨왔습니다. 특급전문가 엔지니어라면, 무의식중에 변수의 액세스 범위를 최소화하려는 분이 많다고 생각합니다. 객체지향설계에서는, 데이터 액세스의 제한을 프로그래밍 언어사양으로 명확하게 개발할 수 있게 했습니다(그림 11-6).

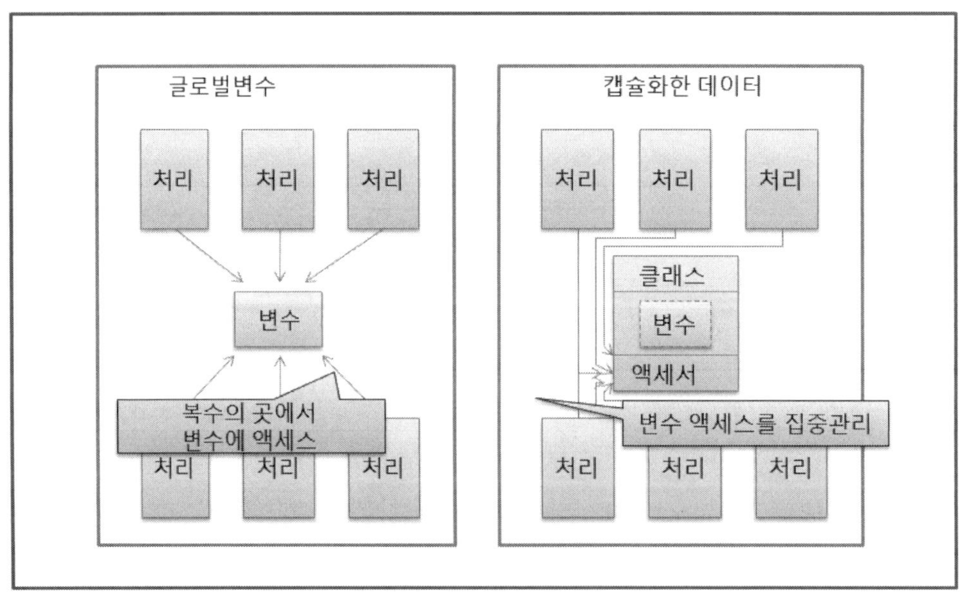

그림 11-6 캡슐화

예를 들면 C 언어에서는 static 스코프에서 변수를 작성하면, 다른 소스파일의 액세스를 억지할 수 있습니다. 그러나 외부 소스파일에서 extern 선언되어 버리면 자유롭게 액세스할 수 있으므로, 보호는 불충분했습니다. 외부 액세스를 금지하는 룰을 지킬지 말지는 엔지니어에게 달려있어, 어떤 모듈 내부의 변수에 대한 액세스를 금지하는 방법이 없었습니다. 개발공정이 다급해진 경우에는, 다른 모듈의 내부적 변수를 참조하는 임시변통적인 개발을 하여, 소프트웨어의 보수성이 쉽게 저하해버리는 문제가 있었습니다. 소프트웨어의 처리가 복잡화하여 서로 뒤얽혀버리게 된 경험이 있는 엔지니어도 많다고 생각합니다.

객체지향 언어에서는, 데이터의 액세스 범위를 컨트롤하는 기구가 프로그래밍 언어의 사양에 추가되어 있습니다. 그 기구에서 내부 데이터를 보호하여 확실히 캡슐화할 수 있으므로, 객체지향설계를 적확하게 개발할 수 있는 것입니다. 만일 외부의 클래스에서 내부 데이터로 액세스해도 컴파일 에러가 발생하므로, 엔지니어의 의도에 따라 항상 캡슐화를 유지할 수가 있습니다.

C++ 언어에서는 표 11-1과 같은 스코프의 선언에 따라, 명확하면서 강제적으로 데이터나 메소드에 대한 액세스를 제어할 수 있습니다. 많은 객체지향 언어에서도, 표 11-1과 같이 지정할 수가 있습니다. public은 어느 모듈에서도 액세스가 가능한 것을 나타냅니다. protected와 private는 외부 모듈에서 액세스 할 수 없도록 은폐합니다.

[표 11-1] 액세스 기술자

기술자	액세스 가능한 범위(스코프)
public	모든 클래스, 메소드에서 참조 가능
protected	파생관계에 있는 클래스만 참조 가능. 외부 클래스는 참조할 수 없다
private	모든 외부 클래스, 함수에서 참조할 수 없다. 자기 클래스 내에서만 액세스 가능

또한 캡슐화를 유지하면서 소프트웨어를 확장하기 위한, 클래스의 파생(Inheritance)이라는 기구도 준비되어 있습니다. 클래스끼리 공통된 특징을 가지고 있는 경우에, 그 공통 부분을 독립한 클래스로서 개발하고 나서 다른 부분만의 클래스를 개발하는 방법입니다. 예를 들면 "승용차"클래스와 "트럭"클래스는, 함께 자동차로서의 공통 데이터(엔진·속도·운전자·연료...)를 관리합니다. 그러나 승용차 고유의 특징(도어가 4개 있는 등)이나 트럭 고유의 특징(화물을 적재하는 등)을 개별로 제어하는 일이 필요합니다. 이와 같은 경우에 먼저 "자동차"클래스를 개발하고 나서, 승용차의 데이터와 로직을 새로운 클래스에 추가하여 "승용차"클래스를 작성합니다. "트럭" 클래스도 마찬가지입니다.

이와 같이 클래스에 기능을 추가하기 위해서, 근원이 된 클래스의 데이터나 로직(자동차 클래스)은, 파생한 신 클래스(승용차 클래스·트럭 클래스)로부터 자유롭게 취급할 수 있는 상태입니다. 이것이 클래스의 기능을 확장하는 기구입니다. 파생을 사용하여 클래스를 확장한 경우에만, 캡슐화를 통한 은폐를 하지 않고 확장할 수 있게 되는 것입니다.

파생관계에 있는 클래스에서는, 파생원을 부모 클래스(Parent Class)나 기본 클래스(Super Class), 기능 추가한 확장 클래스를 자식 클래스(Child Class) 또는 서브 클래스(Sub Class)라고 합니다. 자식 클래스에서 보면 부모 클래스는 공통적·범용적인 기능을 가진 클래스라고 생각할 수 있습니다. 이와 같은 공통구조를 추출한 관계를, **일반화**

(Generalization)라고 합니다. 영어로는 is-a의 관계라고도 합니다. 반대로 부모 클래스에서 보다 전문적인 자식 클래스를 파생시킨 관계를 **특화**(Specialization)라고 부르는 일이 있습니다(그림 11-7).

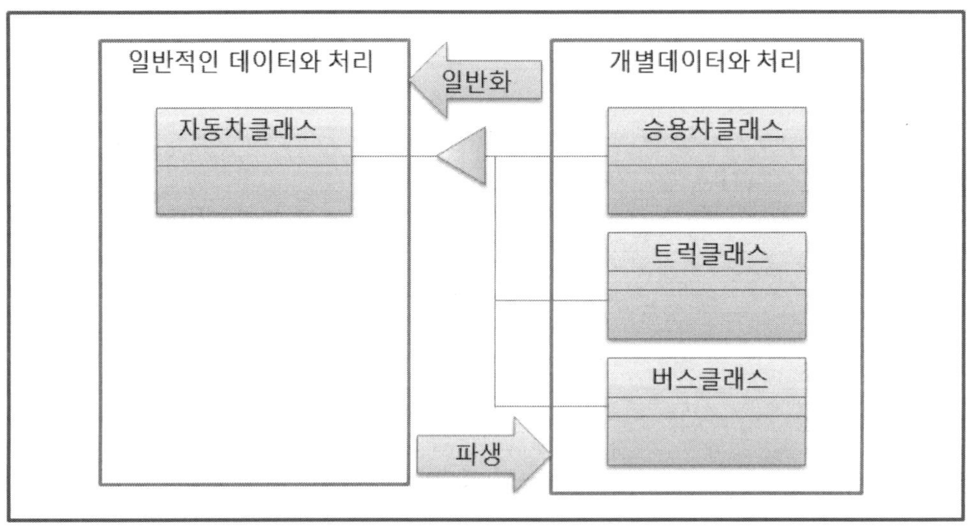

그림 11-7 일반화와 파생

캡슐화에 의한 외부의 보호 상태를 유지한 채 기능을 추가하는 수정은, 파생관계가 있는 클래스 간에서만 가능하게 됩니다. 앞의 예에서라면, 자동차 클래스→승용차 클래스 사이와, 자동차 클래스→트럭 클래스 사이에서는 파생관계가 있으므로, 자동차 클래스의 내부 데이터에 승용차 클래스·트럭 클래스에서 액세스할 수 있습니다. 그러나 같은 페어런트를 가지고 있어도 승용차 클래스와 트럭 클래스는 파생관계는 아니므로, 승용차 클래스에서 트럭 클래스(또는 그 반대)의 내부 데이터로는 액세스 할 수 없습니다. 이와 같이 엄밀하게 캡슐화를 유지하면서 상세한 소프트웨어 구조를 구축해 감으로써, 외부에 대하여 독립성을 유지한 채로, 유사한 기능을 가진 클래스를 효율적으로 설계할 수 있게 됩니다. 그러나 파생관계에 있는 부모 클래스와 자식 클래스 사이만은 캡슐화에 의한 보호가 완화되므로, 부모 클래스의 변경이 자식 클래스에 영향을 끼치기 쉽게 되는 문제도 발생합니다. 대부분의 객체지향 언어에서는, 친자 간에서 캡슐화를 유지하는 private 스코프가 준비되어 있으므로, 파생으로 캡슐화가 해제되는 protected 스코프와 분별하여 사용함으로써, 어느 정도 이 문제를 회피할 수 있습니다.

객체지향설계에서는, 기능 추가(조합)를 위한 또 하나의 방법도 자주 사용됩니다. 어떤 클래스의 멤버로서, 다른 클래스를 추가하는 **콜래보레이션**(Collaboration)이라는 방법입니다. 공통성이 없는 클래스의 데이터나 기능을 사용하는 경우에, 콜래보레이션이 사용됩니다. 예컨대 승용차 클래스의 좌석 클래스 등이 해당합니다. 이 경우 캡슐화에 의한 제한은 유지되고 있으므로, 멤버로서 소유하는 클래스 public에 밖에 액세스 할 수 없습니다. 그러나 서로 내부의 데이터나 로직의 수정이 직접 상대에게 영향을 주지 않으므로, 사양 변경의 영향범위가 확대하는 것을 방지할 수 있다는 이점이 있습니다. 콜래보레이션은 has-a의 관계라고 부르기도 합니다. 문자 그대로 다른 클래스를 멤버로서 소유(has)하는 관계이기 때문입니다(그림 11-8).

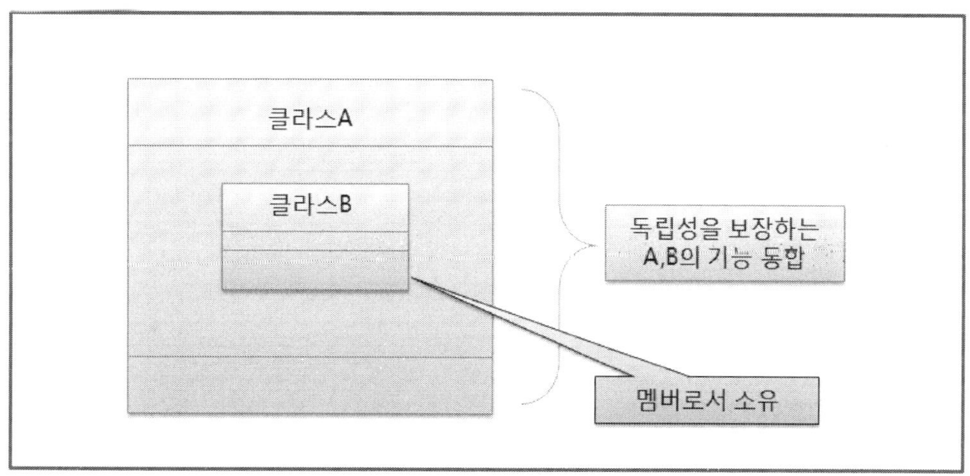

그림 11-8 콜래보레이션에 의한 기능확장

클래스의 파생이나 소유는, 객체지향설계의 근간이 되는 기본적인 사고방식입니다. 또한 소프트웨어 처리를 모델링하기 위한 분석에도 빠질 수 없습니다. 이러한 것에 대한 구체적인 설계순서의 설명은 양이 많기 때문에, 본서에서는 특징과 용도의 설명에 그치기로 합니다. 객체지향설계를 본격적으로 채택하는 경우에는, 객체지향에 관한 기술서도 함께 읽으시기를 권합니다.

11.1.4 모체의 수정없이 기존처리의 변경

객체지향설계에서는 **폴리모피즘**(Polymorphism)이라는 프로그램 언어 장치를 사용합니다. 이것은 데이터의 종류, 즉 클래스의 종류에 따라 처리를 자동적으로 변환하는 장치입니다. **다형성**이라고 번역되며, 「객체지향」 이라는 말과 같이 이름에서 동작이나 효과를 상상하기 어려워, 객체지향설계를 배울 때에 이해하기 어려운 개념의 하나입니다. 폴리모피즘을 이해하기 위해서는, 목적과 그것을 실현하는 기구를 분리하여 생각하면 좋습니다. 애초에 목적은, 같은 메소드 호출을 기술하는 것만으로, 데이터의 종류에 따라 다른 처리를 하는 데 있습니다.

　파일 보존처리에 비유하면, 다음과 같이 됩니다. 파일 보존처리는 데이터의 내용에 따라 처리내용은 달라집니다. 사진 데이터를 보존하는 경우에는 썸네일 화상도 은폐 파일로서 동시에 보존하며, 음악 파일의 경우에는 정형 아이콘을 보존한다는 상태입니다. 이와 같은 처리를 C 언어로 기술하려고 하면, switch문이나 if~ else문을 사용하여 파일 종별마다 처리를 바꾸는 개발이 되겠습니다. 이와 같은 개발은 제 9.3.3항에서 설명한 **제어 결합**(Control Coupling)의 상태가 되어, 호출원과 호출선에서 동시에 처리의 내용을 의식한 개발이나 수정을 하지 않으면 안 됩니다. 파일 종별에 따라 변환하는 처리가 보존기능뿐만 아니라, 표시·읽기·적외선 전송... 등 다방면에 걸치는 만큼, 처리가 서로 뒤얽힌 복잡한 소프트웨어 구조로 됩니다. 실제로 거대화되어 버린 switch문으로 고민한 프로젝트도 적지 않습니다.

　이와 같은 처리를 개발하기 위해서, 객체지향 프로그래밍 언어에서는, 어떤 하나의 메소드명의 호출을 기술하는 것만으로, 데이터(클래스) 종별에 따라 다른 처리를 호출하는 기구가 갖추어져 있습니다. 이 기구를 사용함으로써, 폴리모피즘에 의한 동적 제어의 변환을 실현하고 있습니다(그림 11-9).

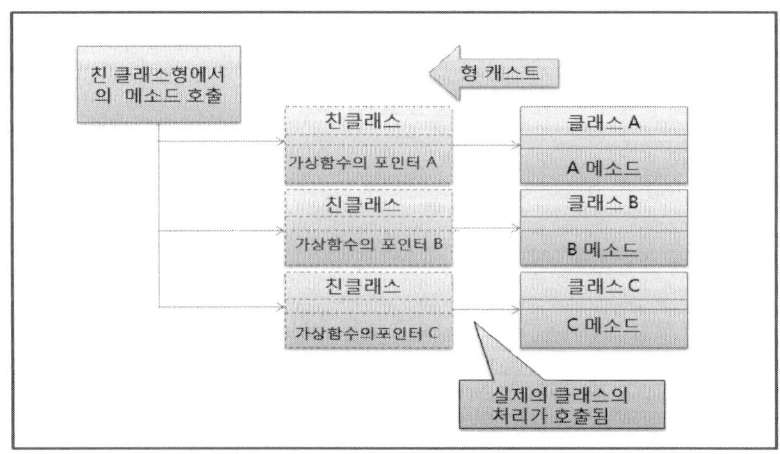

그림 11-9 폴리모피즘(Polymorphism)

　폴리모피즘을 실현하는 기구는, 대부분의 객체지향 언어에서 공통되고 있습니다. **가상 함수**(Virtual Function)라고 하는 기구로 실현됩니다만, 이것은 메소드에 대하여 virtual 선언을 하는 것만으로, C 언어에서 말하는 함수 포인터에 의한 처리와 동일한 개발을 컴파일러가 생성하는 기능이 됩니다. 가상 함수는 그 클래스가 가지는 메소드의 실체에 항상 고정됩니다. 사용자는 virtual 선언하는 일 밖에 할 수 없으므로, 어떤 클래스가 가진 가상 함수의 실체를 항상 가리키고 있습니다(리스트 11-1). 이와 같은 개발방법은 폴리모피즘을 실현하는 수단에 지나지 않으므로, 실현방법을 이해하고 있으면 충분합니다.

가상 함수(함수 포인터)를 사용함으로써, 같은 멤버 명으로 메소드(함수)를 호출해도 다른 처리(함수)를 호출하는 일이 가능하게 됩니다. 즉 폴리모피즘은 C 언어로도 실현가능한 기구인 것입니다. 단 C 언어에서는 함수 포인터의 사용은 피해야 한다고 여기고 있습니다. 소스코드를 보아도 실제로 호출되는 함수를 특정할 수 없으므로, 디버그로 처리의 흐름을 좇는 작업이나 소프트웨어 수정이 극단적으로 어렵게 되기 때문입니다. 판독성이 극단적으로 저하해버리므로, 함수 포인터로 폴리모피즘을 사용하는 장점을 잃어버린다고 할 수 있을지도 모르겠습니다.

그러나 C++등의 객체지향 언어에서는, 소스코드 상에서는 보통의 메소드와 같이 기술하는 것만으로 안전하게 가상 함수를 사용할 수 있습니다. 게다가 가상 함수의 내용은 클래스마다 결정되어 있기 때문에, 호출선도 항상 명확합니다. 그래서 소스코드 상에서는 일반적인 함수와 같이 취급하면서, 다태성의 장점을 얻을 수가 있는 것입니다.

앞에서 기술한대로, 폴리모피즘의 기구는 switch문으로도 대체할 수 있습니다. 그러나 기존 처리를 변경하지 않고 새로운 처리를 추가할 수 있는 점이 결정적으로 다릅니다. 이것이 객체지향설계의 커다란 특징이며 장점이 됩니다. 폴리모피즘을 사용하고 있는 경우에는, 새로운 클래스를 작성하여 가상 함수를 추가 개발하는 것만으로, 모체의 기존처리를 호출할 때 추가한 처리가 자동적으로 호출됩니다. 새로운 클래스에 설정된 함수 포인터에 따라 처리가 바뀌었으므로, 모체 측은 일절 변경이 필요 없습니다.

switch문에 의한 처리의 변환은, 새로운 처리를 개발하는 경우에는, 모체에 case를 추가한 뒤, 처리를 추가하지 않으면 안 됩니다. 그래서 모체는 복잡하게 되고, 기존 부분을 재테스트하는 작업도 발생합니다. 또한 복수개의 부분에 switch문이 있는 경우에는, 각각의 동작을 확인하면서 적절한 변환처리를 개발하지 않으면 안 됩니다.

기존 부분에 손을 대지 않고 기능을 추가할 수 있음으로써, 소프트웨어 개발 종반의 수정이나 추가 작업의 부담이 상당히 경감됩니다. 객체지향설계에서는, 데이터의 종별에 따라 처리를 변환하는 switch문은, 대부분 가상 함수로 치환할 수 있습니다. 그리고 폴리모피즘을 사용함으로써, 보다 간결하고 보수성이 높은 소프트웨어로 할 수가 있는 것입니다. 물론 모든 switch문을 가상 함수로 개발할 것을 권하는 것은 결코 아닙니다만, switch문을 기술하는 부분에서 선두에 가상 함수로 개발할 수 없는지를 검토할 가치는 있다고 생각해도 좋습니다.

◉ 리스트 11-1 폴리모피즘을 실현하는 소스코드

class memoryfile

```cpp
{
    virtual bool readFile( string filename )
    {
        // RAM 상의 파일읽기 처리;
        <자작 메모리 파일 API로 조작>
    }
            ⋮
}


class EFS_File : memoryfile
{
    override bool readFile( string filename )
        //  클래스 내의 보이지 않는 함수 포인터에 의해, 적절한 함수가 자동적으로
    //  선택된다.

    {
        // EFS 상의 파일읽기 처리;
        <RTOS가 제공하는 EFS 파일 I/O API에 의한 액세스>
    }
            ⋮
}


class SDcardFile : memoryfile
{
    override bool readFile( string filename )
    {
        // SD카드 상의 파일읽기 처리;
        <SDcard 드라이버에 의한 파일 I/O>
    }
            ⋮
}


            ⋮
    bool ReadSettingFile( memoryFile file)
```

```
        // 부모 클래스(memoryFile)로 캐스트
{

        ⋮

    file.readFile( IDS SETTING FILENAME );
        // 파일 인수의 실제 클래스(형)는 캐스트 되어 알 수 없다


}
```

임베디드 소프트웨어개발에서는, switch문이 대량으로 사용됩니다. 비동기 처리의 메시지 핸들러 내부의 거대한 switch문은 수정이나 추가의 큰 방해가 됩니다만, 폴리모피즘을 활용함으로써, 독립성이 높고, 보수가 쉬운 소프트웨어 구조로 바꿀 수가 있습니다. 게다가 기계적인 작업으로 개조할 수 있는데 비해 효과가 높기 때문에, 임베디드 소프트웨어에서 객체지향설계를 채택하는 데에 커다란 포인트가 되겠습니다.

11.1.5 소프트웨어 개발언어의 선택

오픈업무 개발시스템의 개발에서는, 여러 가지 객체지향 프로그래밍 언어가 사용되고 있습니다. C++나 Java, C# 등이 대표적입니다. Object Pascal이나 Visual Basic(VB.NET) 등도 객체지향의 사고방식을 도입하고 있습니다. 또한 임베디드 소프트웨어개발의 특급전문가에게는 위화감이 있을지도 모르겠습니다만, Web 시스템 개발 등의 업무에서는, **라이트 웨이트** 언어라고 하는 스크립트 언어도 주류의 하나가 되어 있는데, JavaScript·Python·Lua·PHP5·Ruby 등이 있습니다(표 11-2).

[표 11-2] 객체지향 개발언어

프로그래밍 언어	특 징	처리속도	리얼타임 처리
C++	C 언어를 확장한 객체지향 언어. 컴파일러에 의해 CPU 네이티브 실행가능 모듈을 생성한다. 최신 객체지향 언어와 비교하면 사양이 복잡하지만, C 언어나 어셈블러 언어로 개발된 모듈과의 친화성이 높아, 임베디드 소프트웨어개발에 적합하다	고속	개발가능
Java	Sun Microsystems사에서 개발한 객체지향 언어. 가상 CPU 명령으로 컴파일 되어, 복수개의 플랫폼에서 공통으로 실행할 수 있는 모듈을 작성할 수 있으나, 속도가 조금 느리다는 결점이 있다. 임베디드 소프트웨어개발용 프로파일이 정의되어 있고, 하이엔드 기기를 중심으로 사용되고 있다	고속~저속	개발불가
C#	Microsoft사가 개발한 객체지향 언어. CLR이라는 가상 CPU 명령의 모듈을 생성하고, 실행 시에는 네이티브 CPU 명령으로 변	고속	개발불가

	환하고 나서 실행하므로 고속이다. 어스펙트지향기술 등 최신 테크놀로지를 도입하고 있으며, 개발효율이 높은 점이 특징		
VB.NET	Microsoft사의 객체지향 언어. BASIC 문법을 확장하고 있으며, 많은 객체지향 확장이 추가되어 있다	고속	개발불가
스크립트 언어 (JavaScript · Python · Lua · PHP5 · Ruby 등)	소스코드를 실행 시에 해석하여, 인터프리터를 실행하는 프로그램 언어. 종래에는 임베디드 소프트웨어개발에 적합하지 않다고 생각해왔으나, 보수가 쉽고 확장성이 높아서, 동적인 UI 제어 등에 사용되는 일이 있다	저속	개발불가

● C++

임베디드 소프트웨어개발에서 가장 일반적으로 사용되는 객체지향 언어는 C++입니다. 객체지향의 해설서에서는, C++ 언어는 객체지향 언어 중에서도 복잡한 언어사양이어서 개발효율 등이 우수하다고는 하지 않습니다. 이것은 어디까지나 Java나 C# 등의 프로그래밍 언어와 비교한 경우의 이야기이며, C 언어 등 절차형 프로그래밍 언어와 비교하면 분명히 우수합니다.

또한 C 언어와 상위호환성이 있는 점도, 임베디드 소프트웨어개발에서는 상당히 큰 장점입니다. C 언어나 어셈블러 언어 등으로 개발된 모듈과, 심리스(Seamless)로 결합할 수 있습니다. 임베디드 소프트웨어개발에서는 과거의 소프트웨어 자산이나 외부 모듈 등을 사용하지 않으면 안되는 상황이 일반적입니다. 그와 같은 경우에도 문제없이 대응할 수 있는 점이 최대의 장점입니다. 그러나 C 언어와의 호환성이, 언어사양이 복잡해진 원인이 되어 있는 면도 있습니다. 또한 객체지향 기술을 사용하지 않고 소스코드가 기술되어 버리므로, 객체지향설계로 이행해 나아가기가 힘든 경향이 있습니다.

어쨌든 간에 임베디드 소프트웨어개발에서 사용하는 객체지향 언어로서, 가장 현실적인 옵션의 하나라고 생각해도 지장이 없습니다.

● Java/C#/VB.NET

Java/C#/VB.NET는 최근 임베디드 소프트웨어개발에서도 사용할 수 있게 된 고기능 객체지향 언어입니다. C++ 언어에 앞서는 생산성이나 보수성을 가진 우수한 개발언어입니다. 이러한 언어사양에는 주로 2가지의 우위성이 있습니다.

첫째는 불필요한 메모리 영역을 자동적으로 해방하는 가비지 컬렉터 기구입니다. 이러한 언어에는 모든 포인터 변수의 내용을 VM이 감시하고 있습니다. 전혀 참조하지 않게 된 동적 메모리 영역은, 자동적으로 해방됩니다. 그래서 new(malloc)로 확보한 영역을 해방할 필요가 없습니다. 이것은 메모리 리크가 발생할 가능성을 저하시킬 뿐만 아니라, 소프트웨어의 로직을 단순화하는 면에서 큰 효과가 있습니다. 또 엔지니어에게도 메모리 관리를 의식할 필요가 없으므로, 어플리케이션의 로직에 집중하여 소프트웨어를 개발할 수 있다는 장점이 있습니다.

둘째는 소프트웨어를 복수개의 플랫폼에서 공통으로 사용할 수 있는 점입니다. 소프트웨어를 VM상에서 실행하기 때문에, 하드웨어 구성의 차이를 VM이 흡수함으로써 범용적인 소프트웨어를 작성할 수 있습니다. 물론 하드웨어나 규격에 따라 VM 사양이나 내장 라이브러리가 다르므로, 완전히 같은 모듈이 복수개의 플랫폼을 지원할 수 있는 일은 드뭅니다. 그러나 하드웨어의 차이가 아니라, 라이브러리의 유무나 API 수준의 차이를 제외하면 공통화할 수 있는 장점은 아주 큰 것이라고 할 수 있습니다. 또한 방대하면서 다기능의 클래스 라이브러리와 강력한 IDE를 사용할 수 있는 점이나, 멀티스레드의 어플리케이션을 개발할 수 있는 점, 리플렉션(Reflexion) 기능에 따라 실행 중에 라이브러리를 제어할 수 있는 점 등도 장점이라고 생각됩니다.

단점은 그다지 많지 않습니다. 종래에는 실행속도가 느린 점이 최대의 결점이라고 여겼지만, 현재는 해결해가고 있습니다. C#/VB.NET에서는 실행 시에 네이티브 코드에 컴파일하므로, CPU 네이티브 어플리케이션과 거의 동등한 처리속도를 실현하고 있습니다. Java의 실행속도도 향상하여, 어플리케이션층의 전부를 Java로 개발하는 임베디드 시스템도 출현해 있습니다. 굳이 예를 들자면 메모리를 해방하는 가비지 컬렉터의 처리에 부하가 발생하는 점이나, 실행 시 컴파일을 위해 메모리를 다량으로 소비하는 점, 그 때문에 처리속도가 저하한다는 단점이 있습니다.

만일 임베디드 시스템의 처리능력이나 메모리 용량이 충분하다면, 소프트웨어 설계상의 장점이 많은 우수한 언어라고 할 수 있습니다.

● 스크립트 언어

임베디드 시스템의 주요 기능 개발에 스크립트 언어가 사용되는 케이스는 드뭅니다. Adobe Flash Lite로 UI를 제어하고 있는 시스템으로서, ActionScript에 의해 로직의 일부를 개발하고 있는 경우에 한해 사용되겠습니다. 해외에서는 오픈 소스 기반의 Lua 스크립트가 임베디드 소프트웨어개발에 채택되는 예도 있습니다.

스크립트 언어의 장점는, 주로 2가지가 있습니다. 하나는 소프트웨어를 실행 시에 변환할 수 있는 점입니다. 컴파일 언어가 아니므로, 메모리나 파일 시스템상의 소프트웨어를 변경하는 것만으로, 다른 처리를 할 수가 있습니다. 종래에는 UI나 어플리케이션 기능을 출시 후에 추가하는 일은 아주 어려웠습니다만, 스크립트 언어를 사용하면 서버에서 어플리케이션을 다운로드 하는 것만으로 기능이나 동작을 추가·변경 할 수가 있습니다. 또 하나는 소프트웨어의 재사용성입니다. 스크립트 엔진으로 실행되므로, 실행 환경의 영향을 비교적 받기 어려워, 임베디드 소프트웨어로서는 고수준의 가반성(可搬性)을 가진 소프트웨어가 됩니다.

그러나 스크립트 엔진으로 순차 실행되므로 처리속도가 느리고, 임베디드 시스템 속에서는 주로 UI층 등에 밖에 개발할 수가 없습니다. 리얼타임 처리나 드라이버층의 개발은 불가능합니다.

또한 고기능으로 생산성이 높은 객체지향 언어일수록, 시스템 부하가 크거나 오버헤드가 커지는 경향이 있습니다. 오픈업무 시스템 개발에서는 강력한 CPU나 대량의 메모리를 사용할 수 있는 전제에서, 퍼포먼스와 개발효율과의 트레이드오프를 진행하고 있습니다. 만일 임베디드 시스템에서도 PC나 서버에 필적하는 하드웨어를 사용할 수 있다면, 보다 효율적인 객체지향 언어가 옵션으로 될 수 있습니다. 실제로 휴대전화 등의 하이엔드 제품에서 Java나 C#(.NET Compact Framework)을 사용한 경우에는, C/C++ 언어보다 훨씬 더 효율적으로 소프트웨어를 개발하고 있습니다.

그러나 상당한 임베디드 제품에서는, Java/C#이나 스크립트 언어로는 개발효율과 오버헤드의 밸런스를 적절하게 잡는 일이 어렵습니다. 처리능력이 낮은 시스템에서는 오버헤드의 부정적인 영향이 강하게 표출되므로, 개발효율의 장점이 사라져 버립니다. 만일 Java나 C# 등을 사용할 수 있는 경우에는, 메모리와 CPU 부하의 영향을 신중하게 평가하는 쪽이 안전합니다. 만약 퍼포먼스 등에 문제가 없으면, 개발효율의 대폭적인 향상을 기대할 수 있으므로, 적극적으로 채택을 검토할 가치가 있습니다.

11.2 알고리즘 사전과 디자인 패턴

디자인 패턴(Design Pattern)이라는 말이 객체지향설계의 해설 등에서 자주 등장합니다[30]. 이것은 이름 그대로 디자인(Design : 설계)의 패턴을 모은 것입니다. 구체적으로는 특정한 처리를 효율적으로 개발할 수 있는 데이터 구조와 처리 로직을 짝으로 하여, "설계 패턴"으로서 정리한 것입니다. 마치 C 언어의 소프트웨어 개발에서 사용되는 알고리즘 사전과 같은 위치에 있는 기술지식이라고 생각하면 되겠습니다(그림 11-10).

---

30) GUI의 그래픽 디자인 등의 패턴은 아니다.

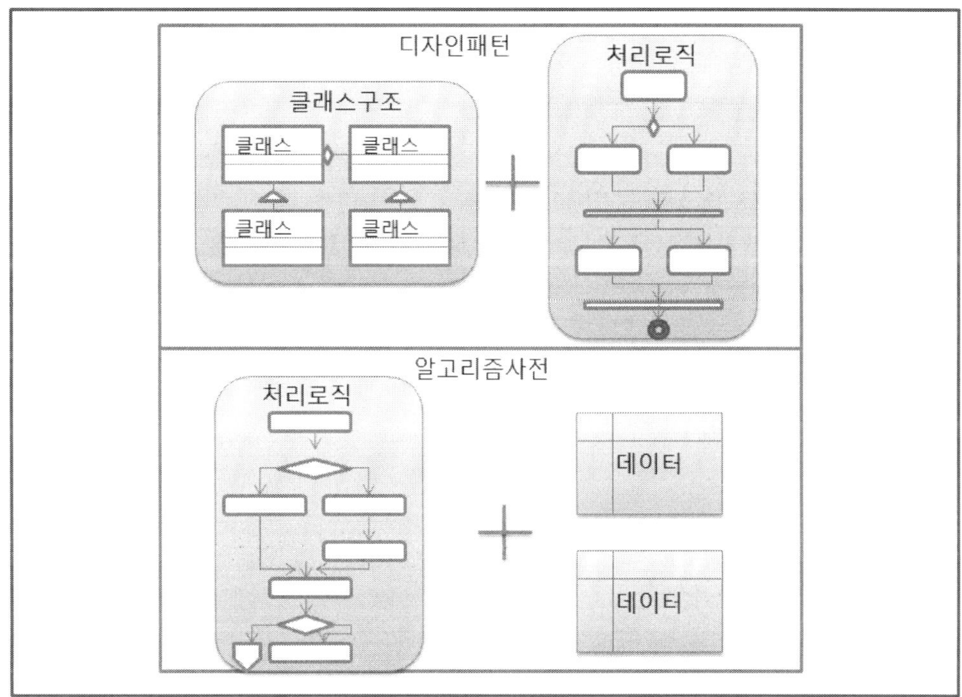

그림 11-10 디자인 패턴

　객체지향설계를 적용한 시스템에서는, 제어대상을 정확하게 모델링하여 최적의 클래스를 설계하는 것이 쉬운 일은 아닙니다. 그러나 디자인 패턴을 사용하면, 일정패턴에 의거한 정형화된 처리를 하는 모듈이나 클래스군에 대하여, 매번 같은 설계를 하지 않아도 품질이 높은 클래스 구조를 적용할 수가 있게 됩니다.

　또한 디자인 패턴은 소프트웨어 설계의 보수성을 향상시켜서 재사용을 촉진하는 효과도 있습니다. 비교적 복잡한 처리를 하는 클래스를 독자적 구조로 개발해 버리면, 다른 엔지니어가 보수하는 경우, 이해하기까지 시간이 걸리는 일이 있습니다. 이때 정형화된 문제를 디자인 패턴의 유형적인 클래스 구조로 개발해 두면, 패턴 명을 기술해 두는 것만으로 목적·기능·구조 등을 쉽게 이해할 수 있습니다. 또한 리뷰 작업이나 테스트 공정에서도 체크해야할 포인트를 명확화 하는 효과가 있습니다.

　데이터를 취급하는 구조를 나타내고 있기 때문에, 기초가 되는 아이디어는 C 언어로도 활용할 수 있습니다. 그러나 많은 처리 로직은 폴리모피즘 등의 객체지향 언어에 특별한 기구를 사용하고 있으므로, 그대로 같은 구조를 개발하는 것은 어렵겠습니다.

　디자인 패턴의 적용에 따라, 소프트웨어의 설계품질 향상과 생산성 향상 효과를 얻기 위해서는, 객체지향설계의 채택이 전제조건이 된다고 생각하시기 바랍니다.

　많은 연구자를 통하여 여러 가지 디자인 패턴이 제안되어 있습니다만, 가장 기본이 되는 것은 감마(Erich Gamma), 존슨(Ralph Johnson), 헬름(Richard Helm), 블리시즈(John Vlissides)의 4명의 연구자가 「디자인 패턴」이라는 말을 처음으로 사용하여 설명한 23 패턴입니다. 이러한 구체적인 내용을 설명하면 방대한 양이 되어버리므로, 상세한 것은 생략합니다. 만일 상세하게 알고 싶은 경우에는, 디자인 패턴을 소개한 양서를 풍부하게 구할 수 있습니다. 그 중에서도 4명의 연구자가 저술한 "Design Patterns"(Addison-Wesiey Professional 간, 『객체지향에서 재사용을 위한 디자인 패턴』)이 기본 중의 기본으로 되어 있습니다. 많은 패턴이 아주 알기 쉽게 구체적인 예와 함께 소개되어 있어, 객체지향설계를 채택하는 아키텍트에게는 클래스 설계의 카탈로그로서 빼놓을 수 없는 한 권이라고 할 수 있습니다. 이 책 속에는 표 11-3의 패턴이 해설되어 있습니다.

[표 11-3] 디자인 패턴

생성에 관한 패턴

패 턴	개 요
Abstract Factory 패턴	클래스의 조합을 의식하지 않고, 관련이 있는 복수개의 클래스군을 생성할 수 있게 한다
Builder 패턴	복합 객체의 생성 로직을 캡슐화하고, 클래스 관계를 의식하지 않고 생성할 수 있게 한다
Factory Method 패턴	인스턴스 생성 인터페이스를 파생 클래스마다 개발함으로써, 동일한 인터페이스에서 파생 클래스별로 클래스를 생성할 수 있게 한다
Prototype 패턴	객체 생성 시의 원형이 되는 인스턴스를 사용하여, 공통된 설정값을 가진 인스턴스를 복수개 생성할 수 있게 한다
Singleton 패턴	이 패턴을 적용한 클래스의 인스턴스가 하나밖에 생성되지 않는 것을 보증한다. 또한 클래스 메소드에 의하여 임의의 클래스로 부터의 액세스를 할 수 있다

구조에 관한 패턴

Adapter 패턴	인터페이스 사양이 다른 클래스끼리를 연동시키는데 필요한 중립 클래스를 개발하기 위한 패턴
Bridge 패턴	기능을 개발하는 클래스와, 기능을 호출시여 사용하는 측의 클래스를 분리한다. 개발 클래스가 제공하는 기능을 파생을 통하여 변경할 수 있게 한다
Composite 패턴	객체끼리의 반복적인 친자관계를 관리한다
Decorator 패턴	포인터를 사용하여, 클래스에 대한 동적인 기능추가를 할 수 있게 한다
Facade 패턴	일련의 복잡한 사용 절차를 가진 클래스군에 대하여, 패턴화할 수 있는 처리를 정리하여 실행한다
Flyweight 패턴	다수의 인스턴스가 공통된 클래스를 사용하는 경우에 메모리 사용량을 저감할 수 있게 한다
Proxy 패턴	객체에의 호출을 중계하며, 인스턴스 생성이나 기능의 호출을 외부 부착하여 컨트롤한다

행동에 관한 패턴

chain of Responsibility 패턴	복수개의 객체를 포인터로 연결하여, 처리를 차례로 실행해가기 위한 구조
Command 패턴	요소적인 처리마다 클래스를 작성하여, 클래스에 대한 메시지를 인스턴스로서 관리할 수 있게 한다
Interpreter 패턴	규칙성이 있는 데이터를 해석하기 위해, 문법과 해석을 위한 클래스를 생성한다
Iterator 패턴	배열 등 순서성이 있는 데이터에 대한 액세스 순서를 관리하는 클래스 구조
Mediator 패턴	객체끼리의 조작을 클래스로서 개발함으로써, 클래스끼리의 결합도를 저감할 수 있다
Memento 패턴	데이터의 변경 이력을 보존하기 위한 패턴. 이력을 반대로 적용함으로써, 데이터를 변경 전의 상태로 되돌릴 수가 있게 된다
Observer 패턴	어떤 인스턴스로부터 복수개의 인스턴스로 메시지를 동시에 전하기 위한 클래스 구조
State 패턴	상태를 클래스로서 관리하고, 상태전이를 상태 클래스의 동작으로서 캡슐화할 수가 있다
Strategy 패턴	목적에 따라 로직이나 클래스 구조를 바꿀 수가 있게 된다
Template Method 패턴	처리 로직 속에서, 변경이 예상되는 부분을 파생 클래스로 변경할 수있게 한다
Visitor 패턴	객체 내부에서 사용하는 조작을 캡슐화하여, 외부로 추출한다. 클래스의 내부 동작을 변경할 수 있게 한다

11.3 UML과 비쥬얼화

UML(Unified Modeling Language)은 객체지향 언어로 개발되는 소프트웨어의, 구조나 동작을 기술하기 위한 표기법입니다. 즉 C 언어 등의 절차 지향 언어의 처리가 플로우 차트나 JIS PAD도 등으로 표현하듯이, C++나 Java등의 객체지향 언어에서는 UML로 설계 도표를 기술한다고 생각하면 됩니다. UML만으로 소프트웨어를 표현할 수는 없습니다만, 설계문서 등에서 자연언어의 설명문과 조합하여 사용함으로써, 원래는 눈에 보이지 않는 소프트웨어를 보다 알기 쉽고 정확하게 표현할 수가 있게 됩니다.

11.3.1 UML에 의한 소프트웨어의 표현

객체지향 기술을 적용한 소프트웨어의 구조나 행동을 표현하는 기법은, 1980년대 후반부터 연구되어 왔습니다. 그 중심이 된 부치(Grady Booch), 란보(James Ranbaugh), 야콥슨(Ivar Hjalmar Jacobson)의 아이디어를 통합하여 표기법으로 완성되었습니다. 현재는 사실상의 표준이 되어 있고, JIS 규격에도 정식으로 도입되어 있습니다. UML의 사양은 **OMG**(Object Management Group)라는 단체에 의해 책정되어 있습니다. OMG는 IBM사나 Sun Microsystems사 등 많은 기업이 참가하는 컨소시엄입니다. UML은 계속적으로 개량이 되고 있으며, UML사양이 변경됨에 따라서 버전이 갱신되어 있습니다.

세계 표준이기 때문에 스케일 장점의 효과로 UML 관련 툴이 충실하고. 그에 따라 소프트웨어 엔지니어가 UML을 적극적으로 사용한다는 선순환이 형성되어 있습니다. 충실한 툴을 통하여, 복잡한 문서이면서도 효율적으로 기술할 수 있는 점도 UML의 장점입니다.

많은 장점을 얻게 됨으로써, 소프트웨어의 사양을 기술하는 경우에는 UML이 최적이라고 할 수 있는 상황으로 되어가고 있습니다. 임베디드 소프트웨어개발에서도 적극적으로 활용하는 흐름이 되었습니다. 물론 도표만으로 소프트웨어를 완전하게 표현하는 것은 불가능하지만, 자연언어로 하는 설명문과 조합함으로써, 보다 품질이 높은 설계를 할 수 있게 됩니다.

또한 UML은 구조화 설계에서도 사용할 수 있습니다. 모든 그림은 사용할 수 없지만, 시퀀스도나 타이밍도 등은 공통으로 사용할 수 있습니다. 표준기법으로 도시하면 이해하기 쉬운 설계 문서가 되며, 또 워드 프로세스의 작도기능으로 작도하기 보다도 UML 기술 툴을 사용하는 쪽이, 작도가 쉬우면서 빠릅니다.

UML을 사용한 소프트웨어 설계의 기술은, 다음과 같은 장점이 있습니다.

● **소프트웨어 구조의 통일적인 표기**

UML로써 소프트웨어의 구조를 세계 공통의 포맷으로 표기할 수가 있습니다. 세계 표준의 도표이므로, 소프트웨어의 구조나 행동을 정확하게 기술하고, 또 전달할 수 있습니다. UML에서는 소프트웨어의 구조와 동작의 양쪽을 표현하는 그림이 갖추어져 있으므로, 소프트웨어의 사양을 여러 가지 각도에서 표현할 수가 있습니다.

또한 기업 간이나 프로젝트 간에서 소프트웨어의 구조나 사양을 전할 때, 공통된 커뮤니케이션 수단으로 사용함으로써, 정확하게 소프트웨어의 사양을 전달하는 효과도 있습니다.

● **소프트웨어의 직관적인 파악**

소프트웨어는 눈에 보이지 않으므로, 소스코드만으로 전체의 동작이나 사양을 파악하기 위해서는, 높은 숙련도와 경험이 필요하게 됩니다. UML을 사용하여 소프트웨어의 구조나 동작을 기술하면, 소프트웨어의 작성을 시각적으로 확인할 수가 있습니다. 이에 따라 소프트웨어 전체를 부감하여 파악하거나, 모듈을 구성하는 클래스 간의 관련을 이해하는 일이 쉬워집니다.

또한 수정이나 추가 시에는, 소프트웨어의 구조를 도형에서 이미지하므로, 수정의 영향 범위 등을 보다 직관적으로 분석할 수 있다는 장점도 있습니다.

● 소프트웨어 설계의 개선과 재사용

UML로 소프트웨어를 기술하는 2차적인 장점으로서, 보다 정확한 설계를 할 수 있게 되는 효과도 있습니다. UML도에서 시각적으로 확인하며 설계함으로써, 너무 복잡한 부분이나 결합이 너무 강한 부분을 객관적으로 파악할 수 있게 됩니다. 그래서 보다 **빠른** 단계에서 적절한 설계로 개선하기 쉬워진다는 이점이 있습니다.

또한 소프트웨어의 구조를 그림으로 표현함으로써, 공통된 패턴이나 구조를 발견하기 쉬워집니다. 또 전혀 다른 시스템에서도 비슷한 데이터 구조를 취급하거나 유사한 처리를 하는 경우에는, 소프트웨어 구조를 설계단계에서 응용할 수 있다는 장점도 있습니다.

● 툴에 의한 지원

UML은 세계에서 널리 사용되고 있으므로, 관련되는 설계 툴도 상당히 풍부하게 제공되어 있습니다. UML 도표를 기술하기 위한 설계 문서 작성 툴이나, UML도에서 소스코드를 자동적으로 생성하는 툴, 그리고 소스코드를 해석하여 UML도로 모델화 하는 툴 등을 사용할 수 있습니다. Eclipse나 Visual Studio 등의 IDE와 연동하는 툴도 많아, 워드 프로세스 소프트 등으로 작도하는 것보다도 효율적으로 UML도를 작성할 수 있습니다.

11.3.2 UML에서 사용하는 도표

UML2.0에서는 소프트웨어의 정적인 구조를 나타내는 그림과 소프트웨어의 동적인 행동을 나타내는 그림을 조합하여, 눈에 보이지 않는 소프트웨어를 눈에 보이는 형상으로 기술합니다(그림 11-1). UML2.0에서는 표 11-4와 같은 도표가 정의되어 있고, 여러 종류의 그림을 조합하여 소프트웨어 구조·동작을 여러 가지 각도에서 표현합니다.

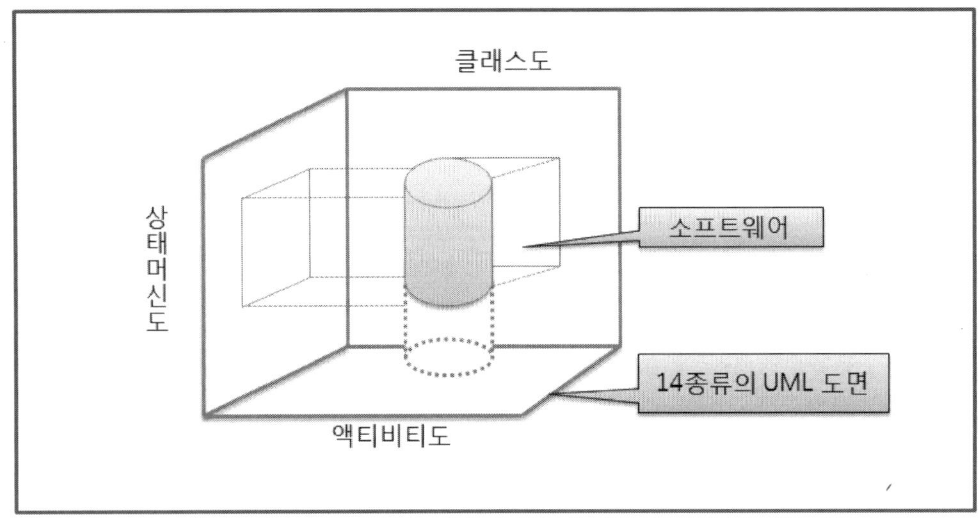

그림 11-11 객체지향 소프트웨어의 표현

상당히 많은 종류가 정의되어 있습니다만, 일반적인 설계 도표가 그런 것처럼, 반드시 모든 그림을 작성할 필요가 있는 것은 아닙니다. 각각의 그림이 표현할 수 있는 내용이나 목적을 이해한 후에, 소프트웨어 설계를 위해 필요한 그림을 선택하면 됩니다.

UML에 대해서는 수많은 서적이나 해설서 등이 출판되어 있습니다. 각기 UML도의 특징이나 사용방법을 자세하게 해설하면 방대한 양의 설명이 필요하게 되어버리므로, 본서에서는 UML의 장점을 소개하기만 하겠습니다. 지금까지 UML에 접할 기회가 없었던 엔지니어는, 부디 흥미를 가지고 해설서 등을 참조하시기를 권합니다.

또한 특별한 형태의 소프트웨어 개발을 위해, 옵션의 그림이나 확장방법도 정의되어 있습니다. UML을 사용하는 설계 기법을 위한 확장이나, 특정 분야의 개발작업을 위한 프로파일 등이 정의되어 있습니다. 옵션 항목은 방대한 수로 늘어나므로, 필요한 것만을 체크하면 충분합니다.

[표 11-4] UML 도표

UML 도표	표현하는 내용
소프트웨어의 구조를 나타내는 그림 Structure Diagram	소프트웨어의 정적인 구조(실행 시가 아니라, 설계·개발 시에 규정되는 구조)를 표현한다
클래스도 Class Diagram	클래스의 메소드나 필드 등의 정보와, 클래스끼리의 정적인 관계를 나타낸다
복합구조도 Composite Structure Diagram	클래스 모듈이나 컴포닌트의 구성요소와 속성을 기술한다
컴포넌트도 Component Diagram	시스템을 구성하는 컴포넌트의 구성요소와, 컴포넌트끼리의 관계를 기술한다
배치도 Deployment Diagram	소프트웨어의 패키지 구성요소나, 패키지의 배치상태를 기술한다
객체도 Object Diagram	소프트웨어가 관리하는 객체의 정적인 구조를 기술한다
패키지도 Package Diagram	소프트웨어 패키지의 속성 정보나, 패키지 간의 관계를 계층구조 등으로 표현한다
소프트웨어의 동작을 나타내는 그림 Behavior Diagram	소프트웨어의 동적인 사양이나, 행동을 표현한다
액티비티도 Activity Diagram	데이터 처리의 흐름이나 시스템의 행동을, 처리의 흐름에 따라 시각 구조로 표현한다
유스케이스도 Use Case Diagram	시스템에 관여하는 동작 주체나, 시스템에 요구되는 조작을 표현한다
상태 머신도 State Machine Diagram	모듈이나 시스템의 상태전이와, 그에 수반되는 동작이나 입출력을 기술한다
상호작용을 나타내는 그림 Interaction Diagram	소프트웨어 간의 상호작용으로서, 처리의 흐름이나 순서, 데이터의 흐름 등을 기술한다
시퀀스도 Sequence Diagram	객체 간의 메시지(메소드 호출)의 흐름이나 순서를, 시계열에 따라 세로방향으로 표기한 그림
커뮤니케이션도 (Communication Diagram) 콜래보레이션도 (Collaboration Diagram)	객체 간의 메시지(메소드 호출)의 흐름이나 순서를, 객체끼리의 평면도로 표기한 그림
상호작용 개요도 Interaction Overview Diagram	시퀀스도·커뮤니케이션도·타이밍도에서 나타나는 행동끼리의 관련을 설명한다
타이밍도 Timing Diagram	리얼타임 처리 등에서, 제어 타이밍이나 비동기 제어끼리의 관련을 표현하는 그림

11.3.3 소프트웨어구조의 재사용

UML로 소프트웨어 설계를 기술함에 따라서, 장래에 소프트웨어구조를 재사용하기 쉬워진다는 장점이 있습니다. 모듈이나 소스코드의 재사용은 구조화 설계에서도 있습니다만, 소프트웨어구조의 재사용과는 약간 다릅니다.

소프트웨어 자체의 재사용의 시도는, 임베디드 시스템에서는 큰 효과를 거두기 힘들다고 알려져 있습니다. 임베디드 시스템의 사양은 제품이나 프로젝트에 따라 크게 다릅니다. 그래서 소스코드나 라이브러리를 재사용하려고 해도, 세밀한 차이를 흡수하는 작업이 대량으로 발생해 버리는 일이 적지 않습니다. 또한 많은 부분에 손을 대어버리면 공통성을 유지할 수 없게 되므로, 최종적으로는 분기한 다른 모듈로 되어버리는 일도 있습니다.

오픈업무 시스템의 분야에서는, 고객이 되는 회사의 다수가(처리 데이터의 구성이나 이름이 미묘하게 다를 뿐인)자주 비슷한 처리를 하고 있으므로, 공통처리가 많이 존재합니다. 게다가 대규모의 시장이 있으므로, 재사용이 높은 효과를 낳는 토양이 존재했습니다. 그러나 임베디드 소프트웨어개발에서는, 언뜻 보아 비슷한 처리라도 내부의 칩 구성이나 내장 O/S에 따라 전혀 다른 로직으로 처리되는 일이 드물지 않습니다.

임베디드 소프트웨어개발에서 소프트웨어 재사용의 시도는, 사양의 변동이 많기 때문에 장애수위가 높아지기 쉬웠습니다. 소프트웨어 재사용에 힘쓰는 것은 개발량을 절감하여 생산성을 향상시키는 것이 목적입니다. 그다지 장점을 얻을 수 없거나, 반대로 공수가 증가해버릴 우려가 있으면, 현장으로서는 신중해지지 않을 수 없습니다. 소프트웨어의 고기능화에 대응하기 위해 모듈의 외부조달의 흐름이 적극적으로 진행된 것과 대조적으로, 현재에도 임베디드 소프트웨어의 재사용(추가에 의한 모체의 재사용이 아니라, 프로젝트 간이나 모듈 간이라는 수평 방향의 재사용)은 널리 쓰이기에는 이르지 않고 있습니다(그림 11-12).

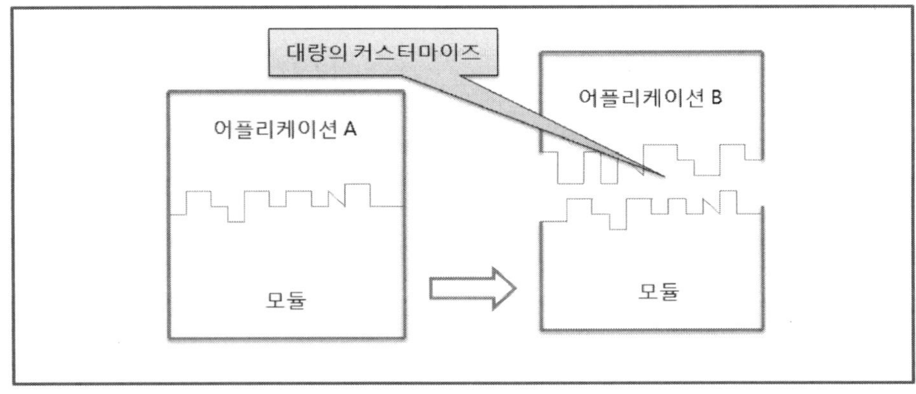

그림 11-12 소프트웨어의 재사용

　그래서 소프트웨어를 재사용하지 않고, 소프트웨어의 구조나 로직을 재사용하려는 사고방식이 미국의 연구자에 의해 제안되어 있습니다. 이와 같은 생각은 **모델구동 개발**(MDD : Model Driven Development) 또는 **모델구동　아키텍처**(MDA : Model Driven Architecture)등의　사고방식과　일치합니다.　MDD의　예로서는 제 7.5.6항에서　설명한 Executable UML 등을 들 수 있습니다(그림 11-13).

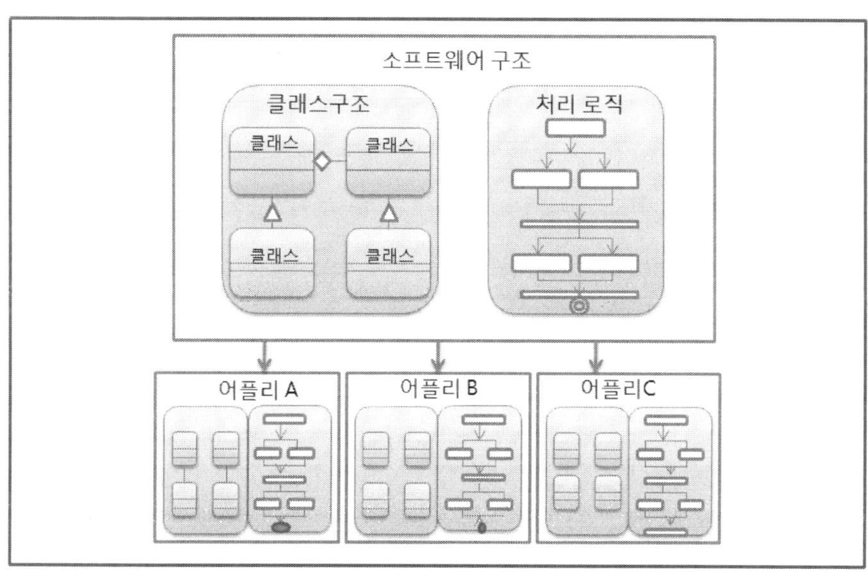

그림 11-13 소프트웨어구조의 재사용

　이러한 것들은 임베디드 소프트웨어개발만을 목표로 한 사고방식이 아니라, 오픈업무 시스템 등을 포함하여 폭넓게 사용할 수 있는 설계 기법입니다. 많은 플랫폼 속에서도 특히 임베디드 소프트웨어개발에서는, 전술한 바와 같은 소프트웨어 재사용상의 문제점이 해결되므로, 종래에는 어려웠던 재사용을 추진하는 효과가 기대되고 있습니다.

　일반적으로 소프트웨어 구조를 재사용하는 기법은, UML에서 소스코드를 생성하는 코드 제너레이터도 함께 사용합니다. 양자를 편성함으로써, 소프트웨어 구조를 기술한 UML 문서로부터 다른 소프트웨어 환경에 대응한 소프트웨어를 효율적으로 생산할 수가 있습니다.

　MDA에서는 소프트웨어를 **플랫폼 독립모델**(PIM : Platform Independent Model)과 **플랫폼 의존모델**(PSM : Platform Specific Model)의 2계층으로 분류하여 취급합니다. PIM은 CPU·하드웨어·O/S·라이브러리·미들웨어 등의 플랫폼에 의존하지 않는 소프트웨어가 취급하는 데이터 구조와 로직을 정의하는 모델입니다. 또한 PSM은 플랫폼에 고유의 기능이나 API, PIM의 가교의 역할을 하는 모델입니다(그림 11-14).

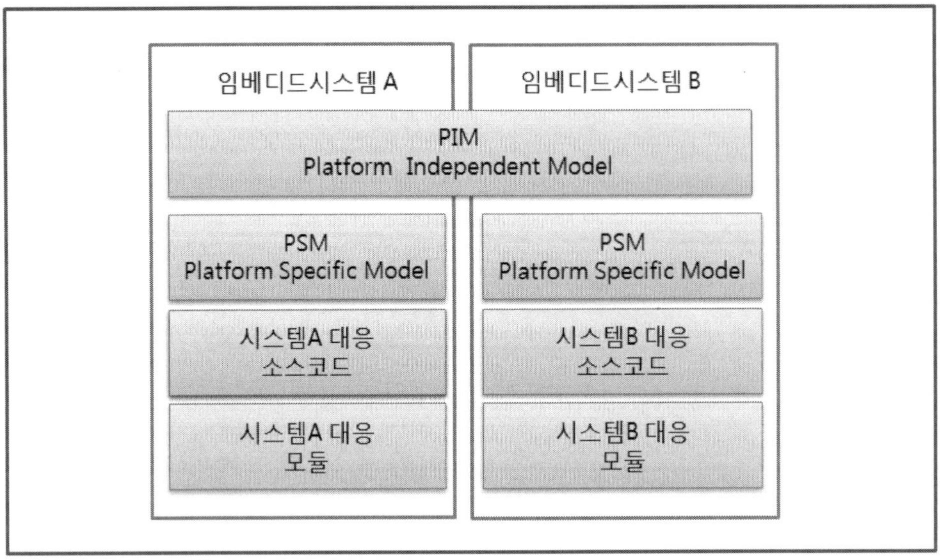

그림 11-14 MDA의 모델계층

어플리케이션의 데이터 구조나 행동은 PIM층에서 정의하여, 동작하는 타깃 환경에 대응한 PSM층과 조합함으로써, 하나의 어플리케이션에서 복수개의 플랫폼에 대응한 실행 바이너리를 생성할 수 있게 됩니다. 가장 이상적인 것은, Java와 C#과 C++의 소스코드를 생성해 주는 것입니다만, 그와 같은 극단적인 차이를 흡수할 수 있는 모델 개발 툴은 현재는 구할 수 없는 것 같습니다. 현실적으로는 예를 들면, 하나의 PIM에서 다른 기종의 휴대전화나, PIM이 유사한 고정 전화에 대응한 소스코드를 출력할 수 있는 수준의 MDA 툴이 존재하는데 머물고 있습니다.

또한 MDA는 소프트웨어 구조를 재사용할 뿐만 아니라, 플랫폼의 버전 업 대응 작업도 효율화할 수 있습니다. 플랫폼의 변경이 발생해도, PSM층만을 변경하면 동등한 어플리케이션이 생성될 수 있습니다. 장래 MDA가 임베디드 소프트웨어개발에 침투해가면, O/S나 미들웨어의 업 데이터 등의 고민스러운 문제도, 보다 쉽게 해결되리라고 기대할 수 있습니다.

11.4 객체지향의 장점과 단점

객체지향설계에는 다른 모든 설계 기법과 마찬가지로 장점과 단점이 존재합니다.

객체지향설계의 장점는, 크게 나누어 3가지가 있다고 합니다(표 11-5). 또한 여기서 기술하는 것은 객체지향설계, 즉 데이터 중심의 사고방식에 의거한 설계 기법의 장점과 단점이며, C++ 언어 특유의 것은 아닙니다(C++ 언어를 임베디드 소프트웨어개발에서 사용하는데 있어서의 장점과 단점에 대해서는 제 5.4.2항을 참조).

[표 11-5] 객체지향설계의 장점

장 점	효과의 내용
현실의 데이터 모델화	현실 세계의 처리대상을 모델화 하여 취급하기 때문에, 처리대상과 일치한 소프트웨어 구조를 실현할 수 있다
클래스의 독립성 향상	데이터의 캡슐화 등 은폐기법에 따라, 클래스끼리 높은 독립성을 유지한 채 개발가능하다. 사양변경의 영향이 최소한의 범위만으로 그치므로, 개발효율과 보수성이 향상한다
소프트웨어의 확장성 향상	폴리모피즘(다태성) 등의 기능에 따라, 기존부분에 영향을 주지 않고 소프트웨어의 기능을 추가할 수 있다. 그 결과 소프트웨어의 수정과 확장이 쉬워진다

11.4.1 데이터 모델화

객체지향설계의 최대 장점는, 실제의 처리대상을 그대로 소프트웨어 구조에 나타낼 수 있는 점입니다. 소프트웨어의 태반은 현실 세계에 존재하는 데이터나 업무를 취급하기 위해서 개발되어 있는데, 임베디드 소프트웨어도 예외는 아닙니다. 오히려 하드웨어를 직접 취급하므로, 현실 세계와의 결합이 강한 분야라고 할 수 있을지도 모르겠습니다. 일상생활 속에서 의식하는 일은 드물지만, 현실세계에서는 거의 모든 행위에 「대상」이 존재합니다. 소프트웨어는 최종적으로는 현실의 정보나 데이터를 취급하므로, 소프트웨어의 처리도 거의 모두 「어떠한 데이터를 처리하는」 기능으로서 개발됩니다. 즉 데이터에 대하여 처리를 설계해가는 기법은, 실제의 데이터 처리와 닮은 꼴을 한 소프트웨어 구조를 실현할 수 있게 됩니다. 객체지향설계의 모델링 기법 등에 따르면, 현실의 데이터와 처리를 트레이스 하여 소프트웨어를 설계할 수 있습니다.

그리고 캡슐화 등의 사고방식에 따라, 소프트웨어의 구조를 국소화할 수 있는 점도 장점입니다. 구체적으로 말하자면 어떤 클래스의 설계나 개발을 하는 경우에, 다른 부분이나 시스템 전체를 고려할 필요가 적어집니다. 예를 들면 충전지를 모델화한 "배터리"클래스를 적절하게 설계하면, 어떤 제품에서 사용되는지를 그다지 의식하지 않고 배터리 클래스를 개발할 수 있습니다.

이러한 특징 때문에, 구조를 이해하기 쉬운데다가 동작도 이미지 하기 쉬운 소프트웨어로 됩니다. 그래서 설계·개발·테스트·추가 등 각 공정의 작업이 보다 간단하게 되어, 개발효율이 향상합니다. 하나하나 클래스의 동작을 확실하게 개발하고, 테스트를 거듭할 수

있으므로, 수정의 영향이 소스 전체에 미치는 소프트웨어가 만들어지기 어렵게 되어, 코
딩에서 테스트까지의 작업 혼란을 방지할 수가 있는 것입니다.

11.4.2 클래스의 독립성 향상

클래스를 관리하는 데이터는, 그 클래스에 의해 단번에 제어됩니다. 보통은 다른 모듈
로부터의 액세스는 캡슐화로 컨트롤하며, 데이터를 직접 변경할 수 없도록 설계합니다.
그래서 데이터 구조에 변경이 발생한 경우에도, 다른 모듈에는 같은 액세스용 인터페이
스를 제공함으로써 영향범위의 확대를 억제할 수 있습니다. 또 클래스의 처리대상 데이
터가 클래스로서 분리되어 있으므로, 클래스끼리의 영향이 극소화되는 효과도 있습니다.
실제로 영향이 발생하는 데이터 간에만 결합을 하도록 소프트웨어를 설계하기 쉬우므로,
원래 불필요한 수정 등을 피할 수가 있습니다(그림 11-15).

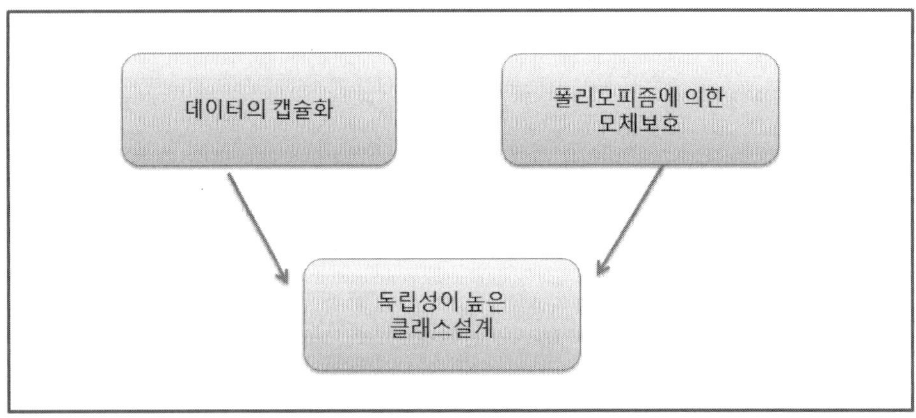

그림 11-15 클래스의 독립성

또한 클래스의 독립성이 높음으로써, 재사용성도 필연적으로 높아집니다. 클래스 단위,
혹은 복수개의 클래스군으로 된 모듈단위로 다른 어플리케이션 등에서 사용하는 경우에,
변경의 영향을 국소화하여 비교적 적은 작업량으로 대응할 수 있게 되는 점도 장점의 하
나입니다.

11.4.3 소프트웨어의 확장성 향상

소프트웨어의 데이터는 캡슐화 하여 집중적으로 관리되므로, 데이터의 설정값이나 사
양에 변경이 발생해도, 외부 모듈과의 인터페이스는 변경하지 않고 클래스 내부에서 영
향을 흡수할 수 있습니다. 또한 처리 로직에 추가나 변경이 발생해도, 폴리모피즘을 사용

하여 처리를 부분적으로 변경할 수 있습니다. 구조화 설계에 의한 절차형 프로그래밍 언어에서는, 함수 전체를 수정하여 처리 로직을 변경할 수는 있으나, 기존의 처리 중 일부분을 변경하는 일은 어려웠습니다. 폴리모피즘에 의하여, 변경이 발생하는 부분을 가상함수로 함으로써, 일련의 처리 내부를 안전하게 변경할 수가 있습니다.

또한 데이터의 종류에 따라, 같은 처리에서도 로직이 변화하는 일은 드물지 않습니다. 파일을 표시하는 처리에서도, 화상 포맷에 따라 다른 로직이 필요합니다. 이와 같은 경우에도 폴리모피즘을 사용하면, 데이터 형식을 추가해도 기존의 처리에 영향을 주는 일은 없습니다(그림 11-16).

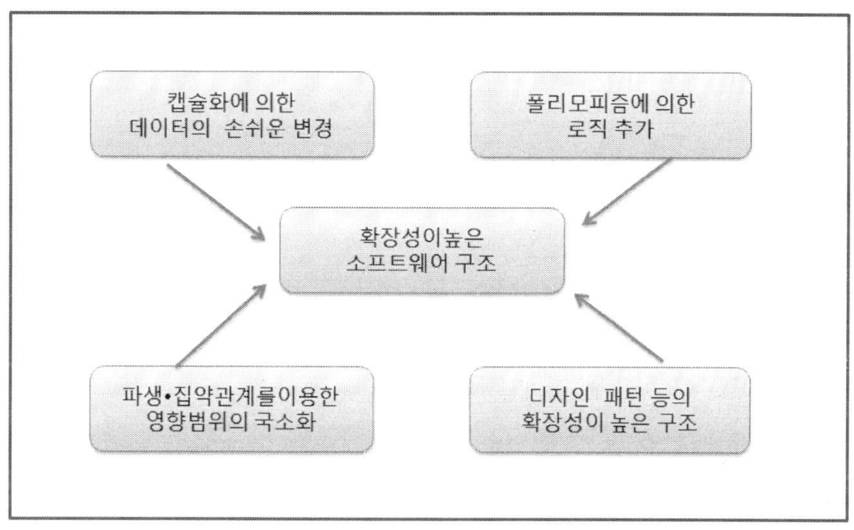

그림 11-16 소프트웨어의 확장성

그리고 객체지향설계를 채택하면, 디자인 패턴을 활용하여 확장성을 향상시키기 쉬워집니다. 로직을 적절하게 분리하는 일이 어렵다고 생각되는 복잡한 처리라도, 비교적 쉽게 최적해법에 가까운 클래스 구조를 채택할 수 있습니다. Comand·Adapter·Bridge 등의 구조 패턴에서는, 변경이 예상되는 부분이 클래스로 추출되어 있어, 필요 최소한의 수정으로 소프트웨어의 기능을 확장할 수가 있습니다. 이와 같이 변경의 영향범위를 국소화하기 위한 여러 가지 연구를 편성함으로써, 같은 내용의 수정을 적은 작업량으로 안전하게 실시할 수 있게 되는 것입니다.

11.4.4 객체지향설계의 단점

객체지향설계의 단점은 그다지 많지 않습니다만, 임베디드 소프트웨어개발에서는 문제가 발생하는 일이 있습니다. 최대의 단점은 비동기 제어를 개발할 때 연구가 필요하게 되는 점입니다. 오픈업무 시스템의 객체지향설계에서는 이벤트 구동형의 병렬동작은 그다지 상정되어 있지 않고, 일반적인 객체지향설계의 해설서에서도 언급하고 있지 않은 경우가 많은 것 같습니다.

이 문제에 대해서는 ROOM(제7.5.3항)이나 Octopus(제7.5.4항) 등의 임베디드 소프트웨어개발용의 객체 설계 기법에서 상세하게 연구되어 있습니다. 이러한 기법을 참고로 함으로써 단점을 보완할 수가 있습니다. 또한 UML2.0에서는 임베디드 소프트웨어개발용의 확장도 도입되어 있으므로, 종래보다도 엄밀한 기술이 가능하게 되었습니다.

또한 기존의 C 언어 등으로 개발된 O/S나 미들웨어를 취급하는 경우에, 래핑이 어려워질 가능성도 있습니다. 특히 비동기제어형 이벤트에 의한 인터페이스를 가진 미들웨어에서는, 레가시 래핑[31]을 하기 위한 적절한 Adapter 클래스의 설계가 아주 어려운 경우가 있습니다. 그 경우는 Begin_Xxxx~End_Exxx와 같은 비동기형 인터페이스로서 래핑하는 이외에 옵션이 없는 일도 있습니다.

그러나 일반적으로는, 구조화 설계에 의한 모듈 분할과 재사용성의 향상 효과보다도, 객체지향설계에 의한 재사용성·모듈독립성·개발효율의 향상이라는 효과 쪽이 훨씬 큰 것이 됩니다. 그래서 전체적인 장점·단점을 검토한다면, 객체지향설계의 도입에 의한 단점은, 충분히 받아들일 수 있는 범위로 여기는 경우가 많습니다.

앞으로 효율적인 설계 기법·개발기법·툴의 다수가, 객체지향설계와 객체지향 언어를 기반으로 하게 되는 경향은 한층 가속되어갈 것입니다. 현재의 소프트웨어 산업은, 국내외의 경쟁상대와 같은 수준의 개발능력을 유지하기 위해서도, 가능한 한 신속한 객체지향 기술의 도입이 요구되고 있습니다.

11.5 객체지향 도입과 저항

새로운 개발기법을 프로젝트 전체나 전사 등의 단위로 전면적으로 도입하려 하면, 극심한 실패의 원인이 되기 쉽습니다. 개발기법이 효과를 발휘하기 위한, 스스로 프로젝트에서 운용하여 얻을 수 있는 살아있는 기법이 불가능하기 때문입니다.

---

31) 종래부터 있는 소스코드나 API를 수정하지 않고, 인터페이스를 그대로 지켜서 만들어 사용할 수 있도록 한다.

11.5.1 객체지향설계의 도입

객체지향설계는 먼저 **파일럿 프로젝트**(선행 프로젝트)로서 작은 범위부터 도입할 것을 강하게 권합니다. 여기서 기법과 멤버의 숙련도를 축적하고 나서 적용범위를 넓혀 가면, 가장 원활하게 객체지향설계를 도입할 수 있을 것입니다(그림 11-17).

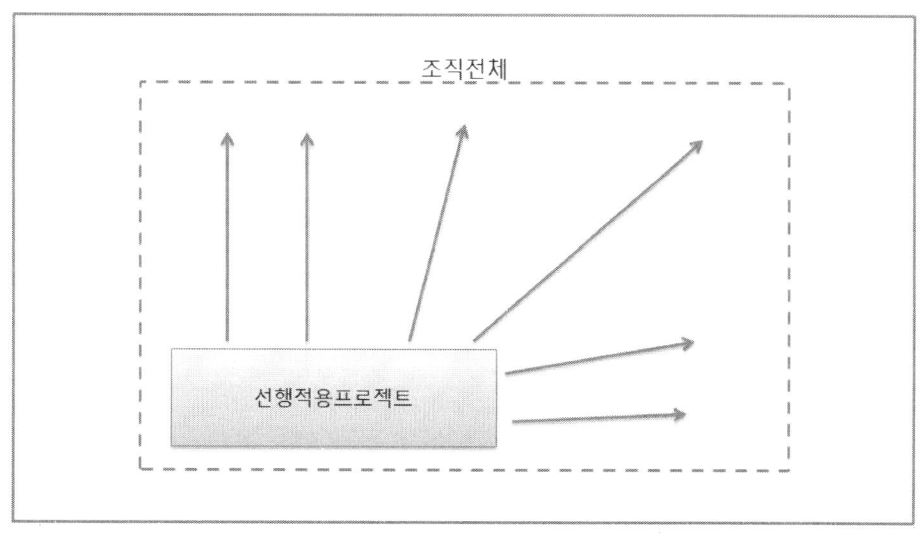

그림 11-17 객체지향설계의 도입

새로운 개발기법을 도입하는 프로젝트에서는, 반드시 필요한 기법이 축적되어 있지 않기 때문에, 개발기법과 싸우면서 시행착오를 반복하는 시련을 피할 수는 없습니다. 살아 있는 기법은 서적이나 Web에서 정보로 얻은 지식을 골격으로 해서, 스스로의 경험을 살로 붙여 비로소 얻어지는 귀중한 자산입니다. 기법나 숙련도가 빠진 상태에서 전면 도입을 시도하면, 프로젝트 전체의 작업부담이 증가하므로, 역효과가 됩니다. 그 결과 객체지향설계에 대하여 호의적 또는 중립적인 멤버에게도 부정적인 인상을 심어버리고, 객체지향설계에 부정적인 멤버에게는 그럴듯한 반론의 근거를 부여하는 결과가 되어버립니다.

임베디드 소프트웨어개발은 하드웨어나 개발 환경의 제한이 강하므로, 확실성을 중시한 신중한 소프트웨어 개발이 강력하게 요구되어 왔습니다. 따라서 보수적으로 변화(에 따르는 리스크)를 피하고 싶어 하는 풍조가 강하여, 새로운 개발기법에 대한 비난은 자연히 강해지는 것이지요. 바꾸어 말하자면 그와 같은 변화를 피하고 싶어 하는 프로젝트에서 객체지향 개발의 도입이 결정된다는 것은, 프로젝트의 개발효율의 개선이 긴급한 과제가 되어 있어, 금방이라도 즉효성이 있는 손을 쓰지 않으면 안 되는 상황인 경우가 많습니다. 그러나 개선을 연장할 수 없는 상황이라도, 혹은 극적인 개선을 기대하는 상황이야말로, 전면적인 객체지향설계의 도입은 피해야 합니다. 구조화 설계에서 객체지향설계로의 변화라는 커다란 패러다임 시프트는, 엔지니어에게 기술적 뿐만 아니라 심리적으로도 아주 어려운 작업이 되므로, 도입할 때 장애 수위를 높여서는 안 됩니다. 애써서 기술적으로 유효한 설계 기법을 도입하는 행운을 잡고, 프로젝트의 개발효율을 개선하는 기회를 얻은 데도 불구하고, 감정적 또는 정치적인 이유로 좌절하는 것은 매우 안타까운 일입니다.

객체지향설계의 사고방식은 널리 보급되어 있는데, 실제로 여러 가지 소프트웨어 개발분야에서 큰 실적을 올리고 있어, 이를테면 효과에 대한 증명이 완료된 설계 기법입니다. 적절한 이해 하에 도입해가면, 확실히 성과를 기대할 수 있다는 일이, 미지의 설계 기법과의 큰 차이입니다. 선진적인 애자일 개발기법 등을 임베디드 소프트웨어개발에 도입할 때는, 그 지지자조차 능숙하게 적용할 수 있는가를 암중모색하며 진행하는 상황이 되므로, 개발기법의 적용방법을 생각하면서 멤버의 도입 지원을 한다는 이중의 고생이 엄습합니다. 그래서 도입에 실패할 확률이 그만큼 높아집니다. 객체지향설계의 도입은, 적절하게 도입하면 확실히 개선성과를 올릴 수 있다는 안심감이 있으므로, 도입에 있어서는 「너무 서두르지 않는 것」 이야말로 가장 긴요한 일이 됩니다. 그리고 시험적인 적용을 확인하는 교조적인 선행 프로젝트에서는, 앞에서 말한 이중의 고생이 발생하지 않도록, 객체지향설계의 도입 효과를 믿고 있는 멤버, 또는 도입에 의욕을 가진 멤버를 모으지 않으면 안 됩니다. 객체지향설계라는 「확립된 설계 기법」 을 도입하는 장점은 최대한으로 살려야 합니다.

또한 임베디드 소프트웨어개발의 프로젝트는 폭넓은 변동이 있으므로, 개발기법의 운용에도 맞춤이 빠질 수 없습니다. 기술적인 변동뿐만 아니라, 기업이나 프로젝트의 조직이 쌓아온 문화나 사고방식의 변동이 넓으므로, 획일적인 방법으로는 통용되기 어려운 환경에 있습니다. 그래서 스스로 조직의 일부에 객체지향설계의 프로세스를 적용해 봄으로써, 서적의 사례나 적용 전의 검토에서는 발견하지 못했던 문제점을 발견하고, 작은 선행 프로젝트의 속에서 해결방법을 찾아내 둠으로써, 객체지향설계의 적용에 관한 기법이라는 귀중한 자산이 손에 들어옵니다. 이것은 자신의 프로젝트에만 통용하는, 더할 수 없이 소중한 조직상의 재산입니다.

선행 프로젝트를 실시할 때에는, 단지 성공하면 되는 것은 아니라는 것을, 멤버 전원에게 철저히 하지 않으면 안 됩니다. 자신의 조직에 적용하기 위한 기법의 수집은, 객체지향설계의 적용에 의한 효율화의 성과와 같을 정도로 중요하다는 것을 강조하고, 모든 개발공정에서 어떤 의문이나 문제를 발견하고, 어떻게 해결했는가를 수집할 필요가 있습니다. 물론 선행 프로젝트의 개발 멤버 자신이 매일 기록을 하는 것은 어렵겠지만, 업무일지의 상황판이나 개발일지를 적용하거나, 기법 수집 선임 멤버를 둠으로써, 가치 있는 정보가 축적될 것입니다.

객체지향설계의 적용에는, 서적이나 Web에서 입수하는 설계 기법의 지식과, 기업이나 프로젝트의 적용 기법이라는 2가지 무기가 절대적으로 빠질 수 없습니다. 객체 개발 설계에 대하여 학습한 지식이나 오픈업무 시스템의 개발경험만을 근원으로, 임베디드 소프트웨어개발 프로젝트 전체에 도입을 시도하는 것은, 마치 칼만 들고 갑옷을 입지 않고 적진으로 쳐들어가는 것과 같습니다. 강력한 무기이기 때문에 더욱, 원활하게 적용할 수 있도록 작은 프로젝트나 일부의 팀에서부터 시작하는 것이, 객체지향설계를 도입하기 위한 중요한 포인트입니다.

11.5.2 신뢰감의 높임

객체지향설계를 도입할 때 가장 신뢰감을 높이는 것은, 구체적인 적용 성과나 효과 판정 등. 눈에 보이는 실적입니다. 도입효과가 숫자로서 나타나 있으면 보다 설득력이 커집니다. 선행 프로젝트에서 기법을 축적하여 충분한 효과를 달성할 수 있다는 예측을 한 후에, 보다 큰 범위로 적용을 해나감으로써, 구체적인 효과를 보여주는 동시에 심리적인 저항을 없애는 효과를 얻을 수 있습니다.

또한 오랫동안 C 언어 등으로 구조화 설계에 계속 머물러 온 임베디드 소프트웨어개발 팀에게 객체지향설계를 도입하기 위해서는, 관리자뿐만 아니라 팀장이나 부팀장 등 프로젝트의 중핵이 되는 특급전문가 멤버의 심리적인 장애 수위를 낮추는 일이 상당히 중요합니다. 특급전문가 멤버는 당연하지만 우수한 능력을 가지고 있을 것이므로, 그들의 협력을 얻을 수 있으면 객체지향설계의 도입은 성공에 크게 가까워집니다.

그러나 임베디드 소프트웨어개발 프로젝트에서는, 특급전문가 멤버 쪽이 객체지향설계 (또는 새로운 설계 기법)의 도입에 소극적인 자세를 취하는 일이 적지 않습니다. 객체지향설계를 도입하면, 설계 스타일·프로그램 언어·설계 문서·테스트 기법 등에 변경이 발생합니다. 미경험의 개발기법이므로, 어느 정도의 변경이 어느 공정에서 발생하는가를 예측할 수 없으므로, 개발작업의 전망을 할 수 없는 불안감을 느끼는 것입니다.

또한 특급전문가일수록 개발작업에서 문제가 발생했을 때의 고생도 절실하게 느끼고 있으므로, 리스크에 대해 신중합니다. 종래의 설계방법에 대해서는 숙지하고 있어 효과도 리스크도 컨트롤 할 수 있지만, 새로운 설계 기법에서는 문제를 표면화 되지 않도록 억누를 확신이 없으므로, 심리적으로 경계하지 않을 수 없습니다. 그리고 고생에 고생을 거듭하여 몸에 익힌 경험이나 지식의 가치가 손상되지 않을까 하는 우려도 하고 있습니다. 개발방법을 리셋함으로써, 개발 팀 내나 회사 내의 입장에 큰 버팀목이 되어 있는 경험이나 지식이 무의미하게 되지 않을까하는 우려입니다(실제로는 결코 그런 일은 없는데 …). 사회인으로서의 경력이 크면 클수록, 지금까지 쌓은 숙련도나 경험에 대한 영향을 저지하는 것은 당연한 일입니다(그림 11-18, 표 11-6).

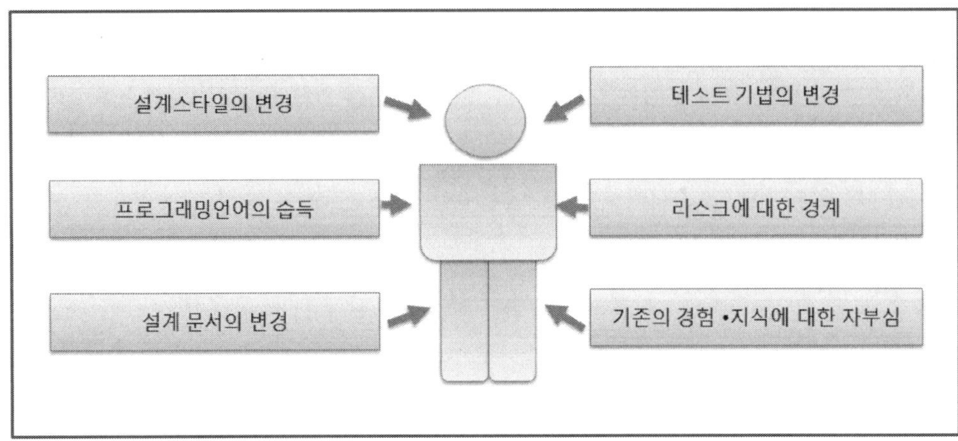

그림 11-18 객체지향설계에 대한 불안감

[표 11-6] 객체지향설계에 대한 심리적 저항과 대책

심리적인 저항 요소	대 책
특급전문가 엔지니어의 학습시간 부족	특급전문가 엔지니어의 경험과 지식을 존중하고, 변경할 점만을 정리하여 효율적으로 전달하는 배려가 중요
설계 스타일의 변경	종래의 설계 스타일과의 공통점·상이점을 명확화 하여, 습득해야할 포인트를 압축함으로써 부담을 경감할 수 있다
프로그램 언어의 습득	C++의 경우, 과거의 C 언어와 대응하여 언어사양을 설명하면 받아들이기 쉽다. Java 등의 신규언어에서는, 특급전문가만으로 학습회를 설정하는 편이 좋은 결과가 된다
설계 문서의 변경	선행 프로젝트에서 작성한 샘플 등을 사용하면, UML 등의 기법을 이해하기 쉬워진다. 문서 작성용 툴(Visio 등으로 충분)의 채택도 효과가 있다
테스트 기법의 변경	새로운 테스트 기법을 통하여, 개발작업의 부담이 총계에서 감소한 것을 구체적인 숫자와 실례로 설명하면, 적극적으로 받아들이려는 방향으로 의식을 바꿀 수 있다
리스크에 대한 경계	선행 프로젝트의 실적을, 구체적인 수치나 비용 등으로 나타냄으로써, 리스크에 대한 우려를 크게 저감할 수 있다. 선행 프로젝트의 특급전문가가 직접 장점을 설명하면 설득력이 높아진다
과거의 경험·지식에 대한 자부	객체지향설계의 토대는 과거의 경험·지식이며, 단단한 토대를 가진 특급전문가 쪽이, 젊은 층 보다 크게 숙련도·능력을 향상할 수 있다는 것을 설명한다. 과거의 경험이 도움되지 않는다고 위기감을 부추기는 설득법은 역효과가 되는 경우가 많아, 피해야 한다

객체지향설계를 추진하려고 한다면, 상위 관리자의 결정력으로 강제해도 문제는 해결되지 않습니다. 도입에 대한 반론에 하나하나 대답하는 일도, 전혀 무의미하다고는 할 수 없지만, 근본적인 해결로는 이어지지 않습니다. 특급전문가 멤버의 능력과 경험이라면 해결할 수 있다는 것을 보여주는 일이 필요한 것입니다.

구체적으로는 다음과 같이 설득을 시도해 보거나, 심리적인 장애 수위를 낮추는 방법을 준비합니다. 먼저 학습시간의 부족에 대해서는, 특급전문가 멤버용의 학습미팅을 준비하면 좋습니다. 여기서 무엇보다 중요한 것은, 특급전문가의 입장을 존중하는 자세입니다. 예를 들면 「객체지향 학습회」 에서는 자부심에 상처를 받는다고 느낄지도 모릅니다. 「객체지향설계 관리 검토회」 등으로 연구합니다. 그리고 자료도 선행 프로젝트의 특급전문가 손으로 직접 작성하고, 이미 알고 있는 내용을 반복하지 않도록 배려를 하면 효과적입니다. 학습이 효율화하는 동시에 저항감도 줄어진다는, 일석이조의 효과가 있습니다.

설계 스타일이나 프로그래밍 언어의 학습에서는, 익숙하여 친근한 설계 스타일과 새로운 설계 스타일을 비교하거나, C 언어와 C++ 언어로 같은 처리를 개발한 예를 제시하는 등, 차이만을 효율적으로 학습할 수 있다면 좋은 결과로 이어지습니다.

설계 문서의 변경은, 선행 프로젝트의 설계 문서를 근원으로 새로운 문서 템플릿을 제공합니다.

테스트 기법의 변경은, 선행 프로젝트에서 개발된 소프트웨어의 테스트 순서를 사용하여, 종래와의 차이를 예시하도록 리스트 업을 하면 효과적입니다.

프로젝트 운영에 관한 리스크는, 선행 프로젝트의 운용실적으로서, 실제로 발생한 새로운 문제점을 보여주고, 어떻게 회피했는가를 예시하면 크게 안심할 수 있습니다. 선행 프로젝트에서 문제를 극복한 사람이 설명하면, 설득력이 증가하는 동시에 해결한 본인 밖에 모르는 포인트가 자연히 전달됩니다.

중요한 포인트는, 객체지향설계로 변환함으로써 얻게 된 장점를, 눈에 보이는 숫자로 전달하도록 하는 일입니다. 즉 새로운 설계 기법의 도입이 리스크가 아니라 기회라는 것을 인식시킴으로써, 저항감이 의욕으로 역전되도록 설명하는 것입니다. 선행 프로젝트를 달성한 멤버를 표창하는 등의 노력도, 경쟁심을 활용하여 저항을 의욕으로 전환하는 효과가 있습니다.

그리고 지금까지의 지식이 객체지향설계에서 얼마나 통용되며, 어떻게 하면 경험을 살릴 수 있는가 하는 점은, 아무리 강조해도 지나치지 않습니다. 소프트웨어 설계에서 가장 중요한 포인트는, 개발 스타일도 프로그래밍 언어도 아닌, 요구를 분석하는 이해력과 소프트웨어의 로직을 바라보는 판단력이라는 점을 강조하면, 안심감이 높아질 것입니다. 이러한 대책은 어느 엔지니어에게나 유효합니다.

어떠한 대책이라도, 자신의 조직의 객체지향설계 적용결과로 부터 얻을 수 있는 기법이 큰 역할을 완수하고 있다는 것에 주목하시기 바랍니다. 동료의 체험에 의거한 설명은,

단순한 지식에서 얻을 수 있는 설명보다도 훨씬 강한 설득력이 있습니다. 또한 자신의 조직문화에 일치한 대책을 제시함으로써, 저항감이 원활하게 해소되는 것은 틀림이 없습니다. 연구를 거듭하여 많은 멤버가 납득할 뿐만 아니라, 스스로 나아가 신기법의 장점을 도입하려는 상황을 만들어내는 일에 성공하면, 큰 성과로 이어집니다.

11.5.3 객체지향설계의 도입 효과의 확대

객체지향설계의 도입에 성공하면, 그 성과에 그치지 않고 효과를 확대하는 방책을 신속하게 실시할 것을 권합니다. 객체지향설계의 도입에 따라 프로젝트 멤버가 신선한 성공 체험을 공유하고 있는 동안은, 여러 가지 기법을 도입할 수 있는 이상적인 소지가 갖추어져 있기 때문입니다.

객체지향설계를 채택한 프로젝트에서는, 표 11-7과 같은 설계 기법이나 툴을 사용할 수 있습니다. 이러한 것을 단계적으로 도입해감으로써, 설계의 패러다임 시프트라는 큰 고생에 부합한 성과를 얻을 수 있습니다.

[표 11-7] 객체지향설계의 개발기법과 지식

개발기법	효 과
디자인 패턴	많은 소프트웨어에 공통하는 소프트웨어 구조를 패턴화한 지식체계. 설계패턴의 효과와 특징이 상세하게 분석되어 있어, 복잡한 문제에 대해 가장 적합한 개발방식의 옵션을 얻을 수 있다
객체지향 개발	객체지향(= 데이터 중심)의 사고방식에서, 소프트웨어의 요구분석이나 설계 · 개발 등의 각 성과물을 정의하는 기법. IBM사의 RUP(Rational Unified Process)등이 유명. 객체지향 언어의 효과를 향상할 수 있다
테스트구동개발	소프트웨어의 사양에서 테스트케이스와 테스트코드를 작성하여, 사양에 대하여 확인하면서 개발을 진행하는 기법. 상류 공정에서 품질이 높은 소프트웨어 설계를 할 수 있기 때문에, 프로젝트의 라이프 사이클 전체의 비용과 기간을 저감할 수 있다
기능 구동개발	사용자가 요구하는 기능 중심의 관점에서 소프트웨어를 설계하는 기법. 기능단위의 반복 개발 등에 따라, 대규모 시스템 개발의 복잡화를 경감하는 효과가 있다. 최신 설계 기법이므로, 객체지향설계를 전제로 하고 있다

임베디드 소프트웨어개발 프로젝트의 일정

이 장에서는 임베디드 소프트웨어개발 프로젝트의 흐름에 대하여, 개발인원이 수백명 이상이 참가하는 대규모 프로젝트를 대상으로 설명합니다. 처음으로 대규모 프로젝트에 참가하는 엔지니어에게는, 프로젝트의 모든 공정에서 각 공정의 위치한 자리를 파악하는 일이 어려운 것입니다.

12.1 프로젝트의 시작

임베디드 소프트웨어개발 프로젝트의 흐름을 알면, 먼저 대기하고 있는 작업을 예측할 수가 있으므로 심리적으로 여유가 생겨, 보다 적확하게 리스크를 발견하여 대책을 세울 수가 있게 됩니다.

임베디드 소프트웨어개발 프로젝트는, 임베디드 시스템을 판매하는 메이커에 의해 개발이 결정됩니다. 프로젝트의 검토단계에서는 시장조사나 제품기획이 이루어지며, 어떠한 특징을 가진 상품을 개발해야할지 면밀하게 검토합니다(그림 12-1).

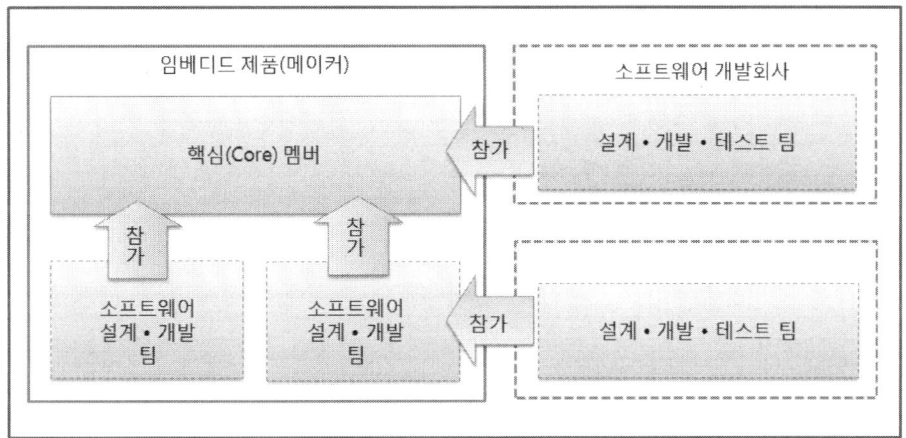

그림 12-1 프로젝트의 시작

이미 출시 완료한 제품을 모델 체인지하는 경우는, 기존 제품에 대한 사용자의 요구사항 등도, 신 모델에 내장하는 기능을 선택하는 데에 중요한 판단재료가 됩니다. 제품에 대하여 보내온 고객의 의견·요구사항·시장의 반응 등을 고려합니다. 또한 신 모델의 제품 개발에서는, 제품 기능 전체를 모니터링할 필요가 있으므로, 개발대상 기능을 선택하는 판단도 하게 됩니다.

신규 개발 제품의 경우는, 아무 것도 없는 상태에서 팀의 중핵 멤버가 소집된 초기단계의 조사와 검토에 해당됩니다. 제품이 목표로 하는 시장의 규모나 고객의 니즈를 검토하여, 어떤 제품이 요구되고 있는가에 대한 면밀한 마케팅 리서치를 합니다. 또한 제품의 사업 목표로서 판매 수량·매출액·이익 등의 계획이 입안 됩니다.

이러한 작업에 따라, 신제품의 내용과 대상고객, 그리고 판매방법 등에 대한 계획이 작성됩니다. 사업의 개요가 결정되면 제품메이커 내에서 개발 개시의 의사결정을 하여 승인을 얻게 되면, 개발 프로젝트가 공식적으로 시작합니다.

프로젝트가 기작되면, 먼저 제품사양이나 기능 등을 보다 상세하게 검토하여, 개발작업의 범위가 결정됩니다. 또한 규모와 일정에 의거하여 필요로 하는 능력을 가진 팀이 소집되어, 다시 협력관계에 있는 기업(소위 협력회사·하청회사) 등에 프로젝트 참가를 타진합니다.

이 단계에서 개발멤버가 참가하기 시작하게 됩니다. 일반적으로는 하드웨어의 설계가 선행하므로, 회로설계의 팀에서 작업을 본격화 합니다. 소프트웨어 개발 팀에서는, O/S층이나 드라이버층의 담당 팀이 개발작업을 먼저 개시하는 경향이 있습니다. 미들웨어층 이상의 부분을 담당하는 팀의 멤버는 후에 모이는 일도 있기 때문에, 설계 문서의 정비가 필요하게 됩니다. 모든 설계 문서를 작성하기 위해 충분한 시간이 없는 일도 있으므로, 인력의 투입예정도 고려하여 우선도를 결정하는 일이 필요합니다. 개발 영역마다 단계적으로 팀이 편성되는 점도, 임베디드 소프트웨어개발의 특징 중 하나입니다.

대규모 프로젝트의 다수는 그림 12-2와 같이, 제품을 개발하는 메이커와 복수개의 협력회사 개발 팀에 의해 수직으로 계층화된 프로젝트 팀이 편성됩니다.

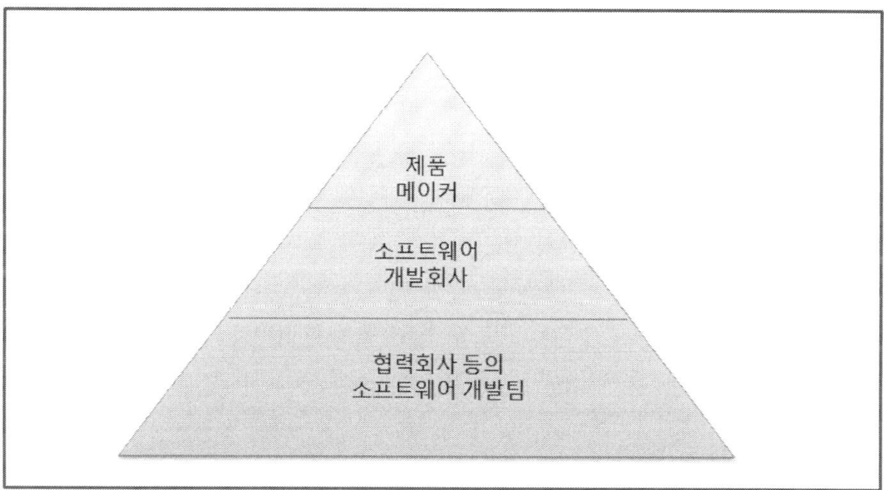

그림 12-2 대규모 임베디드 소프트웨어개발 프로젝트

프로젝트 기획의 시점에서, **킥오프 미팅**이라고 하는 회합이 개최되는 일도 있습니다. **PMBOK**(제 9.6.2항)의 프로젝트 팀 편성 프로세스 기법의 하나로서도 소개되어 있습니다. 실제로 효과도 높으므로, 국내의 임베디드 소프트웨어개발 프로젝트에서도 개최하는 예가 늘어가고 있는 것 같습니다. 킥오프 미팅에서는 프로젝트의 목적과 달성, 그리고 운영 방침이나 프로젝트를 둘러싼 상황 등을 전달할 수 있습니다. 회사 간부나 톱 관리자 등이 직접 생각을 말하고, 멤버의 의식과 동기를 높입니다. 또한 초면의 멤버끼리 소개와 교류의 기회가 되어, 팀 구축을 촉진시키는 효과도 있습니다.

PMBOK의 본가인 미국의 대규모 프로젝트에서는, 호텔의 홀을 빌린 본격적인 파티형식의 회합도 합니다. 게다가 작은 회전목마나 관람차, 거리의 연예인 등이 있는 이동식 유원지를 초청한 즉석 이벤트 회장을 만들어, 미팅 후에 참가자를 즐겁게 해주는 킥오프 미팅을 개최하는 일도 있습니다. 담당자 수준의 엔지니어도 참가할 수 있습니다. 프로젝트는 멤버에 보답하는 마음을 많이 가지고 있으므로, 프로젝트를 위하여 열심히 하자는 마음이 자연히 끓어오릅니다. 무엇보다도 첫인상이 중요하며, 또한 고수준의 소프트웨어 개발에서는 동기가 효율을 결정적으로 좌우하는 것을 숙지하고 있는, 미국인다운 팀 관리입니다.

일반적으로 프로젝트 팀의 편성작업은, 표 12-1의 4가지 단계를 거치게 되어 있습니다. 당연하지만, 결성 직후에 팀 멤버의 능력이 충분히 발휘되는 일은 드뭅니다. 각각의 단계에서, 팀 편성에 다른 방침이 필요하게 됩니다. 성립기에는 코칭을 주체로 한 지시형 리더쉽이, 과도기에는 조정형의 관리가 필요하게 됩니다. 안정기에서 수행기로 나아감에 따라 위임형의 팀 운영으로 이행하고, 개개의 멤버의 능력을 최대한으로 끌어내는 관리가 요구됩니다.

[표 12-1] 팀 편성

시 기	편 성
성립기	팀이 발족하여 멤버가 집결한다
과도기	팀 내에서 멤버끼리의 불협화음이 발생하며, 경우에 따라서는 대립으로 발전하는 경우도 있다
안정기	멤버 간의 대립이 해결되고, 공통된 목적으로 일체가 되어 작업으로 향하는 단계
수행기	팀 원래의 능력이 발휘되어, 신뢰를 바탕으로 한 각 멤버의 컴퍼텐시(장점)를 살리면서 업무가 수행된다

12.2 사양검토와 국내 · 해외의 분산개발

임베디드 소프트웨어개발 초기단계인 사양검토 단계에서는, 개발 메이커의 엔지니어가 중심이 되어 작업을 진행합니다. 일반적으로는 개발 메이커가 제품사양·기본설계·기능설계까지 합니다. 상세설계보다 뒤에 있는 엔지니어링 공정은, 개발작업을 담당하는 협력회사 등이 맡습니다. 소프트웨어 설계에서는 상류 공정의 성과물 품질이 프로젝트 전체의 비용이나 퍼포먼스에 크게 영향을 주는 점은, 이미 몇 번이나 기술한 그대로입니다. 임베디드 소프트웨어개발에서는 설계 공정의 품질체크가 경시되고 있든지, 또는 소프트웨어의 설계에도 품질의 좋고 나쁨이 있다는 발상자체가 결여되어 있는 경우도 있습니다. 설계단계에서는 복수개의 옵션에서 소프트웨어 구조를 선택하고, 또는 설계가 적절한지를 모듈 결합도나 응집도 등의 잣대로 판정하는 일이 필요합니다. 시스템 테스트의 공정까지 나아가고 나서 설계가 부적절한 것이 판명되어도, 많은 경우는 이미 때가 늦게 됩니다.

임베디드 소프트웨어개발 프로젝트의 사양검토 작업으로 초점을 돌리면, 사양검토의 단계에서는 제품의 소프트웨어 설계나 하드웨어와 소프트웨어 간, 또는 소프트웨어의 모듈 간의 인터페이스가 정의됩니다. 그러나 개발 프로젝트의 초기단계에서는 하드웨어 등이 완성되어 있지 않으므로, 충분한 설계를 할 수 없는 일도 적지 않습니다. 이 경우는 미확정 부분을 다른 모듈로 분리한 설계나, 제 8장에서 기술한 것처럼 아키텍처의 채택 등과 같은 대책이 필요하게 됩니다.

안타깝지만 현실에서는 미확정 부분의 설계를 단순히 뒤로 미루는 케이스도 있습니다만, 반드시 후단의 공정에서 자신의 목을 죄는 결과가 됩니다. 적어도 프로답게 업무를 대한다면, 가능한 한의 대책을 실시해야 합니다.

　대규모 임베디드 소프트웨어개발 프로젝트에서는, 사양검토 단계에서부터 많은 기업이 참가하므로, 개발 팀이 국내 각지나 해외 등의 지리적으로 떨어진 장소에서 작업을 진행하는 경우가 있습니다. 대 자동차등 대기업에서는, 최근 임베디드 소프트웨어개발에서는 분산 개발을 부분적으로라도 적용하는 프로젝트가 계속 증가하고 있다고 보고되어 있습니다. 이런 경향은 앞으로 보다 가속될 것으로 예상하고 있습니다.

　분산거점으로 개발을 하는 경우에는, **가상팀**(Virtual Team)이라는 기법이 유효합니다. 전화 회의나 TV 회의 등과 같은 커뮤니케이션 수단을 사용하여, 종래에는 불가능했던 원격지끼리의 공동 작업이 가능하게 됩니다. 또한 Web 기반의 전자 게시판이나 메신저 등의 툴을 활용하고 있는 프로젝트도 많습니다. 최근에는 화상회의 시스템을 사용하여, 고가의 기재를 설치하지 않고 TV 회의를 할 수 있도록 되었습니다.

　그러나 주의하지 않으면 안 될 것은, 커뮤니케이션은 사람 대 사람의 관계가 기본인 점입니다. 아무리 커뮤니케이션의 도구를 갖추어도, 뿌리에 서로의 신뢰관계가 없으면 커뮤니케이션은 성립되지 않습니다. 버추얼 팀을 채택하는 경우에는, 가능한 한 빠른 시점에서 멤버끼리 직접 얼굴을 마주하는 기회를 만드는 것이 중요합니다. 개발 일정이 다급한 경우, 사소한 의문이 의심이나 불신으로 확대해버리는 일이 있습니다. 인간이란 묘해서 서로 만난 기억이 있는 것만으로, 신뢰하는 방향으로 마음의 저울이 기울어지기 쉽게 되는 것입니다.

　임베디드 시스템의 분산개발은, 거점이 국내에 그치지 않는 일도 있습니다. 한국의 임베디드 시스템은 해외에도 넓은 시장을 가지고 있어, 해외용 제품개발을 상정한 프로젝트 체제가 채택되는 경우가 적지 않습니다. 구체적으로는 수출국에 개발 멤버를 배치하여 현지화 작업을 하거나, 현지가 아니면 확인할 수 없는 테스트를 실행하는 일이 있습니다. 해외용 카 내비게이션 시스템이나 휴대전화의 개발에서는, 실제 환경의 동작 확인이 반드시 필요하게 되어 있습니다. 해외의 개발 팀은, 많은 경우는 한국인과 현지 외국인으로 편성됩니다.

　국외와의 분산개발에서는, 전술한 국내 분산개발의 문제에 더하여, 그림 12-3과 같은 3가지의 장애물이 추가됩니다. 하나는 언어에 의한 커뮤니케이션 문제, 또 하나는 시차에 의한 공동작업의 어려운 문제, 그리고 마지막으로는 이동시간과 비용의 문제입니다.

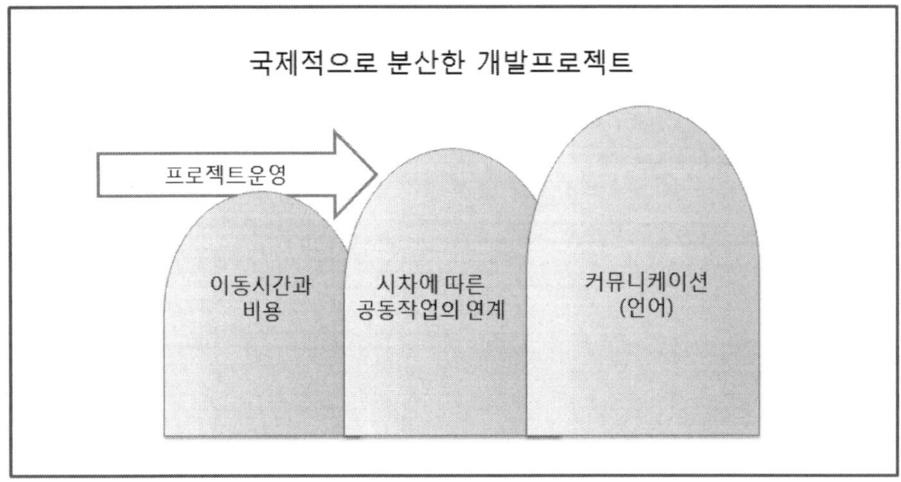

그림 12-3 해외개발의 장애물

　해외 팀과의 커뮤니케이션에서는, 주로 영어로 하는 의사소통을 필요로 합니다. 엔지니어라면 다소라도 영어의 사양서 까지는 읽은 경험이 있겠지만, 비즈니스 면의 영어회화나 메일 주고받기가 되면 불안한 일이 많게 됩니다. 개발 팀의 전 멤버에게 영어실력을 요구하는 일은 드물지만, 적어도 해외 팀과 제휴하는 팀의 부팀장 이상은 영어의 숙련도가 없으면 프로젝트 수행의 장해가 될 것입니다. 이 문제는 「많은 경험을 쌓는다」 는 일이 해결에의 지름길이라고 생각됩니다. 경험에서 말하자면, 적극적으로 영어 커뮤니케이션의 경험을 쌓음으로써, 숙련도가 대폭적으로 향상되는 케이스가 많다고 할 수 있습니다. 한국인은 영어가 서투르다고 하지만, 개개인으로는 영어의 페이퍼 테스트를 잘하지 못할 뿐이라는 사람이 적지 않습니다. 기초적인 영단어·문법의 지식은 있기 때문에, 커뮤니케이션은 어학 테스트와 다르다고 이해할 수 있으면, 비교적 원활하게 숙련도가 향상될 것 같습니다. 그러나 개발 멤버끼리의 의사소통에서는 특별한 문제가 없습니다. 영어 커뮤니케이션도 마찬가지로서, 상대방은 말하는 것을 이해하려고 해주므로, 단어를 어느 정도 적절한 순서로 나열할 수 있으면 충분히 의사가 통합니다.

　시차에 대해서는, 플러스 면과 마이너스 면이 있습니다. 플러스 면에서는 잘 알려져 있다시피, 한국에서는 밤이 해외에서는 낮이 될 경우에는, 이 시차를 사용하여 개발과 테스트를 연속하여 추진할 수가 있는데다가, 문제 수정 등의 피드백에 요하는 시간이 짧아집니다. 개발공정에 따라서는, 마치 밤낮 병행의 교대체제로 하는 것처럼 효율향상을 달성할 수 있는 가능성도 있습니다. 마이너스 면으로서는, 쌍방향의 커뮤니케이션에서 타임래그가 생긴다는 문제가 있습니다. 테스트 공정의 수정과 테스트 작업처럼, 성과물이 한 방향으로 흐르는 작업에서는 시차가 유효하게 작용합니다. 그러나 의논이나 질문 등 쌍방향이 주고받는 일이 필요한 작업에서는, 시차가 단순히 타임래그로서 영향이 있습니다.

단순한 질문이라도 응답에 1일이 걸려버리므로, 작업 효율을 저하시키는 원인이 됩니다. 한국→인도와 같이 지구의 자전과 반대 방향으로 작업이 차례로 실시되는 경우에는, 시차에 의한 작업을 연속하여 추진할 수가 있게 됩니다. 그러나 자전과 같은 방향(한국→미국 등)으로 작업을 의뢰하면, 오히려 시간이 걸리는 일이 있습니다(그림 12-4).

국제개발에서 시차를 유효 활용할 수 없는 프로젝트에서는, 이와 같은 커뮤니케이션의 방향성을 명확히 의식하여 작업 룰을 정하지 않고 있는 케이스가 적지 않습니다. 시차에 따라 효율화되는 작업과, 반대로 효율이 저하하는 작업을 구별할 필요가 있습니다. 내용에 따라 워크플로우적으로 차례로 의뢰하든지, 그렇지 않으면 근무시간이 겹치는 타이밍에서 집중적으로 커뮤니케이션을 하든지를 정리하면, 시차를 유효하게 활용할 수 있을 것입니다.

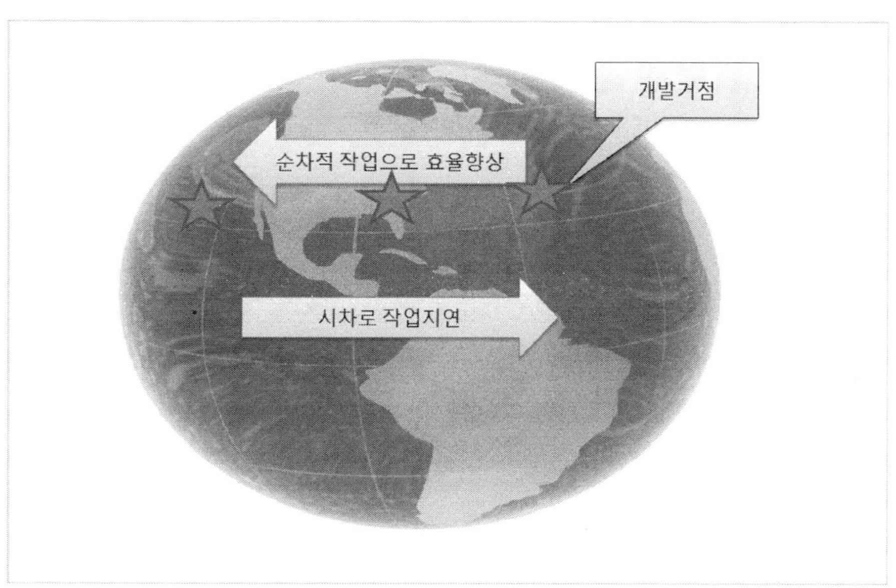

그림 2-4 시차와 워크플로우

이동 비용의 문제는 지리적으로 떨어져 있는 경우는 어쩔 수 없다고 할 수 있습니다. 필요한 타이밍에서 가볍게 미팅 등을 개최할 수 없으므로, 프로젝트 체제 등에 연구가 필요합니다. 전화 회의나 TV 회의 등을 활용하거나, 애당초 해외에 관리자부터 담당까지 팀 기능의 일부를 배치하여 시차 커뮤니케이션을 필요로 하지 않는 것도 생각할 수 있습니다. 또한 나라에 따라서는, 특수한 기재(암호장치 등)의 반입이 제한되는 경우도 있으므로, 사전에 빈틈없는 조사와 준비가 필요합니다.

12.3 하드웨어와 동시 설계

임베디드 소프트웨어개발에서는, 하드웨어와 소프트웨어가 동시에 개발되는 상황이 자주 발생합니다. 임베디드 소프트웨어는 하드웨어와 밀접하게 관련되어 있으므로, 신규 개발의 제품에서도, 모델 체인지를 위한 사양추가에서도, 경향은 변함없습니다.

임베디드 소프트웨어의 코딩 공정으로 나아가는 시기가 되면, 보통은 시제품 하드웨어를 사용할 수 있게 됩니다. 가장 최초에 제공되는 시험 하드웨어는, **디버그 보드**나 **타깃 보드**라고 하는 회로기판이 플랫 케이블이나 커넥터로 접속된 것이 있습니다. 시험 하드웨어를 보아도, 외관으로는 대체 어떤 제품이 될지 상상할 수 없는 일도 있습니다. 많은 시험 하드웨어에는 JTAG 인터페이스가 장비되어 있어, ICE를 사용한 디버그 등에 사용됩니다. 이 단계의 하드웨어는, 1대에 수천만 원 이상도 하는 엄청난 고가의 제품입니다. 제조 수는 적으므로, 드라이버 개발 팀 등에 우선적으로 배포됩니다.

다음 단계에서는, 실제의 제품과 동일한 외관을 한 하드웨어가 제조됩니다. **원판**(Prototype)이나 **엔지니어링 샘플판**(ES판 : Engineering Sample판) 등으로 불립니다. 크기나 외장은 제품과 대체로 같지만, 내장되어 있는 칩의 사양이 다르거나, 외형이 도장되어 있지 않거나 하는 경우가 있습니다. 대부분의 하드웨어는 제품과 같은 것을 채택하고 있으며, 출시 직전까지 테스트에 사용되는 일도 있습니다. 단 메모리 내장량이 적은, 구 버전의 칩이나 인터페이스를 사용하고 있는 등의 문제가 있는 원판은, 개발 프로젝트가 진행되면 회수하는 일도 있습니다.

최종적으로는 제품의 제조 라인에서 생산된 양산품도 테스트에 사용됩니다. **양산품판**이나 **매스프로덕트판**(MP판 : Mass Product판)이라고 합니다. 소수 생산하는 제품에서는 양산품이 테스트에 사용되는 일은 드뭅니다. 그러나 수십만 대의 규모로 대량으로 출시되는 임베디드 시스템에서는, 하드웨어의 제조에 일정 시간이 걸리기 때문에, 상당히 빠른 시기에 하드웨어의 양산이 개시됩니다.

임베디드 소프트웨어의 드라이버 팀은, 하드웨어 팀과 같은 일정으로 조기에 작업을 진행합니다. 하드웨어 개발이 중반 이상으로 진행한 단계에서 미들웨어층 이상의 소프트웨어 코딩 공정이 개시됩니다. 양자의 개발기간은 반 이상 어긋나 있는 일도 있습니다. 미들웨어층 이상의 개발 팀은 내부적인 기능의 검토부터 착수하며, 소프트웨어 구조의 설계를 하고, 코딩에 착수합니다. 하드웨어와 드라이버의 사양 확정이 지연되어 있는 경우에는, 그림 12-5와 같이 소프트웨어끼리의 인터페이스를 먼저 결정하고, 상위 태스크의 설계와 개발을 선행 실시하는 일도 있습니다.

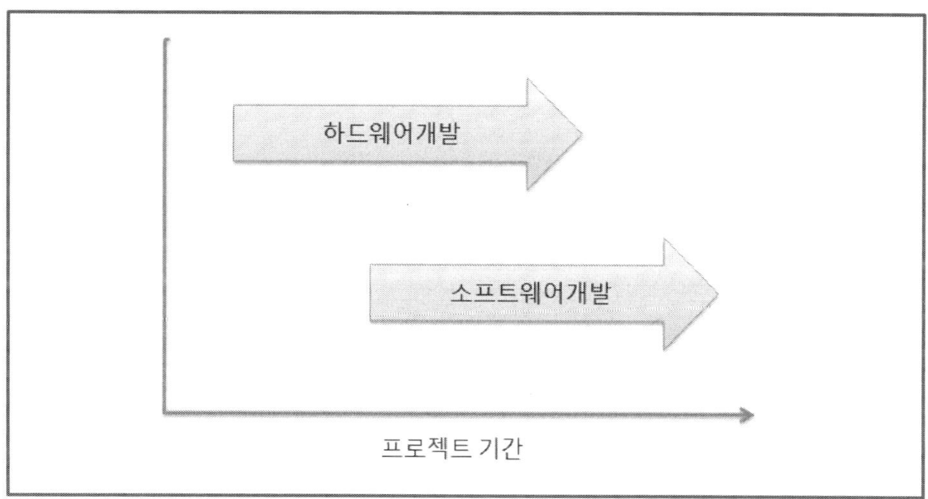

그림 12-5 하드웨어와 소프트웨어의 개발기간

하드웨어와 소프트웨어의 개발공정이 서로 관련이 있으므로, 프로젝트의 일정을 정확하게 견적하기 위해서는, 작업의 순서 결정을 빼놓을 수 없습니다. 크리티컬 패스를 파악하면, 일정을 재편성해도 전체 일정에 영향이 없는 작업과, 절대로 기간 내에 완료하지 않으면 안되는 작업의 구별을 할 수 있습니다. 사양변경 등에 따라 일정 변경을 요구받은 경우에는, 영향을 정확하게 파악하여 일정을 재설정할 수 있게 되겠습니다.

12.4 기능별 개발과 통합

임베디드 소프트웨어뿐이 아닙니다만, 복수개의 모듈로 구성되는 소프트웨어에서는, 일반적으로 모듈단위로 독립하여 개발을 진행합니다. 그 경우에는 모듈끼리의 연동 부분의 인터페이스 사양을 먼저 결정하고, 사양에 의거하여 개발을 진행하는 기법이 일반적입니다. 모듈 단위의 개발이 진행되어, 단품 테스트까지 어느 정도 완료하면, 모듈끼리 실제로 연동시키는 테스트로 이동합니다. 각각 따로 개발한 모듈을, 하나의 실행가능 모듈로 조합하는 작업을 **통합**(Integration)이라고 합니다.

통합 작업은, 기능 간의 의존관계를 고려한 순서로 실시할 필요가 있습니다. 그래서 개발 일정이 지연되고 있는 모듈이 존재하면, 다른 모듈의 개발작업을 방해하는 결과로 될 수도 있습니다. 임베디드 소프트웨어개발 프로젝트의 마일스톤 속에서 통합은 프로젝트 내부에 중요한 의미를 부여합니다. 임베디드 소프트웨어개발 프로젝트에서는, 통합의 기일만은 어떻게든 지킬 수 있도록 관리해야 합니다. 엔지니어 수준에서도 통합만은 지연이 허용되지 않는다는 것을 이해하지 않으면 안 됩니다.

많은 경우 통합은 극히 짧은 기간에 차례로 실시됩니다. 소위 **빅뱅 테스트**(Big Bang Test)[32]와 비슷한 상황으로 됩니다. 빅뱅 테스트는 소규모의 시스템에서는 **톱다운 테스트**(Top Down Test)[33]나 **바텀업 테스트**(Bottom Up Test)[34]의 기법에 비하여 공수가 적게 끝나는 점이 장점이며, 복수개의 모듈에서 동시에 문제가 발생하면 원인의 특정이 어렵다는 단점이 있다고 합니다. 종래에는 소프트웨어의 규모가 작고 엔지니어의 숙련도도 높았으므로, 문제를 표면화 되지 않도록 억누를 수 있었다고 생각됩니다만, 최근의 대규모 소프트웨어 개발에서는 단점 쪽이 강하게 부각되어가고 있어, 결과적으로 개발 팀에 대한 부담이 증가하고 있습니다.

많은 경우는 그림 12-6과 같이, 통합 작업의 직후에 인터페이스 부분 등에서 불량이 대량으로 발견됩니다. 이상론을 말하자면, 정확한 인터페이스 사양서에 따라 호출측과 호출되는 측을 개발하고 있으므로, 양자가 사양대로 개발되어 단품 테스트를 클리어 하고 있으면, 아무런 문제도 없이 연동할 수 있을 것입니다. 그러나 임베디드 소프트뿐만 아니라, 이상대로 멋지게 결합이 성공하는 일은 별로 없을 것입니다.

통합에서 불량이 표면화하는 원인은 여러 가지 생각할 수 있습니다만, 그 중에서 인터페이스 사양의 잘못으로 인한 불량은, 단품 테스트에서는 피할 수 없습니다. 테스트의 판단 기준이 되는 인터페이스 사양에 잘못이 있다면, 단품 테스트를 패스해도 의미가 없게 되므로, 단품 테스트 공정의 작업이 소용없게 됩니다.

원활하게 통합을 진행하기 위해서는, 조기에 정확한 설계를 하고, 적확한 인터페이스를 설계하는 일이 무엇보다 중요합니다. 특히 인터페이스를 사용하는 모듈의 담당자끼리의 피어리뷰가, 문제의 조기발견에 큰 효과를 발휘할 것입니다.

---

32) 복수개 모듈을 모두 결합시켜 단번에 동작 검증을 하는 테스트 방법.
33) 복수개 모듈을 상위 모듈부터 차례로 결합하면서 동작 검증을 하는 테스트 방법.
34) 복수개 모듈을 하위 모듈부터 차례로 결합하면서 동작 검증을 하는 테스트 방법.

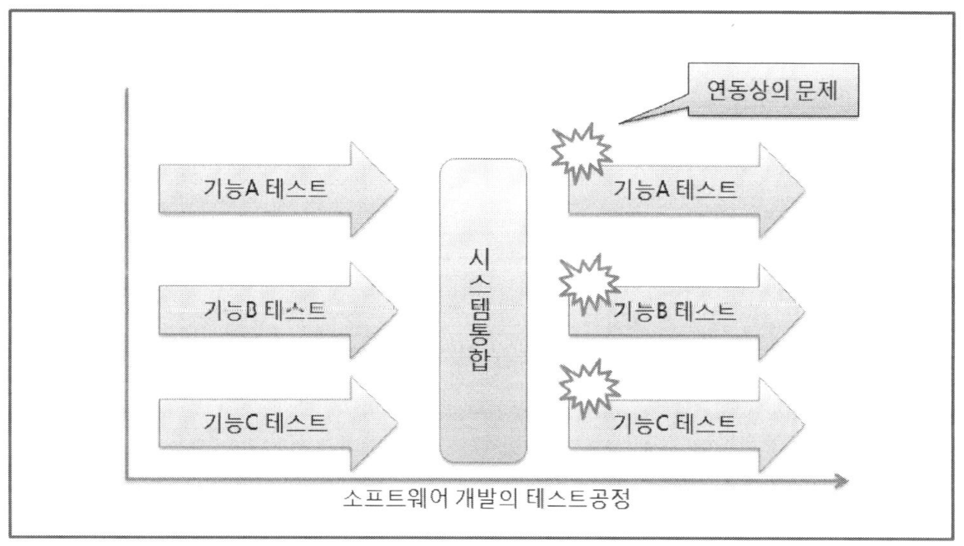

그림 12-6 시스템 통합(Integration)

12.5 테스트 환경과 품질의 확보

임베디드 소프트웨어의 테스트 환경은, 오픈업무 시스템과 비교하면 뒤떨어지는 면이 많이 있습니다. 그래서 백만 행을 넘는 대규모의 소프트웨어 테스트 공정에서는, 인해전술적인 공수의 투입으로 극복하는 일도 필요한 것이 현실입니다. 물론 전용 툴이나 테스트 기법의 연구로 적극적인 개선을 꾀하고 있는 프로젝트도 있는데, 실제로 효과를 올리고 있는 일도 있습니다.

몇 번이나 기술했듯이, 임베디드 소프트웨어는 실제의 하드웨어 상에서 동작을 확인하는 일이 어렵습니다. 테스트 작업에 사용되는 경우에 국한하면, 실기 하드웨어는 호스트 PC에 비해, 디스플레이나 기억매체 등의 테스트 작업에 필요한 하드웨어의 능력이 뒤떨어져 있습니다. JTAG 등을 사용하면 어느 정도의 문제는 해결합니다만, 엄청난 고가의 기재이므로 많이 갖추기가 어렵습니다. 그래서 대규모의 임베디드 소프트웨어개발 프로젝트에서는, 효율적으로 소프트웨어의 테스트를 진행하기 위해, 하드웨어 없이도 소프트웨어를 의사적으로 실행할 수 있는 **에뮬레이터**(Emulator)나 **시뮬레이터**(Simulator)를 사용하는 일이 있습니다. Windows Mobile (Windows CE)·J2ME(Doja)·BREW의 소프트웨어 개발에서는 표준으로 시뮬레이터를 사용할 수 있으며, Otopia 등의 GUI 라이브러리에도 전용 시뮬레이터가 제공되어 있습니다. 메이커 고유의 라이브러리를 사용하고 있는 경우도, 자작한 시뮬레이터를 작성하고 있는 경우가 많습니다.

임베디드 소프트웨어개발의 효율화에는, 시뮬레이터·에뮬레이터 환경이 대단히 유효합니다. 테스트 작업의 공수뿐만 아니라, 테스트 작업에 필요한 하드웨어를 준비하는 비용 등도 절감할 수 있으므로, 개발 프로젝트의 경비(인건비 등) 등을 절감할 수 있습니다(그림 12-7).

그림 12-7 시뮬레이터와 실장하드웨어의 활용

인해전술적인 테스트 기법은, 가능한 한 피해야합니다. 특히 **랜덤 테스트**(Random Test)라는 테스트 방법에는 주의가 필요합니다. 랜덤 테스트란 아르바이트 등의 테스터가 생각나는 대로 여러 가지 조작을 해봄으로써, 불량을 발견하는 기법입니다. 확실히 어느 정도의 불량을 검출할 수 있기 때문에, 인건비가 낮다면 한정된 효과가 인정됩니다. 그러나 체계적으로 모든 기능이나 모든 패스를 테스트하지 않기 때문에, 치명적인 불량을 간과할 가능성이 있다는 중요한 결점이 있습니다.

테스트 작업의 공수가 너무 커진다고 느끼는 프로젝트에서는, 체계적인 테스트 기법이 확립되어 있지 않고, 효율이 나쁜 테스트를 반복하고 있는 일이 있습니다. 한 사람의 테스트 작업량에는 한계가 있으므로, 테스트케이스에 따라서 엔지니어가 실제로 동작시켜서 체크하는 방법에 의존하고 있는 한, 임베디드 소프트웨어의 규모가 확대하여 테스트 공수가 증가함에 따라서 테스트 작업의 인원수를 추가하지 않으면 안되는 상황에 빠집니다. 개발규모에 비례하여 작업 공수가 증가하므로, 부담이 커지는 것은 당연합니다. 테스트 작업의 효율을 발본적으로 개선하기 위해서는, 테스트 작업의 환경을 개선하는 노력이 필요합니다. 테스트-퍼스트 기법에 의한 설계 품질의 향상과 자동 테스트가 가능한 환경의 도입 등에 눈을 돌려 봅시다.

또한 임베디드 소프트웨어개발에서는, 소프트웨어의 테스트는 출시 직전까지 계속됩니다. 하드웨어의 완성 후에도 소프트웨어를 ROM이나 Flash 메모리에 써넣을 수가 있고, 출시 수일 전까지 테스트와 디버그를 할 수 있는 일도 있어, 테스트 일정을 빠듯하게 설정하거나, 조금이라도 테스트 기간을 연장하려는 일이 있습니다. 이와 같은 일정에서는, 테스트 종반에 발견한 불량을 출시하기까지 수정할 수 없을 우려가 있습니다. 충분히 여유가 있는 일정로, 테스트를 해야 합니다.

테스트의 일정에 여유를 주기 위해서는, 테스트 공정의 테스트 및 디버그 작업의 양을 절감하지 않으면 안 됩니다. 그러나 소프트웨어의 기능을 절감하는 일은 할 수 없으므로, 자연히 테스트케이스의 건수도 크게 절감할 수 없습니다. 그렇다면 테스트 작업의 효율을 향상시키든가, 디버그 작업의 양, 즉 수정해야할 불량의 양을 줄이지 않으면 안 됩니다.

많은 임베디드 소프트웨어개발 프로젝트는, 테스트 작업의 효율향상에 적극적입니다. 그러나 불량의 양을 줄이기 위한, 본격적인 대책을 하고 있는 프로젝트는 많지 않습니다. 현재의 수준 이상으로 임베디드 소프트웨어개발의 효율을 향상시키려면, 개선의 여지가 남은 분야에 대한 대책이 필요합니다. 즉 불량의 수를 줄이기 위한 대책이, 임베디드 소프트웨어개발의 상황을 개선하는 포인트의 하나라고 할 수 있습니다.

그러기 위해서도 충분한 품질의 소프트웨어 설계를 하여, 거기다 설계의 품질을 검증하는 대책이 필요합니다. 이미 기술한 바와 같이, 객체지향설계 등을 도입하여 소프트웨어의 설계능력을 향상시키는 것입니다. 그리고 테스트-퍼스트 기법이나 피어리뷰를 활용하여, 설계 공정의 성과물에 문제가 없는 것을 엄밀히 확인하고 나서, 후 공정으로 나아가는 프로세스의 개선이 효과적입니다.

대규모화를 계속하는 임베디드 소프트웨어개발에서, 종래와 변함없는 높은 품질을 확보하기 위해서는, 테스트 공정뿐만 아니라, 설계 공정으로 눈을 돌린 대책이 반드시 필요합니다.

12.6 사양변경과 파생모델

제품의 사양변경은 개발 프로젝트 전 기간에 걸쳐 발생합니다. 임베디드 시스템에서는 가능한 한 후 공정에서 사양변경이 발생하지 않도록 **리스크 대책**이 요구됩니다. 개발 종반에 사양변경이 발생하면, 남은 기간의 여유가 적기 때문에, 개발 팀에게 상당히 큰 부담이 됩니다.

사양변경이 예상되는 기능이나 프로젝트에서는, **리스크 관리**가 대단히 중요하게 되었습니다. 리스크 관리의 개요는 제 9.6.2항과 표 9-7에서 설명했습니다. 여기서는 표 8-7을 다시 정리한 표 12-2를 제시합니다. 표 12-2와 같은 일반적인 리스크를 사양변경의 리스크에 적용하면(그림 12-8), 다음과 같은 대책으로 실현할 수 있습니다.

[표 12-2] 리스크의 대응책

대응책	리스크에 대한 대처
회피	리스크 사태를 피하거나 무효화하는 대책을 실시한다
전가	리스크가 현재화한 경우에, 제 3자에게 영향을 흡수하게 한다.
경감	리스크의 발생확률이나 현재화한 경우의 영향을 저감시키는 대책
수용	리스크를 받아들이고, 적극적인 대책을 실시하지 않는 일을 선택한다. 만약 리스크가 현재화한 경우에는, 예비한 예산이나 인원 등을 추가 투입하여 대응한다

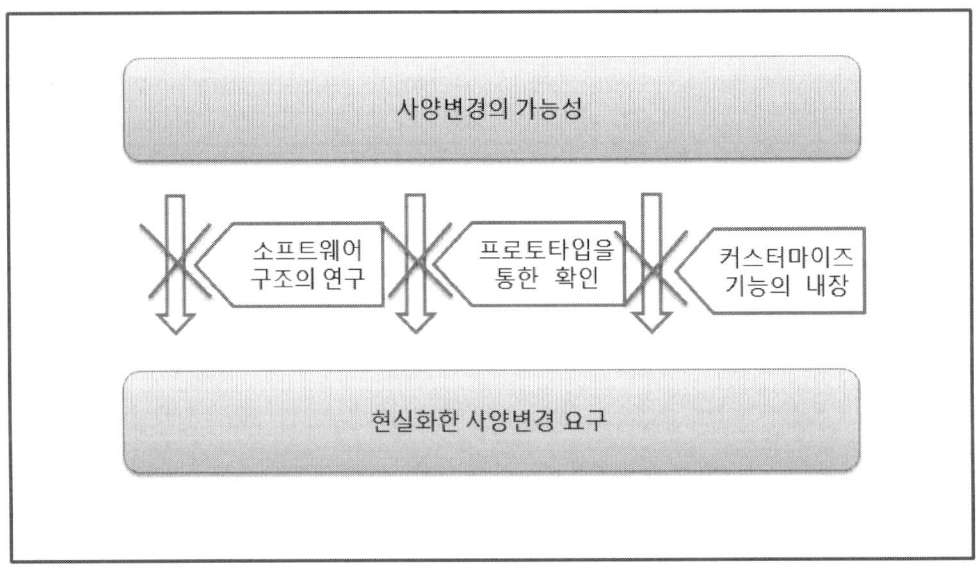

그림 12-8 사양변경의 회피

● 사양변경의 리스크 회피

사양변경이 발생하는 부분의 기능을 빼버리는, 또는 사양변경을 허용하지 않는다는 결정을 하는 등, 리스크 자체가 존재하지 않는 상황을 만들어내어, 리스크를 무효화하는 대책입니다. 보통은 제품 메이커의 관리자 등 톱 수준만이 결정할 수 있는 회피책입니다. 개발 팀 등에서 리스크 회피에 의한 대책을 결정하는 권한은 보통 없습니다만, 옵션으로서 제안하는 것은 가능합니다.

● 사양변경의 리스크 전가

일반적인 프로젝트 관리의 리스크 전가란, 리스크가 현재화했을 때의 영향을 손해보험 등의 제 3자에게 지게 하는 대책방법을 가리킵니다. 임베디드 소프트웨어개발에서 사양 변경의 리스크가 발생한 경우에는, 다른 팀에게 사양변경 작업을 담당시키는 등의 대책을 생각할 수 있습니다만, 프로젝트 전체로서 생각하면 리스크 대책으로서 성립한다고는 할 수 없습니다. 만일 명확한 고객이 존재하는 임베디드 소프트웨어개발이라면, 사양변경 시에 추가비용을 청구할 수 있는 계약으로 하는 등의 대책이 전가책에 해당합니다.

● 사양변경의 리스크 경감

가장 건설적인 리스크 대책이라고 할 수 있습니다. 제 7장에서 기술한 바와 같이, 사양 변경이 발생해도 영향이 적은 소프트웨어 구조를 채택하는 등의 대책입니다. 또한 사양 변경이 발생할 가능성을 축소시키기 위하여, 인터페이스 설계나 기능설계의 단계에서 충분한 검토를 실시하여, 품질이 높은 사양을 결정하는 것도 중요합니다. 종래의 엔지니어 중심의 임베디드 소프트웨어개발 프로젝트에서는 엔지니어의 역량으로 자연히 실현되어 있었던 케이스도 있습니다만, 앞으로의 임베디드 소프트웨어개발에서는, 체계적인 관리의 결과로서 계획하여, 실시되어야할 대책방법입니다.

● 사양변경의 리스크 수용

리스크의 수용책은, 사양변경을 받아들여 인원추가 등으로 대응한다는 대책방법을 가리킵니다. 일반적으로 리스크의 수용을 하게 되는 것은, 불가항력적인 요소가 강하며, 경감책 등의 능동적인 대책이 어려운 경우이든가, 또는 경감책을 실시한 후에 잔존하는 영향을 수용하는 경우에 국한된다고 생각하지 않으면 안 됩니다. 단순히 리스크를 간과하는 것을 의미하는 것은 아닙니다. 불가항력이란 전혀 예기치 못한 전쟁이나 테러 등의 사유로 인하여, 현지에서 실시를 예정했던 테스트 항목을 국내에서 확인하기 위해 기능추가가 필요하게 된 경우 등을 가리킵니다.

발주원에 의한 일방적인 사양변경은 불가항력처럼 느낄 수 있겠습니다만, 앞에서 기술한 것처럼 실제로는 발생확률을 어느 정도 저하시키는 일도 가능하며, 소프트웨어 설계의 연구로 영향을 축소시킬 수 있는 것입니다. 이러한 대책을 강구하지 않고, 사양변경이 발생한 경우에 단지 추가 작업을 수용한다면, 리스크 대책을 실시하지 않고 있는 것이 되겠습니다.

수출용 임베디드 시스템이나 고객마다 사양이 다른 OEM용 임베디드 시스템에서는, 부분적으로 사양을 변경한 **파생모델**이 개발되는 일이 있습니다. 출시하는 나라에 따라서 언어가 다른 모델을 개발하거나, 고객마다 UI 디자인·내장 하드웨어와 소프트웨어의 기능이 다른 모델을 개발하게 됩니다. 파생모델은 표준이 되는 임베디드 시스템을 원형으로 하여 개발되므로, 큰 기능 변경 등은 발생하지 않습니다. 파생모델 개발의 주된 작업은, 화상 소재나 메시지 문자열 등의 리소스 변환이나, 기능의 억지 등에 그칩니다. 파생모델 개발을 상정하여 설계된 소프트웨어라면, 파생모델의 개발에도 쉽게 대응할 수 있을 것입니다. 보통의 임베디드 소프트웨어개발에서는 파생모델 또는 장래의 모델 변경에 대비하여, 리소스나 기능 단위의 변경이 가능하도록 소프트웨어를 설계합니다. 변경에 대비한 설계는, 소프트웨어의 확장성이나 보수성이 향상하는 효과가 있으므로, 만일 현재의 제품에서는 파생모델 개발의 가능성이 없는 경우에도, 항상 부분적인 변경을 예기한 소프트웨어 구조를 채택할 수 없는지를 검토해야 합니다.

12.7 출시와 후속제품 개발

제품이 출시되면 개발 팀의 작업은 거의 완료합니다. 개발한 제품을 기반으로 하여 후속 모델이 개발되는 경우에는, 개발 팀의 일부, 또는 대부분이 차 기종 개발 프로젝트에 참가합니다. 제품을 조금이라도 빠른 타이밍으로 시장에 투입하기 위하여, 모체 기종의 개발이 완료한 팀부터, 차례로 차 기종의 개발로 이동하는 일도 적지 않습니다. 기획부문이나 하드웨어 개발 팀은, 소프트웨어 개발보다도 먼저 작업을 종식하므로, 선행하여 차 기종 개발에 착수하는 일이 적지 않습니다. 모체 기종의 소프트웨어 개발 중에, 차 기종의 하드웨어를 개발해 두면, 소프트웨어 개발 팀도 타임래그 없이 차 기종의 개발에 착수할 수 있습니다.

또 다른 방법으로서, 복수개의 팀으로 병행개발을 하는 일도 있습니다. 제품 출시의 간격이 짧은 분야에서는, 1팀에서 개발을 하고 있으면 출시 타이밍을 놓쳐버리기 때문에, 복수개의 팀이 기간에 시차를 두고 개발작업을 합니다. 가장 전형적인 예는 휴대전화의 개발입니다. 휴대전화는 춘·하·동에 신 모델이 출시됩니다. 1기종의 개발에는 최저 1년 정도 걸리므로, 1팀에서 개발하고 있으면 1년에 3회 출시하는 일은 불가능합니다. 그래서 하나의 전화사업자(캐리어)에 대하여 3팀이 순차적 개발을 하는 체제로 출시간격을 단축하고 있습니다(그림 12-9).

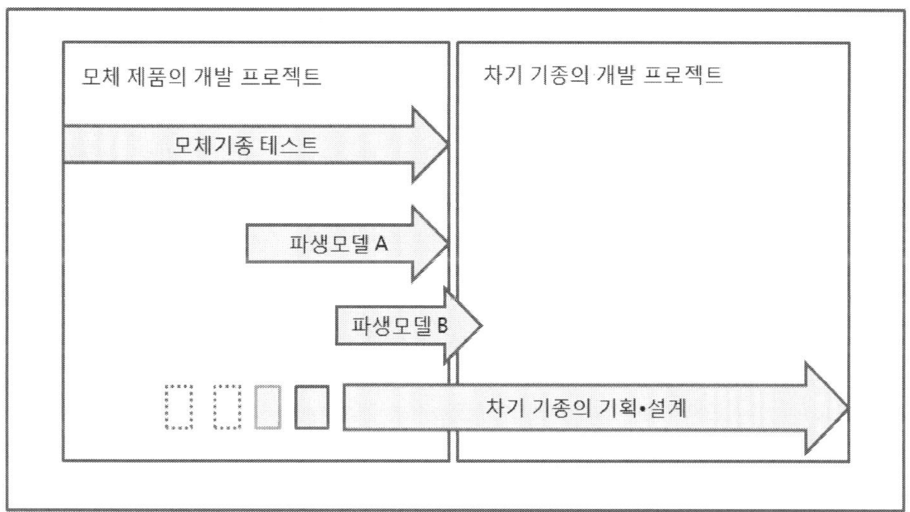

그림 12-9 차기기종의 개발이행

　기획부문이나 제조부문의 중핵에서는, 제품기능을 어떻게 확장해야 하는가라는 검토를 하게 됩니다. 면밀한 마케팅 리서치와 고객의 요구에 의거한 제품기획입니다. 동시에 개발 팀에서는, 개발 프로젝트의 운영이나 체제·소프트웨어 설계의 적절함 등에 대하여 평가를 하고, 개선해야할 점을 밝혀냅니다.

　프로젝트 체제의 문제를 없애고, 보다 효과적인 팀으로 변해가기 위해서는, 최근에 주목되고 있는 **CMMI**에 의거한 프로세스 개선이 유효합니다. CMMI란 카네기멜론 대학의 소프트웨어 공학 연구소에서 고안된 능력 **성숙도 모델**(CMM : Capability Maturity Model)을 사용하여 조직의 능력을 측정하여, 보다 높은 수준의 조직으로 개선하기 위한 국제적인 지표입니다. 개개의 문제를 해결하기 위한 기법집이 아니라, 보다 고도의 해결을 목표로 합니다. 즉 「문제를 해결할 수 있는 조직을 만들면, 어떤 문제도 자연히 해결할 수 있다」는 사고방식의 근원, 조직의 룰이나 체제를 개선하는 것을 목표로 하고 있습니다.

　프로젝트 체제나 룰을 변경하지 않고, 눈앞의 문제를 해결하기 위한 프로젝트 관리기법이라면, PMBOK의 지식체계가 도움이 됩니다. PMBOK의 목적은 프로젝트 관리에 필요한 여러 가지 작업을 분류하고, 각기 적용할 수 있는 방법론이나 기법(PMBOK에서는 툴이라고 한다)을 집약하여, 프로젝트 관리를 위한 전반적인 길잡이가 되는 지식을 제공하는 일에 있습니다.　CMMI에서는 문제에 대해 일반적인 대응방침을 제시하는 것으로 그치는 일도 있는데 비해서, PMBOK에서는 프로젝트가 직면하고 있는 문제가 속한 분야의 설명을 보면, 개개의 문제를 해결하기 위해 도움이 될 구체적인 정보를 얻을 수 있는 경향이 있습니다.

　즉 조직의 체제나 룰의 개선에는 CMMI를, 현실에 발생하는 문제를 해결하기 위한 기법을 알기 위해서는 PMBOK가 유효합니다. 각각의 특징을 이해하고 나서 프로젝트에서 활용하는 것이 중요합니다.

이전의 임베디드 소프트웨어개발에서는 하나의 프로젝트가 완료되면, 다시 같은 수순으로 프로젝트를 진행하여 다음의 제품을 개발해 왔습니다. 그러나 소프트웨어 규모의 확대에 따라, 같은 방법이 다음의 프로젝트에서도 통용될 가능성은 계속 적어지고 있습니다. 개발 프로젝트의 운영에서도 끊임없이 계속 향상해 가므로, **PDCA 사이클**을 도입할 필요가 있습니다. PDCA 사이클은 Plan - Do - Check - Act 의 머리글자를 딴 것으로서, 「계획」 → 「실행」 → 「검사」 → 「개선 실시」 라는 일련의 작업을 나타냅니다. 하나의 프로젝트나 페이즈가 완료되면, 단순히 다음의 작업으로 착수하는 것이 아니라, 문제점을 발견하여 개선해감으로써, 급속하게 변화하는 환경에 대응할 수 있는 능력을 유지하게 되는 것입니다(그림 12-10).

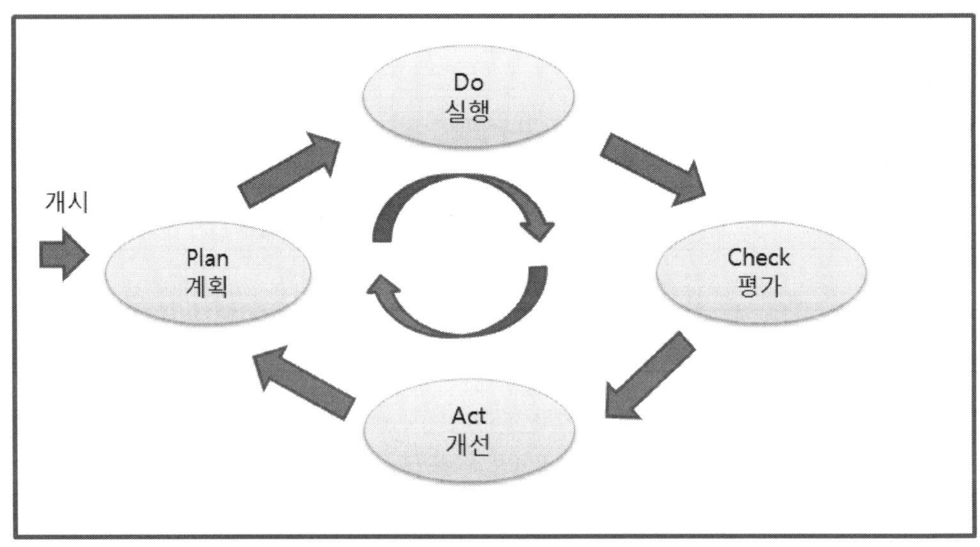

그림 12-10 PDCA 사이클

또한 조직뿐만 아니라, 소프트웨어 설계에 대해서도, PDCA 사이클을 반복하며 개선해 가는 일이 필요합니다. 거듭해서 기술하고 있는 것처럼, 소프트웨어 구조가 부적절한 경우에는, 프로젝트 전체의 공수는 수배로 증가할 우려도 있습니다. 소프트웨어 구조에 대해서도, 구조화 설계나 객체지향설계의 관점에서 보아 부적절한 부분은 없는지, 왜 그와 같은 설계가 채택되었는지 등, 같은 잘못을 반복하지 않기 위해서는 어떻게 하면 좋은가 라는 검증을 하여, 실제의 문제점과 조직으로서의 설계 팀의 문제점을 개선하는 일이 필요합니다.

소프트웨어 설계를 개선하는 방법으로서, **리팩터링**(Refactoring)이라는 기법이 주목되고 있습니다(그림 12-11). 개발 완료된 소프트웨어를 훼손하지 않고, 보다 적절한 구조로 수정하기 위한 테크닉을 집약한 기법입니다. 종래의 소프트웨어 개발의 사고방식에서는, 한 번 동작 확인이 종료한 소프트웨어는 가능한 한 수정하지 않는 편이 좋다고 여겨왔습니다. 그러나 객체지향 언어의 보급에 따라 수정의 영향이 국소화되어, 부적절한 설계가 된 부분만을 부분적으로 개선할 수가 있게 되었습니다. 소프트웨어의 비대화에 의한 혼란의 확대를 수정함으로써, 설계품질을 유지하려고 하는 사고방식이 생겨났는데, 그 테크닉과 기법을 모은 리팩터링 기법이 탄생한 것입니다. 소프트웨어는 일반적으로, 사양추가가 진행되어 규모가 커짐에 따라서 복잡하고 혼란한 개발이 되는 경향이 있습니다. 리팩터링을 함으로써 설계품질이 향상되고, 다음 공정의 작업량을 경감할 수가 있습니다. 적절하게 실시하면 리팩터링 작업량보다, 다음 모델에서 절감되는 작업량의 쪽이 커지게 됩니다. 소프트웨어의 복잡화가 심각해져 있는 임베디드 소프트웨어에서는, 유효한 기법이 됩니다.

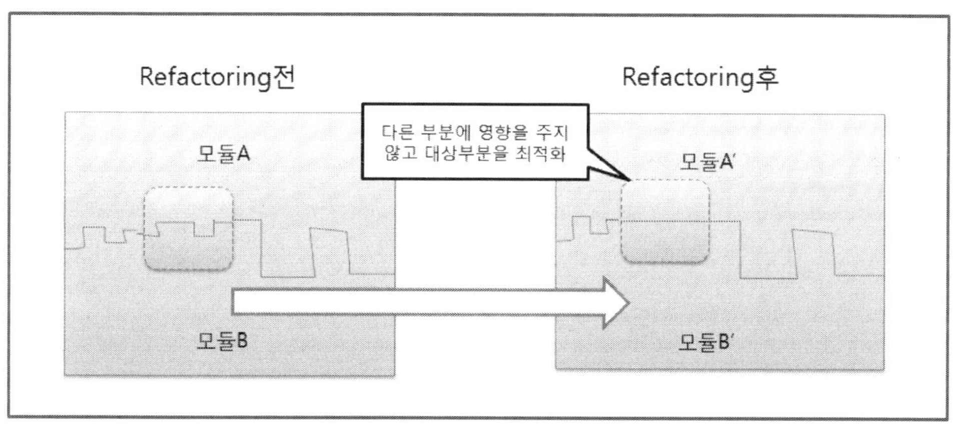

그림 12-11 리팩터링(Refactoring)

또한 리팩터링의 적용에는 주의해야할 점이 한 가지 있습니다. 리팩터링이라는 말만 들은 엔지니어가 함부로 테스트 완료된 소프트웨어를 수정하면, 반대로 제품을 망가뜨려 버리는 결과가 됩니다. 리팩터링 작업은 소프트웨어 설계 기법에 의거한 수정부분의 후보를 추출시는 과정과, 기법에 따라 패턴화한 수정을 조합하는 기법입니다. 설계 기법의 지식과 리팩터링 패턴의 지식이 있어야만, 디그레이드의 위험을 충분히 낮게 억제할 수가 있게 됩니다. 만일 모듈 결합도나 응집도 조차 이해하고 있지 않은 엔지니어가 리팩터링을 제안한 경우에는, 적어도 리팩터링 기법과 그 토대가 되는 설계 기법을 배우게 한 후에, 리팩터링 실시를 허가해야 합니다.(그림 12-12). 또한 C 언어 등 비 객체지향 언어로 개발된 소프트웨어에서는, 리팩터링의 기법의 일부(또는 많이)를 적용하기 어려우므로, 효과에 한계가 생기는 일에 주의하기 바랍니다.

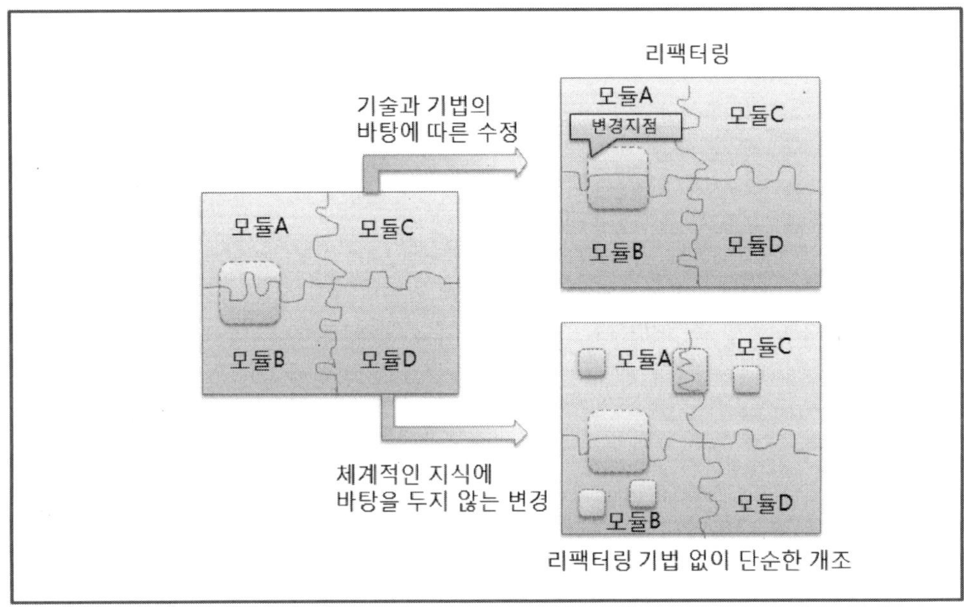

그림 12-12 리팩터링과 단순한 개조의 차이

개발작업의 관리

개발작업의 관리는, 프로젝트에서 개발되는 제품의 가치를 유지하기 위해서 반드시 필요한 작업입니다. 이 장에서는 임베디드 소프트웨어개발 프로젝트 의 현대적 개발작업의 관리에 대하여, 그 이론과 관리방법을 설명합니다.

13.1 개발작업의 관리

소프트웨어의 가치를 구성하는 요소로서, 예전부터 QCD라는 지표가 사용되어 왔습니다. Quality, Cost, Delevary의 머리글자를 연결한 용어로, 품질·비용·납기를 나타내고 있습니다. 제품에 요구되는 QCD의 3요소를 밸런스 좋게 달성하는 일이, 지금까지 프로젝트 관리의 목표로 되어 있었습니다.

여기에 비하여 PMBOK 등에서 제창되고 있는 근대적인 프로젝트 관리에서는, 프로젝트 관리를 인재·자금·설비·물자·일정 등의 조정과 관리의 프로세스 집합이라고 파악하여, 각각에 부여된 목표를 달성하는 것을 목표로 하고 있습니다. 즉 최종적인 제품뿐만 아니라, 그 개발과정에 대해서도 목표가 되는 베이스 라인을 설정하여, 그에 의한 관리와 컨트롤을 실시한다는 사고방식이 주류가 되어가고 있습니다.

개발작업의 관리는 프로젝트의 기획부터 계획단계, 그리고 설계에서 테스트까지의 실행단계를 통하여, 요구된 제품을 정해진 조건 내에서 개발하기 위한 컨트롤을 하는 작업입니다.

임베디드 소프트웨어개발 프로젝트에서는, 개발하는 제품의 사양이나 기능, 소프트웨어 구조의 관리 등을 당연히 합니다. 또한 프로젝트가 실시하는 작업면의 관리로서, 작업 범위, 일정·비용·품질·인원의 관리에 더하여, 멤버 간의 커뮤니케이션이나 리스크, 그리고 작업계약 등이 있습니다. 작업면의 관리는 일반적으로 프로젝트 관리라고 하는 관리 프로세스입니다(표 13-1).

프로젝트 관리에 대해서는 분량이 상당하여, 여기서 모두 기술할 수는 없습니다. 본서에서는 임베디드 소프트웨어개발로 특화된 관리에 포인트를 맞추어 설명하겠습니다. 프로젝트 관리에 관한 전문적인 해설서는 다수 출판되어 있으므로, 상세한 것을 알 수 있는 길잡이가 됩니다. 임베디드 소프트웨어개발에서는 프로젝트 관리의 기법뿐만 아니라, 엔지니어링의 지식이나 기법도 필요합니다. 그러나 많은 해설서에서는 프로젝트 관리를 작업 공정의 관리에 한해서 취급하고 있어, 소프트웨어의 엔지니어링적인 지식이나 기법은 소개하지 않고 있습니다. 그런데 공정의 관리를 강화하는 것만으로는, 국제시장에서 경쟁력을 발휘할 수 있는 가치가 높은 소프트웨어의 개발은 할 수 없다는 것을 잊어서는 안 됩니다.

소프트웨어개발 프로젝트의 관리에는 2가지 측면이 있습니다. 하나는 작업 공정의 관리, 또 하나는 제품의 엔지니어링 관리입니다. 먼저 소개한 PMBOK에 대표되는 일반적인 프로젝트 관리 방법론에서는, 작업 공정이나 조직의 관리에 대한 설명은 매우 상세하게 되어 있습니다만, 기술적인 엔지니어링 관리에 대한 설명은 적어서, 일반적인 내용에 머무르고 있습니다. PMBOK는 소프트웨어 산업만을 대상으로 한 것이 아니라, 건설업·조선업·중공업·화학공업·항공 산업 등, 극히 광범위한 프로젝트 관리에 공통되는 지식이나 기법을 집약하고 있기 때문입니다. 이러한 산업에서 공통되는 엔지니어링 기술은 거의 없습니다. 범용적인 지식체계인 PMBOK에서는, 개개의 기술에 관한 구체적인 기법이나 지식은 피하고 있다고 생각됩니다(그림 13-1).

[표 13-1] 프로젝트 관리

관리의 요소	관리의 내용과 의의
엔지니어링 작업	PMBOK 등의 지식체계에서는 「성과물 지향의 관리」 등으로 불린다. 다른 업종 간에서는 공통성이 없으므로 PMBOK에서는 취급하고 있지 않지만, 제품의 가치를 좌우하는 중요한 관리 영역
요구분석과 모델화	고객의 요구를 분석하여, 그것을 실현하기 위한 소프트웨어 구성을 검토하는 작업. 다양한 옵션을 생각할 수 있으므로, 적절하게 분석을 하기 위해서는 고도의 숙련도를 가진 엔지니어를 통한 컨트롤이 반드시 필요
소프트웨어 설계	모델화한 시스템을 실현하기 위해, 실제의 소프트웨어 구조를 결정하는 작업. 설계의 좋고 나쁨이 하류 공정의 작업량이나 제품가치, 장래 모델의 개발 비용 등에 큰 영향을 주므로, 적절한 감시와 컨트롤이 필요
개발과 테스트	개발 공정 및 테스트 공정은 정형적인 작업이 많이 포함되는데, 특히 테스트에 관해서는 전문적인 지식의 유무가 효율에 크게 영향이 있다. 그래서 적절한 컨트롤이 필요하게 된다
소프트웨어의 수정	소프트웨어의 설계를 변경하는 일이 되므로, 적절한 관리가 필요하게 되는 관리 영역. 높은 숙련도의 기술자에 의한 관리가 불충분한 상태로 수정을 계속 가하면, 소프트웨어가 복잡화 하여 보수와 추가의 비용이 불필요하게 증가한다
프로젝트 작업	프로젝트의 실제 작업을 컨트롤한다. 임베디드 소프트웨어개발에서는 실제의 소프트웨어 개발공정이 되며, 엔지니어링 작업과 중복되는 부분이 많은 관리 영역

품질	소프트웨어의 품질과, 개발 프로세스 자체의 품질을 컨트롤하는 관리 영역. 소프트웨어의 품질을 관리하는 작업은, 테스트 작업의 엔지니어링적인 관리와 깊게 관계하고 있다. 제품의 가치를 손상하는 문제를 없애기 위한, 아주 중요한 영역
범위	개발 프로젝트의 작업범위를 컨트롤하고, 예정한 성과물이 과부족 없이 작성되는 것을 보증하기 위한 관리 영역. 작업범위가 변동하기 쉬운 프로젝트에서는, 일정이나 비용의 관리가 어려워지므로, QCD 달성이 힘들게 된다.
일정	개발 프로젝트의 작업 일정과 기간은, 적절하면서 엄밀한 컨트롤이 반드시 필요하다. 부분적인 작업 지연이나 착수가 늦으면, 쉽게 전체로 파급되어 프로젝트의 상황을 악화시킨다
비용	개발작업의 인건비 등의 비용과, 조달품이나 각종 기재 등의 비용을 컨트롤하는 관리 영역. 소프트웨어 개발 프로젝트에서는 인건비가 태반을 점유하므로, 일정과 밀접하게 관련한다. 단순히 비용이 싸다는 손쉬운 관리가 아니라, 비용에 대한 성과를 확인한 컨트롤이 필요
프로젝트 팀	팀 멤버의 숙련도·퍼포먼스·동기 등을 컨트롤하는 관리 영역. 소프트웨어 개발 프로젝트는, 작업효율이 담당자의 숙련도와 의욕에 크게 영향을 받기 때문에, 대단히 중요한 영역이라고 할 수 있다
커뮤니케이션	이해관계자(스테이크 홀더) 간의 커뮤니케이션을 컨트롤하는 관리 영역. 조직으로서 프로젝트를 수행하는 데에는, 고객뿐만 아니라 참가하는 모든 관계자가 보다 높은 만족을 얻을 수 있도록 상황을 통제할 필요가 있다
리스크	개발 프로젝트가 직면하는 리스크를 특정하고, 대책을 실시하는 관리 영역.
계약	외부 조달품 등의 발주계약이나, 청부 작업의 발주계약 등을 적절하게 체결하고, 또 요구대로 실시되고 있는 것을 보증하는 관리 영역

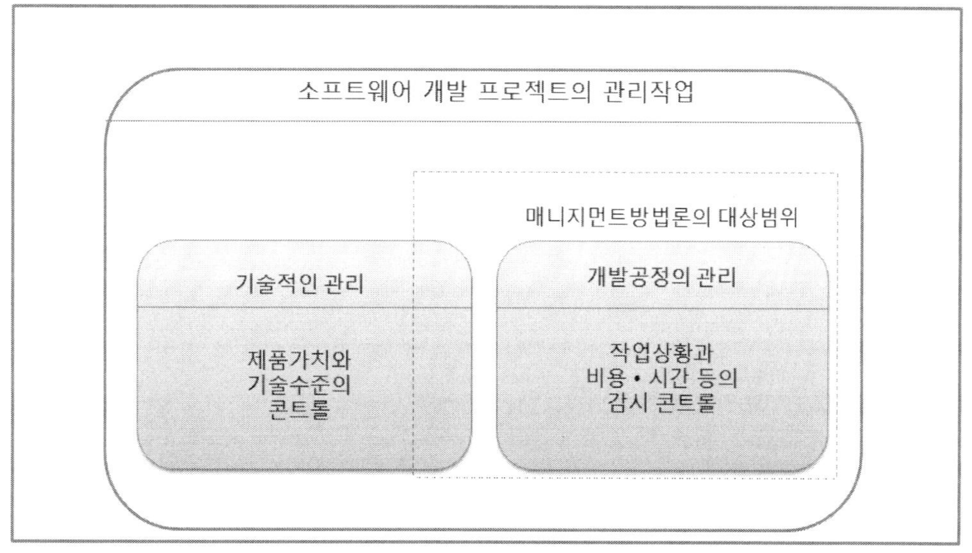

그림 13-1 개발작업과 PMBOK의 대상범위

그러나 실제의 개발프로젝트에서는, 공정관리와 엔지니어링 관리는 차의 양쪽 바퀴 같은 요소이며, 어느 쪽이 빠져도 경쟁력이 높은 제품을 창출할 수가 없습니다. PMBOK에서도 프로젝트의 수행 프로세스를, 공정관리의 프로세스와 성과물 지향의 프로세스로 나누고 있습니다. 공정관리는 여러 가지 업종·내용의 프로젝트와 공통되는 프로세스이며, 성과물 지향의 프로세스는 개발대상(건축물·선박·소프트웨어 등)에 따라 내용이 다른 프로세스입니다. PMBOK에서는 양자는 프로젝트의 전 기간을 통하여 서로 밀접하게 관련하는 것이라고 명기되어 있습니다.

먼저 기술한 바와 같이, PMBOK나 CMMI 등의 관리 방법론은, 주로 공정관리만을 설명하고 있으므로, 개발프로젝트의 관리는 공정관리와 동등하다는 인상을 주어버립니다. 그러나 엔지니어링 프로세스(성과물 지향의 프로세스)의 관리가 필요 없다는 등으로는 기술되어 있지 않으며, 실제로 엔지니어링 프로세스에도 적절한 관리가 필요합니다(그림 13-2).

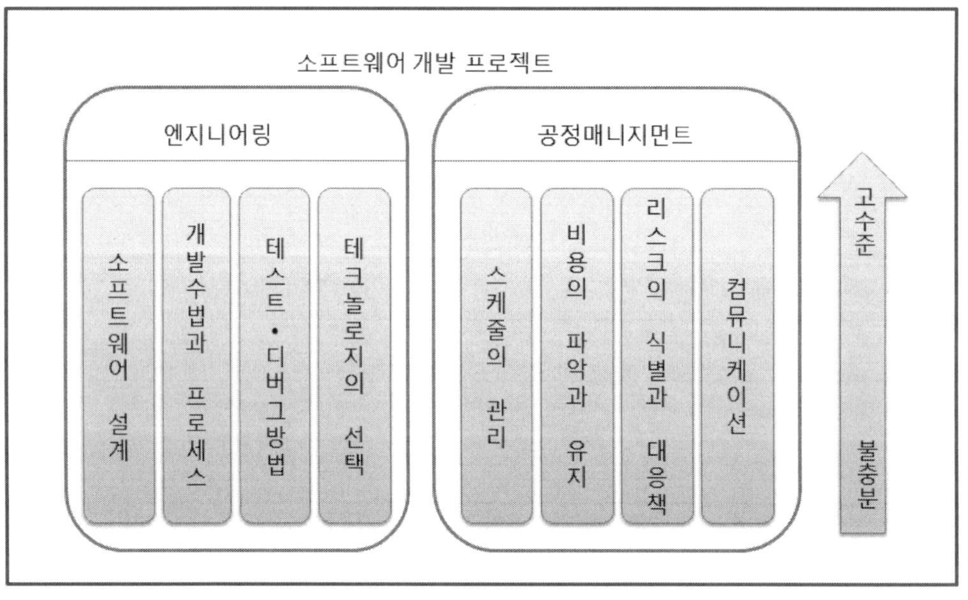

그림 13-2 개발프로젝트의 작업

엔지니어링 관리는 공정관리와 비슷한 작업입니다. 엔지니어링 분야에서, 높은 시각에서 전체의 검토상황이나 성과물을 체크합니다. 그리고 제품개발에서 적절한 기술이 채택되어 있는지, 설계내용에 쓸데없는 것이나 불합리한 점은 없는지, 코딩이나 테스트 작업은 적절한 기술수준에 의거하여 실시되어 있는지 라는 내용의 관리를 계획하고, 컨트롤해갑니다. 그리고 예정한 설계내용과의 차이를 감시하여, 만일 문제가 있으면 정정하는 처치를 강구하게 됩니다. 구미의 소프트웨어 개발 프로젝트에서는, 아키텍트라는 고 숙련도의 엔지니어가, 엔지니어링 관리를 담당하는 케이스가 많은 것 같습니다.

임베디드 소프트웨어개발에서는, 프로젝트의 공정도 엔지니어링도 함께, 엔지니어의 개인적인 숙련도로 지탱되어 왔습니다. 그러나 개발규모가 막대함에 따라 작업공정의 관리는 파탄해가고 있으며, 체계적인 기법을 배경으로한 시스템적 프로젝트 관리가 도입되어가고 있습니다.

그러나 임베디드 소프트웨어개발의 엔지니어링 관리에 대해서는 체계화나 보급이 늦으며, 아키텍트가 되어야할 중심엔지니어의 육성이 늦어지고 있는 상황입니다. 이미 기술한대로 프로젝트 관리자와 소프트웨어 아키텍트는, 개발작업의 관리에서 함께 없어서는 안 될 존재이며, 한쪽만으로는 불충분합니다.

국제적으로 높은 경쟁력이 있는 한국의 임베디드 소프트웨어의 능력을 유지·발전시키기 위해서는, 그림 13-3과 같이 프로젝트 관리력의 강화와 아울러, 엔지니어링 면의 관리기술체계의 이해와 기술자의 육성도 필요하다고 할 수 있습니다.

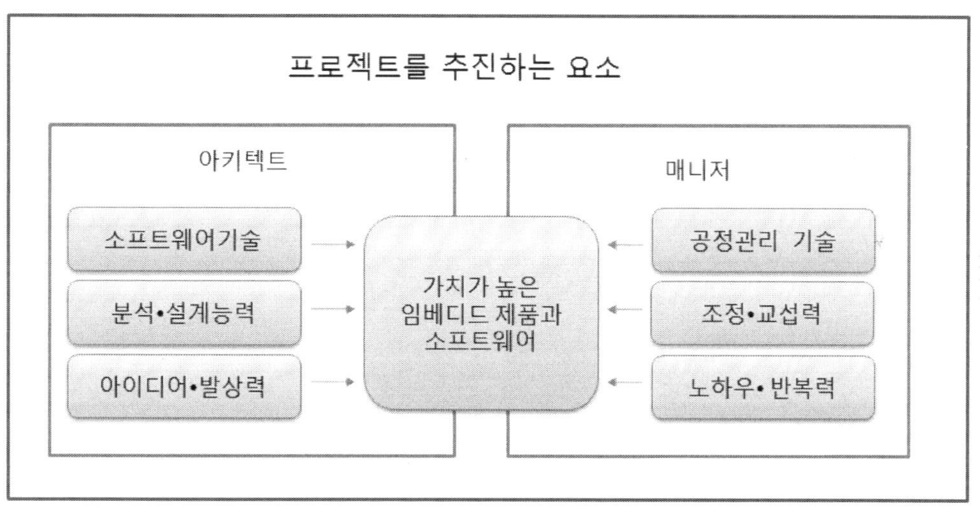

그림 13-3 개발작업의 관리

13.2 사양의 통합변경관리 시스템

임베디드 소프트웨어개발에서는 상당히 빈번하게 사양변경 요구가 발생합니다. 이러한 변경요구에 대하여, 소프트웨어를 변경해도 좋은지 결정하기 위한 절차를 규정할 필요가 있습니다. 변경대상의 모듈개발을 담당하는 관리자나 팀 리더가 개개의 판단으로 변경을 해버리면, 개발전체에 영향을 끼치는 문제가 발생할 우려가 있습니다.

사양변경은 임베디드 시스템 전체를 내다보고 영향을 판단할 수 있는 관계자가 검토하여, 승인하지 않으면 안 됩니다. 공정이나 비용에 주는 영향, 상품가치에 주는 영향, 그리고 기능이나 소프트웨어 구조에 주는 영향을 종합적으로 판단할 필요가 있기 때문에, 관리자나 고위층 엔지니어는 물론이고, 필요에 따라 영업부문이나 기획부문 등의 멤버가 검토와 승인의 판단에 참가하는 내부규정이 요구됩니다. 사양을 포함한 프로젝트 작업의 모든 대상의 변경에 대하여, 승인의 권한을 가짐과 동시에 그 책임을 지는 기구를 **변경관리위원회**(CCB : Change Control Board)라고 합니다.

또한 사양변경을 일정한 규정에 의거하여 처리하기 위한 장치를 **변경관리시스템**(CCS : Change Control System)이라고 합니다. CCS는 「시스템」이라고 불리고 있습니다만, 컴퓨터 장치나 어플리케이션만을 가리키는 용어는 아닙니다. 사양변경의 규정을 정하는 규칙, 정보공유나 요구관리, 연락 등에 사용하는 네트워크나 메일 등의 툴(Tool) 과, 그리고 결정에 관여하는 프로젝트 멤버를 포함한 조직 전체를 가리키고 있습니다.

예전부터 임베디드 시스템을 개발해 온 역사가 있는 기업에서는, 사양변경은 서류 베이스 또는 전자 문서로 관리되는 경우도 있습니다. 그러나 최근에는 고기능 개발 프로젝트 지원 소프트웨어로서, 인터넷과 Web 브라우저를 사용한 여러 가지 툴을 사용할 수 있습니다. 특히 표 13-2에 들은 4가지 종류의 툴은, 통합 변경관리시스템의 일부로 사용함으로써 큰 효과를 발휘하는 것입니다. 그러나 시판 툴은 가격이 높은 것이 많기 때문에, 비용 퍼포먼스를 고려하면, 문서 베이스의 관리와 툴 베이스의 관리를 병용한 변경관리 시스템이 현시점에서 가장 효율적이지 않을까 생각됩니다.

[표 13-2] 개발 툴(Tool)

툴 종별	용 도	주된 관리대상
개발관리 툴	개발 프로젝트의 공정이나 일정의 진도 상황, 작업 상황 등을 관리하는 엔지니어용 툴. 네트워크를 사용한 커뮤니케이션 기능 등을 갖춘 제품도 있다	프로젝트 공정 정보
요구관리 툴	복수개의 문서 내용을 관련지어 관리한다. 기능 사양서와 구조 사양서의 사이에서, 같은 부분의 기술을 관리하고, 한쪽이 변경된 경우에 또 한쪽의 내용도 변경하는 등의 조작이 가능	설계 문서
구성관리 툴	소프트웨어의 사양변경과 소스코드의 변경부분을 관련지어서 관리한다. 복수개 모델의 개발을 할 때에, #if~#endif 등으로 구별하고 있던 구성을, 변경내용의 설명과 관련지어서 통일적으로 관리할 수 있다	소스코드
버그관리 툴	소프트웨어 불량에 관한 정보를 관리한다. 담당자의 어사인 상황, 대응내용과 결과 등의 정보를 멤버 간에서 공유하고, 대응상황의 변화를 통지하는 기능 등을 가지고 있다	소프트웨어 불량

● **개발관리 툴**

프로젝트 정보의 관리를 하는 툴입니다. 개발작업의 진도나 비용·작업량이라는 수치적인 공정관리 정보나, 작업의 할당·상황보고나 문제점의 관리라는 프로젝트 추진에 필요하게 되는 여러 가지 기능을 가지고 있습니다. 툴에 따라서는, 프로젝트 관리 툴, 변경관리 툴, 커뮤니케이션 관리 툴 등의 호칭으로 불리는 것도 있습니다.

관리대상의 범위도 여러 가지 입니다만, 네트워크를 사용한 커뮤니케이션을 활용한다는 점은 대체로 공통되고 있습니다. 미국제품인 툴에서는, 최근의 국제 분업 조류에 대응하기 위해서, 분산한 팀 사이에서 프로젝트를 협조하여 추진하기 위한 기능을 제공하고 있는 것도 있습니다. 우수한 해외제품이 있습니다만, 현시점에서 한글화 되어 있는 제품은 별로 없고, 앞으로 보급할 가능성이 있는 개발지원 툴의 분야라고 할 수 있겠습니다.

● **요구관리 툴**

사양변경이나 현안사항의 관리를 하는 툴입니다. 안건의 등록 · 담당의 할당 · 문서관리 · 안건의 워크플로우 제어 · 메일이나 일정러를 통한 자동통지 · 상황관리용의 도표출력 등의 기능을 가지고 있습니다. 주로 설계문서 등을 관리대상으로 하고 있으며, 복수개의 문서 내용을 관련지어 관리할 수가 있습니다. 예를 들면 기능추가의 경우에는, 기본 사양서를 변경하고, 다시 기본 사양서의 변경부분에 대응하는 기능 사양서의 내용도 변경하고, 다시 구조 사양서나 테스트 사양서도 변경하고··· 라는 것처럼 변경이 연쇄적으로 발생합니다. 각 문서 사이에서 어느 부분이 관련하고 있는지 개발자가 수작업으로 관리하고 있으면, 조사에 시간이 걸려 부정합도 일어나기 쉽습니다. 문서를 툴로 관리함으로써, 사양서 간의 관련이나 변경을 정확하게 컨트롤 할 수 있게 됩니다.

요구관리 툴은, 문서뿐만 아니라 비용이나 테스트케이스 등에 까지 폭넓게 관리하므로, 자연어(한국어 등)를 취급하는 기능이 강화되어 있습니다. 그 자신이 워드 프로세스처럼 문서를 관리하는 기능을 가지고 있거나, 안건에 따라 변경된 Microsoft Office 파일의 버전을 관리하며, 변경부분을 분류하여 Word 문서로 출력하는 등의 기능을 가진 제품도 있습니다. 현재 실용적인 기능을 가진 툴의 대부분은 외국산 시판품입니다.

● **구성관리 툴**

소프트웨어의 소스코드에 대한 변경을 관리하기 위한 툴입니다. 엔지니어링 수준의 제어로 특화되어 있으며, Visual Studio나 Eclipse 등의 IDE와 연동하여 소스코드의 변경을 관리합니다. 가장 기본적인 기능으로서, 소스코드의 변경이력을 관리하는 능력이 있습니다. 또한 고기능 제품에서는, 변경프로세스의 제어기능이나, 소프트웨어의 수정을 안건 단위로 의미를 지어서 변경의 예측 영향범위를 반자동적으로 검출시는 기능, 또는 소프트웨어의 기능 구성에 따라 다른 소스코드를 한 개의 파일로서 관리하는 기능 등을 가진 것이 있습니다. #if~#endif로 기능구성을 관리하는 방법에 비해, 매우 효율적이면서 안전하게, 변동이 있는 소스코드를 관리할 수 있습니다.

소스코드의 변경 이력을 관리하는 툴로서,
· Microsoft Visual Source Safe
· CVS(Concurrent Versions System)
· Subversion
· RCS(Revision Control System)
등이 있습니다.

또한 소프트웨어의 구성관리 기능이 있는 툴로서,
· Microsoft VisualStudio Team System
· Boland Star Team, Preforce
· Telelogic Synergy
등이 있습니다.

● 버그관리 툴

소프트웨어의 불량 관리로 특화한 변경관리 툴입니다. 버그의 등록 · 담당 할당 · 원인 등의 불량정보의 관리 · 워크플로우 제어 등의 기능이 있으며, 프로그래밍 언어상의 변경 조건의 관리로 특화되어 있습니다. 소스코드의 변경 이력관리 툴과 연동하여, 발생부분이나 원인에 따라 영향범위를 어느 정도 자동적으로 예측하여 관계 멤버에게 통지하는 등의 고도의 기능을 가진 해외제품도 있습니다.

고가의 시판품뿐만 아니라, 오픈 소스의 형태로 제공되어 있는 실용적이며 고기능의 소프트웨어도 존재합니다. Bugzilla 나 Trac, Mantis 라는 툴은 한글화 되어있어, 기본적인 버그 관리기능을 비교적 손쉽게 사용할 수 있습니다.

13.3 작업일수의 관리와 프리 플로우트

짧은 납기가 되기 쉬운 임베디드 소프트웨어개발 프로젝트에서는, 일정 관리가 아주 중요한 요소가 됩니다. 프로젝트 전체의 일정을 결정할 뿐만 아니라, 모듈단위나 팀 단위의 일정으로까지 내려가서, 개개의 팀 작업 일정을 충분히 상세하게 계획하여 관리하지 않으면 안 됩니다. 당연한 말입니다만, 만일 하나의 팀에서 작업의 진도가 늦으면, 다른 모듈이나 팀에게 영향을 주어서, 결과적으로 제품 전체의 일정을 지연시켜 버리게 됩니다.

13.3.1 정도가 높은 견적방법

안타깝지만 대규모 소프트웨어 개발 프로젝트가, 최종단계에 가서 혼란에 빠진 예는 많습니다. 여기에는 여러 가지 요인이 있습니다만, 프로젝트 전체의 극히 일부의 팀이 엄밀하지 못한 일정을 설정한 것 때문에 개발 프로젝트 전체가 지연된 사례도 있습니다.

마일스톤(Milestone)에서 각 공정 작업의 완료일을 정하여, 뒤에서부터 차례로 작업을 할당해가는 등의 단순한 일정링 방법은 피해야 합니다. 그와 같이 설정된 일정에는 애초에 무리가 있는 경우가 많고, 만일 타당한 일정이 설정되었다고 해도, 어딘가 한군데 터진 곳이 생기면, 당장 잔업이나 인원 추가를 하여 다시 나아갈 수밖에 없는 상황에 빠집니다. 정도(精度)가 높은 일정을 계획하기 위해서는, 다음의 순서로 일정을 계산하는 방법이 유효합니다.

      ① 개개의 작업 순서와 의존관계를 분석
      ② 각각의 작업에 필요한 공수(≒기간)를 계산
      ③ 작업의 개시일·종료일·담당팀이나 담당자를 결정

작업의 순서를 검토하는 기법으로서는, 그림 13-4와 같은 **PDM**(Precedence Diagramming Method)이나 **ADM**(Arrow Diagramming Method)이 일반적으로 사용되고 있습니다. ADM의 대표 예는 **애로우 다이어그램**(Arrow Diagram)입니다. 이러한 도표는 프로젝트를 구성하는 작업이나 공정의 순서관계를 정확하게 판정하는 것을 목적으로 하여 작성합니다.

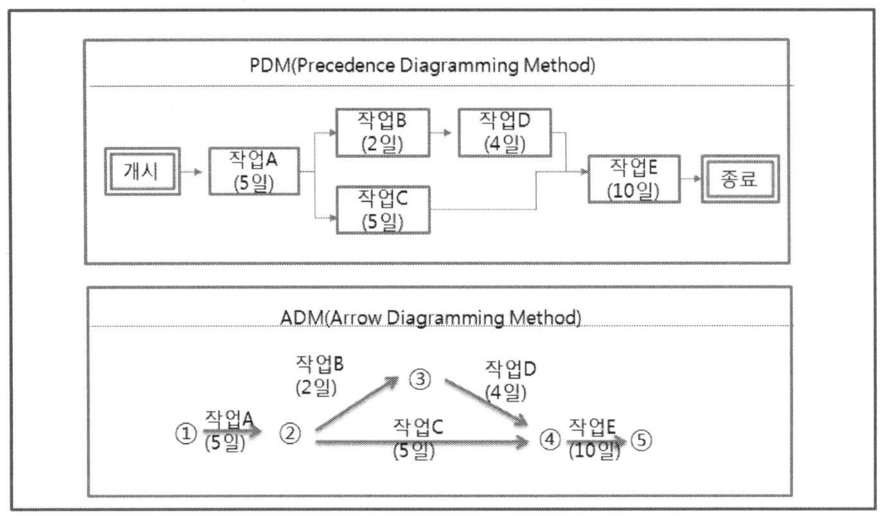

그림 13-4 PDM과 ADM

소프트웨어 개발에서는, 팀 단위의 작업간의 순서는 명확한 경우가 많습니다. 미들웨어 층의 모듈은, 어플리케이션층의 모듈보다 먼저 설계할 필요가 있다고 하는 관계입니다. 그러나 한개 팀 내의 엔지니어 작업에는, 순서나 상관관계가 낮다고 생각할 수 있습니다. 이것은 아마 한 팀 내에서 담당 엔지니어 단위로 할당되는 작업이 충분히 세밀하게 분할 되어 있지 않기 때문에, 관계가 애매해지는데 원인이 있는 경우가 많은 것 같습니다.

충분히 세밀한 단위까지 작업항목을 분할함으로써, 의존관계나 순서가 명백해집니다. 예를 들면 어떤 기능에 관한 작업에 대하여, 단순히 기능설계·구상설계·코딩·단체테스트· 결합테스트라는 정도 밖에 분할하지 않으면, 일방통행의 순서 밖에 보이지 않습니다. 또 한 다른 작업(Activity)과의 의존관계도, 불명확한 그대로입니다.

충분한 정도를 견적하기 위해서는, 대략적인 구조설계까지 한번에 산정해버릴 생각으 로 견적하는 일이 필요한 것입니다. 대충 소프트웨어의 개요까지 생각함으로써, 기능설계 라는 불명확한 작업이 「테이블 클래스의 설계」 「Bridge 클래스군 설계」 「유저 인터페 이스 설계」 「드라이버 인터페이스 설계」 와 같이, 눈에 보이는 곳까지 상세화하게 합니 다. 이것은 최종적인 설계와 완전히 일치할 필요는 없습니다만, 같은 기능을 설계하는 경 우에 나타나는 "규칙"의 패턴은 고려해 둘 필요가 있습니다.

특급전문가 엔지니어라면, 기능에서 필요하게 되는 정형 패턴의 설계는 단시간에 머리 에 떠오를 것입니다. 적어도 아키텍트로서 설계 작업의 견적을 담당한다면, 소프트웨어 전체를 바라보고 구조를 대충 입안할 수 있는 능력이 필요합니다. 거기까지 상세화 하지 않고 견적을 하는 것은, 굳이 심하게 표현한다면 태만하다고 할 수 있겠습니다.

건축가도 공기나 인원예산을 입안하는 단계가 되면, 어떠한 구조와 공간배정, 내장재로 하는가를 대략적으로 이미지 하고나서 일정을 계획할 것입니다. 실내내장재를 어떻게 할지, 그레이드는 어떻게 할지를 생각지 않고 「내장 공사」 라는 대략적인 작업항목으로 기간을 설정했다고 한다면, 실제 작업에서 지연이나 작업내용의 간과가 생기는 것은 당연하다고 할 수 있습니다. 전문가라면 지식과 경험에 의거하여, 그 단계에서 가능한 한 상세한 검토를 하지 않으면 안 되는 것입니다.

그러나 저자의 경험에서는, 계획단계에서 충분히 소프트웨어 구조를 결정할 정도의 검토가 되지 않는 쪽이 많은 것으로 기억됩니다. 물론 프로젝트 초기단계에서는 불확정 요소가 많고, 구조까지 생각하는 것은 고생이 따릅니다. 그렇다고 해서 엔지니어로서의 책임을 포기하는 변명은 될 수 없습니다. 가능한 한 지혜를 짜서, 초기단계에 상응하는 상세한 설계를 하고나서야, 작업에 부가가치가 생기는 것입니다(그림 13-5).

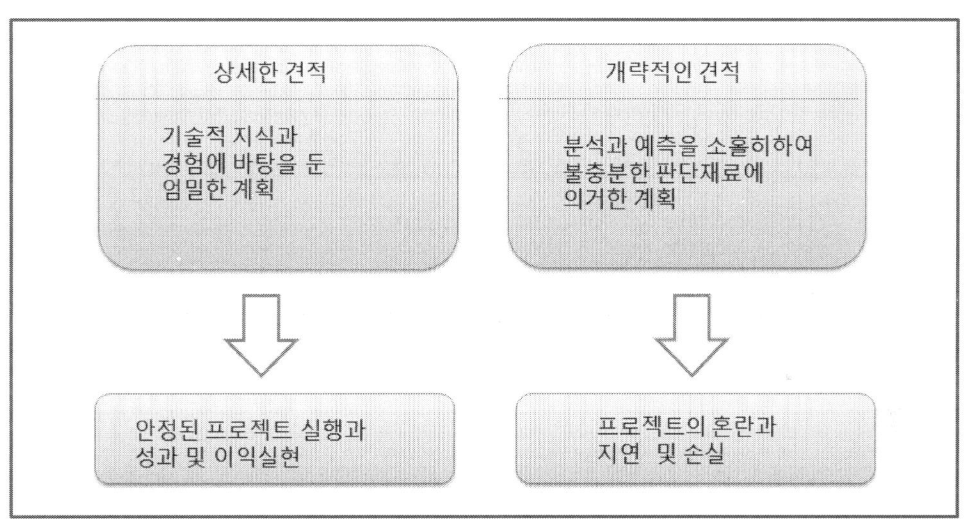

그림 13-5 견적할 때의 개요설계

국제적으로 경쟁적인 입장에 처해있는 임베디드 소프트웨어개발에서는, 간단하며 대략적인 작업밖에 할 수 없다면, 해외의 엔지니어에게 맡기는 쪽이 저 비용으로 해결됩니다.

프로젝트의 최초부터 완벽한 계획을 설정하려고 하면 무리가 생기므로, 공정이 진행됨에 따라서 상세화 하는 일이 필요합니다. 단 상세화와 방침변경은 다릅니다. 초기의 계획시에 볼 수 없었던 상세한 작업을 「추가」 라고 보지 않고, 당초의 대략적인 계획의 「내역」 이라고 생각하면 되겠습니다. 어쨌든 간에 단계적인 상세화를, 작업지연의 변명으로 사용하지 않는 것이 중요합니다.

전술한대로 소프트웨어의 개요가 대략 결정되었으면, 개개의 작업 진도를 측정하는 베이스 라인으로서 도움이 됩니다. 단순히 「기능 설계」 라는 작업공정이 있어도, 어느 정도 작업을 추진하면 몇%까지 완료한 것이 되는지 명료하지 않습니다. 그 결과로서 상황의 파악과 대응이 곤란해지며, 공정의 지연 등이 발생하기 쉽게 됩니다. 즉 일정의 정도가 낮은 경우는, 일정 자체에 신뢰성이 없으므로, 후 공정에서 감시 컨트롤이 어려워지게 된다는 중대한 악영향이 발생하는 것입니다.

정도가 높은 일정을 계획함으로써, 일정에 따라 개발작업의 컨트롤이 가능하게 됩니다. 그리고 설계부터 개발이나 테스트의 공정에서는, 일정을 신뢰하여 지키려는 자세를 유지하는 것이 무엇보다 중요하게 됩니다.

13.3.2 작업의 중요도 판정

작업 항목의 내용과 일정이 결정되면, 작업의 개시일과 종료일을 차례로 설정해갈 수 있게 됩니다. 복수개의 작업 A와 B와 C가 완료한 후가 아니면 시작할 수 없는 작업은, 가장 늦게 종료하는 작업 C의 완료 후로 개시일을 설정합니다. 이 경우 작업 A와 B는, 다음의 작업을 개시하기까지의 여유가 생깁니다. 이 여유기간을 플로우트(Float)라고 합니다. 플로우트는 작업 기간을 전후로 조정할 수 있는 일수를 나타내고 있을 뿐이며, 작업의 연장을 위해서 있는 것은 아닙니다. 그래서 리스크 대응의 목적으로 준비하는 예비기간과는 구별하여 취급해야 합니다. 전후의 작업에 영향을 끼치지 않고 작업을 조정할 수 있는 기간을, 특히 프리 플로우트(Free Float)라고 합니다.

플로우트는 비용에 영향을 주지 않고 작업의 개시를 늦추는(뒤로 미룸) 일이 가능한 기간을 나타내고 있습니다. 또한 추가 비용을 용인한다면, 공정 전체를 늦추지 않고 예비를 투입하여 작업을 연장할 수 있는 일수도 나타냅니다.

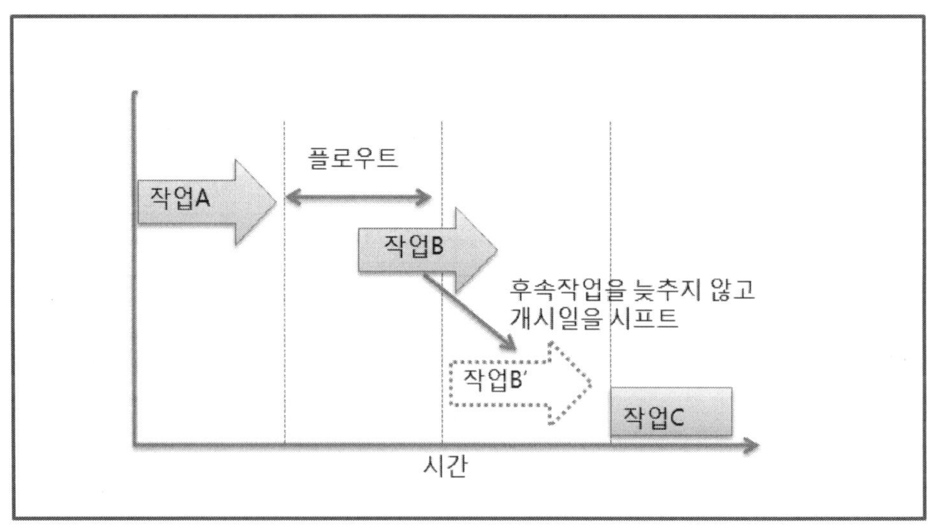

그림 13-6 플로우트(Float)

또한 공정에 들어있는 각 작업의 흐름 속에, 개시일과 종료일에 전혀 여유가 없는 패스(작업순서)가 적어도 하나 존재합니다. 이것을 크리티컬-패스(Critical Path)라고 하며, 공정 전체의 기간을 결정하는 요소가 됩니다.

크리티컬 패스상의 작업은 지연이 발생하면, 즉시 공정 전체의 지연으로 이어지는 작업이라고 할 수 있습니다. 그래서 가장 우선도 높은 작업으로서 취급할 필요가 있습니다.

일정을 결정하는 경우에는, 크리티컬 패스상의 작업에 인원이나 기재 등의 리소스를 우선 투입하고, 그 위에 다른 작업 개시일은 플로우트를 고려하면서 조정하는 방법이 유효합니다. 같은 작업 비용에서도 보다 안전하며 변경에 강한 일정을 설정할 수가 있게 됩니다. 또한 기간을 단축하기 위해서는, 크리티컬 패스상의 작업 기간을 단축해야 하는 것도 알 수 있습니다. 그래서 일정 조정을 위해 개발 리소스의 배분을 조정하는 경우에, 앞에서 소개한 PDM이 도움이 됩니다. 크리티컬 패스로 최적의 일정 계획을 하는 기법을 CPM(Critical Path Method)이라고 합니다(그림 13-7).

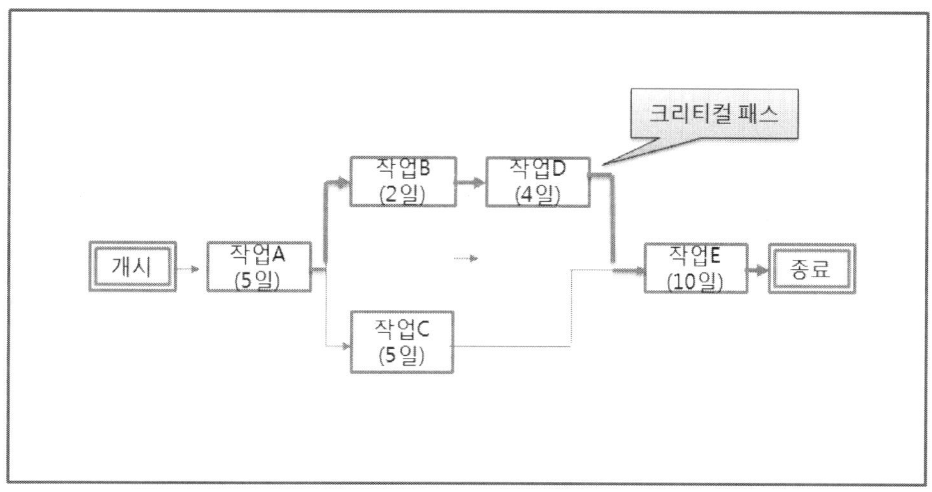

그림 13-7 PDM과 크리티컬-패스(Critical Path)

13.4 작업비용의 예측

결론부터 말하자면, 일반적인 프로젝트 관리에서 사용하고 있는 비용 견적기법에 따라, 소프트웨어 개발작업의 비용을 예측하는 일은 어렵습니다. 특히 사양이 엄밀하게 확정되어 있지 않은 단계에서는, 작업량을 예측하는 일조차 불가능하다고 생각할 수 있는 일이 많을 것입니다. 소개된 프로젝트 관리 기법은 빌딩 건축 작업이나 공장의 대량 생산 등과 같이, 정해진 패턴의 작업을 대량으로 반복하는 공정의 작업료와 비용의 견적을 상정하고 있기 때문입니다. 소프트웨어 개발에서는 모듈이나 기능마다 구체적인 작업 내용이 다릅니다.

건축업에서 100가구의 집을 건축하는 비용 계산에 비유하면, 다음과 같이 생각할 수 있습니다. 많은 비용 견적기법이 주로 상정하고 있는 것은, 100가구의 대형 아파트 건설공사입니다. 방의 배치는 조금 달라도 같은 공법과 거의 같은 재료로 100가구를 건축하는 경우의 작업 비용을 예측하기 위한 기법이므로, 이와 같은 케이스에서는 실제로 정도가 높은 예측이 가능하겠지요. 그러나 전혀 다른 디자인이나 다른 공법으로 100가구의 단독 주택을 건축하는 비용을 예측하려고 하면, 전체에 프로젝트 관리 기법을 적용해도 정확한 예측은 할 수 없습니다. 이 경우에는 개개 물건의 비용을 개별 기법으로 계산하여, 비용을 합계하는 쪽이 합리적이겠지요. 같은 건축 작업이라도 일반적인 목조 가옥과 철근 콘크리트 구조의 고급주택에서는, 동열의 조건으로 비용을 계산할 수 없는 것은 누구라도 알 수 있습니다.

비용의 태반을 인건비가 점유하는 소프트웨어 개발 업무에서는, 비용과 작업 기간은 비례관계에 있고, 작업 기간의 견적에 담당자수를 곱한 것이, 비용 견적과 같은 의미가 됩니다. 비용 견적 작업에서는 경험을 쌓은 개발자가 기능의 "개요의 설계"를 머릿속(또는 문서상)에서 신속하게 실행하여, 과거의 유사한 예 등에서 공수나 기간을 계산하고 있는 경우가 많겠지요. 모듈이나 기능단위로 설계내용이나 기능이 다르므로, 모든 부분에 대하여 하나하나 설계의 예측을 반복하게 됩니다. 그래서 프로젝트 당초의 단계에서 정확한 비용을 예측하는 것은, 실질적으로 불가능하다고 할 수 있습니다. 그러나 많은 개발 업무에서는 착수 시에 비용견적을 제시하지 않으면 안 됩니다. 만일 견적과 실 비용에 차이가 있는 경우에는, 수주한 개발 측이 추가지원을 하거나 잔업 등에서 회복하게 됩니다. 물론 발주하는 메이커 측에도 작업의 혼란으로 인하여 단점이 발생합니다. 원래 개발해야 할 기능의 얼마를 드롭(개발 중지)하지 않으면 안되게 되거나, 충분한 테스트를 실시할 수 없게 되는 등의 문제는, 일정이 적절하게 설정되어 있으면 피할 수 있는 문제인 경우가 적지 않습니다.

가능한 한 정확한 일정 견적을 실행하기 위하여, **PERT**(Program Evaluation and Review Technique)라는 기법이 유효합니다. PERT는 미 해군의 폴라리스 미사일 개발 프로젝트에서 공정관리를 위해 고안된 범용적인 기법입니다만, 그 후 소프트웨어 개발을 포함한 많은 산업으로 퍼져, PMBOK 등에서도 표준적 기법의 하나로서 소개되어 있습니다. 비용예측 전문기법이 아니라, PDM에 의한 일정 설정법 등을 포함한 종합적인 공정관리 기법입니다만, 본서에서는 PERT 중에서 3점 견적에 의한 일정 예측기법을 소개합니다.

PERT의 기법에서는, 3종류의 수치를 예측하여 견적을 하고 있습니다. **최빈값**(Mode) · **낙관값**(Minimum) · **비관값**(Maxmum)의 값을 상정합니다. 최빈값은 가장 가능성이 높다고 생각되는 작 업일수를 의미합니다. 마찬가지로 낙관값은 가장 단기간에 작업을 완료한 경우의 예측일수를, 비관값은 가장 시간이 걸린 경우의 작업일수를 나타냅니다. 다음으로 이러한 값의 가중평균을 구함으로써 작업일수를 계산합니다. 예측일수 A를 구하는 계산 식은 다음과 같이 됩니다.

$$A = (\text{Minimum} + 4 \times \text{Mode} + \text{Maxmum}) \div 6$$

최빈값이나 낙관값, 비관값의 예측에는, 비용 견적 기법을 사용할 수 있습니다. PMBOK에서는 유추견적(버텀 업 견적) · 톱다운견적 · 계수견적(COCOMO 모델 · Putnum 모델·펑션 포인트법 등)이라는 기법이 소개되어 있습니다. 가장 일반적인 기법은, 유추견 적이겠지요. 과거의 경험이나 실적값에서 작업 비용(일수)을 예측하는 방법입니다(그림 13-8).

또한 Microsoft Project 등의 일정 관리 툴에서는, PERT를 통해 작업 기간 예측을 하는 기능을 갖추고 있는 일이 많은 것 같습니다. 툴을 사용함으로써, 비교적 쉽게 PERT 기법 을 활용할 수 있게 됩니다.

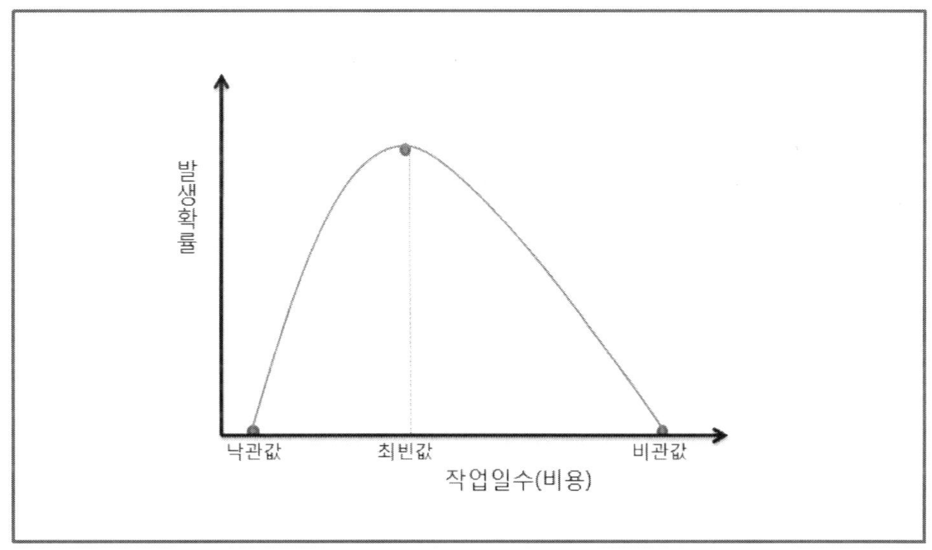

그림 13-8 3점 견적(베타 분포)

〈설명 13-1〉
　저자의 경험에서 PERT로 일정 분석을 할 때는, 상당히 중요한 포인트가 하나 있습니다. 이것은 작업 순서나 작업일수의 계산을 할 때에, 마일스톤이나 작업 기일을 의식하지 않도록 하는 것입니다. 크리티 컬 패스를 가산하고 있으면, 무의식적으로 작업까지 몇 일간 필요하니 달력상으로는 며칠이 된다...라는 일을 생각해 버리기 쉽습니다. 그러나 개발기간이나 특정한 마일스톤을 마음에 그렸지만, 마지막 반드시 PERT 차트의 예측일수를 기일에 맞추려는 심리적인 영향이 발생합니다. 그 결과 애써 한 예측이 부정확한 것이 되어, 결국 기일이 작업 종료일이 되도록 뒤에서부터 강인하게 설정한 일정에 가까워져 버립니다.

최초에 PERT 차트를 작성할 때는, 어떻게든 달력을 떠올리지 않는다는 강한 의지가 필요합니다. 먼저 순수하게 기간만을 견적하고, 그 후에 기일까지 완료하지 않은 작업이 있다면, 프리 플로우트 등을 사용하여 개시일을 조정하는 등의 대책을 세우기 바랍니다.

13.5 프로젝트의 감시와 제어

프로젝트의 실시단계에서는, 아키텍트나 관리자 및 리더는 프로젝트 작업의 실시상황을 확인하지 않으면 안 됩니다. 만일 문제가 있으면 필요에 따라 제어해야 합니다.

프로젝트의 확인은, 아키텍트와 관리자의 양쪽이 실시합니다. 양자의 관리 범위는, 표 13-3과 같이 됩니다.

[표 13-3] 프로젝트 관리의 범위

지식 에리어	내 용	책임분담	
		아키텍트	관리자
프로젝트 작업	프로젝트를 수행하는 팀의 실 작업을 컨트롤 한다	◎	
범위	프로젝트 작업 범위의 관리	○	○
일정	일정 관리	○	◎
비용	예산 및 비용의 관리	○	◎
품질	프로젝트 성과물과 프로세스의 품질을 관리	◎	
프로젝트 팀	팀 멤버의 관리	○	◎
커뮤니케이션	이해관계자(스테이크 홀더) 간의 연락과 조정	○	◎
리스크	프로젝트의 리스크 관리	○	○
계약	수발주 계약 의 관리		◎

[범례]◎:주된 책임을 진다.　○:작업 책임을 진다.　공란 : 책임과 관여의 정도가 낮다.

프로젝트의 감시를 하기 위해서는, 명확한 판단기준이 필요합니다. 일반적으로는 프로젝트의 계획에서 규정된 **베이스 라인**이라는 계획값을 근원으로 하여 상황을 판단합니다. 베이스 라인은 스코프라면 개발기능 일람, 일정이라면 개발일정, 품질이라면 소프트웨어 품질달성 목표라는 형식으로 규정됩니다. 프로젝트에 따라 다른 경우가 있는가 하면, 기업이나 조직에서 통일하여 규정되어 있는 경우도 있습니다.

일반적으로 일정이나 비용 등의 베이스 라인은, 프로젝트의 개시 시점에서 정확하게 예상하는 일이 어려우므로, 공정이 진행됨에 따라 상세화 하는 기법이 사용됩니다. 이것을 **롤링 웨이브 계획법**(Rolling Wave Planning)이라고 합니다. 또한 품질 베이스 라인이나 커뮤니케이션 계획처럼, 보통은 프로젝트를 통하여 변경하지 않는 베이스 라인도 있습니다.

어떠한 베이스 라인이라도 프로젝트의 최고위 관리자를 통하여 공식적으로 승인을 받아야 합니다. 또한 베이스 라인의 변경은, 프로젝트 전체에 영향을 주므로, 통합 변경관리 시스템을 통하여 **변경관리위원회(CCB)**의 승인을 얻는 것이라고 여겨지고 있습니다. 일반적인 표현이라면, 정식으로 기록을 남긴 후에, 프로젝트 톱에게 회의 등에서 승인을 얻는다는 의미입니다. 소프트웨어 설계의 베이스 라인이 되는 기본설계 방침·코딩 룰·테스트 방침 등을 변경하는 경우에도 , 아키텍트를 포함한 관리 그룹의 승인이 필요합니다.

실시상황을 감시한 결과, 베이스 라인과의 차이를 발견한 경우에는, 컨트롤을 합니다. 일정이 개발일정 보다 늦은 경우에는, 인원 리소스의 배치를 변경하여 작업의 속도를 개선하거나, 프리 플로우트를 사용하여 다른 작업을 조정 시키는 대책 등을 실시합니다.

프로젝트에 대한 컨트롤을 하는 경우에는, 반드시 기록을 남기는 일이 필요합니다. 변경내용의 중요도나 영향에 부응한 수단으로의 기록이 요구됩니다. 개발대상 기능을 변경한다는 중대한 컨트롤에는, 정식 승인 서류나 의사록이 필요하게 됩니다. 이것이 설계변경이라면, 설계 문서의 수정과 버그관리 툴에 대한 변경이력 기입만 해도 될지 모르겠습니다. 또한 엔지니어가 휴가라서 작업 개시일을 프리 플로우트의 범위 내에서 1일만 늦출 경우에는, 전자메일의 기록만으로도 충분할 것입니다.

어쨌든 구두 연락만으로 변경하면 혼란의 원인이 될 가능성이 높으므로, 번거롭더라도 반드시 기록을 의무화해야 합니다.

작업의 컨트롤에 관한 방법이나 실시범위, 또는 보고의 유무 등은, 미리 계획하여 규정해 두는 쪽이 안전합니다. 각 지식영역에 대하여, 일반적인 문제에 대한 대응방법이나 컨트롤을 위한 변경절차 등을 규정한 관리 계획서를 책정함으로써, 팀 마다 컨트롤 내용에 차이가 생기는 등의 문제를 피할 수가 있습니다.

13.6 잘 통합되는 팀의 특징

소프트웨어 개발의 팀 관리에 가장 중요한 것은, 팀 전체가 최대의 능력을 발휘하기 위한 컨트롤입니다. 팀의 능력을 최대화하기 위한 "조정" 작업이야말로 팀 관리의 목적이라고 할 수 있겠습니다.

13.6.1 팀의 관리

소프트웨어 개발에서는 멤버의 숙련도로 생산성이 극단적으로 좌우된다는 특징이 있습니다. 자주 접하는 숫자로는, 톱클래스 엔지니어는 낮은 숙련도의 엔지니어 보다 25배의 가치가 있는 소프트웨어를 창출한다고 합니다. 이 숫자가 양 뿐만 아니라 내용이나 질도 고려한 극단적인 예라고 해도, 성과물의 양만으로도 수배의 차가 벌어지는 일은 결코 드물지 않습니다.

그래서 복수개의 멤버로 이루어진 개발 팀에서는, 멤버 각자의 장점을 살린 팀 편성이 중요하게 됩니다. 예전의 소프트웨어 개발 프로젝트에서 볼 수 있는 것 같은, 프로젝트 멤버의 작업이나 부담을 평균화하기만 하는 관리에서는, 팀이 가진 최대의 능력을 발휘할 수 없다고 합니다. 팀 멤버의 능력을 파악하고, 또한 적성에 맞는 작업을 할당하는 관리가 필요하게 됩니다. 실제의 팀 운영에서는 각 엔지니어에게 가장 잘하는 작업만을 할당하는 일은 불가능합니다만, 적성을 가진 작업의 할당을 늘림으로써, 보다 높은 능력을 발휘하는 방향으로 컨트롤할 수 있습니다. 또한 숙련도가 미숙한 엔지니어는 기본적인 작업을 중심으로 하여 부분적으로 고도의 작업을 폭넓게 할당함으로써, 성장과 숙련도 업을 촉진하고 장래 또는 프로젝트 후반의 생산성을 증가시킬 수가 있습니다.

팀 내의 멤버는 협조하여 작업에 임해야 한다고 생각됩니다만, 사람이 참여하는 이상 아무래도 의견의 불일치 등이 발생하는 일은 피할 수 없습니다. 이것을 피하려는 관리는 오히려 무리한 알력을 낳는 결과가 되므로, 현실적으로는 대립이 발생해도 원만하면서 건설적으로 해결하는 일이 요구됩니다.

PMBOK에서는 멤버 간에 대립이 발생한 경우의 대처방법은 5종류로 나누고 있습니다. 각기 명칭은 영어의 의미에 의거하고 있으므로, 해석한 결과의 이미지와는 약간 다를지도 모르겠습니다. 또한 항상 최상의 해결방법을 적용할 수 있다고는 할 수 없습니다. 또 대응방법이 실패한 경우에는, 보다 탐탁지 않은 대응책으로 바꾸지 않을 수 없게 되거나, 상황이 악화할 가능성도 있으므로, 자신의 휴먼 커뮤니케이션 숙련도를 확인하면서 대응을 결정할 필요가 있습니다.

● 철회(Withdrawal)

문제의 해결을 하지 않고, 논의를 방기하는 등 상황을 바꿈으로써 대립관계를 해소하는 방법입니다. 문제를 외면함으로써 원래 필요 없는 대응을 하므로, 근본적으로는 아무것도 해결하지 않습니다. 당사자가 쌍방 모두 Lose-Lose의 관계가 되는데다가, 쉽게 대립 상태가 재발하는 우려도 있으므로, 가장 바람직하지 않은 해결 방법으로 여기고 있습니다.

● 진정(Smoothing)

대립에 대한 관심을 돌려서, 멤버의 대립상태를 표면적으로 억제하는 대응책을 가리킵니다. 이 경우 문제는 일시적으로 표면화하게 되지 않을 뿐이며 근본적인 해결로는 결부되지 않습니다. 단 해결할 수 없는 문제에서는, 진정을 사용하여 프로젝트 완료 등 시간이 끝나기를 노리는 일도 있습니다. 그러나 쌍방의 당사자가 Lose-Lose의 관계가 되므로, 바람직한 대응책이라고는 할 수 없습니다.

● 타협(Compromise)

쌍방의 당사자가 일정의 양보를 하여, 각기 부분적으로 요구를 충족하는 해결책입니다. 쌍방 모두 Win이며 Lose이기도 한 관계가 되어, 문제도 일단 해결되므로, 일정의 효과가 있는 대응책이 됩니다.

● 강제(Forcing)

한쪽의 당사자에게 해결방법을 강제하는 대응책입니다. 해결을 강제하는 측이 되는 멤버가 Win, 강제 당하는 멤버가 Lose인 관계가 됩니다. 그 뿐만 아니라 문제해결의 과정에서 응어리가 남아, 한층 더 대립의 빌미가 될 우려도 있습니다. 시간적으로 다급하며, 대응책을 실시할만한 여유가 없는 경우 등에 긴급피난으로서 선택하는 일은 있습니다만, 최후의 수단으로 생각해야 합니다.

● 문제 해결(Problem Solving)

이것은 문제와 서로 정면을 보고, 당사자도 포함하여 납득할 수 있는 해결책을 찾는 방법입니다. 만일 성공하면 멤버 간의 대립원인이 된 문제 자체가 해결되므로, 가장 바람직한 결과가 됩니다. PMBOK에서는 문제와의 해결이야말로 대립상황에서 Win-Win의 관계를 구축하는 유일한 대응방책이라고 하고 있습니다. 「비가 내린 뒤에 땅이 굳어진다」는 결과로 이끄는 것을 의도하는 대응이라고 할 수 있습니다.

13.6.2 동기의 제어

순수한 지적 생산 작업인 소프트웨어 개발에서는, 멤버의 동기가 생산성에 크게 영향이 있습니다. 그 영향의 정도는 PMBOK 등의 프로젝트 관리가 대상으로 하는 수많은 업종 속에서, 가장 높다고 여겨지고 있습니다. 그리고 멤버의 동기에 영향을 주는 요소를 이해하기 위해서는, 심리학적인 이론이 아주 도움이 됩니다. 작업에 대한 동기를 높이기 위한 기법이나 이론은 아주 오래 전부터 연구되어 있고, 사회학이나 심리학의 기본적인 테마의 하나로 되어 있습니다. 여기서는 기초적인 3가지 이론을 소개합니다.

● 매슬로의 욕구 5단계설

컬럼비아 대학의 심리학자, 에이브라함 매슬로(Abraham Harold Maslow)는, 인간의 동기를 고찰하는 기본 이론으로서, 자기실현 이론이라고 하는 학설을 발표했습니다. 그 내용에서 욕구 5단계설이라고도 합니다. 매슬로의 이론에서는, 인간의 욕구는 다음 5단계로 나뉘어져 있는데, ①~④를 결핍욕구(부족에 따라 일어나게 되는 욕구), ⑤를 성장욕구(보다 높은 수준으로의 도달을 목표로 하여 무한히 생기는 욕구)로 분류하고 있습니다(그림 13-9). 보다 하위의 욕구가 충족 되고나서 비로소, 상위의 욕구 충족을 추구하고 있다고 여기고 있습니다.

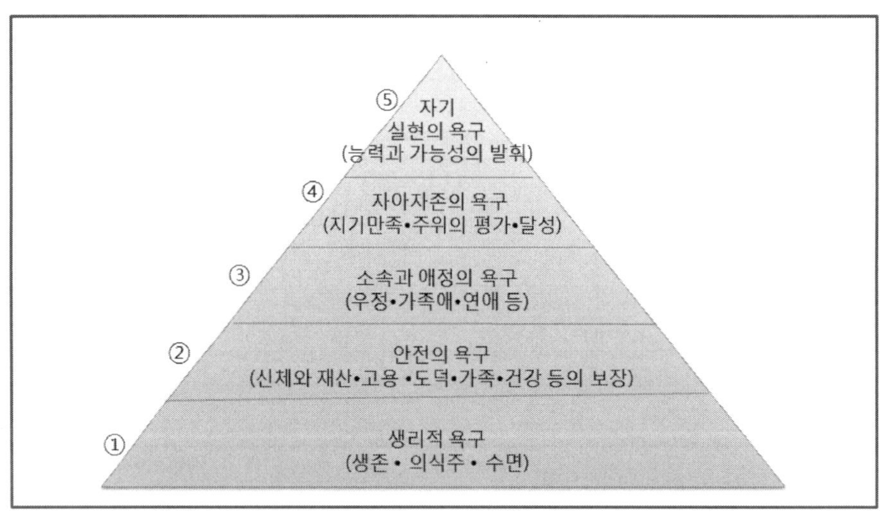

그림 13-9 매슬로의 욕구 5단계설

● 맥그리거의 XY이론

매사추세츠 공과대학의 심리학자며 경영학자이기도 한 더글러스 맥그리거(Douglas Murray McGregor)가 " The HUMAN SIDE OF ENTERPRISE" (Mcgraw-Hill 간)이 라는 저서에서 1950년대 후반에 제창된 이론입니다. 노동자로서의 인간이 가진, 모순된 두 가지의 행동을 X이론과 Y이론이라는 사고방식으로 설명한 것입니다.

X이론은 성악설적인 시점에서, 「인간은 기본적인 욕구를 충족하는 안전이나 금전을 얻을 수 있으면, 그 이상은 노력하지 않고 태만 하는 것이다」 라고 생각하는 것입니다. 여기서 명령과 상벌을 조합한, 고전적인 사탕과 채찍의 관리기법이 유효하다고 생각합니다. Y이론은 반대로 성선설적인 시점에서 「인간은 나아가 활동하고 싶다는 욕구를 가지고 있고, 목표가 주어지면 자기실현을 위해 노력 한다」 고 생각할 수 있습니다. X이론과 Y이론은 양자택일이라는 성질의 것이 아니라, 한 사람의 인간 속에서 양쪽의 요소가 동

시에 영향을 주고 있다고 합니다. 높은 차원의 모럴 · 숙련도 · 의사를 가지고 있는 노동
자일수록, Y이론의 영향이 고조됩니다(그림 13-10).

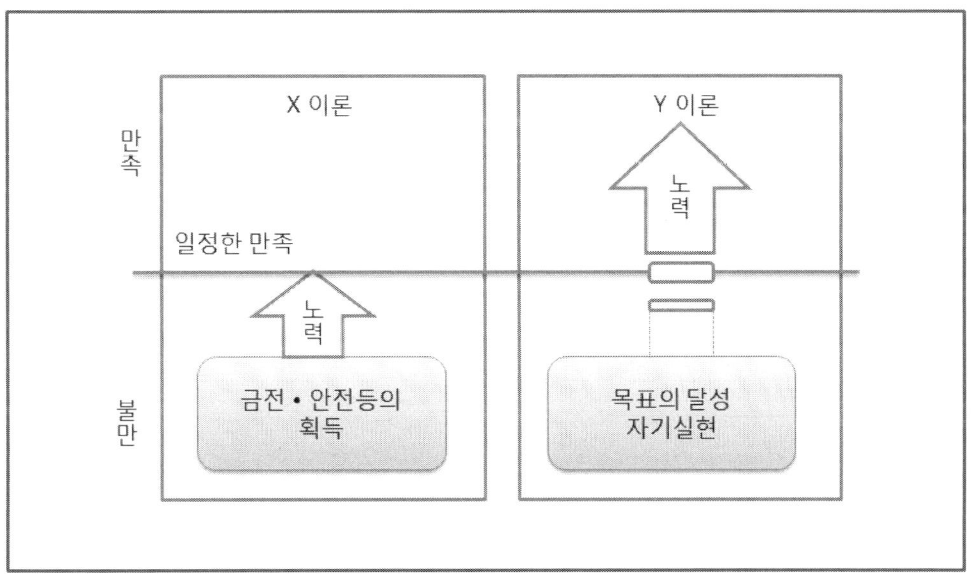

그림 13-10 맥그리거(McGregor)의 XY 이론

● 허츠버그의 위생이론

웨스턴 리저브 대학의 심리학자 프레드릭·허츠버그(Frederick Irving Herzberg)는 동기부
여 이론에 따라, 인간의 동기는 위생요인과 동기요인이라는 2종류의 노동환경 요인에서
영향을 받아 변동한다고 했습니다.

위생 요인은 불만 요인이라고도 하는데, 급여 · 작업환경 · 직장의 인간관계 등과 같이
일정한 수준 이하에서는 불만이 발생하는 요인을 가리킵니다. 반대로 위생요인을 필요이
상으로 높여도, 동기는 향상하지 않는다고 생각할 수 있습니다. 동기요인은 만족요인이라
고도 하는데, 달성감이나 책임 · 주위의 평가나 자기 자신의 성장 등, 만족감을 가져오는
요인입니다. 만족에는 상한이 없고, 만족요인이 높으면 높을수록 동기가 향상합니다. 그
러나 만족요인이 낮은 환경에서도 불만은 발생하기 어렵다고 생각할 수 있습니다.

이 양쪽의 요인이 서로 영향을 주고 있기 때문에, 위생요인으로 컨트롤하는 사탕과 채
찍의 관리에는 한계가 있어, 어떤 수준 이상의 생산성을 기대한다면, 개인의 달성감이나
만족감을 충족하는 방책이 필요하다고 하는 이론입니다(그림 13-11).

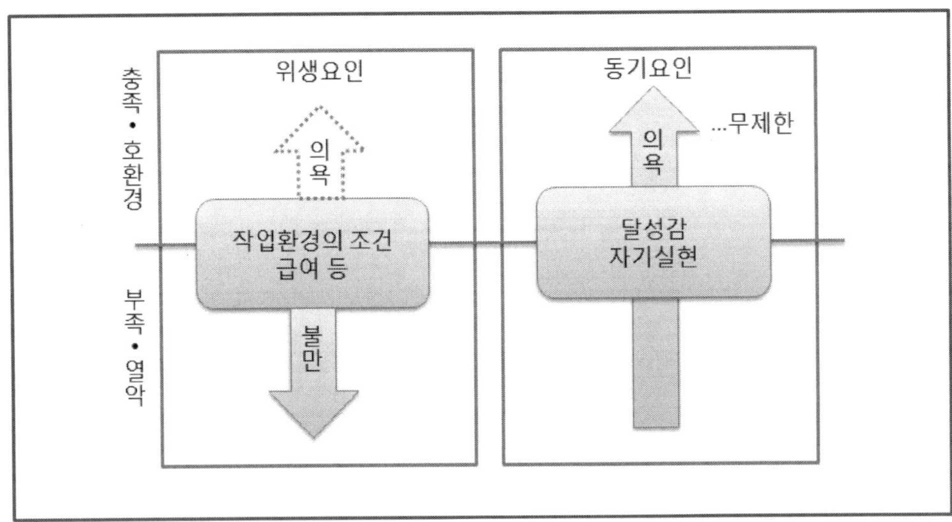

그림 13-11 허츠버그(Hertzberg)의 위생이론

어느 이론이나, 동기는 하나의 룰로 컨트롤할 수 없다는 점은 공통됩니다. 또한 동기의 저하 이유와 향상 이유는 다르다고 하는 사고방식도 일치하고 있습니다. 팀 관리에서는 각 멤버가 어느 이론의 상황에 가까운 심리상태에 있는지를 확인하고, 멤버에 맞춘 동기 컨트롤을 하는 일이 필요합니다. 월급을 위해, 또는 업무이므로 의무적으로 눈앞의 작업을 해내고 있는 멤버에게는, X이론이나 위생요인에 의거한 사탕과 채찍의 동기부여가 효과적이지 않을까? 업무에 보람을 느껴 적극적으로 작업에 임하고 있는 멤버에게는, Y이론이나 동기요인에 의거한 달성감을 주는 권한위임 등이 유효하지 않을까? 라고 생각하는 일이 필요합니다.

또한 일반적인 이론뿐만 아니라, 개인이 처한 상황을 고려하는 것도 중요합니다. 멤버 한 사람 한 사람의 소망은 크게 다르기 때문입니다. 가족이 있는 멤버라면, 일정량의 작업을 마치면 빨리 귀가하도록 하는 일이, 작업속도를 향상시키는 동기부여가 될지도 모릅니다. 젊고 기술적 호기심이 강한 멤버에게는, 최신의 테크놀로지에 관계하는 기능을 담당할 수 있는 일이 동기를 향상시킬 가능성도 있습니다.

또한 작업을 발주 · 지휘하는 입장에 있는 메이커나 상위 소프트웨어 개발기업의 측에서도, 동기의 유지는 중요한 과제입니다. 최종적으로 가치가 높은 임베디드 소프트웨어를 얻기 위해서는, 높은 동기가 반드시 필요하다는 것은 각 이론에서 쉽게 이해할 수 있습니다. 그러기 위해서는 좋은 설계나 효율적인 개발이 되고 있는지 이해하는 기술력과, 단순한 노동 반복 작업보다 고품질의 개발작업을 평가하는 자세가 필요합니다.

반대로 고정액의 하청계약을 처음에 체결하여, 완료까지의 비용은 같으므로 일을 시키지 않으면 손해라고, 쉴 시간도 주지 않고 계속 작업을 추가하는 메이커나 관리자도 일부에는 존재합니다. 그러나 이와 같은 대응은 현명하다고는 할 수 없습니다. 스스로 불만족 요인을 추가하고 만족요인을 빼앗는 것이므로, 동기에 치명적인 악영향을 줍니다. 그 결과 개발 측은 요구를 충족하는 최소한의 소프트웨어만을 만들게 되며, 높은 가치의 근원인 플러스 알파의 성과를 내려는 의욕은 완전히 잃어버립니다. 소프트웨어의 가치에는, 양뿐만 아니라 질도 포함되어 있다는 기본적인 원칙을 이해하지 못하고 있기 때문에 그야말로, 보다 하위의 팀에 과잉 부담을 요구하는 것인데, 그 잘못의 결과는 저품질의 대량 소프트웨어로서 스스로에게 돌아옵니다. 최종적으로는 임베디드 시스템의 품질저하로 이어지며, 불량 등이 발생하는 사태가 날 수도 있습니다. 실제로 현장의 동기를 잃어버린 프로젝트에서, 국제적인 경쟁력을 가진 제품이 창출되는 것은 상당히 드뭅니다. 어떠한 의미에서도 멤버에 과잉 부담을 강요하는 기법은, 바람직한 관리기법이라고는 할 수 없습니다.

작업량(=불만족 요인)을 "타당한"범위로 억제하고 과부족하지 않은 보수를 주면서, 가능한 한 바른 평가와 달성감(만족 요인)을 제공하는 일이, 가치가 높은 소프트웨어를 개발하기 위한 조건의 하나입니다. 어떤 요소도 부족 또는 과잉되지 않도록 관리하는 것이, 팀 관리의 비결이라고 할 수 있습니다.(그림 13-12).

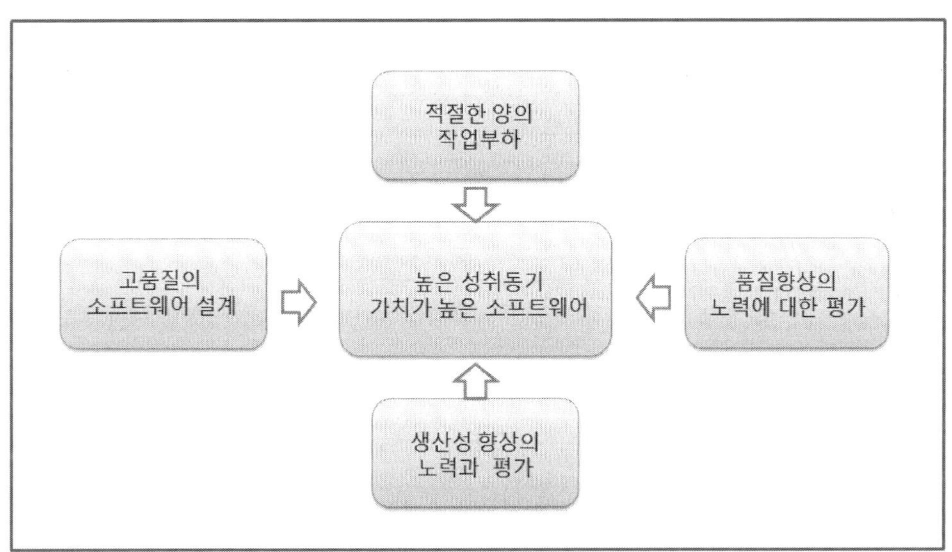

그림 13-12 성취동기와 작업부담

멤버의 동기가 높은 팀에서는 생산성이 높고, 또한 불만이 적은 상태에서 개발작업을 추진할 수가 있습니다. 따라서 작업이 원활하게 진행됨으로써, 더욱 높은 생산성을 달성하여 달성감이 상승하는 동시에, 잔업 시간 등이 감소함으로써, 더욱 동기가 높은 그대로 유지된다는 선순환이 이루어지는 상태가 됩니다.

일반적으로 임베디드 소프트웨어개발은 엄격한 상황에 빠지는 일이 많아, 선순환과는 전혀 반대의 상태로 되기 쉽습니다. 실제로 저자도 많은 소프트웨어 개발 프로젝트에 참가했습니다만, 멤버의 동기가 높은 상태로 유지되고 있다고 느낀 것은 단 한 번뿐이었습니다. 대체로 임베디드 소프트웨어개발 프로젝트에서 동기관리 작업의 다수는, 동기의 저하를 어떻게 방지하는가라는 싸움이 됩니다. 그와 같은 상황 하에서도 그냥 맹목적으로 고무하거나 강제를 하지 않고, 멤버마다의 심리상태를 배려한 지원이 된다면, 동기 저하의 악순환에서 빠져나와 팀의 상황을 회복시킬 수 있는 힘이 될 것입니다.

13.7 계약에 의한 개발 팀의 관리

국내의 임베디드 소프트웨어개발 프로젝트에서는, 일반적으로 계층화된 관계가 있는 복수개의 기업에서 소프트웨어 개발 업무가 수행됩니다. 소위 협력회사나 하청기업이라는 관계입니다. 그래서 일정이 큰 임베디드 소프트웨어개발 프로젝트에서는, 제조원인 메이커의 종업원이 관리와 각 모듈개발의 지휘만을 담당하고, 모듈단위로 (경우에 따라서는) 다른 중규모의 소프트웨어 개발기업이 개발을 청부하고, 다시 그 개발기업은 복수개의 소규모 소프트웨어 개발기업의 팀에 발주하여 기능이나 작업공정 단위로 업무를 할당한다는 방식입니다(그림 13-13).

이것은 정말 건설업에서 대규모의 기업체가 전체의 건축을 리드하고, 최종적으로는 기초공사나 내장 등 작업 단위로 전문 업자에게 작업을 발주하는 방식과 비슷합니다. 소프트웨어 산업에서 이와 같은 국내 기업 끼리 계층화한 분업체제가 구축되어 있는 예는, 한국과 일본에서만 볼 수 있는 특징입니다. 구미 등에서는 국제적인 소프트웨어 개발의 분업화는 진전하고 있습니다만, 자국 내의 계층화는 그다지 볼 수 없습니다.

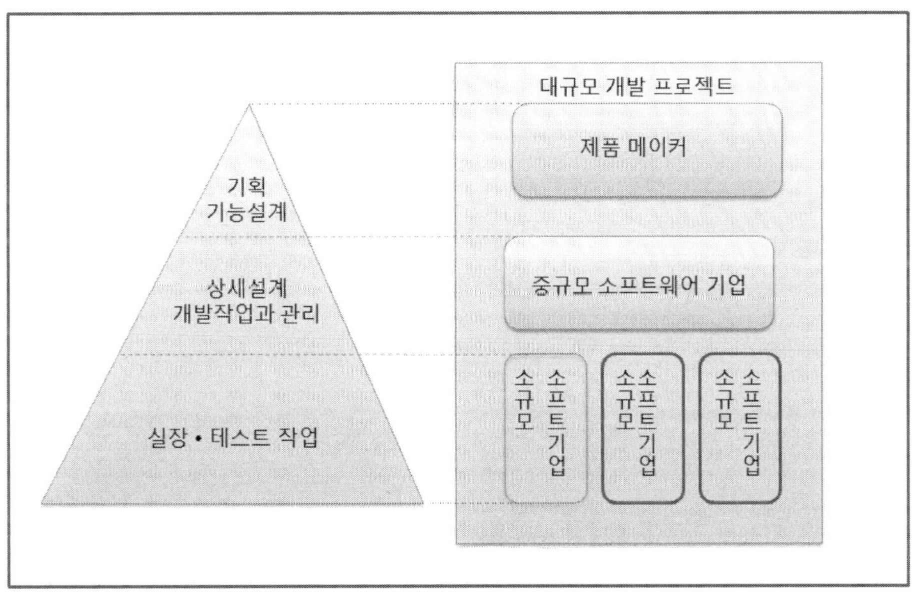

그림 13-13 모듈과 팀 구성의 관계

임베디드 소프트웨어개발에서는, 하드웨어 제조의 계층화된 하청 구조의 이미지가, 소프트웨어 개발업무의 발주에도 그대로 적용되어 있는 일이 적지 않습니다. 그래서 다수의 기업이 참가한, 계층화된 프로젝트 조직이 편성되는 경향이 강한 것 같습니다.

소프트웨어 개발업무의 계약형태는, 크게 **정액계약**(Fixed Price Contract)과 **실비정산계약**(Cost Reimbursable Contract)의 2종류로 나눌 수 있습니다. 일반적인 청부 계약은 실제의 비용에 관계없이 착수 시에 견적한 금액을 지불하는 형태이므로, 정액계약으로 분류됩니다. 또한 이른바 위탁 계약, 즉 인월 단가에 공수(월수)를 곱하여, 발생한 작업공수에 따라 비용을 지불하는 계약은, 실질적으로는 인건비뿐 아니라 관리비 · 간접 비용 등을 종합하여 부담하는 실비정산계약에 해당한다고 생각할 수 있습니다.

양자에 대하여 추가보수의 유무로 다시 세밀하게 분류할 수 있습니다. 일반적으로 볼 수 있는 소프트웨어 개발업무의 계약형태는 표 13-4에서 제시하는 5종류의 어느 것인가에 해당하는 일이 많겠지요. 각기 후술하는 바와 같은 특징이 있는데, 효율의 관점에서만 본다면, 목적에 따라 적절하게 나누는 것이 바람직하다고 여기고 있습니다. 실제로는 기업의 계약관리 규칙 등이 깊게 관계하므로, 항상 복수개의 계약형태를 선택하는 것은 어렵다고는 생각합니다. 그와 같은 경우에도 특징을 이해함으로써 계약형태의 결점을 알고, 단점을 보완하는 대책을 강구할 수가 있습니다.

[표 13-4] 계약형태

종 별	계약 형태		리스크	
			발주자	수주자
정액계약	완전 정액계약	Firm Fixed price(FFP)	저	고
	정액 인센티브계약	Fixed price Incentive Fee(FPIF)		
실비정산 계약	실비정산 인센티브계약	Cost Plus Incentive Fee(CPIF)	고	저
	실비정산 정액보수계약	Cost Plus Fixed Fee(CPFF)		
	실비정산 정율보수계약	Cost Plus Percentage of Cost(CPPC)		

〈설명 13-2〉

PMBOK에서는 단가 계약이라는 형태도 취급하고 있습니다만, 소프트웨어 분야에서는 라이브러리나 미들웨어의 라이선스허가료 등에 해당합니다. 일반 개발업무는 작업시간·작업량과 작업의 성과(가치)가 정확하게 비례하지 않기 때문에, 단가계약에는 적용하기 어렵다고 생각됩니다. 2배의 인원이나 시간을 투입해도, 2배의 가치가 있는 소프트웨어가 반드시 창출된다고는 할 수 없다는 사실은 잘 알려져 있습니다.

● 정액계약

정액계약은 발주자 측(메이커 측)의 리스크가 낮고, 수주자(소프트웨어 개발기업) 측의 리스크가 높은 계약형태로 여기고 있습니다. 수주자 측에 손실(적자)이 발생할 우려도 있습니다. 그러나 작업내용을 명확화 함으로써, 수주자의 리스크를 저하시킬 수가 있습니다. 또한 수주자 측의 노력에 따라 비용을 저하시킬 수 있다면, 큰 비율로 이익이 증가하는 계약입니다. 수주자 측의 능력이 높은 경우에는 수주 측·발주 측 모두 장점을 확대할 수 있는 가능성이 있습니다.

● 실비정산 계약

실비정산 계약은 발주자 측의 리스크가 높고, 수주자 측의 리스크는 낮은 계약입니다. 개발에 요한 비용은 상환되므로, 수주자 측에 손실이 발생할 위험이 적은 점이 특징입니다. 그러나 생산성을 향상시키는 등의 노력에 따라 얻을 수 있는 이익도 발주자 측에 속하므로, 수주자 측으로서는 큰 이익을 얻을 가능성은 낮은 형태입니다. 발주자 측의 능력이 높고 수주자 측이 단순작업 밖에 하지 않는 경우에는, 수발주자 쌍방에게 장점이 커집니다.

국내의 소프트웨어 산업에서는, 개발업무의 수주(발주) 시에 작업공수(인월)를 베이스로 하여 비용의 견적을 계산하는 습관이 정착되어 있습니다. 견적 시의 수발주액 보다도 실제의 개발 비용이 커진 경우에도, 추가비용의 지불을 하지 않는 케이스도 일반적입니다. 이것은 완전 정액계약에 해당합니다.

일반적으로는 완전 정액계약은 발주 측(메이커 측)에 가장 유리한 계약형태로 여기고 있습니다. 실제의 작업이 예상 이상으로 팽창한 경우에도, 추가비용을 부담하는 리스크를 수주 측(소프트웨어 개발기업)이 지기 때문입니다. 그러나 어떤 선택에도 장점과 단점이 있으므로, 실제로는 발주 측에도 리스크가 발생하고 있습니다. 소프트웨어 개발업무의 정액계약 발주 측의 리스크는 견적량이 과대해시기 쉬운 점, 또한 소프트웨어 개발효율을 개선하려는 동기부여가 작용하기 어려운 점 등입니다(엄밀하게 말하자면 정액계약의 단점이 아니라, 개발대상의 기능을 명확히 정하지 않고 정액계약을 체결하는 단점).

수주 측으로서는 계약액과 이익을 확대하기 위해서는, 조금이라도 많은 작업을 청부하는 방법이 가장 간단합니다. 한번 수주해버리면 그 후는 수주액(수주 측의 매상액)을 증가시킬 방법은 없으므로, 최초의 단계에서 조금이라도 많은 작업을 견적하려고 합니다. 당연히 어떤 기능을 최고의 효율로 개발한 경우에는 성과물과 작업량이 감소하고, 당연히 매상액도 감소해 버립니다. 낮은 효율로 대량개발한 쪽이 매상이 많아집니다. 자사에서 개발을 하고 있다면, 개발량을 절감함으로써 이익을 개선할 수도 있지만, 2단계 이상 하청의 하청을 포함하는 구조로 되어 있는 경우에는, 중간단계 기업의 이익은 하위의 기업으로 돌린 작업량(및 발주량)의 일부가 되어, 매상액에 이익이 비례하게 됩니다.

그래서 2단계 이상의 수주관계가 있는 경우에는, 도중의 단계에서 공수를 부풀리려는 의도가 작용하게 됩니다. 그리고 한번 수주한 이상은, 당초 견적한 작업을(반 무리라도) 발생시키지 않으면 안되게 됩니다. 적은 작업량으로 효율적인 소프트웨어를 개발하려는 방향으로는, 의욕이 생기기 어려운 상황이 됩니다. 이와 같은 환경에서는 당연하지만 효율적인 설계로 소프트웨어의 규모를 최소한으로 억제하려는 동기부여도 작용하지 않게 됩니다. 자기들이 오버 플로우 하지 않는 범위에서, 소프트웨어가 알맞게 복잡화하여, 적당한 양으로 부푸는 것이 가장 좋다, 라고 생각하는 소프트웨어 개발기업이 있어도 이상하지는 않겠지요.

여기서는 기능을 확정하지 않은 채 정액계약으로 개발에 착수한다는 상황에 대하여, 좋은가 나쁜가 하는 논의는 하지 않습니다. 단 원래라면 발주 측에 장점이 클 것인 정액계약에서, 왜 발주 측에 단점이 발생하는가에 대한 이유를 추론하고 있는데 지나지 않습니다(그림 13-14). 메이커 간부나 톱 수준의 관리자라면 상황을 바꾸는 힘이 있을지도 모르겠습니다만, 현장 수준의 관리자나 리더로서는 상황을 정확히 이해하고, 그것을 받아들인 다음 단점을 저감하는 대책을(권한의 범위에서)강구하는데 주력해야 합니다.

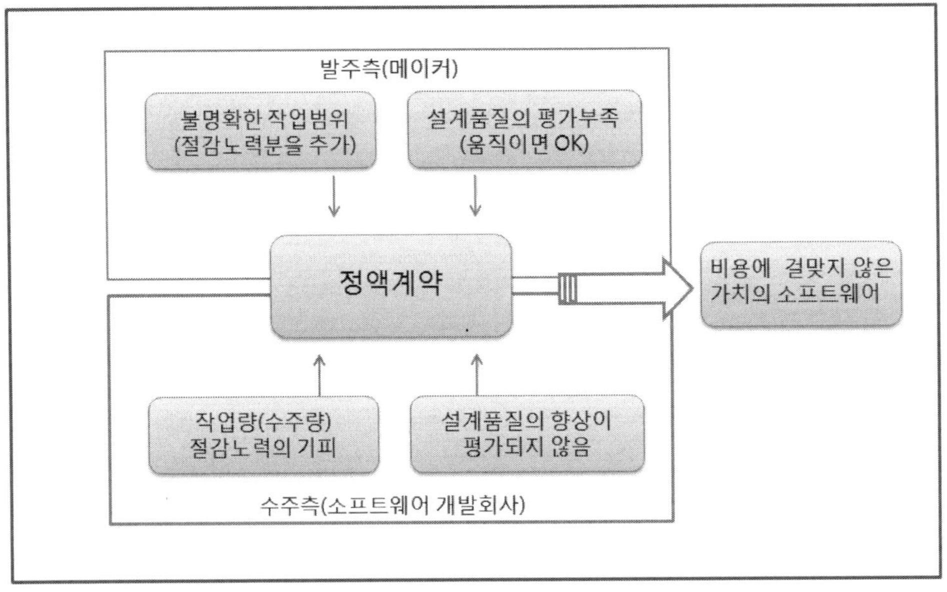

그림 13-14 정액계약의 단점

먼저 이와 같은 문제의 원인은 2가지가 있다고 생각합니다. 그런데 정액계약이라는 형태 그 자체가 가지는 결점에서 유래하는 원인은 아닙니다. 첫 번째 원인은 작업범위가 불명확한 채, 그리고 당연히 견적도 불명확한 채로 정액계약을 체결하는 점에 있습니다.

또 한 가지야 말로 가장 심각하며 개선이 어려운 문제입니다. 그것은 소프트웨어 개발작업의 성과를, 양만으로 평가하는 점입니다. 소프트웨어의 가치는 얼마나 적절하게 설계되어, 확장성이 높고, 불량이 적고, 가용성·견고성이 높은가 하는 품질면에 있다고 여기고 있습니다. 어느 기술서나 교과서를 보아도, 대량으로 작성된 소프트웨어야말로 가치가 있다고는 쓰여져 있지 않습니다. 오히려 같은 기능을 개발한다면 규모가 작을수록 좋을 것입니다. 그러나 실제의 업무평가에서는, 품질의 좋고 나쁨을 객관적으로 평가하는 잣대가 없고, 단순하게 개발기간이나 인월로 업무의 가치를 평가하는(하지 않을 수 없는) 상황입니다. 그래서 소프트웨어 구조가 부적절하며 규모가 큰 소프트웨어를 개발한 쪽이 수주측의 이익이 커진다는 현상이 생기는 것입니다.

객체지향 기술이나 C++는 개발효율이 높아 코드의 양과 매상이 줄어버리므로, 어떤 이유를 붙여 C 언어로 대량의 개발을 계속하는 편이 좋다」「세계에서는 MDA를 도입하여 획기적인 효율화를 달성하고 있는 것 같지만, 작업량(과 매상)이 감소하니까 반대하자, 배우는 것도 번거로우니까」 등으로 현장이 생각해버리는 상황에서는, 아무리 메이커가 효율 개선을 외쳐도, 임베디드 소프트웨어개발을 개선해가는 흐름은 생기지 않습니다. 그런 자세로는 세계의 기술 수준에서 쉽게 뒤처져버립니다.

즉 적절한 설계를 하고 있는 것을 평가하고, 또 효율을 개선하여 스마트한 소프트웨어를 받아들여 개발기업에 장점이 있는 상황에 근접하면, 소프트웨어의 설계 수준을 개선하려는 의욕이 자연히 생긴다고 생각됩니다. 그렇게 함으로써 두 번째의 원인에 의한 악영향을 경감할 수가 있습니다. 물론 그러기 위해서는 소프트웨어의 품질이 좋고 나쁨을 판단할 수 있을 만큼, 고도의 소프트웨어 설계 지식이 필요하게 됩니다. 그런 다음 구체적으로는, 지금까지 기술해온 것과 같은 소프트웨어 설계나 개발기법·테스트 기법의 개선을, 동기 요인이나 Y이론에 따라 높이도록 격려하고, 평가하는 등의 대응으로 상황을 개선하는 것입니다. 발주 측의 현장 수준의 관리자나 리더라도, 행동이나 발언으로 작용을 하는 것은 충분히 가능합니다. 또한 수주 측에서도 풍파가 일지 않는 범위에서, 설계품질을 개선하는 장점을 어필하고, 또한 그것을 받아들이기 쉽도록 동기부여를 시킬 수가 있겠지요.

그리고 가장 효과를 발휘하는 것은, 계약에 따라 소프트웨어의 설계품질이나 개발효율을 평가하는 일입니다. 프로젝트 내에서 인간관계상의 평가를 받는 것도 중요하지만, 그것은 소프트웨어 설계가 중요한지 이해할 수 있는 인물 사이에만 국한됩니다. 주로 매상고에 흥미가 있는 관리자에게는, 발주원의 사원에게 평가된 것보다도, 눈앞의 숫자 쪽이 훨씬 중요한 것이지요.

개발업무는 계약에 의거하고 있으므로, 계약에 따라 소프트웨어의 품질을 명확히 평가할 수가 있으면, 어떤 입장의 멤버에게도 공통된 설득력을 가진 판단기준이 됩니다. 현황에서는 별로 예가 없습니다만, 개발대상의 기능을 명확화 한 후, 일정 클래스 수나 스태프 수 이하에서 개발한 경우에는, 인센티브를 추가하는 **FPIF**계약(정액 인센티브 계약)이나, 피어리뷰에 의한 상류 공정의 버그 검출률에 의한 인센티브를 약속하는 FPIF계약 등을 생각할 수 있습니다. MDA 툴을 도입하려고 생각하고 있다면, 적용한 범위에 따라 인센티브를 추가해도 좋을지 모르겠습니다.

이와 같은 계약의 수준으로 소프트웨어 개발기법의 개선을 요구해가면, 국내의 임베디드 소프트웨어가 직면하고 있는 대규모화나 복잡화의 문제를 원활하게 풀어나가는데 도움이 되지 않을까 생각합니다. 현재의 임베디드 소프트웨어개발의 상황은, 조심스럽게 얘기해도 심각하며, 해외제품에 대한 경쟁력을 유지하기 위해서는 부단한 개선이 요구됩니다. 그러기 위해서는 모든 수단을 사용하여, 임베디드 제품의 개발에 정진하는 기업과 전문가 들 전체가 노력해 나가야 하겠습니다.

INDEX

저자약력

- 서울대학교 공과대학 응용수학과(학사)
- 서울대학교 대학원 계산통계학과(석사)
- 서울대학교 대학원 계산통계학과(박사)
- 미국 메릴랜드 주립 타우슨대학교 교환교수
- 미국 록히드항공서비스사 연구원
- 삼성전자 컴퓨터부 과장
- 미국 JVP사 수석 콘설턴트
- 現) 상명대학교 공과대학 컴퓨터소프트웨어공학과 교수

C/C++를 이용한 임베디드 시스템 개발

초판 1쇄 발행 2011년 10월 15일
초판 3쇄 발행 2022년 03월 15일
저   자 김수홍
발 행 인 이범만
발 행 처 **21세기사** (제406-00015호)
경기도 파주시 산남로 72-16 (10882)
Tel. 031-942-7861   Fax. 031-942-7864
E-mail : 21cbook@naver.com
ISBN 978-89-8468-414-0

정가 25,000원